제5개정판

과학적 추론의 이해

UNDERSTANDING SCIENTIFIC REASONING

제5개정판

과학적 추론의 이해

Ronald N. Giere, John Bickle, Robert F. Mauldin 지음
조인래 · 이영의 · 남현 옮김

소화

:: 차례

제2부 통계적 가설과 인과적 가설

제3부 지식, 가치 그리고 의사결정

과학기술의 비중이 날로 커지고 있는 현대인의 삶에서 과학적 정보를 제대로 이해하고 비판적으로 평가할 수 있는 능력은 개인적 · 사회적 차원에서 더없이 중요하다. 그러나 과학적 정보의 절대적 비중에 비추어, 대학생들을 비롯하여 지식인 일반이 그러한 정보를 이해 및 평가할 능력을 학습할 기회는 턱없이 부족한 것이 오늘의 현실이다.

이러한 문제 상황은 한국의 경우 상대적으로 더 심각한데, 이는 나름의 역사적 이유가 있다. 한국은 주변의 다른 아시아 국가들과 마찬가지로 근대화 과정에서 서양의 과학기술을 일방적으로 받아들이는 처지에 있었던 반면, 우리의 일상적 사고방식은 서양 과학기술의 이해와 수용에서 요구되는 사고방식과 현저한 거리가 있었기 때문이다. 이러한 괴리는 서양의 과학기술을 뒤좇아 배우는 단계에서는 현실적으로 부득이했지만 산업화 과정을 거쳐 선진국 진입이 국가적 과제가 되고 있는 상황에서는 반드시 해소되어야 한다. 우리 사회가 과학기술 활동 자체의 선진화뿐만 아니라 그러한 활동의 성과를 제대로 이해, 평가하고 이를 개인적 · 사회적 의사결정의 토대로 활용할 수 있는 지식인 일반의 일상적 능력을 크게 필요로 하는 단계에 와 있기 때문이다.

이런 상황에서 기어리(Ronald Giere)의 『과학적 추론의 이해(*Understanding Scientific Reasoning*)』는 가뭄 속 단비와 같은 책이다. 기어리는 과학 이론을 모형들의 집합(또는 네트워크)으로 보는 자신의 과학철학적 견해를 바탕으로 하여 다양한 유형의 과학적 추론들을 조직적으로 이해, 평가할 수 있는 프로그램들을 개발하고 우리가 일상적 수준에서 접하는 갖가지 과학적 보고 및 주장에 적용하는 방식을 제시하고 있다. 이 책은 과학적 연구 성과의 이해, 평가 및 활용의 절대적 중요성에 비추어 그 진입 장벽이 높은 과학적 담론에 지식인 일반이 용이하게 접근할 수 있는 채널을 제공해 준다. 그리하여, 미국의 경우 다수의 대학에서 '비판적 사고(Critical Thinking)', '과학적 추론(Scientific Reasoning)', '귀납 논리(Inductive Reasoning)' 계열 과목들의 교재로 사용되고 있다. 국내에서도 '비판적 사고'를 다루는 과목을 개설하는 대학들이 늘어나고 있는 추세이나 과학적 담론에 대한 이해와 비판적 평가 능력을 키우는 데 필요한 교재는 거의 전무한 실정이다. 기어리의 책은 이 공백을 메우는 데 크게 기여할 것으로 기대된다.

옮긴이 본인도 대학에서 과학적 정보에 대한 학생들의 비판적 이해 및 활용 능력을 키우기 위해 개설한 과목에서 사용할 교재를 찾던 중 기어리의 『과학적 추론의 이해』를 접하게 되었다. 그 내용과 체제의 탁월함에도 불구하고 영문으로 된 교재를 읽는 것이 다수의 학생들에게 부담이 되는 사정을 감안하여 번역의 고행을 감수하기로 결정하였다. 번역 작업이 이루어지는 과정에서 우여곡절도 있었고 예상보다 시간이 많이 걸리는 어려움이 있었지만 남현, 이영의 선생님 두 분이 동참해 주신 덕분에 마침내 출판의 기쁨을 맛보게 되었다. 번역 작업은 본인이 본문의 절반 정도를 그리고 남현, 이영의 선생님이 나머지 절반을 나누어 맡되, 번역 전체에 대한 세부적 감수를 본인이 맡아서 하는 방식으로 진행되었다.

기어리의 『과학적 추론의 이해』는 미국 내에서의 인기도를 반영하듯 최근 제5판까지 출판되는 과정에서 그 나름의 진화를 거듭하였다. 이론적 수준의 기본적인 아이디어들은 대체로 유지되었지만 그것의 세부적 적용은 새로운 적용 사례들을 발굴하거나 보다 시의적절한 내용을 가진 사례들로 대체하는 방식으로 꾸준히 변화하였다. 이 책은 논리학이나 자연과학 분야의 교재에서 흔히 접할 수 있듯이, 각 장의 본문에서 이론적 아이디어들과 전형적 적용 사례들을 학습한 다음 뒤이어 풍부한 연습 문제들을 다루게 하는 체재를 갖추고 있다. 이는 과학적 추론을 이해하고 평가하는 능력이 일종의 기술(skill)이며 따라서 연습문제들을 풀이하는 과정이 그 능력의 습득에 필수적이라는 판단에서 비롯한다. 그러므로 이 책을 수업에서 사용할 경우, 학생들 스스로 연습 문제들의 일부를 직접 풀고, 자신이 관심 있는 과학적 사례들을 국내외의 신문, 과학전문잡지, 인터넷, 과학저술, 과학 연구보고서 등에서 발굴하여 책에서 제시된 분석 및 평가 기법을 적용해 보는 기회를 갖도록 적극 유도 및 격려할 필요가 있다.

긴 여정을 거쳐 출간되는 이 책이 국내에서 대학생들을 비롯하여 일반 지식인들이 과학적 담론을 이해하고 평가할 수 있는 그리고 이를 개인적 또는 공공정책적 의사결정에서 활용할 수 있는 능력을 키우는 데 적극 기여할 수 있기를 바란다. 그리고 이 번역 작업을 기획하고 수행할 수 있도록 지원해 준 서울대학교, 번역 과정에서 동고동락해 주신 남현, 이영의 선생님, 그리고 예정보다 훨씬 길어진 작업 일정을 끝없는 인내로 기다리고 격려해 준 소화출판사의 여러분들께 머리 숙여 감사드린다.

2008년 3월

관악 연구실에서 조인래

『과학적 추론의 이해』는 원래 과학철학의 어떤 부분들을 학생들의 필요에 맞추어 활용하려는 취지에서 쓰여졌다. 하지만 이제 이 책은 비판적 사고 능력과 일반적 과학 교양의 함양이라는 널리 인정되고 있는 목표를 달성하는 데 기여하기도 한다. 이 책의 대상은 분명히 대학의 1, 2학년생들이다. 특히 이 책의 목표는 대학의 1, 2학년생들이 대학 교과서나 여타 다양한 형태의 대중적 또는 전문적 출판물들에서 접하는 과학적 자료들을 이해하고 평가하는 데 유용한 인지적 기술들을 획득하도록 도와주는 것이다. 이 책의 1장에서 언급되는 것처럼, 과학적 추론은 상당한 훈련을 통해서만 얻을 수 있는 인지적 기술이다.

이 책은 크게 세 부분으로 구성되어 있다. 제1부(2장, 3장 그리고 4장)에서는 물리과학이나 생물학과 인지과학의 보다 이론적 부분들에서 흔히 등장하는 **이론적** 가설들을 이해하고 평가하는 기법들을 개발한다. 제2부(5장부터 8장까지)에서는 사회과학과 생체 임상의학에서 흔히 등장하는 **통계적** 가설과 인과적 가설들을 이해하고 평가하는 기법을 개발한다. 제3부(9장과 10장)에서는 개인적 결정이나 공공정책적 결정에 도달하는 과정에서 과학 지식이 개인적 또는 사회적 가치와 결합될 수 있는 방식을 설명한다.

2장 "이론적 가설의 이해와 평가"는 DNA 구조의 발견에 관한 사례 연구로 시작된다. 우리는 수업에서 모든 학생들에게 왓슨(J. D. Watson)의 『이중 나선(*The*

Double Helix)』을 읽게 함으로써 이 사례에 대한 책에서의 논의를 보완하였다. 이렇게 하여 일단 강의를 듣는 모든 학생들이 공통의 기준을 갖게 한다. 그런 다음, 이 사례에 대한 분석을 통해 이후의 평가 작업들을 위한 기본틀을 개발한다. 분석은 거리, 건물, 강, 산 등 사물들 사이의 공간적 관계에 대한 모형인 일상적 지도에 관한 논의로부터 출발한다. 이것은 모형과 모형화의 대상인 사물 사이에 성립하는 중요한 구분을 소개하는데, 그러한 구분은 일상생활에서는 별로 하지 않지만 과학을 이해하기 위해서는 필수적이다. 그런 뒤, 과학의 한 부분을 **이해**하는 일은 주로 그 부분에 적합한 모형들을 이해하는 문제로서 제시된다. 과학적 가설을 **평가**하는 일은 특정한 모형이 현실 세계의 어떤 대상이나 과정을 꽤 잘 재현하고 있다고 생각할 증거를, 주어진 자료가 제공하는지 여부를 판정하는 과정으로 제시된다. 그러한 판정 과정을 이해하기 위해서는 세계와의 인과적 상호작용(관찰이나 실험)에서 도출된 자료와 제안된 모형에 대한 추론을 통해 도달한 **예측**을 구별할 필요가 있다. 제안된 모형이 현실 세계와 얼마나 잘 "부합하는지"를 판정하는 토대가 되는 것이 바로 자료와 예측 사이의 일치 혹은 불일치이다.

2장 끝에는 이론적 가설들의 평가를 위해 개발된 간단한 6단계 프로그램과 이를 요약하는 도표가 함께 제시된다. 그 프로그램을 적용하는 일은 어렵지 않다. 학생 대부분이 편집되지 않은 짧은 기사들을 힌트나 유도 질문 없이도 분석할 수 있을 정도로 이 프로그램을 쉽게 터득할 수 있다. 시험에서 우리는 단지 "우리가 수업 중에 개발한 프로그램에 따라 이 기사들을 분석하시오"라고 말한다. 이런 방식으로 학생들은 두고두고 유용할 분석 기술을 배우는 것이다.

3장 "역사적 일화"에서는 2장에서 개발한 표준 프로그램을 다양한 역사적 사례들에 적용한다. 바로 금성의 위상에 대한 갈릴레오의 관찰, 뉴턴의 역학과 핼리 혜성, 라부아지에의 산소 이론, 다윈의 자연선택에 의한 진화론, 멘델의 유전학, 1960년대에 일어난 지질학 분야에서의 혁명 등이다. 강의를 하는 사람은 이 사례들 중 몇 가지를 선택하거나 자신이 선호하는 몇몇 사례들로 대체해도 무방하다.

4장 "경계 과학"은 고전적인 **경계 과학**들, 즉 정신분석학, 점성술, 외계인의 방문, 영혼 재래, 초감각적 지각들에 초점을 맞춘다. 여기서 점성술 같은 경계 과학들에서 등장하는 여러 주장이 뻔한 오류임을 강조하는 방식 대신, 보다 표준적인 과학적 사례들을 이해, 평가하기 위해 개발한 프로그램을 이 경계 과학의 주장들에 적용하면 매우 낮은 평가가 나온다는 것을 보여 준다. 더구나 경계 과학의 주장들이 낮은 평가를 받는 이유도 분명해지는데 이는 주어진 자료가, 제안된 모형과 그럴듯한 대안 모형들 사이에서 분명한 결정을 내리기에는 충분한 토대를 제공하지 못하기 때문이다. 4장은 근대 실험과학의 뚜렷한 특징들을 극적인 방식으로 일깨워준다는 점에서 중요하다.

제2부 "통계적 가설과 인과적 가설"은 통계적 모형과 확률적 모형을 이론적 모형의 특수한 사례들로 소개하는 데서 시작된다.

5장 "통계적 모형과 확률"은 통계적 상관을 위한 모형을 포함하여 간단한 통계적 모형들만을 다룬다.

6장 "통계적 가설의 평가"에서는 통계적 가설을 지지하는 판단들이 이론적 가설을 지지하는 데 사용되는 판단들과 유사하지만 확률을 명시적으로 다루어야 할 필요성 때문에 복잡한 양식을 따르는 것으로 제시된다. 통계적 가설들에 대해서도 6단계 평가 프로그램이 있다. 강조점은 여론 조사에서 사용되는 것 같은 표본조사와 통계적 모수(母數)들의 추정에 있다.

우리는 대부분의 경우 종이에 쓰면서 계산하지 않고도 사용할 수 있는 평가 기법들을 제공하려고 노력했다. 학생들은 과학적 발견들에 대한 보고서를 읽을 때, 필요한 계산을 모두 암산으로 하면서, 이 프로그램들을 적용할 수 있어야 한다. 우리의 경험상 사람들은 머리 속에서 바로 처리할 수 없는 일은 잘 하지 않으려고 하는 경향이 있다. 다시 말해, 학생들은 숙제를 하거나 시험을 볼 때에만 종이에 쓰면서 계산을 한다.

7장 "인과적 모형"에서는 간단한 **인과** 관계들을 위한 모형을 개발한다. 이 모형은 인과성의 "분석"이나 "정의"로서 제시되는 것이 아니라 모든 관련된 인과적 모형들 중에서 가장 간단한 것으로서 제시된다. 그러나 대부분의 예들은 이 간단한 모형으로도 다루어진다. 인과 관계와 상관 사이의 차이는 여전히 강조된다.

8장 "인과적 가설의 평가"에서는 인과적 가설들을 평가하는 데 통상 사용되는 세 가지 유형의 실험 설계들을 중심으로 논의가 진행된다. 물론 인과적 가설들을 평가하기 위한 6단계 프로그램도 제공된다. 이 책을 교재로 쓴 많은 교수들은 8장이 책 전체에서 가장 유익하고 매력적인 장이라고 말한다.

제3부 "지식, 가치 그리고 의사결정"은 과학적 지식이 개인적 또는 공공정책적 결정에 영향을 미칠 수 있는 방식을 이해하는 데 이용될 수 있는 몇몇 표준적인 의사결정 모형들을 제시한다. 그리고 의사결정은 과학적 지식뿐만 아니라 가치 판단을 필요로 한다는 점이 강조된다.

9장 "의사결정의 모형"에서는 가치와 확률을 결합하는 체제, 나아가서 기대 가치나 기대 효용의 최대화 같은 다수의 의사결정 규칙들이 제시된다.

10장 "의사결정의 평가"에는 의사결정의 평가를 위한 6단계 프로그램이 실려 있다.

이 책의 제5판에는 새로운 연습문제들이 다수 포함되었는데, 그중 일부는 실제의 자료들을 약간만 편집하여 수록한 것이다. 이 책에는 새로 추가된 몇몇 예들을 포함하여 풀이과정이 자세하게 소개된 예들이 다수 실려 있지만, 연습문제들에 대한 풀이는 포함되어 있지 않다. 따라서 강사는 연습문제들 중 일부는 숙제로, 다른 일부는 시험 문제로 사용할 수 있을 것이다. 그러나 강의가 진행되는 동안 보도되는 나날의 화제들을 이용하면 학생들의 흥미를 북돋울 수 있을 것이다.

이 판은 또한 두 명의 새 공저자 중 한 명인 로버트 몰딘(Robert Mauldin)에 의해 추가된 내용을 포함하고 있다. 이 책을 일반 교육 강좌에서 8년간 사용한 경험을 활용하여 로버트는 제1부에서 과학적 추론에 초점을 맞추었다. 가장 현저한 변화는 모형 개발이라고 불리는 사례를 제시하는 절을 2장에 추가한 것인데, 그 내용은 『대학 과학 교육 저널(*Journal of College Science Education*)』의 1999년 5월호에 로버트 몰딘과 래리 로니(Larry W. Lonney)가 발표한 논문 「비과학 전공자들을 위한 과학적 추론—로널드 기어리의 접근 방식(Scientific Reasoning for Nonscience Majors: Ronald N. Giere's Approach)」에서 다루어진 것이다. 모형 개발은 구 모형이 실험을 통한 시험에서 지지를 받지 못해 수정이 요구되거나 새 모형이 요구되는 사례를 말한다. 모형 개발은 특정한 자료를 설명하기 위해 이루어지는 것이기 때문에 그 모형의 창안으로 이끈 자료를 긍정적 증거로 간주해서는 안 된다는 점에서, 결정적 실험과는 구분된다. 이 구분으로 인해 역사적 일화들을 제시하는 3장에서, 특히 다윈과 진화, 멘델의 유전학, 그리고 지질학에서의 혁명에 관한 절에서 몇 가지 변화가 있었다. 이 모형들의 창안으로 이끌었던 자료들은 우리의 분석에 포함되지 않았다.

존 비클(John Bickle)은 5판의 제2부와 제3부를 개정하고 내용을 추가하였다. 대부분의 개정은 6장과 8장의 과학적 사례 연구들에 대해서였다. 전판에 실렸던 예 중 오래된 것들은 대부분 새로운 예로 교체했다. 전판의 6장에서 제시되었던 국민 건강 및 사회생활 조사(the National Health and Social Life Survey)는 1997년과 1998년에 걸쳐 이루어진 학령 아동의 건강 행위에 대한 국제적 조사로 대체되었는데, 후자에 대한 최초의 공식적 보고서는 2000년에 발간되었다. 선정된 국가들에서의 폭력 지표의 특정한 예는 2004년에 처음으로 발표되었다. 6장의 경우 이번에는 조사 표집의 문제점들을 2004년 대통령 선거에서 출구조사가 어긋난 예를 통해 예시하는 것으로 끝난다. 8장의 새로운 사례 연구들에는, 1990년대 중반부터 후반에 걸쳐 수행되고 2002년에 처음 발표된 연구들에 근거하여 이루어진 정신분열증의 유전적 원인들에 대한 최근의 쌍둥이 연구, 그리고 하나의 인간 유전자에서 나타나는 뉴클레오티드 다형태성을 그 유전자가 정신분열증에 인과적으로 기여하는 표지로서 이용한 보다 최근의 연구가 포함되어 있다. 8장은 이번에는 징후적 특성과 장애의 세포적 및 분자적 인과 기제로 추정되는 것을 발견하고 직접 조작하기 위한 생의학적 연구에서의 최근 경향에 대한 간략한 논의로 끝난다. 이 논의를 예시하는 사례 연구는 2004년 『사이언스(*Science*)』에 발표되었다. 9장은 현대의 효용 이론에 대한 새로운 절을 포함시켜 보완하였는데, 이는 기대 효용을 역사적으로 소개하기 위한 것이다. 10장에 실렸던 개인적 및 공공 정책 결정의 예들은 이 효용 이론을 이용하기 위해 개정되었다. 6장과 8장은 다수의 새로운 과제 문제들로 보충하였는데, 이 문제들은 2000년 이래 대중적으로 소개된 과학적 연구 결과들에서 가져왔다.

대학생들에게 흥미롭고 적절하면서, 이 책의 전판에 실렸던 기어리의 사례들에 필적할 만한 새로운 과학적 사례 연구들을 발견하기는 어려웠다. 기어리가 원래 제시한 예들의 초점은 대학생들이 처한 생활 양식의 관심사들, 즉 AIDS와 관련된 성적 행위들, 흡연과 심장 동맥 질환, 경구피임약과 유방암 등에 맞추어져 있었다. 선정된 사례들이 학생들의 삶에 직접적으로 연관되는지 여부에서, 기어리의 사례들만큼 완벽하지는 못할지라도 젊은이들의 건강 행위에 대한 국제적 조사, 2004년 미국 대통령 선거에서의 출구 조사가 드러낸 문제들, 특정한 유전자의 수준에 이르는 작업을 포함하는 정신분열증의 유전적 원인, 니코틴 중독을 야기할 수 있는 분자적 기제 등의 사례들은 기어리의 예들 못지않게 내재적인 흥미를 지닌다. 초점은 사회과학이나 생의학 분야에서 현재와 가까운 미래의 연구에 유용한 특정 방법론들을 예시하는 것에 맞추어졌는데, 이 방법론들은 21세기로 과학이 발전해 감에 따라 미묘하면서도 중요한 방식으로 계속 변화한다.

::1장

왜 과학적 추론을 이해해야 하는가

공부를 시작하기 전에 우리는 "왜 이러한 공부를 하는가", "이러한 노력으로 얻는 것이 무엇일까" 잠시 스스로 헤아려 보아야 할 것이다. 1장에는 이러한 물음들에 대한 답이 담겨 있다.

우리는 과학적 추론을 이해하는 것이 왜 중요한지 일반적인 이유들을 검토한 다음, 그 이유들을 예를 들어 설명할 것이다. 그러고 나서, 이 책에서 사용된 일반적인 전략에 대해 검토할 것이다. 끝으로 이러한 주제를 가장 효과적으로 익힐 수 있는 방법 몇 가지를 제시할 것이다.

1.1 왜 과학적 추론을 공부해야 하는가

과학과 기술의 진보가 인간의 삶에 점점 크게 영향을 미치는 세계에 우리는 살고 있다. 이 책의 독자들 대부분이 살아온 기간에도 전에 없었던 새로운 과학 분야와 기술 분야들이 등장했다. 예를 들어 분자생물학, 생물공학, 우주기술, 컴퓨터 분야들을 생각해 보라. 20세기 중엽인 제2차 세계대전 직후까지만 해도 제트비행기가 없었고 현재 질병 치료에 사용되고 있는 약품들 중 대부분이 아직 개발되지 않았다. 1925년에 이르러서야 자동차는 현대 생활의 중요한 부분을 차지하기 시작했으며, 물리학, 화학, 생물학, 지질학과에서 현재 가르치고 있는 내용들 중 많은 부분이 그 무렵에는 알려지지 않았다. 심지어 갤럽조사도 존재하지 않았다.

물론 지난 반세기 동안 프로스포츠, 텔레비전 프로그램, 레코드음악 등 많은 것들이 우리 생활에 점차 더 영향력을 발휘하게 되었다. 대중스포츠를 비롯해 대부분의 경우, 여러분이 내키는 대로 취사선택할 수 있다. 그러나 과학과 기술의 경우 그러한 호사가 허용되지 않는다. 과학과 기술의 발달이 우리의 일상생활에 미치는 영향은 막대해서 아무도 그것을 무시할 수 없기 때문이다.

어떤 점에서는 과학이나 기술의 새로운 경향에 대해 잘 알지 못해도 별로 문제가 되지 않는다. 과학과 기술에 대해 공적으로 유용한 정보의 양은 엄청나다. 과학과 기술의 최근 경향들은 텔레비전 뉴스에서 정기적으로 보도된다. 오늘날 대부분의 주요 신문에는 과학면이 있어 매주 1회 이상 기사가 실린다. 그리고 과학과 기술만을 다루는 시사 잡지도 있다. 우리가 ("석기 시대"나 "자동차 시대"처럼) 무릇 "정보화 시대"에 살고 있다면, 우리가 이용할 수 있는 정보 가운데 많은 부분은 과학과 기술에 관련된다. 하지만 바로 여기에 어려움이 있다.

어떤 부류의 정보든 그것을 이용하려면 그 정보와 관련된 활동에 대해 무엇인가를 알아야 한다. 야구 경기를 이해하지 못하는 사람에게 야구 통계는 별로 의미가 없다. 고전 음악의 작곡가나 현대의 연주자들에 대해 모르는 사람에게 고전 음악의 새로운 음반에 대한 정보는 별로 의미가 없다. 과학의 경우도 마찬가지다. 과학적 정보를 제 것으로 받아들이려면 과학이란 도대체 무엇인가에 대한 개념적 이해와 우리가 입수하는 정보를 평가하는 데 사용할 특수한 기술들이 필요하다.

이것이 바로 과학적 추론을 어느 정도 이해할 능력을 키워야 하는 일반적인 이유이다. 각자 자신의 직장이나 개인 생활에서 맡은 역할을 효과적으로 수행하는 데 더욱 중요해지는 과학적 정보를 충분히 활용하기 위해서는 이러한 기술이 필요하다. 따라서 이 책의 목적은 우리에게 필요한 과학적 과정에 대한 이해와 이에 필수적인 추론 기술을 제공하는 것이다. 과학적 추론은 일반 원리들과 잘 섞인 구체적인 사례들을 통해 학습할 때 가장 효과적이다. 따라서 과학적 추론을 공부해야 하는 일반적인 이유를 설명한 뒤 그 구체적 사례들을 제시하고자 한다.

1.2 예비 사례들

과학적 주제들은 일차적으로 **지적** 관심사들로부터, 당면한 **실천적** 함축을 가진 것들에 이르기까지 다양하다. 그래서 우주의 구조나 포유류의 진화에 대한 연구 결과를 읽는 것은 우리가 세계를 **생각하는** 방식에 심오한 영향을 미칠 수 있지만, 내일 혹은 내년에 **하게** 될 일에는 아마 별 영향을 미치지 않을 것이다. 반면에 암이나 심장병의 원인에 대한 연구 결과를 배우는 것은 우리의 우주관에 별다른 영향을 미치지 않겠지만 내일 아침에 무엇을 먹을 것인지 그 선택을 바꿀 수도 있다. 다음의 예들은 지적 관심사로부터 실천적 관심사에 이르기까지 다양하다.

팽창하는 우주

20세기에 거둔 가장 흥미로운 과학적 성과 중에, 우주가 팽창하고 있다는 1930년대의 발견이 있다. 즉 (우리의 은하계를 포함하여) 우주를 구성하고 있는 은하들은 모두 서로로부터 멀어지는 운동을 하고 있다는 것이다. 오늘날 대부분의 천문학자들은 우주 팽창의 현 단계가 우주의 모든 물질이 한 차례의 빅뱅으로 폭발한 데서 비롯했다고 생각한다. 그러나 현재의 팽창이 영원히 계속될 것인지 아니면 언젠가는 팽창을 멈추고 다시 한 번 모든 은하들이 결집하여 또 한 차례의 빅뱅이 일어날 것인지의 물음은 여전히 남아 있다.

새로운 과학적 연구 결과가 전문적인 과학학술지에 발표되기도 전에 대중적인 잡지에 보도되는 일이 가끔 있다. 따라서 "과학자들은 우주의 기원에 대한 새로운 실마리를 기다린다"는 제목의 신문기사를 보게 되는 것도 놀랍지 않다. 그 기사에 따르면, 우주가 계속 팽창할 것인가 아니면 끊임없이 팽창과 수축을 계속하는 과정을 밟을 것인가는 우주 내의 원자 밀도가 88갤런당 원자 하나보다 많은지 적은지에 달려 있다. 88갤런당 원자가 하나보다 많을 경우에는 모든 것을 다시 한 번 끌어당길 만큼 중력이 강해질 것이다. 만약 원자가 하나보다 작을 경우에는 중력이 모든 것을 다시 한 번 끌어당길 정도로 강력하지 못해서 팽창은 영원히 계속될 것이다. 당시 그 기사가 나온 이유는 지구 주위의 궤도를 돌고 있는 인공위성에서 은하계 외부로부터 온 X선의 세기를 새로 측정한 결과가 머지않아 우주 내 원자의 실제 밀도에 대한 좋은 추정치를 제공할 수도 있다는 주장을 일부 과학자들이 했기 때문이다.

이러한 유형의 과학 정보는 누구에게도 바로 실제적인 영향을 미치지 못한다. 다음 수축이 발생할 때쯤이면 우리의 태양은 이미 오래 전에 활동을 멈추었거나 폭발했을 것이다. 그러나 그러한 발견이 우리의 호기심을 자극할 수는 있다. 우주 전체와 그 안에서 인간이 처한 입장에 대한 우리 자신의 견해에 영향을 미칠 수도 있다. 더구나 이러한 발견들이 일반 대중을 위해 기사화되므로 우리는 천체물리학자가 아니라도 보도된 결과를 이해할 수 있어야 한다.

우리는 보도된 기사 속의 이론들을 확인할 수 있는가? 거기서 이론과 사실을 구별할 수 있는가? 이론과 사실의 차이를 아는가? 어떤 사실이 어떤 이론에 관련되는가를 말할 수 있는가? 제안된 실험의 결과들 중 어떤 것이 어떤 이론을 지지하는가? 이 책의 제1부 "이론적 가설"을 공부하고 나면 이러한 물음들에 답할 수 있어야 한다. 나아가서 천문학으로부터 동물학에 이르는 다양한 과학 분야들에서 등장하는 유사한 과학적 일화들에 대한 보도를 이해하고 평가할 수 있어야 한다.

지구의 온난화

1980년대 말 즈음, 지구 온난화와 "온실 효과(greenhouse effect)"에 대해 많은 논란이 있었다. 실제로 미국의 경우 20세기에 가장 더웠던 4년이 모두 1980년대에 속했다. 저명한 과학자들은 지구의 기후가 실제로 따뜻해지고 있으며, 온난화의 원인은 일차적으로 인간이 석유나 석탄 같은 탄화수소를 태우는 데 있다고 주장했다. 그들의 주장에 따르면, 대기 중에 이산화탄소를 비롯하여 "온실 효과를 일으키는 가스들"의 밀도 증가가 우리가 경험해 온 온난화 현상을 야기하고 있다.

이러한 주장에 동의하지 않는 과학자들도 있다. 그들은 우리가 최근에 경험하고 있는 비정상적으로 따뜻한 날씨는 바로 지구의 전반적인 기후에서 일어나는 변동 현상이라고 주장한다. 그렇다면 진정한 온난화 경향이란 아예 존재하지 않을 수도 있다. 더구나 해류나 기류를 포함해 다른 기제들에서 우리가 최근에 경험한 온난화가 비롯되었을 수도 있다고 주장한다.

유난히 따뜻한 최근의 날씨가 지구 온난화의 증거일 수 있는가? 그것은 온실 효과에 대한 증거가 될 수 있는가? 만약 그렇지 않다면 그 이유는 무엇인가? 이 책의 제1부는 이러한 질문들에 답할 수 있는 방안을 제시한다.

그동안 국제연합(UN)의 산하 기관들과 여타 국제기구들은 온실 효과를 야기하는 가스의 대부분을 배출하고 있는 주요 산업국가들에게 이러한 가스의 배출을 줄이기 위한 엄격한 조치를 취하도록 공개적으로 촉구하였다. 그러나 미국을 포함하여 많은 국가는 그러한 조치를 취하려면 많은 비용이 들 것이라고 주장한다. 그들은 지구 온난화의 존재와 추정된 원인들에 관한 과학계 내부의 의견 불일치 자체를 더 많은 연구가 필요한 증거로 인용한다. 논쟁이 계속되는 동안 탄화수소의 배출을 감소시키기 위한 조치는 별로 이루어지지 않았다. 주요 산업국가들이 행동을 취하지 않는 것은 과학계 내부의 논쟁에 비추어 납득할 만한 일인가? 이 책의 제3부 "지식, 가치 그리고 의사결정"은 여러분이 이러한 부류의 질문들에 답할 수 있도록 도와줄 것이다.

흡연과 심장병

미국 공중위생국이 흡연은 건강에 해롭다는 공식 경고문을 처음으로 발표한 지 거의 45년이 지났다. 50세 이상 남성의 사망 원인 1위인 심장병을 일으키는 흡연의 역할이 특별히 강조되었다. 그 후로 담배 광고가 텔레비전에서 금지되었고, 담뱃갑과 담배 광고에는 경고문이 붙었다. 항공회사들은 모든 국내선에서 흡연을 금지했다. 공중위생국은 10대의 흡연이나 임산부의 흡연이 신생아에게 미치는 영향 같은 문제들에 초점을 맞춘 연례 보고서를 지속적으로 발표하고 있다. 그러나 담배 산업의 연구 분야를 담당하는 담배연구소는 흡연과 심장병 혹은 여타 질병 사이의 연관이 통계적인 것에 불과하다고 여전히 주장한다. 어떠한 인과적 관계도 증명되지 않았다는 것이다. 더구나 수백만 명의 사람들이 흡연을 계속하고 있고, 연방정부도 담배 재배와 수출에 계속 보조금을 주고 있다.

여러분이 통계학자나 의료 연구자가 아니라면, 어떤 결론을 내리겠는가? 여러분은 누구의 말을 믿겠는가? 모든 자료가 통계적인 것에 불과하다는 말은 사실인가? 통계적 상관과 진정한 인과적 연관의 차이는 무엇인가? 어떤 인과 관계의 존재를 증명할 수 있는 통계적 자료가 존재하는가? 그렇지 않다면 그 이유는 무엇인가? 인과적 연결의 존재를 확립할 수 있는 증거는 어떤 종류의 증거인가? 이 책의 제2부 "통계적 가설과 인과적 가설"을 공부한 후에는 이러한 종류의 질문들에 답할 수 있어야 한다.

공중위생국이 옳으며 흡연이 실제로 관상동맥 심장병을 야기한다고 가정하자. 아예 흡연을 시작하지 말아야 하거나 이미 피우고 있는 담배를 끊어야 하는가? 어떻게 여러분은 위험을 판정하는가? 심장병에 걸릴 위험과 흡연의 즐거움 혹은 담배를 끊는 불편함의 득실을 지혜롭게 저울질할 수 있는가? 공중위생을 담당하는 관료들의 염려가 흡연 관련 질병에 자신이 걸릴 가능성에 대해서만 걱정하는 개인들에게 꼭 부합하는 것인가? 이러한 종류의 질문들에 답하기 위한 전략은 제3부 "지식, 가치 그리고 의사결정"에서 전개된다.

요약

"왜 과학적 추론을 공부해야 하는가?"라는 물음에 대해 우선 답할 수 있는 것은 사생활이나 직장생활에서 과학적 정보를 이해하고 평가하는 데 도움이 되리라는 것이다. 과학과 기술의 비중이 날로 증가하는 사회에서 그러한 능력은 문자 그대로 여러분이나 가족의, 그리고 여러분이 기업이나 정부의 중요한 직위에 있는 경우에는, 많은 사람들의 생사 또한 걸린 문제일 수 있다.

우리가 과학적 추론을 공부하는 실천적 가치를 강조하는 것은 그 점을 대부분의 사람들이 가장 기꺼이 인정하기 때문이다. 그러나 다른 여러 동기도 중요하다. 그중 하나는 대중 매체에 보도되는 과학적 연구 결과들을 쉽사리 이해하고 평가할 수 있다는 것이다. 그 연구 결과들이 실천적 의미가 전혀 없는 경우에도 그것은 가치 있는 능력일 수 있다. 과학은 점점 현대 문화의 중요한 부분이 되고 있다. 가장 최근의 과학적 연구 결과들을 이해하고 평가할 수 있는 능력을 가짐으로써 여러분은 보다 나은 지식과 교양을 갖춘 사람이 될 것이다.

마지막으로 과학적 추론에 대해 배움으로써 우리는 특정한 과학적 연구 결과들뿐만 아니라 인간 활동으로서의 과학이 갖는 일반적 성격에 대해서도 통찰력을 갖게 될 것이다. 과학은 점점 더 많은 사람들이 참여하고 더 많은 자원을 소비하며 인간의 다른 활동에 더 많은 영향을 미치는 활동이 되고 있다. 과학을 잘 이해할수록 우리 모두 더 나은 삶을 누릴 것이다.

1.3 과학적 추론을 공부하는 방법

과학적 추론을 공부하는 것이 가치 있는 일임을 이제 확신하기 바란다. 아마도 여러분은 과학을 많이 공부하지 않고서 어떻게 과학적 추론을 공부할 수 있는지

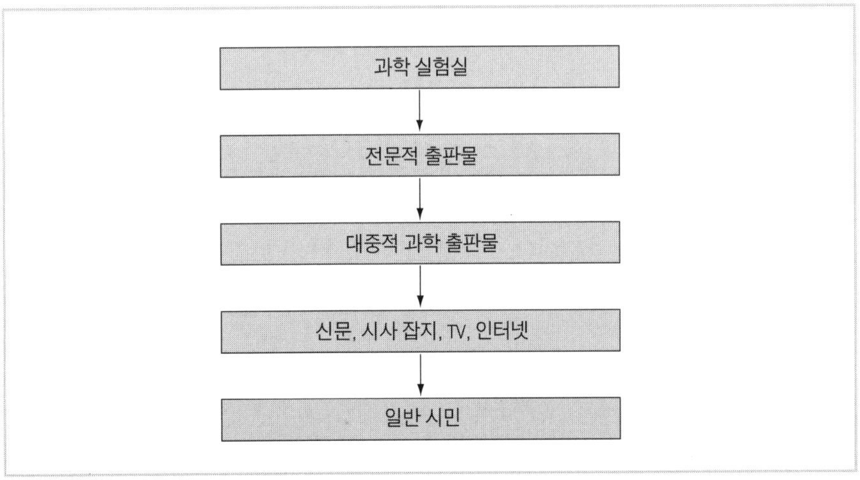

[그림 1.1] 정보가 과학 실험실로부터 일반 시민에게 전달되는 방식

궁금할 것이다. 이 질문에 답하는 과정에서 우리는 과학적으로 추론하는 방법을 배우는 데 도움이 될 일반적 전략 한 가지와 특별한 전술 몇 가지를 제안할 것이다.

어떻게 과학적 추론을 이해해야 하는가

사람들은 대체로 과학적 추론을 과학자들이 새로운 과학적 발견을 하는 과정에서 사용하는 일종의 추론이라고 생각한다. 그런 관점에서 보면 과학적 추론의 명백한 사례들은 과학사의 위대한 발견들로 이끌었던 추론들일 것이다. 예를 들어 뉴턴에 의한 중력법칙의 발견, 다윈에 의한 자연선택의 발견, 멘델에 의한 유전법칙의 발견, 아인슈타인에 의한 상대성 이론의 발견, 왓슨과 크릭에 의한 DNA 이중 나선의 발견 등이 그것이다.

만약 이것이 과학적 추론의 의미라면, 과학적 탐구를 위한 많은 훈련과 아마도 약간의 천부적 재능 없이 누군가가 과학적으로 추론하는 법을 배울 수 있을 것이라고 생각하기는 어렵다. 또한 어떤 과학적 주제에 대해 전문가가 아닌 사람들은 그 주제에 대해 과학적으로 추론하기를 바랄 수 없을 것이다. 어떤 분야의 전문가들조차 자신의 분야에 속하지 않는 주제들에 대해서는 과학적으로 추론하기 어려울 것이다. 그러나 우리가 이해하는 과학적 추론은 이와는 다소 다르다.

[그림 1.1]은 실험실에서 일하는 과학자들과 나머지 사람들 대부분 사이의 관계를 보여 준다. 과학은 실험실에서 이루어진다. 그 결과들은 다른 과학자들에게 비공식적으로 전달되고 그 다음 『피지컬 리뷰(*The Physical Review*)』, 『사이언스(*Science*)』, 『뉴잉글랜드 의학 저널(*The New England Journal of Medicine*)』과 같은 전문적인 과학 잡지들에 발표된다. 이러한 결과들 가운데 일부는 『사이언티픽 아메리칸(*Scientific American*)』이나 『디스커버리(*Discovery*)』 같은 보다 대중적인 과학 잡지에도 실린다. 그중 일부는 『타임(*Time*)』이나 『뉴스위크(*Newsweek*)』와 같은 시사 주간지에 기사화되고 『뉴욕 타임즈(*The New York Times*)』나 『유에스에이 투데이(*USA Today*)』 같은 지방지나 전국지에 보도된다. 나머지는 텔레비전 뉴스나 "노바(Nova)" 같은 특별 프로그램에 나타난다. 결국 그중 몇 가지만 고등학교

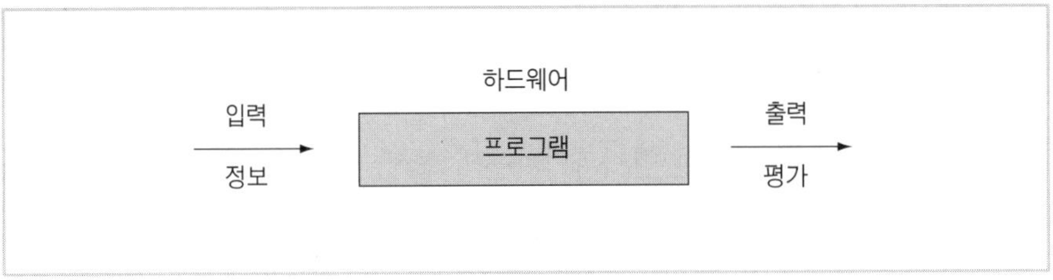

[그림 1.2] 정보처리를 위한 컴퓨터 프로그램으로서의 과학적 추론

나 대학의 과학 교재에 실린다.

그렇다면 이 책의 목적상 과학적 추론을 이해하는 법을 배운다는 것은 우리가 대중 잡지, 중앙지, 시사 주간지, 그리고 몇 가지 일반적인 전문 출판물에서 접하는 과학적 연구 결과에 대한 다양한 보고를 이해하고 평가하는 법을 배우는 문제이다. 이를 위해 과학 실험실에서 실제로 수행되는 작업에 대한 지식은 거의 필요하지 않다. 또한 실제로 실험적 연구를 하는 데 필수적인 기술들도 필요하지 않다.

일반적 전략

이제 우리가 의미하는 과학적 추론의 참뜻을 좀더 이해하게 되었으므로 그러한 추론을 배우려면 어떻게 입문해야 하는가라는 질문에서 시작하기로 한다. 과학적 추론에 대해 배울 수 있는 명백한 방안은 과학자가 되는 공부를 하는 것이다. 그러나 이러한 방안은 우리의 목표를 성취하는 데 필요하지 않을 뿐 아니라 최선의 방법도 아니다. 그럴 경우 우리는 한두 가지 과학적 주제보다 더 많은 것에 대해 배우는 것을 기대할 수 없고, 비록 모든 과학적 추론에 적용되는 일반적 패턴이 있다 하더라도 주제가 달라지면 강조점도 크게 달라진다. 다시 말해 물리학 공부가 생의학의 문제들을 다룰 수 있는 능력을 길러 주지 않으며, 사회학 공부가 화학의 새로운 발견들을 다루는 능력을 키워 주지도 않는다. 그런데 우리는 이러한 주제 모두와 그 밖의 다양한 주제도 다룰 수 있기를 원한다.

우리가 앞으로 사용할 도구들은 추론 일반을 다루는 여러 분야의 연구로부터 차용한 것이다. 즉, 과학의 본성에 대한 과학철학자들의 연구, 철학자들의 논리학 연구, 인간의 추론에 대한 인지과학자들의 연구, 확률과 통계적 추론에 대한 수학자 및 통계학자들의 연구, 앞서 언급된 학자들이 모두 참여하는 의사결정에 대한 연구가 그것이다. 그러나 우리는 이러한 연구 분야들 자체를 검토하지는 않을 것이다. 이 연구 분야들의 성과를 부분적으로 빌려 우리의 목적, 즉 우리가 일상생활이나 일에서 접할 과학적 연구 결과에 관한 보고들을 이해하고 평가하는 법을 배우는 데 도움이 되도록 결합할 것이다.

컴퓨터 유추

컴퓨터 유추가 이 책의 일반적 전략을 더욱 쉽게 파악하는 데 도움이 될 것이다. 컴퓨터의 작동과 관련되는 기본 요소들은 세 가지, 즉 하드웨어, 소프트웨어, 정보로 나누어질 수 있다. **하드웨어**는 중앙처리장치와 기억장치가 있는 회로판, 디스크 드라이브, 키보드 등을 포함한다. 다음으로 **소프트웨어**는 다양한 정보의 입력과 더불어 기계가 할 일을 말해 주는 프로그램이다. 마지막으로 기계가 처리하도록 입력되는 **정보**가 있다. [그림 1.2]는 이러한 구성 요소들을 나타내고 있다.

이제 여러분 자신을 (잠시!) 컴퓨터라고 생각하면 이 책의 목적이 여러분의 **하드웨어**를 바꾸는 데 있지 않다는 것을 확신할 수 있을 것이다. 사람들은 그들이 유전적으로 물려받은 하드웨어(또는 두뇌)의 기능인 타고난 지능에서 다소 차이가 있게 마련이다. 그러나 이 책은 어떤 특별한 하드웨어가 필요하도록 구성되어 있지 않다. 흔한 평균 수준의 하드웨어면 충분하다.

아마도 더욱 의외의 사실은, 적어도 일반적 의미에서 새로운 **정보**를 여러분에게 제공하는 것이 이 책의 목적이 아니라는 점이다. 예를 들어 화학이나 생물학에 대한 새로운 사실을 배울 필요가 없다. 즉, 분자식이나 동물의 기관들을 기억할 필요가 없다.

이 책에서 주어지는 정보는 실제로는 여러분이 일상적인 과학 정보를 처리하는 방식을 향상하도록 고안된 새로운 **프로그램**의 일부이다. 이 책의 목표는 여러분이 일상적인 과학 정보를 받아들이고, 조직하고, 평가하는 방법을 익히는 프로그램을 다시 짜도록 돕는 것이다.

전술

이 책의 일반적인 목적과 전략을 좀더 이해하게 되었으므로 이제 주제가 어떻게 제시·연구되어야 하는가 하는 **전술**에 대한 논의로 들어갈 수 있다.

이 책 자체는 세 단계에 걸쳐 진행된다. 먼저 우리는 과학의 본성이나 확률 및 인과성 같은 주제들에 대한 **일반적 개념들**을 제시한다. 이러한 일반적 개념들을 암기할 것으로 생각할 필요는 없다. 오히려 그 개념들은 과학적 정보를 처리하는 방법을 배우는 데 **배경**이 된다. 일반적 개념들을 제 것으로 익히기 위해서는 적극적이면서도 비판적으로, 심지어는 회의적 시각으로 읽어야 한다. 만약에 이해가 되지 않는 부분이 있으면, 되풀이해서 읽을 필요가 있을 것이다. 다만 되풀이해 읽는 것에 그치지 말고 이해되지 않는 것에 대해 분명하게 질문하도록 노력하라. 그 다음 책에서 자신의 질문에 대한 대답을 찾아보거나 아니면 강사에게 물어본다.

모든 일반적인 개념들과 함께 **예들**이 제시되는데, 그중 일부는 매우 자세하게 논의된다. 이러한 예들을 통해 여러분이 일반적인 개념들을 충분히 이해함으로써 향후 새로운 사례를 다룰 때 제대로 그 개념들을 사용할 수 있을 것이다. 이 예들을 공부함으로써 여러분은 새로운 예를 다룰 줄 아는 능력을 얻도록 애써야 한다.

마지막으로, 여러분 스스로 풀어야 할 **연습문제**들이 있다. 연습문제는 대부분 이 책에서 설명되고 예시된 기법을 이용하여 분석할 수 있는 과학적 연구 결과에 대한 보고들로 이루어져 있다. 배경 개념들 자체에 초점을 맞추는 질문은 거의 없다. 여러분의 목표는 이러한 개념들을 실생활에서 이용하는 법을 배우는 것이다.

기술로서의 추론

과학적 추론의 학습은 피아노를 치거나 테니스를 치는 것처럼 하나의 새로운 기술을 배우는 것으로 생각하면 된다. 새로운 기술을 배우기 위해서는 단지 그것에 대해 읽는 것만으로는 안 되며, 그것을 실제로 연습해야 한다. 그렇다면 연습문제의 취지는 추론 기술을 실습할 수 있는 기회를 제공하는 데 있다.

연습문제에 접근하는 옳은 방법은 다음과 같다. 먼저 일반적인 원리가 이해될 때까지 교재의 관련 부분 및 강의 노트를 공부한다. 특히 교재에서 풀이된 예들에 관심을 갖는다. 그 다음 교재나 강의 노트를 들여다보지 않고 주어진 연습문제들을 푼다. 문제가 잘 풀리지 않으면, 5~10분 정도 그것에 대해서 생각하되 그 이상 지체하지 말고 다음 문제로 넘어간다. 그러다 보면 앞의 문제를 풀 수 있는 실마리를 얻게 될 수도 있다. 얼마 후에도 여전히 풀리지 않는 문제가 있으면, 교재와 강의 노트를 보며 무엇을 잘못 하고 있는가를 스스로 발견할 수 있는 기회를 갖는다. 그렇게 성실하게, 즉 10~15분 정도 다시 열심히 생각해 보았는데 여전히 무엇이 잘못되었는가를 알 수 없으면, 같이 강의를 듣는 친구나 강의 담당자와 상의해야 한다. 교재의 내용은 단계별 이해를 필요로 하는 경향이 있기 때문에, 시작 단계에서 중요한 것을 놓치면 아마도 계속 혼란스러울 것이다.

연습문제를 푸는 목적이 단지 종이 위에 정답을 쓰는 것이 아니라는 점을 명심해야 한다. 그 목적은 여러분이 교재 없이도 연습문제를 풀 수 있는 기술을 갖도록 하는 데 있다. 여러분은 퀴즈를 풀거나 시험을 볼 때는 대개 교재를 볼 수 없을 것이다. 더욱 중요한 것은 여러분이 일상적 상황에서 과학적 추론을 평가할 필요가 있을 경우에도 교재를 볼 수 없다는 것이다. 추론 기술의 개발로 진정한 보상을 얻게 되는 것은 바로 그러한 경우이다.

추론을 하나의 기술로 생각한다는 말에는 그것을 **규칙적으로** 연습해야 한다는 뜻이 담겨 있다. 각 장에 있는 연습문제들은 그때그때 풀어야 하며, 그냥 넘어갔다가 시험보기 전날 한꺼번에 풀려고 해서는 안 된다. 아무도 테니스 시합이나 피아노 독주회 전날 밤새워 연습한다는 생각은 결코 하지 않을 것이다. 추론 기술

시험을 위해 밤새워 공부하는 것은 어리석은 짓이다. 그런 식으로는 효과가 없을 것이다.

마지막으로, 음악이나 스포츠에서처럼 과학적 추론을 아주 잘하려면 연습과 재능이 필요하다. 그러나 연습을 많이 하면 약간의 재능만으로도 **웬만큼** 잘할 수 있는 것이 과학적 추론이며, 대부분의 사람은 웬만큼 잘하는 것으로 충분하다. 따라서 여러분은 추론 기술이 조금씩 개발되도록 노력하면 된다. 퀴즈를 풀 때쯤 되면, 여러분은 자연스럽게 답을 할 수 있을 것이며 실생활에서도 역시 그렇게 할 수 있을 것이다.

제1부
이론적 가설

::2장

이론적 가설의 이해와 평가

이 장에서 우리는 광범위한 과학적 사례들을 이해하고 평가하기 위한 체제(framework)를 개발할 것이다. 이 장은 1953년에 이루어진 **디옥시리보 핵산**(DNA) 구조의 발견에 대한 사례 연구로 시작된다. 이 특정한 일화에 대한 사례 연구는 이 장의 대부분에서 예로 원용될 수 있을 만큼 풍부한 배경을 제공한다. 일단 체제가 갖추어지면 그것은 다양한 다른 예들에 적용될 것이다.

2.1 이중 나선: 사례 연구

1951년 가을, 23세의 미국인 짐 왓슨(Jim Watson)이 영국 케임브리지에 있는 케임브리지대학 캐번디시 연구소(Cavendish Laboratory)에 도착했다. 그는 DNA의 물리적 구조를 밝혀내려는 자신의 과학적 탐구를 수행하기 위해 이곳에 왔는데, 그는 이 발견으로 자신이 저명인사가 되리라는 것을 확신하고 있었다. 왜 하필 DNA인가?

인간의 유전 형질이 생식세포(정자와 난자)에 있는 확인 가능한 소량의 물질에 의해 부모로부터 자식에게로 전달된다는 생각은 오랜 역사를 가지고 있다. 1900년 무렵부터 오늘날 **유전자**라고 불리는 이 입자의 화학 구조를 결정하는 연구에는 느리지만 꾸준한 진전이 있어 왔다. 1950년에는 이 생식세포가 DNA와 아미노산들의 거대 사슬인 단백질을 모두 포함하고 있다는 점이 잘 알려져 있었다. 그러나 유전자가 DNA로 이루어져 있다는 것을 강력히 시사한 오즈월드 에이버리(Oswald Avery)의 1944년 실험에도 불구하고, 1950년 무렵의 생물학자와 화학자들 대부분은 여전히 유전자가 DNA보다는 단백질로 이루어져 있다고 생각했다. 에이버리의 연구 결과를 진지하게 받아들였던 소수의 사람 중 하나가 인디애나 대학에서 가르치고 있었던 이탈리아 태생의 유전학자 살바도르 루리아(Salvador Luria)였는데, 왓슨은 1947년에 시카고대학에서 동물학 학사 과정을 졸업한 후 루리아의 지도 하에 박사 과정에 들어갔다. 1950년에 왓슨이 박사 학위를 마쳤을 때, 그와 루리아는 DNA의 화학 구조를 상세히 밝히는 것이 유전학의 진보를 위해 최선이라는 데 의견을 같이했다. 왓슨은 코펜하겐에서 전문가 한 사람과 생화학에 대한 연구를 계속하기 위한 장학금을 받았다.

1951년 당시 DNA의 구성에 관해 알려진 바는 [그림 2.1]과 [그림 2.2]에 요약되어 있다. 당시에는 DNA 분자가 **폴리뉴클레오티드**(polynucleotide)라고 불리는 뉴클레오티드 사슬들로 구성되어 있다고 생각되었다. 개개의 뉴클레오티드는 당 분자(deoxyribose), 인산 분자, 그리고 염기로 구성되어 있다. 염기는 푸린(purine) 계열의 아데닌(adenine)과 구아닌(guanine) 중 하나와 피리미딘(pyrimidine) 계열의 시토신(cytosine)과 티민(thymine) 중 하나로 이루어지므로 네 가지 다른 염기가 가능하다. 뉴클레오티드 사슬은 당과 인산으로 구성된 **중추**(backbone)와 그것이 지탱하는 **염기들**(bases)**의 연쇄**로 구성되는 것으로 생각되었다. 루리아와 왓슨이 밝혀내려 했던 것은 이 모든 조각들이 3차원 공간에서 어떻게 서로 들어맞는가 하는 것이었다. 그들은 그러한 구조에 관한 지식이 유전 과정에서 유전자가 작용하는 방식을 명확히 밝혀 줄 것이라고 믿었다.

왓슨은 코펜하겐에서의 작업이 시간의 낭비에 불과함을 깨달았다. 다음 해 봄에 그는 두 달 동안 이탈리아의 나폴리에 가 있었는데, 그동안 초기 유전학의 논문들을 읽거나 유전자의 비밀을 밝혀내는 꿈을 꾸면서 시간을 보냈다. 나폴리에 머무는 동안 왓슨은 살아 있는 유기체 속의 거대 분자들의 구조에 관한 조그만

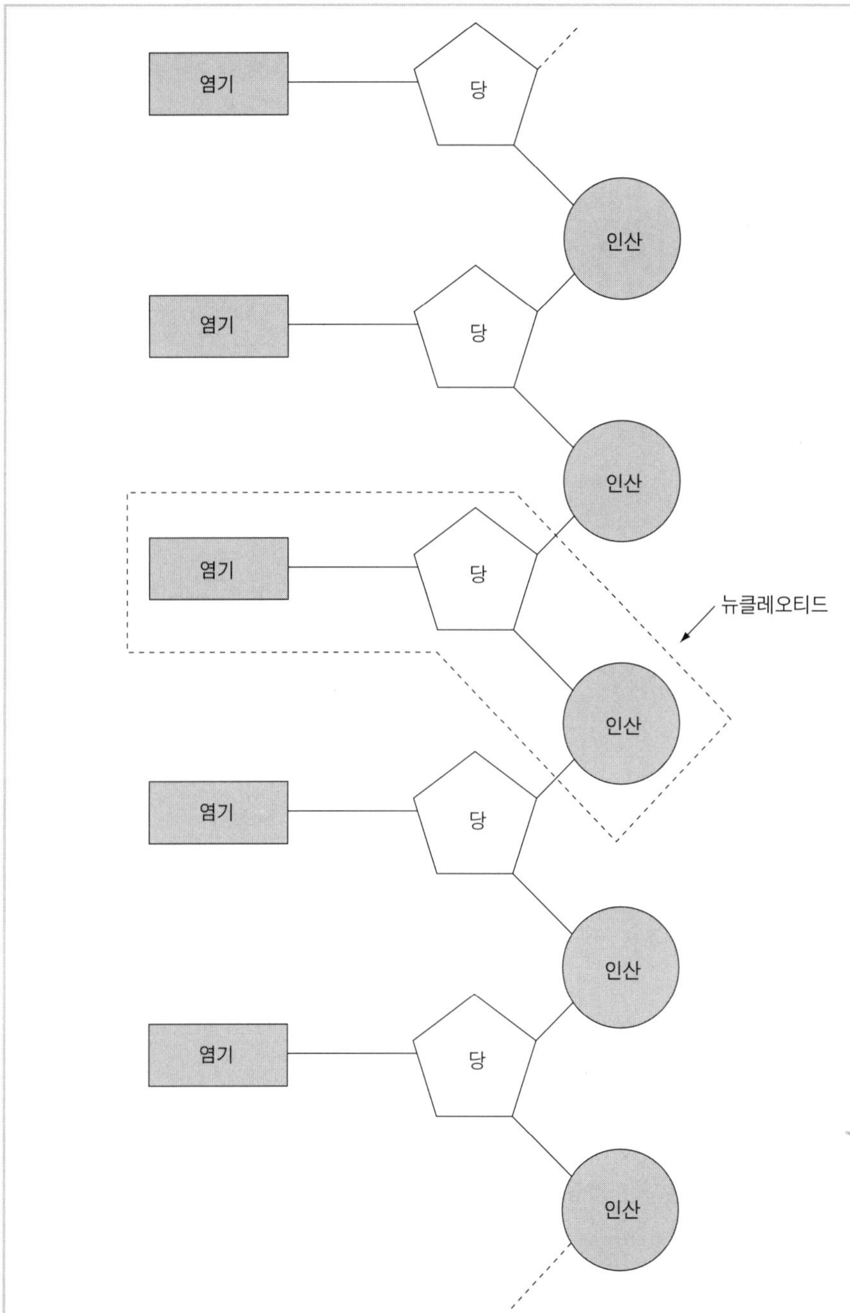

[그림 2.1] 1951년에 유기화학자들이 묘사한 DNA의 일부에 대한 단면도
이 그림에서 원자의 3차원 배열에 대한 언급이 빠져 있는 점을 유의하라.

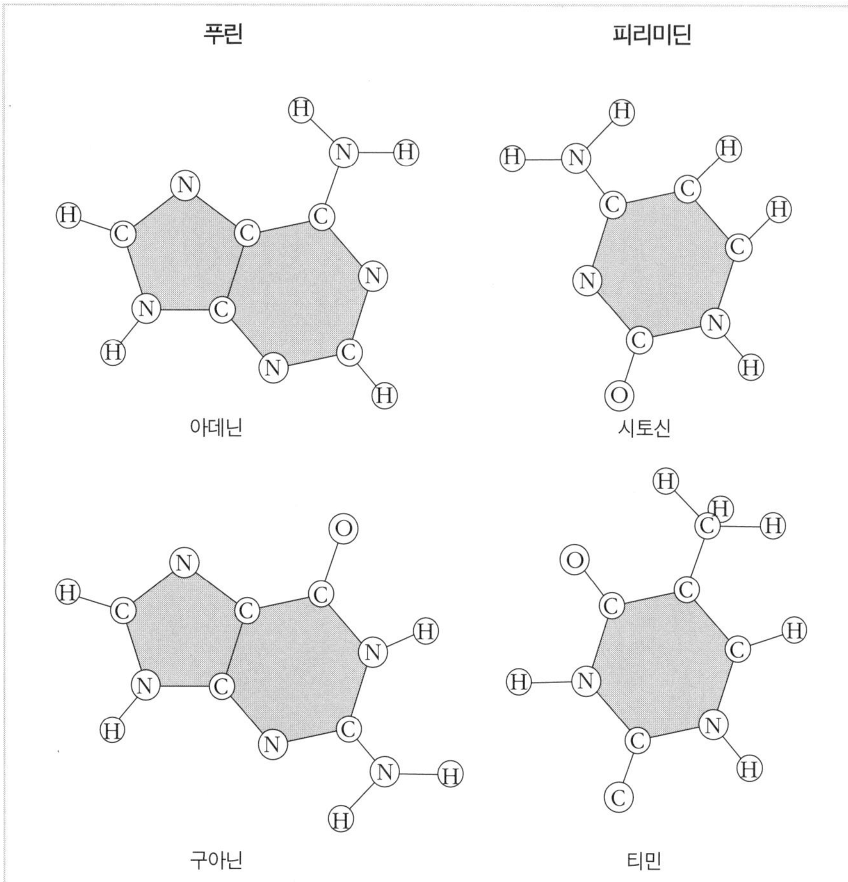

[그림 2.2] DNA 속에 화학적으로 존재한다고 1951년에 알려진 네 가지의 염기

과학 모임에 참여하였는데, 발표 중의 하나를 접하고 그는 흥분했다. 런던 대학의 킹스 칼리지에서 일하는 영국인 모리스 윌킨스는 X선의 초점을 소량의 DNA에 맞추어 찍은 사진을 보여 주었다. 그 사진은, DNA가 상당히 규칙적인 결정체 같은 구조를 가진다는 것을 암시하였다. 이는 그 구조의 세부를 실제로 밝혀낼 가능성이 어느 정도 있다는 것을 의미했다. 왓슨은 아주 기뻐하면서 X선 결정학이 그가 헛되이 숙달하고자 했던 생화학보다 DNA의 구조를 밝히는 데 더 나은 방법이 될 것이라고 생각하기 시작했다. 그는 윌킨스와 친해지려고 했으나 성공하지는 못했다.

코펜하겐으로 돌아오는 도중 제네바에 있는 친구를 보러 갔던 왓슨은 세계의 가장 위대한 생존 물리화학자인 라이너스 폴링이 중요한 단백질 분자인 α-케로틴의 구조를 막 발견했다는 소식을 접하였다. 그 구조는 **나선**이었는데, 폴링은 X선 사진들로부터 얻은 정보를 활용하여 그 분자의 물리적 모형을 만드는 방식으로 그것을 발견하였다. 이제 왓슨은 이러한 방식으로 연구를 해나가야 한다고 확신하게 되었다. 그러나 어디에서 이러한 연구를 수행할 수 있을 것인가? 윌킨스의 호감을 얻지 못한 왓슨은 물리화학에 대해 별로 기반이 없는 자신에게 폴링이 별 관심을 가지지 않을 것으로 확신하였다. 그가 생각할 수 있었던 유일한 곳은 X선 기술을 사용해 거대분자들을 연구하는 사람들이 있는 것으로 알려진 캐번디시 연구소였다. 그는 루리아에게 도움을 청하는 편지를 썼다. 운 좋게도, 그 편지를 받은 직후 미국에 있었던 한 행사에서 캐번디시 연구소의 한 과학자를 만날 기회가 있었던 루리아는 왓슨이 그해 가을부터 그곳에서 일할 수 있도록 주선해 주었다. 다른 분야에서와 마찬가지로 과학 분야에서도 영향력 있는 친구는 도움이 된다.

삼중 사슬 모형

왓슨이 크릭을 처음 만난 것은 캐번디시 연구소에서였다. 크릭은 왓슨보다 12세 위였지만 여전히 박사과정을 밟고 있었다. 크릭은 다른 흥미로운 이론적 문제들에 계속 정신이 팔리기는 했지만, DNA의 중요성에 대한 왓슨의 신념뿐만 아니라 그것의 구조를 밝히는 최선의 전략은 α-케로틴의 구조를 발견하는 과정에서 폴링이 했던 것처럼 모형을 만드는 것이라는 그의 직감을 공유하였다. 그들은 DNA 역시 나선 구조를 가질 것이라고 추측했다.

당혹스러울 수 있는 점은 윌킨스가 이미 그 과제로 연구를 하고 있다는 사실이었다. 미국 과학자들과는 달리, 영국 과학자들은 서로의 영역을 존중하는 경향이 있었기 때문이다. 그러나 윌킨스의 작업은 그와 마찬가지로 DNA에 대한 X선 연구를 하고 있었던 실험실 동료인 로잘린드 프랭클린(Rosalind Franklin)과의 불화 때문에 진척이 매우 느린 상황이었다. 왓슨이나 크릭이 DNA의 모형 연구에 끼어드는 것을 윌킨스가 문제 삼지 않은 것도 부분적으로는 프랭클린과의 알력 때문이었다.

머지않아 크릭은 X선이 나선형의 분자들에 의해 회절되는 방식에 대한 이론적 설명을 개진함으로써 그 과제에 주된 기여를 하였다. 나선형 분자들의 모형을 만드는 데 X선 사진을 이용하기 위해서는 그러한 분자들에 대해 어떤 형태의 X선 사진이 필요한지 알아야 했기 때문이다.

그들은 여전히 DNA에 관한 기존의 X선 사진들에 대해 더 많은 정보가 필요했다. 운 좋게도 프랭클린이 런던에서 그녀의 최근 작업에 대해 강연을 하기로 되어 있었다. 왓슨은 도움이 될 만한 정보를 얻기 위해 서둘러 그 강연에 참석하였다. 프랭클린의 강연이 있은 다음날, 친구와 주말을 보내기 위해 왓슨과 함께 옥스퍼드행 기차를 타고 가던 크릭은 매우 흥분하였다. X선 산란에 대한 그의 이론은, 프랭클린의 강연에서 왓슨이 얻은 관련된 자료와 더불어 살펴보면, DNA 분자에 대해 가능한 나선 구조가 수개밖에 없다는 것을 암시하였기 때문이다. 그것은 두 개 이상, 네 개 이하의 폴리뉴클레오티드로 구성되어야만 했다. 그들은 삼중 사슬 모형을 시도해 보기로 했다.

그 다음으로 중요한 문제는 염기에 대해 당 및 인산 중추가 어떤 위치에 있는가 하는 것이었다. 오로지 두 가지 주요 대안이 있었다. 하나는 교차된 중추를 중앙에 놓고 염기를 그 바깥쪽에 내놓는 것이었고, 다른 하나는 중추를 바깥쪽에 놓고 염기를 그 안쪽에 끼워 넣어 보는 것이었다. 염기를 안쪽에 넣어 맞추는 것은 너무 복잡하게 보였으므로 그들은 염기를 바깥쪽에 내놓는 모형을 만들어 보기로 결정했다.

캐임브리지로 돌아오자마자, 그들은 철사 조각과 특별히 제조된 금속판을 이용해 폴리뉴클레오타이드 사슬의 다양한 요소들을 나타내는 모형을 만드는 일에 착수했다. 이 작업에서 그들이 주로 참고했던 것은 라이너스 폴링의 책 『화학 결합의 성격(*The Nature of the Chemical Bonds*)』이었다. 이 책에서 그들은 화학 결합에 의해 다양한 형태로 묶이는 원자들 사이의 거리와 각에 대해 적용할 수 있는 최상의 정보를 얻었다. 좋은 모형은 원자들의 이러한 기본적 특징들을 반영해야만 했다.

한 달도 채 되지 않아 그들은 아주 만족스러운 모형을 완성했다. 그들은 이 수공품을 검사해 주도록 윌킨스와 프랭클린을 런던으로부터 초청하였다. 프랭클린은 몇 분도 지나지 않아 이 모형에서 중대한 결함을 발견하였다. 자연에서의 DNA는 물로 둘러싸여 있는데, 후자는 전자에 느슨하게 묶여 있었다. 왓슨과 크릭의 삼중 사슬 모형에서는 물 분자가 DNA 분자에 들러붙을 곳의 갯수가 너무 적었다. 사실상 실제 DNA는 그 모형이 허용하는 것보다 24배나 많은 양의 물을 수용할 수 있다. 실로 프랭클린은 지난달의 강연에서 옳은 정보를 제공했는데, 왓슨이 그녀가 말한 것을 잘못 기억한 것이었다!

런던에서 온 사람들에게 창피를 당한 후, 캐번디시 연구소 소장 로렌스 브래그(Lawrence Bragg) 경은 왓슨과 크릭이 DNA 모형을 만드는 일에 더 이상 관여하는 것을 금했다. 왓슨은 스코틀랜드에 있는 친구의 가족과 크리스마스를 보냈다. 명성과 영광에 대한 그의 꿈은 결코 실현될 수 없을 것처럼 보였다.

이중 사슬 모형

휴가로부터 돌아오자 왓슨은 담배 모자이크병 바이러스(TMV)의 X선 사진을 찍는 법을 배우기로 했다. TMV는 틀림없이 나선 구조를 가지고 있을 것이기 때문에 그는 시간을 낭비하는 것이 아니었다. 정말 그는 몇 개월 후 새로운 X선관을 이용해 분명히 나선 구조임을 보여 주는 훌륭한 사진들을 얻었다. 왓슨과 크릭 모두 DNA에 관한 작업을 하는 것이 공식적으로 금지되어 있었지만 그것에 대해 생각조차 멈춘 것은 아니었다.

그 사이에 매사추세츠 소재 콜드 스프링 하버 연구소(Cold Spring Harbor Laboratory)의 두 과학자가 일차적인 유전 물질은 단백질이 아니라 DNA라는 생각을 강력하게 지지하는 실험 결과를 보고하였다. 에이버리의 연구와는 달리 이 새로운 실험 결과들은 다수의 유전학자들에 의해 매우 진지하게 받아들여졌다. 왓슨에게 이 실험 결과들에 대한 소식은 좋기도 하고 나쁘기도 했다. 그가 DNA에 초점을 맞추어 연구한 것이 옳았던 것으로 확인된 반면, 이제 많은 과학자들이 DNA에 대한 연구를 시작할 것이고 따라서 그의 유리한 입지는 사라지고 있었다.

또 다른 새 연구 결과가 그들의 관심을 불러일으켰다. 오스트리아 태생의 컬럼비아대학 생화학자 어윈 샤가프(Erwin Chargaff)가 몇몇 상이한 생물학적 종으로부터 DNA의 염기 구성물들을 조심스럽게 측정한 결과에 따르면, 피리미딘 계열인 시토신과 티민의 상대적 함량은 종마다 달랐다. 그런데, 놀랍게도, 아데닌과 티민의 상대적 함량은, 시토신과 구아닌의 상대적 함량이 그러했듯, 모든 종에서 동일했다. 샤가프와 마찬가지로, 왓슨도 이 결과들이 매우 의미심장하다는 것을 확신했지만, 누구도 그 정확한 의미를 알지 못했다. 크릭 역시 샤가프의 결과에 점차 사로잡히게 되었다.

1952년 9월에 왓슨은 박테리아의 경우에도 암수 쌍이 있다는 생각에 주의를 돌렸다. 그것이 사실이라면, 이는 박테리아의 유전적 특성에서 이전에 생각했던 것보다 고등유기체와 훨씬 더 유사하리라는 것을 의미했다. 크릭은 아직 끝나지 않은 박사논문에 다시 매달렸다. 그들의 생활에 새로운 측면 하나는 라이너스 폴링의 아들인 피터가 캐번디시 연구소로 와 그들의 연구 그룹에 합류했다는 것이었다. 피터를 통해 그들은 파사데나로부터 소식을 제때에 신속하게 전해들을 수 있었다.

불길한 소식 하나는 폴링이 α-코일을 연구하고 있다는 것이었다. 뒤이어 그가 DNA를 연구하고 있다는 소식도 들었는데, 자세한 내용은 알려지지 않았다. 그러고는 1월 중순에 폴링이 자신의 DNA 모형을 개관한 논문 초고를 받아보게 되었는데, 왓슨과 크릭은 폴링의 모형이 자신들이 실패한 삼중 사슬 모형과 외면적으로 유사하다는 것을 알게 되고는 크게 안도했다. 덧붙여 폴링의 모형은 그들이 확실히 잘못됐다고 느낀 몇몇 다른 특징들도 가지고 있었다. 그러나 폴링이 자신의 실수를 발견하고 그의 천재적 능력을 발휘하여 그것을 수정하기까지 기껏해야 6주 정도 남았다는 것이 그들의 판단이었다. 그럼에도 불구하고 그들은 다시 한 번 그 문제를 해결하는데 총력을 기울이기로 결정했다. 미국인 폴링이 그의 영국 경쟁자들에 앞서 그 문제를 해결할 수도 있다는 전망의 심각성을 보고받고 브래그는 그들에게 다시 한 번 시도할 기회를 주기로 결정했다.

왓슨은 윌킨스에게 폴링의 논문을 보여 주고 그들의 새로운 노력에 대한 지원을 확보하기 위해 런던으로 갔다. 윌킨스를 바로 만날 수 없었던 왓슨은 프랭클린의 실험실에 잠깐 들렀다. 폴링의 논문을 인용하면서 그는 사태가 긴박하다는 것을 그녀에게 확신시키고 그들의 작업에 대한 그녀의 지원, 특히 그녀가 정성들여 얻은 X선 자료를 확보하고자 시도하였다. 그녀는 왓슨을 실험실 밖으로 몰아내면서 그들이 하는 "애들 장난" 같은 일에 결코 끼어들지 않겠노라고 말했다고 한다.

윌킨스는 프랭클린이 "B형" DNA라 부르는 것을 찍은 사진을 왓슨에게 보여 주면서 그를 위로했는데, 그것은 당시 표준적인 "A형"보다 훨씬 많은 수분을 포함했다. [그림 2.3]에 나타나는 것처럼 그 패턴은 왓슨이 과거에 보았던 어떤 것보다 믿을 수 없을 정도로 단순했다. 선명한 검은 X표는 나선 구조로부터만 나올 수 있는 것이었다. 그것은 X선이 나선 구조에 의해 회절되는 방식에 관한 크릭의 이론으로부터 바로 도출되는 결론이었다. 왓슨은 어느 때보다 흥분되어 케임브리지로 돌아왔다.

그들은 작년에 부딪혔던 중요한 문제들에 답할 수 있을 만큼 충분한 정보를 아직 얻지 못했다. 몇 개의 사슬들이 존재하는가? 염기의 위치는 바깥쪽인가, 안

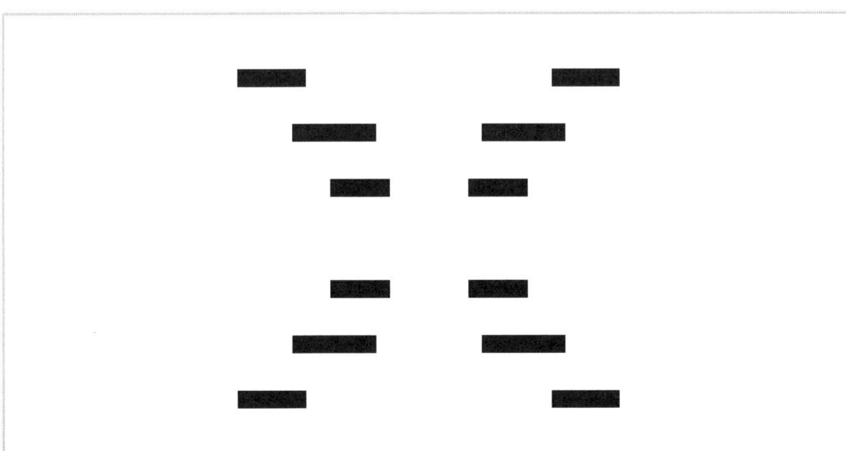

[그림 2.3] 로잘린드 프랭클린이 1952년에 찍은 B형 DNA의 X선 사진에 의해 밝혀진 패턴

쪽인가? 염기의 위치가 안쪽이라면, 그것들은 어떻게 배열되는가? 왓슨은 중요한 생물학적 존재자들의 경우 쌍을 이룬다는 일반적인 생각에 끌려 이번에는 이중 사슬 모형을 시도해 보기로 결정했다. 염기를 안팎 어느 쪽에 놓을 것인가 하는 결정이 더 어려웠다. 염기를 안쪽에 놓을 경우 그것을 배열할 수 있는 경우의 수가 너무 많아 어느 것이 옳은가를 결정하기가 어렵다는 점에 대해 그들은 늘 고심해 왔다. 그러나 염기가 바깥쪽에 있는 모형으로는 별수가 없었기 때문에 그들은 염기를 안쪽에 놓는 모형을 시도해 보기로 했다.

하나의 당 인산 중추에 부착된 염기는 반대편의 당 인산 중추에 부착된 염기와 결합되어야 하고 따라서 일종의 축소판 나선 계단을 형성한다는 것이 그들의 생각이었다. 즉각적인 문제는 두 가닥 사이의 거리, 즉 나선의 지름이 일정해야 할 터인데 염기들의 크기가 각각 다르다는 점이었다. 두 염기를 안쪽을 가로질러 이으면 염기의 형태가 변하거나 나선 중추가 불룩해질 것이었다. 그러나 변형이 일어나거나 부풀어 오르는 문제에도 불구하고 왓슨은 같은 종류의 두 염기(예를 들어, 아데닌과 아데닌)를 결합시키는 모형을 만들어 나갔다.

왓슨은 한때 폴링과 함께 연구했던 미국의 결정(結晶)학자 제리 도나휴(Jerry Donohue)로부터 곧 지적을 당했다. 왓슨은 수소 결합에 대한 정보를 표준 교과서로부터 얻었는데, 도나휴는 표준 교과서가 틀렸다는 사실을 알려주었다. 염기들은 동종 염기끼리 이어주는 왓슨의 모형이 요구하는 방식으로는 도저히 결합될 수 없었다. 크릭은 그 외에도 다른 문제들을 제기하였다. 왓슨은 마지못해 동종 염기끼리 결합시키는 방안을 포기해야만 했다.

캐번디시 연구소의 기계제작소에서도 염기를 나타내는 데 필요한 작은 주석판들을 생산하는 작업이 늦어지고 있었다. 일을 진척시키고 싶었던 왓슨은 자신이 직접 딱딱한 판지를 잘라 염기들을 만들었다. 자신의 판지 모형을 가지고 이런저런 생각을 하던 왓슨은 아데닌과 티민의 조합이 구아닌과 시토신의 조합과 매우 비슷한 형태를 갖는다는 것을 발견했다. 이 "계단들"을 이용하면 지름이 일정한 나선형 계단을 만들 수 있을 것이다. 도나휴는 이러한 조합에서 요구되는 수소 결합이 잘 이루어질 것이라고 확인해 주었다. 더구나 이 구조에서는 각 염기쌍이 푸린 하나와 피리미딘 하나로 구성되기 때문에 샤가프의 결과들도 바로 설명 가능했으며, 이 특정한 조합들만이 요구되는 방식으로 결합될 수 있었다. 크릭은 즉각 자신들이 "생명의 비밀"을 발견했다고 선언했는데, 후에 그는 왓슨의 판지 모형의 도움 없이 독자적으로 똑같은 결론에 도달했었다고 주장하였다.

그러나 아직도 할 일이 남아 있었다. 기계제작소로부터 금속 조각판들이 도착하자, 그들은 모형에 다림줄과 막대자를 대고 모든 조각을 주의 깊게 정렬하여 해당 화학 결합에 대해 알려진 것과 일관되는 배열로 조합했는가를 확인했다. 잘된 것 같았다. 로렌스 브래그 경도 만족스러워했다. 더욱 중요한 것은 윌킨스뿐

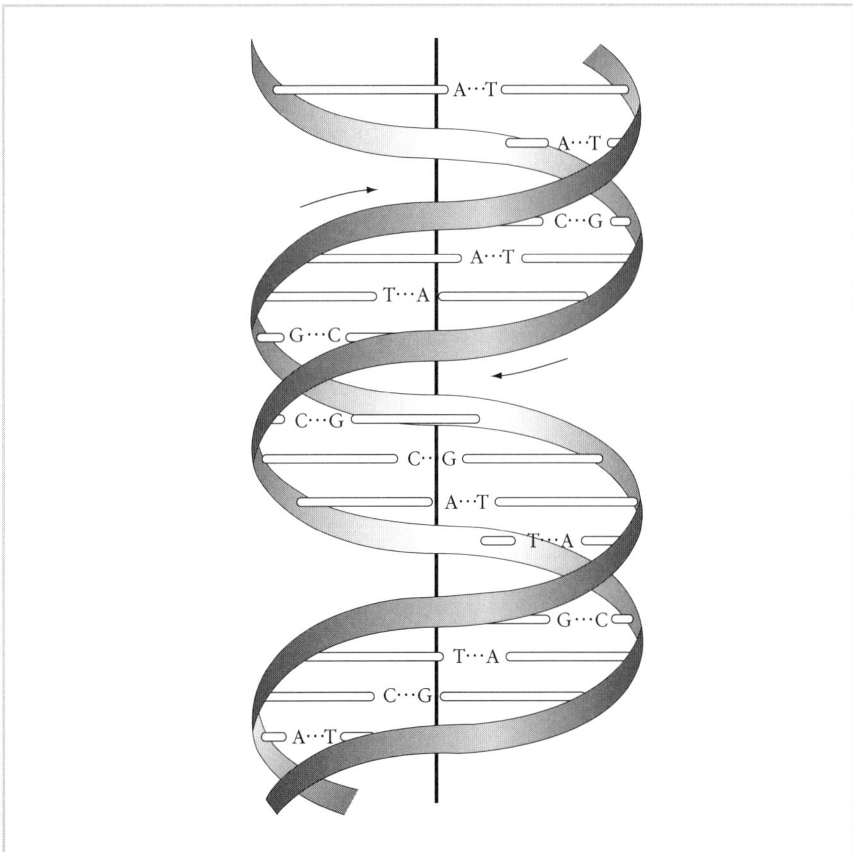

[그림 2.4] 1953년 『네이처(*Nature*)』에 실린 논문에서 왓슨과 크릭이 제시한 DNA의 이중 나선 구조에 대한 도식적 표현

만 아니라 프랭클린까지 왓슨과 크릭이 제안한 구조가 그들 자신의 X선 자료에 대한 상세한 검토에 의해 입증된다는 데 동의한 것이었다.

왓슨과 크릭은 1953년 3월 25일자 『네이처(*Nature*)』에 발표한 그들의 900자 논문을 "우리는 디옥시리보스 핵산(D.N.A.)의 구조를 제안하려고 한다"는 말로 시작하였다. [그림 2.4]는 그들이 그 첫 논문에서 제시한 DNA 구조를 도해한 것이다. 사전 조정에 따라 왓슨과 크릭의 논문이 먼저 그리고 윌킨스와 프랭클린의 논문이 뒤이어 실렸다. 이 논문들은 오늘날까지 계속되고 있는 분자생물학의 연구 방향을 제시하였다.

2.2 과학의 일화에 대한 이해

DNA 구조가 발견된 과정에 관한 기본적인 줄거리를 알았으므로 과학의 일화들을 이해하기 위해 필요한 몇 가지 일반적인 분석 도구들을 개발하기 위해 다시 그 사례로 돌아가기로 하자. 우리는 먼저 과학의 일화들이 지니는 일반적 특징들을 살펴본 다음, 그중 몇몇에 대해서는 좀 더 상세하게 고찰할 것이다.

과학의 인간적 맥락

DNA 구조의 발견에 대한 왓슨 자신의 설명을 담은 책, 『이중 나선(*Double Helix*)』은 그 사건이 일어난 지 15년 후인 1968년에 출판되었다. 많은 사람들은 이 책이 지나치게 사적이라고 불만스러워했다. 특히 이 책은 참여한 인물들의 인간적인 결점과 약점들을 드러냈다. 물론 그중에서도 두드러진 것은 로잘린드 프랭클린과 모리스 윌킨스 사이의 갈등이었다. 그리고 프랜시스 크릭은 수다스러운 사람으로, 로렌스 브래그 경은 지나치게 완고한 인물로, 라이너스 폴링은 너무 쇼맨십이 강한 인물로 묘사하는 등 때로는 직설적인 인물 묘사들도 있었다. 물론 왓슨 자신도 노벨상을 타는 데 집착하여 윌킨스, 프랭클린, 폴링과 적극적으로 경쟁을 벌이는 인물로 그려져 있다.

사람들은 왜 『이중 나선』이 드러낸 인간적 면모를 비난했을까? 예를 들어 크릭과 윌킨스 같은 사람들은 왓슨이 사실을 왜곡했다고 불만을 토로했다. 그러나 합리적이고 객관적인 활동이라는 과학의 이미지를 보존하고 싶었기 때문에 반대한 사람들도 있었다. 이러한 이미지는 과장된 것이긴 하지만 과학계 밖의 사람들을 상대할 때 과학자들에게 자주 유리하게 작용한다. 왓슨은 과학의 이러한 공식적인 이미지가 옳지 않다는 것을 보여 주었다.

물론 과학의 공식적 이미지가 틀렸다고 해서 그렇게 놀랄 일은 아니다. 과학은 인간의 활동이고 과학자들 역시 평범한 인간이다. 다른 직종에 종사하는 사람들과 마찬가지로 과학자들도 인간의 모든 약점과 단점을 가질 것으로 예상해야 한다. 그렇다면 이 일화에서 얻을 한 가지 일반적 교훈은 과학자들이 객관성, 중용, 정직과 같은 미덕을 비범하게 갖추었기 때문에 과학이 성공한 것은 아니라는 점이다. 과학의 성공에 대한 설명은 다른 데서 찾아야 한다.

보다 실질적인 교훈은 여러분이 접하는 모든 과학적 일화 이면에는 전형적으로 사람이 어울려 살며 생기는 이야기들이 많다는 점이다. 사람들의 명성과 출세가 걸려 있기 때문이다. 그러나 여러분이 신문이나 잡지에서 보는 새로운 과학적 발견에 대한 일반적인 보도에는 이러한 이야기가 단편적으로만 드러난다. 구체적 현실 속에서 살아 숨쉬는 인간으로서 과학자들이 하는 일에 대해 우리는 상상만 할 수 있을 뿐이다. 그럼에도 불구하고 어떤 일화를 이해하려고 할 때, 모든 일화의 이면에는 여느 사람과 다름없는 인물들이 있었음을 기억하는 것은 늘 도움이 된다.

세계가 작동하는 방식에 대한 탐구

이제 과학이 다양한 이해와 동기를 가진 사람들에 의해 운영되는 인간의 제도 중 하나임을 인정하자. 그러나 과학을 상업, 군사, 예술, 정치 혹은 종교와 같은 다른 제도로부터 구별하는 무엇인가 있어야 한다. 우리가 가장 일반적으로 주장할 수 있는 것은 다음과 같다. 과학자들이 제도로서의 과학에 관여하는 한 그들은 **세계가 작동하는 방식을 탐구하는 일**에 종사하고 있다는 것이다. 개인적인 동기와 스타일에서의 차이가 무엇이든 폴링, 크릭, 윌킨스, 프랭클린은 모두 DNA의 구조를 밝히는 일에 종사했다. 이 일은 유전자가 복제되는 방식, 나아가서 부모의 특성들이 자식에게 전달되는 방식을 밝히는 더 큰 연구과제의 일부였다.

우리는 과학자들이 세계의 작동을 탐구하는 방식에 대해서도 일반적인 사항을 말할 수 있다. 그들은 신중하면서도 계획적으로 세계와 상호작용하는 일에 종사한다. 그들은 실험도 하고 관찰도 하는데, 그중 일부는 세계가 **작동할 수 있는** 몇 가지 가능한 방식 가운데 어떤 것이 세계가 **실제로 작동하는** 방식과 가장 비슷한가를 결정하는 데 도움이 되도록 설계된다. 예로서, 과학적 전통이 신성한 경전의 해석을 통해 세계를 이해하려는 종교적 전통이나 소설같이 특정한 문학적 형식에 기초한 문학적 전통과 구별되는 것은 이러한 활동에 의해서이다.

흔히 과학은 이른바 "과학적 방법"을 이용한다는 점에서 구별된다고 한다. 그러나 과학자들이 실제로 사용하는 방법은 그들이 연구하는 주제만큼 다양하므로 이러한 주장은 아무래도 의문의 여지가 있다. 과학의 방법, 예를 들어 실험에 대해 우리가 일반적으로 말할 수 있는 것의 대부분은 실제 연구에 종사하는 과학자에게 쓸모가 있을 정도로 구체적일 수 없다. 그러나 어떤 특정한 과학적 탐구에서 현재 진행되고 있는 것을 이해하고 나아가서 어느 정도 그것을 평가하려는 구경꾼들에게 쓸모 있는 것을 말할 수는 있다.

문제의 발견

특정한 영역을 선택하지 않은 채, 세계의 작동 방식을 발견하려고 추구하는 과학자는 없다. 모든 과학자는 세계의 어떤 특정한 측면에 초점을 맞추며, 각자 나름으로 해결하고자 하는 특별한 문제들이 있다. 왓슨의 경우, DNA의 3차원 구조를 결정하는 문제를 자신의 연구 과제로 삼았다.

개별 과학자가 어떻게 특정한 문제들에 초점을 맞추게 되는가는 저마다 살아오며 경험한 우연한 사건들에 의해 주로 결정된다. 왓슨은 어릴 때부터 생물학에 관심을 가졌던 것 같다. 한때 열렬한 야생조류 관찰자였던 그는 유전자의 본성에 대해 처음으로 흥미를 갖게 되었던 것이 대학 4학년 때라고 후에 주장했다. 특히 그는 박사 과정 지도교수인 살바도르 루리아를 만나면서 DNA에 대해 흥미를 느끼기 시작한 듯하다.

우리가 얻는 교훈은 특정 과학자가 어떤 문제를 연구하게 된 경위를 안다고 해도 특정한 과학적 결과를 이해하거나 평가하는 데 크게 도움이 될 것 같지는 않다는 점이다. 그것이 전기(傳記)로서는 흥미롭고 왜 특정한 탐구가 특정한 시기에 이루어졌는가를 이해하는 데 유익할 수 있지만, 지금 우리가 추구하는 관심사는 아니다.

모형의 구성

왓슨과 크릭은 DNA의 **모형**에 대해 생각하고, 그것에 대해 말하고, 실제로 그것을 만드는 데 많은 시간을 보냈다. 모든 과학자가 왓슨과 크릭처럼 철사와 금속판으로 스케일 모형(scale model)을 만들지는 않는다. 그러나 보다 추상적인 의미에서 대부분의 과학자들은 실제로는 모형을 만드는 대신 머릿속에서 그려 보는 것으로 그칠지라도 세계의 어떤 측면에 대한 모형을 만드는 일에 종사한다고 말할 수 있다. 과학의 일화들을 이해하기 위해서는 개발되고 있는 특정한 모형들에 대해 어느 정도 알아야 한다. 또한 과학의 일화들에 대한 보도를 분석하는 법을 배우는 데도 과학에서 사용되는 모형들의 성격과 역할에 대한 이해가 있어야 한다. 그러한 이해능력을 갖는 것이 우리의 첫 번째 과제 중 하나이다.

모형의 적합성에 대한 결정

과학자들이 그저 재미로 모형을 만드는 것은 아니다. 모형을 만드는 것은 세계가 작동하는 방식을 밝히는 과정의 일부이다. 자신의 모형들에 대해 연구하는 동안, 과학자는 이 모형들이 실제로 현실 세계에 상당히 잘 들어맞는지 여부를 결정하려고 늘 노력한다. 그러한 결정을 내릴 때 과학자들은 분명히 모든 부류의 사실들, 특히 면밀한 실험 결과를 고려한다. 그러나 그들은 결정 과정에서 다른 많은 요인들의 영향도 받는다. 이 요인들 중에는 가장 앞서서 중요한 발견을 하고 싶다는 욕망도 있을 것이고 자신의 오류로 판정되는 것에 대한 두려움도 있을 것이다. 왓슨의 경우 성공에 대한 욕망이 실수에 대한 두려움보다 분명히 컸는데, 이는 비참할 정도로 들어맞지 않았던 삼중 사슬 모형에 대해 그가 보인 열의에서 드러난다. 과학의 일화들을 이해하기 위해서는 모형이 실제로 세계와 들어맞는가를 과학자들이 결정하는 방식에 대해 더 배워야 한다.

다른 과학자들 설득하기

과학자가 개별적으로 모형이 들어맞는다고 결정하는 것으로는 충분하지 않다. 다른 과학자들도 같은 결정을 내리도록 설득해야 한다. 이를 위해서는 매우 다양한 관심, 배경, 기술을 가지고 그 주제에 접근하는 과학자들을 설득할 수 있는 자료와 논증이 필요하다. 예를 들어 프랭클린은 왓슨, 크릭, 윌킨스가 DNA의 나선 구조를 확신한 후 한참이 지나서야 이에 동의하였다. 폴링은 런던에서 이중나선 모형과 X선 자료를 모두 보고 난 후 즉각 그 모형이 옳다는 데 동의했다. 그 분야의 다른 과학자들은 그 소식을 듣거나 왓슨, 크릭, 윌킨스, 프랭클린의 논문을 읽고 난 후 곧 동의했다.

말의 확산

일단 어떤 과학 분야에 직접 관여하는 대부분의 과학자들이 어떤 모형이 들어맞는다는 결정을 내리면, 그러한 결론은 훨씬 느린 과정을 통해 과학에 종사하지 않는 일반 대중에게 알려지기 시작한다. 이 과정에 왓슨이 그랬던 것처럼 과학자들이 관여할 수도 있지만, 다른 많은 사람들, 특히 교사, 언론인, 심지어 영화 제작자 등이 참여한다. 나머지 사람들은 이 단계에서야 비로소 우리가 과학에 대해 아는 대부분을 배우게 된다. 일반 대중에게 주어지는 과학 정보를 이해하고 평가하기 위해서는 주어진 정보를 이용하여 애당초 그 정보를 산출하는 데 투입된 모형과 의사결정 과정의 특징들을 재구성하는 법을 배울 필요가 있다. 이제 이 과제로 들어가 보자.

2.3 모형과 이론

과학자들은 흔히 그들이 하는 일이 **모형**을 만드는 것이라고 말한다. 과학적 추론을 이해하기 위해서는 모형과, 과학에서 모형이 이용되는 방식에 대해 어느 정도 알아야 한다. 사실상 모형의 유형 또는 용도를 적어도 세 가지는 기억해야 한다.

스케일 모형

왓슨과 크릭의 경우 실제로 DNA의 물리적 모형을 만들려고 시도한 것이 매우 유익했다. 모형 비행기와 인형의 집처럼 그렇게 일상적 의미에서의 모형이었다. 이것들은 모두 **스케일 모형**이다. 왓슨과 크릭의 모형이 우리가 더 익숙한 스케일 모형들과 크게 다른 점은 실물대비 모형의 비율이 극히 크다는 것인데, DNA 모형의 경우 그 비율이 약 10억 대 1이었다. 즉 그 모형에서 1인치는 실제 DNA 분자에서 10억 분의 1인치를 나타냈다.

스케일 모형은 과학 분야에서 널리 사용되지만 그보다 더 많이 사용되는 곳은 공학 분야이다. 예를 들어 작은 풍동(風洞)에서 자동차의 스케일 모형을 시험해 봄으로써 우리는 다양한 자동차 디자인의 풍압 저항에 대해 많은 것을 배울 수 있다. 이것은 실물 크기의 자동차가 통과할 정도로 큰 풍동을 제작하는 것보다 훨씬 쉽고 비용도 적게 든다. 그럼에도 불구하고 과학자들이 모형에 대해 이야기할 때 그것이 스케일 모형일 가능성은 별로 없다.

유사체 모형

『이중 나선』에서 왓슨은 나선형 계단을 보면서 DNA의 구조가 나선형 계단과 유사할 수 있다는 생각을 했다고 말한다. 그는 폴링의 알파 나선의 예도 알고 있었다. 여기서 왓슨이 나선형 계단과 알파 나선을 DNA 분자의 **유사체 모형**으로 사용했다고 말할 수 있다. 그는 DNA 분자가 알파 나선이나 나선형 계단과 비슷함을 시사했다. 그가 알파 나선이나 나선형 계단의 구조를 본떠 DNA의 구조에 대한 **모형을 만들었다**고 말할 수도 있을 것이다.

현대 과학에서 가장 널리 알려진 유사체 모형은 원자에 대한 유사체 모형으로 사용된 태양계의 구조이다. 양자와 중성자로 구성되는 원자의 핵은 태양과 유사하며, 전자는 태양 주위를 도는 행성과 유사하다고 말한다. 태양계와 원자 사이의 이 유추가 20세기 전반기에 매우 풍부한 결실을 거두었다는 것은 의심의 여지가 없다. 그것을 보며 과학자들은 이후 많은 연구의 기초가 된 온갖 물음들을 제기했다(예를 들면, 전자는 자신의 궤도를 따라 얼마나 빠른 속도로 운동하는가? 궤도는 원형인가 또는 타원형인가?) 그러한 물음들에 답을 찾는 과정에서 과학자들은 원자에 대해 많은 것을 알게 되었다. 특히 원자가 태양계와 다른 많은 점들에 대해서도 알게 되었다. 결국 좋은 유추는 더 이상 그 유추가 유효하지 않은 상황으로 자주 귀결된다.

유사체 모형은 일반적으로 과학자들이 주어진 주제를 처음으로 다루어 보려 시도하는 연구의 초기 단계에서 가장 유용하다. 이 시점에는 어떻게 새로운 모형을 만들 것인가에 대한 제안이라면 거의 모두 도움이 될 수 있다. 새로운 모형이 실세계에 얼마나 잘 들어맞는가를 **평가하는 것**이 문제되는 후반부로 넘어가면 원래의 유사체 모형이 지녔던 유용성은 줄어든다. 왓슨과 크릭은, 자신들이 DNA의 옳은 구조를 규명했음을 윌킨스와 프랭클린에게 납득시키는 단계에서는 나선형 계단의 특징들에 호소하지 않았다. 또한 알파 나선을 통해 폴링이 거둔 성공에 호소하지도 않았다. 마찬가지로 행성들의 궤도에 대한 사실들을 원자의 태양계 모형이 옳다는 증거로 사용하지도 않았다. 모형의 적합성을 평가하는 단계에서는 또 다른 증거가 필요했다.

요컨대 유사체 모형에 대해 생각하는 것이 제안된 새로운 모형을 **이해**하려고 시도하는 과정에서는 매우 유용할 수 있다. 반면에 제안된 새로운 모형을 **평가**하는 과정에서는 유사체 모형의 유용성이 많이 줄어든다.

모형과 지도

과학적 맥락에서 가장 일반적으로 언급되는 모형은 **이론적 모형**이다. 이론적 모형의 정체를 이해하는 데는 이론적 모형과 지도의 유사성을 생각해 보는 것(즉, 지도를 이론적 모형에 대한 유사체 모형으로 사용하는 것)이 도움이 된다. 지도는 스케일 모형보다는 추상적이지만 전형적인 이론적 모형에 비해서는 구체적인 편이다.

진도를 나가기 전에 여러분 자신의 지도를 만들어 보기 바란다. 이것은 집과 학교, 기숙사와 교사, 또는 집과 직장 사이의 오가는 길을 나타내는 지도일 수 있다. 예를 들어 [그림 2.5]는 미네소타 대학 교정의 일부를 나타내는 지도인데, 중앙도서관과 철학과가 있는 빌딩을 포함하고 있다.

[그림 2.5]의 지도에는 굵은 화살표가 있다. 화살표가 가리키는 대상은 무엇일까? 읽는 것을 잠시 멈추고 이 질문에 답해 보자.

통상적인 답은 그 화살표가 어떤 건물, 아마도 철학과 사무실이 위치한 대학 건물을 가리키고 있다는 것이다. 내가 그 답이 틀렸다고 말한다면, 여러분은 어떤 생각을 할 것인가? 오답일 뿐 아니라, 정답과는 거리가 먼 완전히 틀린 답이다. 아마 여러분은 내가 장난을 치고 있는 게 아닌가 생각하기 시작할 것이다. 여러분의 생각이 옳을 수도 있다. 그러나 이 장난에는 중요한 의미가 있다.

정답은 화살표가 [그림 2.5]에 그려져 있는 어떤 직사각형을 가리키고 있다는 것이다. 문자 그대로 그것이 바로 화살표가 가리키는 것이다. 화살표가 건물을 가리킨다고 말하는 이유는 지도와 지도의 제목에서 그 직사각형이 건물을 **나타낸다**는 것이 비교적 분명하게 드러나기 때문이다. 그러므로 사람들은 화살표가 직사각형 자체보다 그것이 나타내는 것을 가리키고 있다고 **해석한다**.

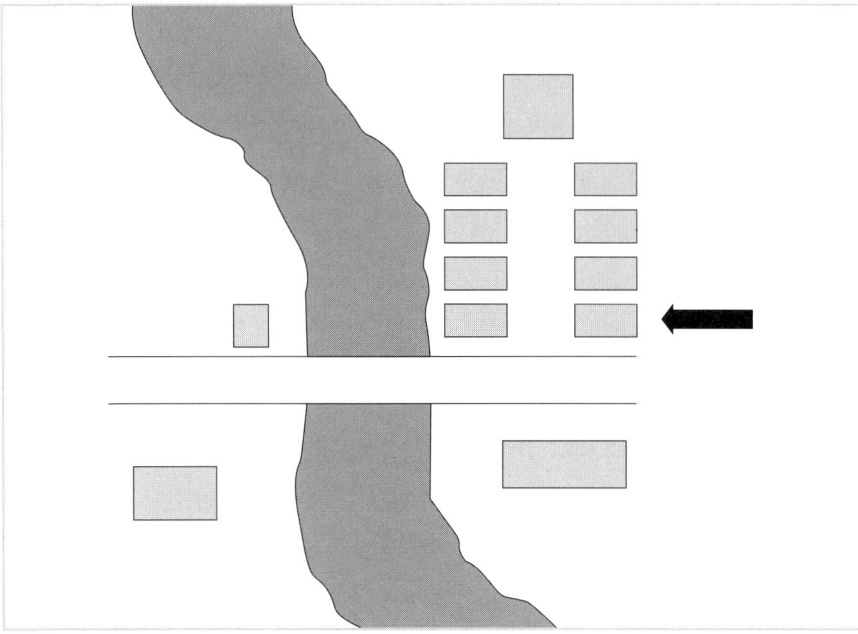

[그림 2.5] 미네소타 대학의 트윈 시티 캠퍼스의 일부에 대한 스케치

지도와 그것이 나타내는 것은 같지 않다는 것이 이 연습의 요점이다. 지도의 경우에는 아무도 이러한 착오를 할 것 같지 않다. 요컨대 시내 지도를 접어서 호주머니에 집어넣을 수는 있지만, 도시를 접어 호주머니에 넣을 수는 없다는 것이다. 여러분은 스케일 모형과 그 모형의 실제 사물을 혼동하지도 않을 것이다. 설마 왓슨과 크릭이 철사와 주석판으로 만든 스케일 모형과 실제 DNA 분자를 혼동하는 위험에 처했던 사람은 아무도 없었을 것이다.

앞으로 알게 되겠지만 이론적 모형은 별개의 문제이다.

지도와 그것이 나타내는 바가 다르다면, 둘 사이의 관계는 도대체 무엇인가? 대상 지역을 "지도로 그린(map)" 것이 지도라는 말은 맞지만 그다지 유익하지는 않다. 지도가 대상 지역을 **나타낸다**(represent)는 말은 좀더 유익하다. 다음 질문은, 지도가 어떻게 특정한 공간을 나타내는가 하는 것이다.

첫 번째 대답은 지도가 대상 공간과 특정한 **구조적 유사성**을 드러낸다는 것이다. 지도의 경우 특정한 구조적 유사성이란 공간적인 것이다. 예를 들어 거리 지도상의 표시들 사이의 공간적 관계는 지도가 나타내는 도시의 여러 거리의 공간적 관계에 대응한다.

지도가 대상 지역을 어떻게 나타내는가에 대한 답의 두 번째 대답은 지도를 만들고 읽는 데 필요한 일단의 **사회적 규약들**이 존재할 뿐만 아니라 우리는 그것들을 상당히 잘 이해하고 있다는 것이다. 이 규약들이 없다면 지도는 선이 여러 개 그려진 종이쪽일 뿐이다. 시내 지도를 위한 규약들은 대부분의 사람들이 의식조차 못할 정도로 머릿속에 입력되어 있다. 그러나 이것은 특별한 경우로서, 왓슨과 크릭이 만든 DNA 스케일 모형을 해석하는 데 필요한 규약들을 아는 사람은 별로 없다. 특정한 주석판이 푸린 염기를 나타내는 것으로 해석할 수 있으려면 물리 화학에 대해 많이 알고 있어야 했다. 프랭클린은 그것을 쉽게 할 수 있었고 삼중 사슬 모형에는 물 분자들이 달라붙을 공간이 충분하지 않다는 것을 재빨리 알아차렸다.

지도와 모형 사이의 유사성은 다른 흥미로운 질문들을 생각나게 한다. 하나는 완벽한 지도(예를 들면 시카고에 대한 완벽한 지도)가 존재할 수 있는가 하는 것이다. 그에 대한 답은 "완벽한 지도"가 무엇을 뜻하는가에 달렸다. 그 도시의 모든 특징을 빠짐없이 정확하게 나타내는 지도를 뜻한다면 그런 지도가 가능한가? 거의 불가능하다. 모든 특징을 나타낸다는 것은 모든 골목, 집, 차고, 나무, 수풀, 띄엄띄엄 이어지는 보도, 폐차까지 나타낸다는 것을 뜻한다. 그것은 건물의 위치뿐만 아니라 그 높이까지 나타내는 것을 뜻할 것이다. 그것은 불가능하다. 그러므로 주제의 **선택된 특징들**만, 예를 들면, 거리 같은 것만 나타내고 건물의 높이 같은 다른 특징들은 무시한다는 의미에서 지도는 완벽하지 않고, **불완전한** 것이다.

우리의 주의를 지도가 나타내는 특징들에 한정한다 하더라도, 그러한 특징들을 얼마나 정확하게 나타낼 것인가 하는 문제는 남아 있다. 예를 들어 시카고 시내 지도는 워터 타워와 시카고 강 사이의 거리나 미시간로와 홀스테드가 사이의 거리를 정확하게 나타내는가? 그리고 그것은 10야드(1야드=0.9144미터)의 오차 범위 내에서 정확한가? 아니면 야드, 피트, 또는 인치의 오차 범위 내에서? 분명히 어떤 지도도 1인치 미만의 오차 범위까지 완벽하게 정확하지는 않을 것이다.

요약하면, 어떤 지역을 나타내는 데 지도를 사용할 수 있는 이유는 지도의 특징들이 그 지역의 실제 특징들을 나타내는 것으로 해석할 수 있도록, 일련의 사회적 규약들이 있기 때문이다. 어떤 지도라도 지도에 실린 지역의 모든 특징들을 나타내지는 않는다는 점에서 불완전하다. 하지만, 지도에 나타난 특징들을 빠짐없이 정확하게 설명해 주지는 않아도 지도와 실제 지역 사이에 구조적 유사성은 남아 있다. 양자는 어떤 상술가능한 측면에서 상술가능한 정도로 정확하게 유사성을 지닌다. 이 모든 것은 이론적 모형들과 그것이 나타내는 세계의 부분들 사이에서도 성립한다.

이론적 모형

이론적 모형은 상상된 세계의 일부이다. 그것은 과학자의 머릿속이나, 또는 과학자가 써 내려가는 언어로 기술된 추상적 주제로만 존재한다. 예를 들어, 왓슨은 삼중 사슬 모형을 만드는 과정에서, DNA 분자가 그 모형과 유사하다면 그것이 무엇처럼 생겼을지에 대해 다음과 같이 기술을 시작했을 수도 있었을 것이다. "이 모형은 (이러이러하게) 배열된 염기들과 나선 구조로 꼬여 있는 3개의 당 인산 중추들로 구성된다." 이러한 기술은 실제의 DNA 분자에 대한 기술일 수 없었다. 왜냐하면 우리가 현재 알고 있는 것처럼 DNA는 세 개의 사슬이 아니라 단지 두 개의 사슬을 갖기 때문이다. 오히려 그것은 존재하지 않는 것으로 밝혀진 존재 **가능한** 분자에 대한 기술이다.

왓슨과 크릭은 세 개의 사슬을 가진 스케일 모형을 만들었다. 그 스케일 모형과 그에 대응하는 이론적 모형 사이의 관계는 무엇인가? 스케일 모형은 이론적 모형의 특성을 기술할 때 말 대신 사용될 수 있다. 즉 우리는 단순히 "그 이론적 모형은 다음과 같이 배열된 염기들과 세 개의 당 인산 중추들로 구성된다"고 말한 다음, 스케일 모형을 가리키면 된다. 이러한 전략이 통하는 것은 스케일 모형과 이론적 모형 사이에 구조적 유사성이 있기 때문이다. 우리가 스케일 모형을 만들 때 사용되는 규약들(예를 들어, 그 붉은 철사는 수소 결합을 나타낸다)을 안다면, 그 유사성을 이해할 수 있다.

왜 이론적 모형이라는 개념 없이 스케일 모형들만 사용하면 안 되는가? 모든 이론적 모형에 대해 그에 대응하는 스케일 모형이 존재하지는 않기 때문이다. 예를 들어 왓슨은 동종의 염기끼리 결합되는 이중 사슬 분자의 스케일 모형을 결코 완성하지 못했다. 그러나 이 모형은 이론적 모형으로 존재했으며, 왓슨은 막스 델브릭(Max Delbrück)에게 보내는 편지에서 그것을 기술하기까지 했다. 보다 근본적으로, 과학자들은 매우 다양한 부류의 복잡한 과정에 대한 이론적 모형들을 구성하는데, 그것들에 대응하는 쓸모 있는 스케일 모형을 만드는 일은 설사 불가능하지 않은 경우에도 어려울 수 있다.

이론적 모형 같은 것을 우리 모두가 일상생활에서도 자주 만든다는 깨달음은 이론적 모형이라는 개념이 지나치게 신비화되는 것을 피하는 데 도움이 된다. 예를 들어 우리는 만일 파티를 열면 누가 누구와 함께 올 것인가 또 누가 누구에게 무슨 말을 할 것인가 등을 포함하여 파티에 대한 여러 가지를 상상할 수 있다. 이때 우리는 어떤 복잡한 사회적 사건에 대한 이론적 모형을 만들고 있는 것이다. 파티는 열리지 않을 수도 있으며, 열린다 하더라도 원래 상상했던 것과는 전혀 다를 수도 있다. 과학 활동 과정에서 과학자들은 DNA 같은 거대분자를 포함하여 갖가지 복잡한 물체나 과정을 상상한다. 이렇게 상상된 가능성들 중 일부는 실세계 속에 그 대응물들이 존재하는 것으로 밝혀지지만, 나머지는 단지 가능성으로만 남는다.

이론적 가설

우리가 이론적 (혹은 스케일) 모형에 대해 물을 수 있는 가장 중요한 질문은 그것이 의도한 측면에서 그리고 의도한 정도로 정말 실세계와 유사한가 하는 것이다. 줄여서 우리는 "모형이 의도한 대로 세계와 잘 들어맞는가?" 또는 더 간단히 "모형이 들어맞는가?"라고 묻기도 한다.

모형과 세계의 적합성에 대해 말할 때 과학자, 기자, 그 밖의 과학에 대한 논평자들이 자주 사용하는 또 다른 화법이 있다. 이 화법에 적응하려면 몇몇 용어를 추가로 도입해야 한다.

과학자들이 자신의 모형이 바람직한 측면들에서 실제로 세계와 유사하다고 주장할 때, 우리는 그들이 어떤 **이론적 가설**을 세우고 그것이 **참**이라고 주장하는 경우라고 말할 수 있다. 그러면 **이론적 가설**이란 이론적 모형과 세계의 어떤 측면 사이의 관계에 대한 진술(주장, 단언, 추측)이다. 그것은 모형이 언급된 측면들에서 그리고 의미한 정도로 정확하게 세계와 실제로 유사하다고 주장하는 것이다. 만약 그 모형이 주장대로 세계와 유사하다면 그 이론적 가설은 **참**이다. 그러나 그 모형이 주장하는 것처럼 세계와 유사한 경우가 아니라면 그 이론적 가설은 **거짓**이다.

예를 들어, 앞에서 언급했듯이 왓슨과 크릭은 DNA가 3개의 폴리뉴클레오티드 사슬들로 구성되는 나선 구조라는 이론적 가설을 세웠다. 그 가설은 거짓인 것으로 드러났다. 그들은 나중에 DNA가 2개의 사슬을 가진 구조로 되어 있다는 이론적 가설을 세웠다. 그 가설은 참으로 밝혀졌다. 일반적으로 특정한 이론적 가설의 진위를 묻는 것은 대응하는 이론적 모형이 실세계와 들어맞는가를 묻는 또 다른 방식일 뿐이다. 이 관계가 [그림 2.6]에 그려져 있다.

"진리"라는 용어는 철학자뿐 아니라 많은 사람들이 2,000년 동안 그 의미에 대해 논쟁을 지속해 온 아주 내구성이 강한 개념이다. 진리의 성격에 대한 이론은 통상 논리학과 철학 과목에서 논의된다. 앞서 이론적 가설의 진위에 대해 행한 우리의 논의는 통상 **진리대응설**이라 불리는 범주에 속한다. 그러나 우리가 여기서 새로이 이런 성가신 문제를 다룰 필요는 없다. 과학적 발견들에 대한 보고를 이해·평가하는 실천적인 목적을 위해서는 모형과 세계의 들어맞음에 대해 생각하는 것만으로 충분하다. 이때 시내 지도와 그것에 대응하는 도시 거리가 들어맞는가 하는 유추는 유용한 지침이 된다. 그것으로 충분하지 않으면, 스케일 모형과 실제 사물 사이의 보다 한정된 관계에 언제든지 의지할 수 있다. 만약 그것도 도움이 되지 않는다면 진리의 성격에 대한 추상적 탐구가 도움이 될 것으로 보이지는 않는다.

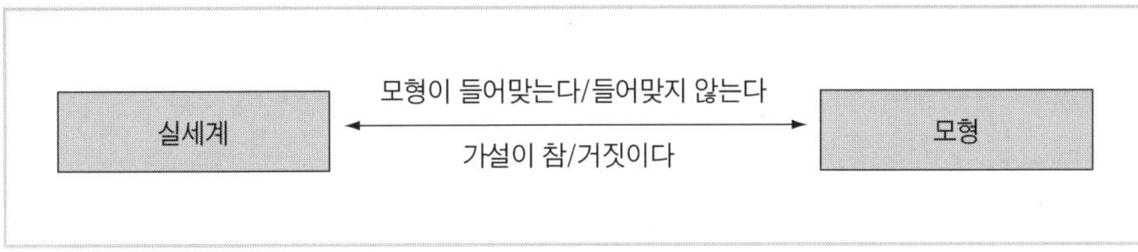

[그림 2.6] 모형과 실세계의 관계

모형이 실세계와 들어맞는다는 가설은 그것이 실제로 실세계와 들어맞는가에 따라 참일 수도 있고 거짓일 수도 있다.

끝으로 우리가 일상적으로 나누는 말에서 **가설**이라는 단어는 매우 사변적인 주장, 즉 실질적 근거가 없는 추측이라는 의미로 종종 사용된다. 그래서 우리는 논박하려는 주장에 대해 "그것은 하나의 가설일 뿐이야"라는 말로 응수하기도 한다. 이 말은 그만큼 그럴듯한 다른 가설들이 제안가능하다는 뜻이다.

과학적 연구 결과들을 이해하고 평가하기 위한 체계적 틀을 개발하기 위해서는 이런 화법을 무시하는 것이 최선이다. 우리에게는 삼중 나선 모형이나 이중 나선 모형에 대한 주장들 모두 가설이다. 우리 식으로 말하자면, 일반적인 과학적 주장들은 모두 "가설"이다. 차이는 어떤 가설은 뒷받침할 증거가 충분하지만 다른 가설은 그렇지 않다는 점이다. 중요한 일은 탄탄한 지지를 받는 가설과 그렇지 않은 가설을 구별하는 법을 배우는 것이다. 그런 과정을 거쳐 여러분은 가설의 진위를 합리적으로 구분할 수 있게 된다.

이론

과학자들이 **이론**을 창출한다는 것은 누구나 아는 일이다. 그러나 지금까지 우리는 이론 자체에 대해서는 명백하게 말하지 않았다. 그 이유는 **이론**이라는 용어가 매우 애매할 뿐만 아니라 자주 이념적 의미가 실리기 때문이다. 어떤 것을 이론이라고 부르는 주된 이유는 그것의 위상을 높이기 위해서나 또는 그것을 의문시하기 위해서일 것이다. **이론**이라는 단어가 행하는 기능은 주로 말하는 사람의 의도와 듣는 사람의 성격에 달려 있다. 여기서 우리는 보다 중립적으로 분석할 것인데, 그러한 분석을 위해 필요한 요소들은 이미 모두 갖추어져 있다.

이러한 의도에서 볼 때, **과학 이론**은 두 가지 요소로 구성된다. 하나는 스케일 모형들과 이론적 모형들을 모두 포함할 수 있는 **모형군**(family of models)이고, 다른 하나는 실세계 속의 어떤 것이 모형군 속의 어떤 모형과 들어맞는다고 말하는 **이론적 가설들의 집합**이다.

1953년에는 기본적으로 이중 나선이라는 단 하나의 모형과 그것이 적용된 유일한 화학 물질인 DNA가 있었다. 그러나 몇 년 후 사람들이 '분자 생물학 이론'에 대해서 말하기 시작했을 때는 유사한 모형들로 구성된 큰 모형군과, 리보핵산(ribonucleic acid, RNA)을 포함하여 그 모형들이 적용되는 일련의 다른 물질들이 있었다. 우리는 별개이면서도 유사한 다수의 모형들을 분명히 포함하는 다른 이론들과 마주치게 될 것이다.

가설이라는 단어와 마찬가지로 **이론**이라는 단어에도 사변적인 것이라는 흔히 쓰는 의미가 담겨 있다. 예를 들어 진화 이론을 의문시하는 사람들의 공통된 주장은 진화란 "단지 하나의 이론"일 뿐 "사실"이 아니라는 것이다. 여기서도 우리는 이렇게 흔히 쓰는 용법을 거부할 것이다. 우리의 용도로는, 분자생물학의 이론들이나 진화론 모두 이론이다. 그 이론들이 사실인지 여부는 대응하는 모형들이 세계와 들어맞는가, 달리 말해 대응하는 가설들이 참인가에 달려 있다. 만약 대응하는 가설들이 참이라면 그 이론들은 사실이고, 아니라면 그 이론들도 사실이 아니다.

중요한 물음은 각 이론이 증거로써 얼마나 잘 뒷받침되는가 하는 것이다. 여기서 적절한 구별이란 이론과 사실 사이가 아니라 이론과 자료 간의 구분, 즉 이론적 가설 그리하여 이론을 평가하는 데 중요한 역할을 하는 구분이다.

2.4 실세계로부터의 자료

제안된 모형이 세계와 들어맞는가를 결정하기 위해서는 세계의 그 관련 부분에 대한 정보가 필요하다는 것은 누구나 알고 있다. 그러나 모든 정보가 유관한 것은 아니다. 문제의 모형이 들어맞는가를 결정하는 데 직접적으로 관련되는 특별한 정보를 가리켜 **자료**(data, 단수는 datum)라는 말이 쓰인다. 그러한 자료가 가져야 하는 몇몇 일반적인 특성이 있다.

정보가 자료의 역할을 하기 위해 가져야 할 첫 번째 특징은 조사대상인 실세계의 부분과 **물리적 상호작용**을 하는 과정에서 얻어져야 한다는 것이다. 이러한 상호작용은 해당 물질을 대상으로 실험을 할 때처럼 **능동적**일 수도 있고, 전파천문학자들이 멀리 떨어진 성운들로부터 온 고주파 신호를 측정할 때처럼 **수동적**일 수도 있다. 그러나 어느 경우에나 얻어진 자료는 실세계의 관련된 부분과 물리적 상호작용을 통해 나온 것이다.

단순한 정보와 대비되는 자료의 두 번째 일반적 특징은 유관한 차이들이 **믿을 만하게 탐지될** 수 있다는 것이다. 탐지는 화학 용액이 푸른색에서 초록색으로 변하는 것을 관찰할 때처럼 단지 바라보기만 하면 되는 문제일 수도 있다. 그러나 탐지를 위해서는 과학자들이 단지 보기만 해도 구별할 수 있는 결과들을 산출할 정교한 기구들이 필요한 경우가 대부분이다. 자주 이러한 결과들은 수표나 그래프로 그린 컴퓨터 인쇄물이다. [그림 2.7]은 실세계와 자료 사이의 관계를 도식으로 그리고 있다.

이중 나선의 일화에서 중요한 자료로는 DNA에서 푸린과 피리미딘의 비율이 1 대 1이라는 샤가프의 실험 결과, DNA 표본의 물 함유량에 대한 프랭클린의 측정 결과, 그리고 당연히 DNA에 대한 프랭클린의 X선 사진을 들 수 있다. 어느 경우에나 이러한 자료는 DNA의 표본을 가지고 실제로 작업함으로써 얻어졌다.

왓슨과 크릭이 이용한 정보 중에서 α-케로틴의 나선 구조에 대한 폴링의 발견은 DNA 모형을 지지하는 자료로 간주되지 않았다. 이 정보는 왓슨과 크릭이 DNA의 나선 모형을 조사하기로 결정하는 데 영향을 미쳤지만 이 정보를 얻는 데 DNA 표본과 어떠한 물리적 상호작용도 필요하지 않았다. 따라서 그것은 DNA가 나선 모형과 들어맞는다는 가설에 자료로서 역할을 할 수 없었다.

과학적 연구에 관한 신문 보도들을 분석할 때, 우리는 모형들에 대한 실험적으로 행하는 시험들에 초점을 맞출 것이다. 과학자들이 하나의 모형을 고안하도록 이끄는 자료는 우리의 분석에 포함하지 않을 것이다. 예를 들어, 왓슨과 크릭은 DNA의 밀도에 대한 측정 결과들에 근거하여 둘 이상의 사슬로 된 모형들을 만들었다. 그러한 자료는 어떤 모형에 대한 실험적 시험에서 비롯하는 것으로 간주되어서는 안 된다. 왜냐하면 그 모형은 애당초 그 자료들을 설명하기 위해 고안된 것이기 때문이다. 자료로 간주되지 않는 또 다른 유형의 정보는 컴퓨터 모의의 결과이다. 그러한 정보는 예측으로 간주될 수 있을 뿐만 아니라 자주 모형에 살을 붙이는 데 사용된다. 그러나 이 정보가 자료로 간주되기 위해서는 실세계의 연구대상간의 물리적 상호작용이 필수적이다.

지도와 이론적 모형 사이의 유추가 성립하지 않은 한 가지 측면이 있다. 우리는 시내 지도에 없는 거리를 하나 찾아내는 것만으로 그 지도에 결함이 있다는 것을 밝혀낼 수 있다. 이를 위해 어떤 특별한 기술이나 기구도 필요 없다. 우리는 의식적이든 무의식적이든 그저 보기만 하면 된다. 그러나 현대 과학 속의 모형들은 대부분 이와 같지 않다. 현대 과학은 전형적으로 매우 작은 것(DNA), 매우 큰 것(우리의 은하계), 매우 멀리 떨어져 있는 것(멀리 떨어져 있는 별), 또는 이들과 다른 방식으로 접근 불가능한 것(지구의 중심)을 조사한다. 이 모든 경우 제안된 모형이 들어맞는가를 알기 위해서는 단지 바라보는 것만으로 안 된다. 이러한 사실

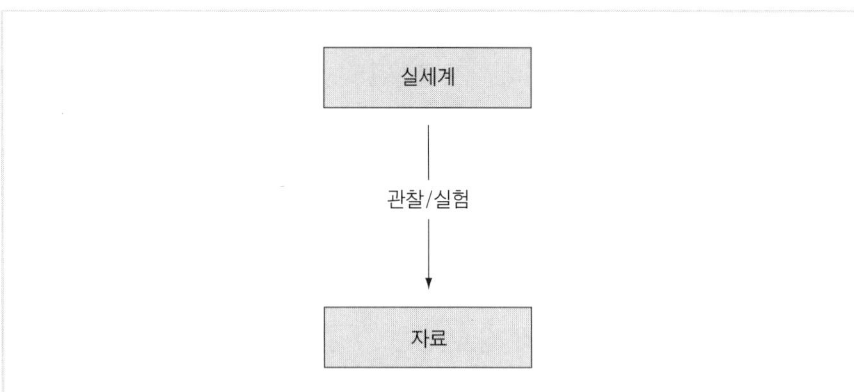

[그림 2.7] 실세계와 물리적 과정인 관찰/실험을 통해 생성된 자료 사이의 관계

은 모형이 실세계에 들어맞는지를 어떻게 **평가**할 것인가에 대해 중요한 함의를 가진다. 우리는 모형들에 대한 특정한 실험적 시험들을 조사할 것이기 때문에, 제안된 모형이 실세계와 들어맞는가에 대한 우리의 결론은 "자료가 이러이러한 증거를 제공한다"는 표현으로 시작할 것이다.

2.5 모형으로부터의 예측

우리가 과학적 조사 대상과 간접적으로만 상호작용할 수 있다는 사실은 우리가 대상의 어떤 부분들과 제안된 모형의 어떤 한정된 측면들이 들어맞는지에 대해서만 조사할 수 있음을 의미한다. 따라서 제안된 모형에 들어맞는 대상은 특정한 실험 상황에서 어떤 종류의 자료를 산출할 것인가를 알아내는 것이 중요하다. 과학자들은 어떤 종류의 자료가 나올 것인가를 **예측**하는 데 모형을 사용한다는 이야기를 흔히 한다. 이는 설명을 좀 필요로 한다.

때때로 과학자들은 어떤 자료가 나올 것인가에 대해 미리 말하려고 시도하는, 말 그대로 예측을 하기 위해 모형을 이용한다. 그러나 종종 자료를 예측한다는 것은, 이미 실험이 행해졌다 하더라도, 제안된 모형이 실세계에 들어맞는다면 자

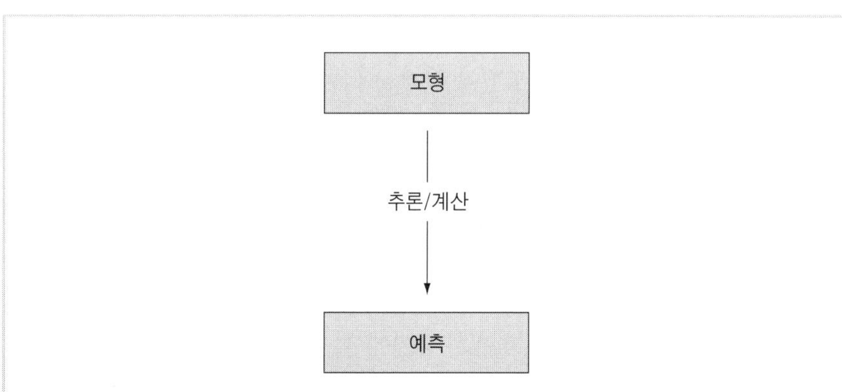

[그림 2.8] 모형과 그 모형에 대한 주어진 실험 상황에서의 추론을 통해 얻은 예측 사이의 관계

료가 어떠해야 하는가를 결정하는 데 모형을 이용할 수 있음을 의미한다. 예를 들어 샤가프의 실험이 몇 해 앞서 행해졌음에도 불구하고, 이중 나선 모형은 샤가프의 비율들을 "예측했다"고 한다. 마찬가지로 이중 나선 모형 덕분에 이중 나선 구조가 산출할 종류의 X선 무늬를 크릭이 계산할 수 있었으며, 이러한 점에서 왓슨과 크릭은 모르고 있었지만 이미 프랭클린이 가지고 있었던 종류의 사진을 '예측'할 수 있었다.

크릭이 X선 무늬를 예측했다는 예는 모형을 통한 예측이 지닌 또 다른 중요한 특성을 드러낸다. 모형을 통한 예측은 해당 모형만으로는 안 된다. 실험 장치에 대한 잘 입증된 설명 또한 필요하다. 따라서 크릭은 X선 결정학 실험이 행해지는 방식에 대한 훌륭한 기술 또한 가지고 있어야만 했다. 그렇지 않았다면 그는 X선이 나선형 분자에 의해 산란될 경우 그 사진이 어떤 모습을 띨지 계산할 수 없었을 것이다. [그림 2.8]은 모형과 모형 및 실험 장치로부터 도출되는 예측 사이의 관계를 나타낸다. 여기서 화살표는 세계와의 물리적인 상호작용이 아니라 이론적 모형과 특정한 실험 장치에 대한 이해에 바탕을 둔 추리나 계산 과정을 나타내고 있다는 점에 유의하라.

2.6 과학적 일화의 구성 요소

이제 우리는 특정한 이론적 모형이 실세계에 들어맞는지를 평가하는 데 자료가 이용되는, 과학적 일화에 대한 우리 자신의 모형을 구성할 수 있다. 우리의 모형은 다음과 같은 네 가지 요소로 구성된다. (1) 조사 중인 **실세계**의 대상이나 과정, (2) 실세계의 대상이나 과정에 대한 모형, (3) 모형이 실세계에 실제로 들어맞을 경우의 자료에 대해 말해 주는, 모형과 실험장치로부터의 **예측**, (4) 모형에서 도출된 예측으로부터 가정되는, 실세계 사이에서 일어나는 여러 종류의 상호작용을 통해 생성되는 **자료**. 이 구성 요소들을 [그림 2.9]처럼 배열하면 도움이 된다. 이 배열은 앞의 구성 요소들 사이에 존재하는 네 가지 중요한 관계를 드러낸다.

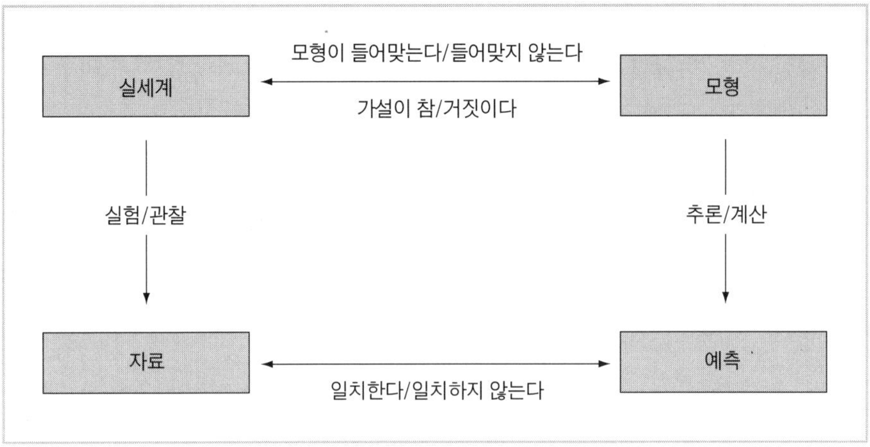

[그림 2.9] 이론적 가설을 포함하는 과학적 일화에 대한 이상적인 보도문을 구성하는 네 가지 요소

첫째, 실세계와 모형 사이의 관계는 모형이 실세계에 들어맞는다고 주장하는 **이론적 가설**에 의해 표현된다. 이때 모형은 어떤 측면들에서만, 어떤 한정된 정도로만 정확하게 실세계에 들어맞는 것으로 이해된다. 만약 모형이 의도된 측면에서 정확히 들어맞지 않는다면 그 이론적 가설은 거짓이다.

모형과 예측은 실험 설계에 비추어 추론이나 계산에 의해 연관된다. 실세계와 자료는 실험이나 관찰을 포함하는 **물리적 상호작용**에 의해 연관된다.

[그림 2.9]는 앞에서 주목하지 않았던 관계, 즉 자료와 예측 사이의 관계도 포함한다. 실험 장치를 포함하여 실세계에서 일어나는 일이 실험 장치에 대한 지식을 포함하는 세계의 모형과 구조적으로 유사하면, 자료와 예측은 **일치**해야 한다. 즉 실제 자료는 예측된 대로여야 한다. 반면에 실세계와 모형이 관련된 측면들에서 유사하지 않으면, 자료와 예측은 **일치하지 않**을 수 있다.

[그림 2.9]의 윗 부분과 아랫 부분, 그리고 왼쪽과 오른쪽을 대비해 보면 그 관계들을 이해하는 데 도움이 된다. [그림 2.9]의 윗부분은 실세계와 모형 사이의 관계를 그린 것이다. 모형과 실세계는 연구 중인 측면들에서, 또한 적절한 정확도로 유사한가? 이 관계를 직접 조사하는 것은 일반적으로 가능하지 않다. 우리가 시험관 속에 있는 DNA를 들여다본다고 해서 그것의 나선 구조를 직접 볼 수 있

는 것은 아니다. 이와 대조적으로 그림의 아랫부분은 비교적 직접적인 조사로써 평가할 수 있는 관계를 그리고 있다. 과학자들은 자료를 조사하고 그것이 모형과 실험장치로부터 도출된 예측과 일치하는지를 알 수 있다.

[그림 2.9]의 왼쪽은 물리적 세계에서 성립하는 관계를 그린 것이다. 자료는 실세계의 일부와 물리적 상호작용을 통해 생성된다. 이와 대조적으로 그림의 오른쪽은 주로 상징적 관계를 그리고 있다. 모형은 주로 대상의 가능한 유형에 대한 기술로서 존재한다. 이것은 그러한 기술 과정에서 우리가 DNA에 대한 왓슨의 스케일 모형과 같은 물리적인 모형을 언급하더라도 마찬가지다. 모형으로부터 도출된 예측 역시 지정된 상황, 그러나 결코 실현되지 않을 수도 있는 상황에서 얻어질 결과들을 기술할 뿐이다.

모형과 실세계가 들어맞는다는 가설에 대한 평가는 예측과 자료가 일치하는가 여부에 결정적으로 좌우되기 때문에 이러한 관계들을 명심하는 것은 중요하다. 즉 도표의 아랫부분에서 일치하는지 여부가 윗부분에서의 들어맞는지 평가하는 데 사용된다. 그러나 곧 알게 되겠지만 모형과 세계가 들어맞는지 평가하는 데는 자료와 예측의 일치만으로는 충분하지 않다.

마지막으로 [그림 2.9]는 과학적 일화에 대한 모형을 제공하지만, 여기서 사용되는 일화는 모형이 실세계에 얼마나 잘 들어맞는지 평가할 수 있게 정리된 네 가지 구성 요소들을 포함하도록 충분히 개발된 것임을 이해해야 한다. 과학적 발견에 관한 많은 보고를 포함하여 많은 과학적 일화들은 네 가지 구성 요소를 모두 포함하지는 않는다. 예를 들어 약간의 새로운 자료와 함께 조사 중인 실세계의 일부분만을 기술하는 보고를 흔히 접한다. 모형이나 예측은 전혀 언급되지 않을 수도 있다. 마찬가지로 자료나 예측에 대해서는 전혀 언급하지 않으면서 실세계의 물질이나 과정에 대한 새로운 모형을 논의하는 경우도 종종 본다. 때때로 우리는 예측은 포함되어 있지만 자료에 대한 논의가 전혀 없이 실세계의 물질에 대한 모형을 설명하는 경우들을 보기도 한다. 우리는 그러한 보고에서도 많은 것을 배울 수 있다. 그러나 네 가지 구성 요소가 모두 제시되지 않을 경우, 우리는 어떤 것에 대해서도 독자적인 평가를 내릴 수 없을 것이다. (예측에 대한 명시적인 진술이 과학적 연구에 대한 신문 보도에서 빠져 있을 수 있지만, 그것은 모형과 실험 장치를 알면 도출해 낼 수 있다는 점을 유념하라.)

2.7 이론적 가설의 평가

우리는 이제 대중지나 다소 전문적인 다양한 출판물에 보도된 과학적 가설들을 비전문가로서 평가하는 데 사용할 수 있는 일반적인 틀의 개발을 시작할 준비가 되어 있다. 우리는 이중 나선 이야기에 나오는 예들을 계속 사용하겠지만, 이 장의 뒷부분에서는 전혀 다른 몇 가지 예를 다룰 것이다.

가설 평가의 밑바탕이 된 기본 아이디어는, 직접적으로 접근할 수 없는 실세계와 모형이 들어맞는지 평가하기 위해 상대적으로 접근 가능한 정보인 자료와 예측 사이의 일치 혹은 불일치를 이용하는 것이다. 이상적으로는 두 가지 가능한 경우밖에 없다. 자료와 예측이 일치하는 경우와 일치하지 않는 경우가 그것이다. 우리는 이 두 가지 경우를 따로 다루되, 예측과 자료가 일치하지 않는 경우부터 시작할 것이다. 나중에 드러나겠지만, 그것이 두 경우 중 더 간단하다.

이상적인 상황이 아닐 경우, 예측과 자료의 일치 여부가 분명하지 않을 수 있다. 일치가 정도의 문제일 수도 있다. 그러한 경우에는 문제의 모델이 세계와 들어맞는가에 대해 비전문가가 독자적인 평가를 하기는 어렵다. 이런 상황에서 최선의 방책은 전문가들이 자세한 정보에 근거하여 내리는 판단에 따르는 것이다. 유감스럽게도 자료와 예측의 일치 여부가 분명치 않을 때는 전문가들조차 모형이 실세계에 얼마나 잘 들어맞는가에 대해 자주 의견을 달리한다. 그러한 경우에 비전문가들이 안전하게 택할 유일한 방안은 자료를 결정적인 것이 아닌 것으로 간주하고 보다 결정적인 자료를 입수할 때까지 모형에 대한 판단을 유보하는 것이다. 그러나 문제의 모형을 사용할 것인가에 대한 결정이 어떤 실천적 이유로 필요하다면, 그 모형과 연계된 이론적 가설의 진위에 대한 불확실성을 적절히 고려하는 방식으로 결정한다. 이러한 상황은 이 책의 제3부에서 다루어질 것이다.

모형이 실세계에 들어맞지 않는다는 증거

이중 나선 이야기는 실세계에 들어맞지 않는 것으로 판단된 모형의 분명한 예, 즉 DNA에 대한 삼중 사슬 모형의 예를 제공한다. 여기서 결정적인 자료는 DNA의 표본들에 함유된 물의 양을 측정한 프랭클린의 실험에 의해 제공되었다. 삼중 사슬 모형은 그러한 DNA 분자가 수용할 수 있는 물의 양에 대한 예측을 내놓았다. 이러한 예측은 그 스케일 모형을 해석할 수 있고 물 분자들이 그 구조의 어디에 들어맞을지를 판단할 정도의 물리화학적 지식만 있으면 단지 그 모형을 검사함으로써 가능한 것이었다. 그런데 문제는 그 모형에서 예측된 물의 양이 프랭클린이 측정한 양의 1/24에 불과했다는 것이었다. 따라서 DNA의 실제 표본들로부터 얻은 실험 자료와 DNA의 삼중 사슬 모형에 근거한 예측 사이에는 명백한 **불일치**가 있었다. 이 상황은 [그림 2.10]에 그려져 있다.

이 경우에는 그 가설이 거짓이라는(즉, 실제 DNA 분자들이 제안된 삼중 사슬 모형과 근사하지 않다는) 결론을 쉽게 내리고 싶을 것이다. 프랭클린은 즉시 그러한 결론을 내린 반면, 왓슨과 크릭이 동일한 결론에 도달하는 데는 좀더 시간이 걸렸다. 우리는 이 일화를 읽는 비전문가로서 그들을 따르기만 할 수도 있다. 그러

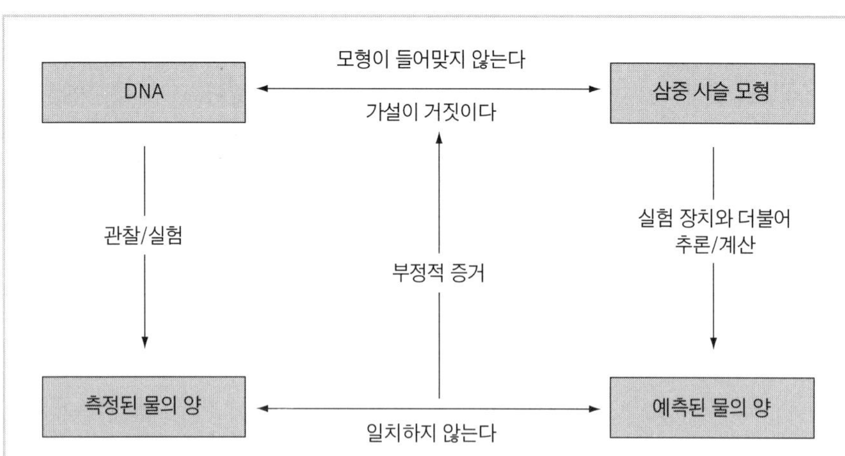

[그림 2.10] 왓슨과 크릭의 DNA 삼중 사슬 모형과 관련된 일화의 구성 요소

나 우리가 **독자적** 평가를 시도한다면, 그렇게 쉽게 결정을 내릴 수는 없다. 그러한 성급한 결론을 막아 주는 두 가지 가능성이 있지만, 둘 다 비전문가에게는 먼 이야기다.

한 가지 가능성은 **자료가 잘못된** 경우이다. 즉 프랭클린의 실험이 물의 양에 대해 잘못된 값을 산출했다는 것이다. 아무도 모르는 사이에 실험이 잘못되어 물의 양에 대해 잘못된 측정값을 산출하는 온갖 가능성이 있다. 실제 실험 장치와 실험 기법에 경험이 있는 사람들만이 실험에서 무엇인가 심각하게 잘못되었을 가능성에 대해 확실하게 판단할 수 있다.

두 번째 가능성은 모형 자체에 대한 그릇된 이해나 실험 장치에 대한 잘못된 지식 때문에 **예측이 잘못된** 경우이다. 모형이나 실험에 대한 정확한 이해는 실제 자료와 일치하는 예측치를 산출했을 수 있다. 이것 역시 비전문가로서는 전문가들의 판단에 의존할 수밖에 없는 것이다.

이러한 이유들 때문에 우리는 자료와 예측 사이의 명백한 불일치에 대한 보도들을 가설이 거짓이라는 **좋은 증거**가 있다고 결론 내릴 근거로만 생각할 것이다. 다시 말해서 결정적 이유는 꼭 아닐지라도, 모형이 실세계를 적절하게 나타내지 못한다고 믿을 좋은 이유가 있는 것이다.

모형이 실세계에 들어맞는다는 증거

DNA에 대한 이중 나선 모형의 한 가지 좋은 점은 당 인산 중추가 바깥쪽에 놓임으로써 물 분자들이 들러붙을 수 있는 공간을 많이 남겨두었다는 것이다. 그래서 이중 나선 모형은 프랭클린의 자료와 일치하는 물의 양에 대한 예측을 산출하였다. 우리는 이것을 이중 나선 모형이 DNA의 물리적 구조를 적절하게 나타낸다고 생각할 증거로 받아들여야 하는가?

실은 왓슨과 크릭은 이중 나선 모형에 의해 예측되는 물의 양과 측정된 물의 양 사이의 일치를 이중 나선 가설에 찬성하여 주장할 근거로 간주하지 않았다. 왜 그렇게 하지 않았을까? 물 분자를 위해 필요한 공간을 가진 모형을 만들 수 있는 다양한 방법들을 그들은 알고 있었기 때문이다. 예를 들어 그것은 중추를 바깥쪽에 놓는 한 다양한 삼중 나선 모형에서도 가능했다. 그래서 측정된 물의 양을 예측하는 것이 이중 나선 모형과 다양한 삼중 나선 모형을 구별할 토대가 되지는 못했다. 따라서 예측과 자료 사이의 이러한 일치를 어떤 삼중 나선 가설보다도 이중 나선 가설이 옳다는 증거로 간주할 만한 근거는 없었다.

이는 X선 자료를 그렇게 중요하게 생각했던 이유를 설명해 준다. 크릭의 계산에 따르면 이중 나선은 아주 특이한 무늬(즉, 상당히 다른 구조를 가진 분자들로부터는 나올 것 같지 않은 무늬)를 산출해야 했다. 그리하여 예측된 X선 무늬와 실제 X선 사진의 일치는 이중 나선과 다양한 다른 구조들을 구별할 확실한 근거가 되었다. 따라서 이 경우에 예측과 자료의 일치는 이중 나선 가설을 지지하는 증거를 제공해 주었다. 이 경우의 구성요소들은 [그림 2.11]에 그려져 있다.

이 이야기의 교훈은 예측과 관련된 자료의 단순한 일치가 이론적 가설이 참이라고 생각하기에 충분한 근거가 되지는 못한다는 점이다. **일치는 그 가설이 명백히 거짓이라면, 다시 말해 상당히 다른 모형이 실세계와 더 잘 들어맞는다면, 그러한 일치가 일어날 가능성이 매우 희박할 때만 가치가 있다.** 이러한 교훈을 무시할 경우 우리는 실은 틀린 가설인데도 그것을 지지하는 증거가 있다고 생각하는 큰

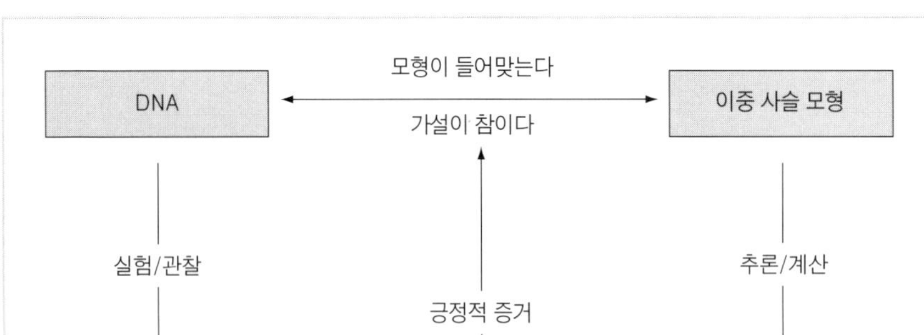

[그림 2.11] DNA에 대한 왓슨과 크릭의 이중 사슬 모형과 관련된 일화의 구성 요소

위험에 빠지게 된다.

이 시점에서 다음과 같은 우려를 할 수도 있다. 가지고 있는 자료가 무엇이든 그리고 고려 중인 모형이 무엇이든, 그 모형과 전혀 다르지만 똑같은 예측을 낳는 다른 모형을 상상하는 것은 적어도 항상 가능하지 않을까? 그렇다면 이는 모형으로부터 도출한 예측과 관찰된 자료 사이의 일치가 모형이 세계와 들어맞는다고 생각할 어떤 근거도 될 수 없다는 것을 의미하지 않을까?

거의 2,000년 전 그리스 천문학이 발전한 이래 과학에 대한 회의론자들은 이러한 부류의 어려움을 표명해 왔다. 이에 대한 응답은 대안적 가설을 추상적 수준에서 상상할 수 있다는 것만으로는 결코 충분하지 않다는 것이다. 그 대안적 가설은, 그 시기에 같은 영역에서 연구하는 과학자들이 사용하는 각종 모형들에 대한 일반적인 과학적 이해에 비추어 그럴듯해야 한다. 일반적으로 그렇게 그럴듯한 대안은 몇 되지 않을 것이다. 그러므로 우리는 문제의 모형이 모든 그럴듯한 대안들 중에서 가장 잘 들어맞는 모형이라는 좋은 증거를 가질 수 있다. 어떤 과학적 조사를 통해서도 그 이상을 기대할 수는 없다.

이러한 이론적 우려는 보다 실제적인 결과를 야기한다. 현존하는 자료와 일치하는 예측을 도출하는 다른 그럴듯한 모형들이 다수 존재하는가를 비전문가가 독자적으로 판단을 내리는 일은 종종 어렵다. 그러므로 많은 경우 비전문가는 그러한 대안 모형이 존재하는가에 대해 보도된 전문가들의 판단에 의존할 수밖에 없다. 유감스럽게도 이러한 판단은 명시적이기보다 암묵적인 경우가 빈번하다. 동일한 예측을 낳는 다른 그럴듯한 모형들의 가능성에 대해 어떤 합의가 있는지를 결정하기 위해서는 매우 주의 깊게 읽어야 한다. 그러나 우리는 관련된 합의가 있는지를 추리하는 데 도움이 될 각종 단서들을 알아보는 법을 경험을 통해 배울 수 있다.

끝으로 우리는, 예측과 자료가 일치하지 않는 경우에서처럼, 처음에는 믿기 어려운 일치가 예측과 자료 사이에 성립하더라도, 그것을 제안된 모형이 실세계에 들어맞는다고 판단할 확정적인 근거로 삼을 수 없다. 우리가 내릴 수 있는 결론은 기껏해야 그 모형이 실세계와 들어맞는다고 생각할 만한 좋은 증거가 있다는 것이다. 실험에서 심각한 실수를 했거나 모형이 낳는 예측을 결정하는 과정에서 착오가 있었을 가능성이 있으므로 단 한 번 실험하여 확정적인 결론을 내릴 수는 없다. 과학자들 스스로 한 차례의 실험에 기초하여 확정적인 결론에 도달하는 것처럼 비전문가에게 보이는 경우들조차 그들은 다른 실험에 대한 지식뿐 아니라 관련된 실험적 또는 이론적 기법에 대한 그들 나름의 상당한 경험에 부분적으로 도움을 받을 것이다.

2.8 이론적 가설의 평가를 위한 프로그램

이 절에서 우리는 이론적 모형에 대한 보고를 평가하는 과정을 쉽게 여섯 단계로 정리할 것이다. 이를 위해 새로 익힐 것은 없다. 우리가 이미 알고 있는 것을 일종의 분석용 "프로그램"으로 체계화하기만 하면 된다. 그러한 프로그램을 개발함으로써 얻는 이점은 온갖 종류의 과학 보고를 평가하기 위한 간단하고 일정한 도식, 즉 기억하고 적용하기 쉬운 도식을 우리 머릿속에 지닐 수 있다는 것이다.

이 프로그램은 두 부분으로 이루어진다. 처음 네 단계는 완전한 일화에서 네 가지 기본적 요소들을 확인하도록 지시한다. 이 단계들에서 그 일화를 이해할 수 있는 토대를 익힌다. 일단 그 네 가지 구성 요소를 확인하고 나면, 연계된 이론적 가설에 대한 평가가 이루어지는 마지막 두 단계로 넘어갈 수 있다. 네 가지 구성 요소를 모두 확인할 수 없을 경우에는 평가의 수행이 가능하지 않을 수도 있다.

프로그램

■ 1단계: 실세계

가지고 있는 일화에서 연구의 초점에 놓여 있는 실세계의 측면을 확인한다. 이것은 널리 쓰이는 과학적 용어 몇 개 외에는 대부분 일상적인 용어들로 기술할 수 있는 세계 속의 사물이나 과정이다. 평가 대상인 모형의 특성을 기술하기 위해 도입된 용어들을 사용해서는 안 된다.

■ 2단계: 모형

실세계와의 들어맞음이 쟁점인 이론적 모형을 확인한다. 필요하면 적절한 과학적 용어들을 사용하여 그 모형을 기술한다. 도표가 모형을 제시하는 데 도움이 될 수도 있다.

■ 3단계: 예측

확인된 모형과 실험 장치를 바탕으로, 그 모형이 실세계와 실제로 잘 들어맞는다면 반드시 확보해야 할 자료가 무엇인가를 말하는 예측을 확인한다.

■ 4단계: 자료

실세계의 연구 대상들에 대한 관찰이나 실험에서 실제로 확보된 자료를 확인한다.

■ 5단계: 부정적 증거

자료가 예측과 일치하는가? 그렇지 않다면, 모형이 실세계와 들어맞지 않음을 나타내는 좋은 증거가 자료에서 나왔다고 결론짓는다. 자료가 예측과 일치한다면, 단계 6으로 넘어가라.

■ 6단계: 긍정적 증거

고려 중인 모형이 실세계와 잘 들어맞지 않음에도 불구하고 예측이 자료와 일치했을 가능성은 없는가? 이 질문에 답하기 위해서는 고려 중인 모형과 분명히 다르면서도 자료에 관해서는 똑같은 예측을 산출하는 그럴듯한 모형들이 존재하는지를 검토해 보아야 한다. 그러한 대안 모형들이 존재하지 않는다면, 앞의 질문에 대한 대답은 "아니오"이다. 이 경우에는 자료에서 모형이 실세계와 들어맞는다는 좋은 증거가 나왔다고 결론짓는다. 앞의 질문에 대한 답이 "예"이면, 자료가 모형과 현실 세계의 들어맞음에 관해 결정적이지 않다고 결론짓는다.

[그림 2.12]는 이 프로그램을 도표 형태로 요약한 것이다. 도표는 말로 하는 지시보다 기억하기 쉽고 글로 쓴 프로그램의 자세한 내용을 상기하는 데도 도움이

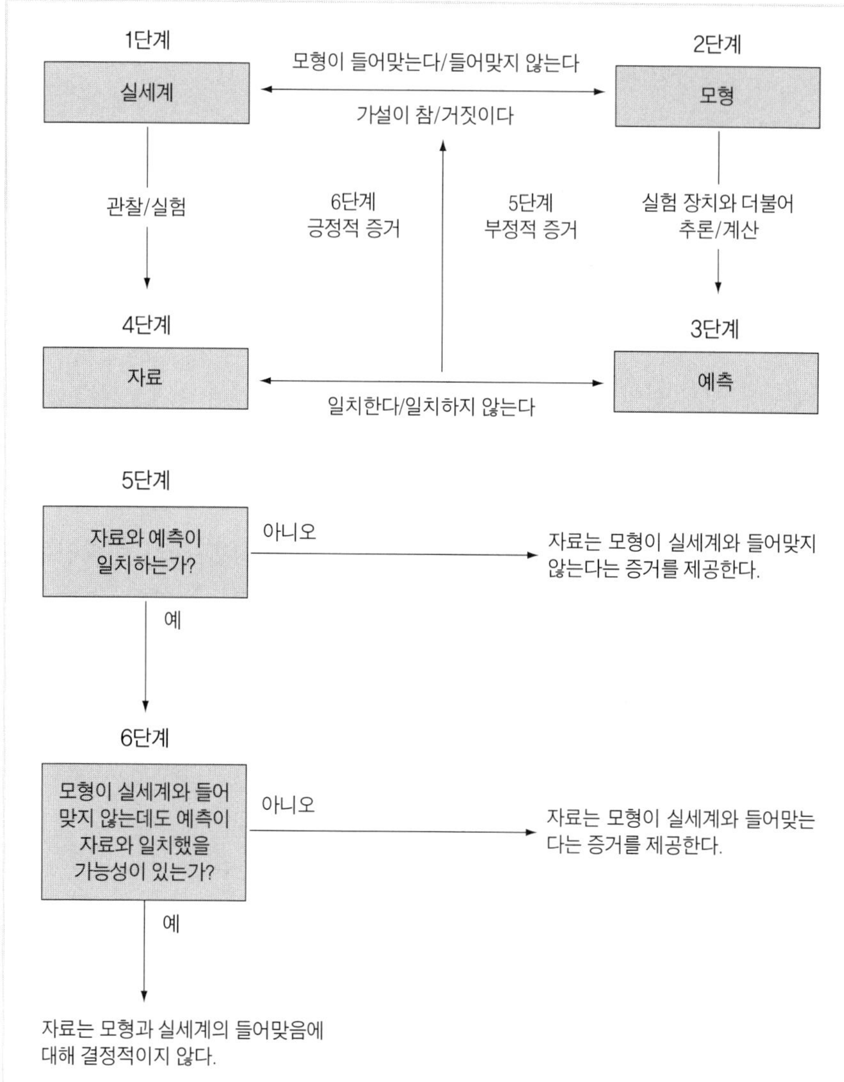

[그림 2.12] 이론적 가설과 관련된 보도를 분석하기 위한 프로그램을 요약한 도표

될 것이다.

도표의 처음 네 단계는 프로그램에 나오는 순서대로 번호를 매겼지만 도표 자체는 이 특정한 순서가 별로 중요하지 않음을 말해 준다. 단계 5와 단계 6에서의 평가로 나아가기 전에는 네 가지 구성 요소를 모두 확인하는 것이 중요한 데 반

해, 단계 5와 단계 6에서는 둘 사이의 순서가 중요하다. 일반적으로는 실세계의 대상에서부터 시작하는 것이 좋다. 이것은 전체 일화가 무엇에 관한 것인지를 말해 준다. 그러나 나머지 세 가지 요소를 확인하는 순서는 달라질 수 있다. 특정한 보도의 구조, 특히 정보가 제시되는 순서에 따라 그 세 가지 요소를 어떤 순서로 확인하는 것이 다른 순서로 하는 것보다 더 자연스럽게 보일 수는 있다. 일화 속의 구성 요소들을 분명하게 확인하는 한, 자연스럽게 보이는 순서를 따르면 된다.

모형을 예측과 혼동하는 일이 일어날 수 있다. 이러한 혼동은 이해가 되는데, 예측을 위해서는 모형과 실험 장치가 필요하기 때문이다. 기사에 명시적으로 쓰여 있지 않은 상황에서 예측을 하려면, 과학자들이 보고하고 있는 실험 결과들에 도달하기 위해 수행했을 것을 생각해 봄으로써 실험 장치를 결정할 수 있다. 과학자의 입장에서 그들이 실험실이나 야외 조사에서 하는 일에 대해 상상해 보라. 이런 방식으로 우리는 현재 가지고 있는 모형을 기반으로 하여 향후 얻게 될 것으로 기대하는 종류의 실험 결과들에 대해, 자세한 예측을 가능하게 하는 실험 장치를 결정할 수 있을 것이다. 일부 보도기사는 그 모형에 대해 하나 이상의 실험적 시험을 포함할 것이다. 이러한 경우, 각 실험마다 하나씩 특정한 예측이 이루어지도록 예측과 실험의 개수가 같음을 확인해야 한다.

마지막으로 이 프로그램은 과학적 연구 결과에 대한 보고를 평가하는 데 도움이 되는 하나의 길잡이, 개요일 뿐이다. 그것을 효과적으로 사용하는 법을 배우려면 경험이 필요하다. 그 경험을 얻는 유일한 방안은 많은 평가를 실제로 해보는 것이다.

2.9 왜 그 프로그램은 효과적인가

이론적 가설들의 평가에 앞에서 제시된 프로그램을 사용해야 할 이유는 무엇인가? 그 프로그램을 따를 경우 올바른 결론—그 올바른 결론이 무엇이든지—에 도달할 확률이 높기 때문이다. 다음과 같은 세 가지 가능성이 있다.

(1) 자료가, 모형이 세계에 들어맞지 않는다는 증거를 제공할 수 있다.
(2) 자료가, 모형이 세계에 들어맞는다는 증거를 제공할 수 있다.
(3) 자료가, 모형이 세계에 들어맞는지에 대해 비결정적일 수 있다.

(1)의 경우:

자료와 예측이 **일치하지 않을** 때, 그것은 일반적으로 모형이 실세계를 적절하게 나타내지 못하는 측면들이 있기 때문이다. 이 경우는 특히 프로그램의 단계 3 그리고 단계 5와 관련이 있다. 단계 3과 관련이 있는 이유는 그것이 모형으로부터 분명하게 도출되는 예측의 유무에 대한 고찰을 요구하기 때문이다. 이것이 중요한 이유는 예측이 모형과 별 관계가 없다면 예측과 자료의 관계가 모형과 실세계의 유사성 혹은 유사성의 결여에 대한 좋은 지표의 역할을 하지 못할 것이기 때문이다. 다음으로 단계 5는 자료와 예측의 일치 여부를 고찰할 것을 요구한다. 일치하지 않는다면, 그것은 모형이 뭔가 잘못되었다는 표시이다. 이처럼 프로그램은 우리를 적절한 결론으로 이끈다.

(2)의 경우:

자료와 예측이 **일치한다면**, 프로그램은 우리를 단계 6으로 향하게 한다. 그것은 고려 중인 모형이 실세계와 적합하게 들어맞지 **않을지라도** 예측이 자료와 일치할 가능성은 없었을까 하는 질문을 곰곰이 생각해 보도록 요구한다. 이 질문은 동일한 예측을 산출할 수 있는 다른 그럴듯한 모형에 관한 정보를 보고에서 찾아보도록 요구한다. 그러한 모형이 없는 것처럼 보이면 예측과 자료의 일치는 고려 중인 모형이 세계와 적합하게 들어맞는다고 생각할 꽤 믿을 만한 지표이다. 이때 프로그램은 그 자료가 그러한 들어맞음에 대한 증거를 제공한다는 결론을 내리도록 지시한다.

(3)의 경우:

문제의 모형이 세계와 들어맞지 않는데도 자료와 예측이 일치할 가능성이 아주 많다면 어떻게 될까? 즉 조사 중인 모형과 동일한 예측을 도출하고 그것만큼 세계와 들어맞을 것 같은 다른 모형들이 존재한다면 어떻게 될까? 이 경우에는 자료와 예측의 일치가 조사 중인 모형이 어떤 다른 모형보다 세계에 더 잘 들어맞는다고 생각할 근거를 거의 제공하지 못한다. 그렇다고 다른 가능한 모형들의 존재가 조사 중인 모형이 세계에 적절하게 들어맞는 것이 아니라고 생각할 근거를 제공하는 것도 아니다. 따라서 예측과 자료의 일치가 문제의 모형과 세계의 들어맞음에 대해서도 결정적인 것은 아님이 드러난다. 프로그램이 우리를 그러한 결론으로 이끈다.

요약하면, 적절한 평가가 무엇이든지, 그 프로그램은 우리가 올바른 결론을 내리게 할 것이다.

2.10 프로그램이 작동하는 방식: 세 가지 예

이제 우리는 세 가지 예를 다룰 것인데, 이들은 각각 이론적 가설을 포함하는 보고를 분석하기 위한 프로그램을 적용했을 때 나올 세 가지 결과들을 예시할 것이다. 각 예는 먼저 실제 보도문으로 시작되는데 예시를 위해 약간 편집되고 줄여졌을 뿐이다. 여러분은 책에 나와 있는 분석들을 읽기 전에 프로그램을 보도문들에 적용하여 자신의 분석을 시도해 보기를 강력하게 권한다. 우리는 항상 스스로 뭔가를 스스로 시도한 후 그것이 어떻게 되어야 하는가를 봄으로써 더 많은 것을 배운다.

부정적 증거의 경우

유전자 분석에 의해 바다거북 이론 뒤집히다

연구자들은 바다거북(green turtle)이 알을 낳기 위해 대서양 한가운데 있는 섬까지 1,250마일을 이주했다가 다시 브라질로 헤엄쳐 돌아오는 이유를 설명하는

널리 받아들여진 이론이 타당하지 않다는 결론을 유전자 분석을 통해 내렸다. 널리 지지를 받던 이론에 따르면, 바다거북이 그 섬에 가기 시작한 것은 4천만 년이 넘었는데 그 당시에는 섬이 남아메리카의 해변에 가까웠다. 그 후 섬이 육지로부터 점점 멀어졌지만 여전히 바다거북은 그 섬으로 가고 있다는 것이다. 그러나 새로운 연구는 바다거북이 그 섬을 이용한 것은 단지 수만 년밖에 되지 않았다는 결론을 내렸다.

지금은 근거가 없는 것으로 밝혀진 이러한 설명은 15년 전 카(Archie Carr)와 콜먼(Patrick J. Coleman)에 의해 제시되었다. 그것은 대서양이 7천만 년 전에 생성되어 확장되기 시작했다는 지식에 근거를 둔 대담한 착상이었다. 이러한 확장으로 인해 대양의 중앙선에서 일어난 화산 활동으로 형성된 어센션 아일랜드(Ascension Island)는 점차 육지로부터 고립되었다는 것이다.

이 가설에 따르면 대서양이 좁았던 동안 바다거북의 먼 조상들은 아무런 어려움 없이 그 섬에 가서 해변에 알을 낳았다. 그런 다음 해초를 먹기 위해 수심이 얕은 브라질 해안의 바다로 되돌아왔다. 4천만 년 후 대양의 폭이 상당히 늘어났음에도 불구하고 바다거북은 여전히 그 섬에 도달할 수 있게 하는 어떤 신비한 형태의 항해를 통해 계속 그 섬에 간다는 것이다.

이번에 세 사람의 과학자가 어센션 아일랜드에서 알을 낳는 바다거북의 유전 물질이 다른 곳에서 알을 낳는 같은 종의 유전 물질과 다른 정도를 조사했다. 그들이 생각하기에, 그 차이는 4천만 년 넘게 진화했다고 보기에는 너무 작지만 어센션 아일랜드의 바다거북들이 대서양의 다른 곳에 알을 낳는 바다거북들과 구별되는 집단이라는 것을 보여 주기에는 충분하며, 따라서 그 섬을 이용해 온 것은 아마도 수만 년이 넘지 않는다.

지구상의 멀리 떨어진 네 지역에서 서식하는 바다거북들의 유전 물질에서 특정한 자리(미토콘드리아의 DNA)에 대한 비교가 이루어졌다. 앞의 연구는 특정한 개체군에서 이 유전 물질 속의 미세한 변화가 수백 년 또는 수백만 년에 걸쳐 빨리 일어났다는 것을 보여 주었다. 1987년의 알을 낳는 시기에 과학자들은 하와이 제도의 프렌치 프리깃 쇼울(French Frigate Shoal)에 있는 12개의 보금자리와 플로리다 주 앞바다의 허친슨 아일랜드(Hutchinson Island)에 있는 10개의 보금자리,

베네수엘라 앞바다의 아베스 아일랜드(Aves Island)에 있는 8개의 보금자리 그리고 대서양 중앙의 어센션 아일랜드에 있는 16개의 보금자리에서 바다거북의 알 또는 갓 부화한 바다거북을 채취했다.

하와이 섬의 바다거북들은 약 300만 년 전 파나마 지협이 형성된 이래 다른 장소로부터 고립되었던 것 같다. 그들의 DNA는 예상했던 대로 가장 독특했으며, 바다거북의 DNA가 얼마나 빨리 달라지는지 그 지표를 제공해 주었다.

분석

■ 1단계: 실세계

실세계의 주제는 브라질 연안과 거기서 1,250마일이나 떨어진 대서양 중앙의 어센션 아일랜드 사이를 오간 것으로 밝혀진 바다거북의 개체군이다. 과학자들이 이 바다거북들에 대해 던졌던 질문은 어떻게 알을 낳기 위해 그렇게 멀고 험한 여행을 하게 되었는가 하는 것이다.

■ 2단계: 모형

이전에 인정된 "표준" 모형에 따르면, 이 종에 속하는 바다거북들은 그 섬이 브라질 해안선과 아주 가까웠던 약 4천만 년 전부터 그 섬에 가기 시작했다. 그러나 그 후 1천만 년에서 2천만 년에 걸쳐 대서양의 해저가 확장되면서 남아메리카가 대양의 중앙으로부터 점점 멀어짐에 따라 그 섬도 바다 쪽으로 멀리 이동하였다. 그런데 이 모형에서는 바다거북들이 여행길이 점점 더 멀어졌는데도 그 섬에 계속 갔다는 것이다.

■ 3단계: 예측

그 모형은 이 바다거북 개체군의 나이를 어떤 식으로 측정하더라도 대략 4천만 년이라는 나이가 나올 것이라고 예측했다. 표준 모형에 따르면, 그 바다거북이들이 어센션 아일랜드로 이주하기 시작해야 했을 시기도 그때부터였다.

■ 4단계: 자료

1987년 세계 곳곳에 있는 4개의 상이한 바다거북 집단에서 채취한 바다거북

알의 DNA에 대한 부분적 조사는 특정 개체군의 바다거북들이 얼마나 오랫동안 별개의 개체군으로서 존재해 왔는가에 대한 측도를 제공한다. 이 방법에 의해 어선센 아일랜드의 거북이들이 별개의 개체군으로서 존재한 것은 수만 년에 불과하다는 결론이 나왔다.

■ 5단계: 부정적 증거?

자료와 예측은 분명히 일치하지 않는다. 예측은 그 개체군의 나이가 대략 4천만 년인 것으로 측정되어야 한다는 것이다. 자료에 따르면 그 나이는 오히려 4만 년에 가깝다. 그렇다면 예측에 따른 나이는 자료가 말하는 것보다 약 1,000배나 많다! 그러므로 자료는 모형이 실세계와 들어맞지 않는다는 명백한 증거를 제공한다. 제목이 말하는 대로, 유전자 분석에 의해 바다거북 이론은 뒤집혔다.

이 분석에는 다섯 단계밖에 없다는 점을 유의하라. 프로그램은 자료와 예측이 일치하지 않을 경우에는 분석이 다섯 단계에서 끝난다는 것을 분명히 하고 있다. 엄격히 말하자면 예측이란, 이 바다거북 개체군의 나이가 4천만 년이라는 것이 아니라, 오히려 모형이 세계와 들어맞는다면 기대될 그런 자료에 관한 것이어야 한다는 점이다. 따라서 예측은, 바다거북 알에서 추출한 DNA 표본을 조사해서 얻는 자료가 4천만 년의 나이를 나타내는 것으로 알려진 그런 유형의 내용이 되리라는 것이다.

긍정적 증거의 경우

정신에 대한 새로운 견해가 무의식의 역할 확장을 담당하다

수십 년 동안 심리학의 주류 학자들은 중요한 정신 활동이 무의식적으로 일어날 수 있다는 생각을 억눌렀다. 그러나 오늘날에는, 흥미로운 새로운 연구들이 수행된 결과, 실험 심리학자들은 무의식을 훨씬 진지하게 받아들이고 있다. 가장

영향력 있는 새로운 연구들 중 물체와 단어의 시각적 지각에서 무의식의 역할을 조사한 것이 있다.

케임브리지 대학의 마셀 박사(Dr. Anthony Marcel)는 이 새로운 영역의 주요 연구자들 중 한 사람이다. 그는 의식적인 정신이 알아차리지 못하는 것을 무의식적인 정신이 지각하고 기억한다는 무의식적 지각의 모형을 개발했다. 이 모형에 대한 가장 인상적인 시험들 중 하나는 "무의식적 읽기(unconscious reading)"라는 것과 관련된다. 이 실험에서 마셀 박사는 매우 짧은 시간 동안 스크린 위에 어떤 단어를 비춘다. 그리고 그 단어를 esnesnon과 같은 의미 없는 단어들로 둘러싸 "감춘다." 직접 물었을 때 피험자들은 스크린 위에 실제로 나타났던 단어가 무엇인지 말하지 못했다. 그래서 마셀 박사는 피험자들에게 두 단어 중 어느 것이 감춰진 단어처럼 보이는가를 추측하게 했다. 예를 들어 감춰진 단어가 blood이고, 비슷하게 보이는 단어들로는 flood와 week가 선택되었다고 하자. 놀랍게도 피험자들이 한 추측의 90%가 옳은 것으로 나타났다.

분석

■ 1단계: 실세계

조사 대상인 실세계의 측면은 인간의 정신, 특히 인간의 지각 능력이다.

■ 2단계: 모형

모형은 상세하게 기술되고 있지 않다. 중요한 것은 마셀 박사의 모형에서 인간의 정신이 "의식적인 정신이 알아차리지 못하는 것을 지각하고 기억하는" 무의식적인 요소를 가진다는 것이다.

■ 3단계: 예측

보도된 대로의 모형은 매우 정확한 예측을 산출하지 않는다. 그러나 그것은 피험자들이 의식적으로는 식별할 수 없었던 감춰진 단어들을 무의식적으로 지각하고 기억할 수 있을 것이라는 제안을 하고 있다. 만약 그렇다면, 그 단어에 대한 그들의 추측은 오히려 옳은 경우가 더 많을 것으로 기대된다.

■ 4단계: 자료

자료는 "무의식적 읽기" 실험으로부터 온다. 이 실험에서 피험자들은 "놀랍게도 열 번 중 아홉 번" 단어를 정확히 "추측했다."

■ 5단계: 부정적 증거?

없다. 예측과 자료는 분명히 일치한다. 피험자들이 옳은 단어를 추측한 경우가 훨씬 더 많았다.

■ 6단계: 긍정적 증거?

자료가 "놀라운" 것으로 기술되는 것은, 무의식적 지각 작용 같은 것이 없다면 이러한 결과가 나올 것 같지 않다는 상황을 잘 드러낸다. 분명한 대안 모형은 피험자들이 단지 추측했을 뿐이라는 것이다. 그러나 두 가지 대안 중에서 단순한 추측이 90%의 옳은 답을 산출할 가능성은 거의 없다. 그러므로 자료는 무의식적 지각을 포함하는 모형이 인간의 정신과 들어맞는다는 가설을 뒷받침한다.

이 예에서, 모형은 단지 모호하게 기술되어 있다. 모형과 예측 사이의 분명한 관계를 알아보기 어렵다. 그러한 경우는 자주 비결정적인 평가로 귀착된다. 그러나 이번 경우에 그러한 결과를 피할 수 있었던 것은 자료가 아주 극적이라는 점이다. 그러한 자료를 설명할 수 있는 또 다른 그럴 듯한 모형을 상상하기는 어렵다.

비결정적인 자료의 경우

그것은 온실 효과인가? 답은 당신의 이론에 달려 있다

기억에 남을 정도로 불편했던 1988년 여름은 많은 미국인들에게 자연이 마침내 인류의 무절제한 대기오염에 보복을 하고 있는 것 아닌가 하는 의혹을 남겼다. 캘리포니아 주에서 캐롤라이나 주에 이르기까지 그해 여름의 장기간에 걸친 혹서와 가뭄은 엄청난 피해를 끼쳤다. 전력은 과부하로 휘청거렸고, 광대한 숲들이 화염에 휩싸였으며, 하천의 선박 운행은 멈추었고, 농사는 흉작이 되었다.

'온실 효과(greenhouse effect)', 즉 대기 중의 오염 가스에 의해 태양열이 갇히는 현상은 귀에 익은 표현이 되었다. 일부 기후학자들은 빨리 우리의 생활방식을 고치지 않으면 세계의 곡창 지대가 건조지대로 변할 것이며, 해안 지역은 범람할 것이고, 숲은 고사할 것이며, 수많은 종들이 영구히 멸종될 것이라고 경고했다. 6월 23일에는 미항공우주국(NASA)의 한센(James A. Hansen) 박사가 상원의 한 위원회에서 온난화 경향이 온실 효과에서 비롯된 것은 거의 확실하다고 말해 국민적 관심을 끌었다. 그는 머지않아 위기가 올 수 있다고 경고했다.

그러나 기상 예측은 결코 과학자들이 바라는 만큼 그렇게 쉽지 않았다. 그해 여름의 날씨가 실제로 어떤 경향을 나타내는 징후였는지에 대해서조차 많은 사람들은 확신하지 못하고 있다. 미 국립기상국의 분석가인 와그너(A. James Wagner)는 지난 세기에 가장 따뜻했던 네 번의 해(1980년, 1983년, 1986년, 1987년)가 1980년대에 있었다는 것을 인정했다. 그는 "그러나 나는 이것이 정상적인 기후 변동이 아니라는 주장을 압도적으로 입증하는 것으로는 생각하지 않는다"고 말했다.

기후학자들은 기상의 변동을 이해하기 위해 여러 가지 모형을 만들었다. 실제 기후를 아주 그대로 본뜬 것처럼 보이는 그러한 모형 하나는 매사추세츠 공과대학(MIT)의 로렌츠(Edward Lorentz) 박사가 고안한 것이다. 이산화탄소를 고려하지 않고 대기와 대양의 상호작용에만 의존한 이 모형은 큰 변동들을 보여 준다.

"약 400년에 상당하는 시기를 대상으로 하여 로렌츠 모형을 컴퓨터상에서 거꾸로 실행했더니 그 주기가 규칙적이지도, 그렇다고 완전히 불규칙적이지도 않은 큰 변동들이 때때로 나타났는데 이는 아주 놀라웠다"고 와그너 박사는 말했다. 그 변동은 인접한 두 해 사이의 지구 온도 차이가 ±3.6°F일 정도로 컸다고 그는 말했다. 그 모형은 인접한 여러 해 동안 유별나게 더운 경우들도 때때로 산출하였는데, 이는 1980년대의 실제 기후를 닮은 패턴이었다.

분석

■ 1단계: 실세계

실세계의 연구 대상은 지구의 기후이다.

■ 2단계: 모형

모형은 '온실 모형'이다. 이 모형에 따르면, 지구의 대기는 온실의 창처럼 작용하여 빛과 열을 대기권 아래 가둔다. 이산화탄소는 대기가 열을 가두는 효율을 높인다.

■ 3단계: 예측

예측은 지구의 기온이 올라갈 것이라는 것이다. 그러나 모형은 기온이 어떤 특정한 날짜까지 얼마나 오를 것인지 혹은 기온 상승이 전 지구적으로 균일할 것인지에 대해 정확한 예측을 하기에 충분한 정도로 상세하게 개발되어 있지 않다.

■ 4단계: 자료

자료에는 1988년 여름 미국의 많은 지역에서 일어난 가뭄이 포함되어 있다. 또한 지난 세기에 가장 따뜻했던 네 번의 해(1980년, 1983년, 1986년, 1987년)가 1980년대에 속한다는 정보도 포함되어 있다.

■ 5단계: 부정적 증거?

없다. 자료와 예측은 일치하는 것처럼 보인다. 1988년 여름은 유난히 더웠으며, 적어도 미국에서는 1980년대 대부분의 시기에 날씨가 전에 비해 아주 따뜻했다.

■ 6단계: 긍정적 증거?

그러나 '온실 효과'가 전혀 없다 하더라도 그러한 자료가 나왔을 가능성은 비교적 높다. 일부 기후학자들은 로렌츠 모형이라는 대안 모형까지 개발했는데, 그것은 지구의 기온에서 비교적 큰 변동이 나타날 것이라고 예측한다. 지난 몇 년은 그러한 변동의 한 경우일 수 있다. 그러므로 자료는 온실 모형을 오늘날의 기후에 적용할 수 있는가에 대해 결정적이지 않다. 그렇다고 해서 온실 효과가 일어나고 있지 않다거나 그것이 미래에 더 극적인 위력을 가지고 나타나지 않을 것이라는 뜻은 아니다.

자료가 자주 수치로서 보고되긴 하지만, 인접한 두 해 사이의 온도 변화가 ±3.6°F라는 것은 예측이지 자료가 아니라는 점에 유의하는 것이 중요하다. 왜냐하면, 이 수치를 얻는 과정에서 실세계의 연구 대상(지구의 온도)과 어떤 물리적 상호작용도 없기 때문이다. ±3.6°F라는 수치는 일련의 수학 방정식을 컴퓨터로 푸는 과정을 통해 도출되었다.

2.11 결정적 실험

17세기 이래 과학자들을 매료시켜 온 특별한 실험적 상황이 있다. 그것은 두 경쟁 모형 가운데서 하나를 분명히 선택할 수 있게 해주는 실험 장치이다. 실험을 잘 설계하면 한 모형은 승자가 될 것이고 다른 하나는 패자가 될 것이다. 두 모형의 운명은 단숨에 결정된다. 17세기의 과학자이자 철학자이며 정치가였던 베이컨(Francis Bacon)의 용어를 따라 이러한 유형의 실험을 **결정적 실험**(crucial experiments)이라고 한다. 결정적 실험은 매우 위력적이어서, 과학자들과 심지어 과학사가들까지 종종 특정 실험이 결정적 실험이었던 것처럼 보이도록 과거를 재구성했을 정도였다. 사실 그 당시에는 아무도 그렇게 생각하지 않았다.

결정적 실험의 구조

[그림 2.13]은 결정적 실험을 도식으로 나타낸 것이다. 실세계의 작은 부분을 장치 속에 넣어 통과시키면, 어떤 척도상의 기록을 산출한다. 이 기록이 자료이다. 조사 중인 물질에 대해 두 경쟁 모형이 있다. 우선, 우리는 그것을 각각 M_1과 M_2로 부를 것이다. 실험을 정치하게 설계하여, M_1이 들어맞는다면 장치는 척도

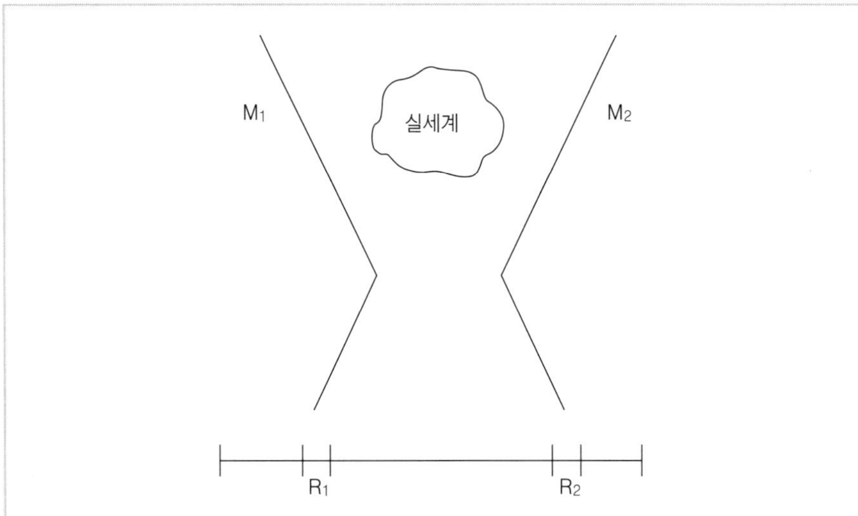

[그림 2.13] 결정적 실험에 대한 도식적 표현

의 영역 R_1에 속하는 기록을 산출할 가능성이 매우 많고 척도의 영역 R_2에 속하는 자료를 산출할 가능성은 거의 없도록 한다. 유사하게, M_2가 들어맞으면 실험이 척도의 영역 R_2에 속하는 기록을 산출할 가능성은 매우 많고 영역 R_1에 속하는 기록을 산출할 가능성은 거의 없도록 실험을 설계한다. 그래서 M_1은 영역 R_1에 속하는 기록을 예측하고, M_2는 영역 R_2에 속하는 기록을 예측한다.

이 설계의 매력은 우리가 실험 결과를 이용하여 어떤 모형이 세계에 가장 잘 들어맞는가를 결정하려고 할 때 나타난다. 전략은, 실험이 영역 R_1에 있는 기록을 산출하면 M_1을 가장 잘 맞는 모형으로 선택하고, 마찬가지로 기록이 영역 R_2에 속하면 M_2를 가장 잘 맞는 모형으로 선택하는 것이다.

왜 이것이 효과적인 전략인지 보려면, [그림 2.14]에 나와 있는 행렬을 살펴보라. 선택할 수 있는 모형이 두 가지이고 각 모형에 대해 가능한 선택지도 두 가지이므로, 전체 실험의 가능한 최종 결과는 두 가지가 아니라 네 가지이다. 이 결과들 중 두 가지, 즉 실제로 M_1이 가장 잘 맞는 모형일 때 M_1을 가장 잘 맞는 모형으로 선택하거나, 실제로 M_2가 가장 잘 맞는 모형일 때 M_2를 가장 잘 맞는 모형으로 선택하는 것은 **옳은** 선택이다. 다른 두 가지 가능한 결과, 즉 실제로 M_2가

	M_1이 실세계와 가장 잘 들어맞는다	M_2가 실세계와 가장 잘 들어맞는다
M_1을 가장 잘 들어맞는 모형으로 선택한다	옳은	그릇된
M_2를 가장 잘 들어맞는 모형으로 선택한다	그릇된	옳은

[그림 2.14] 결정적 실험에서 두 이론적 모형 사이의 선택을 나타내는 행렬

가장 잘 맞는 모형인데 M_1을 가장 잘 맞는 모형으로 선택하는 것과 실제로 M_1이 가장 잘 맞는 모형인데 M_2를 가장 잘 맞는 모형으로 선택하는 것은 분명히 그릇된 선택이다.

이 실험은 모형들 중 하나는 적합하게 들어맞는데 다른 하나는 그렇지 않다는 가정 아래 설계되어 있다. 그래서 처음에는 두 가지 가능성이 있다. 우리는 이것들을 차례로 살펴볼 수 있다. 먼저, M_1이 실제로 더 잘 들어맞는다고 상정하자. 실험의 결과가 영역 R_1에 속하는 기록일 가능성이 많도록 설계되어 있다. 이 경우 우리는 M_1을 가장 잘 맞는 모형으로 올바르게 선택한다. 그 반면, M_2가 실제로 더 잘 들어맞는다고 상정하자. 설계에 의하면, 실험 결과가 영역 R_2에 속하는 기록일 가능성이 많다. 이 경우 우리는 M_2를 가장 잘 맞는 모형으로 올바르게 선택한다. 어느 쪽이든 우리는 옳은 선택을 할 것이고 그릇된 선택을 할 가능성은 거의 없다. 유일한 미결 문제는 두 가지 가능한 옳은 선택 중 어느 것을 선택할 것인가 하는 것이다. 그것은 자료에 달려 있다.

실제로는 결정적 실험이 되도록 설계된 실험이 잘되지 않는 경우도 자주 있다. 얻어진 자료가 두 모형에 의해 예측된 영역의 어느 쪽에도 속하지 않는 기록인 것으로 드러나는 것이다. 실험을 수행하는 과정이나 예측된 자료를 유도하는 과정에서 어떤 실수가 없었다면, 우리는 두 모형 중 어느 것도 실세계를 적합하게 나타내지 못한다는 결론을 내릴 수밖에 없다. 두 모형 중 하나는 들어맞는다는 초기의 가정은 버려야 한다.

완성된 결정적 실험이 비교적 드물지만, 그러한 실험들을 고안할 수 있는 가능성은 최상의 과학적 추론에 대해 비록 이상화된 것이긴 하지만 명료한 모형을

제공한다. 이러한 유형의 과학적 추론을 이해하면, 일상생활의 이상적이지 않은 경우들을 평가하는 데 도움이 될 수 있다.

결정적 실험에 대한 분석

여러분은 뒤따르는 본보기 분석을 읽기 전에 다음의 보고를 스스로 평가해 보아야 한다.

돌연변이

유기체의 유전자에서 변화가 일어날 수 있다고 알려진 것은 오래되었다. 그러한 변화를 일반적으로 '돌연변이(mutation)'라고 부른다. 1940년대만 하더라도 돌연변이가 일어나는 메커니즘은 아직 알려져 있지 않았다. 델브릭과 루리아가 수행한 유명한 실험은 그 물음에 부분적인 답변을 제공해 주었다. 몇 가지 유형의 바이러스(박테리오파지bacteriophage 또는 파지phage)가 몇몇 유형의 박테리아를 공격하여 죽일 수 있다는 것은 최근에 알려진 사실이다. 영양물이 담겨 있는 배양접시에서 박테리아를 "기르기"는 비교적 쉬우며, 그 안에서는 박테리아가 일반적으로 번성한다. 이것을 '박테리아 배양'이라고 부른다.

델브릭과 루리아는 어떤 박테리아 배양에서는 일부 박테리아가 파지 바이러스의 공격으로부터 살아남는다는 것을 발견했다. 더욱이 살아남은 박테리아의 후손들 역시 파지의 공격에서 살아남는 경향이 있었다. 이는 일부 박테리아의 유전자가 파지 바이러스에 대해 저항력을 갖게 하는 돌연변이를 겪었으며, 이 저항력 있는 박테리아는 자신의 돌연변이된 유전자를 자손에게 물려준다는 것을 보여 준다.

이제 남은 물음은, 박테리아가 저항력을 가지게 하는 돌연변이가 공격하는 바이러스 자체에 의해 야기되었는가 또는 그냥 우연히 일어났을 뿐인가 하는 것이다. 문제의 실험은 돌연변이의 원인에 대한 이러한 물음에 답하도록 설계된 것이었다. 델브릭과 루리아는 다수(말하자면 20개)의 박테리아 배양에서 무슨 일이 일어나는가를 고찰하였다. 즉 그들은 먼저 각 배양에서 많지 않은 비슷한 수의 박테리아들이 자라도록 짧은 시간 두었다가 뒤이어 같은 양의 파지 바이러스를 투입하고 조금 더 자라게 하였다. 만약 파지가 돌연변이를 일으키는 경우라면 모든 박테리아 배양에서 대략 같은 수의 저항력 있는 박테리아가 생길 것이라고 그들은 주장했다.

그러나 만약 돌연변이가 우연히 일어나는 경우라면, 일찍이 우연한 돌연변이가 일어난 박테리아 배양에서 뒤늦게 돌연변이가 일어난 배양에서보다 더 많은 수의 저항력 있는 박테리아가 생기는 결과가 나올 것이다. 일찍이 돌연변이가 일어난 박테리아는 더 오랫동안 번식했을 것이다. 중간 시점에서 우연한 돌연변이가 일어난 배양의 경우 저항력 있는 박테리아의 수도 중간 정도였을 것이다. 그러므로 돌연변이의 시점이 순전히 우연의 문제라면, 실험이 끝났을 때 상이한 박테리아 배양들에서 생긴 돌연변이한 박테리아의 수에는 커다란 편차가 있을 것이다.

델브릭과 루리아는 몇몇 박테리아 배양을 준비한 다음, 파지 바이러스를 투입하였다. 그리고, 후에 저항력 있는 박테리아의 실제 수가 배양마다 차이가 있는 것을 발견하였다.

분석

앞의 보고를 평가하는 한 가지 방법은 각 모형에 대해 한 번씩, 우리의 표준 프로그램을 두 번 적용하여 연습하는 것이다. 그러나 분석을 단 한 번만 하는 것이 더 빠르고 분명하다. 이 경우에는 많은 단계들이 두 부분으로 구성된다.

■ 1단계: 실세계

실세계의 연구 대상은 박테리아에서 돌연변이가 일어나는 과정이다.

■ 2단계: 모형

두 개의 모형이 있다. (1) **인과** 모형(causal model)에 따르면, 돌연변이는 파지 바이러스가 박테리아의 유전자에 작용함으로써 야기된다. (2) **우연** 모형(chance model)에 따르면, 박테리아의 유전자에서 생기는 돌연변이는 파지 바이러스의 활동과는 무관하게 우연히 일어난다.

■ 3단계: 예측

각 모형마다 하나씩, 두 가지의 예측이 있다. (1) **인과** 가설은 저항력 있는 박테리아의 수가 모든 박테리아의 배양에서 대략 같을 것이라는 예측을 산출한다. (2) **우연** 가설은 돌연변이한 박테리아의 수가 상이한 박테리아 배양들에서 커다란 편차를 보일 것이라는 예측을 산출한다.

■ 4단계: 자료

그들은 저항력 있는 박테리아의 실제 수가 박테리아 배양마다 크게 다르다는 것을 발견했다.

■ 5단계: 부정적 증거?

자료는 우연 가설에서 도출된 예측과는 일치하지만, 인과 가설에서 도출된 예측과는 일치하지 않는다. 그러므로 자료는 인과 가설이 거짓이라는 좋은 증거를 제공한다.

■ 6단계: 긍정적 증거?

보고에서 언급된 우연 가설의 유일한 경쟁 상대는 그것과 다른 예측을 산출하는 인과 가설이다. 또 다른 가설은 상상하기조차 어렵다. 그래서 우연 가설이 거짓이라면 저항력 있는 박테리아의 수에서 커다란 편차가 있을 것 같지 않다. 그러므로 자료는 우연 가설이 옳다는 좋은 증거를 제공한다.

2.12 모형 개발

일반적으로 잘 받아들여지는 모형이 실험적 시험의 지지를 받지 못하고 부정적 증거를 어떻게든 설명하기 위해 조정되는 사례를 다룰 필요가 있다. 이러한 사례들을 모형 개발이라 부르기로 하자. 구모형이 가볍게 조정되는 경우가 있는가 하면, 그것이 극적으로 수정되거나 심지어 세계에 대한 혁신적 사고방식으로 대체되는 경우도 있다. 그럼에도 불구하고, 모형 개발의 과정은 결정적 실험의 경우에서처럼 두 개의 독자적인 모형이 서로 경쟁하는 경우와는 매우 다르다. 그 대신에 모형 개발의 과정이란 하나의 모형으로부터 다른 모형이 도출되거나 모형을 시험하고 개발하는 과정에서 하나의 모형이 다른 모형에 잇달아 나온다는 의미에서 두 모형이 상호 의존적이다. 대중지에서 모형 개발을 다루는 기사들을 많이 볼 수 있는데, 이는 구모형의 몰락과 신모형의 부상이 과학 연구의 과정에서 보도 가치가 있는 사건이기 때문이다.

모형 개발은 두 형태를 취한다. 하나는 **신모형에 대한 실험적 시험이 없는 모형 개발이고 다른 하나는 신모형에 대한 실험적 시험이 있는 모형 개발**이다.

신모형에 대한 실험적 시험이 없는 모형 개발의 사례를 보도하는 기사에서는 다음과 같은 순서로 사건들이 등장할 것이다.

a. 구모형이 제시된다.
b. 구모형에 대한 실험적 시험이 부정적 증거를 산출한다.
c. 구모형에 대해 확보된 부정적 증거를 설명하는 신모형이 정식화된다.

이러한 유형의 기사에 대한 분석에서는 6단계 프로그램의 단계들을 다음과 같이 활용한다.

구모형
1.
2.
3.
4.
5.

신모형에 대한 완전한 분석은 그것을 시험하는 실험이 설계되지 않았기 때문에 가능하지 않다.

신모형에 대한 실험적 시험이 있는 모형 개발의 사례에서는 신모형이 실험적으로 시험되며, 기사에서 개관되는 것처럼 다음과 같은 순서로 사건들을 산출한다.

a. 구모형이 제시된다.
b. 구모형에 대한 실험적 시험이 부정적 증거를 산출한다.
c. 구모형에 대해 성립하는 부정적 증거를 설명하는 신모형이 정식화된다.
d. 신모형에 대한 실험적 시험의 결과들을 보고한다.

이러한 유형의 기사에 대한 분석은 다음과 같이 일련의 단계들로 이루어지는 두 과정 중 하나를 활용한다.

신모형에 대한 자료와 예측의 일치

구모형	신모형
1.	1.
2.	2.
3.	3.
4.	4.
5.	5.
	6.

신모형에 대한 자료와 예측의 불일치

구모형	신모형
1.	1.
2.	2.
3.	3.
4.	4.
5.	5.

다음의 신문 보도는 모형 개발의 경우를 예시한다.

모형 개발의 사례

명백한 증거가 시사하는 바로는 지구상의 생명체는 더 일찍 등장했다

새로운 연구에 의하면 지구는 44억 년 전에 대양을 보존하고 대륙을 발달시키기에 충분할 정도로 온도가 낮았다. 이러한 연구 결과대로라면 우리의 행성에 생명이 시작될 수 있었던 시점을 수백만 년 앞당겨 설정할 수 있다.

초기 지구에 대한 일반적으로 인정된 견해에 의하면, 45억 년 전 지구가 처음으로 형성된 직후, 그것은 용해된 금속과 암석이 소용돌이치는 구와 별반 다르지 않았다. 과학자들은 대양이 금성과 같은 두터운 대기를 형성하도록 응축할 정도로 지구가 식는 데 오랜 시간, 아마도 7억 년 정도 걸렸을 것이라고 믿었다.

다국적 과학자들의 한 그룹에서 암석의 나이를 결정하는 데 흔히 사용되는 44억 년 된 조그만 지르콘 조각을 정밀하게 조사하였다. 지르콘이 생성된, 금속과 광물의 화학적 성질은 온도가 낮은 지표상의 환경에서만 형성될 수 있었을 것이라고 연구자들은 말한다. 새로운 증거에 근거해 과학자들은 초기 지구가 형성된 방식에 대해 다시 생각하게 되었다. 이제 과학자들은 태양이 형성되는 과정에서 남겨진 것들이 모여 지구가 형성된 후 약 1억 년 경과한 시점의 온도는 물의 비등점에 가깝거나 그 이하로 낮아졌다고 생각한다. 미국 국립과학재단의 지구과학 분야 부국장으로 그 연구의 재정적 지원을 도왔던 마거릿 라이넌은 다음과 같이 말했다.

"이것은 우리의 행성에 액체 상태의 물이 그렇게 이른 시점에 존재했다는 증거이다. 지구의 진화 과정에서 물이 이렇게 일찍 출현했다면, 원초적 생명 역시 그즈음에 출현했을 수 있다."

분석

■ 1단계: 실세계

연구 초점인 실세계의 측면은 초기 지구가 식는 속도이다.

■ 2단계: 모형

기사에서 "초기 지구에 대해 일반적으로 인정된 견해"로 지칭되는 구모형은 다음과 같다. "45억 년 전 지구가 처음으로 형성된 직후, 그것은 용해된 금속과 암석이 소용돌이치는 구와 별반 다르지 않았다. 과학자들은 두텁고 금성과 같은 대기로부터 대양이 응축되어 형성될 수 있을 정도로 지구가 식는 데 오랜 시간, 아마도 7억 년 정도 걸렸을 것이라고 믿었다."

■ 3단계: 예측

44억 년 전에 형성된 지르콘 조각의 화학적 성질을 검사하면 물이 응축하기에는 온도가 너무 높았다는 증거를 발견하게 될 것이다.

■ 4단계: 자료

"과학자들의 국제적 집단이 44억 년 된 조그만 지르콘 조각을 정밀하게 조사하였는데, 이 광물은 암석의 나이를 결정하는 데 흔히 사용되는 것이다. 지르콘이 생겨날 수 있었을 금속과 광물의 화학적 성질은 온도가 낮은 지표상의 환경에서만 형성될 수 있었을 것이라고 연구자들은 말한다."

■ 5단계: 부정적 증거?

자료는 예측과 일치하지 않는다. 따라서 자료는 구모형이 실세계에 들어맞지 않는다는 증거를 제공한다.

기사에서 기술되는 신모형은 구모형에 대한 부정적 증거를 다음과 같이 설명한다. 즉, "태양이 형성되는 과정에서 남겨진 것들이 모여 지구가 형성된 후 약 1억 년 경과한 시점의 온도는 물의 비등점에 가깝거나 그 이하로 낮아졌다." 이 신모형과 자료 사이의 명백한 일치가 신모형에 유리한 증거로 간주되어서는 안 된다는 점에 주의하는 것이 중요하다. 그 신모형은 애당초 그렇게 일치하도록 설계되었기 때문이다. 구모형에 대한 부정적 증거 때문에 과학자들은 더 효과적인 다른 설명이 있지 않을까 생각하게 된다. 신모형이 실세계에 얼마나 잘 들어맞는가를 결정하기 위해서는 그것을 시험하도록 설계된 새로운 실험적 시험이 이제 필요하다.

모형 개발 기사를 결정적 실험으로 분석하는 것이 그럴듯해 보일 수 있다. 이는 모형 개발 기사들이 한 모형(신모형)의 예측과 자료가 일치하는 것처럼 보이고 다른 모형(구모형)의 예측과 일치하지 않는 것처럼 보이는 사례를 기술한다는 사실에서 비롯한다. 모형 개발에서 구모형에 대한 부정적 증거는 신모형 창안의 원인이 되지만 신모형에 대한 진정한 실험적 시험은 아니다. 주어진 예에서 기술된 실험이 구모형에 대해 부정적 증거를 제공하고 그 부정적 증거를 설명하기 위해 새로운 가설이 개발되었다는 것은 분명하다. 한 모형이 이기고 다른 모형이 지는 결정적 실험을 기술하는 데 경기의 유추를 사용한다면, 모형 개발 기사를 결정적 실험으로 분석하는 것은 신모형이 부정적 증거를 설명하도록 고안되었기 때문에 경기를 매우 불공정하게 만드는(즉, 경기가 조작되는) 결과를 낳는다.

연습문제

이론적 가설들의 평가를 위해 이 책에서 개발된 6단계 프로그램에 따라 다음의 보고들을 분석하시오. 각 단계마다 번호와 제목을 붙이시오. 가능한 분명하고 간결하게 말하되, 자신이 무엇을 말하고 있는지 안다는 것을 충분히 증명할 수 있도록 답하시오. 단지 '예' 또는 '아니오'라 말하는 것은 결코 만족스러운 답이 될 수 없습니다. 이 보고들 중 일부는 최근 잡지나 신문에 실린 기사들에서 직접 인용하여 약간 수정만을 가하여 제시되었습니다.

연습문제 2.1 아인슈타인의 불가능한 고리가 발견되다

아인슈타인(Albert Einstein)이 1936년에 처음 예측했으나 그 뒤 찾을 희망이 없다고 스스로 포기했던 현상이 이제야 발견되었다. 뉴멕시코 주 소코로에 인접한 VLA(Very Large Array) 전파망원경으로 전파원을 관찰하고 있던 천문학자들은 사자자리에서 중력의 렌즈 효과에 의해 완전한 고리의 상을 만드는 물체를 발견했다.

"물론 우리 모두 아인슈타인의 고리에 대해서 들은 적이 있다. 그러나 그것이 컴퓨터 화면 위에 떠오르는 것을 보았을 때 나는 우선 (VLA의 영상 분석) 소프트웨어에 문제가 생긴 것으로 생각했다"고 매사추세츠 헤이스택 천문대(Haystack Observatory)의 연구원인 휴이트(Jacqiueline Hewitt)는 말한다.

소프트웨어의 문제는 아니었다. 그러나 그녀의 회의는 이해할 만한 것이었다. 아인슈타인의 일반상대성 이론에 따르면, 멀리 떨어진 은하나 퀘이사(항성상 전파원)에서 나오는 빛이나 전파가 지구로 오는 도중 질량이 매우 큰 물체 옆을 통과하면 중력의 렌즈 효과가 일어날 수 있다. 즉 그 물체의 중력에 의해 방사선이 굴절되어 방사선원에 대한 하나 또는 그 이상의 일그러진 상이 생기는 것이다. 실제로 지난 10년 동안 그러한 상이 다수 발견되었다. 그러나 아인슈타인 자신이 지적했듯이, 그 상은 방사선원과 렌즈 구실을 하는 물체가 정확히 지구와 일렬을 이룰 때만 완전한 고리를 형성할 수 있는데, 그러한 일은 거의 불가능한 것처럼 보인다.

그런데 극히 예외적으로 양끝에 가늘고 긴 밝은 점이 있는 약 2각초(arcsecond)의 직경을 가지는 작은 타원체인 전파원 MG1131+0456이 휴이트의 컴퓨터 화면에 나타났다. 뒤이은 관찰들에서 휴이트와 그녀의 동료들은 그것이 초신성의 잔존물이나 그러한 고리 모양의 어떤 다른 구조일 가능성을 배제할 수 있었다. 더구나 그들은 표준 광학 망원경을 이용해서 그러한 상을 산출할 수 있는 질량을 가진 후보의 광학적 상을 얻었다. 그것은 커다란 타원형 은하의 형체와 특성들을 가진 22등급 밝기의 물체였다.

연습문제 2.2 왜 세계는 커다란 암컷들로 가득 차 있는가?

동물들은 가장 작은 동물성 플랑크톤에서 가장 큰 고래에 이르기까지 매우 다양한 크기를 가지고 태어난다. 몸의 절대적 크기는 신진대사율, 수명, 세력 범위 같은 인자들에 영향을 미쳐 종의 생활사에 결정적인 영향을 끼친다. 그리고 같은 종 안에서의 몸의 상대적 크기, 예를 들어, 수컷과 암컷의 상대적인 크기는 행동 생태학적 면에서도 중요하다. 세계에 있는 대부분의 종에서 암컷은 수컷보다 크다. 이러한 규칙은 포유류와 조류보다는 곤충, 어류, 양서류, 파충류 같은 집단에 더 잘 적용된다. 하지만 지금까지 살았던 동물 중 가장 큰 것은 포유류의 암컷, 즉 흰긴수염고래의 암컷이다.

암컷이 수컷보다 더 큰 몸을 가지게 된 경위는 오랫동안 생물학자들의 관심을 끈 문제였다. 다윈의 설명은 다음과 같았다. "몸이 커지는 것은 암컷에게 어떤 방식으로 더 중요했음에 틀림없다. … 아마도 그 덕분에 많은 알을 낳을 수 있게 되었을 수 있다." 이러한 소위 생식력 우위 모형(fecundity-advantage model)은 "일반 통념의 지위를 획득했다"고 호주 시드니 대학의 샤인(Richard Shine)은 말한다. 이 모형의 매력은 그것의 단순성 그리고 다수 경험적 관찰과의 일치에서 비롯한다. 그러나 그것은 정식으로 시험된 적이 없었는데 자신이 그러한 결점을 최근에 보완했다고 샤인은 말한다. 그는 그 모형이 어떤 종에게는 적용될 수 있겠지만 결코 보편적이지는 않다는 것을 발견했다.

왜 특정한 종에서 한쪽 성이 다른 쪽 성보다 몸집이 큰가 하는 문제를 해결하는 것은 물론 쉬운 일이 아닌데, 특히 암컷과 수컷이라는 두 협력자 사이에 벌어지는 게임이기 때문이다. 더 정확하게 말하면, 암컷이 수컷보다 큰 것은 다윈이 제안한 종류의 선택적 이점 때문일 수 있다. 그러나 만약 수컷이 적응을 위한 어떤 다른 이유에서 작은 체구를 발달시켰다면 동일한 패턴의 체구 동종이형성이 적용될 것이다. 어떤 경우에나 여러 가지 생물학적 요인들이 작용할 수 있으므로 바로 '그' 요인을 찾을 때는 항상 이 점을 명심해야 한다. 샤인은 우회적인 방법으로 그 모형을 시험함으로써 다른 방향으로 몸의 크기에 영향을 미쳤을 수 있는 변수들을 혼동하는 것을 피하고자 했다. 그는 여러 가지 도마뱀 종의 암수 몸집 차이를 측정했는데, 그 가운데 일부는 한 번에 품는 알의 양이 일정하지만 다른 일부는 일정하지 않은 종이었다. 샤인은 "만약 몸집이 큰 암컷을 요구하는 주된 선택압(selective pressure)이 그것과 연계된 생식력의 증가라면, 한 번에 품는 알의 양이 일정한 종들은 그러한 이점이 없으며 따라서 암컷은 (수컷에 비해) 작은 경향을 나타낼 것"이라고 말한다.

그런데 알을 하나만 낳는 아놀 도마뱀의 경우 암컷이 수컷보다 큰 종의 비율이 한 번에 품는 알의 양이 일정하지 않은 다른 도마뱀들의 경우와 대략 같은 것으로 드러났다. 샤인은 "한 번에 품는 알의 양이 일정한 다른 도마뱀들의 경우에도 똑같은 경향이 나타난다"고 말한다. "최소한 계통이 다른 일곱 가지의 도마뱀이 포함된 이 자료는 생식력 우위 모형의 주요 예측을 반증하는 것으로 보인다."

연습문제 2.3 프리온즈(Prions)

1970년대 중엽까지도 생물학자들은 전염병을 일으키는 병원체가 그 희생자들의 몸에서 증식을 하려면 핵산(DNA 또는 RNA)으로 이루어진 유전 물질을 포함하고 있어야 한다고 일반적으로 믿었다. 1980년대 중엽부터, 이러한 믿음은 뇌에 구멍이 숭숭 뚫려 스펀지처럼 보여 '해면상 뇌질환(spongiform encephalopathies)'이라 불리는 퇴행성 희귀 뇌질환의 연구결과로 그 입지가 흔들리게 시작했다. 그러한 병 가운데 가장 일반적인 것은 양과 염소한테서 발생하며 그 병에 걸린 희생자들이 죽기 전에 방향 감각을 상실하고 제 털을 쥐어뜯는다 하여 스크래피(scrapie)라고 불린다. 최근에 이 병이 발생한 예로서 가장 유명한 것은 1980년대 말과 1990년대 말, 영국에서 발생한 전염성 '광우병(mad cow disease)'인데, 그 발병 원인은 상업용 사료에 포함된 가루로 빻은 양의 머리로 밝혀졌다. 이 병은 인간에게 전염되는 네 변종이 있는데, 그 중 하나가 쿠루병(kuru)이다. 이것은 파푸아 뉴기니의 한 부족에서만 존재했으며 죽은 친척의 뇌를 먹는 (지금은 중지된) 풍습에 의해 전염되었음이 분명하다.

스크래피가 유전 물질을 동반하지 않고 단백질에 의해서만 전염된다는 의심을 처음 제기한 것은 영국의 연구자들이었다. 그들은 스크래피 희생자들의 뇌에서 추출한 물질에 이온화 방사선을 쪼여 정상적인 동물의 뇌에 주입하였다. 추출물에 있던 DNA나 RNA는 이온화 방사선에 의해 모조리 파괴되었을 것이다. 그런데 이 방사선을 거친 추출물이 이전에는 건강했던 실험동물들에게 스크래피를 일으켰다. 그러자 다른 연구자들이 단백질을 파괴하는 것으로 알려진 절차를 유사한 추출물에 적용하였다. 이렇게 처리된 추출물은 건강한 동물에 스크래피를 일으키는 능력이 현저히 줄어들었다. 영국과 미국의 일부 연구자들은 어떤 식으로든 건강한 동물에게 스크래피를 일으킬 수 있는 것은 단백질뿐이라는 결론을 내렸다. 미국의 연구자 프러시너(Stanley Prusiner)는 이 전염하는 병원체를 바이러스나 박테리아 같은 병원체로부터 구별하기 위해 **프리온**(*prion*)이라는 이름을 사용하자고 제안했다. [이 사례에 대해 더 많은 정보를 얻으려면, 『사이언티픽 아메리칸』 1984년 10월호에 실린 프러시너의 논문 "프리온즈(Prions)"와 『사이언티픽 아메리칸』 1995년 1월호에 실린 그의 논문 "프리온 질환(The Prion Diseases)"을 참조하라.]

연습문제 2.4 스크래피 프리온을 확인하다

단백질이 스크래피를 일으킬 수 있다는 것을 보여 주었으므로 다음 일은 스크래피를 일으키는 특정 단백질을 분리해 내는 것이었다. 이러한 탐구는 '프리온 단백질', 즉 PrP(prion protein)라는 특수한 단백질로 귀결되었다. 그런데 놀랍게도 PrP가 생쥐를 포함한 매우 많은 포유류에서는 자연적으로 생성되며 어떤 해로운 결과도 없는 것으로 밝혀졌다. 그렇다면 연구자들이 실수를 저지른 것인가? PrP는 결코 전염성 병원체가 아니라는 것인가? 프러시너는 두 가지 형태의 PrP가 있는데 하나는 흔하고 해가 없지만 다른 하나는 드물면서 치명적인 해를 끼칠 수 있다고 제안했다. PrP의 정체가 밝혀지자 그것을 산출하는 특정 유전자들을 분리해 내는 것이 가능해졌다. 더구나 스크래피 및 관련 질병들의 희생자들은 정상적인 PrP를 산출하는 유전자가 약간 돌연변이한 형태의 유전자를 가졌던 것으로 밝혀졌다. 이러한 발견으로 정상적인 PrP를 산출하는 생쥐, 치명성이 낮은 PrP를 산출하는 생쥐, 또는 치명성이 높은 PrP를 산출하는 생쥐를 선택적으로 번식시키는 것이 가능해졌다. 그 다음에는 돌연변이한 PrP가 실제로 스크래피 같은 전염병을 동물들 사이에 옮길 수 있다는 것을 보여 주는 설득력 있는 실험을 구성할 수 있었다.

치명성이 높은 수준의 PrP를 산출하는 생쥐들은 처음에는 건강하게 태어나지만 결국에는 스크래피류의 병으로 죽는다. 치명성이 낮은 PrP를 산출하는 생쥐들은 건강을 유지한다. 그러나 매우 치명적인 PrP를 산출하는 죽은 생쥐의 뇌에서 뽑은 추출물을 치명성이 낮은 PrP를 산출하는 생쥐의 뇌에 주사하면 역시 병으로 죽는다. 더구나 두 번째 희생자의 뇌에서 뽑은 추출물을 치명성이 낮은 PrP를 산출하는 또 다른 생쥐의 뇌에 주사해도, 역시 병에 걸려 죽는다. 만약 주사를 놓지 않았다면, 치명성이 낮은 수준의 PrP를 산출하는 생쥐들은 모두 병에 걸리지 않았을 것이다.

연습문제 2.5 HIV 대 인간의 면역 체계

에이즈(후천성 면역 결핍 증후군)의 원인인 인체 면역결핍 바이러스(HIV)를 둘러싼 많은 의문 중 하나는 그것의 많은 변이성에도 불구하고 어떻게 거의 모든 경우에 숙주의 면역 체계를 무너뜨리는가 하는 것이었다. 희생자들 중 일부는 감염된 지 몇 년 만에 죽지만, 다수는 병이 퍼지기 전 길게는 10년 동안 별 증상 없이 살고, 소수의 경우 15년 동안이나 뚜렷한 증상 없이 살아남기도 한다. 어떻게 이러한 일이 가능한가?

『사이언티픽 아메리칸』 1995년 8월호에 실린 한 가지 가설은 바이러스 개체군이 개별 환자의 면역 체계라는 환경 안에서 실제로 진화를 한다는 것이다. 바이러스의 복제 수단이 비교적 많은 수의 돌연변이를 일으키는 것으로 알려져 있다. 이 돌연변이 바이러스들은 면역 체계 물질을 공격할 수 있는 능력을 보유하면서도, 새로운 돌연변이체들을 공격하도록 특별히 설계되는 새로운 면역 체계의 산출을 유도할 정도로 그들 자신의 수가 많아질 때까지는 면역 체계 물질로부터 감추어진 상태에 있을 것이다. 모든 바이러스는 어떠한 면역 체계 물질이라도 공격할 수 있지만, 면역 체계 물질은 그것이 인지할 수 있도록 설계된 특정한 돌연변이 바이러스들만 공격할 수 있다. 따라서 면역 체계의 힘들은 점점 특수화되고 분화한다. 바이러스 개체군의 전체 크기는 계속 증가할 것이다. 결국 면역 체계는 압도당하고 바이러스 개체군이 장악하게 된다. 그러나 진화는 우연적인 돌연변이와 환경(이 경우에는 면역 체계)에 의해 좌우되는데 환경은 개인마다 크게 다르다. 그러므로 바이러스가 장악하는 데 걸리는 시간에서 광범위한 차이가 있을 것으로 예상된다.

HIV 바이러스의 유전자 구조는 이제 실험실에서 확인될 수 있다. 따라서 병이 진행됨에 따라 개별 환자의 몸에서 일어나는 그 바이러스 개체군의 유전적 변화를 점검하는 것이 가능하다. 이러한 검사가 행해진 소수 환자들의 경우, 그 결과는 앞에서 제시된 진화 패턴을 따르고 있다. 감염 직후에는 그 바이러스의 변종이 별로 없다. 그러나 그 후 병의 뚜렷한 증상이 나타나기 전까지는 돌연변이 바이러스의 변종들이 더 많이 등장한다. 그리고 마침내 병의 증상이 뚜렷해질 즈음에는 소수의 변종 바이러스들이 지배력을 갖게 된다.

연습문제 2.6 진화생물학의 이단

진화생물학에 대해 전혀 문외한이 아니라면, 자연선택은 유전적 돌연변이의 발생 그리고 뒤이어 우세한 조건들에 의해 선호되는 변이체들의 고착이라는 이중의 과정이라는 점을 알고 있다. 그리고 진화생물학의 세계에서 한 가지는 확실해 보였다. 즉 유전적 돌연변이의 발생은 외부 환경에 의해 전혀 영향을 받지 않는 지속적이고 임의적인 과정이라는 것이다. 만약 하버드 대학 보건대학원의 케언즈(John Cairns), 오버보어(Julie Overbaugh), 밀러(Stephen Miller)가 **대장균**을 가지고 행한 실험들을 해석한 것이 옳다면 그러한 확실성은 불안정한 증거에 입각해 있을 수 있다.

실험 중 하나에서는 락토스를 신진대사할 수 없는 **대장균** 군체를 선택하여 그것을 당에 노출시킨다. 만약 락토스를 활용하는 돌연변이체가 그 개체군에서 단순히 자연 발생하여 우세한 조건들에 의해 선호된다면, 이것은 새로운 군체가 발생하는 한 가지 패턴이 될 것이다. 그 새로운 조건 하에서 락토스를 활용하는 돌연변이체의 발생률이 증가한다면 분명히 다른 패턴이 생길 것이다. 관찰 결과 패턴들이 섞여서 나타났는데 이는 유도된 돌연변이가 일어나고 있는 것으로 보이는 징후이다. "이 실험은 박테리아 개체군들이 … 어떤 방식으로 가장 적절한 돌연변이만을 산출한다는 (혹은 선택적으로 보유한다는) 것을 암시한다"고 케언즈와 그의 동료들은 지적한다. 그들은 이렇게 해석될 수 있는 다른 두 가지 유형의 실험들에 대해서도 언급한다.

돌연변이의 임의성은 1940년대 이래 진화생물학에서 너무 기본적인 것이었기 때문에 그러한 통념을 직접 시험해 보려고 한 연구자는 별로 없었다. 따라서 유도된 돌연변이 현상이 얼마나 일반적인가를 보여 줄 수 있는 자료는 이 소수의 실험에서 나온 것 외에는 전혀 없다. 하지만 케언즈는 그것이 최소한 박테리아에서는 널리 퍼져 있는 것으로 판명될 것이라고 생각한다. 코네티컷 대학의 이론 집단유전학자인 홀싱어(Kent Holsinger)는 "만약 그것이 대장균을 비롯한 박테리아에만 국한된 현상이 아니라 일반적인 현상이라면 진화생물학에 대해 주요한 함축적 의미를 가질 수 있다"고 말한다. 그는 적어도 "우리가 생각해 보지 않았던 어떤 일이 여기서 진행되고 있다"는 것에 주목한다.

연습문제 2.7 유성이 공룡의 멸종을 초래했다는 이론을 뒷받침해 주는 발견

연구자들은 공룡시대가 하나의 거대한 유성 또는 혜성이 원자탄 십억 개의 에너지를 가지고 지구를 강타했던 6천 5백만 년 전에 끝났다는 강력한 새 증거를 확보하고 있다고 말한다. 덴버에 있는 미국 지질조사국의 과학자들은 지난 주 유럽, 뉴질랜드, 태평양 연안의 퇴적분지 등에서 발견된 석영의 미립자들이 지구를 강타한 거대 물체의 충격과 상관있는 구조적 균열을 포함하고 있다고 말했다. 그 광물 파편은 한 차례의 격변에 의해 1억 5천 년 간 군림했던 거대한 공룡의 시대가 끝났다는 징후라고, 그들은 새로운 보고서에서 말했다. 그들은 1987년 3월 8일자 『사이언스』에 발표된 연구 논문에서, 석영에서 발견된 미시적 균열은 화산 활동에서 초래된 것보다는 거대한 충돌의 압력에서 형성된 것과 더 비슷하다고 말한다.

보어(Bruce Boher), 모드레스키(Peter Modreski), 푸어드(Eugene Foord)는 "충격을 받은 석영"이 소행성, 유성 및 혜성에 공통으로 함유된 금속인 이리듐의 농도가 유난히 높은 퇴적층들에서 발견된다고 말했다. 가장 최근의 연구 결과는 노벨상을 수상한 물리학자인 루이스 앨버레즈(Luis Alvarez)와 그의 아들인 지질학자 월터(Walter)가 10년 전에 제기하여 논란이 되었던 이론, 즉 단 한 번의 대격변이 지구상에 있는 수많은 생명체의 멸종을 초래했다는 이론을 지지하는 것이라고 그 연구자들은 말했다. 지질학적 증거로는 공룡의 대대적인 멸종이 약 6천 5백만 년 전에 시작된 것처럼 보이지만, 과학자들은 그 이유에 대해서는 확신이 없었다.

앨버레즈 이론은 외계 물체와의 충돌이 히로시마에 떨어진 원자탄 60억 개에 달하는 에너지를 방출하여 이것이 지구를 에워싸는 거대한 파편 구름을 배출하였고 지구에 도달하는 햇빛의 양을 수년 또는 수개월 동안 감소시켰다고 말한다. 이 이론에 따르면, 먼지가 햇빛을 차단하면서 기후가 냉각되는 바람에 공룡을 비롯한 수많은 종류의 동식물이 목숨을 잃었다는 것이다.

이 이론은 그 시기의 점토 퇴적물에서 정상적 수준의 600배에 달하는 이리듐이 발견된 데 근거를 두고 있는데, 전화 인터뷰에서 보어는 이러한 사실을 말해 주는 석영 조각이 발견된 모든 장소에서 동일한 수준의 이리듐 농축이 발견되었다고 말했다. 충격을 받은 석영 그리고 그것과 연계된 어떤 광물의 균일한 분포는 커다란 혜성이나 유성이 북반구의 대륙을 강타했음을 암시한다고 그는 말했다. 직경 6마일의 물체가 시속 4만 5천 마일의 속도로 지구를 강타했다면, 앨버레즈 이론의 계산대로, 충격 받은 석영의 세계적 분포를 설명하기에 충분한 정도로 높이 파편들을 대기 속으로 쏘아 올릴 수 있었을 것이라고 보어는 말했다.

화산 활동과 연계된 고압도 석영 결정들을 깰 수 있으며, 공룡의 멸종에 대해 화산설을 주창하는 사람들은 이것이 그 시기의 퇴적층에서 충격을 받은 석영이 발견되는 원인이라고 말한다. 그러나 보어와 그의 동료들은, 충돌에 의한 석영의 균열은 다른 압력에서 초래된 석영의 균열과 차이가 있다고 한다. "운석이 지구를 강타하면, 그 질량과 충돌 속도는 충격을 야기한다. 이 충격파는 다른 물체들과 부딪히면서 사방으로 반사되었다가 석영으로 되돌아오면서 충돌에 의한 충격에서만 고유한 여러 세트의 균열적 특징들을 산출한다."

보고서는 거듭된 일련의 균열들이 여러 장소, 즉 덴마크의 스테븐스 클린트와 니에 클로브, 이탈리아의 페트리치오와 폰테다초, 스페인의 카라바카, 뉴질랜드의 우드사이드 크릭에서 발견된 석영 조각들과 북중앙 태평양의 퇴적분지에서 채취한 표본에서 뚜렷하게 나타났다고 말했다. 보어는 그 표본들이 전에 몬태나와 와이오밍에서 발견된 것들과 일치했으며, 소비에트 과학자들 역시 최근에 투르크멘 소비에트 공화국의 카스피 해 동쪽 해안에서 똑같은 유형의 석영을 발견했다고 말했다.

연습문제 2.8 팽창하는 우주

20세기의 가장 흥미로운 발견 중 하나는 우주가 팽창하고 있다(즉, 모든 은하들이 서로 멀어지는 운동을 한다)는 것이다. 이러한 발견은 그러한 팽창이 일어나는 체계의 종류에 대한 많은 모형을 창안하도록 자극했다. 이 모형들 중 실제 우주의 구조를 나타내고 있을 가능성이 있는 것으로 널리 알려진 것은 두 가지이다. 하나는 모든 물질이 원래 한 곳에 집중되어 있다가 폭발하여 밖으로 퍼져 나갔다는 **폭발 모형**("빅뱅" 이론)이다. 다른 하나는 물질의 아원자적 부분들이 무에서 창조되어 결국 바깥쪽으로 이동하는데 각 공간 영역에 항상 똑같은 양의 물질을 남긴다는 **정상 상태 모형**(steady-state model)이다.

만약 우주가 폭발계라면 물질의 밀도(세제곱 광년당 은하의 수)는 최초의 폭발 지점에서 멀어질수록 점차 줄어들 것이다. 그러나 만약 우주가 정상 상태계라면 물질의 밀도는 어디에서나 정확히 같아야 할 것이다. 이는 우주의 어느 지점을 기준으로 하더라도 마찬가지이다. 그리고 어느 쪽을 향해 보더라도, 폭발 모형이 옳다면 가장 멀리 떨어진 은하일수록 밀도가 더 낮아야 한다.

이 두 가지 모형 중 어느 것이 실제 우주에 가장 잘 맞는지 결정하려면, 가장 멀리 떨어진 공간 영역들의 밀도를 측정할 필요가 있다. 근년에는 전파 망원경으로 그러한 측정을 할 수 있게 되었다. 그리고 측정 결과들은 관찰가능한 은하들 중 가장 멀리 떨어져 있는 것들의 밀도에서 뚜렷한 감소가 있음을 보인다.

연습문제 2.9 새로운 관찰로 우주의 수수께끼가 풀리다

1920년대에 별들이 커다란 소용돌이나 접시 모양의 무리를 이루고 있는 것으로 밝혀졌는데, 우리는 이제 그것을 은하라고 부른다. 각 은하는 수백만 개의 별들로 구성되는데, 대부분이 중심 가까이에 몰려 있고 가장자리로 갈수록 적어진다. 현재 우리의 태양과 태양계는 은하수라고 부르는 은하의 가장자리에서 대략 3분의 1쯤 안쪽에 있는 것으로 생각된다.

은하들이 발견된 이래 천문학자들과 천체물리학자들은 당연히 그것들이 어떻게 움직이는지, 특히 무엇이 그것들을 묶어 놓고 있는지를 알고 싶어했다. 표준적인 견해는 은하가 중력에 의해 한데 모여 있다는 것이다. 만약 이러한 견해가 옳다면, 은하를 구성하는 여러 별들의 운동을 계산하는 것이 가능하다. 불행하게도 지금까지는 계산된 운동이 맞는지 여부를 결정할 정도로 정확하게 별들의 운동을 측정하는 것이 불가능했다.

그러나 최근에는 거대 망원경을 통해 얻은 별들의 상을 선명하게 만드는 데 컴퓨터가 사용되고 있다. 이 새로운 기법에 의해 은하수의 바깥쪽 가장자리에 있는 별들이 표준 계산에 따른 속도보다 훨씬 빠르게 운동하는 것으로 밝혀졌다.

그 결과에 과학자들은 당혹스러워했지만, 이 놀라운 결과를 설명할 수 있는 대안 모형을 아직 찾아내지 못하고 있다.

연습문제 2.10 과학자들은 우주의 창조 이해에 획기적인 진전을 이루다

알려진 우주를 가로질러 수억 광년의 거리에 걸쳐 길게 뻗어 있는 은하들의 "거대한 벽(Great Wall)"을 하버드 대학 천문학자 두 명이 발견하면서 우주가 존재하게 된 방식에 대한 오랜 통설들이 위협받고 있다.

길이가 5억 광년, 폭이 2억 광년, 두께가 1천 5백만 광년에 달하는 이 벽은 각기 수십 억 개의 별들을 가진 1만 5천 개 이상의 은하들로 이루어져 있다. "지금까지 자연에서 관찰된 가장 규모가 큰 하나의 통일된 구조"로 기술되는 이 벽의 영상은 우주의 3차원적 구조에 대한 지도를 만들려는 십여 년의 노력 끝에 알려졌다. 이에 따라 상대적으로 소수의 은하들만 있는 비교적 텅 빈 넓은 공간들이 있는 것으로 나타났다.

천문학자들의 연구 결과는 1989년 11월 17일자 『사이언스』에 발표되었다. 이들이 조사한 지역은 광대하지만 그것은 여전히 알려진 우주의 단편에 불과하다. 이 조사에 참여한 천문학자들의 말에 의하면, 조사된 지역이 우주 전체에서 차지하는 비율은 지구 전체에서 로드 아일랜드가 차지하는 비율 정도로 작다. 조사는 지구에서 200~300광년쯤 떨어진 곳에서 거대한 집단을 이루고 있는 은하들의 적색 편이(또는 운동)를 측정하는 방식으로 수행되었다.

애리조나의 휘플 천문대(Whipple Observatory)에 있는 60인치 망원경을 이용한 이 조사는 우주의 한 영역을 얇은 조각으로 나눈 다음 조각마다 들어 있는 은하들의 위치를 기록하는 식으로 이루어졌다. 점점 많은 조각을 완성하여 층상으로 쌓아 나가자, 그 영역의 3차원 영상이 나타나면서 서서히 은하들로 이루어진 거대한 벽을 드러냈다.

만약 이 우주 지도가 실재하는 것으로 판명된다면, 이는 우주가 약 150억 년 전의 빅뱅 후에 생긴 부드러운 초고온 플라스마(plasma)에서 진화했다는 오랜 통설이 틀릴 수 있다는 것을 의미한다. 신비로운 "암흑 물질(dark matter)"로 가득 채워져 있거나 텅 빈 공간 주위에 은하들이 집중되어 있다는 것은 우주가 현재의 이론에서 말하듯 부드러운 최초의 상태에서 진화할 수 없었던 균일하지 않고 매우 울퉁불퉁한 우주라는 것을 암시한다. 무엇이 그 빈 공간에 있는지는 아직 모르지만, 만일 뭔가 있다면 그것은 우주를 이해하는 열쇠가 될 수 있다. 많은 과학자들은 우주에 있는 물질의 90%에서 99%가 암흑 상태에 있으며 탐지되어야 한다고 믿는다. 지름이 약 1억 5천만 광년에 달하는 그 거대한 빈 공간들이 암흑 물질로 채워져 있는지는 알려지지 않은 상태이다.

그러나 빈 공간들의 거대한 크기를 생각하면, "그 빈 공간들을 우주의 기본적인 대규모 구조로 생각하는 것이 물리학적으로는 더 타당할 수 있다"고 그것을 발견한 하버드 대학 천문학자 두 명 중, 겔러(Margaret Geller)는 말했다.

이 발견으로 가장 심각한 위협을 받은 근본 이론은 "표준 모형"으로 알려져 있다. 그것은 우주가 '빅뱅'에서 기원하여 과거 150억 년 동안 꽤 균일한 방식으로 팽창했다고 주장한다. 그 이론은 어느 방향에서나 거의 똑같은 균질적인 우주를 전제한다. 그러나 새로운 연구 결과는, 처음에는 균일하고 균질적이었는데 어떻게 빈 공간과 은하들로 이루어진 균일하지 않은 체계로 150억 년 동안에 발달되었는지 의문을 제기한다.

"우주의 구조가 형성된 방식이라고 과학자들이 믿는 것에는 어떤 근본적인 오류가 있다고 나는 생각한다. 아마도 우주는 균질적이지 않을 것이다." 겔러는 이 연구가 철학적으로도 중요한 의미를 가진다고 하며 그 이유를 다음과 같이 들고 있다. "우주의 지도를 만든다는 것은 그 기원을 찾는 것인데, 우주가 어디에서 왔는지 모른다면 우리가 어디에서 왔는지도 이해할 수 없다."

"거대한 벽"의 발견에 대해 자세히 기술한 그들의 논문에서 겔러와 그녀의 동료인 허크라(John Huchra)는 그 벽이 그들의 측정 결과보다 훨씬 더 클 수도 있다고 암시했다. 그들의 발견에서 "가장 놀라운 결과"는 그들이 발견한 가장 큰 구조들의 크기가 "오직 조사의 범위에 의해서만 한정된다"는 것이라고 그들은 말했다. 그러한 구조들과 빈 공간들이 훨씬 더 크다면, 과학자들은 우주가 균질적이라는 기본적인 생각을 버려야 할지도 모른다.

하버드 대학 천문학자인 커츠(Michael Kurtz)는 "우리가 관찰하고 있는 것을 설명하는 것에 근접하는 이론조차 없다"고 말했다.

연습문제 2.11 중력파

최근 전 세계의 신문에 아인슈타인의 일반상대성 이론을 시험하는 매우 주목할 만한 실험에 대한 기사가 실렸다. 아인슈타인의 이론에 따르면, 질량이 큰 회전 물체는 빛의 속도로 이동하는 '중력파(gravity waves)'를 방출한다. 몇몇 과학자가 중력파를 탐지했다고 주장한 적은 있었지만, 그들의 주장 중 어느 하나도 제대로 입증되지 않았다. 그 새로운 실험은 독특한 펄서(pulsar), 즉 독특한 파동으로 강력한 전파를 발하는 매우 밀도가 높은 천체를 발견함으로써 가능했다. 이 특별한 펄서는 질량이 크지만 눈에 보이지 않는 또 다른 물체(아마도 "블랙홀") 주위의 궤도를 따라 회전하고 있는 것으로 보인다. 이 독특한 펄서의 발견은 직경 1천 피트나 되는 세계에서 가장 큰 전파 망원경을 사용해 이루어졌다.

만약 관찰된 체계가 실제로 아인슈타인의 모형에 들어맞는다면, 그것은 틀림없이 중력파를 방출할 것이다. 더구나 그 모형에 따르면 중력파는 그 체계에서 에너지를 빼앗아 가기 때문에 그것과 짝을 이루는 물체의 주위를 도는 펄서의 회전 속도는 매년 약 1만 분의 1초 정도로 느려질 것이다. 그 체계의 회전 속도는 대형 전파 망원경과 오차가 매년 오천만 분의 1초일 정도로 정확한 '시계'를 이용하여 4년 동안 계속 측정되었다. 가장 최근의 측정들은 예측대로 그 체계의 회전 속도가 실제로 매년 정확히 약 1만 분의 1초 정도 느려졌다는 것을 보여 준다. 이전에는 중력파의 존재를 의심했던 과학자들조차 예측된 양만큼 회전 속도가 느려지는 체계의 발견은 아주 주목할 만한 일임을 인정해야만 했다.

연습문제 2.12 암의 유전학

대부분의 사람들은 염주 모양의 염색체 모형에 익숙하며, 거기서 염주알은 각기 다른 유전자를 나타낸다. 1970년대 초 이래 염색체의 유전자 배열을 확인하는 것이 가능해졌고, 이로써 암세포의 염색체는 정상적인 세포와 유전자 배열이 다르다는 것을 발견하게 되었다. 또한 어떤 암은 집안 대대로 나타나고 따라서 유전적으로 물려받는 것이 틀림없다는 점도 알려졌다. 그러나 설사 한 사람의 각 세포가 그 염색체 모두의 완전한 복사판을 갖는다 하더라도 그 가계의 모든 구성원이 암에 걸리는 것은 아니다. 또한 암에 걸리는 사람도 신체의 몇몇 부위에서만 나타날 뿐이다. 더구나 암에 걸리는 사람 대부분이 암에 걸리기 쉬운 가계의 구성원은 아닌 듯하다.

이러한 다양한 연구 결과를 설명하기 위한 한 가지 제안은 1970년대 초에 처음 전개되었지만 최근에야 광범위한 인정을 받았다. 1995년 3월호 『사이언티픽 아메리칸』에 설명된 것처럼 그것은 정상적인 세포보다 암세포를 산출하려면 염색체의 유전자 구조에 한 가지 이상의 변화가 일어나야 한다는 견해이다. 암에 걸리기 쉬운 가계의 구성원들은 말하자면 그들에게 불리한 한 번의 타격을 입고 출발한다. 따라서 그들은 다른 사람들보다 암 발생에 필요한 돌연변이들을 축적하기 쉽지만 결코 그렇지 않을 가능성도 여전히 있다. 이 제안은 암에 대한 "두 번 타격"(혹은 "다중 타격") 이론으로 알려졌다.

그러나 이 제안의 직접적 시험을 고안한 것은 20년이 지난 후에야 가능했다. 다행스럽게도 서로 다른 곳에서 연구하던 몇몇 연구자들이 같은 부위에서 계속 암이 재발한 환자들로부터 추출한 뇌종양의 표본들을 보존하고 있었던 것이다. 만약 다중 타격 이론이 옳다면, 나중에 생긴 보다 공격적인 종양의 세포들이 이전 종양의 세포보다 더 많은 돌연변이를 드러내야 할 것이다. 그러나 그러기 위해서는 이전에 생긴 돌연변이가 이후의 종양 세포에 보존되어야 한다. 복수 타격 이론을 주창하는 사람들에게 희소식은, 바로 그러한 결과를 발견했다는 것이다.

연습문제 2.13 티라노사우루스의 급식 습관

1676년에 로버트 플롯(Robert Plot)이 최초의 공룡 화석을 발굴한 이후 거의 모든 사람이 공룡 열병에 휩싸였다. 공룡이 우리를 사로잡는 것은 일부 공룡의 거대한 몸집때문만이 아니라 그것의 엄청난 다양성 때문이기도 하다. 무시무시한 **티라노사우루스**(Tyrannosaurus rex), 위엄 있는 **트리케라톱스**(Triceratops) 그리고 교활한 맹금 같은 놀라운 동물들을 포함하여 공룡들은 참으로 흥미진진하다.

그러한 흥미진진함으로부터 많은 질문들이 제기된다. 화석을 조사함으로써 고생물학자들은 공룡에 대해 많은 것을 배울 수 있었다. 그들은 이 동물들의 외양을 수백만 년 전에 그것들이 생존했을 때의 실물 그대로 자세하게 추론할 수 있다. 그들은 공룡들이 일상적으로 먹던 것을 조사할 수 있다. 또한 그들은 공룡들이 그들끼리 그리고 환경과 상호 작용했던 방식에 대해 알아낼 수 있다. 공룡 화석이 희귀한 것, 대부분의 식물 및 무척추동물의 화석보다 훨씬 희귀한 것은 사실이다. 그렇다면, 연구할 뼈들이 별로 없을 때, 무서운 도마뱀들에 대해 그렇게 많은 것을 습득하는 것이 어떻게 가능한가? 그 답은 자취 화석에 있다. 그 이름이 함축하는 대로, 자취 화석은 발자국, 이빨이나 물린 자국, 또는 분석 같은 고대 유기체의 "자취"이다.

발자국과 이빨자국은 그렇다 하더라도 분석은? 분석은 화석화된 똥의 조각이다. 왜 화석화된 똥을 연구하는가? 그 답을 진정으로 알기 원한다면, 캘리포니아의 멘로파크(Menlo Park)에 있는 미국 지질조사국(U.S. Geological Survey)의 방문과학자인 카렌 친(Karen Chin)에게 물어보면 된다. 그녀는 공룡의 똥에 관한 세계적인 일류 전문가이다.

1995년에 웬디 슬로보다(Wendy Sloboda)와 팀 토카릭(Tim Tokaryk)은 서스캐처원(Saskatchewan) 주의 이스트엔드(Eastend) 읍 가까운 곳에서 화석을 찾고 있었다. 거기서 그들은 현재 스코티(Scotty)로 알려진 **티라노사우루스**의 해골에 가까운 길이 42cm, 높이 12cm, 폭 15cm의 덩어리를 발견했다. 친은 그녀의 실험실에서 그 덩어리가 동물똥의 화석, 즉 분석임을 확인했다. 그 작업은 힘들었지만, "결국 모든 일이 잘 되었다." 그녀는 그녀식으로 말하자면 "종(species) 배설물" 문제를 해결해야만 했다. 즉, 어떤 공룡이 그 분석에 대해 책임이 있는가? 그 덩어리의 크기를 토대로 하여 그녀는 그것이 **티라노사우루스**의 것이라는 결론을 내렸다.

"우리는 **티라노사우루스**와 그 코호트(cohort)들이 자신들이 먹은 동물들의 뼈를 부술 수 있었음에 틀림없다는 추측을 늘 해왔는데, 이제야 그들이 실제로 그렇게 했다는 최초의 견실한 증거를 갖게 되었다"고 친은 『네이처』에 그녀의 연구 결과를 발표한 뒤 기자들에게 말했다. 실제로 스탠퍼드 대학의 그레고리 에릭슨(Gregory Erickson)의 도움을 받아 그녀는 뼈 조각들이 똥 표본 속에 포함되어 있음을 입증할 수 있었을 뿐만 아니라 그 일부는 어린 **트리케라톱스**와 어린 **에드몬토사우루스**(Edmontosaurus)의 뼈인 것으로 확인했다.

연습문제 2.14 비둘기의 사랑—암컷은 꾸꾸꾸 소리에 알을 낳는다

서로 부리를 비벼대고 꾸꾸꾸 울며 힘을 합쳐 곧 나올 알을 위한 보금자리를 만드는 두 마리의 비둘기는 사랑의 상징 그 자체다.

이제 이 낭만적인 생각은 바꿔야겠다. 물론 수컷은 암컷을 향해 *꾸꾸꾸* 운다. 그리고 과학자들은 수컷이 이렇게 하여 암컷에서 산란을 유발하는 육체적인 변화를 자극한다고 생각했다. 럿거즈 대학(Rutgers University)의 심리생물학자인 매방 쳉(Mei-Fang Cheng)에 따르면, 난소에서 난포가 자라서 터져 알을 방출하게 하는 것은 암컷의 *꾸꾸꾸* 우는 소리라는 것이 이제 밝혀졌다.

쳉 박사는 고통 없이 암컷이 *꾸꾸꾸* 울지 못하게 하는 실험을 고안했다. 수컷은 여느 때처럼 *꾸꾸꾸* 울었지만 아무 일도 일어나지 않았다. 반면 암컷이 녹화된 제 울음소리를 들었을 때, 그 결과로 유리사발로 만든 보금자리에 알을 낳았다.

수컷의 우는 소리는 여전히 중요한 역할을 한다고 쳉은 주의를 준다. 그것은 "암컷이 울게 하는 데 매우 효능이 있지만" 내분비적 변화를 유발하는 것은 암컷 자신의 울음이라고 쳉은 말한다.

연습문제 2.15 연구과제

어떤 이론적 가설과 유관한 실험 결과에 대한 보고를 찾아라. 여러분은 신문이나 시사 잡지에서 한 가지 예를 발견할 수 있을 것이다. 여러분이 보는 지역 신문의 일요 특집판을 보는 것도 좋은 방법이다. 특히 『뉴욕타임즈』의 주간 과학난이 좋다. 또는 『사이언티픽 아메리칸』, 『사이칼러지 투데이(*Psychology Today*)』, 『사이언스』 같은 과학적인 연구 결과를 전문적으로 다루는 대중 잡지를 찾아보아도 될 것이다. 작업을 해 볼 만큼 흥미롭고 내실 있는 것을 발견하면, 이론적 가설을 위한 표준 프로그램에 따라 그 실험을 분석하라.

이 연습문제는 동일한 이론에 대한 다른 정보원들을 찾음으로써 더 큰 과제가 될 수도 있다. 여러분은 그 이론과 관련된 실험들의 전체 역사를 밝힐 수도 있으며, 각 실험을 분석할 수도 있다. 여러분은 유사한 이론적 모형을 사용한 가설에 대해 이루어진 다른 실험을 발견할 수 있고 그러한 가설이 반박된 경우들을 발견할 수도 있다. 아마도 같은 유형의 더 정교한 모형들이 폐기된 모형을 대체하도록 개발되었을 것이다. 그렇다면 여러분은 그 후에 나온 증거가 이 새로운 가설들을 뒷받침해 주었는지 등을 살필 수 있을 것이다.

이 연구과제의 부수적인 효과 중 하나는 여러 가지 대중적인 정보원들이 저마다 다른 수준의 과학 보도를 하고 있음을 알게 되는 것이다. 일부 정보원은 보도된 가설을 평가하기 위해 알아야 할 모든 것을 말해 준다. 그러나 증거가 가설들을 뒷받침하는가를 말할 수 없을 정도로 적은 정보를 제공하는 정보원들도 있다. 이러한 경우 여러분에게 그들의 말을 그대로 믿도록 강요하는 것이 된다. 대부분의 정보원은 이 두 극단 사이의 중간쯤에 있다.

::3장

역사적 일화

이 장에서는 이론적 가설을 포함하는 몇 가지 역사적 일화를 살펴보도록 한다. 이런 사례들을 연구하는 목적은 여러 가지가 있다. 그중에서도 가장 중요한 것은 이런 연구들이 새로운 연구 결과에 대한 보도문을 분석할 때 유용한 일련의 유사체 모형을 제공해 준다는 것이다. 즉 새로운 연구 결과를 접했을 때, 우리는 흔히 새로운 사례와 역사적 사례 사이에서 어떤 유사점을 발견할 수 있다. 그러한 유사점을 이용하면 대체로 새로운 사례를 보다 신속하게 이해하고 평가할 수 있다. 이를 위해서는 언제라도 쉽게 적용할 수 있도록 그런 역사적 사례에 대한 분석을 오랫동안 잊지 않고 기억해야 한다.

일반적으로 우리가 이러한 역사적 일화를 공부하는 두 번째 이유는 다음과 같다. 과학자를 비롯한 사회의 일반 지식인 계층에서 발견되는 과학의 개념은 대체로 우리가 앞으로 검토하게 될 일화들로써 구체화된 과학의 역사에 의해 형성된 것이다. 이런 사례들은 우리 문화유산의 중요한 부분이다. 따라서 그런 유산과 최소한 어느 정도라도 친숙해지는 것은 문화의 구성원으로서 우리가 갖춰야 할 중요한 태도이기도 하다.

물론 다음의 일화들을 대강 살펴본다고 해서 진정으로 과학사에 입문하는 것이 될 수는 없다. 그러나 이런 일화들을 너무 단순화해서 이해하는 우를 범할지 몰라도, 전혀 이해하지 못하는 것보다는 훨씬 낫다.

3.1 금성의 상

근대 과학의 창시자 가운데 한 사람은 일반적으로는 그냥 갈릴레오로만 알려져 있는 갈릴레오 갈릴레이(Galileo Gailiei)이다. 그는 1564년 이탈리아의 피사에서 태어났으며, 그의 과학적 성과는 대부분 1590~1640년에 이루어졌다. 갈릴레오를 역사적 좌표축에 놓고 살펴보면, 셰익스피어가 같은 해에 태어났고, 루터(Martin Luther)가 1546년에 세상을 떠났으며, 갈릴레오와 같은 나라 사람인 콜럼버스(Christoper Columbus)가 처음 신대륙으로 항해한 해가 1492년이다. 1620년 메이플라워(*Mayflower*) 호가 플리머스록(Plymouth Rock)에 상륙했을 때, 갈릴레오는 1632년에 처음 출판된 그의 유명한 저서 『세계의 두 가지 주요 체계에 대한 대화(*Dialogue on the Two Chief Systems of the World*)』를 위한 연구를 한창 진행하고 있었다. 그리고 갈릴레오는 1642년에 세상을 떠났다.

갈릴레오가 태어났을 때, 대부분의 사람들은 말 그대로 지구가 바로 우주의 중심이라고 생각했다. 학생 시절 갈릴레오는 AD 140년에 처음 출판된, 그리스 천문학자 프톨레마이오스(Claudius Ptolemy)의 천문학을 배웠다. 프톨레마이오스의 체계에서는 태양과 달, 별들이 모두 24시간마다 지구를 공전한다. [그림 3.1]은 프톨레마이오스의 체계에 따른 우주의 모습을 스케치한 것이다.

1543년에 폴란드 천문학자 코페르니쿠스(Nicholaus Copernicus)는 『천구의 회전에 관하여(*On the Revolution of the Heavenly Spheres*)』를 출판하여, 태양이 우주의 중심이며 지구를 포함한 행성들은 일정한 궤도를 따라 태양의 주위를 돈다는 견해를 폈다. 코페르니쿠스는 우리의 눈에 보이는 우주의 나머지 부분의 외견상 운동은 매일 한 번씩 지구가 지축을 중심으로 자전하기 때문이라고 설명했다. 코페르니쿠스는 죽기 직전에 자신의 책이 출판되는 것을 볼 수 있었다. [그림 3.2]는 코페르니쿠스의 체계에 따른 우주의 모습을 스케치한 것이다. 이것은 물론 우리가 현재 갖고 있는 태양계의 상과 매우 비슷하다.

갈릴레오는 아주 일찍부터 코페르니쿠스의 체계를 받아들이게 되었으나 아주 오랫동안 자신의 생각을 마음속에만 담아 두었다. 1589년에 그는 피사 대학의 수

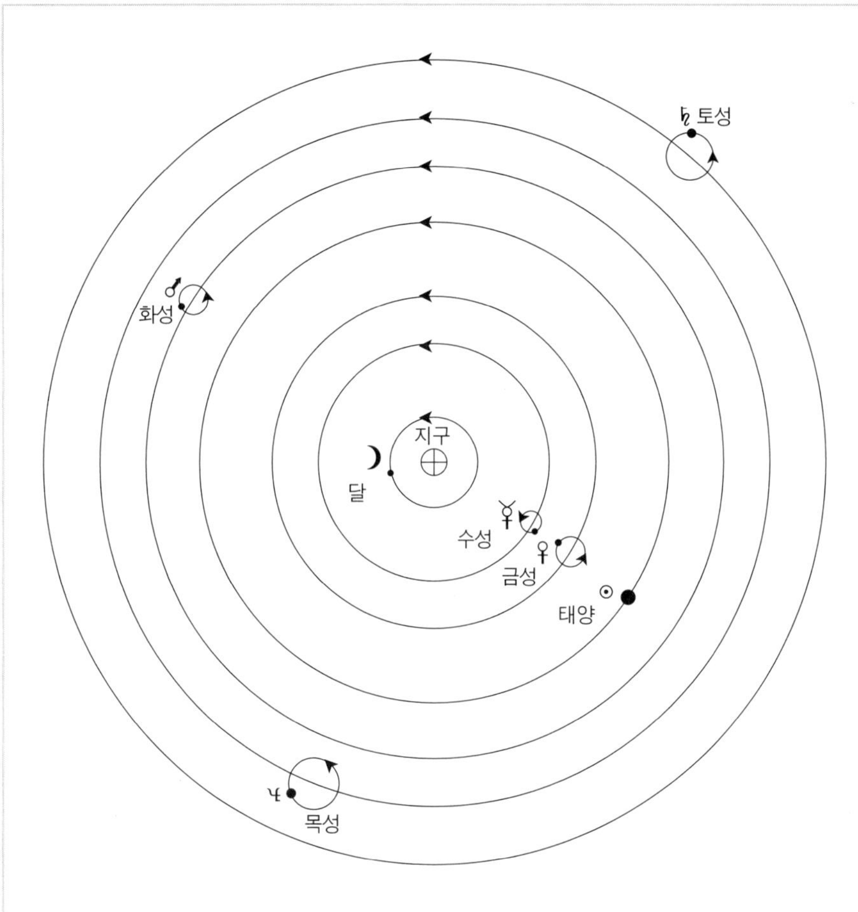

[그림 3.1] 프톨레마이오스의 우주 모형

학 강사가 되었다. 그는 공중에 떠 있는 물체와 낙하하는 물체의 속성을 연구했으며 진자 운동에 대해서도 조사했다. 그가 피사의 사탑에 올라가 재질은 같으나 무게가 다른 두 개의 물체를 떨어뜨려 그것이 같은 속도로 떨어진다는 것을 증명하려 했다는 이야기는 널리 알려져 있다. 그러나 그 이야기가 사실일 가능성은 거의 없다.

1602년에 갈릴레오는 파도바 대학의 수학 교수가 되었다. 1604년에는 오늘날의 관점에서 보면 초신성으로 생각되는 새로운 별이 하늘에 나타났다. 갈릴레오

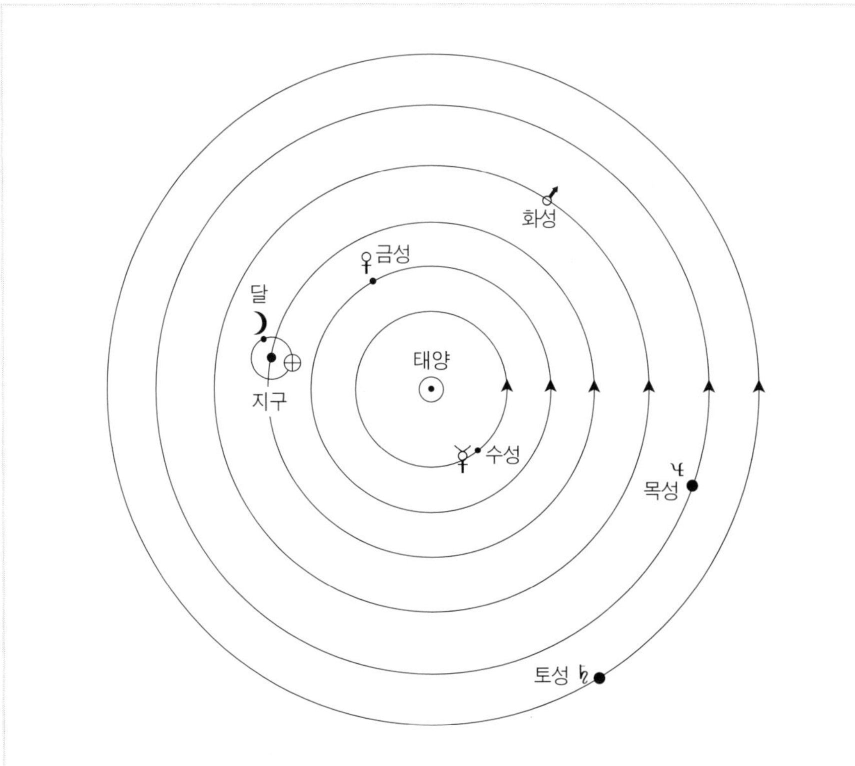

[그림 3.2] 코페르니쿠스의 우주 모형

는 그것을 집중적으로 연구했다. 1609년경에 망원경이 발명되었다는 말을 듣고 그는 그것을 직접 만들어 보기로 했다. 일 년 동안 여러 개의 망원경을 만든 끝에 그는 약 33배율의 성능이 괜찮은 도구를 갖게 되었다. 그는 그것으로 하늘을 관찰했고, 이로써 망원경을 사용한 최초의 천문학자가 되었다. 그는 태양의 흑점, 달에 있는 산, 그리고 목성의 위성을 최초로 본 사람이었다.

최근의 연구 성과에 의하면, 프톨레마이오스의 우주상과 코페르니쿠스의 우주상 중 어느 것이 맞는지를 결정하기 위해 망원경을 사용하면 좋겠다는 의견을 처음 내놓은 것은 갈릴레오의 학생이었다고 한다. 프톨레마이오스의 우주상에서는, [그림 3.3]에서 볼 수 있는 것처럼 금성이 지구와 태양을 연결하는 선을 중심으로 작은 궤도(epicycle, 주전원周轉圓)를 그리며 회전한다. 따라서 지구에서 보

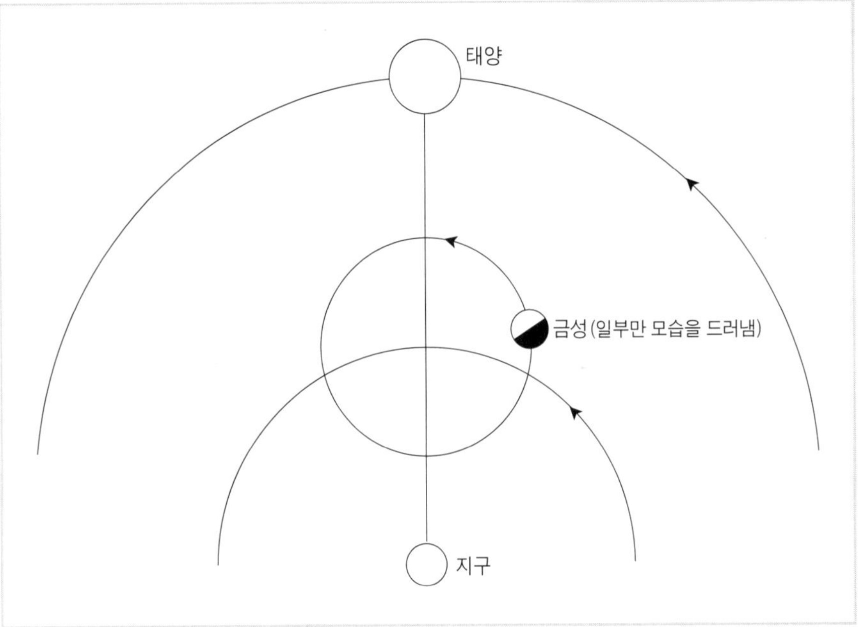

[그림 3.3] 프톨레마이오스의 모형은 금성이 빛을 받아 완전히 모습을 드러내는 일은 볼 수 없을 것이라고 예측한다.

았을 때 금성이 거의 언제나 어두운 것은 태양의 빛을 항상 뒤에서 받기 때문이다. 그렇다면 금성에서 빛을 받는 부분은 아주 작은 초승달 모양의 일부에 지나지 않을 것이다. 이와는 대조적으로 코페르니쿠스의 우주상에서는 금성이 태양의 빛을 받아 거의 완전히 형체를 드러내는 때도 있을 것이다. 그리고 이런 일은 [그림 3.4]에서 볼 수 있는 것처럼 금성이 태양을 사이에 두고 지구의 맞은편에 있을 때면 일어났을 것이다. 육안으로는 이런 차이를 발견할 수 없지만 망원경을 이용하면 달이 보름달이 되듯이 금성이 태양의 빛을 받아 자신의 형체를 완전히 드러내는 것을 볼 수 있는 것이다.

망원경을 사용하여 금성을 연구하는 것이 이론적으로 중요한 의미가 있다는 이야기를 갈릴레오가 처음 들었을 때, 실제로 금성은 몇주 동안 지평선 아래에 있었다는 취지의 역사적 증거가 있다. 그런데도 갈릴레오는 자신이 그런 발견을 했다고 주장하고 싶었기 때문에, 필요한 관찰들을 했다고 말했다. 그는 학생의

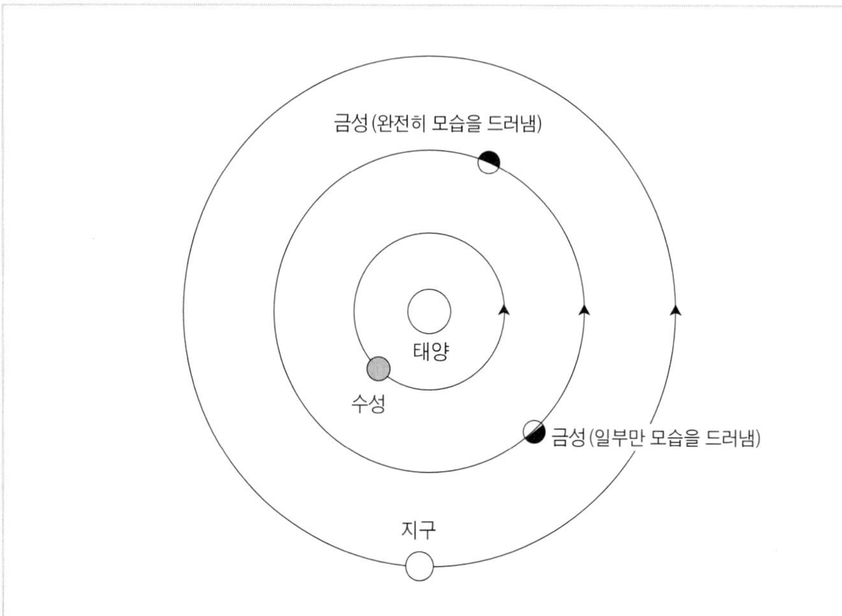

[그림 3.4] 코페르니쿠스의 모형은 금성이 태양의 빛을 받아 완전히 모습을 드러내는 것을 관찰할 수 있을 것이라고 예측한다.

도움을 인정하지 않았다. 그는 나중에야, 그러니까 1610년 후반경에야 금성이 비교적 어두운 구형에서 초승달 모양을 거쳐 완전한 형체를 드러냈다가 다시 (이전과는 반대 방향으로 모양을 튼) 초승달 모양을 거쳐 마지막에는 처음 단계인 어두운 상태로 되돌아가는 것을 관찰했다. 그러니 제임스 왓슨이 중요한 발견을 하는 과정에서 위태로운 줄타기를 한 최초의 주요한 과학자는 아니었던 셈이다.

분석

이 일화는 결정적 실험이 어떻게 이루어지는가를 보여 주는 아주 중요한 사례를 제공해 준다. 정반대의 예측을 하는 두 경쟁 모형이 있다. 자료는 분명히 두 모형 중 하나에 대해 유리하다.

■ 1단계: 실세계

실세계의 대상은 지구 가까이 있는 것으로 알려진 천체들(즉, 태양과 달을 비롯한 행성들)이다. 이론적 쟁점은 이것들이 어떻게 배열되어 있으며 상호간에 상대적인 운동은 어떠한가 하는 것이다.

■ 2단계: 모형

두 가지 모형이 있다. (1) [그림 3.1]에서 볼 수 있는 것처럼 태양과 달을 비롯한 행성들이 지구 주위를 공전한다고 주장하는 프톨레마이오스의 모형과, (2) [그림 3.2]에서 볼 수 있듯이 지구를 포함한 행성들이 태양의 주위를 공전하며 달은 지구의 주위를 공전한다고 주장하는 코페르니쿠스의 모형이다.

■ 3단계: 예측

마찬가지로 두 가지 예측이 존재한다. (1) [그림 3.3]에서 볼 수 있는 것처럼 금성이 태양의 빛을 받아 완전히 모습을 드러내는 일은 결코 볼 수 없다는 프톨레마이오스의 예측과, (2) [그림 3.4]에서 볼 수 있는 것처럼 금성이 태양의 빛을 받아 완전히 모습을 드러내는 단계를 포함하여 일련의 완전한 단계를 거친다는 코페르니쿠스의 예측이다.

■ 4단계: 자료

자료에 의하면, 금성은 다양한 상의 전 단계를 보여 주며 때로는 태양의 빛을 받아 완전히 모습을 드러내기도 한다는 것이다.

■ 5단계: 부정적인 증거?

자료는 (1) 프톨레마이오스의 예측과는 일치하지 않고 (2) 코페르니쿠스의 예측과 일치한다. 따라서 자료는 프톨레마이오스의 모형이 실제 우주를 적절하게 나타내지 않고 있다는 증거를 제공해 준다.

■ 6단계: 긍정적인 증거?

프톨레마이오스의 모형에서는 이런 자료가 나올 수 없을 것이며, 그 밖에 달리 그럴듯한 모형이 있었다는 언급은 없다. 그렇다면 자료는 코페르니쿠스의 모형이 실제 우주와 잘 맞는다는 긍정적인 증거를 제공하는 것으로 봐야 한다.

민간에 널리 전해오는 이야기에서는 갈릴레오를 그의 망원경으로 공룡처럼 거대한 프톨레마이오스의 체계를 단번에 무찌른 인물로 그리고 있다. 그러나 이것은 허무맹랑한 이야기일 뿐이다. 처음부터 코페르니쿠스 체계의 우월성을 확신한 사람들도 있었지만, 그렇지 않은 사람들이 더 많았고, 갈릴레오가 보았다는 것이 정말로 그의 망원경에 비친 것이었는지 의문을 가진 사람들도 많았다. 갈릴레오 본인이 만든 망원경 외에 다른 망원경을 볼 수 있었던 사람도 거의 없었고, 또한 많은 사람들은 왜 금성이 코페르니쿠스의 우주상이 요구하는 대로 지구와의 거리에 따라 여러 가지 모양으로 변하는 것을 육안으로는 볼 수 없는지 의아해 했다. 이런 사람들은 금성이 태양을 사이에 두고 지구의 반대편에 있을 때 더 완전한 모습을 드러내기 때문에 실제보다 가까워 보인다는 갈릴레오의 설명에 별 감동을 받지 못했다. 결국, 많은 사람들은 여전히 지구가 태양의 주위를 공전하면서 지축을 중심으로 게다가 엄청난 속도로 자전할 수 있다는 것은 상상조차 할 수 없는 일이라고 생각했다. 그렇다면 왜 우리는 그런 움직임을 느끼지 못할까? 실제로 그렇게 빠른 회전 운동을 한다면 왜 우리는 지구 밖으로 내팽개쳐지지 않을까? 이런 여러 가지 이유로 과학혁명은 갈릴레오가 처음 자신의 망원경으로 하늘을 관찰한 후 거의 100년 동안에도 완성되지 못했다.

마지막으로, 가톨릭 교회가 갈릴레오의 견해에 반대했던 일도 언급되어야 한다. 이 일에 대해서도 민간에 전해오는 이야기는 갈릴레오를 종교적 독단에 맞서 자유로운 과학적 탐구를 옹호하기 위해 용감히 싸운 투사로 그리고 있다. 그러나 사실은 이보다 훨씬 복잡하다. 갈릴레오는 신앙심이 깊은 사람이었다. 그의 동의하에 그가 아끼던 딸은 평생 수녀로 지냈다. 또한 오랫동안 갈릴레오는 자신의 연구가 교회의 권위를 지지한다고 생각했다. 처음에는 많은 종교학자들과 교회 당국도 그의 새로운 발견을 환영했다. 교회는 나중에야 어느 정도는 루터를 비롯한 여러 사람들에 의해 시작된 종교개혁이 교회에 대한 지속적인 위협으로 작용한 탓에 갈릴레오가 그의 견해를 가르치거나 출판하는 것을 막으려 했다. 또한 갈릴레오는 교회의 권위를 피하기 위해서 취할 수도 있었던 모든 조치를 취하지도 않았다. 1610년에 그는 베니스 공화국에 속한 파도바보다 교회의 영향력이 한층 거셌던 플로렌스에서 날로 치솟는 자신의 명성을 이용하여 자신의 지위를 지키려 했다. 나중에는 베니스나, 독일에서도 안전하고 자유롭게 출판할 수 있는 권리를 추구할 수 있었지만, 그는 플로렌스에서 사는 것을 택했다.

3.2 뉴턴과 핼리의 혜성

뉴턴(Isaac Newton)은 갈릴레오가 죽은 해인 1642년에 태어났다. 그는 포환과 좌우로 움직이는 램프 같은 지상의 물체뿐만 아니라 달과 행성 같은 천상의 물체에도 적용할 수 있는 일련의 이론적 모형을 창안함으로써 지난 세기에 이루어진 과학적 성과를 통합했다. 이런 모형들은 매우 성공적이었으며 뉴턴 과학이 18세기를 풍미했던 계몽운동의 시대(Age of Enlightenment)를 고취하는 주요 원천의 하나가 되었다.

뉴턴의 모형들

뉴턴의 모형이 대상으로 삼은 것은 "물체"라고 불리는 것이다. 물체는 여러 가지 중요한 속성을 가지고 있으며, 이런 속성들 가운데 어떤 속성은 우리에게 더 친숙하다.

· 위치

모든 물체는 매 시점에 공간의 어떤 점에 놓여 있다고 하며, 그 점이 그 순간 물체의 위치이다.

· 속도

속도는 단위 시간 당 위치의 변화이다. 속도의 한 부분은 우리가 흔히 속력(예를 들면, 시속 50마일)이라고 부르는 것이고, 다른 한 부분은 방향이다. 시속 50마일로 북쪽을 향해 움직이는 물체와 시속 50마일로 남쪽을 향해 움직이는 물체는 속력은 똑같아도 서로 움직이는 방향이 정반대이기 때문에 속도는 정반대가 된다.

· 가속도

가속도는 단위 시간 당 속도의 변화이다. 어떤 물체가 정지해 있다가 1분에 시속 60마일로 간다면, 그것은 평균적으로 초당 시속 1마일의 비율로 가속되었을 것이다. 계속 정지해 있는 물체는 가속도가 0이다. 계속 시속 50마일로 움직이는 것도 그렇다. 속도가 점점 줄어드는 물체는 음(陰)의 가속도를 가지고 있다.

· 질량

뉴턴은 최초로 질량과 무게는 다르다는 것을 깨달은 사람 중 하나였다. 질량은 물체가 우주의 어느 공간에 있든 그것과는 전혀 상관없이 온전히 그 자체로서 가지고 있는 속성이다. 뉴턴은 그것을 '물질의 양'이라고 불렀다. 이와는 대조적으로, 어떤 일정한 물체의 무게는 가까이에 어떤 다른 물체가 있느냐에 따라 달라진다.

· 운동량

운동량은 질량에 속도를 곱한 값으로 정해진다. 어떤 물체의 질량에 상관없이 그것의 운동량은 그 질량에 그것의 속도를 곱한 수이다. 정지해 있는 물체는 속도가 없으며, 따라서 아무리 질량이 커도 운동량 역시 없다.

· 힘

힘은 고전 물리학에서 가장 어려운 개념이다. 뉴턴이 생각한 힘의 개념에 대한 수많은 책이 있으며, 일반적인 힘의 개념에 대해 쓴 책도 많다. 지금은, 물체는 힘을 산출할 수 있으며 힘은 물체의 운동을 변화시키는 것이라고만 해두자.

물체가 드러내는 여러 가지 속성에 대해 어느 정도 이해했으므로, 이제 우리는 뉴턴의 세 가지 운동 법칙과 보편 중력의 법칙을 살펴보자. 이들 법칙에는 뉴턴이 물체가 어떻게 움직이는가에 대해 설명하고자 했던 많은 내용이 잘 요약되어 있다.

· 운동의 제1법칙

어떤 물체에 가해지는 힘이 없으면, 그 물체의 운동량은 항상 일정하다.

이 법칙은 어떤 물체든 일정한 속도로(즉, 일정한 속력을 가지고 일직선으로) 움직이면, 어떤 힘도 개입하지 않는 한 그것은 같은 속도로 계속 움직인다는 것을 뜻한다. 이 법칙의 특별한 경우는 물체가 정지해 있을 때(즉, 전혀 움직이지 않을 때) 일어난다. 제1법칙에 따르면, 그것은 어떤 힘이 가해질 때까지는 그대로 정지해 있어야 할 것이다.

· 운동의 제2법칙

어떤 물체에 힘이 가해지면, 그 물체는 정확히 힘의 크기에 정비례하고 그것의 질량에 반비례하여 가속이 붙을 것이다. 이 법칙은 물체에 작용하는 힘이 클수록 그것에 더 빠른 가속도가 붙는다는 것을 의미할 뿐 아니라, 일정한 힘이 가해질 경우 질량이 무거운 쪽보다 가벼운 쪽에 더 많은 가속도가 붙는다는 것 또한 의미한다.

· 운동의 제3법칙

어떤 물체가 다른 물체에 힘을 가하면, 이 두 번째 물체는 첫 번째 물체에 크기는 같으나 방향은 정반대인 힘을 가한다. 이것이 모든 작용에는 힘은 같으나 방향은 정반대인 반작용이 따른다는, 유명한 작용과 반작용의 법칙이다. 그러나 이들 법칙은 모두 어떤 물체에 다양한 힘이 가해질 경우 그것이 어떻게 되는가에 대해서는 말하지만 어느 법칙도 그 힘 자체가 무엇인가에 대해서는 전혀 말하지 않는다는 점에 주목하라. 이에 반해 중력의 법칙은 모든 물체에 의해 생성되고 또한 다른 모든 물체에 작용을 가하는 어떤 한 가지 종류의 힘에 대해 기술하고 있다.

· 보편 중력의 법칙

어떤 두 물체든 그들 사이에는 둘 사이를 연결하는 선의 방향으로 서로 끌어당기는 인력이 작용하며, 그 인력은 두 질량의 곱을 둘 사이의 거리의 제곱으로 나눈 값에 비례한다. 이 법칙은 모든 물체가 중력을 생성시키며 두 물체 사이의 중력은 질량이 클수록 커지고 둘 사이의 거리가 멀수록 작아진다는 것을 의미한다. 거리의 제곱으로 나눈다는 것은 두 물체 사이의 거리가 2배가 되면, 그것들 사이에 상호 작용하는 힘이 이전의 4분의 1로 줄어든다는 것을 의미한다. [그림

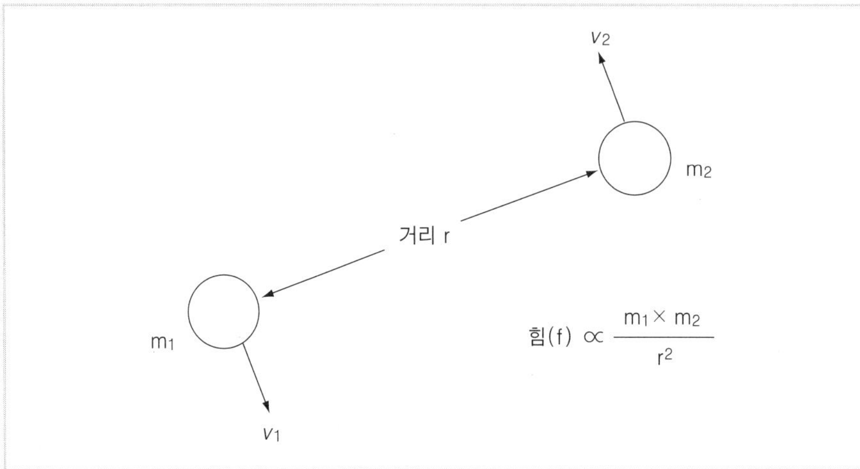

[그림 3.5] 중력이 작용하는 두 물체 사이의 관계를 표현한 뉴턴의 모형

3.5]는 단 두 개의 물체로만 구성되어 있는 아주 간단한 체계를 설정하여 (그림으로 설명할 수 있는 한에서) 이런 관계들을 그림으로 설명한 것이다.

뉴턴의 모형에 대한 이러한 기술은 실세계에 존재하는 물체에 대한 어떤 명시적인 언급도 포함하지 않는다. 우리가 일상적으로 '물체'라고 부르는 것이 모두 뉴턴의 모형에 나오는 '물체'처럼 움직인다는 가정도 없다. 따라서 여기에는 상당히 정교한 일련의 이론적 모형들에 대한 설명만이 있을 뿐인데, 이는 아마도 과학사 전체를 통틀어 가장 유명한 이론적 모형들일 것이다.

그러나 실제로는 낙하하는 물체의 운동, 포환의 궤도, 진자 운동, 달의 공전, 행성의 움직임 등 세계의 많은 사물들이 뉴턴의 체계에 나오는 '물체'처럼 움직인다. 이렇듯 실제로 뉴턴의 모형이 많은 사물에 적용되는 까닭에, 그것은 우리가 일상생활에서 세계를 이해하는 데 중요한 역할을 하게 되었다. 예를 들면 우주 비행이 시작된 이래 대부분의 사람들은 질량과 무게의 차이를 잘 알게 되었다. 지구 주위의 궤도를 도는 우주 비행사들은 무게는 없지만 분명히 질량은 있다. 마찬가지로 대부분의 사람들은 우주 비행사들이 지구에서나 달에서는 질량은 똑같지만 달에서는 그들의 무게가 덜 나간다는 것을 알고 있다. 이는 달이 지구보다 질량이 적어 지구보다 중력을 작게 산출하기 때문이다.

마지막으로, 여러분은 위에서 기술한 뉴턴의 법칙들이 순전히 말로만 설명되어 있다는 사실에 특별한 주의를 기울여야 한다. 여기에서는 어떤 수학적 기호도 사용되지 않았다. 그러나 물리학이 아주 수학적이라는 것은 누구나 알고 있다. 그런데 어떻게 이런 일이 가능할까? 그 대답은 말로 표현할 수 없는 것으로, 수학적 기호를 이용하여 말할 수 있는 것은 사실상 아무 것도 없다는 것이다. 중요한 것은 그 바탕이 되는 관계이며, 이것은 말과 특정한 기호 어느 쪽으로도 기술될 수 있다. 다만 어려운 점은 말을 사용하면 아무래도 성가셔서, 말만 가지고서는 특정한 문제를 해결하는 데 필요한 계산을 하기가 사실상 불가능할 것이라는 데 있다. 예를 들어 긴 나눗셈이 필요한 간단한 문제의 모든 단계를 말로 쓸 수는 있겠지만, 그런 식으로 답을 계산해 낸다는 것은 사실상 거의 상상하기조차 힘들 것이다. 그것을 쉽게 하기 위해서는 특수한 기호 체계, 정말로 특수한 언어가 필요하다. 하지만 근본적인 관계를 직관적으로 금방 이해하는 데는 특수한 기호가 거의 필요 없다. 일반적으로 무슨 일이 일어나고 있는가를 직관적으로 이해하기 위해서는 새로운 자료가 어떤 일련의 모형과 관계있는지를 평가할 수 있기만 하면 된다.

핼리의 혜성

뉴턴의 저작, 『자연 철학의 수학적 원리(*The Mathematical Principles of Natural Philosophy*)』 또는 그것의 라틴어 원제 약자인 『프린키피아(*Principia*)』는 1687년에 처음 출판되었다. 1695년, 영국의 천문학자이며 뉴턴의 친구였던 핼리(Edmond Halley)는 뉴턴의 모형을 혜성의 운동에 적용하기 시작했다. 그는 아마도 혜성이 아주 큰 타원형 궤도를 가진 작은 행성과 유사할 것이라는 뉴턴의 제안에 따라 행동했던 것 같다. 어떤 경우에나 혜성이 아주 흥미로운 대상이었던 것은 그것이 항상 신비스럽게, 아니 심지어는 불길하게까지 보였기 때문이다. 그것은 외관상으로는 분명 어떤 뚜렷한 규칙성도 보여 주지 않았다. 그러나 만일 뉴턴의 제안이 옳다면, 근본적으로는 혜성의 움직임이 상당히 많은 규칙성을 드러냈을 것이다.

핼리는 1682년에 자신이 관찰한 적이 있는 혜성을 조사하기 시작했다. 그는

1682년의 관찰을 통해 배경을 형성하는 별들에 상대적인 혜성의 경로를 아주 정확하게 확인할 수 있었다. 그러나 그는 혜성이 태양에 아주 가까이 접근했을 때만, 그러니까 전체 궤도로 보면 아주 일부에 지나지 않는 짧은 기간의 궤도만을 관찰했기 때문에, 전체 궤도가 얼마나 큰지, 그 혜성이 다시 돌아오는 데는 얼마나 시간이 걸릴지에 대해서는 확실한 결정을 내릴 수 없었다. 게다가 그런 관찰만으로는 혜성의 궤도가 뉴턴의 제안대로 타원형인지 아니면 포물선인지도 결정할 수 없었다. 뉴턴의 이론은 그것이 포물선일 가능성도 배제하지 않았지만, 만일 그렇다면 혜성은 단 한 차례만 왔다가는 태양계에서 영원히 떠났어야 한다. 그러나 만일 타원형 궤도라면 혜성은 이전에도 몇 번이나 똑같은 경로를 여행했을 것이다.

핼리는 이전에 나타난 혜성의 관찰 기록을 샅샅이 뒤지기 시작했다. 그는 대략 150년 전까지 거슬러 올라가 24개의 관찰 기록을 찾아냈는데, 그것은 1682년의 관찰과 비교하기에 충분할 정도로 아주 자세했다. 이 가운데 2개, 그러니까 1606~1607년의 관찰 기록과 1530~1531년의 관찰 기록은 1682년의 혜성과 아주 비슷한 궤도를 기록하고 있었다. 핼리는 만일 그 3개의 혜성이 저마다 다른

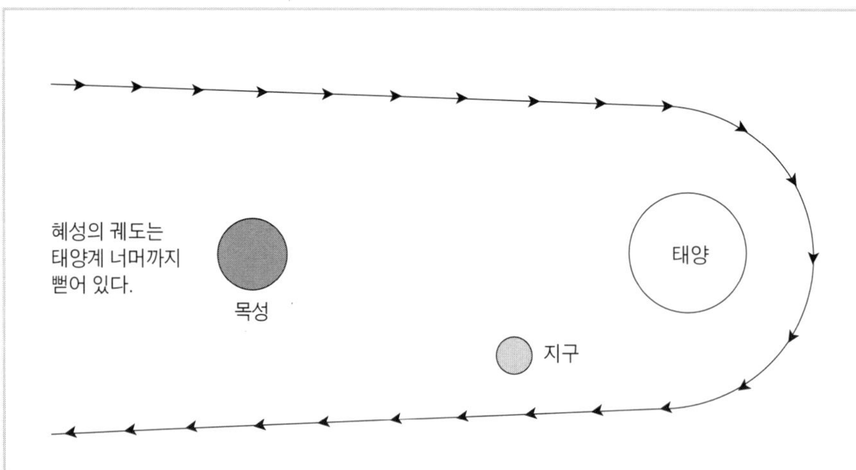

[그림 3.6] 핼리의 혜성

혜성이라면 그처럼 비슷한 궤도를 가지고 있을 가능성이 거의 희박하다고 주장하며, 이것들이 대략 76년 주기의 타원형 궤도를 가진 같은 혜성이 세 번 나타난 것이라는 결론을 내렸다. 그러나 그는 3개의 궤도가 드러내는 약간의 차이들이 행성들, 특히 목성이 미치는 중력의 영향 탓일 것으로 추측은 했지만 증명하지는 못했다.

그러나 핼리는 여기서 멈추지 않았다. 그는 자신이 뉴턴의 모형으로 나타낼 수 있는 체계를 다루고 있다는 가정 아래, 세 경우에서 나온 자료를 이용하여 다음에 혜성이 돌아올 시점을 계산했다. 그는 아주 대담하게도 1758년 12월 후반에 그 혜성을 다시 볼 수 있을 것이라고 예측했다. [그림 3.6]은 이 사례와 관련된 세부적인 사항을 기억하는 데 도움이 될 것이다.

핼리는 1705년에 혜성에 대한 저작을 출판했다. 그것은 뉴턴과 점점 늘어나는 영국의 뉴턴 지지자들 사이에서 대단한 환영을 받았다. 그러나 프랑스인들은 거의 납득시킬 수 없었다. 핼리는 혜성이 다시 돌아올 것이라고 자신이 예측했던 1758년보다 15년 앞서 1743년에 존경받는 과학자로서 세상을 떠났다. 그즈음에는 프랑스인들도 뉴턴의 사고방식에 동조하고 있었으며, 핼리의 예측은 사람들의 기억 속에 그대로 남아 있었다. 1756년 프랑스 과학원은 핼리에게 혜성이 다시 돌아오는 때를 가장 정확하게 계산한 공로를 치하하는 상을 수여했다. 예측대로 1758년 크리스마스가 다가올 무렵 혜성은 다시 나타났고, 그것의 공식 명칭은 '핼리의 혜성(Halley's Comet)'이 되었다.

분석

■ 1단계: 실세계

실세계의 가장 직접적인 관심 대상은 혜성, 특히 1682년에 관찰된 혜성의 경로이다.

■ 2단계: 모형

모형은 타원형 궤도에서 중력에 의해 서로를 끌어당기는 두 물체에 대한 뉴턴의 모형이었다. 두 물체는 각각 태양과 혜성으로 확인되었다.

■ 3단계: 예측

예측은 그 혜성이 1758년 말경에 다시 돌아온다는 것이었다.

■ 4단계: 자료

예측한 대로 그런 궤도를 가진 혜성이 나타났다.

■ 5단계: 부정적인 증거?

없다. 자료는 분명히 예측과 일치하였다.

■ 6단계: 긍정적인 증거?

이에 대한 대안으로 나올 수 있는 유일한 가설은 똑같은 궤도를 가진 또 다른 혜성이 76년 후라는 바로 예측된 시점에 우연히 나타났을 뿐이라는 것이었다. 누가 보아도 그럴 리는 거의 없어 보였다. 따라서 자료는 뉴턴의 모형이 들어맞는다는 아주 좋은 증거를 제공해 주었다.

3.3 플로지스톤(Phlogiston) 이론의 몰락

일상생활에서와 마찬가지로 과학에서도 사람들은 흔히 승자만을 기억하는 경향이 있다. 패자들은 대체로 잊혀지게 마련이다. 그러나 단지 몰락하기 전에 한동안 성공을 누렸다는 이유만으로 기억되는 패자들이 있기도 하다. 그런 유명한 패자로 플로지스톤 이론이 있다.

천체의 운행처럼 불 역시 항상 사람들을 매료시켰다. 서구 세계에서 불의 성질에 관해 고찰한 기록은 저 멀리 고대 그리스 시대까지 거슬러 올라간다. 프로메테우스의 신화와, 세계는 몇 개의 독립적인 요소들, 즉 흙, 공기, 불, 물로 이루어져 있다는 견해를 우리가 갖게 된 것은 모두 고대 그리스인들 덕분이다. 이 네 가지 요소는 모두 연소의 과정에 존재한다. 연소에 대한 상식적으로 가진 견해는 어떤 것이 불타고 있는 물체에서 빠져나가고 재만 남는다는 것이다.

18세기까지 이 어떤 것에 **플로지스톤**, 즉 열소(熱素)라는 확고한 이름이 붙어 있었다. 가연성 물질이 플로지스톤을 함유하고 있다고 가정하면, 연소에 관한 명백한 사실들이 대부분 설명된다. 가열하는 것은 플로지스톤을 공기 속에 방출하는 것이고, 냉각하는 것은 플로지스톤의 휘발성을 감소시키는 것이며, 불을 덮어 끄는 것은 플로지스톤이 빠져나가지 못하도록 가두는 것이다. 촛불을 밀폐된 용기 속에 넣어두면 금방 꺼진다는 잘 알려진 사실은 밀폐된 공기가 플로지스톤으로 포화 상태가 되어 밀랍 속에 남아 있는 플로지스톤이 빠져나갈 곳이 없기 때문이라는 말로 설명되었다.

플로지스톤은 연소뿐만 아니라 용해의 가장 중요한 과정도 설명해 준다. 이것은 원광(原鑛)이 더 정제된 금속으로 변하는 과정이다. 이것은 일반적으로 원광을 정확히 측정된 양의 숯과 함께 일정한 온도까지 가열함으로써 이루어진다. 그리고 숯에는 플로지스톤이 과도하게 함유되어 있는데, 적당히 높은 온도에서는 플로지스톤이 숯에서 빠져나가 원광과 결합하여 금속이 된다고 했다. 이러한 가설은 더 열을 가해 온도가 너무 높아지면 금속이 원래 상태로 되돌아간다는 사실에 의해 그 정당성이 입증되었다. 플로지스톤은 온도가 적정 수준을 넘어서면 금속에서 빠져나간다. 녹이 스는 것조차 플로지스톤이 금속에서 서서히 빠져나간 결과로 설명되었다.

이런 주장들은 **플로지스톤 모형**들의 특성을 기술하는 것으로 볼 수 있다. 이런 모형들은 연소나 부식, 용해 과정을 거치는 체계에 대한 많은 가설들의 배경이 되었다. **플로지스톤 이론**에는 이런 종류의 모형이 연소와 용해, 부식 등의 많은 경우와 들어맞는다는 일반적인 가설이 포함되어 있다. 여기서는 연소에 대해서만 집중적으로 살펴보기로 하자.

연소는 연구하기가 아주 어렵다. 우리가 흔히 태우는 것들은 대부분 여러 가지 다양한 물질로 이루어져 있으며 탈 때 여러 가지 가스를 많이 방출한다. 게다가 연소는 보통 아주 신속하고 격렬하게 일어난다. 따라서 그런 연구에서 진보가 이루어지기 위해서는 간단하고 잘 통제되는 실험 대상을 찾아낼 필요가 있다. 1770년대에는 화학자들이 그런 실험을 실행하기 위한 많은 기법들을 개발했다. 이들의 선두 주자는 영국의 프리스틀리(Joseph Priestly)와 프랑스의 라부아지에

(Antoine Lavoisier)였다. 그러나 프리스틀리는 플로지스톤 이론을 지지했지만, 라부아지에는 그것을 뒤엎는 혁명을 이끌었다.

1770년대에 라부아지에는 프리스틀리가 처음 개발한 기법들을 이용하여 수은을 가지고 몇 가지 면밀한 실험을 했다. 이런 실험 가운데 하나에서 그는 정확히 측정된 양의 수은을 액체 위에 띄우고 유리병으로 덮어 이미 알고 있는 양의 공기를 둘러쌌다([그림 3.7]). 그런 다음 배율이 높은 확대경(집광 렌즈)으로 모은 햇빛을 이용하여 유리를 통해 수은을 가열했다. 그런 상황에서는 라부아지에도 잘 알고 있었듯이 수은의 표면 위에 붉은 가루 즉, 재가 생긴다. 수은의 일부가 통제된 연소 과정을 거치게 된다.

플로지스톤 모형을 이 실험에 적용하면, 우리는 두 가지를 예상할 수 있다. 첫째, 실험 결과 남은 수은에 붉은 재를 합해도 원래 실험에 쓰인 수은보다는 무게가 덜 나갈 것이다. 얼마간의 플로지스톤이 재를 남긴 채 빠져나갔을 것이기 때문이다. 그리고 병 속에 있는 공기는 이제 수은에서 빠져나간 플로지스톤을 함유

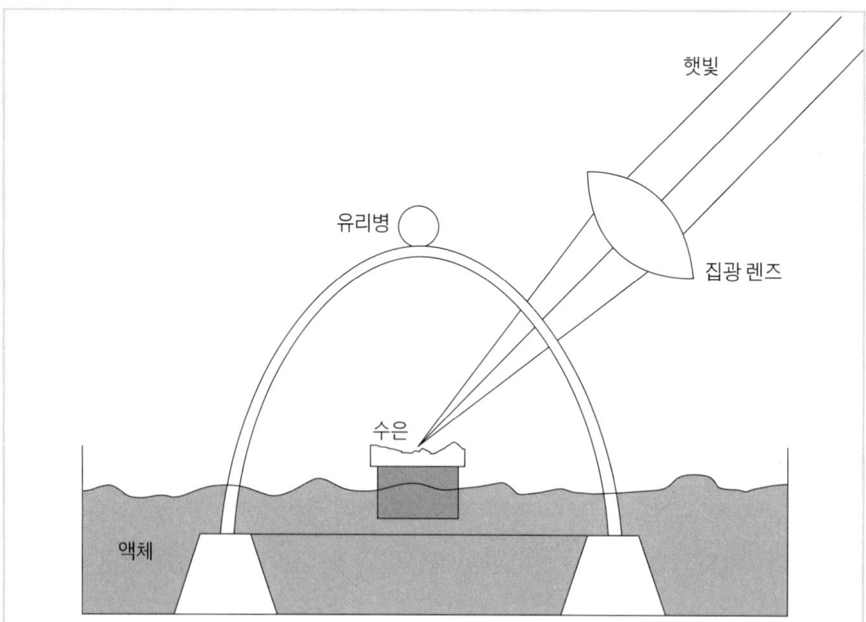

[그림 3.7] 라부아지에의 실험

하고 있을 것으므로 분명히 양이 증가했을 것이다. 그렇다면 추가로 생긴 '공기'가 들어갈 공간을 마련하기 위해 액체의 수위가 낮아질 것이다. 그런데 라부아지에가 실험을 끝냈을 때, 수위가 올라가고 수은과 재의 혼합물이 원래 수은보다 무게가 더 나갔다.

분석

■ 1단계: 실세계

조사 중인 실세계의 현상은 연소 과정이다. 조사한 특정한 경우는 수은의 통제된 연소이다.

■ 2단계: 모형

모형은 수은을 포함한 다양한 소재에 적당히 열을 가하면 눈에 보이지 않는 물질인 플로지스톤이 방출된다는 플로지스톤 모형이다.

■ 3단계: 예측

플로지스톤 모형에 기초한 예측은 (1) (공기에 추가된 플로지스톤 때문에)유리병 아래의 수위가 내려가고, (2) (플로지스톤이 수은에서 빠져나가고, 수은이 재가 되었으므로) 수은과 재의 혼합물은 원래 실험에 쓰였던 수은보다 무게가 덜 나갈 거라는 것이다.

■ 4단계: 자료

자료는 (1) 유리병 아래의 수위가 올라가고, (2) 수은과 재의 혼합물이 원래 수은보다 무게가 더 나갔다는 것이다.

■ 5단계: 부정적인 증거?

자료와 예측이 일치하지 않는다. 따라서 자료는 플로지스톤 모형이 이 실험에서 이루어진 것과 같은 수은의 통제된 연소를 설명하는 데 실패한다는 증거를 제공한다.

이 분석은 5단계로만 이루어져 있다는 점에 주목하라. 이런 일은 분석이 제안된 가설과 어긋나는 증거를 보여 주는 것으로 끝나고 자료에 의해 뒷받침되는 어떤 대안에 대한 언급도 없을 때 항상 일어난다. 물론 많은 독자들은 플로지스톤 모형에 대해 분명한 대안이 있다는 것을 깨닫고 있을 것이다. 수위가 올라간 것은 공기의 양이 감소했기 때문이며, 수은과 재의 혼합물이 원래 수은보다 무게가 더 나가는 것은 공기 중에 있는 어떤 것이 수은과 결합하여 재를 만들었고 따라서 그것의 무게가 더해졌기 때문이다. 라부아지에는 이 어떤 것을 '산소'라고 불렀다. 그것은 지금 다루고 있는 것과는 별도의 이야기이다.

3.4 다윈과 진화

17세기 과학 혁명은 물리학뿐 아니라 생물학에도 변화를 가져왔다. 그러나 생물학의 진정한 혁명은 다윈(Charles Darwin)이 자연 도태에 의한 진화를 발견하고 멘델(Gregor Mendel)이 유전의 메커니즘을 조사했던 19세기 중엽에야 일어났다. 그럼 먼저 다윈의 업적을 살펴보고 이어서 멘델의 연구를 살펴보기로 한다.

특수 창조

19세기 중엽까지 유럽과 아메리카 대륙에서 지구상에 존재하는 다양한 생물 형태의 기원에 대해 일차적인 설명을 해준 것은 유대교와 기독교의 종교적 전통이었다. 천주교, 유대교 및 신교의 신자들은 신앙상의 다른 중요한 차이에도 불구하고 생명, 특히 인간의 생명이 자연계의 질서 바깥에서 작용하는 절대적 존재의 특수한 창조 행위가 낳은 산물이라는 데는 모두 동의했다. 특수한 창조를 이렇듯 널리 믿게 된 이유 가운데 하나는 생물 형태의 엄청난 다양성 그리고 유기체와 그들의 환경 사이에 존재하는 것처럼 보이는 절묘한 조화를 동시에 설명해 줄 다른 대안 모형이 없었기 때문이다. 물고기는 물 속에 살기 위해 아가미를 가지고 있고, 새는 날기 위한 날개를 가지고 있으며, 인간은 먹을 것과 보금자리를 찾기 위한 손과 눈을 가지고 있다. 신의 섭리가 작용하지 않았다면, 이 모든 것이 어떻게 일어날 수 있었겠는가? 그런데 다윈은 다른 대안 모형을 제시했다.

다윈의 핀치

다윈은 1809년, 링컨(Abraham Lincoln)과 같은 날에 태어났다. 그는 영국의 부유한 의사와 공장주 집안에서 태어났다. 16세 때 그는 의학을 공부하도록 에딘버러(Edinburgh) 대학에 보내어졌다. 그런데 의학 공부에 실패하자 다시 신학 공부를 하도록 케임브리지 대학에 보내어졌으나, 여기서도 그는 이전보다 조금 나은 성과를 거두었을 뿐이다. 그가 진짜 열정을 가지고 관심을 기울인 것은 지질학과 자연사였다. 1831년에 그는 박물학자인 친구들의 도움으로 해외로 나가는 영국 해군 선박 H. M. S. **비글**(Beagle) 호에서 (무보수) 박물학자 자리를 얻었다. 이 배는 곧 남아메리카와 태평양의 여러 섬을 조사하기 위한 탐험 여행에 나서도록 되어 있었다. 5년이나 걸린 이 항해 덕분에 그는 세계 여러 곳을 돌아다닐 수 있었다.

한층 매력적인 정박지 중 한 곳이 페루의 리마에서 서쪽으로 약 600마일 떨어진 해상에 있는 갈라파고스 제도(Galapagos Islands)였다. 다윈은 이 섬들이 해저 화산으로 비교적 가까운 시기에 생긴 것이라고 주장했다. 갈라파고스 제도는 여러 개의 작은 섬으로 이루어져 있는데, 중앙에는 큼지막한 앨버말(Albemarle) 섬이 있고 그 주위에 그보다 약간 작은 섬 세 개가 있다. 그리고 외곽에는 자그마한 섬들이 10개 정도 있는데, 그중에는 중앙에서 100마일 떨어져 있는 것들도 있다. [그림 3.8]은 갈라파고스 제도의 지리를 보여 준다.

갈라파고스 제도에는 게와 이구아나, 황소거북, 흉내지빠귀, 핀치를 포함하여 동식물들이 이상한 배열을 이루고 있었다. 다윈과 동료 선원들은 영국으로 돌아가는 긴 항해 중 비교적 쉽게 보존할 수 있는 표본들만 골라 수집했는데, 그중에는 특히 새가 많았다. 그러나 다윈이나 그의 동료들은 어떤 새가 어느 섬에 살고 있었는지를 기록하는 데 아주 체계적이지는 않았고, 그는 후에 이러한 부주의를 무척 후회하였다.

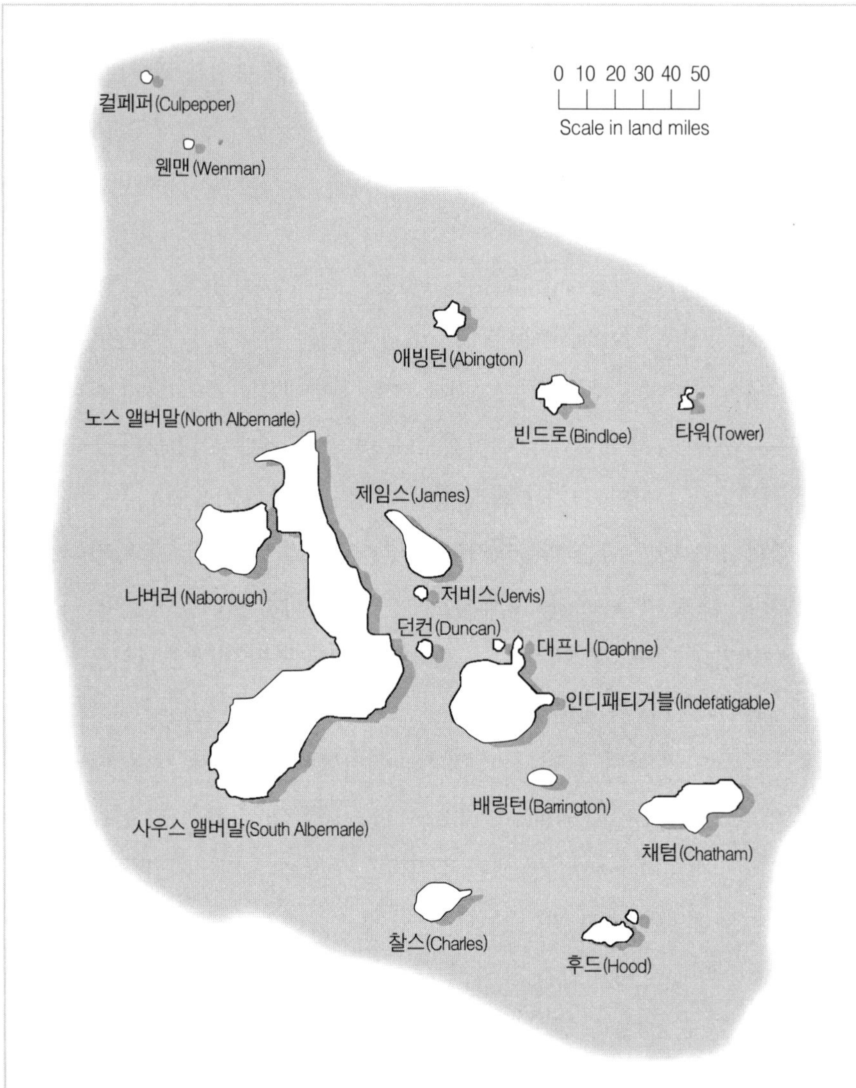

[그림 3.8] 갈라파고스 제도의 지리

1836년 영국에 돌아오자, 다윈은 수집한 표본을 분류하여 자신이 보았던 모든 것의 의미를 파악하기 위한 작업에 들어갔는데, 이 작업을 하는 데만 몇 년이 걸렸다. 점차 그는 핀치의 잠재적인 중요성을 깨달았다. 섬에는 대략 15가지에서 20가지에 이르는 종이 있었다. 외곽에 있는 섬에서는 대체로 두세 종밖에 없었기

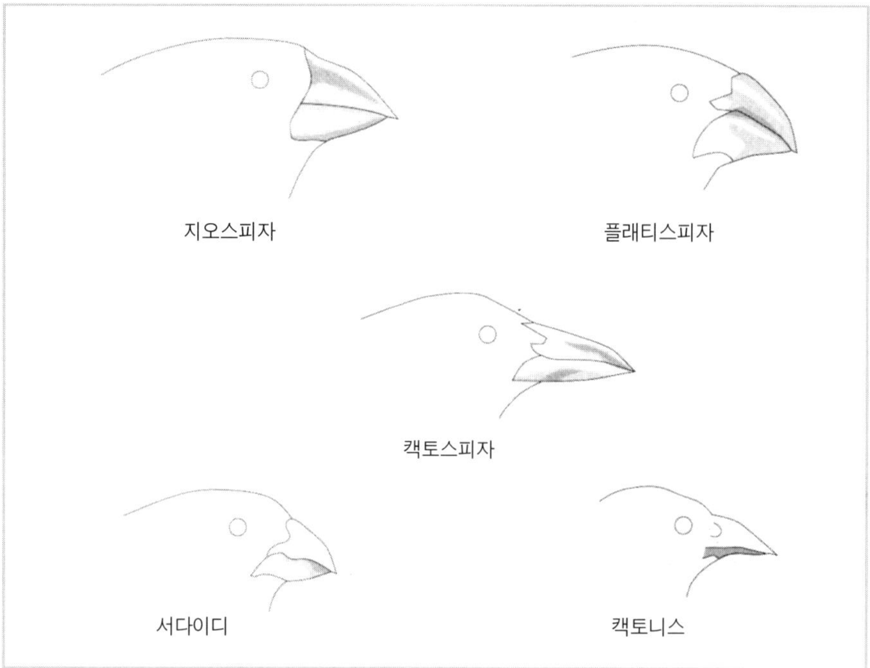

[그림 3.9] 갈라파고스 제도에 서식하는 다섯 종류의 핀치들이 가지고 있는 부리의 차이

때문에 이것들 대부분은 안쪽에 있는 섬에서 발견되었을 것이다. 하지만 핀치는 종에 상관없이 모두 멀리 떨어진 남아메리카 본토에 있는 종들과 비슷했다.

여러 종의 핀치에서 발견되는 주요 차이점은 부리의 크기와 모양이다. 나아가서 각 종이 가지고 있는 부리의 특성은 먹이의 유형에 따라 달라진다. 예를 들어 지오스피자(Geospiza)류는 상대적으로 짧고 억센 부리를 가지고 있는데, 이것은 그것들이 주로 먹는 씨를 깨물어 먹는 데 안성맞춤이었다. 플래티스피자(Platyspiza)류는 앵무새와 좀 비슷한 부리를 가지고 있어서 잎이나 싹, 꽃, 열매를 먹는 데 적당한 것으로 나타났다. 또한 캑토스피자(Cactospiza)류에 속한 핀치들은 딱따구리와 비슷한 부리를 가지고 있는데, 그런 부리는 나무에 구멍을 뚫고 딱정벌레와 같은 벌레를 찾는 데 사용되었다. 그런가 하면 서다이디(Certhidea)류는 단지 비교적 작고 부드러운 벌레를 먹기에 좋은 중간 정도로 강한 부리만을 가지고 있다. 마지막으로 캑토니스(Cactornis)류는 꽃 속에 파고들어 꽃의 꿀을 빨아먹거나 가시가 많은 프릭클리 페어 선인장(prickly pear cactus)의 줄기에 부리를 박고 과육을 빨아먹기에 적당한 길쭉한 부리를 가지고 있다. [그림 3.9]는 이 다섯 가지 종류에서 발견되는 차이를 스케치한 것이다. 다윈은 물론 훗날의 박물학자들은 비슷한 종류의 더 많은 차이들을 발견했다.

진화적 발달에 대한 다윈의 모형

다윈의 집안은 영국 사회의 부유한 상류계급에 속해 있었지만, 전통적으로 사고가 반체제적이고 자유로웠다. 다윈의 할아버지인 에라스무스 다윈(Erasmus Darwin)은 인간이 열등한 생물형에서 진화했다는 견해를 밝힌 저작을 출판하기도 했다. 다윈은 에딘버러와 케임브리지에서 여러 급진적인 사상가들과 사귀었다. 따라서 그가 새롭게 발견한 많은 경험적인 사실에 대해 초자연적이 아닌 **자연적인** 설명을 하려고 했던 것도 결코 놀라운 일은 아니다. 다윈의 저작에서 새로운 것은 그가 개발한 특정한 진화 모형이었다.

다윈은 시장에서 경쟁이라는 이념이 특히 영국에서 중요하게 부각되었던 때에 생물형의 진화에 대해 생각하기 시작했다. 그것은 바로 가장 성공적인 기업과 개인은 가장 경쟁력을 갖추고 있다는 사고였다. 다윈은 또한 맬서스(Thomas Malthus)의 『인구론(*Essay on the Principle of Population*)』에 제시된 견해에 깊은 감명을 받았다. 맬서스는 인구는 본래 인간이 먹고 살 수 있는 생존 수단을 능가하는 지점까지 계속 증가하며, 따라서 인간 전체가 먹고 살기에 적당한 식량과 주거보다 항상 더 많은 사람이 있게 마련이고, 결국에는 그들 가운데 상대적으로 강한 사람들만이 살아남을 수 있다고 했다.

다윈은 이런 생각을 동물 개체군 전체에 적용했다. 그는 한 개체군에 속해 있는 서로 다른 구성원들이 드러내는 특성에는 항상 어떤 변이가 있을 거라고 생각했다. 그리고 특정한 환경에서는 이런 변이들 가운데 일부가 그것을 가지고 있는 개체들에게 경쟁적 우위를, 즉 대를 잇기 위해 짝을 확보하여 자식을 남길 수 있는 경쟁력을 부여할 것으로 생각했다. 이런 특성들이 유전된다면, 그것은 후속 세대들에서 상대적으로 더 널리 퍼질 것이고, 결국 그 이후의 세대들에서는 대부분의 개체들이 그것을 공유하게 될 것이다. 이런 식으로 개체군은 시간이 지나면서 다른 종으로 진화했을 것이다. 그리고 그것이 비글호 탐험 후 20년 이상 지난 1859년에야 출판된 그의 명저 『종의 기원(*The Origin of Species*)』에서 다윈이 개발한 진화의 모형이었다.

다윈의 모형에서 진화는 아주 느린 과정이다. 한 개체군에서 특정한 형질이 널리 퍼질 정도의 의미 있는 변화가 관찰되려면 몇 세대가 지나야 할지도 모른다. 그러나 생물 개체군에서 일어나는 변화를 보여 주는 사례로서 누구나 알고 있는 것이 있었는데, 그것은 바로 동물과 식물의 품종 개량이었다. 다윈은 어렸을 때부터 식물이나 개, 비둘기 같은 동물의 품종 개량에 대해 잘 알고 있었다. 예를 들어 비둘기를 품종 개량하는 사람들은 일부러 바람직한 특성을 가진 것들끼리 짝짓게 하여 아주 특이한 변이를 만들어 내곤 했다. 만일 인간이 어떤 동물에게서 나타나게 하고 싶은 형질을 인위적으로 선택할 수 있다면, 왜 그 비슷한 일, 즉 **자연선택**이 자연에서 일어날 수 없겠는가?

핀치의 부리의 크기와 모양에 대한 다윈의 관찰은 자연선택에 의한 진화라는 그의 설명을 발전시키는 과정의 일부분이었지, 그것이 모형에 대한 실험에서 도출된 자료라고 생각해서는 안 된다. 『핀치의 부리(*The Beak of the Finch*, 1994)』라는 저서에서 웨이너(Jonathan Weiner)는 그랜트(Peter and Rosemary Grant) 부부가 1970년대와 1980년대 사이에 수행했던 실험에 대해 다음과 같이 묘사하고 있다. 프린스턴대학의 그랜트 부부는 다윈의 진화 모형을 테스트해 볼 목적으로 여러 실험을 계획했다. 다음은 같은 해 잡지 『뉴욕타임즈(*New York Times Magazine*)』를 통해 웨이너가 발표했던 연구 요약문에서 발췌한 글이다.

> 지금까지 그랜트 부부와 그들 팀은 갈라파고스에 서식하고 있는 약 24세대의 핀치들—거의 2만 마리—의 다리에 표지를 매달아 왔다. 그들은 다윈이 할 수 없었던 일, 즉 거듭 그 섬을 다시 찾아감으로써, 다윈이 관찰할 수 있으리라고 상상조차 하지 못했던 것들을 그곳에서 관찰하고 있다.

예를 들어, 1977년 그들 팀은 그 제도에서 끔찍한 가뭄을 목격했다. 그해는 다윈의 이른 바 "생존을 위한 투쟁"이 두드러졌던 한 해였다. 대프니 섬(Daphne)에 가장 흔한 지오스피자종의 핀치 무리는 그해 1월 1,000여 마리에서 12월에는 200마리 이하로 감소했다. 그리고 새들은 진화했다. 다음 세대의 부리는 더 커졌고, 이에 비례해서 부리가 더 좁고 깊어짐으로써 그 사막화된 섬에서 마지막 남아 있는 딱딱한 씨앗을 깨기에 더욱 나은 도구가 되었다.

다윈이 주장했던 진화의 과정이 그토록 신속히 이루어지는 것을 목격한 사람은 그 전까지 아무도 없었다. 그리고 이러한 진화는 시험관이나, 과일파리가 가득한 실험실의 실험관이나, 혹은 오염된 도시의 나방에서 일어난 진화가 아니었다. 그랜트 부부는 자연 속에서, 지구라는 행성에서 발견할 수 있는 가장 순수한 환경 속에서 일어나고 있는 자연선택을 생생히 목격할 수 있었던 것이다.

수년 후, 1983년 그랜트 부부는 갈라파고스 제도에서 20세기 사상 가장 심했던 홍수를 목격하였다. 폭풍우는 다핀 섬을 거의 순식간에 사막에서 밀림으로 바꾸어 놓았다. 그러한 격변기에 많은 핀치가 죽었으나, 어떤 것은 오히려 개체수가 증가하였다. 이번에는 후속세대들의 부리가 더 작아져서 새롭게 변한 푸르른 섬을 뒤덮은 풍성한 작은 씨앗을 까먹기에 적합하게 되었다. 또 다시 새들은 진화하였고, 그랜트 부부 또한 진화를 목격하고 그것을 측정하여, 구체적인 수치로 기록하였다.

분석

이제 다윈의 모형을 그랜트 부부가 실험적으로 검사하여 얻은 자료를 분석해 보자.

■ 1단계: 실세계

실세계의 주요한 연구 대상은 갈라파고스 제도에 서식하는 핀치의 부리 크기와 형태의 기원에 관한 것이다.

■ 2단계: 모형

고려되는 모형은 다윈의 자연선택에 의한 진화 모형이다. 이에 따르면, 한 개체군의 구성원들이 드러내는 형질들은 다양할 것이고, 환경에 따라 생존을 증대시키는 형질들이 다음 후손들에게 전달될 것이다. 결과적으로 경쟁적 우위를 제공하는 형질들이 유전되어 미래의 세대들에서 더 널리 퍼지게 될 것이다.

■ 3단계: 예측

갈라파고스 제도에서 핀치의 환경과 먹이 공급이 급격히 변화하면, 다음 세대의 부리 크기와 모양은 새로운 유형의 먹이에 적응하기 위해 변화하는 것을 관찰하게 될 것이다.

■ 4단계: 자료

다음 실험은 극심한 가뭄을 겪은 후 있었던 연구 결과를 묘사한 것이다. "다핀섬에 가장 흔한 핀치인 지오스피자종의 무리가 그해 1월 1,000여 마리에서 12월에는 200마리 이하로 감소했다. 그리고 새들은 진화했다. 다음 세대의 부리는 더 커지고 이에 비례해서 더 좁고 깊어짐으로써, 그 사막화된 섬에 마지막 남아 있는 딱딱한 씨앗을 깨기에 더 나은 도구가 되었다." 다윈의 모형에 대한 또 다른 실험적 시험은 홍수가 지난 후에 다음과 같이 이루어졌다. "그러한 격변기에 많은 핀치가 죽었으나, 어떤 것은 오히려 개체수가 증가하였다. 이번에는 차세대의 부리가 작아지는 진화가 일어나 새롭게 변한 푸르른 섬을 뒤덮은 풍성한 작은 씨앗을 까먹기에 적합하게 되었다."

■ 5단계: 부정적인 증거?

없다. 자료와 예측은 일치한다.

■ 6단계: 긍정적인 증거?

다윈의 모형이 갈라파고스 제도에 사는 핀치들의 부리 유형과 먹이 사이의 상관 관계를 실제로 설명하지 못하는데도, 자료와 예측이 일치했을 가능성은 없었을까? 다윈의 모형만큼 자료와 일치하는 또 다른 모형은 없을까? 이에 대해서는 더 많은 논의가 필요하다.

잘 적응된 다양한 생물 형태의 존재를 설명해 줄 수 있는 가장 현저한 대안 모형은 항상 특수 창조였다. 그러나 오늘날 이 대안을 진지하게 받아들일 생물학자는 거의 없다. 따라서 대부분의 현대 생물학자들은 다윈의 핀치에 관한 최근의 연구를 자연선택에 의한 진화라는 다윈의 모형과 현존하는 생물 형태에 딱 들어맞는 긍정적인 증거로 간주할 것이다. 또한, 다윈의 모형과 특수 창조 모형 둘 다 적용될 수는 없기 때문에, 다윈의 모형에 대한 증거는 자동적으로 특수 창조 모형에 반대되는 증거가 된다. 그리하여 이론적으로 볼 때, 종의 기원을 이해하기 위한 이 두 가지 접근 방법은 명백히 상충된다.

비록 생물학자들은 자연선택이 특수 창조보다 우위에 있다는 데 거의 만장일치로 동의하지만, 일반인들은 이러한 문제에 대해 의견이 나뉘어 있다. 이것은 너무 큰 문제여서 여기서 해결을 시도할 수는 없지만, 과학의 일화들을 분석하기 위해 우리가 개발한 일반적 프로그램에 의거해 몇몇 좀더 특수한 문제들을 검토해 볼 수는 있다.

그러한 문제들 중 하나는 과연 다윈과 현대 생물학자들이 모든 특수 창조 모형에 반대되는 직접적인 증거를 제시했는지, 그 여부이다. 즉, 특수 창조 모형의 특정한 예측들이 잘못 되었다는 것이 입증되었는가? 여기서 문제가 되는 것은 어떠한 예측들이 특수 창조 모형에서 비롯하는지 분명치 않다는 것이다. 유대-기독교 전통의 기본적 교리에는 태평양의 화산섬 군도에 서식하는 새의 부리의 크기와 모양에 대해 직접적으로 언급한 것이 확실히 없다. 그러한 사항들은 전혀 유대-기독교 전통의 관심사가 아니었다. 더 관련성이 있는 것은 모든 생명의 종들이 지구 자체가 창조될 즈음에 창조되었으므로 그 이후에는 어떤 새로운 종도 출현할 수 없다는 창조 모형의 함축이다. 그러나 다윈의 이론과는 별도로, 화석의 기록은 시기적으로 훨씬 뒤에도 새로운 종들이 출현했다는 강력한 증거를 보여 준다. 우리의 프로그램에 따르면, 이 기록은 창조 모형과 상반되는 뚜렷한 증거가 될 것이다. 그러나 19세기 후반에 일부 기독교도들은 시간을 통해 지속적으로 창조가 이루어지는 새로운 창조 과정 모형을 주장한다. 그러한 모형은 보다 최근에 새로운 종이 출현했다는 증거에 영향을 받지 않는다.

또 다른 문제는 18세기와 19세기에 등장한 **자연 신학의 기획**인데, 그것은 자연계의 생물 형태들에서 드러나는 외견상 설계의 존재를 토대로 하여 지적 설계자의 존재를 주장하는 것이다. 이러한 견해의 현대판은 **지적 설계 이론**이라는 이름으로 불린다. 다윈은 잘 다듬어진 대안을 제공해 주었다. 다윈의 대안 모형에 의하면, 유기체와 환경 간의 적합성이 초자연적 설계의 증거라고 여겨져 왔던 것과 똑같이 자연선택의 결과라고도 매우 잘 설명될 수 있다.

다음은 다윈의 저작 이후에 나온 특수 창조의 가설을 증명하기 위해 제시된 자연적 증거에 대한 마지막 분석이다.

■ 1단계: 실세계

지구상에 있는 생물 형태들의 기원과 발달이다.

■ 2단계: 모형

생물 형태는 통상적인 자연 과정의 외부에서 작용하는 지적인 신에 의해 의도적으로 창조된 것이다.

■ 3단계: 예측

개별적인 생물 형태들은 그들의 환경에 잘 적응할 것이다.

■ 4단계: 자료

현존하는 생물 형태들은 실제로 그들의 환경에 잘 적응하고 있다.

■ 5단계: 부정적인 증거?

없다. 자료와 예측은 일치한다.

■ 6단계: 긍정적인 증거?

없다. 자료는 특수 창조의 가설을 위해 결정적인 증거는 아니다. 왜냐하면 그 자료를 같은 정도로 잘 설명하는 대안 모형인 다윈의 자연선택 모형이 존재하기 때문이다.

따라서, 다윈 모형이 그럴듯하다는 것만으로도 유기적 생명체가 외관상 설계에 의한 것처럼 보인다는 모든 자료는 특수 창조의 가설을 위한 증거로 결정적이지 못하다. 이러한 일 자체가 하나의 중요한 지적 성취이다.

3.5 멘델의 유전학

이제 19세기에 생물학에서 이루어진 두 번째 주요한 발전으로 넘어가자. 멘델이 살았던 시기와 다윈이 살았던 시기는 대체로 겹치지만, 멘델이 중앙 유럽의 한 수도원에서 했던 연구 작업은 20세기 초까지 주목을 받지 못했다. 그 결과 유전학은 20세기의 과학이 되었다.

멘델이 한 최초의 실험들

멘델이 한 실험의 대부분은 완두(*Pisum sativum*)에 대한 것이다. 그는 완두의 경우 형질(traits)이라 불리는 몇몇 특성들이 쌍으로 나타난다는 사실에 주목했다. 완두콩의 결은 매끈하거나 쭈글쭈글할 것이며, 완두콩의 색깔은 노랗거나 초록색일 것이고, 식물 자체의 키는 크거나 작을 것이다. 문제를 간단히 하기 위해 우리는 키라는 하나의 특성에만 관심을 기울일 것이다.

멘델은 키가 작은 완두끼리 교배하면 그 결과 생긴 종자에서는 항상 키가 작은 완두만 나온다는 것을 발견했다. 그러나 키가 큰 완두끼리 교배하면 두 가지 유형이 나오는 것 같았다. 키가 큰 완두끼리 교배했을 때 몇 쌍에서는 키가 큰 완두만 나오는 종자가 생기지만, 다른 쌍에서는 키가 큰 것과 작은 것이 섞여 나오는 종자가 생겼던 것이다. 이때 키가 작은 완두 그리고 키가 큰 완두만 산출하는 키 큰 완두를 **순종**이라 부르고, 나머지 키 큰 완두는 **잡종**이라 부른다.

그런데 실험에 따르면, 키가 큰 순종과 키가 작은 것(이것 역시 순종이다)을 교배시키면 그 결과 모두 키가 큰 것만 나왔다. 하지만 이때 나온 키가 큰 것들은 모두 잡종이다. 다음에 이 잡종을 자가 수정시키면, 키가 큰 것과 작은 것이 섞여 나온다. 따라서 완두의 키를 결정하는 것이 무엇이든, 그것은 모두 키가 큰 세대를 통해 전달되는 것 같다. 키가 작은 것은 그 다음 세대에서만 다시 모습을 나타낸다.

멘델의 독특한 기여는 그가 관찰했던 식물의 여러 가지 특성을 분리시켜, 서로 다른 형질을 나타내는 식물의 수를 실제로 계산했다는 데 있다. 그는 두 번째

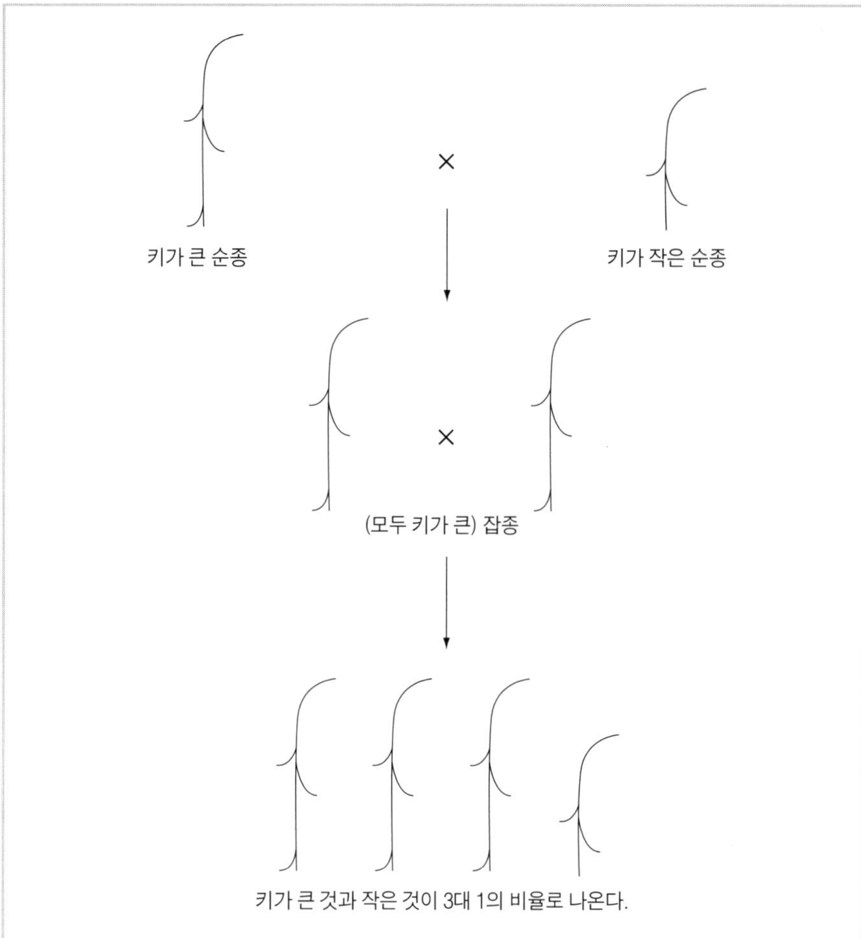

[그림 3.10] 멘델이 한 최초의 실험

세대에서 키가 큰 것과 작은 것이 나타나는 비율은 약 3대 1이라는 것을 발견했다. 이 비율은 키 외의 다른 특성들과 함께 세대를 거듭해도 계속 되풀이되었다. [그림 3.10]은 멘델의 결과를 보여 준다.

멘델의 모형

멘델은 그 자체로는 어떤 형질을 나타내지 않았던 식물에서 어떻게 다음 세대로 그 형질이 전해지는가를 설명하려고 했다. 그런데 그 설명에는 '숨은' 형질이 다음 세대의 4분의 1에서만 나타나는 사실에 대한 설명도 포함되어야 했다. 이런 것들을 설명하려는 시도 속에서 멘델은 다음과 같은 모형을 만들어 냈다.

어떤 특성과 연계되는 형질들 중 어느 것이 실제로 나타나는가를 결정하는 두 가지가 있다고 가정하자. 멘델은 이것을 **인자**(factor)라고 불렀다. (인자는 대강 오늘날 우리가 유전자라고 부르는 것에 해당한다.) 나아가 한 가지 인자는 키가 큰 특성과 관계가 있고, 다른 한 가지 인자는 키가 작은 특성과 관계가 있다고 가정하자. 또한 각 개체는 이 두 가지 유형의 인자 두 개를 어떤 조합의 형태로 가지고 있다고 가정하자. 키가 큰 것과 관계 있는 인자는 H라고 표시하고, 키가 작은 것과 관계 있는 인자는 h라고 표시하자. 그러면 실제로 세 가지 유형의 개체가 있게 된다. 즉, 키가 큰 것을 산출하는 인자만 두 개 가지고 있는 개체, 키가 작은 것을 산출하는 인자만 두 개 가지고 있는 개체, 그리고 두 가지 유형의 인자를 각각 하나씩 가지고 있는 개체가 그것이다. 이 세 가지 가능성을 그림으로 표시하면 [그림 3.11]과 같다.

다음으로, 수분('교배')을 할 때, 다음 세대를 위한 종자는 양쪽 부모에게서 인자 하나씩을 받는다고 가정하자. 나아가 양쪽 부모에게서 각각 어떤 인자를 받는가는 완전히 **임의적인** 선택 과정의 결과라고 가정하자. 이것이 보통 우리가 말하는 **멘델의 분리 법칙**에서 중요한 부분이다. 다음 세대에서 식물이 되는 종자가 형성될 때, 원래 양쪽 부모가 2개씩 가지고 있던 4개의 인자는 스스로 '분리'되었다가 다시 한 쌍을 이루는데, 이때 그 쌍을 이루는 인자들은 양쪽 부모에게서 하나씩 임의로 선택한 것이다.

마지막으로, 각 유형의 인자를 하나씩 가지고 있는 개체들(잡종)은 두 인자 중 하나와만 연관된 형질을 나타낸다고 가정하자. 이 형질을 **우성 형질**이라 부르고, 이런 형질과 연관된 인자를 **우성 인자**라고 부른다. 인자들 가운데 하나가 이런 의미에서 우세하다는 것이 **멘델의 우성 법칙**으로 알려진 것이다. 우성 형질이 아닌 다른 형질과 그것에 대응하는 인자는 **열성**이라고 불린다.

이제 [그림 3.10]에 나와 있는 멘델의 실험을 다시 한 번 새롭게 살펴보자. 하지만 이번에는 각 개체를 그것이 가진 인자만으로 표시해 보자. 그 결과가 [그림

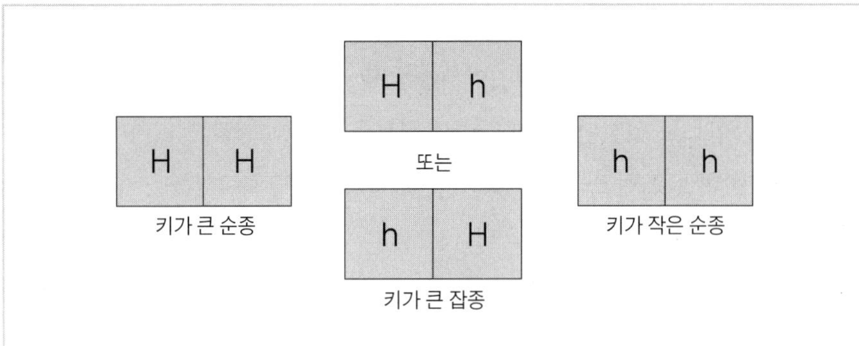

[그림 3.11] 멘델의 모형은 각 개체를 인자의 조합으로 분류한다.

3.12]에 나와 있다. 이 도표를 유심히 살펴보자. 원래의 부모 세대는 키가 큰 순종과 키가 작은 순종으로 이루어져 있다. 이들이 결합하면 잡종만 나오는데, 그 이유는 거기서 나온 자손은 양쪽 부모에게서 인자 하나씩만 얻으며 양쪽 부모는 한 가지 유형의 인자밖에 줄 수 없기 때문이다.

하지만 양쪽 부모가 모두 잡종일 때 그 자손이 자신의 인자 두 개를 얻을 수 있는 방식은 네 가지다. 즉 양쪽 부모에게서 키가 큰 인자만 받는 방식, 한쪽에서는 키가 큰 인자를 다른 한쪽에서는 키가 작은 인자를 받는 방식, 한쪽에서는 키가 작은 인자를 다른 한쪽에서는 키가 큰 인자를 받는 방식, 그리고 양쪽 부모에게서 키가 작은 인자만 받는 방식이 그것이다. 분리의 법칙에 따라 이러한 조합은 임의로 선택되기 때문에, 이 네 가지 유형의 자손은 같은 수로 나와야 한다. 하지만 우성의 법칙에 의해, 이 네 가지 유형의 자손 중 하나는 반드시 키가 작을 것이다. 그리고 나머지 세 자손, 즉 키가 큰 하나의 순종과 두 개의 잡종은 모두 키가 클 것이다. 이로써 우리는 키가 큰 것과 키가 작은 것이 세 번째 세대에서는 3대 1의 비율로 나온다는 관찰된 결과를 얻게 된다.

역교배 시험

멘델의 모형은 또 다른 실험을 제안한다. 두 번째 세대의 잡종과 부모 세대의 키 작은 순종을 교배시킬 수도 있지 않은가? [그림 3.12]를 잠시 훑어보면 이 역교배(backcross)가 어떤 종류의 짝짓기인지는 금방 알 수 있다. 그전에 이런 실험을 해본 사람은 아무도 없었던 듯하다. 설사 실험을 했다 하더라도 키가 큰 것과 작은 것이 어떤 비율로 나왔는지를 보기 위해 실험 결과 나온 식물을 실제로 세어봤다고 보고한 사람은 없었던 듯하다.

그렇다면 멘델의 가설은 어떤 비율을 예측하는지 알아보자. 이 실험을 상징적으로 나타낸 것이 [그림 3.13]이다. 1, 2, 3, 4라는 숫자는 자손 대에서 나타날 수 있는 다양한 조합의 인자를 한눈에 볼 수 있도록 붙인 것이다.

멘델의 모형에 따르면, 자손이 두 가지 인자를 조합해서 가질 수 있는 방식은 네 가지다. 그리고 분리의 법칙에 따르면, 이 네 가지 조합이 나타날 수 있는 가능성은 모두 똑같다. 따라서 평균적으로는 각 유형이 똑같은 수로 나와야 한다. 이제 그림에서 볼 수 있듯이, 나올 수 있는 조합 중 두 가지에서는 잡종이 나오고, 우성의 법칙에 따라 그것들은 모두 키가 클 것이다. 그리고 다른 두 가지는 키가 작

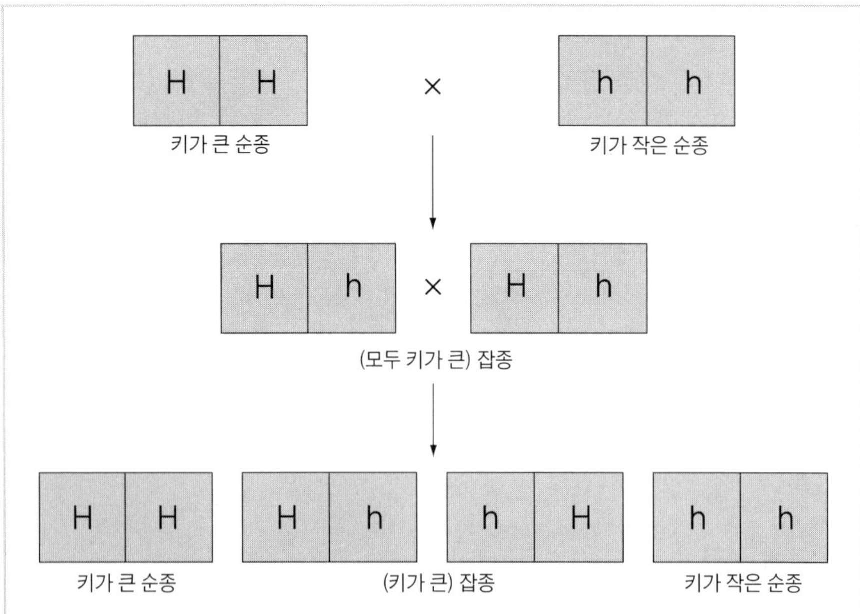

[그림 3.12] 멘델이 한 최초의 실험에 적용된 멘델의 법칙

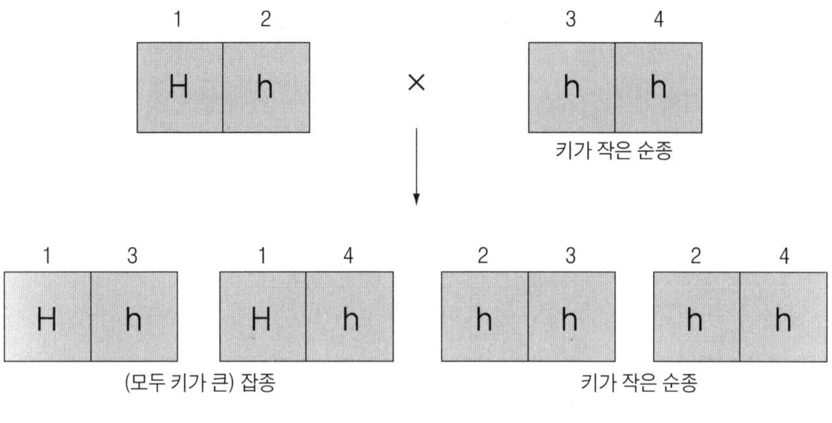

[그림 3.13] 역교배 실험에 적용된 멘델의 법칙

은 순종이다. 따라서 이런 종류의 실험에서는 키가 큰 것과 키가 작은 것의 비율이 1대 1이 되어야 한다. 즉 평균적으로 반은 크고 반은 작아야 한다. 멘델은 이런 종류의 역교배로 208개의 식물이 나왔다고 보고했다. 그중에서 106개는 크고 102개는 작았다고 보고했다. 그것은 비율이 1대 1이라고 불러도 좋을 만큼 차이가 근소하다.

분석

여기서 고려할 자료는 두 가지이다. 즉 하나는 최초의 실험에서 나온 자료이고, 다른 하나는 역교배 실험에서 나온 자료이다.

중요한 것은 멘델이 그의 모형을 구성하는 데 사용했던 절차와 관련된다. 그는 분명히 자신의 모형을 구성하기 전에 3대 1이라는 비율을 발견했다. 그것은 곧 그가 키가 큰 것과 작은 것의 비율이 3대 1이라는 예측이 나올 수 있는 모형을 찾고 있었다는 의미이다. 그런 탐색 과정이 잘 맞지 않는 모형보다 잘 맞는 모형을 낳았을 가능성은 얼마나 될까? 물론 이것은 매우 말하기가 어렵다. 그러나 멘델이 따랐던 절차가, 실제로 얼마나 잘 들어맞는 모형인가와는 상관없이, 기대하는 예측에 부합하는 모형을 낳았을 가능성이 아주 높다는 사실만은 확실하게 알 수 있다. 왜냐하면 멘델은 처음부터 3대 1의 비율이 나오는 모형을 찾으려고 했고 따라서 그런 비율이 나오지 않는 모형은 분명히 모두 배제했을 것이기 때문이다. 우리는 그러한 모형이 얼마나 많았는지를 알지 못한다. 그렇지만 그가 공개 검증을 위해 최종적으로 제시한 모형은, 설사 다른 측면들에서는 사실과 일치하지 않더라도, 3대 1의 비율이라는 예측을 낳는 것임에 틀림없을 것이다. 여기서 우리가 얻을 수 있는 최종 결론은 모형에서 나온 예측과 원래의 자료가 일치한다 해도 그것이 모형의 전반적인 정확성에 대한 믿음을 얼마나 지지해 줄 수 있는가는 대단히 평가하기 어렵다는 것이다. 왜냐하면 이 자료에 기반을 두고 멘델이 그의 모형을 만들었기 때문이다. 따라서 그가 한 원래의 실험들은 우리의 분석에 포함하지 않을 것이다.

그러나 역교배 실험은 멘델의 모형을 시험하기 위해 고안되었기 때문에 상당히 다르다. 완벽을 기하기 위해 전체적인 분석 과정을 대충 훑어보도록 한다.

■ 1단계: 실세계

실세계의 과정은 유성 생식하는 부모에게서 나온 자손에 의해 형질이 유전되는 과정이다.

■ 2단계: 모형

모형은 분리의 법칙과 우성의 법칙을 모두 충족시키는 멘델의 두 인자 모형이다.

■ 3단계: 예측

예측은 역교배 실험에서 나온 자손 가운데 키가 큰 것과 작은 것의 비율은 1대 1이라는 것이다.

■ 4단계: 자료

자료는 전체 208개의 자손 중에서 키가 큰 식물은 106개, 키가 작은 식물은 102개가 나왔다는 것이다.

■ 5단계: 부정적인 증거?

없다. 자료는 예측과 거의 일치한다.

■ 6단계: 긍정적인 증거?

멘델의 모형이 실세계와 잘 맞지 않더라도 예측이 자료와 일치할 가능성은 없었을까? 여기서도 이 질문에 대답하기 위해서는 더 많은 사고가 요구된다.

이 모형이 자료를 '예측'했기 때문에 특별히 선택된 것은 아닐까 하는 우려는 여기서 배제된다. 역교배 실험을 하기 전에 모형이 개발되었다는 것은 어느 모로 보나 분명하다. 그러나 우리는 여전히 역교배 실험에 대해 1대 1이라는 간단한 비율을 예측하는 그럴듯한 또다른 모형이 있을지도 모른다는 사실에 직면한다. 멘델의 가설을 위한 논거는 모형이 표준 교배 실험에서는 원래의 3대 1이라는 비율을 그리고 역교배 실험에서는 1대 1이라는 비율을 모두 정확히 예측했다는 사실에 의해 어느 정도 강화된다. 그리고 그 정도면 상당히 괜찮은 것이다. 따라서 양쪽 실험에 대해 정확한 예측을 하는 다른 모형이 있다는 제안이 없기 때문에 우리는 예측과 자료의 일치가 멘델의 가설을 적어도 웬만큼은 지지하는 것으로 받아들일 수 있다.

멘델은 대략 1856년부터 1866년까지 완두에 대한 실험을 했다. 당시 그는 지금의 체코 공화국 브르노 시에 있는 수도원의 수사였다. 멘델은 자신이 발견한 것을 115부가 발송되는 무명 잡지에 발표했다. 멘델은 그의 연구를 이해하는 유명한 과학자와 서신 교환을 했지만, 이 과학자는 여러 가지 복잡한 이유에서 멘델의 간단한 비율들을 산출하는 종을 연구하지 않고 그와는 다른 종의 식물을 연구하고 있었다. 사실 우리에게 친숙한 형질들 가운데 그렇게 단순한 유전 방식을 나타내는 것은 별로 없다. 1868년에 멘델은 그가 있던 수도원의 원장이 되었다. 그는 공식적인 직무에 모든 에너지를 빼앗기는 바람에 1871년까지는 더 이상 실험을 계속할 수 없었다. 그동안 그의 연구는 거의 잊혀져서, 몇몇 사람들이 독자적으로 그의 결과를 재발견한 1900년에야 다시 빛을 보게 되었다. 그러고 나서 일련의 새로운 발견들이 이루어지고 마침내 1950년대에 왓슨과 크릭의 연구로 귀결되었다.

3.6 지질학에서의 혁명

20세기 초에 일반적으로 인정되었던 지구의 전반적인 구조에 대한 가설은 원래 용해된 구체를 이루고 있던 지구가 점차 냉각되면서 지금 우리가 터잡아 살고 있는 지각이 생겼다는 것이다. 구체는 계속 냉각하면서 수축되었다. 그리고 구체 전체가 안쪽으로 수축되면서 지각이 쪼개지고 변형되었으며, 그 과정에서 대륙과 산악 지대를 비롯하여 오늘날 관찰되는 주요 지질학적 특성들이 나타났다. 이것이 **수축설**이다. 대륙이 현재의 위치에서 어느 정도 안정된 상태를 유지하고 있는 것은 수축설에서는 당연한 결과이다. 일단 지각이 굳어지면 대양이나 대륙이 지구의 표면에서 이리저리 움직일 방도는 없는 것처럼 보였다. 이 후자의 가설은 **안정설**로 알려졌다.

우리는 지질학자들이 공중에 매달려 있는 용해된 구체에서 유추하여 지구에 대한 **이론적 모형**을 개발했다는 말로 이 상황을 설명할 수 있을 것이다. 물리학자들과 지질학자들은 그런 구체가 어떻게 될 것인가에 대해 상당히 분명한 생각을 가지고 있었다. 문제는 실제로 지구가 그런 모형과 얼마나 비슷한가에 있었다.

1950년경까지는 지구의 지질학에 대해 우리가 알고 있던 대부분이 수축 모형에 의해 매우 잘 설명될 수 있었다. 그러나 몇 가지 난점이 있었다. 예를 들면, (1) 멀리 떨어져 있는 대륙들이 해안선을 비롯한 여러 가지 지질학적 특성에서 놀랄 정도로 유사하다는 점이다. 특히 남아메리카의 동쪽 해안선과 아프리카의 서쪽 해안선은 아주 놀랍도록 들어맞는다. 수축 모형을 근거로 하면 이것을 이해하기 어렵다. (2) 칠레부터 알래스카까지 남북 아메리카의 서해안에는 비교적 새로운 산들이 연이어 있는데, 동쪽 해안선에는 비교적 오래된 산들만 있고 서해안처럼 장대하게 펼쳐져 있지 않다. 또한 서해안에서는 화산과 지진이 발생하는데, 동해안에서는 그렇지 않다. 이런 불균형은 왜 나타날까? (3) 아프리카와 남아메리카의 경우처럼 대양을 사이에 두고 서로 멀리 떨어져 있는 곳에 비슷한 종의 동식물들이 많이 산다. 이런 현상은 어떻게 나타날 수 있었을까?

수축설 지지자들이 이러한 또는 이와 유사한 난점에 답할 수 없었던 것은 아니다. 예를 들어 수축설 모형에 지금은 존재하지 않는 육교(land bridges: 대륙과 대륙을 이어 주는 다리)를 덧붙이면 동식물의 대륙 간 이동은 쉽게 설명될 수 있었을 것이다. 그러나 그러한 육교가 있었다는 흔적이 지금은 왜 남아 있지 않을까?

이동설

1915년, 독일 과학자 알프레트 베게너는 후에 『대륙과 대양의 기원(*The Origins of Continents and Oceans*)』이라는 영어 제목이 붙은 책에서 지구에 관한 전혀 새로운 모형을 개발했다. 수축 모형에서의 주요 운동은 상하 운동이다. 즉, 대양은 가라앉고 산은 밀려 올라간다는 것이다. 그러나 베게너의 모형에서는 주요 운동이 수평 운동이다. 특히 베게너는 원래 지구가 냉각되면서 생긴 것은 하나의 거대한 땅 덩어리라고 주장하면서 그것을 판게아(Pangea)라고 불렀다. 그는 나중에 이 땅 덩어리가 쪼개지면서 여러 대륙이 생겼고 이어 현재의 위치로 떠내려왔으며, 아주 느린 속도이기는 하지만 대륙은 아직도 표류하고 있을지도 모른다고 주장했다. 이러한 견해는 나중에 **이동설**이라는 이름으로 알려졌다. 베게너가 이동설을 처음으로 주창한 사람은 결코 아니었지만, 당시에는 그의 이론이 이런 견해를 가장 정교하게 체계적으로 다루고 있었다.

이동설 모형을 이용하면, 우리는 안정설 지지자들을 곤란하게 했던 지구의 특성들 가운데 많은 것을 쉽게 설명할 수 있다. (1) 아프리카와 남아메리카의 해안선과 기타 일반적인 지질학적 특성들이 서로 엇비슷하게 맞아떨어지는 것은 남아메리카가 지금의 아프리카 대륙에서 분리되어 현재의 위치로 떠내려 왔기 때문에 생긴 자연스런 결과일 것이다. (2) 남북 아메리카의 서해안에 있는 산악 지대는 두 대륙이 서쪽으로 밀고 나가면서 생긴 자연스런 결과일 것이다. (3) 지금은 서로 다른 대륙에 살고 있는 동식물들이 비슷한 것은 판게아가 쪼개지기 전까지는 원래 모두 함께 살고 있었기 때문일 것이다. 따라서 베게너는 이런 관찰 결과들이 이동설에 좋은 증거를 제공한다고 생각했다.

1915년에는 베게너의 가설이 조금이라도 그럴 듯하다고 생각하는 과학자가 거의 없었다. 그 주된 이유는 대륙이 실제로 움직일 수 있다는 것이 불가능해 보였기 때문이다. 첫째, 대륙이 미는 수평적인 힘이라는 것이 도저히 있을 것 같지 않았다. 둘째, 대륙은 해저보다 부드러운 물질, 즉 지구가 아직 용해 상태였을 때 위로 떠오른 가벼운 물질로 이루어져 있다. 그런데 이 부드러운 물질이 어떻게 더 단단한 물질을 밀고 나갈 수 있었겠는가? 따라서 비록 대륙을 미는 어떤 것이 있었다 할지라도, 대륙은 더 견고한 해저 모서리에 부딪혀 산산조각이 나거나 짜부라지고 말았을 것이다. 지질학자들에게 대륙이 움직인다는 것을 납득시키려 했다면, 그들에게 베게너가 제시했던 것보다 더 나은 모형과 더 강력한 자료를 주어야 했을 것이다. 사실 더 나은 모형은 베게너가 세상을 떠날 즈음인 1930년에 고안되었으나, 설득력 있는 자료는 1960년대에 와서야 비로소 발견되었다.

해저 확장

지구의 구조를 이해할 수 있는 하나의 단서가 된 것은 1890년대에 마리 퀴리(Marie Curie)와 피에르 퀴리(Pierre Curie)가 발견한 방사능이었다. 방사능은 우라늄과 같은 중원소의 원자가 자연 붕괴하면서 생성된다. 그리고 이런 일이 일어나면, 에너지가 방출되어 열로 변환한다. 그런데 만일 지구 내부에 상당한 양의 방사능이 발생한다면, 지구 내부는 수축 모형이 일반적으로 가정하는 것보다 훨씬 더 뜨거워질 것이다. 이 열은 전에 생각했던 것보다 훨씬 더 지표면 가까이에 더 많은 용해 물질을 만들어 낼 수 있을 것이다. 그리고 마침내 용해된 암석의 느린 대류 작용으로 대규모의 수평 운동이 일어날 수도 있을 것이다. 1920년대 말경에는 이미 방사능과 대류 모형의 이런 함축적인 관계가 인식되었지만, 도무지 그런 이론상의 아이디어를 당시에는 실험해 볼 도리가 없었다. 그것의 실험 비결은 해저에 있었다.

1950년대에 핵잠수함이 개발된 후에야 해양학자들은 해저를 따라 길게 뻗어 있는 해저산맥(海嶺)에 대한 상세한 지식을 얻을 수 있었다. 대서양 중앙에는 그런 해저산맥 하나가 대체로 남북으로 길게 뻗어 있다. 그리고 또 하나는 태평양

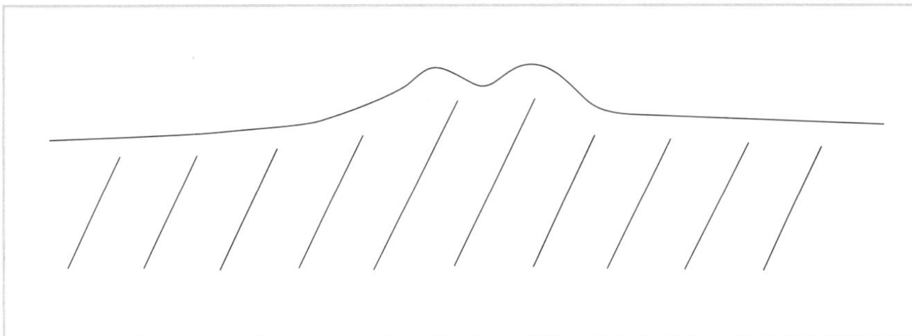

[그림 3.14] 해저산맥의 단면도

동쪽 미국 해안에서 조금 떨어진 곳에 있다. 이런 해저산맥이 지닌 여러 가지 특성이 밝혀졌다. 예를 들면, 해저산맥 한가운데에는 밑으로 움푹 들어간 곳이 있다. 그리고 이렇게 함몰된 지역과 해저산맥을 따라 길게 이어져 있는 지역은 주변 지역보다 따뜻하다. 또한 해저 물질의 자기는 해저산맥을 따라 직각 방향으로 나아가면서 자기 방향이 교대로 바뀐다. [그림 3.14]는 이런 특성들을 보여 주는 해저산맥의 단면도이다. 그렇다면 어떻게 해서 이런 해저산맥이 나오게 되었을까?

1960년에 뛰어난 과학적 상상력으로 평판이 높았던 존경받는 지질학자 해리 헤스(Harry Hess)는 스스로 '지구시(geopoetry)'라고 이름 붙인 새로운 모형을 제안했다. 헤스의 모형에서는 해저 밑에서 (방사열에 의해) 융해 물질의 대류가 일어난다. 이 모형에서는 상승하는 대류에 의해 해저산맥이 생성되고 상승한 대류가 퍼지면서 해저가 생성된다. 해저는 계속 확장되다가 어쩌면 수천 마일 떨어져 있을 수 있는 해구(海溝)에서 다시 중심핵으로 침강한다([그림 3.15]). 이 모형으로 해저산맥의 존재와 해저산맥 한가운데가 함몰된 것 그리고 관찰된 온도의 차이가 즉시 설명된다.

헤스는 처음부터 자신의 모형이 이동설의 전통에 속한다는 것을 인식하고 있었다. 그 모형을 힘들이지 않고 정교화하자 대륙의 수평 운동에 대한 설명이 가능해졌던 것이다. 우리는 대륙이 확장되는 해저에 밀려 움직이는 지각의 한 조각 위에 실려 함께 움직인다고 가정하기만 하면 된다. 이 모형에서는 대륙이 어떻게

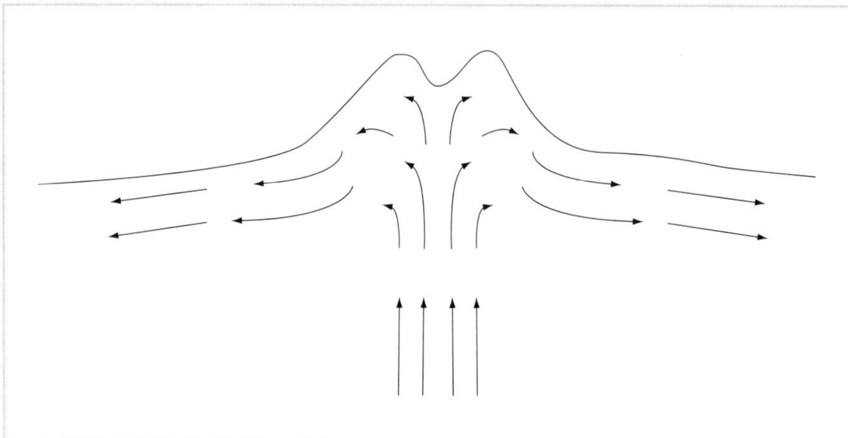

[그림 3.15] 헤스의 해저 확장 모형

더 견고한 해저를 헤치고 나아갈 수 있는지 설명하지 않아도 된다. 대륙은 그런 일을 하지 않는다. 대륙은 움직이는 더 견고한 물질 위에 실려 함께 움직일 뿐이다.

하지만 나중에 또 다른 대류 모형 지지자가 쓴 논문에 대해 익명의 논평자가 말했듯이, 이것은 칵테일 파티에서나 할 만한 이야기이지 결코 권위 있는 과학 잡지에 발표될 것은 아니었다. 대부분의 과학자들은 헤스의 가설을 아주 허무맹랑하다고 생각했다. 사실 그런 모형을 시험한다는 것이 어떻게 가능하겠는가? 비결은 해저산맥을 따라 양쪽으로 자기 방향이 서로 다르게 번갈아 가며 나타나는 지대(地帶)에 있었다.

자기학, 지자기학 그리고 고지자기학

지구 자체가 거대한 자석이라는 것은 17세기 과학 혁명기에 이미 알려졌다. 1950년대에는 많은 과학자들이 지구 자기의 **역사**(고지자기학古地磁氣學)를 포함하여 지구의 자기(지구자기학)를 연구하고 있었다. 철 같은 자성 물질은 원래는 자유롭게 움직이다가 한 곳에 응고되는 과정을 밟았는데 응고시 가졌던 자기의 방향을 유지한다. 방해받지 않고 오랜 세월에 걸쳐 형성된 물질을 조사해 보면,

지구의 자기장이 수백만 년 동안 어떻게 변화해 왔는지 측정할 수 있다. (예를 들어 화산 주위에서) 그런 물질을 채취하여 조사해 보면 여러 차례에 걸쳐 자기 방향이 완전히 (180도) 역전된 것처럼 보인다. 이는 곧 지구 자기장 자체의 극이 실제로 여러 차례에 걸쳐 역전되었다(즉, 남극이 북극이 되고 북극이 남극이 되었다)는 것을 말해 준다.

그런데 이것이 해저의 확장 및 대륙의 이동과 무슨 관계가 있을까? 그 연관성을 깨닫는 데 수년이 걸렸다. 1963년에야 서로 완전히 독자적으로 연구하고 있던 캐나다의 지질학자 로렌스 몰리(Lawrence Morley)와 영국 케임브리지 대학의 지질학 대학원생 프레드 바인(Fred Vine)은 서로 다른 방향으로 자기를 띠는 물질들의 띠가 해저산맥을 따라 교대로 나타나는 것을 설명하는 모형에 착안했다. 그들의 모형에서, 상승하는 융해 물질 속의 철은 그 시점의 지구 자기장에 따라 자유롭게 자기 방향을 바꾼다. 그러나 지표면에 이르러 냉각되면서 자성을 띤 물질의 자기 방향은 고정된다. 그런데 만일 지구의 자극이 역전되면, 뒤따르는 물질의 자기 방향은 반대가 될 것이다.

만약 이러한 모형이 옳다면, 수백만 년에 걸친 지구 자기장의 역사는 해저산맥에 평행한 띠들로 해저에 펼쳐질 것이다. 더구나 이렇게 자기 방향이 바뀌는 자기띠들과 화산 근처의 용암에서 자기 방향이 바뀌면서 나타나는 자기층들은 서로 대응할 것이다([그림 3.16]). 그리고 이 모든 것은 지구의 자극이 역전된 순서와 똑같은 기록을 제공해 줄 것이다.

바인(지도 교수인 드러먼드 매슈즈와 함께)과 몰리는 각각 1963년과 1964년에 그들의 견해를 발표했다. (사실 착상은 몰리가 먼저 했으나, 그의 논문은 두 학술지에서 거듭 게재가 거부되는 과정을 거친 후에야 비로소 발표되었다.) 그러나 대부분의 지질학자들과 지구물리학자들은 전혀 관심을 보이지 않거나 노골적인 적의를 드러내었다. 그들이 제시되는 방식으로 자기 방향의 변화가 실제로 일어난다는 것은 전혀 있을 법하지 않다는 것이 일반적인 견해였다.

1965년 가을, 컬럼비아 대학의 라몬트 지질학 연구소에서 운영하는 해양 탐사선은 태평양 남동쪽에 있는 태평양-남극 해저산맥을 가로질러 자기 효과를 기

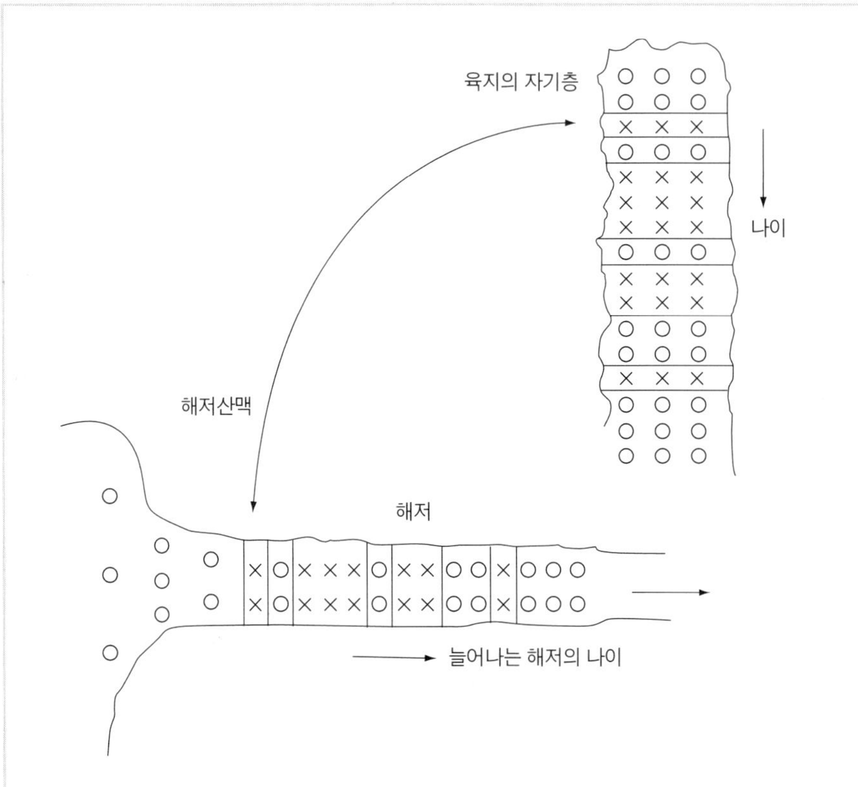

[그림 3.16] 육지에 대한 자기 기록과 해저를 따라 측정된 자기 사이에 예측된 대응 관계

록하고 있었다. 해저 부근에서 자력 측정 장치를 질질 끌고 가면서, 그들은 주요 해저산맥을 수직방향으로 가로질러 나아가며 해저의 자력 변화를 측정했다. 1966년 초 그 자료를 분석한 결과, 육지의 광물에서 발견되는 자기 방향의 역전 양상에 일치하여 자력이 증감하는 양상이 드러났다.

동시에 라몬트의 다른 연구자들은 이전에 남아메리카 남단 근처의 해저 퇴적층에서 채취한 원통형 표본을 연구하기 시작했다. 퇴적층은 부드러운 물질이 해저에 차곡차곡 쌓이면서 그 밑에 있는 물질을 내리누르다가 결국에는 굳어지는 방식으로 형성된다. 그러한 퇴적층에는 자성 물질의 흔적이 남아 있으므로, 그것 역시 지구 자기장의 역전 양상을 드러낼 것이다. 그리고 그들은 실제로 퇴적층에서 똑같은 양상으로 자기의 방향이 번갈아 가며 바뀌는 것을 발견했다.

지질학계의 반응은 가히 폭발적이었다. 거의 모든 사람들이 이동 모형을 기꺼이 받아들였다. 이어서 몇 년 사이에 지질학자들은 해저 확장설을 지금은 판 구조론이라고 불리는 이론으로 발전시켰다. 판 구조론에 따르면, 지표는 몇 개의 '판'으로 이루어져 있으며, 이것들이 이리저리 천천히 움직이면서 끊임없이 대륙과 대양의 형상을 변화시킨다. 현재 지질학 연구는 그 대부분이 이런 일반론을 더욱 정교화하는 데 집중하고 있다.

분석

고찰할 만한 두 가지 자료가 있다. 하나는 베게너가 1920년대에 그의 대륙 이동설을 뒷받침하기 위해 사용했던 자료에 초점을 맞춘 것인데 우리의 분석에는 포함되지 않을 것이다. 다른 하나는 1960년대에 처음 수집된 자기(磁氣) 자료에 초점을 맞춘 것이다.

■ 1단계: 실세계

실세계의 대상은 지표면에 있는 대양과 대륙의 구조와 역사이다.

■ 2단계: 모형

헤스와 바인을 비롯한 여러 사람에 의해 개발된 모형은 상승하는 대류가 해저의 확장을 초래한다는 것이다. 이 모형에서는 해저의 확장으로 지각이 움직이고 대륙은 그 지각 위에 실려 함께 움직인다.

■ 3단계: 예측

예측은, 지구 자기장이 실제로 과거 여러 차례에 걸쳐 방향이 역전되었다는 가정을 바탕으로 하여, 정상적인 방향의 자성 물질과 역전된 방향의 자성 물질이 해저산맥과 평행하게 번갈아 나타나며 띠를 이루고 있는 것을 발견하게 될 것이라는 것이다. 나아가 폭이 다양한 이런 띠들은 화산 주변에 차곡차곡 쌓여 응고된 용암층들과 같은 양상을 드러낼 것이며, 또한 심해의 퇴적층에서 발견되는 자성 물질들과도 같은 양상을 드러낼 것이다.

■ 4단계: 자료

자료는 육지에 있는 자성 물질을 측정한 것과 해저산맥을 따라 발견되는 자성 물질 및 퇴적층에서 채취한 원통형 시료에서 발견된 자성 물질을 측정한 것으로 이루어져 있다. 자력측정 장치를 이용하여 해저를 탐사한 결과, 탐사선은 "주요 해저산맥을 수직 방향으로 지나가면서 해저의 자기 강도의 변화"를 측정했다. 그 결과는 "육지 광물에서 발견되는 지구 자기장의 역전 현상에 일치하여 증감하는 자기 강도의 양상"이었다. 나아가 "남아메리카 남단 근처의 퇴적층"에서 체취한 원통형 표본은 지구 자기장이 역전되듯이 "퇴적층에서도 자기의 방향이 번갈아 바뀌는 양상"을 드러냈다.

■ 5단계: 부정적인 증거?

없다. 자료와 예측은 아주 세부적으로도 정확히 일치한다.

■ 6단계: 긍정적인 증거?

헤스와 바인의 모형이 실세계와 잘 맞지 않더라도 이런 예측이 자료와 일치할 가능성은 없었을까? 없다. 심지어는 수축 모형의 지지자들조차 만일 그렇다면 그런 자료가 발견될 가능성은 아주 희박했을 거라고 생각했다. 수축 모형 중에는 그런 자료를 예측하는 그럴듯한 모형이 하나도 없다. 따라서 자료는 새로운 이동 모형이 지각의 실제 구조 및 역사와 일치한다는 아주 좋은 증거를 제공해 주었다.

연습문제

이론적 가설들의 평가를 위해 이 책에서 개발된 6단계 프로그램에 따라 다음의 보고들을 분석하시오. 각 단계마다 번호와 제목을 붙이시오. 가능한 분명하고 간결하게 말하되, 자신이 무엇을 말하고 있는지 안다는 것을 충분히 증명할 수 있도록 답하시오. 단지 '예' 또는 '아니오'라 말하는 것은 결코 만족스러운 답이 될 수 없습니다. 이 보고들 중 일부는 최근 잡지나 신문에 실린 기사들에서 직접 인용하여 약간 수정만을 가하여 제시되었습니다.

연습문제 3.1 티코의 우주 체계

이 책에서처럼 17세기 과학 혁명에 대한 대중적인 설명은 대부분 갈릴레오 자신의 진술에 따라 프톨레마이오스의 지구중심설과 코페르니쿠스의 태양중심설의 충돌에 초점에 맞춘다. 하지만 당시에는 이 밖에도 제3의 대안이 있었으며, 그것은 그들 못지않게 유명했던 덴마크의 천문학자 티코 브라헤(Tycho Brahe, 1546~1601)가 제안했던 것이다. 티코의 체계에서는 지구가 여전히 우주의 중심에 있고 태양이 지구의 주위를 돈다. 하지만 5개의 행성은 지구가 아니라 태양의 주위를 돈다.

이번에는 티코 브라헤의 대안 모형을 고려하여(프톨레마이오스의 모형은 무시하고), 갈릴레오가 금성의 위상을 관찰하여 코페르니쿠스의 체계를 지지하기 위해 내놓았던 증거를 평가하라. 코페르니쿠스의 체계가 널리 수용되는 데 그토록 오랜 시간이 걸린 이유를 이해하는 데 여러분의 분석이 어떤 도움을 주는가?

연습문제 3.2 해왕성의 발견

19세기 초반에도 여전히 천문학자들은 여러 행성의 위치를 말해주는 표와 도표를 만들고 있었다. 이때 그들은 뉴턴의 이론적 모형에서 도움을 받았다. 그러나 가장 바깥쪽에 있는 천왕성 때문에 몇 가지 어려움에 부딪혔다. 천왕성의 관찰된 궤도는 당시 가장 잘 들어맞던 뉴턴의 모형에서 그것이 통과할 것으로 예상되던 궤도와 달랐던 것이다. 그리고 그 차이는 단순히 측정이 부정확한 탓으로만 돌리기에는 너무 컸다. 따라서 그들은 자신들이 설정한 당시의 모형이 맞지 않다는 결론을 내릴 수밖에 없었다. 그러나 그들은 뉴턴의 천체 역학 이론을 포기하지 않았다. 그때까지만 해도 뉴턴의 모형을 이용하여 많은 성공적인 예측이 이루어졌고, 따라서 이론 전반이 틀렸을 수도 있다는 결론을 내리기가 아무래도 주저되었던 것이다.

그런데 1843년에는 영국 천문학자 애덤스(J. C. Adams)가 그리고 그보다 조금 뒤에는 프랑스 천문학자 르베리에(Leverrier)가 각기 독자적으로, 만일 천왕성 너머에 또 하나의 행성이 있어 그것의 중력이 뉴턴의 이론에 따른 예측에서 벗어나는 운동을 산출한다고 가정하면 천왕성의 관찰된 궤도를 설명할 수 있을 거라는 추측을 내놓았다. 물론 뉴턴의 이론에 따른 이전의 예측들에서는 그런 행성을 가정하지 않았다. 뉴턴의 모형을 더욱 정교하게 다듬은 이 모형을 이용하여, 애덤스와 르베리에는 어떤 특정한 시점에 이 새로운 행성이 있어야 할 위치를 정확히 계산해 낼 수 있었다. 르베리에가 '해왕성'이라고 이름 붙인 이 행성은 1846년 정확히 예측했던 위치에서 관찰되었다.

연습문제 3.3 누락된 행성: 불칸 이야기

천왕성의 궤도와 마찬가지로, 가장 안쪽에 있는 행성인 수성의 궤도를 관찰했지만, 그것 역시 확실히 측정될 수 있을 정도로 뉴턴의 모형과 차이가 났다. 해왕성을 발견하고 의기양양해진 천문학자들은 주저 없이 수성보다 태양에 더 가까운 행성이 또 하나 있을 거라고 가정했다. 르베리에는 새로운 행성에 불칸(Vulcan)이라는 이름을 붙이고 그것의 위치까지 계산해 냈을 정도였다. 그러나 불칸을 보았다고 주장한 사람은 여럿 있었으나, 이런 보고는 전혀 입증되지 않았다.

연습문제 3.4 빛의 파동 이론: 1818년

빛의 파동 모형은 빛이 미립자로 이루어져 있다는 뉴턴의 견해에 1세기 동안 가려 있다가 1800년경에야 처음에는 영국인 영(Thomas Young)에 의해 그리고 뒤이어 프랑스인 프레넬(Augustin Fresnel)에 의해 되살아났다. 프레넬은 프랑스 학술원에서 주는 상을 받기 위해 자신이 세운 모형을 제출했다. 학술원 심사위원이었던 푸아송(S. D. Poisson)은 프레넬의 모형에 따를 경우 한 줄기의 가는 광선이 산출하는 작은 원반의 그림자 한가운데 밝은 점이 나타나야 한다고 추론했다. 소문에 의하면, 푸아송을 비롯한 심사위원들은 그런 현상이 있다는 말을 들어본 적도 없고 그런 것이 존재할 가능성도 아주 희박하며 따라서 프레넬의 가설은 반박된 것으로 생각했다고 한다. 알려진 입자 모형 가운데 그런 점을 예측한 것은 하나도 없었던 것이다. 그러나 아주 면밀하게 제어된 환경에서 실험하자 바로 프레넬의 모형에서 필수적인 밝은 점이 분명히 나타났다. 프레넬은 1818년에 그 상을 받았다.

연습문제 3.5 빛의 파동 이론: 1849년

19세기 초반에는 빛의 성질을 놓고 오랜 논쟁이 벌어졌다. 뉴턴주의자들에 의하면, 빛은 고속으로 움직이는 미립자로 이루어져 있으며 따라서 우리가 광선이라고 부르는 것은 실은 뉴턴의 입자이다. 이에 대항하여 주로 프랑스 물리학자들이 옹호했던 이론은 잔잔한 호수면, 젤리를 담은 사발 혹은 팽팽하게 잡아당긴 줄의 진동에서 나타나는 파동처럼 빛도 실은 파동 체계의 한 예라는 생각에 바탕을 두고 있었다. 표준적인 뉴턴의 모형을 이용하면, 빛이 공기보다는 물 속에서 더 빨리 나아간다는 것을 거의 정확하게 그 양까지 계산해 낼 수 있다. 하지만 파동 모형을 이용해도 빛의 속도를 계산해 낼 수 있는데, 이 경우 빛이 공기보다 물 속에서 더 느리게 나아가며, 그 양도 정확하게 계산이 된다. 그러나 예측된 차이를 확인할 수 있을 정도로 정확히 빛의 속도를 측정하는 장치는 1849년에 이르러서야 설계해 낼 수 있었다. 마침내 그런 장치를 이용하여 실험을 하자, 빛의 속도는 파동 이론가들이 주장했던 양만큼 물 속에서 더 느리게 움직인다는 사실이 밝혀졌다.

연습문제 3.6 산소 이론

라부아지에는 플로지스톤 이론을 반박하는 데만 관심이 있었던 것이 아니라 자신의 산소 이론을 확립하려고 했다. 많은 점에서 산소 모형은 플로지스톤 모형과 정반대의 구조를 가지고 있다. 라부아지에의 산소 모형에 따르면, 연소가 일어날 때 정상적인 공기의 일정 부분(그의 측정치에 따르면 약 5분의 1)은 가연성 물질과 결합한다. 공기를 구성하는 이 부분은 산소라는 이름으로 불리게 되었다. 라부아지에가 수은을 가지고 했던 실험을 플로지스톤 가설과 산소 가설에 동시에 적용되는 결정적 실험으로서 분석하라. 이런 분석은 수은 위에 형성된 붉은 가루가 산화 수은이라는 것을 아는 데 도움이 될 수 있을 것이다.

연습문제 3.7 산욕열

19세기에는 많은 여성들이 '산욕열'이라 불리던 병으로 목숨을 잃었다. 이 병의 원인을 발견하는 데 성공을 거둔 최초의 인물은 빈의 젊은 의사 제멜바이스(Ignaz Semmelweis)였다. 1844년부터 1846년까지 빈 종합병원의 제1산부인과에서 발생한 산욕열로 인한 사망률은 평균 약 10퍼센트였다. 그런데 이상하게도 의사보다 산파의 진료를 받는 제2산부인과에서는 사망률이 2퍼센트 정도밖에 되지 않았다.

제멜바이스는 '더 나은' 병동에서 왜 더 높은 사망률이 발생하는지 그 이유를 발견하려고 2년 동안 노력했으나 아무런 성과도 얻지 못했다. 그런데 어느 날 동료 의사가 사체부검을 하는 동안에 학생의 외과용 메스에 손가락을 조금 베었는데, 그는 산욕열과 아주 비슷한 증상을 보이다가 죽었다. 제멜바이스는 분만시 의사나 의과대학생들의 손에서 여성들에게 전염되는 '시체에서 나온 물질'에 있는 어떤 것이 이 병의 원인일지도 모른다는 생각이 들었다. 그들은 회진 전에 매일 아침을 사체 부검실에서 보냈던 것이다.

제멜바이스는 만일 자신의 생각이 옳다면 의사와 학생들에게 환자들을 진찰하기 전에 강한 소독약으로 손을 씻게만 해도 사망률을 대폭 줄일 수 있을 것이라고 추리했다. 이리하여 그는 어떤 의사도 먼저 염소석회수 용액으로 손을 씻지 않고서는 절대 분만실에 들어가서는 안 된다고 주장했다. 그는 산욕열을 일으키는 원인이 무엇이든 염소석회수 용액은 그것을 제거할 수 있을 정도로 아주 강하다고 생각했던 것이다. 그것은 효과가 있었다. 1848년 제1병동의 사망률은 2%를 넘지 않았다.

연습문제 3.8 소화기계

20세기 초에는 위장 곁에 있는 조그만 췌장이 위장을 소장과 연결시키는 십이지장으로 소화액을 분비한다는 것이 알려져 있었다. 이런 일은 완전히 소화가 안 된 음식이 십이지장으로 들어갈 때 일어난다. 문제는 췌장이 움직이도록 신호를 보낼 때, 그 신호가 신경계에 의해 전달되는가 아니면 혈액을 통해 운반되는 화학 물질에 의해 전달되는가 하는 것이었다. 그때는 신경 자극을 받는 기관과 화학적 자극을 받는 기관 모두 알려져 있었다. 알려진 바로는 그 외에 자극을 주는 다른 메커니즘은 없었다. 이 문제를 결정하기 위해, 베이리스(W. M. Bayliss)와 스털링(E. H. Sterling)이라는 두 생리학자는 실험용 동물의 십이지장에서 나가고 들어오는 모든 신경을 끊어 버렸다. 하지만 십이지장에서 나가고 들어오는 혈관은 모두 제자리에 그대로 두었다. 그들은 또한 소화액이 췌장에서 십이지장으로 흘러드는 것을 확인하기 위해 관을 삽입했다. 이 실험 결과 음식이 실험용 동물의 십이지장에 들어갔을 때 췌장은 정상적인 방식으로 소화액을 분비했다.

연습문제 3.9 파스퇴르와 탄저병

1895년에 세상을 떠난 파스퇴르(Louis Pasteur)는 지금 우리가 저온살균법이라 부르는 과정을 발견한 사람으로 가장 잘 알려져 있다. 예를 들어 우유를 약 30분간 63℃까지 조심스럽게 가열한 다음 급속 냉각시키면 10℃ 이하에서는 며칠이 아니라 몇 주일씩이나 우유를 저장할 수 있다. 저온살균 과정이 성공적인 이유는 가열을 하면 우유가 시어지는 원인 물질을 만드는 작은 생물체인 '미생물'이 쇠약해지기 때문이라고 파스퇴르는 설명했다.

1800년에 이미 영국의 물리학자 제너(Edward Jenner)는 비교적 해가 없는 우두를 접종하면 인간에게 치명적인 천연두에 대한 면역이 생긴다는 것을 보여 주었다. 파스퇴르는 천연두를 비롯한 많은 병이 미생물 때문에 생긴다는 이론을 세웠다. 그는 미생물을 죽이지 않고 쇠약해지게 하면 제너의 "완전 종두법"(vaccination: 암소를 의미하는 vacca라는 말에서 나왔음)을 일반화하여 다른 질병에도 적용할 수 있을 것이라고 추측했다.

1880년에 프랑스에서는 암소와 양, 염소가 거의 10퍼센트나 탄저병으로 죽어 가고 있었다. 파스퇴르는 죽은 동물에서 탄저균이 들어 있는 물질을 추출하여 희석하는 방법으로 실험을 했다. 마침내 그는 42℃와 44℃ 사이에서 8일간 가열하면 효과가 있음을 발견했다.

자신의 결과를 일반 대중에게 납득시키기 위해, 파스퇴르는 공개 실험을 하기로 했다. 1881년 5월 5일, 푸이르포(Pouilly-le-Fort) 시 근처의 농장에서 양 24마리와 암소 6마리, 염소 1마리가 희석시킨 탄저균을 접종받았다. 5월 31일에는 앞서 접종받은 모든 동물과 접종을 받지 않은 같은 종류의 건강한 동물 29마리가 완전히 활동적인 탄저균을 접종받았다. 그 결과 6월 2일까지 예방 접종을 받지 않은 양들은 모두 죽고 예방 접종을 받지 않은 소들 또한 모두 병이 들었다. 그러나 예방 접종을 받은 동물들은 모두 완벽한 건강을 유지하였다. 건강한 동물들이 예방 접종을 받지 않은 동물들의 시체에 둘러싸여 있는 사진은 완전히 특종감이었다.

다음해 6월까지 암소 2만 5천 마리를 포함한 약 30만 마리의 동물들이 파스퇴르의 백신으로 예방 접종을 받았다. 그리고 탄저균에 의한 사망률은 거의 0.5%로 뚝 떨어졌다.

연습문제 3.10 섬의 생물 지리학

다윈과 비글 호는 갈라파고스 제도뿐만 아니라 현재 세네갈의 서해안에서 약 300마일 떨어진 대서양의 케이프베르데 제도(The Cape Verde Islands)도 찾아갔다. 두 제도는 화산 활동으로 생겼고 지질학적으로 비교적 오래되지 않은 섬으로 이루어져 있어 매우 비슷하다.

그러나 두 제도에 살고 있는 조류는 매우 다르다. 반면에 케이프베르데 제도에 사는 조류가 근처 아프리카 대륙에 사는 조류와는 비슷하다. 그의 후기 저작에서 다윈은 케이프베르데 제도에서는 그렇게 광범하게 조사하지는 않았지만 거기서 조사한 결과를 그의 자연 선택에 의한 진화론을 뒷받침하는 추가 증거로 삼았다.

연습문제 3.11 대륙 이동설의 입증

대륙의 이동과 관련된 가설을 시험하는 가장 좋은 방안 중 일부는 암석의 나이를 정확히 측정할 수 있는 방법들이 개발되고 나서야 비로소 가능해졌는데, 이 측정 방법들은 방사능 붕괴의 산물들에 대한 조사에 기초하고 있다. 다음은 『사이언티픽 아메리칸』 1968년 4월호에 실린 기사("대륙 이동설의 입증")에서 발췌한 것이다. 문제의 특정 가설은 아프리카와 남아메리카가 원래는 하나의 땅 덩어리에 속했으나 그것이 쪼개져 표류하면서 서로 멀리 떨어지게 되었다는 것이다. 조사자들은 다음과 같이 쓰고 있다.

처음에 특히 우리의 관심을 끈 것은 가나, 코트디부아르 및 이들 나라의 서쪽에 있는 지질학상 20억 년 된 지역과 다호메이, 나이지리아 및 이들 나라의 동쪽에 있는 6억 년 된 지역이 뚜렷한 경계를 이루고 있다는 사실이었다. 이 경계선은 남서쪽 방향으로 가나의 아크라 근해까지 이어진다. 만일 5억 년 전에는 브라질이 아프리카와 하나로 이어져 있었다면, 이 두 지역의 경계선은 브라질 북동 해안에 있는 상루이스 시 근처의 남아메리카까지 이어져야 할 것이다. 따라서 우리가 제일 먼저 해야 할 일은 상루이스 부근에 있는 암석의 나이를 측정하는 것이었다.

놀랍고 기쁘게도 나이는 두 그룹으로 나누어졌다. 즉 서쪽에 있는 암석의 나이는 20억 년이었고 정확히 예측했던 곳에 있는 경계선 동쪽에 있는 암석의 나이는 6억 년이었다. 서아프리카의 20억 년 된 지역이 남아메리카 대륙에 남아 있는 게 틀림없었다.

연습문제 3.12 대륙의 이동과 종의 분기에 대한 단서들

1910년에 독일 기상학자이자 탐험가인 베게너(Alfred Wegener)는 대륙이 이리저리 대류한다는, 언뜻 터무니없어 보이는 견해를 뒷받침하는 증거를 찾기 위해 긴 탐색을 시작했다.

그는 마침내 이상한 형태로, 즉 캥거루와 주머니쥐처럼 새끼를 주머니에 넣고 다니는 유대류(有袋類)의 포유 동물이 지구상에 분포하고 있는 상태를 통해 그것을 발견했다. 베게너는 유대류의 포유 동물이 수천 마일에 이르는 대양을 사이에 두고 떨어져 있는 오스트레일리아와 남아메리카에만 서식한다는 사실을 지적했다. 그는 게다가 "오스트레일리아와 남아메리카에 서식하는 유대류의 포유동물은 기생충까지 똑같다"고 썼다. 그는 이런 현상이 "오스트레일리아가 아직 남극 대륙에 의해 남아메리카와 하나로 연결되어 있던 때로 거슬러 올라간다"는 결론을 내렸다. 6,500만 년 전에는 남극 대륙이 아메리카 대륙과 오스트레일리아를 하나로 이어주는 구실을 하였으며 그로부터 한참 뒤에 그 시대 남반구에 있던 거대한 땅 덩어리인 곤드와나 대륙이 쪼개지면서 아프리카와 남아메리카, 인도, 오스트레일리아, 남극 대륙이 형성되기 시작했다는 것은 한때 육교 구실을 했던 지역에서 유대목 포유동물의 화석 뼈가 발견되면서 극적으로 확인되었다. 8000만 년 전 남극 대륙이 오스트레일리아와 남아메리카를 하나로 연결하고 있었을 때는, 그것이 지금보다 환경이 좋은 위도상에 놓여 있어 온대 지방 동물들이 쉽게 통행할 수 있었다. 1989년 국립과학재단의 후원 아래 연결부의 화석 증거를 찾기 위한 탐색은 거대한 펭귄 화석으로 유명한, 남극 반도에서 떨어져 나온 시모어 섬에 집중되었다. 2월에 오하이오 주립 대학 극지방 연구소의 진스마이스터(William J. Zinsmeister) 박사가 이끄는 탐험대는 4주간에 걸쳐 그 지역을 샅샅이 수색했다. 그들은 그곳에 머무는 동안 끝내 아무것도 발견하지 못하고 펭귄 화석이 풍부한 곳으로 되돌아갔다. 그런데 리버사이드에 있는 캘리포니아 대학의 우드번(Michael O. Woodburne)이 유대류 포유동물의 턱뼈를 발견했다. 과학자들은 곧 두 마리의 동물에서 나온 4개의 조각을 발견했는데, 그것은 남아메리카 남단에서 같은 시대 — 4천만 년 전 — 에 살았던 종과 비슷했다. 이빨은 베리(berry)를 먹는 유대류 포유동물의 특성을 나타냈다고 진스마이스터는 말했다. 그는 길이가 약 7인치 정도인 이 동물들이 당시 해안선 근처에서 초목을 먹고 살았을 것으로 믿는다.

연습문제 3.13 연구과제

어떤 이론적 가설이나 이론과 관련된 과학적 일화에 대해 역사적으로 설명한 글을 찾아라. 일반 과학 교과서에 나오는 설명을 가지고 시작해도 좋을 것이다. 그런 다음에는 백과사전이나 과학사에 관한 책에서 같은 일화를 찾을 수 있을 것이다. 어쩌면 책 전체가 그 일화만을 다룬 것도 있을지 모른다.

이 책에서 개발한 6단계 프로그램에 따라 그 사례를 분석하라. 여러분이 밝혀낸 사례가 얼마나 광범위한가에 따라, 각기 다른 자료나 실험을 포함하는 분석을 여러 차례 해야 할 수도 있다.

::4장

경계 과학

지금까지 우리가 공부한 사례들은 모두 서구 과학 전통의 주류에 속하는 것이었다. 이와 대조적으로 이 장에서는 그 과학적 위상에 대해 의문이 제기되곤 했던 몇 가지 사례를 검토해 보자. 대중 매체에 과학 보도라고 실린 것 가운데는 사실 그 결론이 심히 의심스러운 것들이 많기 때문에 그런 사례들을 평가해 보는 것도 중요하다. 이런 사례들은 종종 현대 과학의 주류에 분명히 속하는 것들과 뭔가 다르다는 징후조차 보이지 않는다.

철학이나 논리학, 과학에 대한 많은 교재들은 우리에게 진정한 과학과 **사이비 과학**을 구별할 때 사용할 수 있는 간단한 기준을 제시하려고 한다. 그러나 그러한 기준을 만들어 내기란 사실상 불가능하다고 생각하기 때문에 우리는 그러한 방법은 따르지 않을 것이다. 예를 들면, 흔히 과학은 실험을 포함하지만 사이비 과학에는 실험이 없다고 한다. 그러나 천체물리학에서는 실험이 전혀 없지만 그것이 진정한 과학이라는 것은 모두 인정한다. 한편 초심리학자들은 실험을 행하지만 그래도 많은 사람들은 초심리학을 사이비 과학으로 여길 것이다. 예를 들어, 과학으로 추정되는 것과 사이비 과학이라는 것을 구별하기 위해 제기될 수 있는 어떤 간단한 기준에 대해서도 나는 그것을 반박하는 비슷한 예들이 제기될 수 있다고 생각한다.

과학과 사이비 과학을 뚜렷이 구별하기 위한 특별한 원칙을 찾기보다는 우리는 이 새로운 경우들에 우리가 이미 개발한 프로그램을 적용할 것이다. 우리에게는 어떤 특정한 탐구가 진정으로 과학적인가 하는 것은 문제가 되지 않는다. 문제는 인용된 자료가 제안된 가설에 대한 증거를 제공해 주는가 그렇지 않은가 하는 것뿐이다. 인용된 자료가 일반적으로 **비결정적인** 것으로 판명되는 몇 가지 유형의 연구들이 있다는 것을 우리는 발견할 것이다. 그러한 연구를 우리는 **경계** 과학의 경우라고 부를 것이다. 그렇다면 그와 비슷한 연구가 언젠가는 주류 과학에 이입될 가능성은 항상 열려 있는 셈이다.

우리가 취할 접근 방식에서는, 제안되고 있는 어떤 종류의 모형이 있고 그 제안된 모형이 실세계를 나타내 보여 준다는 가설을 뒷받침하기 위해 언급된 어떤 자료들이 있다는 것만 가정하고 있다. 따라서 우리의 접근 방법에서 배제되는 부류의 연구는 (1) 세계를 나타내는 모형을 사용하기를 거부하거나, (2) 그에 따른 가설을 뒷받침하기 위해서는 당연히 경험적인 자료에 호소해야 한다는 것을 거부하는 것들뿐이다. 우리는 첫 번째 경우에 대해서는 그것은 전혀 과학적인 탐구를 하는 것이 아니라고 말할 것이다. 시(詩)에 대한 일부 연구가 그러한 비과학적인 탐구의 예가 될 수 있을 것이다.

두 번째의 경우, 만약 세계에서 실제로 경험된 것에 대한 자료에 호소하지 않는다면, 어떤 근거로 제안된 모형이 세계를 나타낸다고 주장할 수 있겠는가? 과거에는 경험적인 자료에 호소하지 않고서도 어떤 모형이 정말로 세계를 정확히 나타내고 있음을 증명할 방법이 있다고 주장하는 사람들이 많았다. 지금도 그런 사람들이 없는 것은 아니다. 종교적 교의에 관한 주장은 흔히 이런 형태를 띤다. 그래서 이런 논쟁이 흥미롭고 또 중요할 수도 있지만, 이 책에서는 그것에 대해서는 다루지 않는다. 가장 기이한 가설을 옹호하는 사람들까지도 자신의 주장을 입증하기 위해 경험적인 자료를 인용하는 것이 일반적일 정도로 과학은 서구 문화에서 아주 중요한 위치를 차지하게 되었다. 이러한 모든 경우 제안된 가설의 평가를 위해 우리의 표준 프로그램을 적용할 수 있을 것이다.

확립된 과학의 경계에 있는 주제들이 일반인들의 관심사를 불러일으키는 것에서부터 비교적 잘 알려져 있지 않는 것에 이르기까지 광범위하다는 것은 현대 문화의 특성을 말하는 흥미로운 사실이다. 어떤 특정한 시점에, 상대적으로 인기 있는 몇 가지 주제가 있는가 하면 반면에 시들해진 것도 있을 것이다. 이제 끊이지 않고 인기가 있었던 몇몇 주제에 대해 살펴보도록 하자.

4.1 프로이트 심리학

우리가 다룰 첫 번째 경우인 프로이트 심리학은 분명히 경계 과학이다. 프로이트의 초기 저작이 나온 지 1세기 지난 지금 그의 이론을 구성하는 많은 범주들은 일상 언어의 일부가 되었다. 그러나 그의 이론의 과학적 위상은 여전히 과학 공동체 내부에서 많은 논쟁을 불러일으키는 주제이다.

프로이트(Sigmund Freud)는 1856년에 태어나 생애 대부분을 빈에서 보냈다. 그는 의학을 공부한 후 10년 이상을 신경 생리학을 연구하면서 보냈다. 연구생활로 생계를 유지하기가 어렵자 뇌와 신경계에 대한 지식이 있었던 그는 여러 가지 심리적인 장애로 그에게 도움을 청하러 오는 사람들을 치료해 보기 시작했다. 그는 나머지 생애를 정신에 관한 이론과 심리적인 문제를 가진 사람들을 치료하는 기술(**정신분석학**)을 발전시키면서 보냈다. 프로이트의 이론과 그의 임상 기법은 1939년 그가 세상을 떠날 때까지 수십 년 동안 더불어 발전했다. 자신의 이론이 정확하다는 것을 증명하기 위해 그가 제출한 증거는 일차적으로 그의 임상 경험에서 나왔다. 다음은 프로이트의 완성된 이론을 부분적으로 개괄한 것이다.

프로이트의 이론

프로이트의 모형에서 정신은 각기 뚜렷한 특징과 기능을 가진 몇몇 상이한 구조들로 이루어진다. 그중 하나는 **무의식적인** 정신, **전(前)의식적인** 정신 그리고 **의식적인** 정신이라는 세 부분으로 구성되어 있다. 그것들의 차이는 자각에 달려 있다. 우리는 자신이 무의식적인 정신 속에 있는 것은 깨닫지 못하지만 의식적인

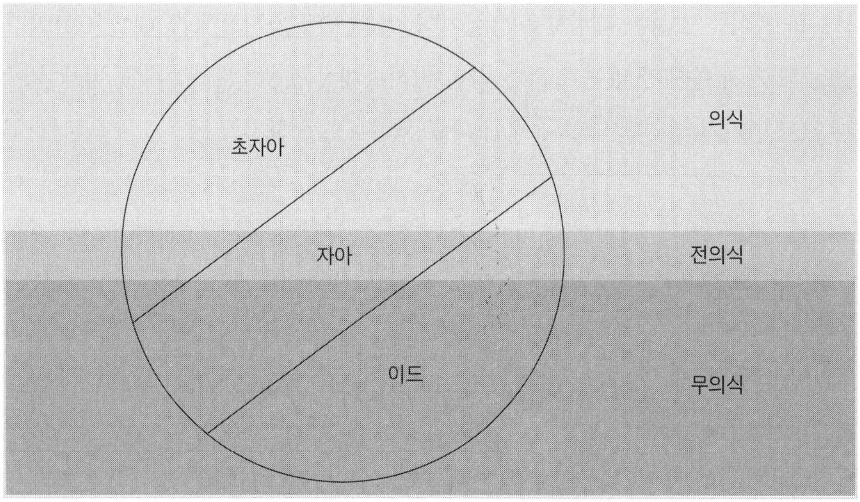

[그림 4.1] 인간의 정신에 대한 프로이트 모형의 구성 요소들

정신 속에 있는 것은 알 수 있다. 전의식적인 정신의 대상은 특별한 노력에 의해 때때로 의식된다.

또 하나의 구조 역시 세 부분, 즉 이드, 자아, 그리고 초자아로 구성되어 있다. **이드**는 주로 생물학적인 원초적 욕망으로 이루어져 있으며, 그 욕망들을 충족시키면 쾌락을 얻는다. **초자아**는 부모와 다른 사람들에게 배운 적절한 행동 규칙을 담고 있다. 그것은 보통 우리가 "양심"이라고 하는 것에 해당한다. **자아**는 세상과 마주하여 이드의 요구와 초자아의 요구를 적절히 조절하는 정신의 일부이다. 가장 무의식적인 것이 이드라면, 가장 의식적인 것은 초자아이다. 이들의 구조가 [그림 4.1]에 나와 있다.

프로이트는 정신의 구조에 대한 자신의 모형을 토대로 심리 **발달**에 대한 모형도 세웠다. 어린아이는 일차적으로 이드의 지배를 받는다고 그는 말했다. 아동기 초기에 남자아이와 여자아이는 자신과 다른 성을 가진 부모에게는 감정적인 애착을 느끼고 자신과 동성인 부모에 대해서는 거부하는 오이디푸스 콤플렉스 또는 엘렉트라 콤플렉스를 발전시킨다. 따라서 일반적으로 여자아이들은 아버지를 사랑하고 어머니는 싫어한다고 프로이트는 생각했다. 그러나 성공적인 자아 발달을 위해서는 동성을 가진 부모와 자신을 동일시하라는 초자아의 요구에 순응해야 한다.

서로 충돌하는 이드의 요구와 초자아의 요구 사이에 끼여 있는 자아는 스트레스를 이겨내기 위해 수많은 방어 기제를 발달시킨다. 이드의 요구를 무의식 속으로 자꾸 밀어 넣어 그것을 억압하는가 하면, 어떤 실재하는 대상에 대한 생각이나 느낌을 다른 대상에 투사하는 것이 그것이다. 방어 기제를 작동시키려면 많은 정신 에너지가 필요하다. 어떤 경우에는 자아가 그것에 부과된 요구에 대처할 수 있을 정도로 강하지 못하여 현실과의 접촉을 끊으면서 사람을 아주 부적절한 "정신병적" 행동으로 이끌 수도 있다. 셰익스피어의 등장인물 중 항상 손을 씻지 않고는 못 배기는 맥베스 부인이 그런 정신병을 보여 주는 고전적인 예이다.

마지막으로, 프로이트는 환자가 갈등의 원인을 의식 위로 끌어올려 그것의 진정한 원인을 이해할 수 있다면 심리적인 장애를 치료할 수 있을 것이라고 생각했다. 그리고 환자가 이런 작업을 할 수 있도록 돕는 것이 치료 전문가들이 해야 할 일이라고 생각했다.

어린 한스의 경우

한스는 프로이트의 친구이며 그의 학설을 신봉했던 빈의 의사의 아들이었다. 1907년 가을에 4세였던 한스는 마차를 끄는 말이 많이 있는 길거리에는 나가려고도 하지 않을 정도로 말에 대한 극심한 두려움을 나타냈다. 심지어 그는 말이 그의 침실로 들어와 그를 물어뜯을지도 모른다는 두려움을 나타내기도 했다. 그의 부모는 어찌할 바를 몰랐고, 그래서 아버지가 한스를 데려와 프로이트 박사에게 보였다.

프로이트는 한스가 지난 여름에 빈에서 멀리 떨어진 휴양지에서 지냈다는 것을 알았다. 그곳에는 그의 놀이 친구가 많이 있었고, 아버지가 환자를 돌보기 위해 빈으로 돌아가 있는 동안에는 혼자서 어머니와 많은 시간을 보냈다. 때로 한스가 어둠 속에 혼자 있는 것을 무서워하면 어머니가 그녀의 침대에서 함께 자도록 했다. 또한 말이 물지도 모르니 말에게 너무 가까이 가지 말라는 경고를 누군가가 받는 것을 한스는 듣고 겁에 질리기도 했다.

가을에 빈에 돌아와서 가족은 더 큰 아파트로 이사했는데, 한스는 여기서는 친구도 별로 없었고, 이전에는 부모와 침실을 같이 썼는데 이번에는 자기 침실을 갖게 되었다. 한스의 아버지는 이제 그가 아침에 일어나서 부모의 침실에 오는 것을 마땅찮게 여겼다. 그리고 한스는 어머니와 함께 보내는 시간이 많이 줄어들었고, 이제는 대신 그를 데리고 가끔 산책을 하는 보모가 있었다. 한 번은 산책을 나갔다가 길거리에서 말이 쓰러지는 것을 보고 그는 크게 놀라 잔뜩 겁에 질렸다. 한스가 말에 대한 극도의 공포심을 나타내기 시작한 것은 그로부터 얼마 지나지 않아서였다. 그는 특히 말이 눈이나 입에 두르는 마구를 두려워했다.

프로이트의 가설

프로이트는 한스가 오이디푸스 위기를 겪고 있다는 가설을 세웠다. 그의 이드는 어머니의 관심과 그녀와의 친밀한 교류를 갈망했다. 그러나 그의 자아는 어머니와 더 많은 시간을 보내고 싶어하면 아버지가 화를 내지 않을까 하는 무의식적인 두려움을 가지고 있었다. 그러나 한스의 초자아는 부모를 사랑해야 한다고 배웠기 때문에, 그의 자아는 아버지에 대한 두려움을 억누르고 대신 그것을 말에 대한 두려움으로 나타냈다. 그런데 왜 말로 대체했을까? 그것은 그가 말에게 물리는 것을 두려워하도록 배웠기 때문이다. 프로이트는 또한 한스가 말의 곁눈가리개와 재갈에서 아버지의 안경과 턱수염을 연상한 게 틀림없다고 생각했다.

자신의 이론을 이 경우에 적용하면서, 프로이트는 아이에게 아버지의 안경과 턱수염을 보면 말의 곁눈가리개와 재갈이 생각나느냐고 물었다. 그 다음 그는 실제로 어머니와 더 많은 시간을 보내고 싶은 그의 바람을 아버지가 반대할까봐 두려워하는 것일 수 있다고 말했다. 또한 한스의 아버지에게는, 어머니의 더 많은 관심을 원하는 것에 대해 실제로 화를 내는 것은 아니라고 말함으로써 한스를 안심시키도록 요청했다. 한스 소년은 아버지에 대해 어떤 상징적인 도전

심리를 갖고 있었던 것이다. 며칠 지나자 아버지에게는 어느 정도 그의 증상이 가라앉은 것처럼 보였다. 그러나 증상이 사라진 것은 그로부터 몇 개월이 지난 후였다.

분석

■ 1단계: 실세계

실세계의 연구 대상은 한스와 말에 대한 그의 두려움이다.

■ 2단계: 모형

모형은 남자아이들이 일반적으로 어머니에게는 감정적인 애착을 보이면서 아버지에게는 두려움을 나타낸다는 프로이트의 심리 발달 모형이다. 아이들은 부모를 모두 사랑하고 남자아이는 아버지와 자신을 동일시하도록 배우기 때문에 심리적인 갈등이 생길지도 모른다. 그런 갈등을 극복하기 위해, 남자아이의 자아는 아버지에 대한 두려움을 다른 대상에 투사하여 남자아이를 비정상적인 행동으로 이끌지도 모른다. 그래서 프로이트는 한스가 아버지에 대한 두려움을 말에 투사하고 있을지도 모른다는 의견을 내놓았던 것이다.

■ 3단계: 예측

프로이트의 임상 경험 모형은 진짜 갈등을 의식 위로 끌어올려 해소시키면 비정상적인 행동이 제거될 것이라는 암시를 하고 있다. 그러므로 모형에 따른 예측은, 한스로 하여금 두려움의 진짜 원인을 깨닫게 하고 자신의 진짜 감정을 인정할 경우 나쁜 일은 절대 일어나지 않을 것이라고 안심시키면, 말에 대한 그의 두려움은 사라질 것이라는 것이다.

■ 4단계: 자료

치료 후, 한스의 말에 대한 두려움은 줄어든 것으로 나타났고, 몇 달 후에는 결국 사라졌다.

■ 5단계: 부정적인 증거?

없다. 자료와 예측은 아주 많이 일치한다.

■ 6단계: 긍정적인 증거?

실제로 프로이트의 모형이 사실과 일치하지 않는데도 자료와 예측이 일치할 가능성은 없었을까? 똑같은 예측을 낳는 다른 그럴듯한 모형은 없을까?

이 경우에 대한 일반적인 기술에는 다른 모형에 대한 언급이 없으며, 따라서 6단계에서 제기된 질문을 평가하는 것은 온전히 우리 몫이다. 그러나 아주 그럴듯한 경쟁 모형을 내놓기 위해 필요한 것은 어린아이들에 대한 초보적인 지식뿐이다.

어린아이들이 관심과 애정을 바란다는 것은 누구나 알고 있다. 어둠에 대한 두려움을 표현함으로써 한스는 어머니의 침대에서 잘 수 있는 특권을 얻었다. 그러나 그런 전술이 아버지에게는 통하지 않았다. 하지만 한스는 말에 대한 극심한 두려움을 드러냄으로써 아버지로부터도 상당한 관심을 얻었으며, 아버지는 친구 프로이트에게 보이기 위해 아들을 데리고 갔다. 자신이 원했던 관심을 얻음으로써 한스의 증상은 서서히 가라앉았다.

일반적으로 4세 정도의 어린아이들은 대단히 변화무쌍하기 때문에, 단지 그런 이유만으로도 몇 달 안에 증상이 없어지리라는 것은 어느 경우에나 충분히 예측 가능하다. 어린아이들은 누가 무엇을 하든 상관없이 몇 달 지나지 않아 대부분의 "증상"에서 벗어날 것이다. 말에 대한 한스의 두려움은 약간 극단적인 증상이라고 볼 수도 있지만, 4세짜리 아이에게는 그렇게 유별난 것도 아니다.

결론은 이 임상 치료의 결과가 프로이트의 이론이 올바르다(혹은 그의 치료 방법이 효과가 있다)는 많은 증거를 제공해 주는 것은 아니라는 것이다. 그렇다고 해서 그러한 결과가 프로이트의 이론이 틀렸다고 말하는 것도 아니다. 따라서 인용된 자료는 프로이트의 가설이 실세계에 맞느냐는 것에 대해 결정적이지 못하다.

4.2 점성술

대부분의 학자와 과학자들은 점성술을 기껏해야 경계 과학 정도로밖에 여기지 않는다. 그러나 여론 조사에 따르면, 실제로 점성술에는 뭔가가 있다고 믿는 사람이 전체 미국인 가운데 3분의 1이나 된다. 매일 신문에서 별점을 보는 사람도 수백만 명에 이른다. 신문을 파는 매점에서는 날마다 그날의 운세를 자세히 소개하는 월간 전문 잡지도 사볼 수 있다. 점성술에 대한 지식을 바탕으로 별점을 치고 조언을 하며 생계의 일부나마 꾸리는 "전문" 점성가도 대략 1만 명을 헤아린다.

점성술이 행해진 시기는 고대 바빌로니아 시대(기원전 약 2,000년)로 거슬러 올라가며, 천문학의 시작도 그 덕분이다. 여러 가지로 변형되어 오늘날 실행되고 있는 점성술은 주로 고대 그리스 시대(기원전 400년~기원후 200년)에 기원을 두고 있다. 우리에게 친숙한 황도 12궁이 땅궁, 공기궁, 불궁, 물궁으로 나뉘어 있다는 사실은 만물이 4대 기본 요소인, 땅, 공기, 불, 물로 이루어져 있다는 고대 그리스 이론에 기초하고 있다. 점성술에 관한 유서 깊은 주요 저작들은 2세기 그리스의 천문학자인 프톨레마이오스에 의해 쓰였으며, 그가 바로 14세기가 지난 후에 코페르니쿠스와 갈릴레이의 도전을 받은 우주 이론을 발전시킨 사람이다. 17세기 과학 혁명을 이끌었던 주요 인물들 중에는 케플러(Johannes Kepler)처럼 점성술 연구를 자신의 천문학 연구와 결합시킨 사람들도 있었다.

태양, 달, 행성이 인간의 삶에 영향을 미친다고 생각되는 신(주피터, 마르스 등)과 깊이 연관되어 있던 시대에는 우리가 세상에 태어날 때의 지구와 달, 행성의 위치가 이후 우리의 삶에 어떤 영향을 끼칠 수 있다고 생각하는 것이 터무니없는 일은 아니었다. 그것은 또한 지구가 중간 크기의 천체 주위를 도는 중간 크기의 행성에 불과한 것이 아니라 우주의 중심이라는 믿음을 갖게 했다.

사람들이 이런 믿음을 버린 것은 이미 오래 전이다. 지구에 미치는 행성들의 중력이 아주 미미하다는 것도 이제는 잘 알려져 있다. 이 책은 이제까지 화성이 여러분에게 미쳤을 수도 있는 어떤 중력보다 훨씬 큰 중력을 바로 지금 여러분에게 미치고 있다. 지금 여러분이 앉아 있는 곳에서 여러분의 휴대용 라디오가 수신하는 전파는 목성에서 나오는 전파보다 몇 배가 강하며, 라디오 스피커를 작동시키는 자석의 자기장은 지구 자체가 아닌 다른 어떤 천체에서 비롯된 자기장보다도 몇 배나 강하다. 점성술에서 가정하고 있는 힘이 어떤 유형의 힘이든 그것이 존재한다고 믿을 만한 과학적인 증거는 하나도 없다. 그런데도 사람들은 여전히 점성술을 믿는다. 그 이유는 무엇일까?

점성술에서의 서술과 예측을 최소한 어느 정도라도 믿는 사람들과 인터뷰하며, 왜 점성술을 믿느냐고 묻자 가장 공통적으로 나온 대답이 단순히 "그것이 맞다"는 것이었다. 그것이 맞는다고 했을 때, 사람들은 점성술 이론에 기초한 서술과 예측이 실제로 나타난다고 주장하는 것 같다. 이런 것들은 어떤 종류의 서술과 예측일까? 그것들은 점성술 이론의 모형이 실세계와 일치한다는 증거를 제공하는가?

점성술 잡지에서 기어리(Ronald Giere) 자신의 별자리인 태양궁(궁수자리)을 찾아보면 다음과 같은 말이 나온다.

> 그것은 미지의 지식, 지혜, 진리, 철학적 완성을 의도대로 성취한다는 것을 표현한다. 그것은 사람들에게 그들 자신과 우주에서의 그들의 위치를 더욱 분명히 깨닫게 해주는 차원 높은 생각을 다루는 모든 것을 표현한다. 교육, 법률, 종교, 문학이 여기서 표현된다.

전형적인 하루를 택해 그날의 "예측"을 보면 대충 다음과 같다.

> 당신의 개성이 빛날 것이다. 즉 당신은 매력과 호감 가는 행동으로 많은 관심을 끌 것이다. 특히 젊은 사람들과 연관된 일일 경우 그것을 열정적으로 하라. 절정에 이른 창의력과 기량을 한껏 발휘하라. 금전적으로 아량을 베풀고 가치 있는 목적에 기부하라. 건강은 아주 좋으며, 여행 운도 좋다. 가치 있다고 생각되는 계획을 구체적으로 실행하라. 사랑이 깨질 수도 있으며, 어떤 사람이 좀 정직하지 못한 태도를 보일 수도 있다.

실제로 위의 서술이나 예측 가운데 많은 부분이 일상적인 기어리나 특정한 날에 그가 한 행동과 딱 들어맞는다고 해석할 소지가 아주 많다는 것을 발견했다. 그럼 이 자료가 점성술 이론이 실세계와 일치한다는 가설과 어떤 관계가 있는지 분석해 보자.

분석

■ 1단계: 실세계

주제에는 기어리 자신을 포함한 보통 사람들의 인격과 특성, 매일의 행동이 포함되어 있다.

■ 2단계: 모형

모형은 사람들이 태어났을 때의 태양, 달, 행성 및 별들의 위치가 이 모형에서 설명한 방식대로 이후 그들의 인격, 특성 및 매일의 행동을 결정한다(아니면 최소한 영향을 끼친다)는 전통적인 점성술 이론에서 제시하는 모형이다.

■ 3단계: 예측

이 경우 예측은 앞에서 인용한 발췌문에 나와 있는 것들이다.

■ 4단계: 자료

자료는 기어리의 인격, 특성, 문제의 날에 그가 실제로 한 행동이다.

■ 5단계: 부정적인 증거?

없다. 자료와 예측은 아주 많이 일치한다.

■ 6단계: 긍정적인 증거?

점성술 이론이 실세계와 잘 맞지 않더라도 예측과 자료가 일치할 가능성은 없었을까? 있다. 나중에 논의할 이유들 때문에, 문제의 모형이 실세계와 맞든 맞지 않든 이러한 예측들이 자료와 일치할 가능성은 상당히 많았다. 따라서 실제 자료와 예측이 일치한다 하더라도 그것이 점성술 이론을 구성하는 가설에 어떤 유리한 증거도 제공하지 못한다.

점성술 모형이 실세계와 거의 비슷하지 않아도, 이들 모형에 기초한 예측이 기어리의 태도와 행동에 관한 자료와 일치할 가능성이 있는 일반적인 이유로는 두 가지를 들 수 있다. 이 이유들은 많은 경계 과학과 연관된 예측이 갖고 있는 전형적인 특성을 부각시켜 주기 때문에 특별히 관심을 기울일 필요가 있다.

예측이 모호하다

점성술 이론에서 나온 서술과 예측은 아주 일반적인 용어로 기술되어 있다. 약간의 상상력만 가진 사람이라면 누구나 그 서술에서 자기 자신을 쉽게 볼 수 있다. 예를 들어 궁수 자리에 대한 서술은 대학 교수와 잘 맞는 것 같다. 그러나 쌍둥이 자리에 대한 서술을 읽어 보라.

> 그것은 정신의 부정적인 면과 긍정적인 면을 상징한다. 서로 다른 생각을 조합하고 결합하여 세속적이면서도 이상적인 결론을 내리며, 사실들을 잘 기억하고, 커뮤니케이션에 능하며 지식을 탐구한다.

그것은 기어리 자신의 별자리에 대한 서술만큼이나 그에게 잘 들어맞는다.

마찬가지로, 하루하루의 예측과 충고도 적절하고 참이라고 해석하기 쉽도록 상투적인 말로 모호하게 구성되어 있다. "당신은 매력과 호감 가는 행동으로 많은 관심을 끌 것이다." 그런데 얼마나 많은 관심을, 누구한테서 끈단 말인가? 또 매력이란 어떤 종류의 매력이며, "호감 가는 행동"이란 어떤 종류의 행동을 말하는 것인가? 이러한 질문에 대한 대답이 빠져 있기 때문에, 이 예측은 날짜와 상관없이 어느 누구에게나 거의 언제든지 들어맞는 것으로 여겨지기 쉽다.

이제 예측과 자료가 그렇게 일치하는 이유에 대한 **대안적** 설명이 있다. 예측과 자료가 일치하는 것은 그것이 거의 모든 사람이 쉽게 참이라고 해석할 수 있게끔 아주 모호한 형식으로 짜여 있기 때문이다. 그렇다면 자료와 예측이 꽤 잘 일치한다고 하더라도, 그것은 점성술 모형과 실세계가 들어맞는다는 것과는 전혀 별개의 문제일 것 같다. 따라서 자료와 예측의 일치를 점성술 이론의 모형이 실세계와 일치한다는 증거로 삼을 만한 근거는 거의 없다.

다수의 예측을 한다

앞에서 인용한 발췌문에도 나타나 있듯이, 점성술의 서술과 예측은 일반적으로 여러 부분으로 이루어져 있다. 전형적인 하루의 별점에는 최소한 여섯 가지 이상의 예측이나 충고가 들어 있다. 이러니 그중 한두 가지는 딱 들어맞는 것처럼 눈에 띌 가능성이 많아진다. 일반적으로 점성술 이론의 모형이 실세계와 어떤 관계가 있는지 여부를 떠나 이 여섯 가지의 예측 가운데 한두 가지는 쉽사리 참이라고 해석될 소지가 많다.

일반적인 트럼프 카드는 유용한 유사 모형을 제공해 준다. 한 벌의 카드에서 한 번에 스페이드 에이스를 뽑을 가능성은 52분의 1에 불과하다. 그러나 여러 번 뽑아도 된다면 에이스를 뽑을 가능성은 그만큼 더 많아진다.

예측이 다수라는 사실은 개개의 예측이 아주 모호하다는 사실과 더불어 예측과 자료의 일치에 대한 **대안** 설명의 입지를 강화해 준다. 예측이 많을 경우 그중 한두 가지가 우연히 맞을 가능성이 커진다. 또한 모든 예측이 상당히 모호하다면, 어떤 특정한 예측에 대해서도 분명히 틀리다고 주장하기가 어려워진다. 그 결과 예측이 대체로 정확하다는 강한 인상이 남게 된다. 그러나 이러한 인상은 예측이 모호하고 다수라는 사실에서 비롯된 것이지 점성술 모형과 실세계가 실제로 일치하는 것과는 전혀 관계가 없을 수 있다.

해석의 틀로서 점성술

사람들이 점성술 이론이 실제로 들어맞는다고 말했을 때, 거기에는 점성술 이론의 설명과 예측이 실제로 맞는 것 같다는 말 이상의 의미가 담겨 있을지도 모른다. 그들은 규칙적으로 점성술의 범주를 이용하여 그들 자신의 행동과 다른 사람들의 행동을 **해석**하고, 이러한 해석이 매우 그럴듯하다고 생각할 수도 있다.

"왜 린다는 항상 그렇게 자신만만한 거지?" "아, 그녀는 양 자리야. 양 자리는 원래 그래." 그렇지만 점성술 지식이 이런 식으로 사용될 수 있다는 사실과 점성술 모형이 실제로 실세계와 얼마나 잘 맞는가는 거의 관계가 없을 것이다. 이것은 단지 그 해석틀이 아주 유연할 뿐만 아니라 그것을 이렇게 이용하는 사람들이 특정한 예측이 틀린 경우를 지적하거나 기억하는 데는 별로 관심이 없는 탓일 수도 있다. 그 밑바탕을 이루는 모형이 실제로는 현실 세계와 전혀 비슷하지 않을 수 있는데도, 많은 사람이 점성술 같은 해석틀을 아주 그럴듯하다고 여길 수 있는 것은 흥미로우면서도 고민스러운 사실이다.

4.3 외계인 방문설

지구에 외계인이 방문한 적이 있으며 지금도 그렇다는 것은 미국 대중 문화에서 자주 되풀이되는 주제이다. 이 주제에는 많은 변종이 있다. 이러한 일에 정통한 사람들의 세계에서는, 이것이 **외계인 방문**(extraterrestrial visitation, ETV) 가설로 알려져 있다. 엄격하게 말해서, ETV는 진짜 **미확인 비행 물체**(UFO)가 있다는 견해의 특수한 변형판이다. ETV를 믿는 사람들은 UFO의 존재를 설명할 수 있다고 생각한다. 그러나 진짜 UFO가 있다고 생각하면서도 그것이 외계에서 왔다는 것은 믿지 않을 수도 있다.

이러한 종류의 이론을 보여 주는 예로 에리히 폰 다니켄(Erich von Daniken)의 『신들의 전차인가?(*Chariots of the Gods?*)』를 보자. 이 책은 35개 언어로 3천만 부가 팔렸다고 한다. 그 책의 과학적 성공과 별도로 상업적으로는 확실히 성공했음이 분명하다.

폰 다니켄은 ETV 가설이 맞으며, 나아가 외계인의 방문은 인류 역사의 초기에도 있었다고 주장했다. 그래서 그는 인류 역사의 초기에 일어난 여러 가지 일들을 이러한 외계 방문자들의 활동이 낳은 직접적인 결과로 설명할 것을 제안했다. 그리고 자신의 주장을 뒷받침하기 위해서 그는, 그렇지 않고서는 설명하기 어려울 것으로 보이는 고고학이나 인류학에서 발견한 많은 예들을 제시했다.

많은 다양한 문화에는 하늘에서 내려와 위대한 업적을 남긴 신에 대한 신화가 있다. 시간적으로나 공간적으로 서로 멀리 떨어져 있는 그토록 많은 문화에서 이러한 유형의 신화들이 발견되는 이유는 무엇일까?

이집트와 페루에는 몇 톤씩 되는 마름돌로 세운 거대한 사원과 피라미드를 비롯한 여러 가지 건축물이 있다. 당시 보통 사람들이 사용할 수 있던 간단한 도구만으로 어떻게 그런 것을 세울 수 있었을까?

페루의 나스카(Nazca) 평원에는 여러 가지 도형으로 구획된 길 비슷한 것들이 나타나 있다. 왜, 어떻게 이러한 것들이 건설되었는지는 상상하기 어렵다.

남태평양의 이스터 섬(Easter Island)에는 무게가 무려 80톤씩이나 되는 수백 개의 돌 조각상이 그것을 깎아 만드는 재료로 쓰인 바위가 있는 장소에서 아주 멀리 떨어진 곳에 세워져 있다. 누가 그것들을 조각할 수 있었을까? 또 겨우 몇천 명밖에 살 수 없는 외딴 섬에 어떻게 그것을 옮겨 세울 수 있었을까?

폰 다니켄은 이 모든 것을 쉽게 설명할 수 있는 하나의 대답을 가지고 있다. 이 모든 것은 고대 우주 비행사들이 활약한 직접적인 결과로 설명될 수 있다는 것이다. 폰 다니켄은 우주에 있는 어떤 곳으로부터 지구에 도달할 수 있는 존재라면 피라미드를 세우는 일 같은 업적을 수행하는 데 어려움이 없었을 것이라고 추측한다.

대안 모형

폰 다니켄의 모형과 실세계가 얼마나 비슷한가에 상관없이, 그의 예측과 자료가 일치하는 것을 달리 설명할 수 있는 한 가지 분명한 방법이 있다. 그것은 폰 다니켄이 알려진 자료와 일치하는 예측이 나오는 모형을 의도적으로 세웠다는 것이다. 그런 모형을 세우는 과정에 필요한 것은 상상력뿐이다. 그것은 거의 누구나 할 수 있다. 어떻게 가능한지 한 번 보도록 하자.

현재 고고학자와 인류학자에게 알려진 가장 초기의 인간이 존재하기 수천 년 전에 한때 지구상에서 진화했던, 우리와 꼭 닮은 원인(原人)들로 이루어진 진보된 종족이 있었다는 모형을 상상하라. 이 모형에 따르면, 이 초기의 원인들은 인류 이전에 진화하고 있던 다른 영장류들을 앞지르는 상당히 진보된 과학기술을 발전시켰다. 이 원인들은 그들이 이룩한 진보된 과학기술을 이용하여 중동 지방, 아시아 변경에 세운 식민지, 남아메리카, 이스트 섬 등 원래 그들이 살던 고향에서 나와 다른 곳으로 이동했다. 우리는 그들이 커다란 배와 비행기까지 개발했을 것이라는 상상도 할 수 있다. 우리가 지금 세계의 외딴 곳에서 발견하는 조각상과 사원을 비롯한 여러 가지 신비한 것들이 존재할 수 있었던 것은 이들 초기의 원인 종족 덕분이다. 나아가 세계 곳곳에 있는 여러 민족의 신화에는 이 종족에 대한 기억이 기록되어 있다. 그러나 불행하게도 사회 조직에 이르러서는 오늘날의 인류보다 결코 현명하지 못하여 이 진보된 원인들은 자기들끼리 전쟁을 시작하였다. 결국 그들은 자멸했고 그 과정에서 그들이 이룩한 문화 유산 대부분을 파괴하고 말았다. 남아 있는 것은 오늘날 고고학자나 인류학자들이 설명할 수 없는 몇 가지 흔적뿐이다. 이렇게 가정하면 이 모든 것을 쉽게 이해할 수 있다.

ETV가 필요 없는 우리의 지구적인 모형은 ETV를 끌어넣은 폰 다니켄의 모형과 정확히 똑같은 자료들을 예측하고 있다. 그리고 이 모형은 처음부터 그의 모형 못지않게 그럴듯하다. 그러면 폰 다니켄의 가설이 틀리더라도 그의 예측과 가설이 일치할 가능성이 전혀 없는 것은 아니다. 따라서 지구적 모형의 예측과 자료 사이의 일치가 그 모형이 들어맞는다는 증거가 못 되듯이, 그의 모형이 맞는다는 증거도 못 된다. 여기서 76년 후에 혜성이 돌아올 거라던 핼리의 성공적인 예측을 기억하는 것도 도움이 될 것이다. 이 경우에는 아무리 뛰어난 상상력을 발휘한들 아무도 예측과 자료의 일치를 보증할 수 없었다. 뉴턴 모형의 유일한 대안은 76년 후 정확히 때맞춰 우연히 매우 비슷한 또 다른 혜성이 지나갈 수도 있다는 믿을 수 없는 추측뿐이었다.

자료는 어떤가

폰 다니켄 같은 작가들은 흔히 과학적 자료가 어떻게 평가되는지를 파악하는 아주 뛰어난 직관력을 가지고 있다. 그는 많은 지면을 할애하여 독자들에게 그가 기술하고 있는 문화 유산들의 기상천외한 성격을 납득시키려 했다. 이는 결국 그의 가설 같은 것을 받아들이지 않으면 그러한 것들은 도저히 존재할 수 없을 것 같은 느낌을 준다. 그러나 일반 독자들에게는 그가 기술하고 있는 것에 대한 세부적인 지식이 거의 없다. 따라서 그들은 독자적인 판단을 내릴 수 없는 까닭에 자료를 제시하는 저자에게 의존하게 마련이다. 이러한 상황에서는 저자가 자기 주장을 실제보다 더 그럴듯하게 포장하기 위해 알려진 사실을 왜곡하거나 의도적으로 알리지 않고 싶은 유혹을 받을 수도 있다. 그리고 폰 다니켄은 분명히 이런 유혹에 넘어간 듯 하다.

이스트 섬의 조각상을 논하면서, 폰 다니켄은 인류학자이자 탐험가인 헤이에르달(Thor Heyerdahl)의 저서를 인용하고 있다. 인용된 책에서 헤이에르달은 현재 이스트 섬에서 살고 있는 일부 주민들이 원래 이 섬에서 발견된 것과 비슷한 조각상들을 새기고 운반하고 세우는 것을 실제로 관찰하여 보고하고 있다. 매우 조잡한 나무 썰매만 가지고도 12톤짜리 조각상을 옮기는 데에는 200명도 채 필요하지 않았다. 조각상을 받쳐 세우는 지레와 돌 같은 커다란 기둥을 이용하여 25톤 정도 나가는 조각상을 세우는 데는 12명이 18일밖에 걸리지 않았다. 헤이에르달의 책에는 세우는 과정에 있는 조각상을 보여 주는 사진까지 실려 있다. 따라서 이 사례에 대해 폰 다이켄이 말하는 것은 대부분 명백한 거짓말이다. 그 책에는 이러한 조각상들이 현재 있는 곳에 어떻게 올 수 있었는가에 대한 비교적 간단하면서도 순전히 자연스러운 설명이 실려 있다.

여기서 우리가 얻을 수 있는 교훈은 사실상 가설을 입증할 수 있는 증거가 없는데도 마치 있는 것처럼 생각하는 유혹에 빠지지 않기 위해서는 좋은 추론 이상의 것이 필요하다는 점이다. 여러분은 자료로 제시된 것을 의심할 때와 스스로 더 점검해 봐야 할 때를 알아야 한다. 그리고 시간을 갖고 그렇게 해보아야 한다. 일반적으로 말해서, 여러분이 이미 알고 있다고 생각하는 것과 대부분 어긋난다 싶은 것에는 생산적 의미에서 회의적인 태도를 지녀야 한다. 나아가 때로는 저자의 동기도 살펴보아야 한다. 즉 그들이 진실을 배우는 데 관심이 있는지 아니면 일차적으로 독자들의 관심을 끌어 책을 파는 데에만 관심이 있는지를 살펴야 한다.

4.4 영혼 재래설

많은 동양 종교에서 발견되는 영혼 재래는 죽은 사람의 "영혼"이 새로 태어나는 사람의 몸에 들어와 산다는 매우 오래된 신앙이다. 이때 영혼이 새로운 몸으로 "환생한다"고 말한다. 이것은 미국에서도 널리 신봉되고 있다. 그것은 최근에 영화배우 셜리 맥클레인(Shirley MacLaine) 같은 사람에 의해 대중화되었다.

그러한 믿음에 대해 어떤 종류의 경험적인 증거가 있을 수 있는가? 금세기에는 흔히 최면술에서 나온 증거에 호소하고 있다. 최면 상태에 있는 사람들이 가끔 다른 생에서 온 듯한 이야기를 술술 말하는 것은 사실이다. 그러한 현상에 관심 있는 전문 최면술사들은 때때로 사람이 전생으로 되돌아갈 수도 있다고 말한다. 말하자면 최면 상태에서는 영혼이 전생에 있었던 사건을 기억한다는 것이다.

브리디 머피(Bridey Murphy)를 찾아서

미국에서 전생으로 되돌아간 예로 가장 유명한 것은 1956년 『브리디 머피를 찾아서(*In Search of Bridey Murphy*)』라는 제목으로 출판된 책에 기술되어 있다. 저자인 번스타인(Morey Bernstein)은 처음에는 취미로 최면술을 배운 사업가였다. 그 책에서 번스타인은 루스 시몬즈(Ruth Simmons)라는 가명으로 소개된 여성과 함께 여섯 번에 걸쳐 테이프 녹음을 한 내용을 그대로 싣고 있다. 항상 몇 사람의 증인이 입회했다고 한다. 루스 시몬즈는 아일랜드에서 살기는커녕 그곳에 가본 적도 없었는데 최면 상태에서 19세기 초 아일랜드의 코크 주(County Cork)에서 브리디 머피라는 이름으로 살았던 자신의 전생이라고 추정되는 것에 대해 자세한 이야기를 많이 했다.

그중에는 브리디 머피의 생 전체에 걸친 다양한 질문에 상세히 대답한 내용도 들어 있다. 어린 시절 그녀는 던컨이라는 남동생과 함께 집 헛간 지붕에서 지푸라기를 뽑은 일이 있었다. 그리고 17세에 처음 만난 브라이언 매커시와 존 신부의 집례로 결혼을 하였으며, 슬하에 자식 없이 66세에 세상을 떠났다. 그녀는 또한 지도에는 나와 있지 않지만 분명히 실재하는 작은 마을에 대해서도 언급했으며, 더구나 평소 말하는 목소리와는 전혀 다른 아일랜드 사투리로 질문에 답하였다. 그리고 한 번은 후(後) 최면 암시의 일종으로 아일랜드 모닝 지그 춤을 추기도 했다. 번스타인이 드러내 놓고 말하지는 않았지만, 이 책에서 은연중 내리고 있는 결론은 브리디 머피라는 이름의 아일랜드 여성이 루스 시몬즈라는 여성으로 다시 태어났다는 것이다.

분석

■ 1단계: 실세계

이 연구의 초점은 루스 시몬즈가 최면 상태에서 말한 것을 녹음한 내용에 관한 것이다.

■ 2단계: 모형

그 모형에 따르면, 보통 사람은 이전에 다른 곳에서 살았던 다른 보통 사람의 영혼이 환생한 것이다. 특히 루스 시몬즈는 이전에 브리디 머피의 육신으로 태어났던 영혼이 환생한 것이다.

■ 3단계: 예측

그 모형에 따르면, 최면 상태에 있는 사람은 때로 전생에 있었던 일을 자세하게 회상할 수 있다. 그래서 아마 루스 시몬즈도 브리디 머피라는 이름으로 살았던 자기 전생에서 일어난 일들을 자세하게 이야기할 수 있었을 것이다.

■ 4단계: 자료

루스 시몬즈는 최면 상태에서 브리디 머피라는 이름으로 살았던 그녀의 전생에 생긴 일을 아일랜드 사투리로 줄줄 이야기했다.

■ 5단계: 부정적인 증거?

없다. 예측과 자료는 일치한다.

■ 6단계: 긍정적인 증거?

영혼이 재래하지 않더라도 자료가 예측과 일치할 가능성은 없었을까? 최면 상태에서 사투리로 거의 200년 전 아일랜드에서 살았던 여성의 생에 관해 자세히 이야기할 수 있는 루스 시몬즈의 능력을 설명할 수 있는 달리 그럴듯한 모형은 없는가?

아일랜드에 한 번도 가본 적이 없는 사람이 최면 상태에서 19세기 아일랜드의 생활을 그곳 사투리로 시시콜콜 이야기할 수 있었던 것을 좀 더 달리, 보다 평범하게 설명할 수 있는 방법이 분명 있을 것이다. 책의 말미에서 번스타인은 몇 가지 그러한 대안(예를 들면, 루스 시몬즈가 언젠가 듣거나 읽은 적이 있는 것에 대해 말하고 있다)을 고려하고 있다. 그러나 그러한 가능성은 최면 상태에서 대답이 곧바로 자연스럽게 나온 점, 그녀가 사투리로 이야기한 점, 그리고 그녀가 아일랜드 지그 춤을 출 수 있다는 점과는 양립할 수 없는 것으로 즉각 부정되었다. 그러나 그 책은 이 경우에 대한 다른 대안 모형은 제안하면서도 루스 시몬즈 자신의 어린 시절에 관해서는 독자들에게 충분한 정보를 제공하지 않았다. 그저 독자들의 상상력에 맡겨두고 있을 뿐이다.

그러나 루스 시몬즈에게 이전에 아일랜드에서 살았던 이야기를 손녀에게 사투리로 말해줄 수 있는 할머니가 있었을 수도 있지 않는가? 이러한 할머니라면 루스에게 모닝 지그 춤을 가르쳐 줄 수도 있었을 것이다. 이러한 가능성을 더욱 흥미롭게 만들면, 우리는 루스 시몬즈를 진짜 "다중 인격" 소유자로 상상할 수도 있을 것이다. 하나는 그녀의 정상적인 인격이고 다른 하나는 그녀가 할머니의 이야기에서 무의식적으로 구성해 낸 상상 속의 인물이다. 최면 상태에서는 다중 인격이 드러날 수 있으며, 숨겨진 인격이 다른 어조의 목소리로 아주 자연스럽게 이야기할 수 있다는 것은 널리 알려진 사실이다. 번스타인 자신도 그런 가능성을 모르고 있지는 않았을 것이다. 그가 책을 쓸 당시에도 이에 대한 많은 논의가 있었다. 그리고 실제로 다중 인격을 보여 주는 가장 유명한 사례 하나가 브리디 머피에 관한 번스타인 자신의 책이 나온 다음 바로 1년 후에 출판된 『이브의 세 얼굴(*The Three Faces of Eve*)』이라는 책에 기술되어 있었다.

그러한 가능성만으로도 사람들은 제출된 자료가 실세계에서 환생의 존재에 대해서 결정적이지 못하다고 여길 것이다. 이 경우에 그래도 다행인 것은 우리의 상상력에만 만족할 필요가 없다는 것이다. 번스타인의 책이 출판된 후, 시카고 신문 기자가 그 사례를 주제로 삼아 새롭게 발견한 사실들을 책으로 펴냈던 것이다. 그는 루스 시몬즈가 실은 콜로라도 출신으로 버지니아 타이라는 이름을 가진 주부라는 것을 알았다. 타이 부인의 과거를 파헤친 그는 그녀에게 어렸을 적 아일랜드 이야기로 그녀를 즐겁게 해주었던 아일랜드인 숙모가 있었다는 사실을 알았다. 더구나 타이 부인은 고등학교 때 드라마 프로에 나간 적이 있었으며 거기서 그녀는 아주 심한 아일랜드 사투리로 시 낭송하는 법을 배웠다. 마지막으로, 몇 년 동안 타이 부인 집 맞은편에 살았던 이웃 부인이 자기가 아일랜드에서 살았던 이야기를 들려주면 젊은 버지니아가 얼마나 넋을 잃고 귀를 기울였는지에 자세하게 말했다. 이웃에 사는 부인의 처녀 적 이름은 브리디 머피였다.

버지니아 타이가 몰리 번스타인에게 거짓말을 했는지 아니면 그녀가 정말로 최면술을 통해 전생으로 되돌아갔는지는 우리의 목적에는 중요하지 않다. 번스타인 자신이 한 치의 거짓도 없이 정직했는가 하는 것도 중요하지 않다. 그의 설명을 액면 그대로 받아들인다 하더라도, 우리에게는 어떻게 최면 상태에서 루스 시몬즈가 그녀가 겪었던 사건들을 그녀가 했던 방식으로 줄줄 이야기할 수 있었는지를 비교적 평범하게 설명할 수 있는 다른 방법이 있다. 그녀는 어렸을 적 다른 사람들을 통해서 알았던 것을 기억하고 있었고 최면 상태에서 그것들을 마치 자신이 직접 겪은 것처럼 고등학교 때 연습한 사투리로 얘기했던 것이다.

4.5 초감각적 지각

1990년 갤럽 조사에 따르면, 미국 성인의 거의 반이 어떤 형태의 초감각적 지각(extrasensory perception, ESP)의 존재를 믿고 있는 것으로 나타났다. 사실 이 초감각적 지각이라는 용어는 존재하는 것으로 추정되는 몇몇 상이한 종류의 현상들을 두루 일컫는 말이다. 즉, 초감각적 지각에는 눈앞에 없는 것(예를 들면, 아주 멀리 떨어져 있는 것)을 "보는" 능력인 **투시력**, 어떤 일이 일어나기 전에 그것을 "보거나" "경험하는" 능력인 **예지력**, 다른 사람의 마음을 "읽는" 능력인 **정신 감응력**, 어떤 물체를 생각만으로도 변화시킬 수 있는(예를 들면, 수저를 구부리는) 능력인 **염력**(念力)이 있다.

투시력

투시력은 누구나 자신이 경험한 것을 생각해보면 적어도 상상해 볼 수 있으므로 그것에 초점을 맞추자. 전형적인 "투시력 경험"은 다음과 같은 시나리오와 비슷하다. 잭과 질은 가장 친한 친구이다. 어느 날 뚜렷한 이유도 없이 잭에게 무엇인가 끔찍한 일이 일어났다는 확신이 들면서 질은 갑자기 소스라치게 놀라는 경험을 한다. 그녀는 마음에서 그런 느낌을 떨쳐 버리려고 한다. 그런데 그날 늦게 그녀는 실제로 잭이 자동차 사고로 크게 다쳤다는 것을 알게 된다. 사건은 그녀가 어떤 끔찍한 일이 일어났다는 느낌이 들었던 바로 그때쯤 일어난 것으로 밝혀진다. 질은 투시력이 현실일 가능성에 대해 진지하게 생각하고 있는 자신을 발견한다. 그녀는 이것을 믿을 만한 증거를 실제로 제시할 수 있을까?

분석

■ 1단계: 실세계

이 연구의 초점은 잭이 자동차 사고를 당했을 때 질이 겪었던 경험이다.

■ 2단계: 모형

그 모형에 따르면, 평범한 사람들 중 적어도 일부는 때로 투시력을 가지며 정상적인 감각의 영역을 벗어나는 사건들을 지각할 수 있다.

■ 3단계: 예측

질은 잭의 사고를 감지할 수 있었을 것이다.

■ 4단계: 자료

질은 뭔가 끔찍한 일이 잭에게 일어났다는 분명한 느낌을 받았고, 그때가 바로 잭이 사고를 당한 때라는 것이 밝혀졌다.

■ 5단계: 부정적인 증거?

없다. 예측과 자료는 일치한다.

■ 6단계: 긍정적인 증거?

투시력이 생기지 않았어도 자료와 예측이 일치할 가능성은 없었는가? 질의 경험과 잭의 실제 사고가 동시에 발생한 것을 설명할 수 있는, 무엇인가 그럴듯한 다른 모형은 없는가?

이러한 종류의 시나리오가 투시력에 대한 증거로서 설득력을 갖는 것은 질이 두려워했던 바로 그 일이 질이 두려움을 느낀 시간과 거의 때를 같이하여 우연히 일어나는 일은 도저히 있을 것 같지 않기 때문이다. 어떤 종류의 ESP에 의해서가 아니라면 그녀가 어떻게 잭에게 뭔가 나쁜 일이 일어나고 있다는 것을 알 수 있었겠는가?

질의 느낌과 잭의 사고가 동시에 일어나는 일이 도대체 어떻게 있을 수 있단 말인가? 그러나 그것이 우리 생각만큼 그렇게 불가능한 것은 아니다. 첫째, 질의 느낌과 같은 감정은 일반적으로 다소 모호하다. 그녀가 잭이 5번가 모퉁이에서 자동차 사고를 당했다는 뚜렷한 느낌을 받은 것은 아니다. 그녀는 단지 **어떤** 끔찍한 **일**이 잭에게 일어났다는 강한 느낌을 받았을 뿐이다. 지금까지 거의 동시에 일어날 수 있었던 일들은 많았다. 둘째, 질이 잭에게 어떤 재난이 일어났을지도 모른다는 비슷한 느낌을 받은 것은 분명 이번만이 아니었을 것이다. 우리 역시 그렇듯이, 그녀는 그런 느낌을 마음속에서 떨쳐버리려고 했다. 그리고 실제로 나쁜 일이 일어나지 않았을 때는, 이전에 두려운 느낌이 들었던 것에 대해 잊어버렸다. 이번에는 실제로 어떤 무서운 일이 일어났다는 점이 다를 뿐이다. 더구나 잭이 좋지 않은 사고를 당한 것은, 질이 뭔가 무서운 일이 일어났다는 어떤 느낌을 받았든 받지 않았든 그것과는 상관없이 그 자체로서 어느 정도 일어날 가능성이 있는 일이었다. 따라서 예를 들어 거의 동시에 질이 공포를 느끼고 잭이 사고를 당하는 일이 일어난 것은 우연의 일치에 불과하다는 그럴듯한 대안 모형이 있다. 그것은 흔히 일어날 수 있는 일은 아니지만 그렇다고 도저히 일어날 것 같지 않은 일은 아니다.

마지막으로, 잭과 질은 세상에 있는 유일한 사람들이 아니다. 그들과 같은 사람은 수백만 명이나 있다. 날마다 이 수백만 명이나 되는 사람들 가운데 일부는 자기가 가장 사랑하는 사람과 관련하여 예기치 않은 공포를 느낀다. 그리고 날마다 이 수백만의 사람들 가운데 일부는 그들이 사랑하는 사람에게 어떤 끔찍한 일이 일어나는 경험을 한다. 따라서 특정한 날, 그날도 혹시 끔찍한 일을 당하지 않았을까 하는 두려움의 대상이 되었던 어떤 사람들이 실제로 끔찍한 일을 당한 것으로 드러나는 일은 실제로 분명히 가능하다. 물론 이러한 일을 당하는 특정한 사람들에게는, 그런 일이 동시에 일어난 것이 굉장히 놀라운 일로 보이고 투시력 같은 색다른 설명이 필요할 것 같은 생각이 든다. 따라서 투시력이 실제로 존재한다는 확신을 갖게 되는 사람은 날마다 생겨난다. 그러나 실은 전혀 특별하지 않은 일이 계속해서 일어나고 있는 것인지도 모른다. 그것은 매우 평범한 일을 하는 수많은 사람들이 정상적으로 예견한 결과로서 쉽게 이해될 수 있는 일이다.

확률에 대해 말하면

"투시력 경험"에 대한 위의 분석에서는 좀더 정교한 방식으로 확률에 대해 생각할 필요가 있었다. ESP의 가능성에 대한 가장 진지한 연구가 통계적 추론을 포함한다는 것이 놀랍지는 않을 것이다. 이 책의 제2부에서는 그러한 추론 과정에 대해 보다 자세하게 탐구할 것이다.

4.6 입증의 책임

대체로 이 장에서 우리가 평가한 결과는 **비결정적이다**라는 것이었다. 대부분의 경우에 우리는 인용된 자료가 제안된 가설이 사실이라고 생각할 만한 증거를 제공하지 못한다는 결론을 내렸다. 많은 사람들에게는 이것이 만족스럽게 보이지 않을 수 있다. 그들은 문제의 가설이 **틀렸다** — 즉, 제안된 모형이 실세계와 맞지 않는다는 결론을 내릴 수 있기를 바란다. 이해할 수는 있지만 이러한 생각은 우리의 목적과 우리가 개발한 프로그램의 실제 위력을 오해한 데서 비롯된 것이다.

법률에서처럼 논쟁에도 **입증 책임**이라는 개념이 있다. 어떤 주장에 이의가 제기되었을 때, 문제는 그것이 참인지 거짓인지를 증명할 책임이 누구에게 있는가 하는 것이다. 이때 입증 책임을 지는 것은 그 주장을 한 사람이다. 과학 정보의 **소비자**는 언제나 입증 책임이 그 정보의 **생산자** 혹은 공급자에게 있다는 입장을 취해야 한다. 그들은 당연히 자신이 옳다는 것을 여러분에게 납득시켜야 한다. 이는 곧 그들이 자신의 주장을 뒷받침하는 좋은 증거가 되는 자료를 제시해야 한다는 말이다. 여러분은 배심원처럼 그들이 제시하는 것을 평가하기만 하면 된다. 따라서 만약 여러분이 제공된 자료가 그들의 주장을 입증하는 좋은 증거가 되지 못한다는 결론을 내린다면, 여러분은 그것으로 할 일을 다한 것이다. 여러분은 최소한 그 순간에는 그들의 주장에 더 이상 관심을 기울일 필요가 없다는 유용한 결론에 이른 것이다.

제안된 모형이 올바른지 그 여부를 가리는 데에 제시된 자료가 부적절하다고 결론 내릴 수 있는 것은 사실상 매우 강력한 결론이다. 이는 곧 우리가 문제의 가설을 안심하고 무시할 수 있다는 뜻이다. 물론 그렇다 하더라도 가설이 여전히 참일 수 있고 따라서 다른 자료가 그러한 취지의 강력한 증거를 제공할 수도 있다. 그러나 그러한 자료가 제시될 때까지 우리는 그저 가만히 있으면 된다.

글로 쓴 발표문이나 대화에서, 특정한 견해의 옹호자들은 흔히 독자 혹은 청중인 여러분에게 입증 책임을 **떠넘기려고** 할 것이다. 그들은 여러분에게 그들이 틀렸다는 것을 증명하라고 압박할 것이다. 여러분은 그러한 것을 떠맡는 유혹에 빠져서는 안 된다. 그들은 여러분이 그들이 틀렸다는 것을 입증하지 못하는 한 그들이 옳다는 데 동의해야 한다고 생각하기를 바란다. 그러나 사실은 결코 그렇지 않다. 여러분이 그들이 틀렸다는 것을 보여 주지 못한다고 해서 그들이 맞는 것은 아니다. 즉 여러분이 그들의 주장을 **반박하는** 증거를 내놓지 못한다고 해서 그것이 곧 그들의 주장이 **옳다는** 증거가 되는 것은 아니라는 말이다. 그것은 단지 여러분이 알지 못해도 당연한 어떤 것에 대해 잘 모를 뿐이라는 것이다. 따라서 그들이 틀렸다는 것을 입증하는 것은 여러분이 할 일이 아니라는 것을 명심하라. 자신들이 옳다는 것을 입증하는 것은 전적으로 그들의 일이다.

전쟁에서와 마찬가지로 논쟁과 법률에서도 항상 방어하는 쪽이 유리하다. 그런데 만일 입증 책임이 여러분에게 떠넘겨지는 것을 허용하면 여러분은 곧 논쟁에서 공격자의 입장에 서게 된다. 그러면 여러분은 그들의 모형이 예측하는 것과 일치하지 않는 자료를 내놓을 수 있어야 한다. 그러나 그 주제에 정통하지 않는 한, 여러분의 입에서 그런 자료가 즉시 튀어나올 리 없다. 그리고 설사 그러한 자료를 몇 가지 제시하더라도, 그 입장의 옹호자들은 그들의 모형에 대한 한층 더 세부적인 것들을 제시하며 여러분의 자료가 그들의 견해에 적절하지 않은 것으로 치부해 버리거나 심지어는 그들의 견해를 뒷받침하는 것으로 만들어 버릴 것이다. 그렇다면 차라리 방어적인 입장을 고수하는 편이 훨씬 낫다. 입증 책임은 원래 그것을 감당해야 하는 쪽에, 즉 상대방에게 그대로 두어라.

연습문제

이론적 가설들의 평가를 위해 이 책에서 개발된 6단계 프로그램에 따라 다음의 보고들을 분석하시오. 각 단계마다 번호와 제목을 붙이시오. 가능한 분명하고 간결하게 말하되, 자신이 무엇을 말하고 있는지 안다는 것을 충분히 증명할 수 있도록 답하시오. 단지 '예' 또는 '아니오'라 말하는 것은 결코 만족스러운 답이 될 수 없습니다.

연습문제 4.1 시간 실험

긴장을 풀고 마음을 편안히 한 다음 애써 노력하지 않아도 자연스럽게 초침을 응시할 수 있도록 초침 달린 시계를 여러분의 시선이 머무는 곳에 놓아라. 초침의 규칙적인 리듬을 타면서 한동안 시계를 응시하라. 그 다음 눈을 감고 자신이 어떤 다른 곳에서 매우 편안한 상태에 있다고 상상하라. 예를 들어 눈에 익은 조용한 해변에 누워 있다고 생각해도 좋을 것이다. 여러분이 상상한 광경이 마치 현실처럼 느껴질 수 있도록 가능한 한 세부적인 것들을 많이 상상하라. 마치 정말로 그곳에서 파도 소리에 귀를 기울이고 있는 것처럼 생각하라. 이제 매우 서서히 눈을 뜨고 똑바로 앞을 보아라. 굳이 시계에 초점을 맞추려고 하지 마라. 시계에 시선을 고정시키지 말고 그냥 그대로 있어라. 정확히 그렇게 하면, 초침이 한 박자 건너뛰거나 심지어는 1, 2초 동안 가만히 서 있는 것처럼 보이는 경험을 할지도 모른다. 그것에 대해 생각하거나 시계에 시선을 고정시키지 마라. 그러면 원하는 효과를 얻을 수 없다. 여러분이 이런 효과를 재현하는 데 성공하든 못하든, 앞에서 기술된 경험은 어떤 사람들은 가끔 이러한 경험을 했을 것이라는 생각이 들 정도로 매우 그럴듯해 보인다. 이제 위에서 말한 현상이 존재한다고 가정하고, 왜 그런 현상이 일어나는지를 설명하고 있는 다음 글을 생각해 보라.

때로 "관찰자"라고 불리는 인간의 정신은 적어도 잠시 동안은 육체를 떠나 광속으로 아주 멀리 떨어진 곳으로 여행할 수 있다. 따라서 여러분이 그런 광경을 충분히 현실감 있게 상상하면, 여러분의 정신이 정말로 해변에서 그런 광경을 바라보고 있다는 생각이 든다. 정신이 빠져나가 있는 동안, 여러분의 육체는 집에 그대로 남아 감각에서 보내는 신호를 받아들이는 "의식"이 없다는 점을 빼고는 정상적으로 기능을 행한다. 이 설명에서 초침이 가만히 서 있는 것처럼 보이는 것은 잠시 여러분의 육체에서 떠났던 여러분의 의식이 다시 돌아와 빠져나왔던 곳으로 다시 깃들기 때문이다. 한편 여러분의 육체는 계속해서 초침의 물리적인 리듬에 따르고 있다. 이것은 초침이 분명히 앞으로 나아갔어야 한다는 느낌이 들면서도 가만히 서 있는 것처럼 보이는 기이한 경험을 낳는다. 만일 이 설명을 받아들인다면, 그것은 또한 투시력, 체외 이탈 체험, 그리고 영혼 재래와 같은 일의 가능성을 설명하는 데 도움이 될 수 있을 것이다.

연습문제 4.2 교류 분석

교류 분석(transactional analysis, TA)은 사람은 저마다 "아이", "부모" 및 "성인" 세 부분으로 이루어진 복합적인 인격을 가지고 있다는 이론에 기초한 심리 치료의 한 형태이다. 어떤 사람의 "부모" 인격은 그 사람이 자신의 부모(혹은 부모를 대신하는 사람)에게 경험한 것으로 만들어진다. 이것에는 해서는 안 될 많은 것들과 해야 할 어떤 것들이 포함된다. "아이" 인격은 혼자서는 아무 것도 할 수 없는 무력감이나 호기심같이 아주 어렸을 때 느꼈던 (거의 말이 필요 없는) 느낌으로 이루어진다. "성인" 인격은 사람이 자신의 삶을 통제하는 것을 배우면서 개발된다. 다른 사람과 상호 작용하는 특정한 방식은 인격의 각 구성요소와 연결되어 있다. 이 이론에 따르면, 사람의 다양한 인격이 서로 어울리지 못하면 갈등과 불행이 생긴다.

이 이론의 증거로는 흔히 환자와의 경험이 거론된다. 예를 들면, 한 부부가 치료사에게 찾아온다. 치료사는 그들에게 어떤 문제를 토론하게 하여 그들이 어떻게 상호 작용하는지 관찰한다. 예를 들어 남편은 그의 "아이" 인격을 가지고 반응하는 것 같은데 아내는 그녀의 "부모" 인격을 가지고 반응하는 것처럼 보일지 모른다. 그러면 치료사는 양쪽 모두 "성인" 인격이 상대방의 반응에 불만이라는 판단을 내린다. 치료사는 양자가 서로의 "성인" 인격에 직접 반응하는 걸 배워 이런 어긋남을 제거할 수 있다면 둘 다 더 행복해질 수 있을 거라고 추측한다.

계속되는 몇 차례의 치료 과정에서, 치료사는 토론에 개입하여 남편과 아내, 양자의 "성인" 인격을 끄집어내려고 한다. 일반적으로 부부는 이러한 치료로 효과를 보는 데, 그들은 좀더 원활한 의견 교환을 할 수 있게 되고 따라서 전반적으로 더욱 행복해진다.

연습문제 4.3 다이어네틱스

다이어네틱스(dianetics)는 공상과학 소설가였던 허버드(L. Ron Hubbard)가 1950년에 펴낸 그의 책 『다이어네틱스: 현대 정신 치료학(*Dianetics: The Modern Science of Mental Healing*)』에서 처음으로 상세하게 밝힌 정신 이론이자 정신 장애를 치료하는 방법이다. 허버드에 따르면, 정신은 **분석적인** 정신과 **반응적인** 정신 두 부분을 가지고 있다. 반응적인 정신은 생각하거나 기억할 수 없다. 그것이 할 수 있는 것은 잘 때처럼 분석적인 정신이 무의식 상태일 때 감각의 입력 내용을 기록하는 것뿐이다. 그럼에도 불구하고 그것은 본 것, 소리, 냄새, 맛, 감촉 등 오감을 통해 입력된 모든 것을 기록하는 아주 성능 좋은 기록기이다. 이렇게 기록된 것을 **엔그램**(engram)이라고 한다. 엔그램은 **반응적인 저장소**에 저장된다. 한참 후 어떤 사람이 축적된 엔그램과 비슷한 것을 경험하면, 그 축적된 엔그램이 그 사람의 정상적인 기억 속에 "끼여들" 수도 있으며, 그래서 그 사람은 그 엔그램이 원래 기록되었을 때 일어난 일과 비슷한 것을 경험한다. 예를 들면, 어떤 사람이 머리를 부딪쳐서 정신을 잃는다. 의식은 못하지만 그때 근처에 있는 시끄러운 모터가 돌아가기 시작한다. 그런데 나중에 비슷한 환경에서 그러나 이번에는 정신을 잃을 정도로는 심하지 않게 머리를 부딪쳤을 때, 그는 주위에 모터가 없는데도 시끄러운 모터 비슷한 소음을 듣는 감각을 경험할 수 있다. 허버드 이론의 보다 더 흥미로운 특징은 반응적인 정신이 출생 전에 형성되며, 따라서 사람은 이미 자신의 반응적인 저장소에 축적된 엔그램을 가지고 태어난다는 것이다.

다이어네틱 치료는 조용한 환경에서 "청취자" 역할을 하는 사람이 조용히 중요한 질문을 던지면서 치료를 받는 사람이 의식적으로 엔그램 속으로 들어가게 하려는 과정인데, 오래된 엔그램일수록 더 좋다. 만일 이러한 방식으로 분석적 정신 앞으로 엔그램을 끌어낼 수 있으면 그것은 "제거되어" 더 이상 문제를 일으키지 않는다. 심신을 해치는 엔그램이 모두 제거된 사람은 "깨끗하다"고 말한다.

허버드의 책이 출판된 후 약 6년 동안, 수백 명이나 되는 사람들이 "청취자"로 훈련을 받았으며, 미국 전역에 있는 수십 개 시에 다이어네틱 치료 센터가 세워졌다. 그리고 수천 명이나 되는 사람들이 약 20시간의 치료 후에 아주 다양한 정신적 증상을 치료했다고 주장했다. 많은 사람들은 허버드의 이론이 충분한 근거가 있다고 확신했다.

연습문제 4.4 주식 시장을 예측하다

1929년 주식 시장이 붕괴했을 때 비정통적인 견해를 가진 한 경제학자가 그것이야말로 자신의 이론이 옳다는 것을 증명하는 증거라고 주장했다. 그는 1년 전에 붕괴를 예측했다. 그런데 그는 1921년부터 해마다 다음 해에는 주식 시장이 붕괴될 거라는 예측을 해왔다는 사실이 밝혀졌다. 그러나 그러한 사실이 그가 계속해서 1929년 붕괴를 자신의 견해를 뒷받침하는 증거로서 거론하는 것을 막지는 못했다.

연습문제 4.5 물병 자리

점성술 이론에 따르면, 1월 21일에서 2월 18일 사이에 태어난 사람들인 물병 자리 태생의 사람들은 일반적으로 과학적이지만 유별나다(즉, 명석하지만 인습적이지 않다)고 한다. 이 가설을 뒷받침하기 위해 사람들은 몇몇 유명한 과학자들(예를 들면, 코페르니쿠스, 갈릴레오, 그리고 토머스 에디슨)이 물병 자리였다는 사실을 자주 언급한다.

연습문제 4.6 근사 경험

근사 경험(near-death experience: NDE)이라는 용어는 무디(Raymond Moody) 박사가 1975년에 펴낸 『사후의 생(*Life after Life*)』이라는 책으로 인해 널리 퍼졌다. 그는 죽음에 매우 가까이 다가갔던 대략 50명의 사람과 광범위하게 인터뷰한 결과를 보고했는데, 그중에는 "임상사"(기기에 의존하지 않고 임상적 관찰로 판단한 죽음) 선언을 받은 후 되살아난 사람들도 있었다. 그는 세부적인 점에서는 많이 다르지만 그들의 경험이 놀랄 정도로 비슷하다는 것을 알았다. 그들 중에는 의사들이 자신을 되살

리려고 안간힘을 쓰고 있는 것을 바라보면서 자신의 육체를 조용히 내려다보고 있는 듯한 경험("체외 이탈 경험")을 한 사람도 많았고, 어두운 굴 속에서 빛을 향해 내려가다 믿을 수 없을 정도로 환하고 아름다운 장소로 들어가는 느낌을 받은 사람도 많았다. 그가 조사한 사람들 가운데 다수는 얼핏 이승 너머의 세계를 보았다고 확신하였으며, 그 경험으로 삶과 죽음에 대한 자신의 견해가 완전히 변한 것을 알았다. 무디는 자신의 연구가 실제로 사후의 생이 있다는 강력한 증거를 제시해 준다는 결론을 내렸다.

그 이후에도 여러 명의 연구자들이 무디가 처음 관찰한 결과를 대체로 확인했다. 예를 들어 한 심장학자는 대부분 심장마비를 일으켰던 2,000여 명의 환자들을 연구했는데, 그 절반 이상이 무디가 기술한 것과 비슷한 경험을 했다고 보고했다. 100가지가 넘는 경우들로 이루어진 표본에서 비슷한 결과를 발견한 심리학자도 있었다. 심지어 어떤 연구자들은 종교적 및 문화적 심상이 미국과는 아주 다른 인도 환자들에게서도 비슷한 결과를 발견했다고 주장했다.

하지만 이런 관찰 결과에 대한 설명은 저마다 다르다. 천문학자인 세이건(Carl Sagan)은 1974년에 펴낸 그의 저서 『브로카의 뇌(*Broca's Brain*)』라는 책에서 NDE가 실은 세상에 태어날 때의 경험이 재생된 것이라는 견해를 내놓았다! NDE가 어떤 상황에서 받은 명백히 물리적이고 심리적인 스트레스에서 비롯된 뇌의 비정상적인 화학작용으로 생긴다는 의견을 내놓은 사람들도 있었다. 최근에는 블랙모어(Susan Blackmore)가 1992년에 펴낸 책 『육체를 넘어서(*Beyond the Body*)』에서 사람의 정신은, 정상적인 감각 입력이 중단되었을 때, 어떤 상황에 대한 기억을 만들어 내서 그것을 실제 상황에 대한 기억으로 잘못 받아들인다는 설명을 내놓았다.

연습문제 4.7 외계인 유괴

1980년대 말, 외계인에 의한 유괴가 일어난다는 주장은 홉킨스(Budd Hopkins)의 『침입자(*Invaders*)』와 스트리버(Whitley Strieber)의 『영적 교섭(*Communion*)』과 같은 몇몇 책들이 출판되면서 다시 한 번 화제가 되었다. 두 책에서 이들은 겉보기에는 정상적인 생활을 하는 평범한 사람들이지만 실제로 외계인에게 유괴되었다가 조사를 받고 풀려났다는 이야기를 하는 사람들에 대해 논하고 있다. 많은 경우에 이들은 기억의 공백을 경험하고 유괴되는 꿈을 꾼 후에 저자들에게 찾아와 최면술을 통해 유괴된 이야기를 처음 털어놓았다. 이들의 이야기는 비슷한 줄거리를 보여 준다. 예를 들면, 외계인들은 전형적으로 키가 작고 초록색이나 회색 피부를 가졌고, 그들의 우주선은 전형적으로 접시 모양이다. 그리고 그들 대부분이 이전에 교제한 적이 없는 사람들이라는 사실이 이야기의 진실성을 보증하는 증거로 채택되었다. 서로 모르는 사람들이 어떻게 대체로 똑같은 이야기를 할 수 있겠는가? 홉킨스와 스트리버를 비롯하여 분명히 많은 사람들이 그런 유괴가 실제로 일어났다는 확신을 갖고 있는 것 같다.

물론 의견이 다른 사람도 있다. 심리학자 베이커(Robert Baker)는 이들의 이야기가 일치하는 것은 주로 최면술을 하기 전과 하는 동안 바로 최면술사들이 주는 암시 탓이라고 주장한다. 영화와 책을 포함한 일반 문화에는 외계인의 모습을 그리는 데 바탕이 되는 아주 표준적인 이미지들이 축적되어 있다. 나아가 베이커는 꿈과 최면 상태에서 드러난 기억은 서로 강화하는 경향이 있기 때문에 피검자들이 꿈의 내용과 실제로 경험한 것에 대한 진짜 기억 내용을 제대로 분간할 수 없다고 주장한다.

연습문제 4.8 엘리야와 바알의 선지자들

구약성서 열왕기 상 18장에서 엘리야와 바알의 선지자들 이야기를 찾아라. 문제의 사건이 거기에 나온 대로 일어났다고 가정하라. 엘리야의 "두 제단" 제안을 결정적 실험으로 간주하고, 그 실험을 표준 양식에 따라 분석하라.

연습문제 4.9 예언이 빗나갔을 때

집단적인 믿음의 역학에 대한 연구의 일환으로서, 일부 사회심리학자들이 몇몇 소규모 사교 집단에 잠입한 적이 있었다. 조사된 집단 중에는 매리언 키치 부인(Mrs. Marion Keech)이라는 가명의 여성이 이끄는 집단이 있었다. 여기서 기술되는 사건들은 실제로 일어났던 일이다. 키치 부인은 자신이 외계인들과 교신을 해왔다고 주장했으며, 이 교신을 통해 받았다고 그녀 자신이 주장하는 메시지들을 신도들에게 정기적으로 밝혔다. 하루는 그녀의 교신자들이 세상을 멸망시킬 것이라는 말을 했다고 전했다. 그녀는 그 멸망이 일어날 특정한 날짜까지 지정했다. 그녀는 또한 이 외계인들이 지정한 장소에서 기다리고 있으면 그녀를 비롯하여 구원받고자 하는 사람들을 모두 구출해 주겠다는 말을 했다고도 주장했다. 그 지정된 날 키치 부인과 신도들은 지정된 장소에 가 있었다. 그러나 그날이 다 가도록 세상은 끝나지 않았다. 그러자 그녀는 신도들에게, 실제로 구출될 것이라는 그녀와 신도들의 믿음이 너무 강하여 세상을 파괴하지 않기로 결정했다는 메시지를 그녀의 교신자로부터 텔레파시로 받았다고 전했다. 그 집단에 잠입하여 관찰한 심리학자의 보고에 따르면 그곳에 모인 신도들은 키치 부인이 강력한 외계인들과 실제로 교신한다는 더 **강화된** 믿음을 가지고 집으로 돌아갔다.

연습문제 4.10 피라미드의 위력

다음 사례는 피라미드가 특별한 힘을 가지고 있다는 가설을 뒷받침하기 위해 인용된 적이 있다. 안색이 나빠 어려움을 겪고 있던 한 젊은 여성이 물 한 주전자를 피라미드 밑에 놓아 두었다가 그 물로 아주 순한 비누만을 사용하여 아침저녁으로 한 번씩 세수를 하라는 말을 들었다. 그녀는 얼굴에 다른 것은 절대 바르지 말라는 말도 들었다. 화장품은 물론 어떤 종류의 크림이나 약물도 안 된다는 것이었다. 그녀는 화장을 두껍게 하는 습관이 있었으나 그 실험에 따르기로 했다. 2주 만에 그녀의 안색은 눈에 띌 정도로 확실히 좋아졌다.

연습문제 4.11 영혼 재래

한 전국 주간지의 최근호는 미국에서 영혼 재래의 사례들이 수백 건에 이른다는 것을 큰 표제로 다루었다. 그리고 그 기사는 이러한 사례들이 "사후의 생"이 있다는 설득력 있는 증거를 제공한다고 주장했다. 기사 내용을 읽어보면, 최면 상태에 들어가 "전생" 으로 "돌아가서" 여러 가지 병을 고쳤다는 환자들의 이야기가 나오는데, 다음은 그 사례들 중 전형적인 것들이다.

한 50세 여성은 35년 넘게 1주일에 몇 번씩 심한 두통으로 고생했다고 주장했다. 그녀는 10명의 의사들에게 찾아가 보았으나, 그들이 처방한 진통제를 비롯한 약들은 전혀 효과가 없었다고 했다. 그런데 최면 상태에서 단 2시간 치료를 받고 그녀는 두통의 진짜 원인을 "발견했다." 전생에서 그녀는 19세기 뉴잉글랜드에서 산 젊은 남성이었다. 어느 날 그 젊은이는 약혼자에게 가던 길에 하천에 빠져 바위에 머리를 부딪치는 바람에 죽고 말았다. 치료사에게 치료를 받고 1년 반 후, 그 여성은 그때 이후 두통을 앓은 일은 한두 번밖에 없다고 주장했다.

25세의 한 부동산 중개업자는 옥수수에 대해 강한 거부반응을 포함하여 여러 가지 알레르기를 호소하였다. 최면 상태에서 그는 몽골군 장교였던 전생으로 "돌아갔다." 한 전투에서 이 장교는 부하들에게 무고한 아녀자들을 죽이라는 명령을 차마 내릴 수 없었다. 명령 불복종 죄로 그의 상관들은 그에게 강제로 물과 옥수수를 먹이는 고문을 가했고, 이로 인해 위확장증으로 그는 죽고 말았다. 자신의 전생을 "안" 후에 이 부동산업자는 대부분의 알레르기가 없어졌고 아무 탈 없이 옥수수를 먹게 되었다고 주장했다.

이런 종류의 치료를 하는 심리학자 중 몇 명은, 영혼 재래가 일어나며 정말로 "사후의 생"이 있다는 과학적 증거를 자신들의 연구가 제시함을 확신하는 것으로 전해졌다.

연습문제 4.12 연구과제

정규 과학 교과 과정에 나오지 않지만 여러분의 흥미를 끄는 대중적인 과학 주제에 대한 보도문이나 책을 찾아라. 이론적 가설을 평가하기 위한 표준 프로그램에 따라 자료를 평가하라. 같은 주제에 대한 다른 기사나 책을 찾아보고 이것을 좀더 광범위한 과제로 발전시켜도 좋다. 특히 여러분이 처음에 읽은 자료에서 그 견해를 반박하는 기사나 책들이 있을 수 있다. 이 경우에는 반대 가설들 또한 평가할 수 있다.

제2부
통계적 가설과 인과적 가설

UNDERSTANDING SCIENTIFIC REASONING

::5장

통계적 모형과 확률

이 장은 두 가지 목적을 지니고 있다. 하나는 **통계적 모형**의 기본 유형을 몇 가지 알려 주는 것이고, 다른 하나는 통계적 자료가 어떻게 통계적 **가설**을 위한 증거로 사용될 수 있는가를 이해하는 데 필요한 **확률적 모형**에 대한 지식을 제공하는 것이다.

5.1 왜 통계적 모형과 확률적 모형이 중요한가

통계적 모형을 이해하고 평가할 수 있는 능력을 가지는 것이 중요한 이유는 많다. 주된 일반적 이유는 그러한 모형이 과학에서, 특히 사회과학, 행동과학, 생의학에서 널리 사용된다는 것이다. 이 분야들의 연구 결과는 거의 모든 사람의 일상적 관심사와 아주 많이 관련되는 경향이 있다.

이 과학들에서 통계적 모형과 확률적 모형이 사용되는 이유는 그러한 모형들이 이 분야의 과학자들이 답하려는 부류의 질문들에 적합하다는 것이다. 그러한 부류의 질문 중 한 가지는 미국에서의 여성 집단같이 큰 모집단에 널리 퍼져 있는 다양한 특성에 관한 것이다. 예를 들면 20세부터 30세 사이의 미국 여성들 중 전시간제 근로자는 몇 %인가? 앞으로 살펴보겠지만 그 질문에 대한 대답은 **통계**

적 가설이다. 미국에 거주하는 모든 여성의 나이와 고용 상태를 확인하는 것은 극히 어려울 뿐만 아니라 비용 또한 많이 들 것이다. 실제로 그것은 전면적인 인구 조사를 하는 것과 같을 일인데, 이러한 일은 연방 정부조차 10년에 한 번밖에 시도하지 않는다. 그러한 질문에 접근하는 전형적인 방법은 전체 모집단의 **표본**만을 조사하는 것이다. 그 다음 표본에 대한 정보는 모집단에 대한 특정한 가설의 증거로 사용된다. 그러나 표본에서 얻은 자료를 평가하는 것도 간단한 일이 아니다. 이를 위해서는 **확률적** 모형을 사용해야 한다. 그래서 우리는 확률적 모형에 관해서도 알 필요가 있다.

행동과학과 생의학에서 전형적인 두 번째 종류의 질문은 개체들이 나타내는 특성의 원인에 관한 것이다. 음식물을 통한 콜레스테롤 섭취가 남성에게 심장마비를 야기하는가? 어떤 특정인에 대해서 그러한 질문에 답하기에는 관련된 생물학적 및 화학적 기제들에 관하여 충분히 알지 못한다. 그러나 우리는, 몇몇 규모가 큰 남성 집단들을 연구함으로써, 관련된 정확한 생물학적 기제들에 대해 많이 알지 못하더라도 그 물음에 답할 수 있을 것이다. 여기서도 인과적 주장을 이해하고 그것에 대한 증거를 평가하려면 **확률적** 모형을 사용할 필요가 있다.

통계적 및 확률적 추론의 중요성과 전문적인 연구 과학자들이 범하는 일상적 실수들에 대한 관찰은 최근 (미국 생리학회에 의해 발간되는) 『미국 생리학 저널—내분비학과 신진대사(*American Journal of Physiology: Endocrinology and Metabolism*)』의 2004년 8월호에 발표된 사설에서 잘 예시된다. 그 사설은 다음과 같이 시작된다. "다수의 과학자들이 통계학의 기본 개념들을 잘못 이해하고 있는 것처럼 보인다." 그리고 일부 정보원에 따르면 발표된 과학 논문들의 거의 50%가 적어도 하나의 통계적 착오를 포함한다. 그 사설의 필자들은 원고를 투고하기 전에 그것의 통계와 확률을 점검하기 위한 10가지 지침을 제공한다. 지침 1은 특히 흥미롭다. "의심스럽다면, 연구를 계획할 때 통계학자의 의견을 들어라."

확률적 모형과 통계적 가설들을 평가하는 법을 배운 다음 인과적 모형과 인과적 가설로 돌아올 수 있을 것이다.

5.2 통계적 연구의 요소들

먼저 통계적 연구의 기본 요소들을 개관하자. 이 장의 나머지에서는 이러한 요소들 중 두 가지에 대해서만 집중적으로 살펴볼 것이다.

실세계 모집단

어떤 통계적 연구에서도 조사 대상이 되는 실세계의 **모집단**이 있다. 예를 들면 20세부터 30세 사이의 미국 여성이 그러한 모집단이다. 그러나 과학적 의미의 모집단은 반드시 개인들로 이루어질 필요가 없다. 펭귄 같은 생물학적 개체들로 이루어질 필요도 없다. 미국 인구 조사국과 국세청에서는 "가구" 조사를 하는데 가구는 전문적으로 사람이 아니라 사람들로 이루어진 소집단이다. 미연방수사국은 미국에서 발생한 살인에 관한 통계를 발표한다. 이 경우 모집단은 살인 행위들로 구성된다. 그러나 살인은 사람이 아니다. 살인은 예를 들어 살인자와 희생자 같은 사람들을 포함하는 사건이다.

조사 대상인 모집단을 구성하는 "개체"의 성격이 무엇이든 그 개체들은 우리가 모집단에서 그 발생률을 결정하려고 하는 다양한 특성 또는 속성을 가진다. 속성은 전시간제 직업을 가지고 있는 것, 관계가 없는 세 사람으로 이루어져 있는 것, 총기를 사용한 범죄를 저지르는 것 등 거의 어느 것이라도 될 수 있다. 모집단의 구성원들이 가지는 속성은 실세계의 특성이라는 점을 명심하라.

표본

이미 지적되었듯이 대부분의 모집단은 너무 커서 그 구성원을 모두 조사할 수는 없다. 최선의 방안은 모집단에서 선택한 일부 구성원들, 즉 **표본**을 검사하는 것이다. 표본을 선택하는 방식이 중요한 것으로 판명될 것이다. 당장은 표본 역시 모집단과 마찬가지로 실제 속성들을 가진 실세계의 개체들로써 이루어져 있다는 점만 이해하면 된다. 따라서 표본을 선택하는 것은 어떤 시간에 어떤 장소에서 어떤 사람에 의해 수행되어야 하는 물리적 과정이다.

모집단의 모형

이 책의 제1부에서도 강조되었듯이 어떤 것이라도 과학적으로 생각하려면 모형을 세울 필요가 있다. 현재의 경우 모형은 조사중인 실세계 모집단의 **통계적 모형**이 될 것이다. 모형이 숫자들의 집합과 같이 추상적이든 구슬이 가득 담긴 항아리같이 실제적이든 모형은 항상 연구 대상인 모집단과는 다른 어떤 것이다.

표본의 모형

마지막으로 실제 모집단에서 선택된 표본에 대응하는 것이 **표본의 모형**이다. 표본의 모형은 모집단의 모형에서 선택된 표본이라고 생각하면 된다.

요소들의 결합

[그림 5.1]은 통계적 연구의 네 가지 요소와 그들 사이의 적합한 관계를 그린 것이다. 윗부분을 보면 왼쪽에는 실세계의 모집단이 있고 오른쪽에는 그것에 대응하는 모집단의 모형이 있다. 아랫부분을 보면 왼쪽에는 실세계의 표본이 있고 오른쪽에는 그것에 대응하는 표본의 모형이 있다. 왼쪽에 실세계의 모집단에서 표본 쪽으로 내려가는 화살표는 모집단에서 표본이 선택되는 물리적 과정을 나타낸다. 그것에 대응하는 오른쪽의 화살표는 그 과정의 모형을 나타내는데, 그것은 물리적 과정일 수 있지만 순전히 개념적 과정일 수도 있다. 전체적으로 도표의 오른쪽 부분은 왼쪽에 그려져 있는 실세계 모집단 및 표본의 모형을 나타낸다.

여기서 **이론적** 가설을 포함하는 연구의 기본 요소들을 나타내는 데 사용되었던 유사한 도표([그림 2.9])가 생각날 것이다. 대응하는 요소들이 비슷하게 배치되

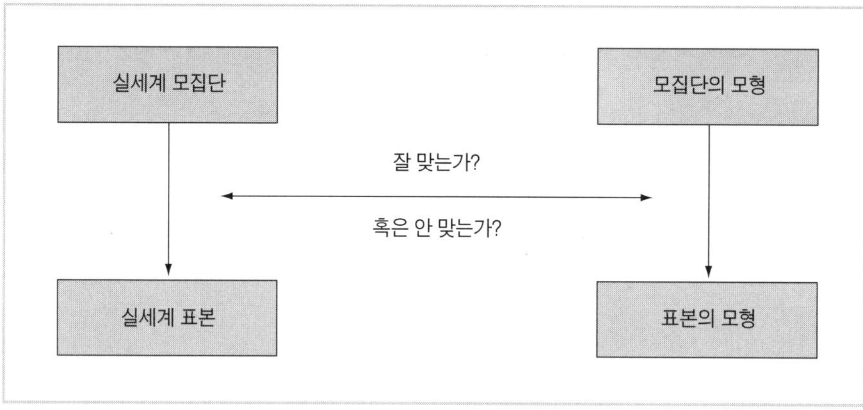

[그림 5.1] 통계적 연구의 네 가지 요소

어 있지만 여기서는 그것들이 약간 다르게 사용되고 있다. 이론적 가설의 경우에는 자료와 모형에서 도출된 예측 사이의 일치가 실세계와 모형이 들어맞는지 판단하는 데 사용되었다. 여기서는 보조적 정보를 이용하여 도표의 왼쪽에 있는 실세계와 오른쪽에 있는 모형이 전반적으로 들어맞는지 판단할 것이다. 일단 그 판단이 내려지면, 실제 표본에 대한 자료를 이용하여 실세계 모집단에 대한 결론을 내리는 데 오른쪽에 있는 모형들 사이의 관계에 대해 우리가 아는 것을 이용할 것이다.

이 장의 나머지 부분에서는 [그림 5.1]의 오른쪽에 있는 관계들을 검토할 것이다. 즉 모집단에 대한 다양한 통계적 모형들과 더불어 모집단의 모형과 표본의 모형 사이의 이상화된 관계들을 검토할 것이다. 다음 장에서는 도표의 왼쪽에 있는 실세계에서의 관계들을 이해하기 위해서 이러한 모형들을 이용할 것이다.

5.3 비율과 분포

통계적 모형과 확률에 대해 현재 우리가 생각하는 바는 본래 17세기 말에 이루어진 다양한 우연 게임들에 대한 연구에서 비롯되었다. 그러한 초기의 연구에

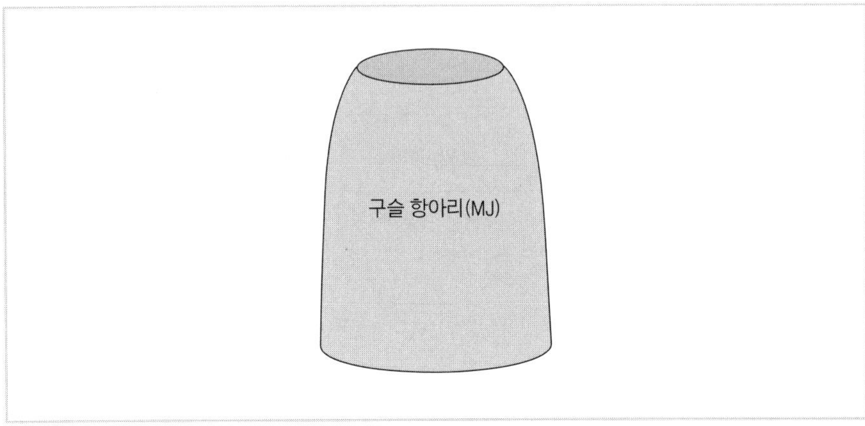

[그림 5.2] 모집단에 대한 우리의 표준 모형

서 사용된 모형 중 하나는 다양한 색의 구슬들로 채워진 항아리 모형이었다. 우리는 모집단과 그 표본에 대해 논의하기 위해 항아리 속의 구슬들을 표준 모형으로 삼을 것이다. 우리가 그 모형에 대해서 언급만 하고 어떤 항아리에서 어떤 구슬도 실제로 꺼내지 않을 것이지만 그것은 원칙적으로 물리적 모형이다. 이 책에서 실제 구슬 항아리에 가장 근접하는 것은 기껏해야 [그림 5.2]에 있는 그림일 것이다.

비율

가장 간단한 통계적 모형 하나는 붉은 구슬과 그 밖의 색깔의 구슬로 가득 찬 항아리로 구성된다. 항아리에 있는 붉은 구슬의 수를 구슬 전체의 수로 나눈 것이 항아리 안에 있는 붉은 구슬의 **비율**(proportion)이다. 예를 들어 항아리에 100개의 구슬이 있고 그중 60개가 붉다면 붉은 구슬의 비율은 60/100, 6/10, 0.60, 또는 60%가 될 것이다.

이후로는 여러분이 분수, 소수 및 백분율 사이의 변환 방식을 아는 것으로 가정할 것이다. 어떤 이유에서건 이것이 불편하게 느껴진다면 지금 한 번 죽 훑어보는 것이 좋다. 많은 간단한 비율들이 다양하게 표현된 것을 보게 될 것이다.

[그림 5.3]은 비율을 나타내는 데 사용할 방법 하나를 보여 준다. 꼭대기에 있는 'MJ'라는 글자는 모집단인 항아리(jar) 속의 구슬들(marbles)을 의미한다. 붉은 구슬들은 상자의 아랫부분에 있는 것으로 그려져 있고 붉지 않은 구슬들은 윗부분에 있는 것으로 그려져 있다. 이 경우에는 60%인 비율은 오른쪽 바깥쪽에 쓰여 있다. 항아리 속의 각 구슬은 붉거나 또는 붉지 않으므로 모든 구슬이 설명되고 있다는 점에 주목하라.

변수

보다 복잡한 통계적 모형들을 검토하기 전에 몇몇 전문적 개념들을 새로 도입할 필요가 있다. 이러한 개념들은 통계와 확률에 대한 수학적 연구에서 표준으로 쓰인다. 그러나 그것들은 형식적인 정의를 통해서보다 예를 통해 보다 쉽게 파악할 수 있다.

첫 번째 개념은 변수(variable)이다. **변수**는 여러 특정한 형태들을 나타낼 수 있는 일반적인 속성이다. 예를 들면 우리는 색을 변수로 생각할 수 있다. 붉은색, 초록색 및 푸른색은 그것의 특정한 형태들에 속한다. 마찬가지로 **크기**도 변수일 수 있다. 그것의 특정한 형태는 예를 들어 크다와 작다가 될 수 있다. 변수의 특정한 형태를 **변수의 값**(value of variable)이라고 한다. 이런 식으로 색 변수가 세 가지 값, 즉 붉은색, 초록색 및 푸른색을 가지는 구슬들의 항아리를 상상해 보자.

변수가 가질 수 있는 가능한 값들의 집합에 대해 두 가지 중요한 제한이 있다. 즉 그것들은 배타적인(exclusive) 동시에 망라적(exhaustive)이어야 한다. 변수가 가질 수 있는 값들의 집합이 **배타적**이어야 한다는 것은 모집단의 각 구성원이 오직 하나의 값만을 가질 수 있다는 뜻이다. 변수의 각 값은 모든 다른 값들을 **배제한다**. 우리가 상상하고 있는 항아리에서 어떤 구슬도 붉은색이면서 동시에 푸른색일 수 없다. 변수가 가질 수 있는 모든 값이 **망라적**이어야 한다는 것은 모집단의 각 구성원은 반드시 어떤 값을 나타내야 한다는 말이다. 따라서 변수가 가질 수 있는 값들의 집합에는 변수의 값이 가질 수 있는 모든 가능성들이 **총망라**

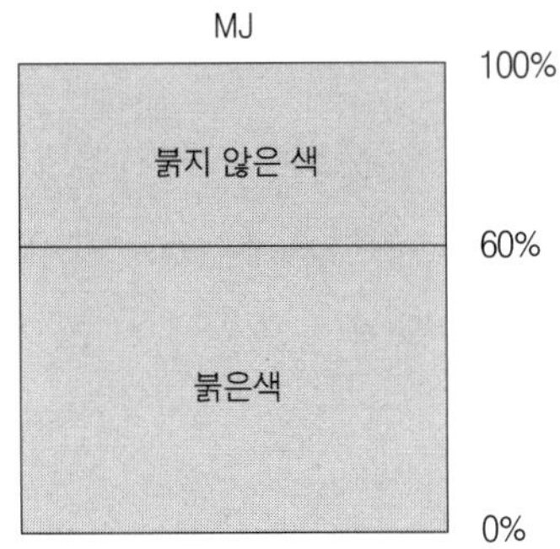

[그림 5.3] 비율의 표현

되어 있어야 한다. 우리의 가상적 항아리에서 붉은색, 초록색 및 푸른색이 색 변수의 가능한 모든 값들이라면 그 항아리에는 노란색 구슬은 전혀 있을 수 없다.

변수의 언어는 실세계의 모집단을 이상화하여 표현하는 통계적 모형들에 일차적으로 적용된다. 일상적인 실제 대상들의 경우 어떤 것을 붉은색으로 분류해야 할지 말지를 결정하기 매우 어려울 수 있다. 아마도 그것을 주황색이나 자주색으로 불러야 할 것이다. 그러나 통계적 모형에 대해서 이야기할 때는 그러한 애매성은 모두 명쾌하게 제거된다. 가상적 항아리에 들어 있는 구슬 가운데 붉은색, 초록색, 또는 푸른색으로 결정하는 데 조금이라도 불확실한 것은 정의에 의해 하나도 없다.

분포

통계적 분포(statistical distribution)는 그것이 몇 개이든 어떤 수의 가능한 값들을 가지는 하나의 변수에 의해 정의된다. 변수의 각 가능한 값에 대응하여 모집단에서 그 값에 할당되는 일정한 백분율이 있을 것이다. 예를 들어 항아리에 들어 있는 100개의 구슬 중 붉은 구슬이 50개, 초록 구슬이 30개, 푸른 구슬이 20개라고 상정하자. 여기서 변수는 색이며 그 변수가 가질 수 있는 세 가지 값은 붉은

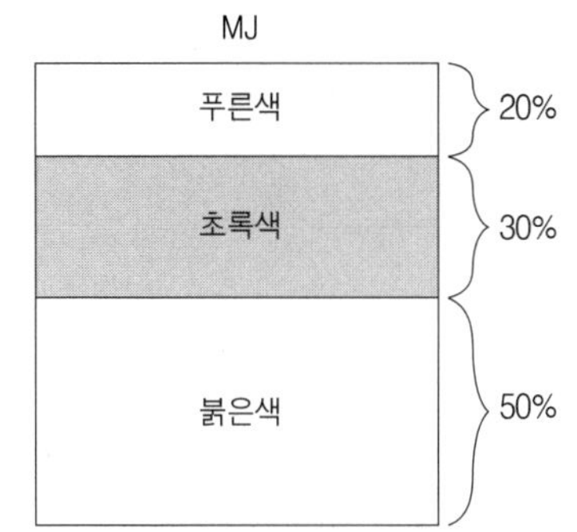

[그림 5.4] 분포의 표현

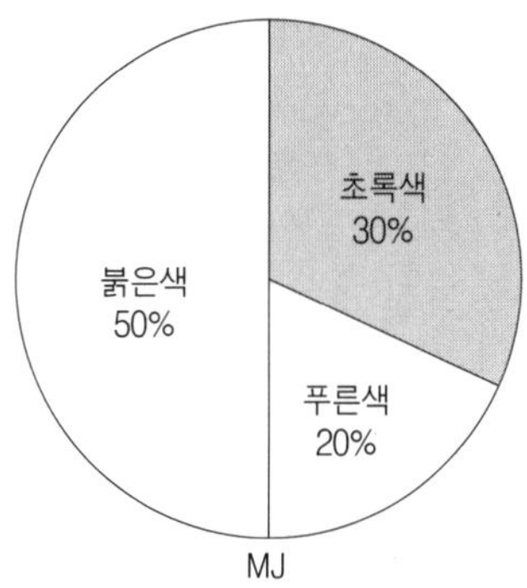

[그림 5.5] 원형 도표에 의한 분포의 표현

색, 초록색 그리고 푸른색이다. 대응하는 백분율들은 각각 50%, 30% 그리고 20%이다. 변수의 값들이 배타적이면서 망라적이므로 주어진 백분율들을 합하면 100%가 되어야 한다는 점에 주의하라. 각 구슬은 정확히 한 번씩만 센다. [그림 5.4]는 우리가 분포를 그릴 때 일반적으로 사용하는 도표를 보여 준다. 이것을 형태만 달리 표현한 것이 [그림 5.5]에 제시된 원형 도표이다. 스프레드시트 사용자들은 이러한 도표에 친숙할 것이다. 간단한 비율에 대한 앞의 한 예에서 변수는 색이었고 그것은 단지 두 가지 가능한 값, 즉 붉음과 붉지 않음을 가졌다. 이렇게 비율은 변수가 가질 수 있는 값이 두 개뿐인 매우 특별한 경우의 분포이다. 일반적으로, 변수는 분포에서 몇 개의 값이라도 가질 수 있다.

5.4 간단한 상관

상관(correlation)은 두 변수 사이의 관계인데, 여기서 각 변수가 가질 수 있는 값의 수는 다양하다. 우리는 두 변수가 각각 두 개의 값만 가질 수 있는 간단한 경우에 전념할 것이다. 앞에서처럼 우리는 색을 하나의 변수로 간주하고 그것이 단지 두 가지 값, 즉 붉은색과 초록색을 가질 수 있다고 상정할 것이다. 상관을 다루려면 우리의 모형을 확장하여 두 번째 변수를 포함시켜야 한다. 그러므로 두 가지 크기의 구슬, 즉 큰 것과 작은 것이 있다고 상정하자. 그래서 우리의 두 번째 변수는 크기이며 그것이 가질 수 있는 두 가지 값은 크다와 작다이다. [그림 5.6]은 이 경우에 대한 모형을 그린 것이다.

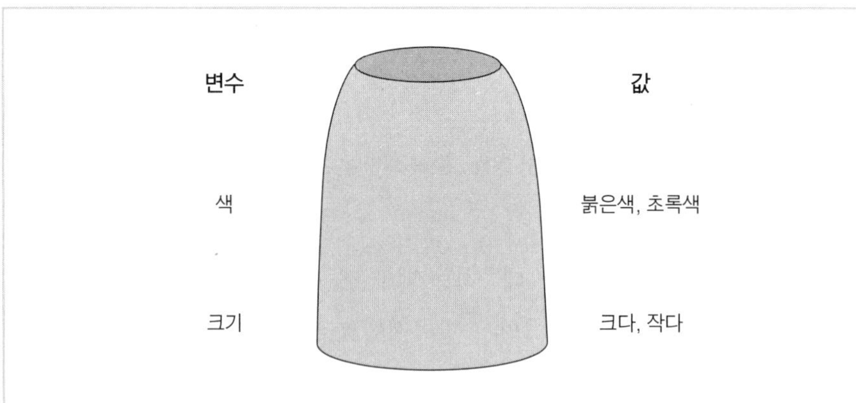

[그림 5.6] 상관이 성립할 수 있는 모집단의 모형

상관 없는 변수들

첫 번째 경우로 우리의 모형 모집단이 60개의 붉은 구슬과 40개의 초록 구슬로 구성되어 있다고 상상해 보자. 붉은 구슬 중 45개는 크고 15개는 작다고 상정하자. 또한 초록 구슬 중 30개는 크고 10개는 작다고 상상해 보자. 따라서 붉은 구슬이나 초록 구슬 모두 각각의 3/4 또는 75%는 크다. [그림 5.7]은 상관을 나타내기 위해 우리가 사용할 도표의 형태를 보여 준다.

[그림 5.7] 크기와 색 사이에 상관이 없는 모집단의 모형

붉은 구슬 중 큰 구슬이 차지하는 백분율과 초록 구슬 중 큰 구슬이 차지하는 백분율이 같다는 것은 우리가 모형 모집단에서 두 **변수**, 즉 색과 크기는 **상관 없다**고 말하는 특별한 경우를 나타낸다. 이것의 직관적 의미는, 우리가 큰 구슬의 비율에 관심이 있다면 붉은 구슬을 들여다보거나 초록 구슬을 들여다보거나 차이가 없다는 것이다. 큰 구슬의 비율이 양쪽에서 같기 때문이다.

상관 있는 변수들

만약 모형 모집단에서 붉은 구슬 중 큰 구슬의 백분율과 초록 구슬 중 큰 구슬의 백분율이 다르면, 우리는 두 변수, 즉 색과 크기가 **상관 있다**고 말한다. 여기서 두 가지 가능성이 있다. 즉 붉은 구슬 중 큰 구슬의 백분율이 초록 구슬 중 큰 구슬의 백분율보다 **클** 수도 있고 작을 수도 있다.

만약 붉은 구슬 중 큰 구슬의 백분율이 초록 구슬 중 큰 구슬의 백분율보다 크면 우리는 이 모집단에 대해 크다는 것이 붉다는 것과 **양의 상관이 있다**(positively correlated)고 말한다. 예를 들어 붉은 구슬은 60개 중 45개가 크지만 초록 구슬은 40개 중 10개만 크다고 가정하자. 그 경우 붉은 구슬 중 큰 구슬의 백분율은 75%이지만 초록 구슬 중 큰 구슬의 백분율은 25%에 불과하다. 이 모집단에서 붉다는 속성과 크다는 속성은 함께 가는 경향이 있다. 양의 상관(positive correlation)이라는 생각은 특정한 모집단에서 두 속성이 "함께 간다"는 생각을 명확하게 하는 한 가지 방법이다. [그림 5.8]은 이처럼 크다는 것이 붉다는 것과 양의 상관이 있는 예를 나타낸 것이다.

색과 크기가 상관 있는 경우에 성립하는 다른 가능성은 붉은 구슬 중 큰 구슬의 백분율이 초록 구슬 중 큰 구슬의 백분율**보다 작은** 것이다. 예를 들어 붉은 구슬은 60개 가운데 단지 15개가 크지만 초록 구슬은 40개 중 20개가 크다고 상정하자. 이 경우에 붉은 구슬 중 큰 구슬의 백분율은 25%이고 초록 구슬 중 큰 구슬의 백분율은 50%이다. 그러한 모집단에서는 크다는 것이 붉다는 것과 **음의 상관**

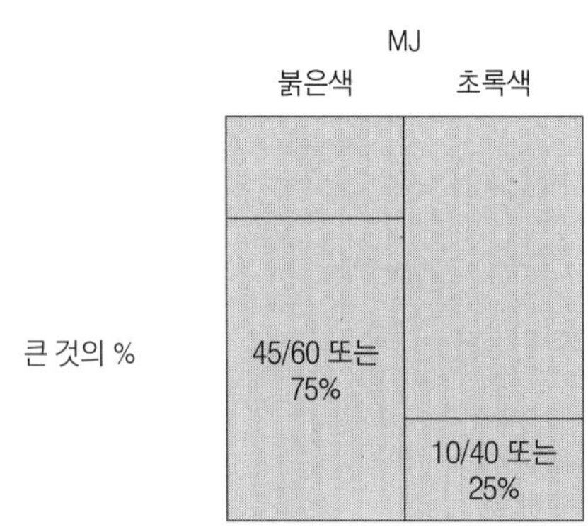

[그림 5.8] 크다는 것이 붉은 색과 양의 상관이 있는 모집단의 모형

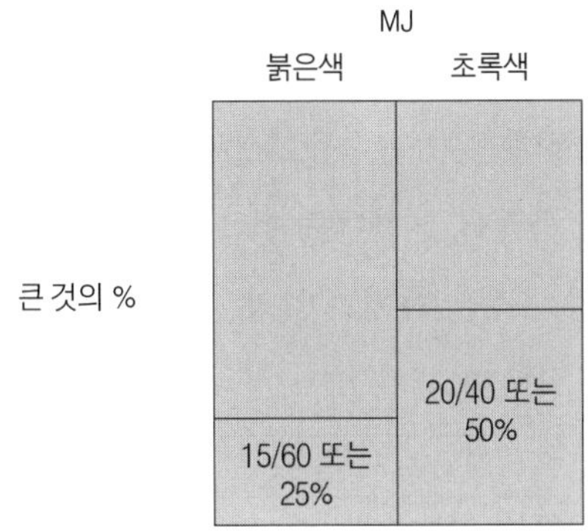

[그림 5.9] 크다는 것이 붉은 색과 음의 상관이 있는 모집단의 모형

이 있다(negatively correlated)고 말할 것이다. 크다는 속성과 붉다는 속성은 동반하지 **않는** 경향이 있다. 이 경우는 [그림 5.9]에 그려져 있다. 두 백분율 중 어느 것도 50%보다 크지 않다는 점에 주목하라. 그러나 두 변수의 값들이 상관되기 위해 두 백분율 중 하나가 50% 이상일 필요는 없다. 중요한 것은 두 백분율 사이에 차이가 있다는 것이다.

일단 여러분이 상관 있는 변수들의 값 사이에 성립하는 양의 상관 또는 음의 상관에 대해 요구되는 것을 이해했다면 변수들 사이의 동일한 상관을 기술하는 다른 여러 가지 방식들이 있다는 것도 깨달아야 한다. 예를 들어 [그림 5.8]은 큰 구슬과 붉은 구슬 사이에 양의 상관이 있는 모형 모집단을 그린 것이다. 동일한 상관이 큰 구슬과 초록 구슬 사이에서는 음의 상관으로 기술될 수 있다. 또는 그것은 작은 구슬과 초록 구슬 사이에서는 양의 상관으로 기술될 수 있고 작은 구슬과 붉은 구슬 사이에서는 음의 상관으로 기술될 수 있다. 여러분은 이러한 모든 진술들이 [그림 5.8]에 있는 특정한 모집단에서 색과 크기 변수 사이에 성립하는 동일한 상관을 기술하는 상이한 방식일 뿐이라는 것을 확실히 이해해 둘 필요가 있다.

또 다른 일반적인 사항은 두 변수가 상관이 있는가는 전적으로 문제가 되고 있는 특정한 모집단에 달려 있다는 것이다. [그림 5.7], [그림 5.8], [그림 5.9]는 모두 색과 크기 변수 사이의 상관을 다루고 있지만 그 두 변수의 값에 해당하는 구슬의 수가 각기 다르므로 각각의 모집단 역시 서로 다르다. 따라서 그 변수들이 상관 있는가, 그리고 만약 그렇다면 그 변수들의 값이 어떻게 상관 있는가는 모집단마다 다르다. 일반적으로 특정한 모집단을 언급하지 않고서 색의 속성과 크기의 속성이 상관 있다고 말하는 것은 의미가 없다.

요약

위에서 논의한 모형 모집단들에 성립하는 다양한 상관 관계는 다음과 같이 정리될 수 있을 것이다.

· 만약 문제의 모집단에서 붉은 구슬 중 큰 구슬의 백분율이 초록 구슬 중 큰 구슬의 백분율과 같으면, 이 모집단에서는 크기와 색의 변수는 **상관이 없다**.

· 만약 문제의 모집단에서 붉은 구슬 중 큰 구슬의 백분율이 초록 구슬 중 큰 구슬의 백분율과 다르면, 이 모집단에서는 크기와 색의 변수는 **상관이 있다**.

· 만약 문제의 모집단에서 붉은 구슬 중 큰 구슬의 백분율이 초록 구슬 중 큰 구슬의 백분율보다 크면, 이 모집단에서 크다는 속성은 붉다는 속성과 **양의 상관이 있다**.

· 만약 문제의 모집단에서 붉은 구슬 중 큰 구슬의 백분율이 초록 구슬 중 큰 구슬의 백분율보다 작으면, 이 모집단에서 크다는 속성은 붉다는 속성과 **음의 상관이 있다**.

5.5 상관의 대칭성

지금까지 논의된 상관의 모형에서 우리는 예외 없이 색 변수에 초점을 맞추어 각 가능한 색의 구슬들 중 큰 구슬 또는 작은 구슬이 차지하는 백분율을 고찰하였다. 이것은 지금까지 제시된 모든 상관의 도표들에서 색 변수의 값들을 상부에 놓고 그 아래쪽에 크기 변수의 값들을 0~100%의 비율로 나타내고 있는 사실에서 드러난다. 그러나 두 변수가 상관에 의해 관련될 때 둘 중 어느 하나를 선호할 이유는 없는 것처럼 보인다. 따라서 우리는 크기 변수에 먼저 초점을 맞추더라도 동일한 관계를 표현할 수 있어야 한다. 그것은 크기 변수의 값들을 도표의 상부에 놓는 것을 말한다. [그림 5.10]은 색과 크기가 상관 없는 [그림 5.7]의 모형에 대한 두 가지 그림을 제공한다. 왼쪽 그림은 [그림 5.7]을 그대로 옮겨 놓은 것이다. 그러나 오른쪽 그림은 같은 모집단을 보여 주지만 크기 변수의 값들이 상부에 놓여 있다.

왼쪽 그림에서 오른쪽 그림을 도출하기는 쉽다. 크고 붉은 구슬이 45개가 있고 크고 초록인 구슬이 30개가 있으므로 큰 구슬들의 총합은 75개가 될 것이다. 마찬가지로 작은 구슬들의 총합은 15개와 10개를 합하여 25개가 될 것이다. 이제 75개의 큰 구슬 중 붉은 구슬은 45개이며, 비율로는 45/75 또는 60%이다. 마찬가

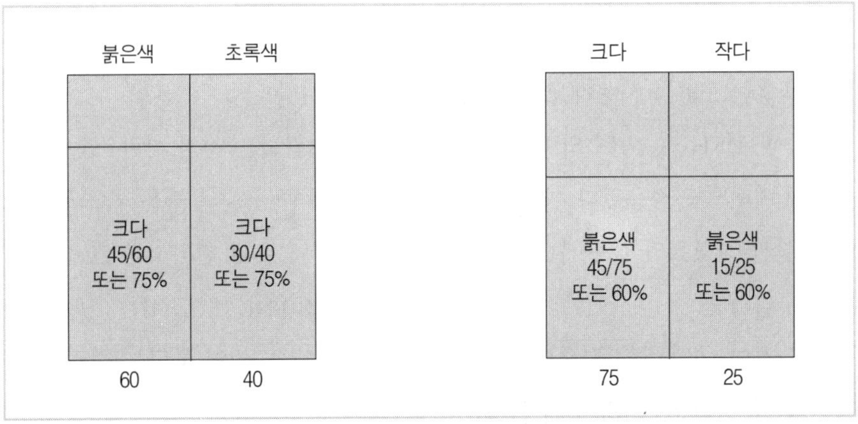

[그림 5.10] 모집단에서 크기와 색이 상관없는 [그림 5.7]의 모형에 대한 동등한 표현들

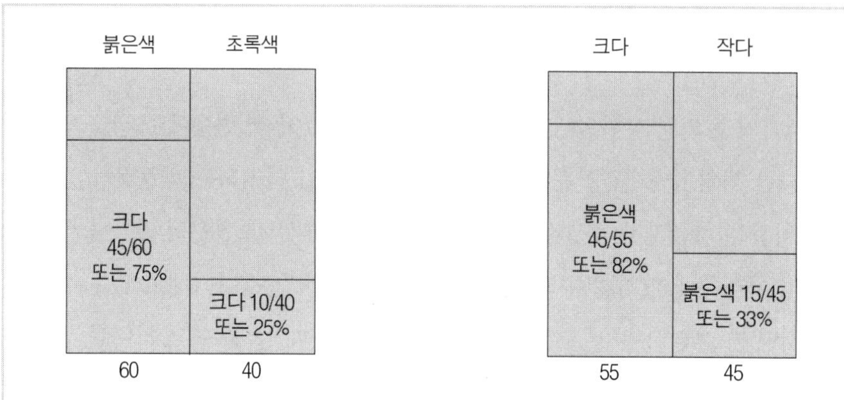

[그림 5.11] [그림 5.8]의 모집단에서 크다는 것과 붉은색 사이에 성립하는 양의 상관에 대한 동등한 표현들

지로 작은 구슬 25개 중 붉은 구슬은 15개이며 비율로는 15/25 또는 60%이다. 큰 구슬 중 붉은 구슬의 백분율과 작은 구슬 중 붉은 구슬의 백분율이 동일하다. 따라서 오른쪽 도표를 통해 이 모집단에서는 색과 크기 변수가 상관없다는 것을 알게 되는데 이것은 바로 왼쪽 도표를 통해 알았던 것이다. 두 도표에서 대응하는 백분율들은 각각 75%와 60%로 다르지만 상관의 부재와 관련하여 중요한 것은 각 도표에서 두 백분율이 같다는 것이다.

우리는 하나의 특정한 모형에 대해서만 이러한 동등성을 다루었지만, 그 결과는 어느 경우에도 빠짐없이 일반적이다. 한 변수의 값들을 도표의 상부에 놓고 모집단을 표현하여 두 변수가 상관 없다는 결과가 나오면, 다른 변수의 값들을 상부에 놓는 도표를 사용해도 역시 상관 없다는 결과가 나올 것이다.

비슷한 결과는 두 변수의 다양한 값들 사이에 성립하는 양의 상관 또는 음의 상관에 대해서도 적용된다. 예를 들어 [그림 5.8]에서 큰 구슬과 붉은 구슬 사이의 양의 상관이 도표의 상부에 크기 변수를 놓은 방식으로 표현되지만 그 결과는 붉은 구슬과 큰 구슬 사이에 양의 상관이 있다는 것이다. [그림 5.11]은 이러한 동등성을 보여 준다. 일반적으로 어떤 모집단에서 크다는 것이 붉다는 것과 양의 상관이 있으면 그 모집단에서 붉다는 것은 크다는 것과 양의 상관이 있다. 그것이 바로 양의 상관이 **대칭적**(symmetrical)이라는 말의 의미이다. 물론 이는 음의 상관에 대해서도 마찬가지이다.

양의 상관의 일반적 대칭성은 [그림 5.10]을 검토함으로써 증명될 수 있다. 작고 붉은 구슬 하나를 크고 붉은 구슬로 교체했다고 상정하자. 그러면 왼쪽 도표에서 붉은 구슬 중 큰 구슬의 비율은 46/60으로 증가할 것이다. 이는 크다는 것과 붉다는 것 사이에 (작은) 양의 상관이 성립한다는 것을 가리킨다. 그러나 그와 동시에 [그림 5.10]의 오른쪽 도표에서 큰 구슬 가운데 붉은 구슬의 비율은 46/76 또는 61%로 증가하고 작은 구슬 중 붉은 구슬의 비율은 14/24 또는 58%로 감소한다. 그 결과, 이 모집단에서 크다는 것과 붉다는 것 사이에 (작은) 양의 상관이 발생한다. 따라서 모집단에서 크다는 것과 붉다는 것 사이에 양의 상관을 산출하는 변화는 자동적으로 붉다는 것과 크다는 것 사이에 양의 상관을 산출한다. 이것은 곧 상관이 대칭적 관계라는 것을 보여 준다.

5.6 상관 강도

우리는 지금까지 상관을 단지 질적 관계로만 다루었다. 두 변수 사이에 상관은 있거나 없거나 두 경우 중 하나이다. 만약 변수들 사이에 상관이 있다면 그 변수들의 어떤 값들은 다른 값들과 양으로 또는 음으로 상관될 것이다. 그러나 상관이 **양적** 관계일 수도 있다는 것은 직관적으로 분명한 것처럼 보인다. 변수들 사이의 어떤 상관은 다른 상관보다 "더 강한" 것처럼 보인다. 예를 들어 우리가 방금 고찰했던 모형에서 큰 구슬 중 붉은 구슬의 백분율과 작은 구슬 중 붉은 구슬의 백분율은 각각 61%와 58%로 3%의 차이에 불과했다. 직관적으로도 차이가 작으며 따라서 그것은 약한 상관에 대응한다. 우리가 고찰했던 다른 모형들에서는 각각 75%와 25%로 50%의 차이였는데 그것은 직관적으로 보아도 훨씬 더 큰 차이이며, 따라서 앞의 경우보다 훨씬 강한 상관에 대응한다.

우리의 목적상 두 비율의 **차이**, 특히 백분율이 아니라 소수로 표시된 차이를 문제의 변수들 사이에 존재하는 **상관 강도**(strength of the correlation)에 대한 대강의 측도로 삼을 것이다. 좀더 정확하게 진술하여 우리의 표준 모형에 적용하면 다음과 같다.

· 상관 강도

모집단에서 크다는 속성과 붉다는 속성 사이에 존재하는 상관 강도는 붉은 구슬 중 큰 구슬의 비율과 초록 구슬 중 큰 구슬의 비율 사이의 차이를 소수로 표현한 것이다.

예를 들어 [그림 5.8]에 있는 모집단에서 크다는 것과 붉다는 것 사이에 존재하는 상관 강도는 0.75-0.25=0.50이다. 이러한 측도에 의하면 그것은 상당히 강한 상관이다. 가능한 가장 강한 상관은 1.00이라는 값을 가질 것인데, 이는 모든 붉은 구슬이 크고 모든 초록 구슬이 작을 때 성립할 것이다. 이 경우 크다는 것과 붉다는 것 사이에는 완벽한 연관이 성립할 것이다. 마찬가지로 가능한 가장 작은 상관은 -1.00이라는 값을 가질 것인데, 이는 어떤 붉은 구슬도 크지 않고 모든 초록 구슬이 클 때 성립할 것이다. 만약 변수들이 상관되지 않으면 그 차이는 물론 0이 될 것이며 상관 강도는 당연히 0.00이 될 것이다.

간단한 비율 차이로 상관 강도를 측정하는 것은 암산으로도 할 수 있다는 커다란 이점이 있다. 따라서 계산기에 의존하지 않고도 우리는 상관이 실제로 얼마나 강한가를 너끈히 파악할 수 있다. 그러나 이것은 어떤 통계학 교재에서도 찾아볼 수 없는 측도이다. 백분율의 차이는 전문적 목적을 위해서는 충분히 좋은 측도가 아니다. 그것의 단점 중 하나는 **비대칭적**이라는 것이다. 즉 백분율의 차이는 도표의 상부에 어떤 변수를 놓느냐에 따라 달라질 수 있다. [그림 5.11]에서 이를 알 수 있는데 상관 강도가 왼쪽 그림에서는 0.50이고 오른쪽 그림에서는 0.49이다. 그럼에도 불구하고 그것은 동일한 상관이다.

이 장의 부록에는 표준적인 통계학 교재에 나오는 상관 강도에 관한 표현이 제시되어 있다. 그것은 대칭적이다. 그러나 앞으로 알게 되겠지만 분명히 그 측도는 암산으로는 할 수 없을 정도로 복잡하다. 우리의 목적을 위해서는 전문적 통계학자들의 기준에 미치지 못할지라도 쉽고 빠르게 이용할 수 있는 측도를 갖는 것이 낫다.

5.7 확률 모형

통계적 모형은 모집단의 모형이다. 이 장의 첫머리에서 지적했듯이 우리는 모집단에서 표본을 선택하는 과정도 이해할 필요가 있다. 이를 위해서는 확률 모형을 이해해야 한다. 그런데 확률 모형은 통계적 모형과 같은 구조를 갖는 것으로 드러난다. 그러므로 우리가 방금 통계적 모형에 대해 배웠던 것이 확률 모형을 이해하는 데 유용할 것이다.

확률 모형

항아리 속의 구슬 모형을 좀 복잡하게 변형시킨 것을 가지고 시작해 보자. 이번에는 [그림 5.12]에 나와 있는 것처럼 네 가지 색(붉은색, 초록색, 푸른색, 노란색)과 두 가지 크기(크다, 작다)의 구슬 200개가 항아리에 들어 있다고 가정하자. 이것을 모형 1이라 부르자. 확률 모형을 다룰 때 통계학자들은 단순히 변수가 아니라 **확률 변수**(random variable)에 대해 이야기한다. 따라서 우리는 여기서 두 개의 확률 변수, 색과 크기를 갖는다. 이전과 마찬가지로 각 변수의 가능한 값들은 배타적이면서 망라적이어야 한다.

색	크기
붉은색 100개	50개는 크고 50개는 작다
초록색 50개	25개는 크고 25개는 작다
푸른색 30개	15개는 크고 15개는 작다
노란색 20개	10개는 크고 10개는 작다

[그림 5.12] 모집단 모형 1에서 구슬들의 분포

확률(probability)은 특정한 모집단에 대해 정의되는 확률 변수의 **값들**과 연관된 측도이다. 각 값과 연계된 측도는 모집단에서 그 값을 가지는 개체들의 **비율**과 같은 수치를 갖는다. 예를 들어 우리의 모형 모집단에서 붉은 구슬의 비율은 100/200 또는 1/2이다. 따라서 이 모집단에서 구슬이 붉을 확률은 0.50이다.

여기서 확률과 통계에 대한 연구에서 사용되는 표준적인 기호법을 도입하는 것이 요긴하다. **C**와 **Z**는 각각 확률 변수인 색과 크기를 나타낸다고 하자. R, B, G, Y, L 그리고 S는 각각 그 변수들의 값을 나타낸다고 하자. 그러면 **P**(**C**=R)=0.50라는 표현은 색 변수가 붉다는 값을 가질 확률이 1/2이라는 것을 의미한다. 흔히 변수에 대한 명시적 언급을 생략하고 **P**(R)=0.50이라는 축약된 표현을 쓴다.

확률 모형은 일정한 구조를 가지는데, 그것은 바로 비율의 구조이다. 이 구조의 세부는 비율들이 결합할 수 있는 몇몇 방식에 의해 주어진다. 사실상 확률 모형에 중요한 결합 방식은 기본적으로 두 가지뿐이다.

단순 덧셈 규칙

확률들을 결합하는 한 가지 방식은 모집단의 구성원이 확률 변수가 가질 수 있는 둘 이상의 값들 중 어느 하나를 나타낼 확률을 고찰하는 것이다. 예를 들어 우리는 구슬이 붉거나 초록일 확률에 대해 물을 수 있을 것이다. 구슬의 모집단을 살펴보면 우리는 붉은 구슬이 100개 그리고 초록 구슬이 50개이며, 따라서 전체 200개 중 150개가 붉거나 초록이라는 것을 알 수 있다. 따라서 **P**(R or G)=0.75. 그런데 **P**(R)=0.50이고 **P**(G)=0.25이므로 붉거나 초록일 확률은 바로 두 확률의 **합**이라고 생각할 수 있다. 그러나 그러한 제안은 약간 성급하다.

구슬이 붉거나 클 확률을 생각해 보자. 그러한 조합의 확률은 무엇인가? 즉 확률 **P**(**C**=R or **Z**=L)의 값은 무엇인가? 모집단의 구성을 보면 우리는 즉각 200개의 구슬 중 붉은 구슬이 100개이고 큰 구슬이 100개라는 것을 알 수 있다. 그러므로 **P**(R)=0.50이고 **P**(L)=0.50이다. 이 두 확률의 합은 1.00이다. 그러나 그러한 결론은 모든 구슬이 붉거나 크다는 것을 의미할 것이기 때문에 옳을 수 없다. 우리는 붉지도 않고 크지도 않은 구슬(예를 들면, 25개의 작은 초록 구슬)이 있다는 것을 알고 있다. 무엇이 잘못되었는가?

문제는 우리가 붉은 구슬을 세고 나서 큰 구슬을 세었을 때 크고 붉은 구슬을 **두 번** 셌다는 데 있다. 모집단에서 크고 붉은 구슬은 어쨌든 50개이다. 우리가 전에 배운 용어로 말하면 붉다는 것과 크다는 것은 **배타적인** 확률 변수의 값들이 아니다. 위에서 제시된 단순 덧셈 규칙(simple addition rule)은 배타적인 값들에 대해서만 유효하다.

A와 B가 확률 변수들의 임의적 값들을 나타낸다고 하면 우리는 이제 이 단순 규칙을 다음과 같이 진술할 수 있다.

· **확률의 단순 덧셈 규칙**

만약 A와 B가 확률변수들의 배타적인 값들이면,

P(A or B) = **P**(A) + **P**(B).

우리는 배타적이지 않은 변수들의 값들을 다루는 방법도 곧 배울 것이다.

단순 곱셈 규칙

확률들을 조합하는 또 다른 방식은 모집단의 구성원이 확률 변수들의 두 가지 값을 모두 나타낼 확률을 고찰하는 것이다. 예를 들어 우리는 구슬이 붉으면서 동시에 클 확률에 대해 물을 수 있다. 모형 모집단에 대한 설명에서 우리는 200개의 구슬 중 붉으면서 동시에 큰 구슬이 50개 있다는 것을 알 수 있다. 따라서 **P**(R and L) = 0.25이다. **P**(R) = 0.50이고 **P**(L) = 0.50인 것으로 이미 결정되었기 때문에 붉으면서 동시에 클 확률은 바로 두 개별 확률의 곱일 것 같다. 그러나 이것 역시 약간 성급한 결론이다.

위의 단순 규칙이 현재 상태로는 아직 옳지 않은 이유를 이해하기 위해 모형 2, 즉 [그림 5.13]에 제시된 구성을 가지는 모집단을 고찰해 보자. 모형 1과 모형 2

색	크기
붉은색 100개	80개는 크고 20개는 작다
초록색 50개	10개는 크고 40개는 작다
푸른색 30개	5개는 크고 25개는 작다
노란색 20개	5개는 크고 15개는 작다

[그림 5.13] 모집단 모형 2에서의 구슬의 분포

의 유일한 차이는 여러 가지 색의 구슬들 중 큰 구슬과 작은 구슬의 상대적인 수가 변했다는 것이다. 갖가지 색을 가진 구슬들의 전체 수와 크거나 작은 구슬들의 전체 수는 그대로이다. 따라서 모형 2의 모집단에서 **P**(R)=0.50이고 **P**(L)=0.50이다. 그러나 크고 붉은 구슬의 비율은 80/200, 즉 0.40이지 0.50과 0.50의 곱인 0.25가 아니다. 무엇이 잘못되었는가?

문제는, 모형 1에서 색 변수와 크기 변수가 상관 없는 데 반해 모형 2에서는 상관 있다는 것이다. 이러한 차이가 [그림 5.14]에 나타나 있다. 단순 곱셈 규칙(simple multiplication rule)은 각각의 값에 대응하는 변수들이 상관 없을 경우에만 유효하다.

· **확률의 단순 곱셈 규칙**

A와 B가 상관 없는 확률변수들의 값이면,

P(A and B)=**P**(A)×**P**(B).

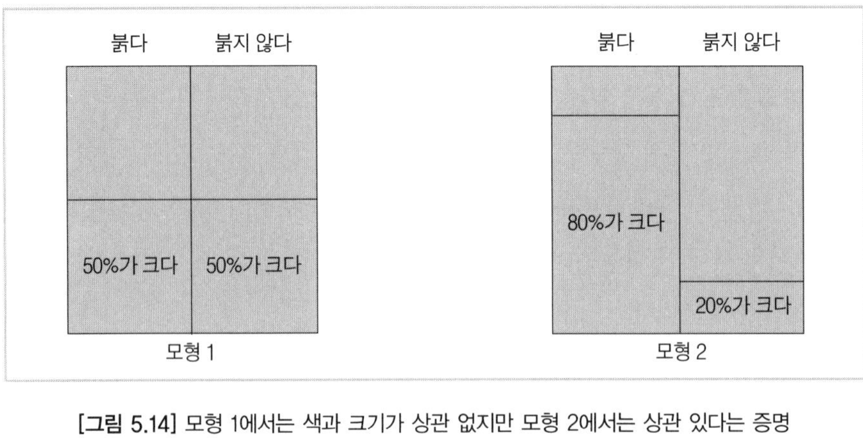

[그림 5.14] 모형 1에서는 색과 크기가 상관 없지만 모형 2에서는 상관 있다는 증명

이제 상관 있는 변수들의 값에도 유효한 규칙을 개발해 보기로 하자.

조건부 확률

구슬이 붉으면서 동시에 클 확률을 약간 다른 방식으로 고찰해 보자. 크고 붉은 구슬을 꺼내는 과정을 붉은 색을 먼저 선택한 다음 그 붉은 구슬들 중에서 큰 구슬을 찾는 두 단계 과정으로 생각하자. 붉은 구슬 중에서 선택한다는 조건하에서 어떤 구슬이 클 확률은 **조건부 확률**(conditional probability)이라고 하며 **P**(L/R)로 표시된다. 그것은 색이 붉다는 **조건하**에서 크기가 클 확률이라고 말할 수도 있다. 이러한 기호법을 이용하면 곱셈 규칙을 다음과 같이 일반화시킬 수 있다.

- **확률의 일반 곱셈 규칙**

  A와 B가 두 확률변수의 값들이면,

  P(A and B) = **P**(A) × **P**(B/A)

위의 규칙은 관련 변수들의 상관 여부에 관계없이 적용된다. 만약 변수들이 상관 없다면 **P**(B/A) = **P**(B)이고 따라서 일반 규칙은 단순 규칙으로 환원된다.

곱셈의 일반 규칙을 앞에서 예로 든 모형 2의 크고 붉은 구슬들에 적용하면 다음과 같다.

P(R and L) = **P**(R) × **P**(L/R) = 0.50 × 0.80 = 0.40

모형 2에서 200개 구슬 중 붉고 큰 구슬은 80개이기 때문에 이것은 물론 옳은 답이다.

이제 우리는 일반화된 곱셈 규칙을 갖게 되었으므로 일반화된 덧셈 규칙도 만들 수 있다. 이 규칙은 변수들의 값이 배타적이든 아니든 적용된다.

· **확률의 일반 덧셈 규칙**

A와 B가 확률변수들의 값이면,

$\mathbf{P}(\text{A or B}) = \mathbf{P}(\text{A}) + \mathbf{P}(\text{B}) - \mathbf{P}(\text{A and B})$.

위의 규칙을 모형 1에서 구슬이 크거나 붉을 확률을 결정하는 데 적용하면 다음과 같다.

$$\mathbf{P}(\text{L or R}) = \mathbf{P}(\text{L}) + \mathbf{P}(\text{R}) - \mathbf{P}(\text{L and R}) = 0.50 + 0.50 - 0.25 = 0.75$$

모형 1에서 크거나 붉은(또는 크고 붉은) 구슬은 전체 200개 중 150개이므로 이것은 옳은 답이다. 따라서 일반화된 덧셈 규칙은 모집단에서 두 값이 중복되는 구성원들을 (한 번) 뺌으로써 두 번 세는 것을 방지할 수 있다. 변수들의 값이 배타적이면 $\mathbf{P}(\text{A and B}) = 0$이므로 일반 덧셈 규칙은 단순 덧셈 규칙으로 환원된다.

5.8 동전을 던져 결정하는 판사

이제 표집(sampling)에 대한 공부를 하기 위한 입문으로서 표집 과정을 이해하는 데 필요한 계산들을 알아야 풀 수 있는 간단한 문제 하나를 생각해 보자. 곧 알게 되겠지만 필요한 것은 단순 덧셈 규칙과 단순 곱셈 규칙뿐이다.

문제

세 명의 판사로 구성된 배심을 상상해 보자. 첫 번째 판사와 두 번째 판사는 오랜 경험을 통해 옳은 결정을 내리는 확률이 3/4이라는 기록을 수립했다. 즉 그들이 피고가 유죄(혹은 무죄)라는 결론을 내릴 때, 대략 네 번 중 세 번은 피고가 실제로 유죄(혹은 무죄)이다. 그리고, 나머지 한 번은 둘 중 어떤 쪽이든지 잘못된

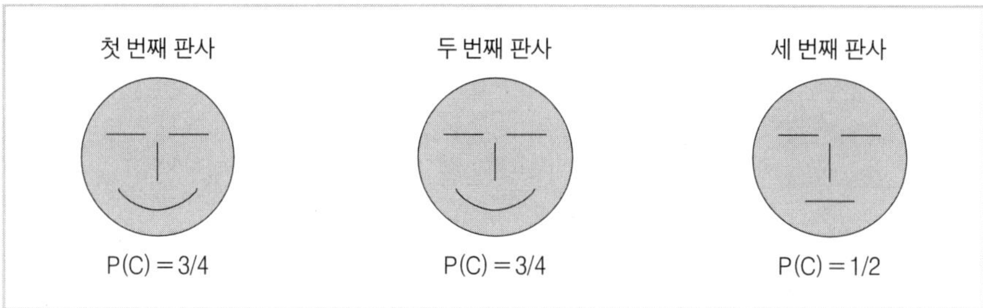

[그림 5.15] 배심

판단을 내린다. 세 번째 판사는 누구에게도 알려지지 않고 있으나 무책임하다. 판정을 내릴 때마다 그는 그저 동전을 던져 앞면이 나오면 "유죄", 뒷면이 나오면 "무죄"라고 말한다. 이 판사가 올바른 판단을 내릴 가능성은 물론 1/2이다. 이 배심이 [그림 5.15]에 그려져 있다. 최종 평결은 3분의 2 다수로 결정된다. 즉 판사 세 명 중 어느 두 명이 피고가 무죄라고 선언하면 그것이 그 배심의 평결이 되고, 그 역도 마찬가지다. 여러분이 이 배심 앞에 서게 되었다고 상정하자. 여러분의 사건에서 배심이 옳은 평결에 도달할 확률은 무엇인가? 해답을 읽기 전에, 자력으로 이 문제를 풀 수 있을지 수 분간 생각해 보라. 단순 덧셈 규칙과 단순 곱셈 규칙의 적용 외에 다른 어떤 것도 필요하지 않다.

해답

해답의 열쇠는 어떤 확률들을 어떤 순서로 계산할 것인가를 정확히 알아내는 데 있다. 단 한 가지 복잡한 것은 배심이 내리는 결정의 옳음에 변화를 불러일으키지 않으면서 개별 판사들의 옳은 결정과 그릇된 결정들을 조합하는 여러 가지 방식이 있다는 것이다. 그러므로 먼저 개별 판사들의 옳은 판단이 어떤 조합을 이룰 때 옳은 평결이 되는가를 결정할 필요가 있다.

각 판사에 대해 그의 또는 그녀의 판단이 옳은지 그른지를 나타내는 확률변수가 있다. C는 해당 판사가 옳음을 가리키는 변수의 값을 나타내고, M은 해당 판사가 그릇됨을 가리키는 변수의 값을 나타낸다고 하자. **배심**은 세 명의 판사 가

첫 번째 판사	두 번째 판사	세 번째 판사
C	C	C
C	C	M
C	M	C
M	C	C

[그림 5.16] 전체 배심에서 옳은 평결을 산출하는 개별 판사들이 내리는 옳은 결정의 조합

운데 두 명 이상이 옳은 판단을 내릴 때만 옳은 평결에 도달한다는 점을 기억하면, 배심이 옳은 평결을 내리게 되는 조합은 [그림 5.16]에 제시되어 있다.

배심에서 옳은 평결이 나올 수 있게 하는 조합들은 분명히 상호 배타적이다. 그러므로 옳은 평결이 나올 전체 확률을 결정하기 위해서는 이 조합들의 확률에 **덧셈 규칙**을 적용하기만 하면 된다. 우리는 이러한 조합들 중 하나 또는 다른 것이 성립할 확률을 알고 싶어한다. 이를 위해서는 각 조합의 확률을 먼저 계산할 필요가 있다.

예를 들어 옳은 평결이 나올 첫 번째 가능성은 세 판사가 모두 옳은 판단을 내리는 조합이다. 두 번째 가능성은 첫 번째 판사와 두 번째 판사는 옳은 판단을 내리고 세 번째 판사는 그릇된 판단을 내리는 조합이다. 나머지 가능성들도 마찬가지이다. 더구나 판사들은 독자적으로 결정을 내리기 때문에 개별 판사들이 내리는 결정에 대응하는 변수들은 **상관되지 않는다**. 예를 들어 우리가 첫 번째 판사가 옳은 결정을 내리는 경우들만 고찰하든 첫 번째 판사가 그릇된 결정을 내리는 경우들만 고찰하든 두 번째 판사가 옳은 결정을 내리는 백분율은 같다. 그러므로 우리는 각 조합에 단순 **곱셈 규칙**을 적용할 수 있다. 따라서 옳은 평결에 대응하는 확률은 다음과 같다.

$$\mathbf{P}(1C, 2C, 3C) = \mathbf{P}(1C) \times \mathbf{P}(2C) \times \mathbf{P}(3C) = 3/4 \times 3/4 \times 1/2 = 9/32$$

$$\mathbf{P}(1C, 2C, 3M) = \mathbf{P}(1C) \times \mathbf{P}(2C) \times \mathbf{P}(3M) = 3/4 \times 3/4 \times 1/2 = 9/32$$

$$\mathbf{P}(1C, 2M, 3C) = \mathbf{P}(1C) \times \mathbf{P}(2M) \times \mathbf{P}(3C) = 3/4 \times 1/4 \times 1/2 = 3/32$$

$$\mathbf{P}(1M, 2C, 3C) = \mathbf{P}(1M) \times \mathbf{P}(2C) \times \mathbf{P}(3C) = 1/4 \times 3/4 \times 1/2 = 3/32$$

배심의 평결이 옳을 확률은 단순히 이 확률들의 합이고, 따라서 그 값은 24/32 또는 3/4이다. 그러므로 무책임한 판사는 충실한 판사들 중 한 명의 판단을 상쇄하는 결과를 낳는다. 배심은 단지 한 명의 충실한 판사만으로 똑같이 잘할 수 있다.

이제 여러분은 **그릇된** 평결을 초래하는 조합들의 확률을 계산할 것이다. 물론 그 합은 1/4이 되어야 한다.

5.9 표집

우리가 18세 이상의 모든 미국인 같은 실제 모집단으로부터의 표집에 대해 이야기하든 이상화된 구슬 항아리 같은 모형 모집단으로부터의 표집에 대해 이야기하든, 표집의 과정은 [그림 5.17]처럼 나타난다. 목적은 모집단에서 선택한 소수의 개체들을 조사함으로써 그 모집단 전체에 대해 무엇인가를 아는 것이다. 그러나 무엇을 알 수 있는가는 그 선택이 이루어지는 **방식**에 크게 의존한다.

복원

논의를 계속하기 전에 한 가지 예비적 구분이 필요하다. 이것은 **복원**(with replacement) 표집과 **비복원**(without replacement) 표집 사이의 구분이다. 양자의 차이점은 표집 과정에서 이미 조사한 개체를 나중에 다시 선택 가능하도록 할 것

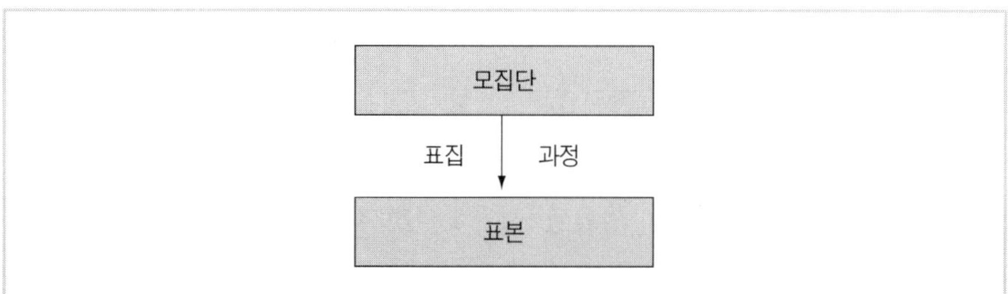

[그림 5.17] 표집 과정

인가에 있다. 이미 조사한 개체를 복원하는가(즉, 그것을 모집단에 도로 집어넣는가) 아니면 복원하지 않는가?

이러한 구분은 표본이 모집단 전체의 꽤 큰 부분을 차지하는 경우에만 중요하다. 모형 1의 모집단을 구성하는 200개 구슬 중에서 50개를 복원하지 **않고** 연달아 선택한다고 상정하자. 첫 번째 선택한 구슬이 붉은지와 관계없이 두 번째 구슬을 선택했을 때 모집단에서 붉은 구슬이 차지하는 비율은 첫 번째 구슬을 선택했을 때와 다를 것이다. 말하자면 두 번째 구슬을 선택했을 때 표집되는 모집단은 첫 번째 구슬을 선택했을 때 표집되는 것과 **다른 모집단**일 것이다. 이러한 상황은 계속되는 48번의 선택들에서도 마찬가지이다. 이렇게 비율이 계속 바뀌면 200개의 구슬로 구성된 원래의 모집단에서 붉은 구슬이 차지하는 비율에 대해 무엇인가를 추리하는 일은 매우 어려워진다. 그러나 각 선택 직후 선택된 구슬을 그대로 복원하여 그 다음 번 선택에서 모집단은 이전의 모집단과 동일하다고 가정하면 이 문제는 해결된다. 이러한 이유 때문에 우리는 작은 모형 모집단으로부터의 표집은 항상 **복원**과 더불어 이루어진다고 가정할 것이다.

우리의 모형을 실세계 모집단에 적용하는 상황에서는 복원이 실질적으로 중요하지 않다. 대부분의 실세계 모집단은 우리가 고찰할 수도 있을 어떤 표본보다 훨씬 크다. 예를 들어 1억 명의 미국 성인으로 구성되는 모집단에서 표본을 선택할 경우 그 모집단으로부터 수 천 명을 빼더라도 흡연자라든가 등록된 민주당원과 같은 흥미로운 속성을 나타내는 개체의 비율에는 거의 차이가 생기지 않을 것이다. 따라서 현실적인 목적상 큰 모집단에서 비복원 표집을 하는 것은 작은 모집단에서 복원 표집을 하는 것과 같다.

이 모든 것이 실제로 의미하는 바는, 이론적인 관점에서 보면 **모집단의 크기가 표집 과정을 이해하는 데 중요하지 않다**는 것이다. 그러나 실제로는 모집단의 크기에 따라 큰 차이가 생긴다. 일반적으로 실제 표집 과정은 모집단이 작은 경우보다 큰 경우 훨씬 더 어렵다. 우리의 간단한 모형을 실세계 모집단에 적용할 때 우리는 이러한 어려움 중 몇 가지를 검토하게 될 것이다.

임의 표집: 두 번의 시행

모집단으로부터 개체를 선택하는 것은 통계학 교과서에서 흔히 **시행**(trial)으로 불린다. 1회보다 많은 횟수의 시행이 이루어지는 가장 작은 표본은 2회의 시행으로 이루어진 표본이므로, 이 경우를 먼저 검토해 보자. 사실 2회 시행으로 이루어진 표본은 너무 작아 모집단에 대한 주장을 평가하는 데는 별로 쓸모가 없지만 관련된 확률들을 이해하기 쉽다. 상황을 가능한 단순화하기 위해 200개의 구슬로 이루어진 원래의 모형 모집단(모형 1)으로부터 (복원하면서) 표집하는 경우를 검토해 보자. 우리는 단지 색 변수에, 그러고 나서 그것의 두 가지 값 즉 붉다(R)와 붉지 않다(N)에만 초점을 맞출 것이다.

표집에 대해 생각하는 가장 쉬운 방법은 매번 모집단에서 개체 하나를 선택하는 **시행들의 열**(sequence of trials)을 상상하는 것이다. 그 경우 우리는 시행들을 상이한 확률 변수들로 나타낼 수 있으며, 이 변수들을 편의상 $\mathbf{X}_1$, $\mathbf{X}_2$, $\mathbf{X}_3$ ⋯ $\mathbf{X}_n$이라고 하자. 이 확률 변수들은 각각 두 가지 가능한 값, R과 N을 갖는다. 두 번의 시행만으로 구성되는 경우는 ($\mathbf{X}_1$, $\mathbf{X}_2$)가 된다.

모형 1의 모집단에서 두 개의 구슬을 선택할 때 나올 수 있는 결과는 네 가지뿐이다. 우리는 두 번의 시행에서 모두 붉은 구슬을, 첫 번째 시행에서 붉은 구슬 그리고 두 번째 시행에서 붉지 않은 구슬을, 첫 번째 시행에서 붉지 않은 구슬 그리고 두 번째 시행에서 붉은 구슬을, 또는 마지막으로 두 번의 시행에서 모두 붉지 않은 구슬을 얻을 수도 있다. 이 네 가지 가능한 결과들은 다음과 같은 기호로 나타낼 수 있다.

(R,R) (R,N) (N,R) (N,N)

표집에 대해 생각하는 일반적인 방식은 실제로 수행된 두 번의 시행들로 이루어진 열뿐만 아니라 가상적인 두 번의 시행들로 이루어진 열들의 큰 집합을 상상하는 것이다. 가상적인 시행들이 실제로 수행된다면, 이 집합에 속하는 각 열

1. ($\mathbf{X_1}$, $\mathbf{X_2}$) 실제로 이루어진 시행

2. ($\mathbf{X_1}$, $\mathbf{X_2}$)
3. ($\mathbf{X_1}$, $\mathbf{X_2}$)
4. ($\mathbf{X_1}$, $\mathbf{X_2}$) } 시행의 쌍들로 이루어진 큰 가상 집합
:
n. ($\mathbf{X_1}$, $\mathbf{X_2}$)

[그림 5.18] 모형 1의 모집단에서 구슬을 두 번 선택하는 시행들의 열로 이루어진 가상적 모집단

은 위에서 언급된 네 가지 가능한 결과들 중의 하나를 가질 것이다. 이 집합이 [그림 5.18]에 제시되어 있다. 이 집합 자체를 하나의 모집단, 즉 구슬들의 모집단이 아니라 모형 1의 모집단에서 구슬을 두 번 선택하는 시행들의 열로 이루어진 모집단이라고 생각하면 도움이 된다.

이제 우리는 **임의 표집**(random sampling)으로 알려진 중요한 과정의 특징을 기술할 수 있다. 표집 과정이 임의적이기 위해 충족시켜야 할 두 가지 조건이 있다. (1) 각 시행에서 붉은 구슬이 나올 확률은 모집단에서 붉은 구슬이 나올 확률과 같아야 하며, 모형 1에서 그 확률은 0.50이다. 이것은 두 번의 시행들로 이루어진 큰 가상 집합에서 각 시행 결과들의 비율이 0.50라는 말로 표현될 수 있다(즉, 두 번의 시행들의 집합에서 첫 번째 시행의 반은 R일 것이고 두 번째 시행의 반도 역시 R일 것이다). (2) 두 번 시행한 결과들은 상관되지 않는다. 예를 들어, 첫 번째 시행의 결과가 R인 두 번의 가상 시행들로 이루어진 집합의 요소들을 조사하여 그 집합에서 두 번째 시행의 결과 또한 R인 경우들의 비율을 세어 보면, 그 비율은 다시 0.50일 것이다. 임의성은 표본 자체의 특성이 아니라는 것을 명심해야 한다. 표본을 조사하는 것만으로 그것의 임의성을 판단할 수 없다. 임의성은 표본이 선택되는 과정의 특징이다. 지금까지 우리는 전체적인 표집 과정 자체를 여러 번 반복하였을 때 기대되는 결과들로 그 과정의 특성을 기술하는 전통을 따랐다. 반복된 적용을 통해 원하는 결과들을 얻을 것으로 기대되는, 실세계 모집단에 대해 이루어지는, 실제의 물리적 선택 과정에 관해서는 나중에 배울 것이다.

이제 우리의 모형 모집단에서 임의로 두 개의 구슬을 선택했을 때 나올 수 있는 여러 가지 결과들의 확률을 계산할 수 있다. 임의 표집이라는 가정은, 모형 1의 모집단에 포함된 구슬들의 50%가 붉다는 사실과 함께, 두 번의 시행들로 이루어진 큰 집합에서 첫 번째 시행의 결과가 붉은 구슬일 빈도가 1/2이라는 것을 의미한다. 즉, $\mathbf{P}(\mathbf{X}_1=\mathrm{R})=0.50$이다. 마찬가지로 $\mathbf{P}(\mathbf{X}_1=\mathrm{N})=0.50$이다. 동일한 추론에 의해 $\mathbf{P}(\mathbf{X}_2=\mathrm{R})=0.50$이고 $\mathbf{P}(\mathbf{X}_2=\mathrm{N})=0.50$이다.

또한 임의 표집이라는 가정은 두 확률 변수 $\mathbf{X}_1$과 $\mathbf{X}_2$가 상관되지 않는다는 것을 의미한다. 따라서 첫 번째 시행과 두 번째 시행에서 모두 붉은 구슬을 얻을 확률을 계산하고 싶으면 단순 곱셈 규칙을 이용하면 된다.

$$\mathbf{P}(\mathbf{X}_1=\mathrm{R} \text{ and } \mathbf{X}_2=\mathrm{R})=\mathbf{P}(\mathbf{X}_1=\mathrm{R})\times\mathbf{P}(\mathbf{X}_2=\mathrm{R})=0.50\times0.50=0.25$$

비슷한 계산에 의해, $\mathbf{P}(\mathrm{R,N})=\mathbf{P}(\mathrm{N,R})=\mathbf{P}(\mathrm{N,N})=0.25$이다.

여러 차례의 표집을 통해 나올 수 있는 다양한 결과들이 동일한 확률을 가질 필요는 없다는 점을 이해해야 한다. 앞의 예에서 동일한 확률을 갖게 된 이유는 모형 모집단을 구성하는 구슬들의 절반이 붉은색이기 때문이다. 우리가 초록색과 초록이 아닌 색을 고찰했다면, 확률이 모두 같지는 않을 것이다. 예를 들어, $\mathbf{P}(\mathrm{G,G})=1/4\times1/4=1/16$인 반면, $\mathbf{P}(\mathrm{G,N})=1/4\times3/4=3/16$이다. 원래 모집단에서의 확률이 50 대 50인 경우가 좀더 다루기 쉬우므로 우리는 이 예를 계속 이용할 것이다.

표집을 적용하는 대부분의 경우 시행의 결과들이 나오는 순서는 우리의 관심사가 아니다. 통계적 가설의 평가에서 중요한 것은 개체 유형들의 상대적 수 혹은 **상대 빈도**(relative frequency)이다. 예를 들어 시행 결과가 (R,N)인가 또는 (N,R)인가는 통상 중요하지 않다. 중요한 것은 이 두 가지 결과 모두 한 번은 붉은 구슬이고 다른 한 번은 붉지 않은 구슬이라는 것이다. 즉 붉은 구슬의 상대 빈도가 두 경우 모두에서 두 번 중 한 번 또는 1/2로 동일하다.

두 개의 구슬을 선택하는 결과는 둘 다 붉지 않거나(0R), 하나만 붉거나(1R),

둘 다 붉은(2R) 경우일 것이다. 즉 R의 **상대 빈도**는 세 가지 다른 값, 즉 0/2(0), 1/2(0.50) 또는 2/2(1.00)을 가질 수 있다. **Y**가 이러한 세 가지 값을 갖는 확률 변수를 나타낸다고 하자. 이제 **P(Y)**에 대응하는 확률은 무엇인가?

두 번의 시행 결과가 모두 R이 아니거나 모두 R일 확률은 계산하기가 쉽다. **P**(0R)=**P**(N, N)=1/4이다. 마찬가지로 **P**(2R)=**P**(R, R)=1/4이다. 두 번의 시행에서 한 번은 R일 확률은 이보다 계산하기 어렵다. 그것은 결과(R,N)이나 결과(N,R)를 얻을 확률이다. 이 두 가지 가능한 결과는 배타적이다. 그러므로 우리는 **단순 덧셈 규칙**을 이용할 수 있다.

P(1R)=**P**[(R,N) or (N,R)]=**P**(R,N)+**P**(N,R)=1/4+1/4=1/2

앞의 세 가지 확률들은 우리의 모형 모집단에서 두 번 임의 선택했을 때 R이 나오는 상대 빈도의 확률 분포를 형성한다. 이 분포가 [그림 5.19]에 제시되어 있는데 그것은 우리에게는 **표집 분포**(sampling distribution)의 첫 번째 예이다. 통계적 추론을 이해하는 데 중요한 확률 분포는 대부분 표집 분포이므로 이 예를 주의 깊게 공부해야 한다. 나중에라도 표집 분포에 대한 이해가 분명치 않은 것으로 드러나면 [그림 5.19]로 돌아와야 한다. 여러분은 이제 이 분포를 도출하는 과정

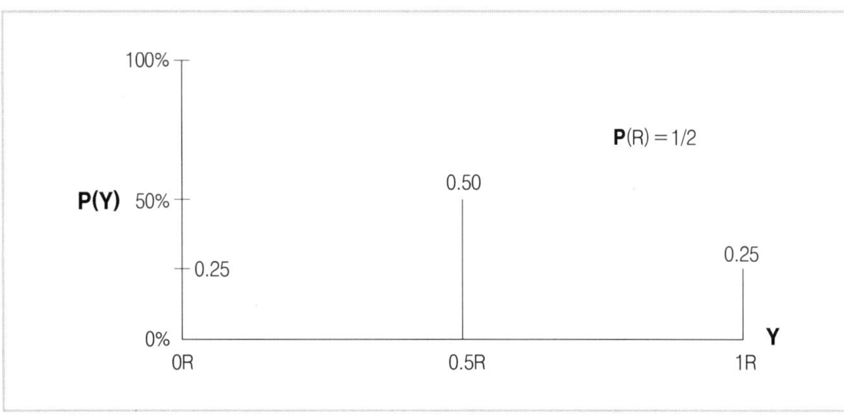

[그림 5.19] P(R)=1/2인 모집단에서 두 번 시행했을 때 나타나는 R의 상대 빈도에 대한 표집 분포

의 모든 단계를 따를 수 있어야 한다. 다른 표집 분포들이 더 복잡한 주된 이유는 더 많은 횟수의 시행을 포함하기 때문일 뿐, 원칙적으로 더 복잡한 것은 아니다.

세 번, 네 번 그리고 다섯 번의 시행

이제 우리의 모형 모집단에서 복원하면서 세 번 시행하는 경우를 생각해 보자. 여기서 R이나 N 값을 가질 수 있는 확률 변수들의 열 ($\mathbf{X}_1$, $\mathbf{X}_2$, $\mathbf{X}_3$)을 고찰해야 한다. 이 경우에 세 번 시행한 결과들의 가능한 배열은 다음과 같이 상호 배타적인 **여덟** 가지이다.

(R,R,R) (R,R,N) (R,N,R)
(N,R,R) (R,N,N) (N,R,N)
(N,N,R) (N,N,N)

앞서 했듯이, 세 번의 시행들로 구성되는 표집들의 큰 집합을 상상하도록 하자. 표집이 임의적이라는 가정은 세 번 시행한 결과들 중 절반이 첫 번째 시행에서 R일 것이며 이러한 상황은 두 번째 시행이나 세 번째 시행의 경우에도 마찬가지라는 것을 함축한다. 그러므로 $\mathbf{P}(\mathbf{X}_1=\text{R})=\mathbf{P}(\mathbf{X}_2=\text{R})=\mathbf{P}(\mathbf{X}_3=\text{R})=0.50$. 임의 표집은 상이한 시행의 결과들이 상관되지 않는다는 것 또한 함축한다. 그러므로 우리는 결과 (R,R,R)의 확률을 계산하는 데 단순 곱셈 규칙을 이용할 수 있다. 즉,

$$\mathbf{P}(\text{R,R,R})=\mathbf{P}(\mathbf{X}_1=\text{R})\times\mathbf{P}(\mathbf{X}_2=\text{R})\times\mathbf{P}(\mathbf{X}_3=\text{R})=1/2\times1/2\times1/2=1/8=0.125$$

$\mathbf{P}(\text{R})=\mathbf{P}(\text{N})=1/2$이므로, 각 확률 변수에 대하여 세 번 시행했을 때 나올 수 있는 다른 일곱 가지 결과들도 모두 정확히 같은 확률을 가질 것이다.

세 번의 시행들로 구성된 표집에서 확률 변수 $\mathbf{Y}$가 가질 수 있는 값은 네 가지이다. 즉 세 번의 시행에서 얻을 수 있는 R의 상대 빈도는 0/3, 1/3, 2/3 또는 3/3

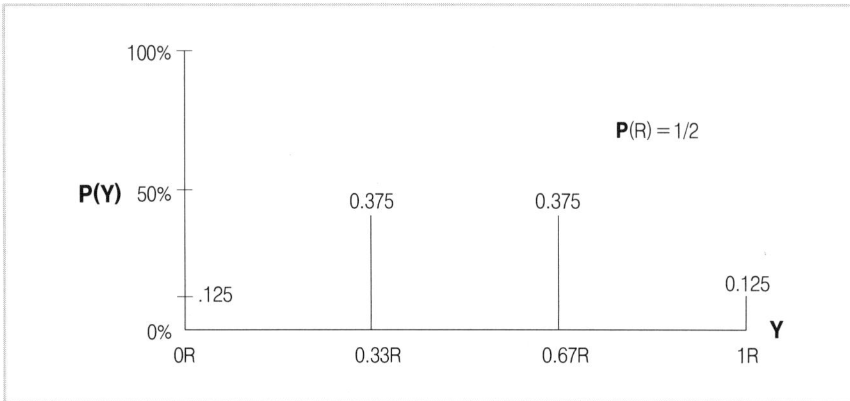

[그림 5.20] P(R)=1/2인 모집단에서 세 번 시행했을 때 나타나는 R의 상대 빈도의 표집 분포

이다. 우리가 방금 계산한 바에 따르면, **P**(3R)=0.125. **P**(0R)의 확률 역시 같다.

1R이나 2R을 얻을 확률은 전과 같이 단순 덧셈 규칙을 이용하여 결정할 수 있다. 이제 R이 한 번만 나오는 경우는 (R,N,N) (N,R,N) (N,N,R)의 세 가지인데, 이들은 상호 배타적이다. 이 세 가지 중 어느 하나를 얻을 확률은 덧셈 규칙에 의해 세 가지 확률을 더한 값, 즉 3/8(또는 0.375)이다. 여러분 스스로 쉽게 검증할 수 있듯이, 2R을 얻을 확률 역시 3/8이다. 따라서 세 번 시행하는 경우의 **표집 분포 P(Y)**는 [그림 5.20]에 제시된 바와 같다.

네 번이나 다섯 번 시행했을 때의 표집 분포 **P(Y)**를 얻기 위해서는 각각 16가지와 32가지의 상이한 결과들을 고찰해야 하는데, 그것은 연습문제로 남겨놓는 것이 최선이다. 일반적인 절차는 앞의 경우와 똑같다. 개별 결과의 확률을 계산하기 위해서는 곱셈 규칙을 이용하라. 그리고 여러 가지 가능한 R의 상대 빈도들의 확률을 계산하기 위해서는 덧셈 규칙을 이용하라. 네 번 시행하는 경우와 다섯 번 시행하는 경우에 대해 계산을 한 최종 결과는 [그림 5.21]에 제시되어 있다.

곧 깨닫겠지만, 네 번 혹은 다섯 번의 시행들로 구성되는 표본은 너무 작아서 어떤 흥미로운 통계적 가설도 평가하기 힘들다. 그러나 [그림 5.19]부터 [그림 5.21]에 나와 있는 표집 분포들을 면밀히 조사하고 그 출처를 이해해야 한다. 다섯 번 시행의 표집 분포는 손으로 계산하기에는 너무 지루하다. 단지 열 번을 시

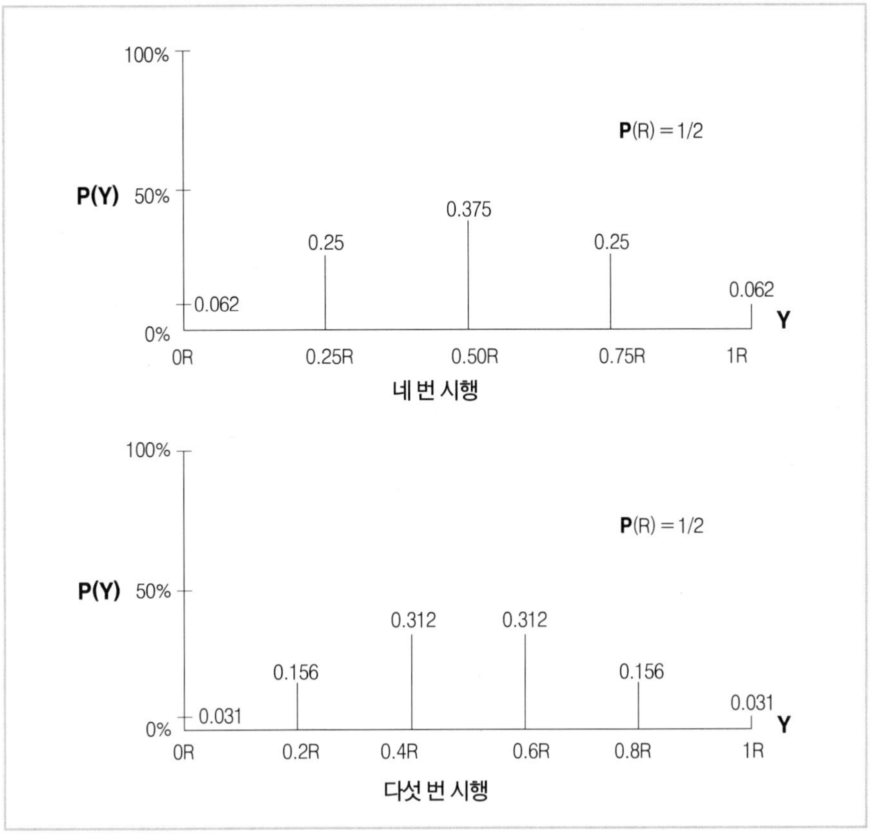

[그림 5.21] P(R)=1/2인 모집단에서 네 번 시행했을 때와 다섯 번 시행했을 때 나타나는 R의 상대 빈도들의 표집 분포

행했을 경우에도 고찰해야 할 결과들의 열은 1,024가지나 되며, 25번 시행했을 경우에는 무려 3천만 가지 이상이다. 제일 원리들부터 이러한 표집 분포들을 도출하려면 성능이 좋은 계산기나 소형 컴퓨터가 필요하다. 그러나 원리상 단순 덧셈 규칙과 곱셈 규칙을 반복해서 적용하는 것뿐이다.

5.10 대표본

[그림 5.22]는 우리의 모형 모집단에서 10번, 20번, 50번 시행했을 때 붉은 구슬이 나오는 상대 빈도의 표집 분포들을 나타낸 것이고, [그림 5.23]은 100번, 250번, 500번 시행했을 때의 표집 분포들을 나타낸 것이다. [그림 5.24]는 [그림 5.23]을 확대한 것이다. 즉 그것은 동일한 분포들을 나타내지만 개별 확률들이 좀 더 잘 보이도록 확대한 것이다.

이러한 표집 분포들은 시행 횟수가 더 적을 때 성립하는 표집 분포들과 원칙적으로 다르지 않다는 점을 기억하라. 시행 횟수가 많으면 표본에서 가능한 붉은 구슬의 상대 빈도의 가지 수가 더 많아질 뿐이다. 그러므로 그 분포에서는 계산해야 할 (또는 표에서 찾아보아야 할) 확률값들도 상당히 더 많아진다.

기대 빈도

지금까지의 표집 분포들에 공통된 분명한 특징 하나는 **가장 확률이 높은** 붉은 구슬의 표본 빈도는 모집단에서 붉은 구슬의 비율과 일치한다는 점이다. 우리의 예를 보면 모집단에서 붉은 구슬의 비율은 0.50이고 가장 확률이 높은 표본 빈도 역시 항상 0.50이다(혹은 가능한 한 0.50에 가깝다). 우리가 다루게 될 대부분의 표집 분포에서 가장 확률이 높은 빈도는 통계학 교과서에서 다양하게 **기대** 빈도(expected frequency), **평균** 빈도(average frequency), **중간** 빈도(mean frequency) 등으로 불리는 것과 같다.

표준 편차

[그림 5.19]로부터 [그림 5.21]에 나와 있는 분포들을 살펴보면 가장 확률이 높은 빈도의 확률값이 큰 표본들에서 더 낮다는 점을 알 수 있다. 붉은 구슬의 빈도가 1/2일 확률은 두 번 시행의 표본에서는 50%, 10번 시행의 표본에서는 25%,

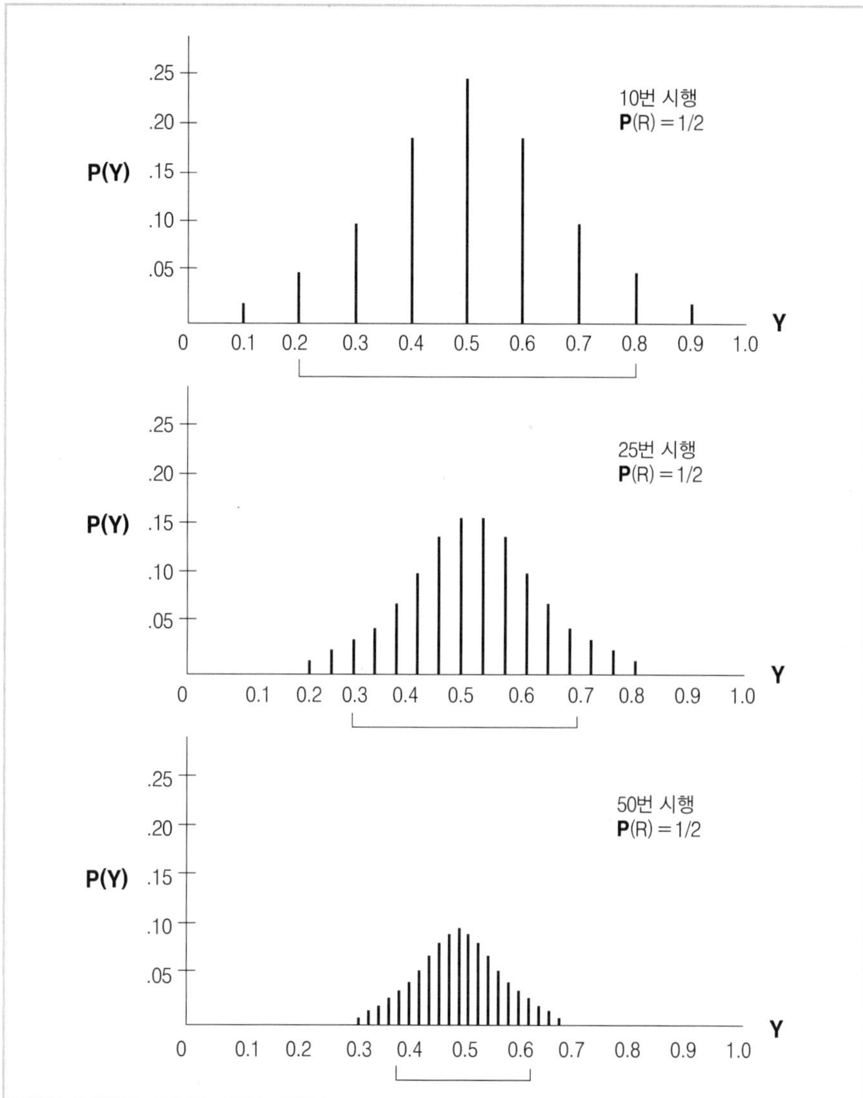

[그림 5.22] P(R)=1/2인 모집단에서 10번, 25번, 50번 시행했을 때 나타나는 붉은 구슬의 상대 빈도의 표집 분포

100번 시행의 표본에서는 8%이고, 250번 시행의 표본에서는 5%에 불과하다. 이처럼 표본이 클수록 기대 빈도를 실제로 얻을 가능성은 줄어든다. 이 점이 이상하게 심지어는 모순적으로 보일 수 있다. 그러나 생각해 보면 이치에 맞는 일이

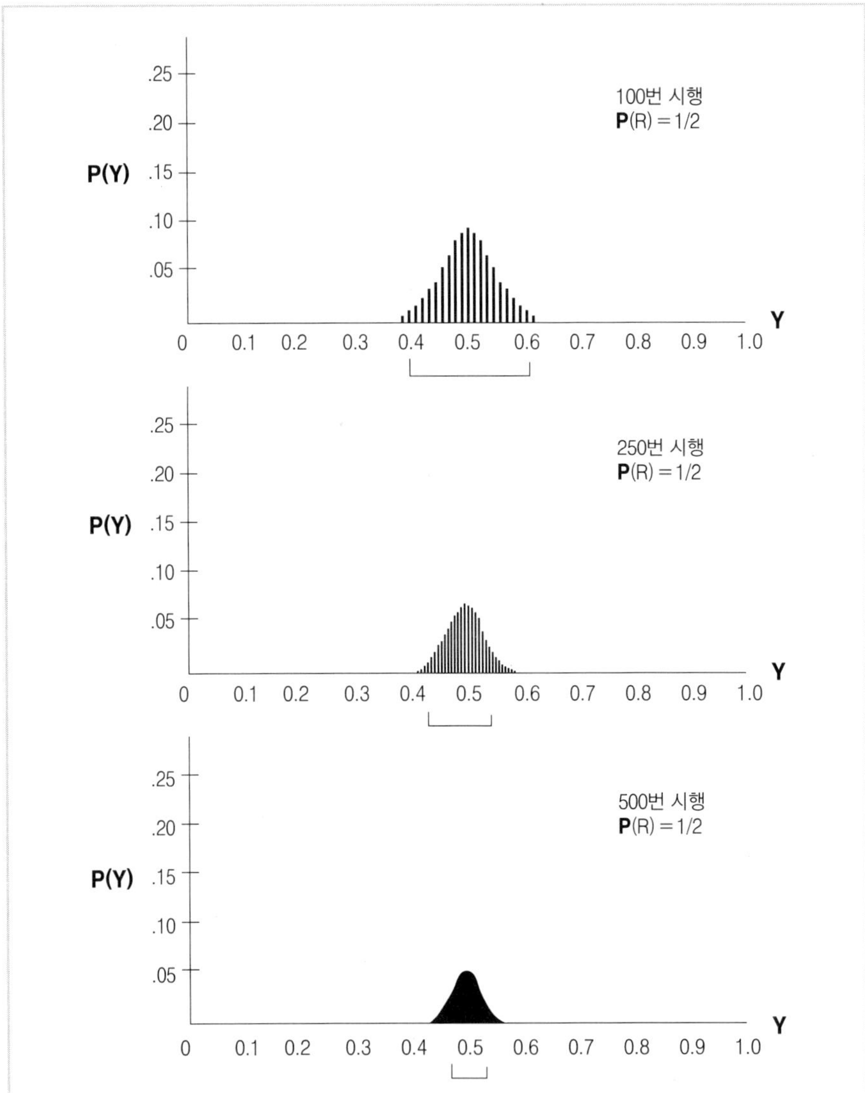

[그림 5.23] P(R)=1/2인 모집단에서 100번, 250번, 500번 시행했을 때 나타나는 R의 상대 빈도의 표집 분포

다. 만약 단지 몇 번(말하자면, 두 번 또는 네 번)의 시행만을 한다면, 붉은 구슬의 빈도가 1/2이 될 가능성은 꽤 많다. 실제로 네 번 시행할 경우 그 확률은 0.375이다. 그러나 100번 시행한다면, 정확히 50개의 붉은 구슬을 얻을 것이라고 사실상

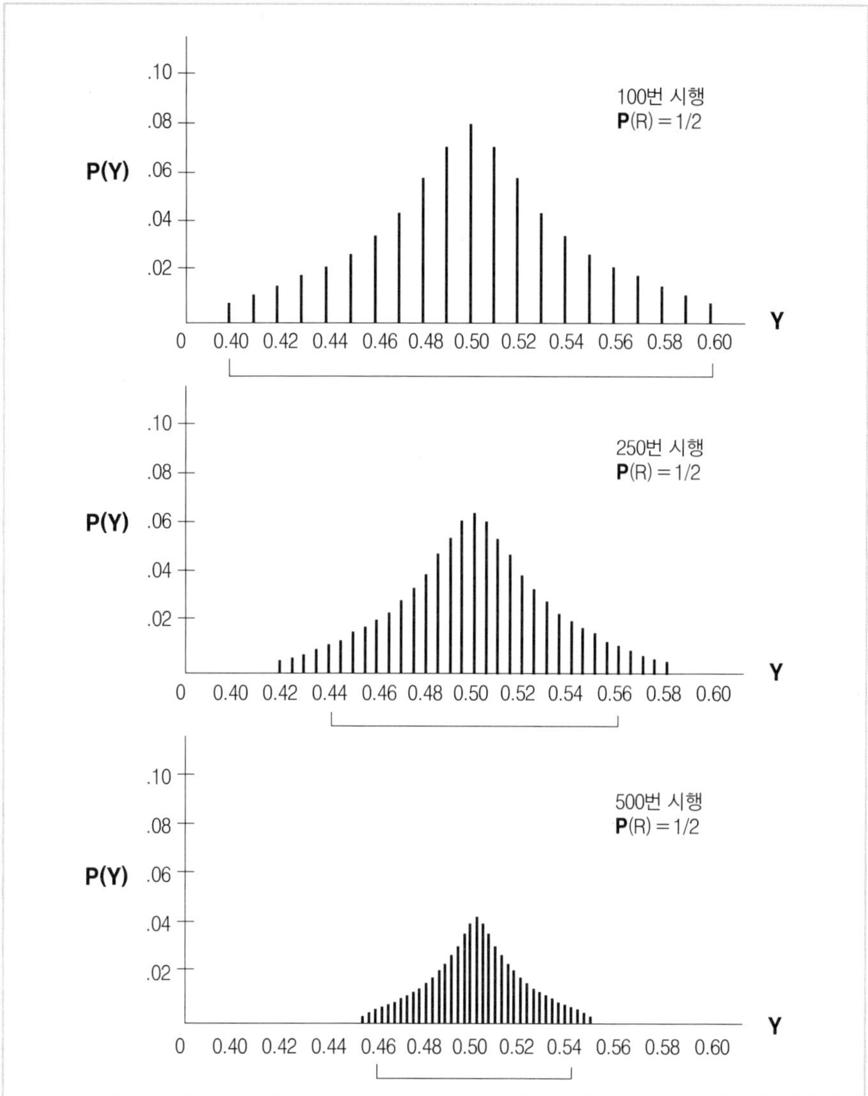

[그림 5.24] P(R)=1/2인 모집단에서 100번, 250번, 500번 시행했을 때 나타나는 R의 상대 빈도의 표집 분포를 확대한 것. P(Y)는 0에서 0.1까지만 퍼져 있고 Y는 0.4에서 0.6까지만 퍼져 있다는 점에 유의하라.

기대하지 않을 것이다. 그럼에도 불구하고 50개에 꽤 근접하는 수의 붉은 구슬을 얻을 것이라고는 기대할 것이다. 문제는 확률 분포 안에서 "근접(nearness)"을 정의하는 것이다.

평균으로부터의 편차는 근본적으로 상대 빈도들 사이의 **차이** 문제이다. 예를 들어 상대 빈도 0.40은 평균 상대 빈도 0.50으로부터 0.10의 차이가 난다. 그러나 표집 분포의 평균으로부터의 편차는 보통 확률을 통해 간접적으로 측정된다. 편차를 측정하는 단위는 **표준 편차**(standard deviation, SD)로 알려져 있다. 이 개념의 기원을 설명하는 일은 우리에게는 필요하지 않은 복잡한 것들을 포함한다. 그러나 이 개념을 조작적으로 사용하는 일은 아주 간단하다.

특정한 분포로부터 시작하기 위해, 개체들의 반이 우리가 관심을 가진 속성을 가지는 모집단에서 100번의 시행을 했을 때 나타나는 상대 빈도들의 표집 분포를 생각해 보자. 기대하는 개수는 50개지만 100개 중 정확히 50개를 얻을 확률은 0.08에 불과하다. 그러나 46개와 54개 사이에서 얻을 확률은 대략 2/3 또는 67%이다. 따라서 0.46과 0.54 사이의 표본 빈도들은 모두 **평균으로부터 한 표준 편차 안에**(within one standard deviation of the mean) 있다고 말한다. 왜 67%가 하나의 표준 편차를 정의하는가는 우리의 관점에서 보면 자의적으로 보인다. 그 실제 이유는 주로 역사적 관심사에서 비롯된다.

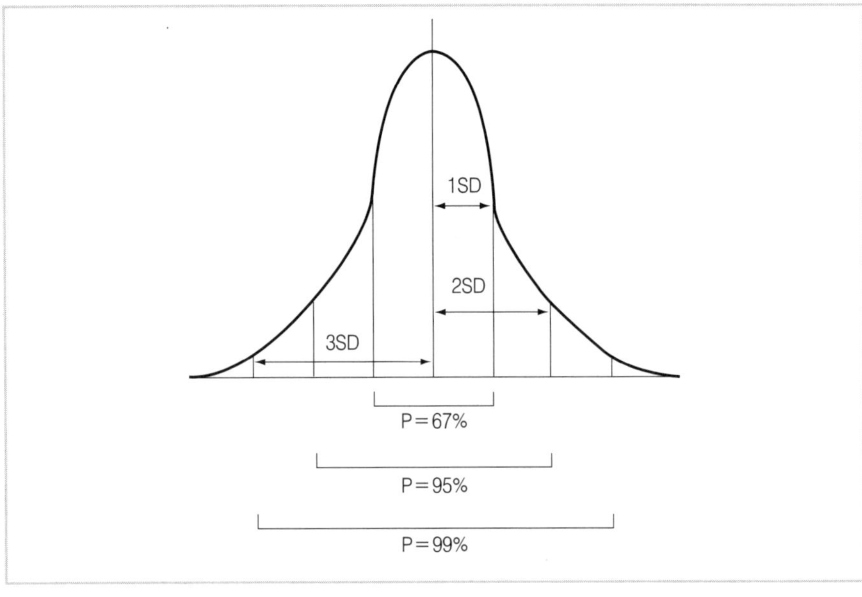

[그림 5.25] 표준 편차

마찬가지로 0.40으로부터 0.60까지의 표본 빈도들은 모두 합치면 대략 95%의 확률을 갖는다. 이 범위 안에 있는 빈도들은 모두 **평균으로부터 두 표준 편차 안에**(within two standard deviation of the mean) 있다고 말한다. 95%와 두 표준 편차 사이의 연관 역시 상당히 자의적이다. 비슷한 관계가 **세** 표준 편차와 99%의 확률 사이에 성립한다. 평균으로부터 세 표준 편차 안에 있는 모든 빈도들의 확률을 합하면 약 99%이다. 이러한 관계들이 [그림 5.25]에 제시되어 있다.

편차 혹은 근접을 확률로 정의하는 이유는 그로부터 귀결되는 측도가 시행 횟수로부터 독립적이기 때문이다. 두 표준 편차는 표본의 크기에 상관없이 어떠한 표집 분포에 대해서도 같은 것을 의미한다. 그것은 평균 주위에 있을 수 있는 표본 빈도들의 확률을 모두 합하면 95%가 된다는 사실을 가리킨다.

대표본의 가치

시행 횟수가 적은 경우를 살펴보는 것만으로도 더 큰 표본들이 바람직한 이유를 알 수 있다. 표본이 클수록 모집단에서의 R의 비율(즉 50%)에 가까운 R의 상대적인 수를 관찰할 확률이 증가한다. [그림 5.19]에서 [그림 5.21]까지 나와 있는 분포들의 양끝 혹은 **꼬리**를 보면 이러한 점이 가장 잘 드러난다. 표본이 클수록 그것에서 선택한 R의 상대적인 수가 반에 가깝지 않을 확률은 감소한다. 또한 선택한 결과 R이 한 번도 안 나오거나 모두 R일 확률은 절반이 R일 확률에 비해 빠르게 감소한다. 두 번만 시행할 경우 R이 한 번도 안 나오거나 두 번 다 R이 나올 확률은 50%이다(덧셈 규칙을 이용하라). 세 번 시행할 경우 R이 한 번도 안 나오거나 두 번 다 R이 나올 확률은 25%로 감소한다. 네 번 시행할 경우 그것은 약 12%로 감소하고, 다섯 번 시행할 경우에는 약 6%로 감소한다. 따라서 절반에 가까운 R을 선택한다는 것이 단지 절반에서 가능한 한 멀리 떨어진 수만큼의 R을 선택한다는 것을 제외하는 것을 의미한다면, 절반에 가까운 R을 얻을 확률은 표본의 크기가 2에서 5로 늘어나면 50%에서 약 94%로 증가한다. 이러한 경향은 시행 횟수가 증가할수록 더 뚜렷해진다.

이제 [그림 5.22]와 [그림 5.23]에 있는 표집 분포들을 다시 살펴보자. 각 그림의 x축 아래에는 기대 빈도로부터 두 표준 편차 내에 있는 모든 표본 빈도를 가리키는 괄호가 있다. 이 빈도들의 확률을 모두 합하면 약 95%가 된다. 예를 들어 크기가 50인 표본에서는 0.36과 0.64 사이의 모든 표본 빈도들이 이 집합에 속한다. 표본의 크기가 커질수록 이 집합에 속하는 빈도들은 기대 빈도에 점점 더 가까워진다. 이것은 평균과 평균으로부터 2SD 안에 있는 빈도들 사이의 차이가 점점 더 작아진다는 것을 의미한다. 즉 표본 빈도가 평균에서 벗어날 가능성이 점점 더 작아진다.

방금 살펴본 것처럼, 어떤 고정된 높은 확률, 예를 들어, 95%의 확률을 가질 수 있는 표본 빈도들의 집합은 표본이 클수록 평균값에 가까워진다. 그러나 역으로 빈도들의 범위를 정한 다음 확률이 변하도록 할 수도 있다. 예를 들어 0.40에서 0.60까지의 구간에 있는 빈도들은 모두 0.50에 "근접한다"고 하자. 그러면 크기 10의 표본에서 표본 빈도가 0.50에 "근접할" 확률은 65%에 불과하다(덧셈 규칙에 의해서 **P**(0.4 or 0.5 or 0.6)=**P**(0.4)+**P**(0.5)+**P**(0.6)=0.20+0.25+0.20=0.65). 그러나 크기 100의 표본에서는 표본 빈도가 0.5에 근접할 확률은 95%이다. 이처럼 표본이 클수록 표본 빈도가 기대 빈도에 근접할 확률이 크다.

이제 과학자들이 일반적으로 작은 표본보다 큰 표본을 선호하는 이유가 분명해졌을 것이다. 임의 표본에서 어떤 속성의 기대 빈도는 모집단에서 그 속성의 비율과 같다. 그러므로 표본이 클수록 그 표본에서 관찰되는 빈도가 모집단에서의 실제 비율에 가까울 확률은 커진다. 일반적으로 표본이 클수록 우리가 참으로 알고 싶어하는 모집단에서의 실제 비율에 대해 더 나은 지표 역할을 할 것이다. 다음 장에서는 이 모든 것들이 어떻게 작용하는지를 살펴볼 것이다.

5.11 부등확률 표집

우리가 이 장의 대부분에서 사용한 예들은 등확률 표집과 관련된 것이었다.

즉 어느 경우에나 한 차례의 선택에서 나올 수 있는 두 가지 결과, 즉 붉은 것과 붉지 않은 것은 둘다 확률이 1/2이었다. 대부분의 사람들에게는 이 경우가 제일 이해하기 쉽다.

부등확률 표집의 경우에도 근본적 차이는 없다는 점을 이해하기 위해서 우리의 모형 모집단에서 초록색 구슬이 나오는 상대 빈도에 대한 두 가지 표집 분포를 보여 주는 [그림 5.26]을 살펴보자. 모형 1에서 **P**(G)=0.25이다. [그림 5.26]에서 시행 횟수는 각각 25번과 50번이다. 여기에서 나타나는 표집 분포들과 [그림 5.22]에 나와 있는 표집 분포들을 비교해 보자. 주된 차이는 분포가 아래쪽으로 이동하여 그 평균값이 0.50이 아니라 0.25라는 데 있다. 그것은 또한 약간 비대칭

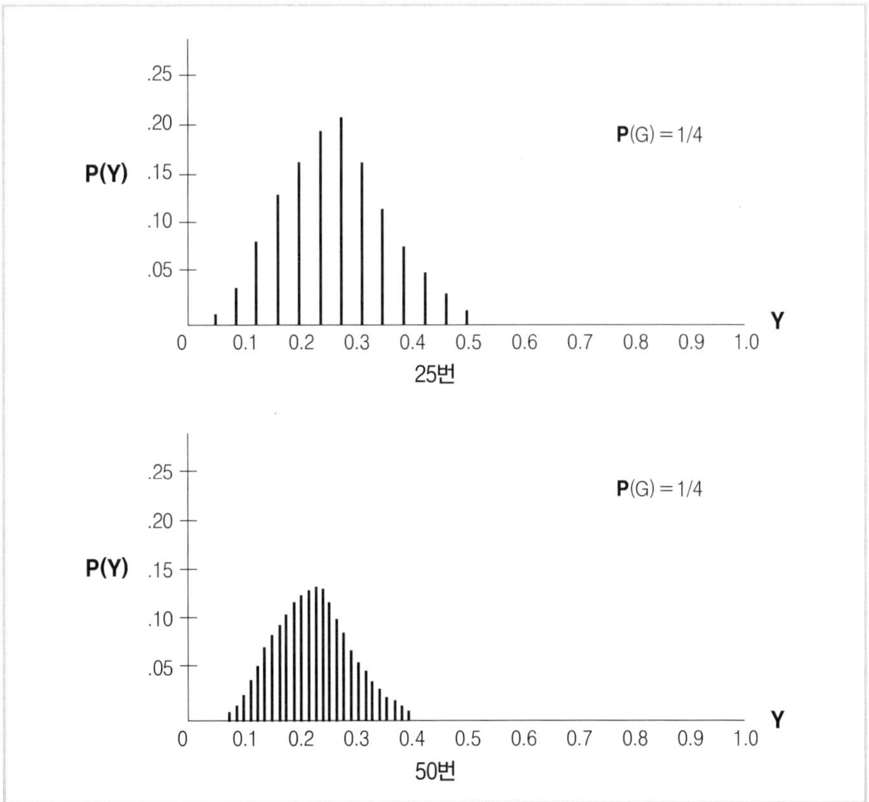

[그림 5.26] **P**(G)=1/4인 모집단에서 25번과 50번 시행했을 때 나타나는 초록색의 상대 빈도에 대한 표집 분포

적이다. 그러나 비대칭성은 표본이 커질수록 약해진다. 그리고 전과 마찬가지로 표본이 커질수록 표본 빈도가 모집단 비율(이 경우에는 0.25)에 근접할 확률은 커진다.

부록

상관 계수

[그림 5.27]은 표준적인 통계학 교과서에서 상관 강도를 표현하는 방식을 보여 준다. 여기에서,

a=붉은색이고 작은 구슬의 수
b=초록색이고 작은 구슬의 수
c=붉은색이고 큰 구슬의 수
d=초록색이고 큰 구슬의 수

	붉은색	초록색	
작다	a	b	a+b
크다	c	d	c+d
	a+c	b+d	

[그림 5.27] 표준적인 통계학 교재에서 상관 강도에 대한 표현

상관 계수(correlation coefficient) r은 다음과 같은 공식에 의해 정해진다.

$$r = \frac{(bc-ad)}{[(a+b)(c+d)(a+c)(b+d)]^{1/2}}$$

앞에서 정의된 차이 측도(difference measure)와 마찬가지로, 이 측도 역시 -1에서 +1까지의 다양한 값을 가지며, 변수들이 상관되지 않을 때의 값은 0이다. 그러나 우리가 사용한 차이 측도와는 달리, 이 측도는 대칭적이기도 하다. 그럼에도 불구하고 분명한 점은 이 측도가 우리 머리로 계산하기에는 너무 복잡하다는 것이다.

연습문제

연습문제 5.1

다음과 같이 구성되어 있는 구슬 항아리가 있다.

붉은 구슬: 40개. 그중 20개는 크고 20개는 작다.
초록 구슬: 30개. 그중 20개는 크고 10개는 작다.
푸른 구슬: 20개. 그중 15개는 크고 5개는 작다.
노란 구슬: 10개. 그중 5개는 크고 5개는 작다.

a. [그림 5.4]나 [그림 5.5]의 형식을 따라 색 변수의 통계 분포를 도표로 그려라.
b. [그림 5.4]나 [그림 5.5]의 형식을 따라 크기 변수의 통계 분포를 도표로 그려라.
c. 색 변수의 값과 크기 변수의 값 사이에 있을 수 있는 네 가지 상이한 상관을 도표로 그려라.

연습문제 5.2

[연습문제 5.1]에 기술되어 있는 모집단에서 다음의 확률들을 단순 덧셈 규칙을 이용하여 계산하라. 모집단에서의 비율들을 직접 확인함으로써 여러분의 답을 점검해도 좋다.

a. **P**(R or G) b. **P**(R or B) c. **P**(R or Y)
d. **P**(G or B) e. **P**(G or Y) f. **P**(B or Y)

연습문제 5.3

[그림 5.1]에 기술되어 있는 모집단에서 다음의 확률들을 곱셈 규칙을 이용하여 계

산하라. 모집단에서의 비율들을 직접 확인함으로써 여러분의 답을 점검해도 좋다.

a. **P**(R and L) b. **P**(R and S) c. **P**(G and L)
d. **P**(G and S) e. **P**(Y and L) f. **P**(Y and S)

연습문제 5.4

연습문제 5.1의 모집단에서 다음을 확률들을 계산하라(연습문제 5.2와 5.3에 대한 여러분의 답 중 일부가 도움이 될 수 있다). 모집단에서의 비율들을 직접 확인함으로써 여러분의 답을 점검해도 좋다.

a. **P**[(R or B) and L] b. **P**[(G or Y) and S] c. **P**[(G or B) and L]
d. **P**[(R and L) or G] e. **P**[(B and S) or Y] f. **P**[(G and S) or R]

연습문제 5.5 다음 사건들을 확률이 증가하는 순서로 배열하라(즉, 확률이 가장 작은 것을 1번, 확률이 가장 큰 것을 3번으로 하라).

a. 잭과 질이 언덕에 올라갔다.
b. 질이 언덕에 올라갔다.
c. 잭 또는 질이 언덕에 올라갔다.

연습문제 5.6

동전을 던져 결정하는 판사의 예에서 배심이 **그릇된** 평결을 내릴 확률이 1/4이라는 것을 보여 주는 계산을 하라(수학적 재능이 있는 사람은 성실한 판사들이 옳은 결정을 내릴 확률이 P이면 P가 무엇인가에 상관없이 배심이 옳은 평결을 내릴 확률도 P라는 것을 보여 주려고 시도할 수 있을 것이다. 따라서 성실한 판사들의 신뢰도가 무엇이든 동전을 던져 결정하는 판사는 성실한 판사들 중 한 사람의 결정을 상쇄한다).

연습문제 5.7

[그림 5.19]와 [그림 5.20]에서 표집 분포를 결정하는 데 사용했던 방법에 따라 다음의 문제들을 풀어라.

a. 네 번 시행했을 때 [그림 5.21]에서와 같은 표집 분포가 나오는 과정을 상세히 밝혀라. 네 번의 시행에서 나올 수 있는 16가지의 상이한 결과들을 고려해야 할 것이다.
b. 다섯 번 시행했을 때 [그림 5.21]에서와 같은 표집 분포가 나오는 과정을 상세히 밝혀라. 다섯 번 시행에서 나올 수 있는 32가지의 상이한 결과들을 고려해야 할 것이다.

연습문제 5.8

[그림 5.20]에서 표집 분포를 결정하는 데 사용했던 방법에 따라, [그림 5.21]에 그려져 있는 모형 1의 모집단에서 세 번 선택할 때 나오는 **초록색** 구슬의 상대 빈도에 대한 표집 분포를 밝혀라. 이 경우에 **P**(G)=1/4이고 **P**(N)=3/4이다.

연습문제 5.9

다음은 **P**(R)=0.50인 구슬 항아리에서 10번 선택할 때 나오는 붉은색의 상대 빈도 f의 몇몇 확률이다. **P**(f=0)=0.001, **P**(f=0.1)=0.01, **P**(f=0.2)=0.04, **P**(f=0.3)=0.12, **P**(f=0.4)=0.20, **P**(f=0.5)=0.25. 이 값들과 함께 분포가 완전히 대칭적[즉, **P**(f=0.6)=**P**(f=0.4) 등]이라는 사실을 이용하여 다음의 확률들을 결정하라.

a. **P**[(f=(0 or 1.0)]
b. **P**[(f=(0 or 0.1 or 0.2 or 0.3)]
c. **P**[f=(0.3 or 0.4 or 0.5 or 0.6 or 0.7)]

연습문제 5.10

다음은 **P**(R)=0.50인 구슬 항아리에서 100번 선택할 때 나오는 붉은 구슬의 상대빈도 **f**의 몇몇 확률이다. **P**(**f**=0.35)=0.001, **P**(**f**=0.40)=0.011, **P**(**f**=0.45)=0.049, **P**(**f**=0.46)=0.058, **P**(**f**=0.47)=0.067, **P**(**f**=0.48)=0.075, **P**(**f**=0.49)=0.078, **P**(**f**=0.50)=0.080. 이 확률들과 함께 분포는 완전히 대칭적이라는 사실을 이용하여 다음의 확률들을 결정하라.

a. **P**[**f**=(0.35 or 0.40 or 0.60 or 0.65)]

b. **P**[**f**=(0.48 or 0.49 or 0.50 or 0.51 or 0.52)]

c. **P**[**f**=(0에서 0.44까지 또는 0.56에서 1.00까지)]

연습문제 5.11

아래 열거되어 있는 것은 가능한 세 가지 표본 빈도이다. 다음의 여섯 가지 표집 분포들 중 어느 경우에 이 빈도들은 평균의 두 표준 편차 안에 있는가? 10번 시행? 25번 시행? 50번 시행? 100번 시행? 250번 시행? 500번 시행? 이 질문에 답하려면 [그림 5.22], [그림 5.23] 그리고 [그림 5.24]를 검토해야 할 것이다.

a. **f**=0.7 b. **f**=0.6 c. **f**=0.55

연습문제 5.12

스쿼시 게임은 규칙들의 두 집합 중 하나에 따라 할 수 있다. 그중 하나는 한 게임당 9점을 얻어야 하는 것이고 다른 하나는 한 게임당 15점을 얻어야 하는 것이다. 여러분이 자신보다 전반적인 스쿼시 솜씨가 약간 나은 사람과 규칙적으로 스쿼시를 한다고 상정하자. 긴 게임보다 짧은 게임을 할 때 여러분이 이길 가능성은 (a) 더 많은가, (b) 더 적은가, 아니면 (c) 같은가? 그 이유를 설명하라.

::6장

통계적 가설의 평가

지금까지 통계적 모형과 확률적 모형에 대해 학습한 것은 통계적 가설을 평가할 수 있기 위해서이다. 모형과 가설의 관계는 [그림 5.1]에 제시되었다. **통계적 가설**(statistical hypothesis)이라는 용어는 실세계 모집단에 대한 주장이라는 의미로 사용할 것이다. 바로 실제 모집단이 특정한 통계적 모형의 구조를 갖는다는 주장이다. 예를 들어 미국 흡연자의 대다수가 남성이라는 주장은 담배를 피우는 미국인들로 구성되는 모집단에 대한 주장이다. 그 주장은 단순한 비율의 형태를 취한다. 유관 변수는 성이며, 이 변수가 가질 수 있는 두 가지 값은 남성과 여성이다. 따라서 이 통계적 가설은 미국 흡연자들로 구성되는 실세계 모집단이 남성 개체들의 비율이 50% 이상인 간단한 비율 모형과 잘 들어맞는다는 주장이다.

원칙적으로 이 통계적 가설이 참인지 여부는 미국 내 모든 흡연자의 성별을 결정함으로써 확인될 것이다. 그것은 원칙적으로 불가능하다. 우리는 기껏해야 모집단에서 추출한 표본을 조사할 수 있을 뿐이다. 그러므로 통계적 가설의 평가는 일반적으로 모집단에서 선택한 표본이 그 가설의 참에 대한 증거를 제시하는 자료를 포함하고 있는지 여부를 결정하는 문제로 귀착한다.

표본 자료(sample data)는 관심을 끄는 속성들을 나타내는 개체들의 관찰된 **상대 빈도**로 이루어진다. 예를 들어 100명의 흡연자로 이루어진 표본에 남성이 55명 혹은 55%가 포함되어 있는 것으로 밝혀질 수 있다. 그것은 모든 미국 흡연자의

50% 이상이 남성이라는 좋은 증거일까? 이 질문에 대한 답은 추정에 대한 통계적 이론에 의해 찾을 수 있다.

6.1 추정

어떤 속성 또는 확률 변수의 어떤 값을 **A**라고 하면, 모집단에서 A는 어떤 확률, **P**(A)를 갖는다. 모집단에서 임의로 선택된 표본은 A의 어떤 **상대 빈도**, **f**(A)를 나타낼 것이다. 일반적인 경우에 **P**(A)의 실제 값은 알려지지 않지만, **f**(A)의 수치는 알려진다. **추정**(estimation)은 알려지지 않은 **P**(A)의 값에 대한 주장의 증거로 **f**(A)의 관찰된 값을 이용하는 통계 기법이다. 우리는 먼저 우리의 표준 모형인 구슬 항아리와 관련하여 추정 과정을 이해하고자 할 것이다. 이것은 [그림 5.1]의 오른쪽 부분에 관심을 집중하겠다는 것을 의미한다. 이 장의 후반부에서는 우리의 모형을 [그림 5.1]의 왼쪽에 그려져 있는 실세계 모집단에 적용할 것이다.

우리의 표준 모형에는 색과 크기라는 두 가지 변수가 있는데, 전자는 '붉다'와 '붉지 않다'는 값을 그리고 후자는 '크다'와 '작다'는 값을 갖는다. 우리는 항아리 안에 있는 구슬의 반이 붉은색이라고 가정했으므로 **P**(R)=0.50이다. 그 다음 우리는 상이한 크기의 표본들에서 **f**(R)의 다양한 값들에 대한 **표집 확률**(sampling probability)을 결정했다. 예를 들어, n=100일 때, 선택한 100개의 구슬 중 붉은 구슬이 정확히 50개일 확률은 약 8%이다. 즉 **f**(R)이 정확히 0.50인 것으로 드러날 확률은 8%에 불과하다. 일상적으로 우리는 8%가 100개의 구슬을 표집하는 과정에서 정확히 50개의 붉은 구슬이 나올 것이라고 생각할 좋은 증거가 된다고 주장할 만큼 높은 확률이라고 생각하지 않을 것이다. 그렇다면 두 가지 질문이 제기된다. 어떤 주장을 위해 좋은 증거가 되려면 얼마나 확률이 높아야 할까? 적절하게 높은 확률을 갖는 어떤 주장을 **f**(R)에 대해 할 수 있는가?

첫 번째 질문에 답하여 통계학자들은 일반적으로 95%가 좋은 증거를 갖는다고 하기에 충분한 확률이라는 규약을 채택한다. 이것은 적당한 규약이다. 일반적인 상황에서 대부분의 사람들은 들어맞을 가능성이 95%라면 충분한 보증으로 기꺼이 여길 것이다. 달리 언급되지 않는 한 지금부터 우리는 이것을 표준으로 사용할 것이다. 그렇다면 우리는 **f**(R)에 대해 95%의 맞을 확률이 있는 어떤 주장을 할 수 있을까? 우리는 **P**(R)=0.50인 항아리로부터 임의 선택된 모든 표본에서 **f**(R)이 0.50의 두 표준 편차(2SD) 내에 있을 확률은 95%라는 것을 알고 있다. 그것은 표본의 크기에 상관없이 성립한다. 크기 100의 표본에서는 0.40과 0.60 사이에 있을 수 있는 **f**(R)의 모든 값들이 두 표준 편차 안에 포함된다. 그러므로 우리는 **P**(R)=0.50인 모집단에서 100개의 구슬을 임의로 선택하면 **f**(R)이 0.40과 0.60 사이에 있는 표본이 나올 것이라는 좋은 증거를 갖는다고 말할 수 있다.

우리는 모집단에서 붉은 구슬이 차지하는 비율 **P**(R)이 알려져 있는 상황을 방금 검토하였다. 그리고 임의로 선택된 표본에서 붉은 구슬의 상대 빈도 **f**(R)에 대해 무엇을 말할 수 있는가를 살펴보았다. 그러나 전형적인 실제 상황에서는 대체로 이와 **반대로** 진행된다. 우리는 임의로 선택된 표본에서 어떤 속성의 상대 빈도 **f**(A)를 알아낸 다음 모집단에서 그 속성이 차지하는 **미지의** 비율 **P**(A)에 대해 무엇인가를 추론하기를 원한다.

전문성에서 이 책의 수준을 넘어서기는 하지만, 통계 이론의 초보적 결과 하나는 **P**(R)이 알려져 있는 경우에 대한 분석을 **P**(R)이 알려져 있지 않은 경우에 확대 적용하는 것을 허용한다. 이번에는 붉은 구슬의 비율 **P**(R)이 알려져 있지 않은 항아리에서 임의로 n개의 구슬을 선택한다고 상정하자. 물론 우리의 표본은 붉은 구슬의 어떤 일정한 상대 빈도 **f**(R)을 나타낼 것이다. 이제 우리는 **f**(R)의 관찰된 값에서 두 표준 편차를 더하고 빼서 미지의 **P**(R) 값을 위한 구간을 설정한다. 즉 구간 **P**(R)=**f**(R)±2SD를 설정한다. 통계 이론에 의하면 그렇게 설정된 구간이 **P**(R)의 참값을 포함할 확률은 95%이다.

예를 들어 n=100일 경우에 두 표준 편차는 약 0.10의 차이에 해당한다. 만약 붉은 구슬의 비율이 알려지지 않은 항아리로부터 임의 선택한 표본을 구성하는 100개의 구슬 중 50개가 붉은 구슬인 것으로 관찰된다면, 구간은 **P**(R)=0.50±0.10으로 설정된다. 이 구간은 미지의 **P**(R) 값을 포함하고 있거나 포함하고 있지 않거나 둘 중 하나일 것이다. 통계 이론에 의하면 우리는 이러한 일반적인 방식으로 설정되는 구간들에 **P**(R)의 참값이 포함되어 있을 확률은 장기적으로 95%라고 확신할 수 있다.

통계학 용어로 0.40에서 0.60까지의 구간을 **P**(R) 값의 95% **신뢰 구간**(Confidence Interval)이라고 한다. 따라서 일반적으로 임의 선택된 표본이 어떤 속성의 상대 빈도 **f**(A)를 나타내면, 그 표본의 크기에 대응하는 신뢰 구간 안에 모집단에서의 비율 **P**(A)가 포함되어 있을 것이라는 좋은 증거가 있다. 그렇다면 추정은 적절한 신뢰 구간을 설정하는 문제인 것으로 드러난다.

오차 한계

붉은 구슬의 비율이 알려져 있는 모집단으로부터 표집 확률을 도출하는 맥락에서 우리는 표준 편차라는 개념을 도입하였다. **f**(A)의 관찰된 수치가 **P**(R)의 두 표준 편차 안에 있을 확률은 표본의 크기와 무관하게 95%이었다. 추정에서 이에 대응하는 개념이 **오차 한계**(Margin of Error, ME)이다. 관찰된 상대 빈도 **f**(A)에 대하여 **P**(A) 값의 95% 신뢰 구간은 **f**(A)의 값에 오차 한계를 더하고 뺀 값으로 구성될 수 있다. 예를 들어 임의로 선택된 100개의 구슬들로 이루어진 표본에서 50개의 붉은 구슬을 관찰하는 대로 우리는 **P**(R)의 95% 신뢰 구간을 **f**(R)±0.10으로 설정할 수 있다. 즉, **P**(R)의 추정치=**f**(R)±**ME**=0.50±0.10.

표본 빈도로부터 모집단 확률을 추정할 때마다 오차 한계를 두어야 한다는 것은 아무리 강조해도 지나치지 않다. 그러므로 모든 추정치는 반드시 하나의 구간이어야 한다. 통계적 추론에서 범할 수 있는 가장 큰 실수 중 하나는 미지의 모집단 확률 **P**(A)를 관찰된 표본 빈도 **f**(A)와 그대로 동일시하는 것이다. 여러분이 통상 그러한 방식을 취했다면, 대부분의 경우 틀렸을 것이다. 앞에서 언급된 대로, 우리의 모형 모집단에서 **P**(R)이 실제로 0.50이라고 하더라도, 100개의 임의 표본에서 50개의 붉은 구슬이 나올 가능성은 약 8%에 불과하다. 따라서 크기 100의 표본들에서 통상 **P**(A)를 **f**(A)와 동일시한다면, 여러분이 옳을 확률은 약 8%에 불과하다. 적절한 오차 한계를 더해야만 여러분이 옳을 확률은 95% 정도가 될 것이다.

표본 크기와 오차 한계

오차 한계의 개념은 표준 편차 개념과 마찬가지로 표본의 크기와는 무관하게 정의된다. 그러나 오차 한계 내에 포함되는 **P**(A)의 특정한 비율들은 표본의 크기에 따라 결정적으로 달라진다. 이것은 표본의 크기가 클수록 표준 편차 안에 포함되는 표본 빈도들의 범위가 줄곧 좁아진다는 것을 보여 주는 [그림 5.22]에서 [그림 5.24]까지의 도표들에서 이미 명백하다. 이는 오차 한계의 경우에도 마찬가지이다. <표 6.1>은 **n**=10부터 **n**=10,000까지 다양한 크기의 표본들에 대한 오차 한계를 보여 준다. 이를 통해 알 수 있는 것처럼 대응하는 오차 한계는 0.32부터 0.01까지 변화한다.

〈표 6.1〉 다양한 크기의 표본에서 관찰된 표본 빈도가 0.50일 때 각 표본의 약 95% 신뢰 구간

표본 크기	신뢰 구간	오차 한계
10	0.18~0.82	±0.32
25	0.30~0.70	±0.20
50	0.36~0.64	±0.14
100	0.40~0.60	±0.10
250	0.44~0.56	±0.06
500	0.46~0.54	±0.04
1,000	0.47~0.53	±0.03
2,000	0.48~0.52	±0.02
10,000	0.49~0.51	±0.01

<표 6.2>는 <표 6.1>의 축약형이다. 여기서의 오차 한계는 좀 더 쉽게 기억할 수 있도록 사사오입한 것이다. 예를 들어 <표 6.1>에서는 **n**=500일 때 정확한 오차 한계가 0.04에 가까운 것으로 나와 있지만, <표 6.2>에서는 **n**=500일 때 오차

〈표 6.2〉 몇몇 선택된 표본 크기들에 대해 어림계산한 오차 한계

표본 크기	오차 한계
25	±0.25
100	±0.10
500	±0.05
2,000	±0.02
10,000	±0.01

한계가 0.05로 되어 있다. 이것이 기억하기 훨씬 쉽다. <표 6.2>는 오차 한계를 계산하기에 편한 어림계산법을 제공한다고 생각하면 된다. 매일 마주치는 통계 자료들을 신속하게 평가할 수 있기 위해서는 이 숫자들이 저절로 입밖으로 나와야 한다. 어림계산법에 의해 다루어지는 표본 크기들 사이에 속하는 것들은 단지 그 사이에 집어넣으면(interpolate) 된다. 예를 들어 **n**=500 그리고 **n**=2,000일 때의 오차 한계를 각각 0.05 그리고 0.02라고 하면, **n**=1,000에 대한 오차 한계는 0.03이어야 한다고 쉽게 집어넣을 수 있다.

[그림 6.1]은 표본 빈도를 토대로 하여 모집단에서의 비율을 추정하는 과정을 요약한 것이다. 먼저 표본 빈도 **f**(A)에 유의한다. 그리고 표본 크기 **n**과 <표 6.1> 이나 <표 6.2>의 어림계산법을 이용하여 적절한 오차 한계를 결정한다. 마지막으로 **P**(A)가 구간 **f**(A)±**ME**에 있다고 추정한다.

모집단에서의 비율을 추정하는 데 표본 크기가 절대적으로 중요한 정보라는 점을 유념하라. 표본 크기를 알지 못하면 표본 빈도에 대한 지식이 별로 쓸모가 없다. **n**이 10에 불과하다면 어떻게 될까? 그렇다면 오차 한계는 0.32가 될 것이고, 따라서 신뢰 구간은 0에서 1까지 전체 범위의 반 이상을 차지할 것이다.

신뢰 수준과 오차 한계

우리는 오차 한계를 구성하는 과정에서 95%의 신뢰 수준을 채택했다. 이는 구간 **f**(A)±**ME**이 **P**(A)의 참값을 포함할 확률이 95%라는 것을 의미한다. 우리는 일반적으로 95%의 신뢰 수준을 사용하는 규약에 따르겠지만, 다른 규약을 채택

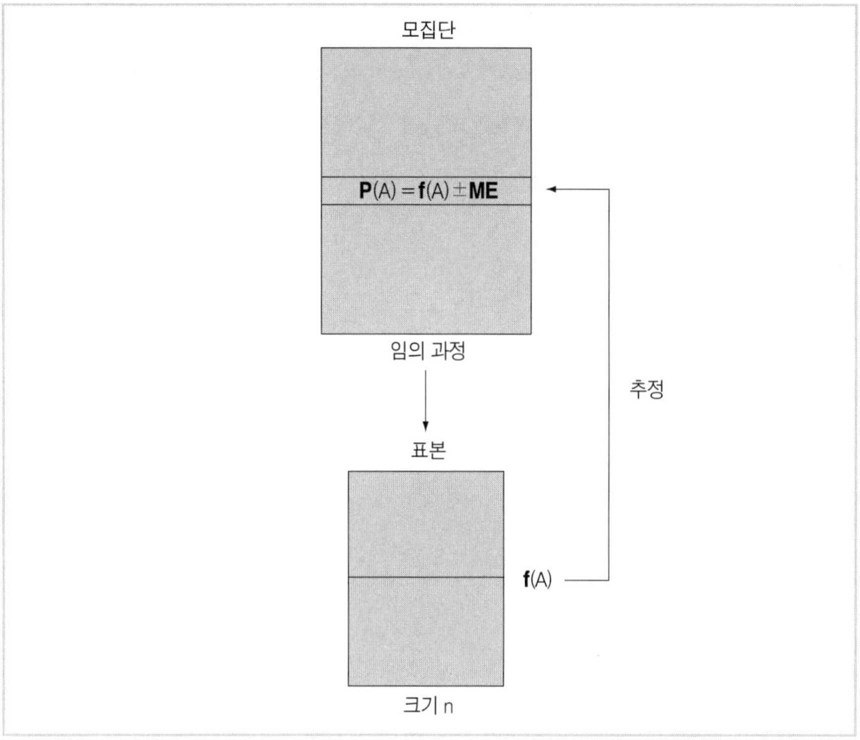

[그림 6.1] 임의 표본에서 관찰된 표본 빈도를 이용하여 모집단에서의 비율을 추정하는 과정

하는 결과들을 고찰하는 것도 도움이 될 것이다.

우선 표본 크기가 100인 경우를 계속 다루기로 하자. 오차 한계는 표본 빈도의 편차와 관계되므로 먼저 편차를 검토해 보자. 5장에서 알게 된 것처럼 절반이 붉은 구슬인 모집단에서 임의로 선택된 100개의 구슬로 이루어진 표본으로부터 정확히 50/100의 빈도로 붉은 구슬을 얻을 확률은 약 0.08이다. 마찬가지로 49/100을 얻을 확률은 0.078이다. 이러한 표집 분포는 대칭적이므로, 51/100을 얻을 확률도 0.078이다. 그러므로 100개에서 49개나 51개를 얻을 확률은 0.156이다. 마찬가지로 100개에서 48개나 52개를 얻을 확률은 0.150이다. 이 확률들은 모두 배타적 가능성이므로, 100개 가운데 48개 이상 그리고 52개 이하의 붉은 구슬을 얻을 확률은 그 확률들의 합, 즉 0.386이다. 이 과정을 계속하여 확률의 합이 0.95가 되게 하려면, 우리는 개별적으로 0.011의 확률밖에 없는 40/100과 60/100에 이르는 모든 표본 빈도들을 포함시켜야 한다.

실제의 표본 빈도를 포함할 확률을 99%까지 올리고 싶다면, 우리가 해야 할 일은 분명하다. 우리는 확률의 합이 0.99가 될 때까지 몇몇 가능한 표본 빈도들을 더 포함시켜야 한다. 실제로 이 경우에는 네 개의 표본 빈도, 즉 39/100, 61/100, 38/100, 62/100만 더 포함시키면 된다. 따라서 실제의 표본 빈도를 포함할 확률을 올리면 그것에 대응되는 편차 역시 증가한다.

오차 한계에 대한 논의로 되돌아오면, 신뢰 수준을 올릴 경우 오차 한계는 증가한다. 그러므로 100개의 표본에서 신뢰 수준을 95%에서 99%로 올리면 오차 한계는 ±0.10에서 ±0.12로 증가한다. 유사한 추론에 의해, 신뢰 수준을 95%에서 90%로 내리면 오차 한계는 ±0.10에서 ±0.08로 **감소**할 것이다.

그렇다면 일반적으로 신뢰 수준과 오차 한계 사이에 교환이 성립한다. 신뢰 수준을 높이면 오차 한계가 증가하고, 신뢰 수준을 내리면 오차 한계가 감소한다. 이 특정한 교환을 피하는 유일한 방법은 표본의 크기를 증가시키는 것이다. 그러나 표본 크기를 증가시키면 새로운 비용과 새로운 교환이 발생한다(그 사례는 6장에서 차후에 다룰 것이다).

표본 빈도와 오차 한계

<표 6.1>과 <표 6.2>에 제시된 오차 한계들은 표본 빈도가 약 0.50일 때 가장 정확하다. 표본 빈도가 0.50에서 멀어질수록 표의 오차 한계들은 정확성이 떨어진다. 일반적으로 **f**(A)가 0이나 1에 근접할수록 오차 한계는 작아지고 덜 대칭적이 된다. **f**(A)가 0.50보다 작은가 큰가에 따라서 오차 한계는 0 또는 1 쪽에서 더 작아진다. 이러한 왜곡은 **f**(A)가 0.10과 0.90 사이에 있는 한 그다지 심각하지 않다. 그러나 **f**(A) 값이 더 작거나 더 클 경우 왜곡은 심각해질 수 있다. 그러나 이러한 일반적인 설명과는 별도로, 유용한 어림계산법으로 기여할 수 있는 간단한 규칙은 없다. **f**(A) 값이 매우 작거나 클 경우 주어진 어림계산법이 우리를 오도할 수 있다는 점에 유의하는 수밖에 없다.

6.2 분포와 상관에 대한 평가

표본 빈도로부터 비율을 추정하는 방법에 대해 배운 것은 분포와 상관을 평가하는 데에도 적용될 수 있다. 우리는 [그림 5.1]의 오른쪽에 그려져 있는 모형 모집단과 표본만을 계속 고찰할 것이다.

분포에 대한 평가

[그림 6.2]는 하나의 변수가 세 가지 이상의 값들을 가지는 경우의 분포에 대해 추정이 이루어지는 방식을 보여 준다. 모형은 비율이 알려지지 않은 붉은색, 초록색 및 푸른색 구슬들로 이루어진 모집단이다. **n**=250인 임의로 선택된 표본에

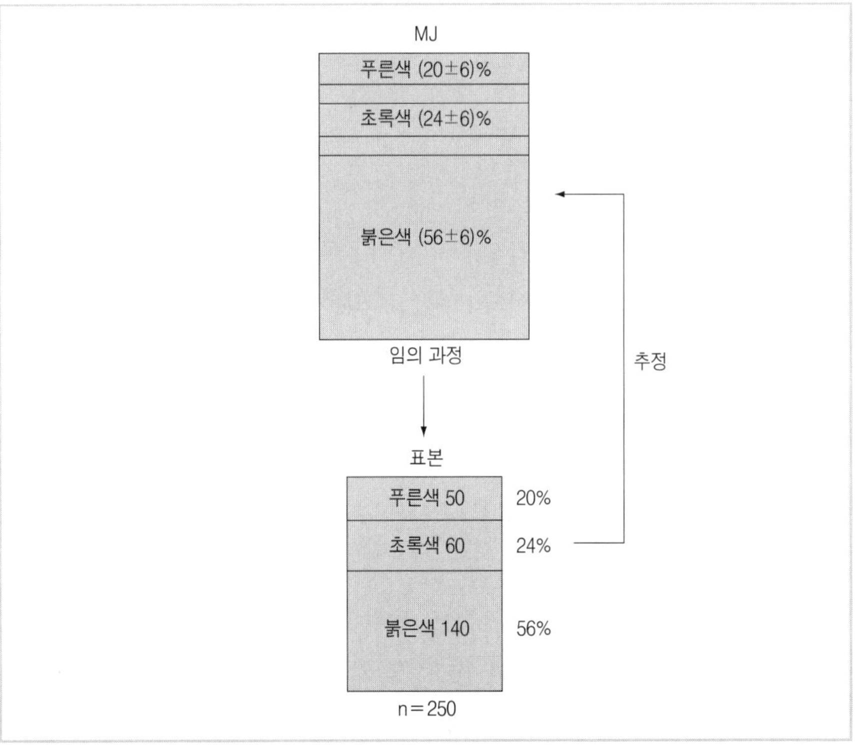

[그림 6.2] 임의 표본에서 관찰된 상대 빈도를 이용하여 모집단에서의 분포를 추정하는 과정

서 산출된 빈도는 **f**(R)=0.56, **f**(G)=0.24, 그리고 **f**(B)=0.20이다. 오차 한계는 0.06이다. 따라서 추정치는 **P**(R)=0.56±0.06, **P**(G)=0.24±0.06, 그리고 **P**(B)=0.20±0.06이다. 물론 실제 모집단의 확률은 붉은색, 초록색 및 푸른색 구슬의 비율들을 모두 합쳐 100%가 되어야 한다는 사실에 제약을 받는다.

상관에 대한 평가

상관을 평가할 때 두 가지 종류의 상황이 있다. 그 하나는 표본 빈도가 상관이 존재한다는 증거를 제공하는 상황이다. 다른 하나는 표본 빈도가 상관이 존재한다는 증거를 제공하는 데 실패하는 상황이다. 표본 빈도가 어떤 상관도 존재하지 않는다는 증거를 결코 제공할 수는 없다. 왜냐하면 추정치는 항상 오차 한계를 포함하기 때문이다. 우리가 최대한 할 수 있는 일은 추정되는 상관의 강도가 0에 가깝거나 0이라는 증거를 찾는 것이다.

상관을 위한 증거

두 가지 변수, 색과 크기를 가지며 그 값이 각각 붉다와 붉지 않다 그리고 크다와 작다인 구슬들이 담긴 항아리 모형으로 되돌아가자. 그러나 비율들은 알려지지 않은 상황이다. **n**=600인 임의로 선택된 표본에서 500개는 붉고 100개는 붉지 않은 것으로 드러났다고 하자. 또한 표본의 붉은 구슬 500개 중 325개가 큰 것으로 밝혀졌다고 하자. 표본 빈도를 나타내는 데 조건부 확률의 기호법을 채택하면 **f**(L/R)=65%이다. 표본에서 붉지 않은 구슬 100개 가운데 35개가 크다면, **f**(L/N)= 35%이다.

그 표본에서 **f**(L/R)과 **f**(L/N) 사이에는 뚜렷한 차이가 있다. 물음은 표본 빈도에서의 이러한 차이가 모집단에서 상관이 존재한다는 좋은 증거인가 하는 것이다. 이를 알아내기 위해서는 적절한 구간 추정치를 구성해야 한다. **P**(L/R)을 추정하는 데 적절한 표본 크기는 선택한 구슬들 전체의 수가 아니라 붉은 구슬로

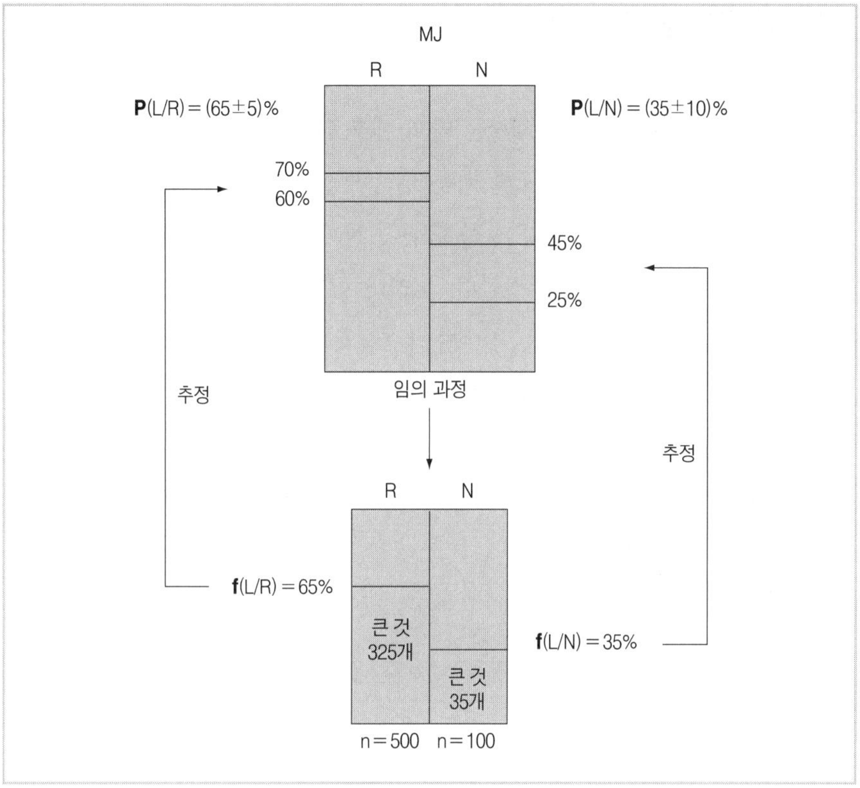

[그림 6.3] 상관이 있다는 증거의 예

드러난 수뿐이며, 우리의 예에서 그것은 500이다. 우리의 어림계산법에 의하면 **ME**=0.05이다. 그러므로 우리는 **P**(L/R)=**f**(L/R)±**ME**=(65±5)%라고 추정한다. 마찬가지로 **n**=100의 경우 **ME**=0.10이다. 따라서, 우리는 **P**(L/N)=**f**(L/N)±**ME**=(35±10)%라고 추정한다. 이러한 결론이 [그림 6.3]에 그려져 있다.

[그림 6.3]을 자세히 살펴보면, 두 구간 추정치가 **겹치지 않는다**는 것을 알 수 있다. 즉 **P**(L/R)의 구간 추정치가 **P**(L/N)의 구간 추정치보다 훨씬 위에 있다. 그것은 모집단에서 **P**(L/R)이 **P**(L/N)보다 실제로 크다고 결론을 내릴 좋은 증거이다. 그런데 이것은 바로 모집단에서 색과 크기가 상관되어 있을 뿐만 아니라 크다는 것이 붉다는 것과 **양으로 상관되어 있다**고 하는 것이다.

상관을 위한 증거의 결여

이러한 경우를 예시하기 위해서는 앞의 예를 약간 바꾸기만 하면 된다. 이번에는 붉은 구슬과 붉지 않은 구슬 가운데 큰 구슬의 관찰된 표본 빈도가 각각 325/500(65%)와 55/100(55%)라고 상정하자. 전과 마찬가지로 우리는 **P**(L/R)=**f**(L/R)±**ME**=(65±5)%라고 추정한다. 그러나 이번에는 **P**(L/N)=**f**(L/N)±**ME**=(55±10)%라고 추정한다. 이 새로운 예는 [그림 6.4]에 제시되어 있다.

이 경우 두 구간 추정치가 **겹친다**. 이것이 의미하는 바는 표본에서 얻은 증거를 가지고 보면 붉은 구슬 중 큰 구슬의 비율이나 붉지 않은 구슬 중 큰 구슬의 비율이 둘 다, 예를 들어, 62%일 수 있다는 것이다. 그렇다면 표본 조사를 통해

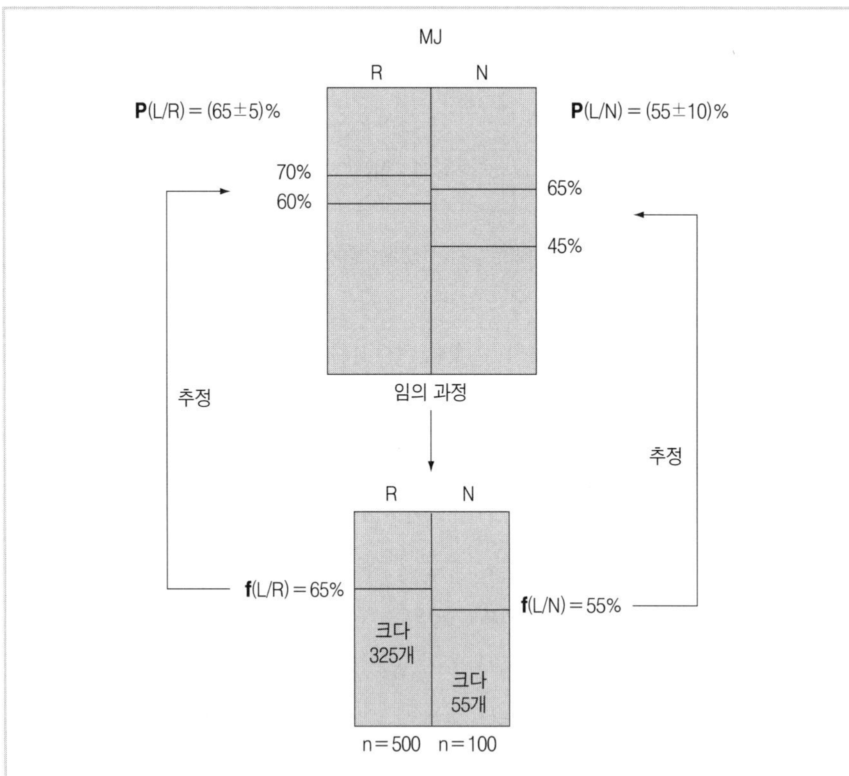

[그림 6.4] 상관의 존재에 대한 증거가 없는 예

확실하게 추론할 수 있는 것은 모집단에서 색과 크기가 전혀 상관이 없을 수 있다는 것뿐이다. 그러나 우리는 실제로 그렇다는 좋은 증거를 갖고 있지 않다. 상관이 있을 수도 있다. 우리로서는 **P**(L/R)=70%이고 **P**(L/N)=45%일 가능성을 배제할 수 없다. 이 경우에도 우리는 실제로 그렇다는 좋은 증거를 갖고 있지 못하다. 그러면 일반적으로 두 구간 추정치가 서로 겹칠 때 적절한 결론은 문제의 변수들 사이에 상관이 있다는 좋은 증거가 없다는 것이다. 명심할 점은 이러한 결론을 상관이 없다는 증거가 있다는 잘못된 결론과 혼동하지 말아야 한다는 것이다.

다시 주의할 점은 이 예에서 관찰된 표본 빈도들이 둘 다 50% 이상이라는 사실은 전혀 중요하지 않다는 것이다. 여기서 문제가 되는 것은 표본 빈도들 사이의 차이가 그것들에 대응하는 구간들이 겹칠 정도로 작은가 하는 것뿐이다.

상관 강도의 추정

표본 빈도들이 모집단 내에 상관이 존재한다는 좋은 증거를 제공하는가와는 별도로 추정에 의해서 우리는 할 수 있는 일이 한 가지 더 있다. 우리는 상관의 **강도**를 추정할 수 있다. 5장에서 우리는 상관 강도를 모집단에서 두 비율 사이의 차이로 정의했다. 여기서 우리는 그 정확한 비율들을 모른다. 우리가 아는 것은 비율의 구간 추정치뿐이다. 그렇다면 어떻게 두 구간 사이의 차이를 구할 수 있는가?

기본적인 아이디어는 간단하다. 각 구간에 대하여 우리는 모집단 비율의 참값이 그 구간 안에 있다는 것을 95% 확신한다. 그러나 우리는 그 구간 어디에 참값이 있을지에 대해서는 더 이상 알지 못한다. 우리가 아는 것은 구간의 끝점들뿐이다. 그러나 우리는 두 구간의 끝점들을 이용해 두 구간이 허용하는 최대의 차이와 최소의 차이를 결정할 수 있다. **최대로** 허용되는 차이는 두 구간 중 높은 구간의 위 끝점과 낮은 구간의 아래 끝점 사이이다. 그리고 **최소로** 허용되는 차이는 높은 구간의 아래 끝점과 낮은 구간의 위 끝점 사이이다.

[그림 6.3]에 있는 첫 번째 예에서 최대로 허용되는 비율 차이는 0.70-0.25=0.45

이고 최소로 허용되는 차이는 0.60−0.45=0.15이다. 그러므로 추정된 상관 강도는 구간 (0.15, 0.45)이다. [그림 6.4]에 있는 두 번째 예에서 최대로 허용되는 비율 차이는 0.70−0.45=0.25이고 최소로 허용되는 차이는 0.60−0.65=−0.05이다. 따라서 추정된 상관 강도는 구간 (0.25, −0.05)이다. 원래의 구간들이 겹칠 때 상관의 최소 강도가 음수이어야 한다는 점에 유의하라. 이것은 그 구간이 0의 강도를 포함할 수 있다는 것을 시사하며, 따라서 우리는 모집단에서 양의 방향이나 음의 방향으로 상관이 있거나 또는 상관이 전혀 없을 가능성을 배제할 수 없다.

상관에 대한 신뢰 수준

우리는 지금까지 표본 빈도들이 해당 모집단에서 상관이 있다는 증거를 제공하는가를 결정하는 간단한 방법을 고안했다. 그런데 이 간단한 방법은 통계적 방법에 매우 익숙한 사람만 알아차릴 수 있는 한 가지 가정을 포함한다. 그 가정은 두 비율에서의 차이에 대한 오차 한계는 개개 비율의 오차 한계의 합이라는 것이다. 이 가정은 잘못된 것이다.

실제로 무슨 일이 일어나고 있는가를 좀 더 쉽게 이해하기 위해서 오차 한계가 유도되었던 본래의 표준 편차를 살펴보자. [그림 6.3]과 [그림 6.4]에 제시된 예들은 하나는 붉은 구슬로 이루어지고 다른 하나는 붉지 않은 구슬로 이루어진 두 모집단에서 각각 독립적으로 표집하는 것과 같다. 붉지 않은 구슬을 하나 선택할 때마다 다섯 개의 붉은 구슬을 표집한다. 이러한 방식으로 한 차례씩 선택할 때마다 큰 구슬이 두 표본에서 나타나는 상대 빈도의 차이를 계산한다. 표집이 진행됨에 따라 각 상대 빈도는 임의적으로 변할 것이다. 그러나 상대 빈도의 **차이**는 그보다는 **덜** 변할 것이다. 이것은 개별 상대 빈도들이 함께 올라가거나 함께 내려가서 그 차이는 상대적으로 변하지 않을 수 있기 때문이다. 또는 실제로 차이가 줄어드는 방식으로 한쪽은 올라가고 다른 쪽은 내려갈 수도 있다. 최종적 결과는 차이의 표준 편차가 표준 편차들의 합**보다 작다**는 것이다. 유도된 오차 한계도 마찬가지다. 얼마나 더 작은가는 우리 머리 속에서 계산하기에는 너무 복잡하다. 더 자세한 것에 대해서는 이 6장의 부록을 참조하라.

상관을 평가하는 우리의 간단한 방법은 이렇게 적절한 수준 이상의 오차 한계를 사용하고 있다. 다행스럽게도 이러한 잘못을 보상할 수 있는 한 가지 쉬운 방식이 있다. 우리는 오차 한계가 증가하는 것은 신뢰 수준이 올라간다는 것과 일반적으로 동등하다는 것을 알고 있다. 사실상 우리의 간단한 방법은 추정치의 차이에 대한 신뢰 수준을 95%에서 99%까지 효과적으로 높인다. 따라서 상관에 대한 우리의 모든 결론은 표준적인 95%보다 더 높은 99%의 신뢰 수준을 갖는다.

이러한 선택의 실질적인 결과로, 표본 빈도의 어떤 관찰된 차이에 대하여, 95%의 신뢰 수준을 사용하는 다른 사람이 상관에 대한 증거가 있다고 말할 때 우리는 상관에 대한 증거가 없다고 결론을 내릴 것이다. 즉, 우리는 상관에 대해 95%의 신뢰 수준을 사용하는 사람보다 상관에 대한 증거가 있다고 선언하는 데 더 신중하게 된다. 이러한 보수적 경향은 수학적 계산을 하지 않고서도 효과적으로 이용할 수 있는 방법을 갖기 위해 지불할 만한 대가처럼 보인다.

6.3 통계적 유의성

통계학자들은 자료의 "통계적 유의성(statistical significance)"에 대해 자주 언급하는데, 이 용어는 통계적 연구에 대한 대중적인 보도에서도 가끔 등장한다. 따라서 통계적 유의성 또는 그것의 결여에 대한 주장을 바르게 해석할 수 있어야 한다.

통계적으로 유의한 차이

통계적 유의성이라는 개념은 일차적으로 **표본 빈도**에 적용된다. 그것은 주로 표본 빈도 사이의 **차이**에 적용된다. 근본적으로 표본 빈도 간의 차이를 낳는 두 가지 요인이 있다. 첫째, 원래 표본이 선택되었던 모집단에서 그것에 대응하는 비율 사이에 실제로 차이가 있을 수 있다. 둘째, 표집 과정 자체가 표본 빈도의 임의의 편차를 생성하는 경우인데, 이것은 모집단 비율에 진정한 차이가 있든 없든 나타난다. 통계적으로 유의한 차이는 표집 과정에 의해서만 생성되었을 것 같지 않은 표본 빈도의 차이이다. 따라서 그러한 차이는 모집단에 존재하는 실제 비율 간의 차이를 나타내는 듯한 차이이다.

우리는 표본 빈도들 사이의 차이가 언제 통계적으로 유의한가를 대략 결정할 수 있을 정도로 이미 충분히 배웠다. 간단히 말해서, 표본 빈도들 사이의 차이는 대응하는 구간 추정치들이 **겹치지 않을** 때면 언제라도 **통계적으로 유의하다**. 그러나 대응하는 구간 추정치들이 **겹치면**, 표본 빈도들 사이의 차이는 **통계적으로 유의하지 않다**. 예를 들어, [그림 6.3]에 있는 표본 빈도의 차이는 통계적으로 유의하다. 그러나 [그림 6.4]에 있는 표본 빈도의 차이는 통계적으로 유의하지 않다. 이것이 기본적으로 거기에 있는 전부이다.

때때로 대중적 보도는 "보고된 표본 빈도의 차는 0.05 수준에서 통계적으로 유의하다"는 주장을 포함한다. 이것은 문제의 차이가 95% 신뢰 수준을 이용했을 때 통계적으로 유의하다는 뜻이다. 통계적 유의 수준(significance level)은 1에서 신뢰 수준을 뺀 값으로 규정된다. 사실상 99%의 신뢰 수준을 사용하여 상관을 평가하는 우리의 간단한 방법은 관찰된 표본의 차이가 언제 "0.01 수준에서 통계적으로 유의한가"를 알려준다.

통계적 유의성과 상관 강도

우리는 표본 빈도에서의 차이가 통계적으로 유의한지에 대해서만 언급하는 통계적 연구에 대한 보도들을 자주 접한다. 이 경우 실제적 표본 빈도가 주어졌을 때보다 접할 정보량이 훨씬 적다. 그러나 차이가 통계적으로 유의한 것으로 또는 그렇지 않은 것으로 보도되는가에 따라서 어느 정도는 평가가 여전히 가능하다.

· 통계적으로 유의하다고 보도된 차이

붉거나 붉지 않은 구슬과 크거나 작은 구슬이 담긴 항아리에서 추출된 표본에 관한 보도문을 상상해 보자. 표본의 크기에 대한 정보는 차치하고, 붉은 구슬에서 큰 구슬의 표본 빈도가 붉지 않은 구슬에서보다 크며 그 차이는 통계적으로 유의하다는 것이 보고된 내용의 전부이다. 우리는 모집단에서 큰 구슬과 붉은 구슬 사이의 상관 강도에 대해 무슨 말을 할 수 있는가?

사실 모집단에서 큰 구슬과 붉은 구슬 사이에 양의 상관이 있다는 것이 우리가 아는 전부이다. 그렇다면 크다는 것과 붉다는 것 사이의 상관 강도는 틀림없이 0보다 클 것이다. 그것은 얼마나 더 클까? 이에 대해서는 알 도리가 없다. 구간들 사이의 간격이 클 수도 있고 작을 수도 있다. 우리가 아는 한 그 상관 강도는 1에 가까울 수 있다! 이처럼 우리는 큰 구슬과 붉은 구슬 사이에 양의 상관이 있다고 결론지을 좋은 증거를 가지고 있지만 상관 강도에 대해서는 어떠한 증거도 없다.

표본의 크기를 안다고 해도 별로 도움이 되지 않는다는 점에 주목하라. 작은 표본은 넓은 구간을 그리고 큰 표본은 좁은 구간을 산출한다. 그러나 구간들이 얼마나 떨어져 있는가를 알지 못하는 한 우리는 상관 강도에 대해 전혀 알지 못한다. 우리가 말할 수 있는 것은 상관 강도가 0보다 크다는 것뿐이다.

· 통계적으로 유의하지 않다고 보도된 차이

이제 동일한 모형 모집단으로부터 추출된 또 다른 표본을 생각해 보자. 이번에는 붉은 구슬 중 큰 구슬의 표본 빈도와 붉지 않은 구슬 중 큰 구슬의 표본 빈도 사이의 차이가 통계적으로 유의하지 **않다**고 보도되어 있다. 여기서 그 상황에 대한 평가는 우리가 그 표본의 크기에 대해 무엇을 알고 있는가에 달려 있다. 물론 표본의 크기에 대해 아무런 정보가 없다면, 우리가 말할 수 있는 것은 큰 구슬과 붉은 구슬 사이에 상관의 존재에 대한 어떠한 증거도 없다는 것뿐이다.

만약 표본의 크기가 비교적 작은 것으로 알려져 있다면, 큰 구슬의 빈도 차이가 통계적으로 유의하지 않다는 간단한 보도는 전혀 정보 가치가 없다. 여러분은 관련된 구간들이 중복된다는 것은 알고 있지만, 얼마나 겹치는가는 알지 못한다. 또한 그 구간들이 아주 넓다는 것은 알고 있다. 그것들이 사실상 조금만 겹친다면, 상관 강도에 대한 적절한 추정치는 0으로부터 개별 오차 한계들의 두 배를 더한 값까지의 구간이 될 것이다. 예를 들어 붉은 구슬은 100개이고 붉지 않은 구슬은 25개라면, 통계적으로 유의한 차이가 없다는 보도는 (2×0.10)+(2×0.25)=0.70만큼 상당히 큰 상관 강도와 여전히 양립가능하다.

표본 빈도에 대한 언급 없이 통계적 유의성에 대해서만 보고하는 간단한 보도는 매우 큰 표본에서 통계적으로 유의한 차이가 없다고 주장하는 경우에만 유익하다. 매우 좁은 구간들은, 비록 조금만 겹친다고 하더라도, 상관 강도에 대한 낮은 추정치를 산출한다. 예를 들어, 붉은 구슬과 붉지 않은 구슬이 각각 2,000개씩 표집되었을 때, 겹치는 구간들과 양립 가능한 상관 강도의 최대 추정치는 0.08인데, 그것은 여전히 매우 작다.

이러한 가능성들이 <표 6.3>에 요약되어 있다. 여기서 일반적으로 배울바는 단순히 표본 빈도의 차이가 통계적으로 유의하다거나 유의하지 않다는 말보다 실제적 표본 빈도들에 대해 정보를 듣는 것이 낫다는 것이다.

〈표 6.3〉 표본 크기, 보도된 통계적으로 유의한 차이, 강도의 추정치 사이의 관계에 대한 요약

표본 크기	통계적으로 유의한 차이(SSD)	강도의 추정치
크다	없다	강도가 낮다
크다	있다	말할 수 없다
작다	없다	말할 수 없다
작다	있다	말할 수 없다

상관에 대한 평가: 간이 방법

상관의 가능성을 나타내는 표본 자료를 평가하는 간이 방법이 있다. 그것은 [그림 6.3]이나 [그림 6.4]에서와 같은 도표들을 그리지 않고서도 적용 가능하다.

첫째, 두 개의 관련된 부분 표본(partial sample)들의 크기를 알아낸다. 그 다음

어림계산법을 이용하여 각각의 오차 한계를 결정한다. 오차 한계들을 더한 다음, 표본 빈도에서 관찰된 차이가 그 오차 한계들의 합보다 큰지, 작은지를 살펴본다. 표본 빈도에서 관찰된 차이가 더 크면, 그것은 통계적으로 유의하고 우리는 모집단에서의 상관에 대한 증거를 갖게 된다. 그러나 표본 빈도에서 관찰된 차이가 더 작으면, 우리는 모집단에서의 상관에 대한 증거를 갖지 못하게 된다. 마지막으로, 표본 빈도에서 관찰된 차이가 통계적으로 유의하다면, 표본 빈도에서의 차이로부터 오차 한계의 합을 빼면 상관 강도에 대한 최소 추정치가 나온다. 조금만 연습하면, 우리는 보고된 자료만 보고 머리 속에서 이 모든 것을 처리할 수 있다.

마지막으로 [그림 6.3]에 제시된 예로 돌아가면 두 부분 표본의 크기가 각각 500과 100임을 알 수 있다. 따라서 오차 한계는 각각 0.05와 0.10이고, 그 합은 0.15이다. 관찰된 빈도에서의 차이는 0.65-0.35=0.30이다. 그래서 이 표본 빈도의 차이는 (0.01 수준에서) 통계적으로 유의미하며, 우리는 상관에 대한 증거를 갖는다. 그 상관 강도에 대한 최소 추정치는 0.30-0.15=0.15이다. 마찬가지로 [그림 6.4]에 제시된 예에서 표본 빈도들의 관찰된 차이는 단지 0.10(=0.65-0.55)이다. 그것은 오차 한계의 합(0.15)보다 작다. 그러므로 이 차이는 (0.01 수준에서) 통계적으로 유의하지 않으며, 상관에 대한 증거가 없는 상황이 된다.

6.4 조사 표집

통계 방법을 가장 현저하게 사용하는 경우 중 하나는 **조사 표집**(survey sampling)이다. 예를 들어, 미국에는 다양한 미국인 집단들이 가진 특성, 태도 및 의견의 조사를 전문적으로 하는 갤럽(Gallup Organization) 같은 유명한 회사들을 포함하는 산업 분야가 있다. 여론 조사는 미국인에게 미치는 영향력이 원체 커서 생활의 일부처럼 되었고 모든 전국적 규모의 선거 운동뿐만 아니라 전국적인 언론 매체는 독자적인 여론 조사팀을 고용하고 있는 상황이다. 그러나 조사 표집 기법의 사용은 선거 운동이나 미국에 국한되지 않는다. 이 절에서 우리는 젊은 사람들의 건강 행위에 대해 최근 실시된 유명한 국제적 조사 하나를 검토할 것이다. 이것은 우리가 확률과 통계적 방법이 실세계 모집단에 적용되는 방식을 배우는 데 기본 사례의 구실을 할 것이다.

학령아동의 건강행위(HBSC)에 대한 세계 보건 기구(WHO)의 1997~98년도 국가간 비교 조사

1982년에 유럽의 세 국가, 즉 영국, 핀란드 그리고 노르웨이로부터 온 사회과학자들이 학령 아동의 건강행위에 관한 국가간 비교 조사를 시작했다. 이 사업은 곧 세계보건기구 유럽 지국에 의해 공동 연구 과제로 채택되었다. 후속 조사가 3~4년에 한 번씩 이루어졌을 뿐만 아니라 참여 국가도 늘어났다. 에딘버러 대학의 큐리(Candace Curie)가 조정 역할을 한 1997년과 1998년의 조사 때까지는 28개 국가 또는 지역이 자료를 제공했다.

이 학령 아동의 건강행위에 대한 연구는 학령아동들에 제시된 설문지에 근거를 두고 있다. 그것의 일차적 목표는 젊은 사람들의 건강 행위, 생활방식, 양자의 맥락 그리고 건강관심사에 대한 전망 등을 더 깊이 이해하는 것이다. 그 사업의 공식적 이유에는 행위, 생활방식, 건강, 신체장애, 그리고 때 이른 사망 사이의 명백한 관계들이 포함된다. 성인들의 건강 행위와 생활방식은 청춘기의 성장과 결부하여 생각된다. 젊은 사람들의 건강에 대한 주관적 태도를 연구한 결과는 다음과 같은 것들을 포함할 것으로 기대되며 실제로 그럴 것이다.

- 이른 나이에 위험한 상태에 있는 특정 집단들을 확인한다.
- 젊은 사람들이 건강 문제를 일으키거나 위험한 행위를 하는 경향을 갖게 만드는 요인들을 더 잘 이해한다.
- 효과적인 개입 전략을 개발한다.

HBSC 사업의 다국가적 성격 또한 많은 중요한 통찰을 제공한다. 여러 국가나 지역에 걸친 유사한 패턴의 증거는 연구 결과들의 일반성을 증대시킬 것이다. 광범위한 유사성은 측정되고 있는 행위나 태도가 (참여 국가에 따라 다른) 특정한 문화적, 사회적, 정치적 영향의 결과라기보다 정상적인 성장 과정의 일부라는 점을 시사한다. 이와 반대로 중요한 국가간 변이는 조사 대상 국가들에서 함께 시도되는 교육적 및 정책적 노력을 평가하는 데 도움이 될 수 있다.

조사는 어떻게 수행되었는가

1997~98년 HBSC 조사는 설문지의 형태로 28개 참여 국가 및 지역의 젊은이들을 대상으로 하여 이루어졌다. 조사 대상 연령 집단은 세 개, 즉 11세 집단, 13세 집단 및 15세 집단이었다. 국가간 비교의 타당성을 확보하기 위해 각 국가 또는 지역은 국제적 자료 집합에 포함된 표본을 유사한 표집 기법을 사용해 도출하도록 요구되었다. 또한 연구 설계자들은 각 표적 연령 집단에 속하는 국가별 모집단의 95%가 조사에 응할 수 있도록 한다는 표적 목표를 설정했다. 이 두 가지 조건은 진정으로 임의적인 표집이 이루어질 수 있는 정도에 실질적인 한계를 정한다. 분명히 응답가능성의 증대, 표본 선택의 능률화, 조사 관리 등과 같은 실제적 문제들의 해결은 각국의 교육 체제를 통해 가장 효율적으로 다루어질 수 있을 것이다. 이러한 선택을 할 경우 표본은 조사가 이루어지는 시점의 재학생들에 한정될 것이다. 그러나 제시된 표적 목표를 달성하기 위해, 각국의 조사 조정자들은 모집단에 공립학교, 사립학교 및 특수학교의 학생들을 비롯하여 모든 학생들을 포함시키고 이로부터 표본을 도출해야만 했다. 연구 설계자들은 모든 설문에 답하는 데 어려움을 겪을 학생들도 있을 것이며 접근하기 힘든 특수 시설에 속해 있는 학생들도 있을 것이라는 점을 인정했다.

이러한 실천적 제약 속에서나마 임의 표본의 정확도를 높이기 위해, 그 연구는 군집 표집의 방법을 채택했다. 각 군집은 단일한 학교 학급이거나 세 개의 표적 연령 집단 중 하나에 속하는 학생들로 구성되는 "학급과 동등한 것(이후 학급동등체)"이었다. 각 표적 연령 집단이 상이한 학년의 두 학급뿐만 아니라 현저한

월반 또는 유급 제도를 가진 국가에서는 심지어 두 학년보다 더 차이가 나는 학급들과 부분적으로 겹칠 수 있다. 그런 까닭에, 주어진 학교에서 표집을 위해 선택되는 학급 동등체의 선정은 학년이 다른 두 학급에서 표적 연령 학생들의 전형적 분포를 반영하도록 한 학년의 학급에 속하는 학생들의 n%와 다른 학년의 학급에 속하는 학생들의 (100-n)%에게 설문지를 주는 방식으로 이루어졌다. 예를 들어, 13세의 학생들에게 설문지를 주도록 선택된 미국의 한 학교에서 13세인 학생들의 80%가 7학년에 속하고 나머지 20%는 8학년에 속한다면, 학급 동등체의 선정은 그것의 80%가 7학년 학생이고 20%가 8학년 학생인 방식으로 이루어질 것이다. 해당 국가 또는 지역별로 표적 연령에 해당하는 학생들의 비율이 단일 학급에서 가장 높은 시점에 설문지가 주어지도록 하는 배려도 있었다.

이 표집 절차는 복잡다단하게 보일 수 있으나 그 결과는 매우 정확했다. 28개 참가국의 대부분에서 표집된 학생들의 평균 나이는 11.2~11.8세(평균치는 11.7), 13.2~13.8세(평균치는 13.6), 그리고 15.2~15.8세(평균치는 15.6)였다. 평균 나이가 표적 연령 집단을 벗어나는 국가는 극히 소수였다. 각 국가에서 표적 모집단별로 권장된 표본 크기 n은 1,536이었는데 이는 0.5의 표본 빈도에 대해 95%의 신뢰수준을 보장했다. 이 수는 앞서 <표 6.1>에서 보고된 것보다 약간 더 크다는 점이 눈에 띌 것이다. 이는 단일 학급 또는 학급 동등체에 속하는 학생들이 그 나이의 일반적 모집단과 비교하여 더 엇비슷한 경향을 띤다는 사실을 고려하는 설계인자에 의해 그 수가 조정되었기 때문이다. (그 **설계 인자**의 값은 1992~1993년 HBSC 조사로부터 얻은 자료를 이용해 계산되었으며, 그 계산은 이 책의 범위를 넘어서는 통계적 방법들을 필요로 한다.) 1997~98년 조사에 참여한 28개 국가 또는 지역의 대부분은 각 연령 집단에 대한 표본 크기의 목표치를 달성하거나 상회했다.

모든 참여 국가들의 협력으로 설문지에 의한 조사는 1997년 10월과 1998년 5월 사이에 실시되었다. 총 123,227명의 어린이들이 설문지를 완성했다. 그중 60,291명(49%)은 소년이었고 62,936명(51%)는 소녀였다. 또한 그중 42,155명(34%)이 11세, 42,088명(34%)이 13세, 그리고 38,984명(32%)이 15세였다. <표 6.4>는 이 자료를 요약하고 있다. 각 참여 국가에서 2명 내지 6명으로 구성된 팀이 조사 관리를 감독하였으며, 다수의 교사, 사무직원 또는 관리자들이 선택된 학급 및 학급 동등체에서 학생들을 조사하였다. 조사가 이루어진 학급과 학급 동등체들은 각국의 모든 학교로부터 임의로 선택되었다. (설문지에 의한 조사를 실시했던 학교 직원들에게 주어진 명시적 지침들은 HBSC 계획안의 부록 4로 입수 가능하다.)

국가별 설문지는 영어로 된 국제적인 표준안을 자국어로 번역한 것이다. 그 번역은 독자적인 번역자들에 의해 영어로 재번역되었는데, 이는 본래의 영문본과 일치하지 않는 부분들이 없는지를 면밀하게 대조하기 위해 필요했다. 각 국가 또는 지역의 조사 조정관들은 그들의 번역을 가능한 한 비교가능하게 하라는 지시를 받았다. 이렇게 주의를 기울인 결과, 상관 및 상관 강도를 포함하는 자료들을 국가 또는 지역 사이에 직접 비교할 수 있게 되었다.

선택된 자료

1997~98년 HBSC 설문은 그 전에 실시된 네 번의 조사에 매번 등장했던 핵심 질문들을 포함하고 있었다. 이 질문들은 기본적인 인구 통계(예를 들어, 나이, 성, 가족 구성, 부모의 직업), 주요 건강 문제들에 관계되는 행위(예를 들어, 흡연 버릇, 물리적 활동), 그리고 주관적인 건강 평가(예를 들어, "당신 스스로 얼마나 건강하다고 생각하는가?" 라는 물음과 "매우 건강하다", "아주 건강하다", "그렇게 건강하지 않다" 와 같은 답, "외롭다고 느낀 적이 있는가?" 라는 물음과 "네, 매우 자주", "네, 다소 자주", "네, 때때로" 및 "아니오" 와 같은 답) 등을 포함했다. 41개의 핵심 질문들의 완전한 목록은 앞서 언급된 웹사이트에서 HBSC 원안의 부록 1로 입수 가능하다.

1997~98년 설문에는 "특별한 중점" 질문들도 포함되었는데, 이번에는 (1) 학교의 건강 관련 측면들과 (2) 사회적 불평등에 초점을 맞추었다. 이 첫 번째 그룹의 질문들이 포함된 이유에는 학생의 학교 경험이 자존심, 자아 인식 및 건강 행위를 계발하는 데 미치는 영향, 그리고 감지되는 학교 분위기와 성인이 된 후의 작업 환경 사이에 가정된 연관이 포함되었다. 이 그룹에 속하는 질문들 중 일부는 공격적 행위에 관한 문제들을 언급한다. 예를 들어, **괴롭힘을 당하는 것**에 대해 "어

떤 학생이 다른 학생이나 학생들의 집단으로부터 추잡하거나 불쾌한 말을 듣거나 일을 당하는 것", "어떤 학생이 그가 싫어하는 방식으로 반복해서 놀림을 당하는 것" 등의 간단한 정의를 제시한 후, "이번 학기에 당신은 학교에서 얼마나 자주 괴롭힘을 당했는가?"라고 묻는데 가능한 대답은 "나는 이번 학기에 학교에서 괴롭힘을 당한 적이 없다", "한두 번", "가끔", "일주일에 약 한 번" 또는 "일주일에 여러 번" 등이다. 16개 의무적 중점 질문들의 완전한 목록은 앞서 언급된 웹사이트에서 HBSC 원안의 부록 2로 입수 가능하다.

28개 국가 또는 지역에서 모든 연령 집단을 대상으로 이루어진 조사를 통해 얻어진 표본은 12만 3천 명의 젊은이들로 구성되어 있는데, 그들 중 92%는 스스로 건강하다고 생각하는 것으로 보고되었다. 즉 그들은 "당신이 얼마나 건강하다고 생각하는가?"라는 물음에 "매우 건강하다"거나 "아주 건강하다"고 답하였다. 그런데 이 백분율은 거의 6만 3천 명이나 되는 소녀들 사이에서보다 (모든 연령 집단에서 조사된) 6만 명 이상의 소년들 사이에서 약간 더 높았는데, 전자의 집단에서는 90%였는 데 비해 후자의 집단에서는 94%였다. 소녀들 중에서는 11세 집단이 93%의 가장 높은 수준에서 건강하게 느끼는 것으로 보고되었다. 이 백분율은 13세의 소녀 집단에서는 91%로, 그리고 15세 소녀 집단에서는 87%로 줄어들었다. (성과 연령의 구분 없이 합친) 스웨덴의 젊은이들은 98%의 가장 높은 비율로 건강하게 느끼는 것으로 보고되었다. 반면 러시아의 젊은이들에서는 그 비율이 81%로 가장 낮았다.

우울함에 대한 자기 평가는 "지난 6개월 동안 당신은 얼마나 자주 다음과 같은 증상을 경험했는가?"라고 묻고 증상 중의 하나로 "기운이 없다"를 열거하는 방식으로 조사가 이루어졌다. 가능한 반응에는 "드물게 또는 전혀", "한 달에 한 번 정도", "일주일에 한 번 정도", "일주일에 한 번 이상" 및 "거의 매일"이 포함되었다. 조사된 각 국가별로 평균을 해본 결과, 모든 젊은이의 27%가 일주일에 적어도 한 번 이상 기운이 없다고 느끼는 것(즉, "일주일에 한 번 정도", "일주일에 한 번 이상" 또는 "거의 매일"이라고 답하는 것)으로 나타났다. 이 백분율은 전반적으로 소년들에서보다 소녀들에서 더 높았는데, 전자의 경우 22%인 데 비해 후자의

〈표 6.4〉 1997~98년 HBSC 조사: 국가별, 성별 그리고 연령집단별 응답자 수*

국가별		성별		나이별			합계
		소년	소녀	11세 이상	13세 이상	15세 이상	
오스트리아		2,086	2,230	1,422 (11.2)	1,518 (13.2)	1,376 (15.2)	4,316
벨기에		2,406	2,418	1,730 (11.5)	1,535 (13.5)	1,559 (15.5)	4,824
캐나다		3,143	3,424	1,856 (11.5)	2,308 (13.5)	2,403 (15.5)	6,567
체코		1,839	1,864	1,184 (11.5)	1,290 (13.4)	1,229 (15.3)	3,703
덴마크		2,505	2,561	1,713 (11.8)	1,807 (13.8)	1,535 (15.8)	5,066
그린란드		826	822	480 (12.3)	569 (14.1)	599 (16.2)	1,648
에스토니아		853	1,044	478 (11.6)	832 (13.5)	587 (15.4)	1,897
핀란드		2,397	2,467	1,691 (11.8)	1,628 (13.7)	1,545 (15.7)	4,864
프랑스		1,970	2,163	1,467 (11.6)	1,421 (13.6)	1,245 (15.6)	4,133
독일		2,443	2,349	1,580 (11.3)	1,613 (13.3)	1,599 (15.3)	4,792
그리스		2,094	2,205	1,662 (11.6)	1,315 (13.6)	1,322 (15.6)	4,299
헝가리		1,755	1,854	1,435 (12.1)	1,356 (14.0)	818 (16.1)	3,609
아일랜드		2,157	2,237	1,495 (11.6)	1,442 (13.5)	1,457 (15.5)	4,394
이스라엘		2,423	2,631	2,299 (12.1)	1,370 (14.1)	1,385 (16.1)	5,054
라트비아		1,705	2,070	1,311 (11.5)	1,199 (13.9)	1,265 (15.8)	3,775
리투아니아		2,150	2,363	1,566 (11.6)	1,512 (13.5)	1,435 (15.3)	4,513
노르웨이		2,547	2,479	1,733 (11.5)	1,623 (13.5)	1,670 (15.5)	5,026
폴란드		2,405	2,456	1,627 (11.7)	1,598 (13.7)	1,636 (15.7)	4,861
포르투갈		1,649	2,072	1,217 (12.2)	1,259 (14.2)	1,245 (16.1)	3,721
러시아		1,985	2,012	1,308 (11.6)	1,367 (13.6)	1,322 (15.6)	3,997
슬로바키아		1,876	1,913	1,403 (11.4)	1,543 (13.4)	843 (15.2)	3,789
스웨덴		1,986	1,816	1,294 (11.5)	1,357 (13.5)	1,151 (15.5)	3,802
스위스		2,744	2,776	1,668 (11.6)	2,020 (13.5)	1,832 (15.5)	5,520
영국	잉글랜드	3,125	3,248	2,279 (11.7)	2,222 (13.7)	1,872 (15.7)	6,373
	북아일랜드	1,796	1,550	1,068 (11.5)	1,197 (13.5)	1,081 (15.5)	3,346
	스코틀랜드	2,274	2,853	2,092 (11.6)	1,813 (13.6)	1,727 (15.6)	5,632
	웨일스	2,257	2,280	1,539 (11.9)	1,571 (13.9)	1,427 (15.9)	4,537
미국		2,395	2,774	1,558 (11.9)	1,803 (13.8)	1,808 (15.8)	5,168
합계		60,291	62,936	42,155 (11.7)	42,088 (13.6)	38,984 (15.6)	123,227

* 괄호 속의 숫자는 국가 및 연령집단별 응답자의 평균연령을 나타낸다.

경우 33%로 나타났다. 소녀들의 경우, 일주일에 한 번 이상 우울하게 느낀다는 자기 보고의 비율은 연령이 높아짐에 따라 증가하는 것으로 나타났다. 즉, 11세의 27%, 13세의 경우 33%, 그리고 15세의 경우 39%였다. 소년들의 경우, 이 백분율은 연령에 따른 변화가 훨씬 덜한 것으로 나타났다. 즉 11세의 경우 21%, 13세의 경우 21%, 그리고 15세의 경우 23%였다. (성과 연령의 구분 없이 합친) 젊은이들이 일주일에 한 번 이상 우울하게 느끼는 비율은 헝가리, 그리스 및 이스라엘에서 가장 높게 나타나고 미국이 뒤따랐는데, 그 비율은 각각 43%, 43%, 42% 및 38%였다. 캐나다 젊은이들은 상당히 더 낮았고(24%), 오스트리아 젊은이들이 가장 낮은 것으로 보고되었다(9%). 11세 소녀들의 경우 미국과 에스토니아에서 그 비율이 가장 높았다. 11세 소년들의 경우 이스라엘이 가장 높았고(35%), 오스트리아가 가장 낮았다(6%). 13세 소녀들의 경우, 그리스가 가장 높았고(51%), 오스트리아가 가장 낮았다(6%). 15세 소녀들의 경우, 그리스가 가장 높았고(63%), 오스트리아가 가장 낮았다(11%). 15세 소년들의 경우, 역시 그리스가 가장 높았다(46%). [그림 6.5]는 이 질문과 관련하여 모든 국가 및 연령 집단에 대해 완전한 자료를 제시하고 있는데, 이는 <표 6.4>의 각주에서 인용된 보고서로부터 나온 것이다.

조사를 받은 모든 젊은이들의 31%는 한 주에 적어도 한 번 두통을 경험한다고 보고했다. 11세, 13세 및 15세 소녀들을 모두 합친 집단에서 이 숫자는 37%였고, 소년들 사이에서는 24%였다. 소녀들의 경우, 이 백분율은 연령에 따라 계속 증가하는 추세를 보여 주는데, 11세의 경우 32%, 13세의 경우 37%, 그리고 15세의 경우 43%로 나타났다. 반면 소년들의 경우에는 각 연령 집단에서 24%로 변화가 없었다. (성과 연령의 구분 없이 합친) 이스라엘의 젊은이들에서 한 주에 한 번 이상 두통을 경험하는 백분율이 52%로 가장 높게 보고되었고, 미국이 44%로 그 다음이었다. 벨기에의 경우 그 백분율이 가장 낮은 21%로 보고되었다. 그런데 특히 두통 때문에 한 달에 한 번 이상 약을 복용하는가라는 질문에 대해서는, 모든 젊은이의 41%가 규칙적으로 그렇게 한다고 보고했는데, 소녀들의 경우에는 46% 그리고 소년들의 경우에는 36%가 그러했다. 매달 한 번 이상 두통약을 복용하는 비율은 소녀들의 경우 연령이 높아짐에 따라 크게 증가하는 것으로 나타났는데,

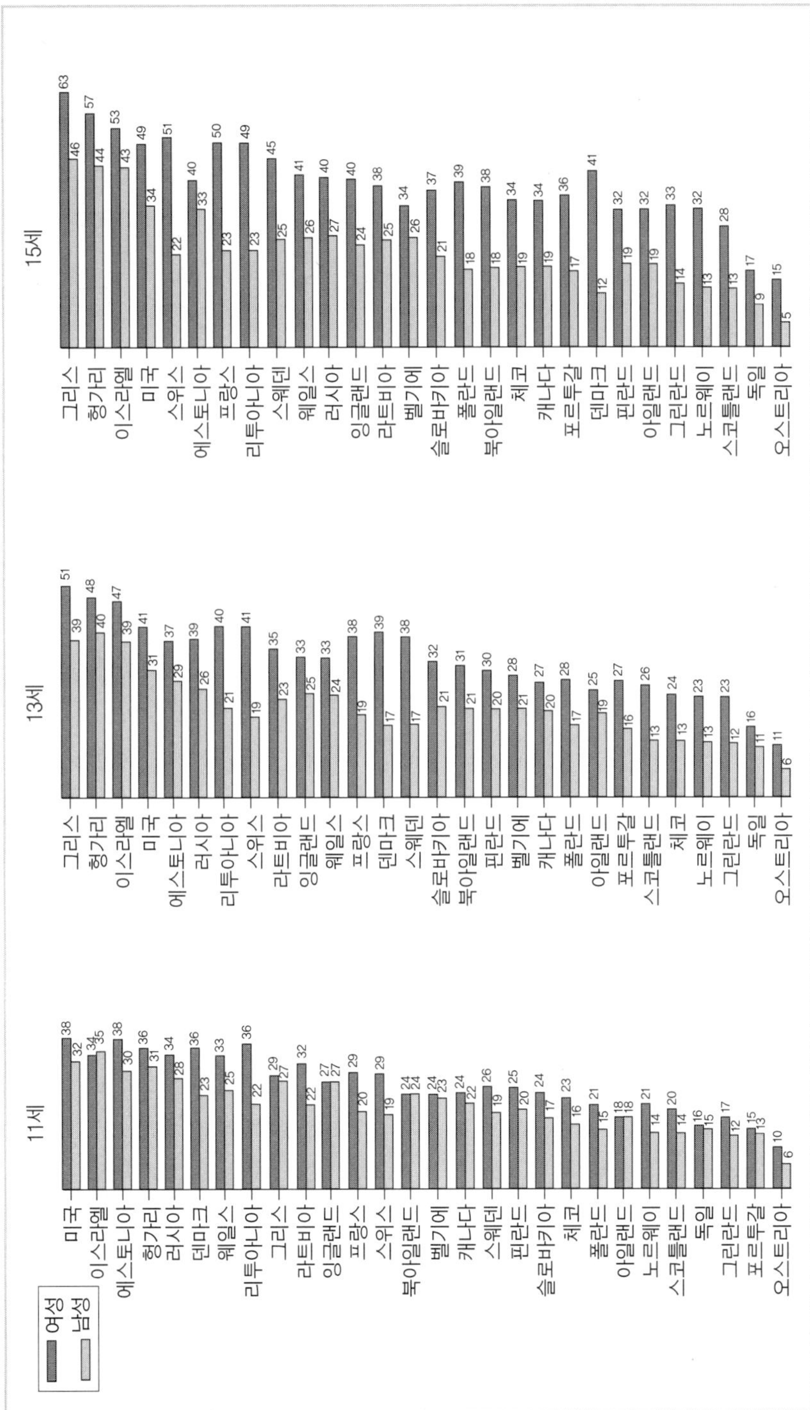

[그림 6.5] 1997~98년 HBSC 조사: 지난 6개월간 주 1회 이상 우울하게 느낀다고 보고한 학생수(%)

11세는 39%, 13세는 46%, 그리고 15세는 52%였다. 소년들의 경우 그 증가 추세가 덜해, 연령별 비율이 각각 33%, 36% 및 37%였다. 매월 두통약을 복용한다고 스스로 보고한 비율은 미국이 가장 높았는데, 전체적으로 58%, 13세 소녀들은 68%, 그리고 15세 소녀들은 72%였다. 슬로바키아의 경우 매월 두통약을 복용하는 비율이 성과 연령 구분 없이 합쳐 25%로 가장 낮았다. 흥미롭게도 모든 슬로바키아 젊은이의 38%가 일주일에 한 번 이상 두통을 경험한다고 보고하기도 했는데, 이는 전체 평균보다 훨씬 높은 수치이다.

젊은이들은 "자신들을 실제로 괴롭히는 문제들"에 관해 어머니보다 아버지에게 이야기하는 것이 더 어렵다고 일관되게 느꼈다. 조사를 받은 모든 젊은이의 22%가 그러한 문제들에 대해 어머니에게 이야기하는 것을 "어려운" 또는 "매우 어려운" 일로 느낀다고 보고한 반면, 43%가 아버지에게 이야기하는 것을 "어려운" 또는 "매우 어려운" 일로 느꼈다. 소녀와 소년들은 전체적으로 그리고 모든 연령 집단에서 비슷한 백분율로 어머니에게 이야기하는 것이 어렵다고 느꼈다. 그러나 소녀들은 소년들보다 더 높은 백분율로 아버지에게 이야기하는 것을 "어려운" 또는 "매우 어려운" 일로 느꼈는데, 이는 전체적으로(소년 35%에 비해 소녀 51%) 그리고 모든 연령 집단에서(11세 소녀 39%, 소년 26%; 13세 소녀 54%, 소년 35%; 15세 소녀 60%, 소년 42%) 그러했다. 젊은이들이 나이가 들어 감에 따라 이 수치들이 증가한다는 사실에 주목하라.

조사받은 모든 젊은이들 중 24%가 학교를 "많이" 좋아한다고 보고했는데, 소녀들의 경우(27%)가 소년들의 경우(20%)보다 전체적으로 약간 더 높았다. 이 백분율은 나이가 들어 감에 따라 줄어들었다. 즉, 11세 소녀의 39% 그리고 소년의 30%가 학교를 많이 좋아한다고 보고한 데 비해, 13세 소녀의 경우는 24% 그리고 소년의 경우는 17%만 그랬다. 이 수치는 15세 소녀 및 소년의 경우 각각 18% 및 14%로 줄어들었다. 라트비아 젊은이들의 경우 (성과 연령의 구분 없이 합치면) 41%로 그 백분율이 전체적으로 가장 높았고, 포르투갈이 39%로 바짝 그 뒤를 좇았다. 체코, 핀란드 및 헝가리 젊은이들의 경우 학교를 많이 좋아하는 백분율이 각각 7%, 8%, 9%로 가장 낮았다. 미국의 백분율은 22%로 성과 연령의 구분 없이 합친 집단의 전체 평균보다 약간 낮았다. 캐나다는 25%로 약간 더 높았다. 이 백분율은 학교에서 자신들을 너무 엄하게 다루었다는 데 "강하게 동의했던" 또는 "동의했던" 학생들의 그것과 비교될 수 있다. 즉 전체 젊은이의 26%가 그렇게 보고했는데, 전체 소녀들의 23%, 소년들의 30%가 그랬다. 다른 한편, 이 백분율은 연령이 증가함에 따라 상승했다. 즉, (양성을 합쳐) 11세 집단의 경우 23%, 13세 집단의 경우 27%, 그리고 15세 집단의 경우 28%였는데, 각 연령 집단에서 소년들의 비율이 소녀들의 그것보다 6~7% 높았다. 전체 젊은이들의 37%는 부모가 자신의 학교 생활에 대해 너무 많은 것을 기대한다는 데 "강하게 동의했거나" "동의했는데", 전체 소년의 41% 그리고 소녀의 34%가 그러했다. 그리스 젊은이들은 이 점에서 77%의 가장 높은 백분율로 그렇다고 답했는데(소녀 74%, 소년 80%), 이 수치는 연령의 증가와 함께 줄어들었다(양성을 합쳐 11세는 88%, 13세는 74%, 그리고 15세는 71%). 핀란드 학생은 전체의 20%가 그렇다고 답해 그 백분율이 가장 낮았다(소녀 15%, 소년 24%).

조사된 항목들 중 다수에서 소녀와 소년들 사이에 놀라울 정도의 유사점이 있었다. 그러나 일부 항목에서는 실질적인 성 차이가 드러났다. 두 가지 예를 들면, 하나는 "매주 네 시간 이상의 컴퓨터 게임을 하는 것"이었고, 다른 하나는 "다이어트 중이거나 다이어트를 해야 한다고 느끼는 것"이었다. 컴퓨터 게임을 하는 것과 관련해서, 조사를 받은 전체 젊은이의 19%가 매주 네 시간 이상 컴퓨터 게임을 한다고 답했다. 그러나 전체 소녀들 중 이 백분율은 7%였고, 소년들의 경우는 31%였다. 13세 소년들의 경우가 33%로 그 백분율이 가장 높았는데, 이는 11세 소년 집단의 27%로부터 증가했다가 15세 집단의 31%로 감소했다. 매주 네 시간 이상 컴퓨터 게임을 하는 백분율은 11세와 13세 소녀 집단에서 8%를 유지하다가, 15세 소녀 집단에서는 5%로 떨어졌다. 흥미롭게도, 미국 소년들 사이의 백분율은 각 연령 집단에서 전체 소년의 평균 백분율보다 약간 낮았는데, 13세의 경우 27% 그리고 15세의 경우 22%였다. 반면에 미국 소녀들 사이의 백분율은 각 연령 집단에서 전체 소녀의 평균 백분율보다 높았는데, 11세가 16%, 13세가 12% 그리고 15세가 8%였다.

〈표 6.5〉 HBSC 조사, 1997~98: 다양한 인자의 성별 및 연령별 평균 백분율, 그리고 백분율이 최대인 국가와 최저인 국가

인자	전체 응답자	성별		11세		13세		15세	
		소년	소녀	소년	소녀	소년	소녀	소년	소녀
행복하다고 느낌	92% 스웨덴 98% 러시아 81%	94%	90%	95%	93%	95%	91%	94%	87%
매주 우울하다고 느낌	27% 헝가리, 그리스 43% 오스트리아 9%	22%	33%	21% 이스라엘 35% 오스트리아 6%	27% 미국 에스토니아 38% 오스트리아 10%	21% 헝가리 49% 오스트리아 6%	33% 그리스 51% 오스트리아 11%	23% 그리스 46% 오스트리아 5%	39% 그리스 63% 오스트리아 15%
매주 두통 경험	31% 이스라엘 52% 벨기에 21%	24%	37%	24% 이스라엘 43% 노르웨이 그린란드 14%	32% 이스라엘 51% 그린란드 19%	24% 이스라엘 45% 그린란드 14%	37% 이스라엘 64% 그린란드 24%	24% 이스라엘 45% 벨기에 13%	43% 이스라엘 64% 벨기에 27%
매달 두통약 복용	41% 미국 58% 슬로바키아 25%	36%	46%	33% 헝가리 48% 노르웨이 20%	39% 미국 57% 노르웨이 25%	36% 스코틀랜드 53% 슬로바키아 20%	46% 미국 68% 슬로바키아 25%	37% 잉글랜드 54% 슬로바키아, 체코 22%	52% 스코틀랜드 73% 슬로바키아 32%
어머니에게 말하기 어려움	22%	22%	22%	16% 체코 24% 잉글랜드, 폴란드 10%	15% 체코 24% 폴란드 6%	23% 체코 29% 헝가리 14%	23% 미국 30% 헝가리 14%	28% 독일 36% 헝가리 16%	28% 에스토니아, 아일랜드 36% 헝가리 16%
아버지에게 말하기 어려움	43%	35%	51%	26% 체코 39% 헝기리 14%	39% 체코 55% 그린란드 24%	35% 에스토니아 50% 헝가리 22%	54% 슬로바키아 65% 헝가리 40%	42% 북아일랜드 54% 헝가리 22%	60% 핀란드 70% 헝가리 39%
학교 다니는 것을 아주 좋아함	24%	20%	27%	30% 독일 64% 체코 9%	39% 독일 66% 체코 13%	17% 노르웨이 31% 체코 4%	24% 라트비아 40% 체코 8%	14% 라트비아 34% 핀란드 3%	18% 라트비아 40% 핀란드 4%

학교에서 너무 엄하게 다룸	26%	30%	23%	27% 이스라엘 41% 스위스 11%	20% 포르투갈 35% 스위스 7%	30% 이스라엘 46% 스웨덴 13%	24% 포르투갈 43% 오스트리아 8%	32% 벨기에 54% 덴마크, 오스트리아, 스위스 18%	25% 벨기에 44% 덴마크 8%
부모가 학교 생활에 대해 너무 많이 기대함	37%	41%	34%	그리스 91% 핀란드 17%	그리스 84% 핀란드 11%	그리스 78% 스위스 26%	그리스 71% 핀란드 16%	그리스 74% 오스트리아 26%	그리스 67% 핀란드 19%
매주 4시간 이상 컴퓨터 게임을 함	19%	31%	7%	27% 스코틀랜드 45% 포르투갈, 헝가리 15%	8% 북아일랜드, 미국 16% 포르투갈, 헝가리 3%	33% 핀란드 50% 헝가리 20%	8% 노르웨이 14% 헝가리 3%	31% 독일 46% 헝가리 18%	5% 노르웨이 9% 헝가리 2%
다이어트 중이거나 해야 함	32%	22%	42%	23% 미국 34% 라트비아 16%	33% 체코 50% 스웨덴 21%	23% 미국 33% 러시아 14%	43% 이스라엘 55% 그린란드, 에스토니아 32%	19% 미국,그리스 29% 에스토니아, 러시아, 라트비아 9%	51% 체코 66% 에스토니아, 스위스, 핀란드 42%

다이어트에 대한 소녀와 소년의 태도는 뒤바뀌었다. (성과 연령의 구분 없이 합쳐) 조사받은 모든 젊은이의 32%가 다이어트 중이거나 다이어트를 해야 한다고 느낀다고 답했다. 그러나 이 수치는 전체 소녀들 사이에서는 42%, 소년들 사이에서는 22%였다. 이 백분율은 소녀들의 경우 연령과 함께 증가했는데, 11세가 33%, 13세가 43% 그리고 15세가 51%였다. 이 백분율은 15세 소년들 사이에서 19%로 떨어지는데, 이는 11세 및 13세 소년들 사이의 23%로부터 감소한 것이다. (모든 연령을 합쳐) 미국 소녀 전체에서의 백분율은 54%이었고, 이는 체코 소녀의 55%를 제외하고 가장 높았다. 소년 다이어트 항목에서는 미국이 32%로 가장 높았는데, 이는 세 명 중 한 명꼴이다.

<표 6.5>는 방금 제시된 자료 중의 일부를 보여 준다. <표 6.6>은 몇몇 폭력 지

표들에 대해 선정된 국가들에서 발표된 더 포괄적인 자료를 제공한다. 통계적 가설들을 평가하기 위한 프로그램을 개발한 다음, 우리는 되돌아와 이 자료의 몇몇 측면들을 좀 더 자세히 검토할 것이다.

〈표 6.6〉 HBSC 조사, 1997~98: 선택된 다섯 국가에서 폭력 지표들의 분포*

폭력 지표	이스라엘	아일랜드	미국	스웨덴	포르투갈	합계
물리적 싸움, 연별 횟수						
0	55 (53~57)	55 (54~58)	60 (58~62)	61 (59~63)	69 (67~71)	60 (59~61)
1	2 (-1~4)	20 (17~23)	17 (15~20)	14 (11~17)	16 (13~19)	14 (12~15)
2	27 (25~29)	10 (7~13)	9 (7~12)	9 (6~12)	7 (4~11)	13 (12~14)
3	6 (4~9)	5 (2~8)	5 (2~8)	6 (3~9)	3 (0~6)	5 (4~6)
≥4	11 (8~13)	10 (7~13)	9 (6~11)	10 (7~13)	5 (2~8)	9 (8~10)
무기 휴대, 월별 일수						
0	84 (83~85)	90 (89~91)	90 (89~91)	무응답	94 (94~95)	89 (89~90)
1	1 (-2~4)	4 (1~7)	3 (1~6)		2 (-1~5)	3 (1~4)
2~3	9 (6~11)	2 (-1~5)	2 (0~5)		1 (-2~4)	4 (2~5)
4~5	2 (-1~5)	1 (-2~4)	1 (-2~4)		1 (-3~4)	1 (0~2)
≥6	4 (2~7)	3 (0~6)	4 (1~7)		2 (-1~5)	4 (2~5)
약자 괴롭히기, 학기별 횟수						
전혀 없음	57 (55~59)	76 (74~77)	61 (59~63)	85 (84~87)	64 (62~66)	66 (65~67)
한두번	24 (22~27)	19 (16~21)	24 (22~27)	11 (8~14)	25 (22~27)	22 (20~23)
가끔	12 (10~15)	4 (1~7)	9 (6~11)	2 (-1~6)	9 (6~12)	8 (7~9)
매주 한번	3 (0~6)	1 (-2~4)	3 (0~5)	1 (-3~4)	1 (-2~4)	2 (1~3)
매주 여러번	4 (1~6)	1 (-2~4)	4 (1~6)	1 (-2~4)	2 (-2~5)	2 (1~4)

* 표와 자료의 출처는 E. Smith-Khuri, R. Iachan, P.C. Scheidt, M.D. Overpeck, S.N. Gabhainn, W. Pickett, and Y. Harel, "A Cross-National Study of Violence-Related Behaviors in Adolescents," Archive of Pediatric and Adolescent Medicine 158 (2004): 539-544. 자료는 (95% 신뢰 구간에서) 백분율로 나타낸 것이며, 모든 수치는 소수점 이하에서 사사오입한 것이다.

6.5 통계적 가설의 평가

우리는 이제 통계적 가설의 평가를 위해, 2장에서 이론적 가설을 평가하기 위해 개발했던 프로그램과 유사한 프로그램을 개발할 것이다. 우리는 먼저

1997~98 HBSC 조사에서 나온 예를 이용하여 비형식적으로 그 프로그램을 개발한다. 그 다음 추후 사용을 위해 쉽게 기억할 수 있는 형식으로 그것을 제시할 것이다. 논의를 계속하기 전에 모든 통계 연구의 주요 요소들 사이의 기본적 관계들을 나타내는 [그림 5.1]을 다시 참조하는 것이 도움이 될 것이다.

실세계 모집단

모든 통계적 연구는 특정한 **실세계 모집단**에 대해 무엇인가를 알기 위한 목적으로 수행된다. 통계적 가설의 평가에서 제일 먼저 해야 할 일은 그 모집단을 확인하는 것이다. 이것은 생각만큼 쉽지 않다. 문제의 모집단을 확인하는 데는 적어도 두 가지 다른 방법이 있다. 그 한 가지는 **관심의 대상인 모집단**을 확인하는 것이다. 그것은 조사자가 연구하고 그것에 대해 어떤 결론을 끌어내고 싶어하는 모집단이다. 예를 들어 HBSC에서 관심의 대상인 모집단은 러시아와 이스라엘을 포함하여 북미와 유럽의 여러 국가 및 지역에 거주하는 11세에서 15세까지의 젊은이들인 것이 분명하다.

그러나 모집단에서의 백분율을 추정하는 우리의 기법은 **실제로 표집된 모집단**에만 적용된다. 지금까지 우리가 고찰한 모든 계산은 결론을 이끌어내려는 모집단으로부터 임의 표집이 이루어지는 것을 가정하고 있다. 임의 표집이 이루어지기 위해서는 표본 추출시 모집단의 모든 구성원이 동일한 선택가능성을 가져야 한다. 따라서 실제로 표집된 모집단과 관심의 대상인 모집단이 다를 수 있으며 일반적으로 다르다. 엄밀하게 말하면, 우리의 결론은 실제로 표집된 모집단에만 적용된다. 이 결론을 관심 대상인 보다 더 큰 모집단에 확대 적용하려면 다른 부류의 고려들이 필요하다.

HBSC에서 실제로 표집된 모집단은 각 참여 국가가 선택한 조사 기간 동안 학교 수업에 참석했던 젊은이들만을 포함한다. 설문에 답하는 데 문제가 없을 정도로 자국어에 능숙한 학생들만 최종 표본에 포함되었다. 그 조사의 설계자들은 조사 대상인 연령 집단에 속하지만 접근이 어려운 특수 기관에 소속된 젊은이들은 표본 추출이 이루어지는 모집단에 포함되지 않을 것이라는 점을 인정했다. 조사 기간 중 수업에 참석하지 못했던 학생이나 자택 교육을 받는 젊은이들도 포함되지 않았다. 따라서, 엄격히 말하면, 조사를 통해 내려진 어떤 결론도 이런 사람들에게는 적용될 수 없다. 물론 관련된 측면들에서 표집 과정에서 배제된 사람들이 표집에 포함된 사람들과 별로 다르지 않다고 생각할 통계적 근거와는 상이한 근거들이 있을 수 있다. 그렇다면, 그러한 이유들을 명시하는 것이 유용하다.

그러므로 통계적 가설을 평가할 때 실제로 표집된 모집단을 확인하는 것이 중요하다. 우리의 결론이 적용되는 것은 바로 그 모집단이다. 관심의 대상인 더 큰 모집단이 있다면, 우리의 결론을 실제로 이 큰 모집단에 확대 적용할 수 있다고 생각할 별도의 이유들을 찾아보아야 한다.

표본 자료

HBSC에 관한 보고서처럼 다수의 통계연구 보고서는 **표본**에 대해 많은 정보를 제공한다. 일반적으로 모든 정보를 한꺼번에 평가하는 것은 불가능하다. 자료 중 초점을 맞추어 평가할 특정한 부분을 선택해야 한다. 자료의 그 부분을 평가한 다음에야 다른 부분으로 넘어갈 수 있다. 경험이 쌓이면 비교적 신속하게 많은 자료를 검토하는 법을 배울 수 있다. 그러나 여전히 한 번에 한 가지씩 검토해야 할 것이다.

HBSC로부터 나온 첫 번째 자료에서 조사를 받은 모든 젊은이의 92%가 자신이 건강하다고 생각한다는 답을 했다. "매우 건강하다", "꽤 건강하다", 그리고 "별로 건강하지 않다"는 "당신은 자신이 얼마나 건강하다고 생각하는가?"라는 조사 질문에 대한 배타적이며 모든 것을 총망라하는 대답들이므로, 즉 학생들이 이 질문에 두 가지 이상의 답을 하거나 아예 답을 하지 않으면 해당 조사 결과는 최종 표본에 포함되지 않았으므로, 나머지 8%는 자신이 별로 건강하지 않다고 생각한다는 말을 굳이 듣지 않아도 된다. 우리 스스로 그것을 알아낼 수 있다. (그러나 스스로 매우 건강하다고 생각하는 사람과 꽤 건강하다고 생각하는 사람의 백분율을 제공된 자료로부터 알아낼 수는 없다는 점에 유의하라. 그 정보를 얻기 위해서는 조사 자료에 대한 좀 더 자세한 보고를 필요로 한다.)

통계적 모형

실세계 모집단에 대한 **통계적 가설**을 세우기 위해서는 **통계적 모형**을 구성해야 한다. 어떤 통계적 모형을 구성해야 하는가? 사용할 수 있는 자료를 검토하여 그 자료가 어떤 부류의 통계적 모형과 관련되는가를 결정하는 것이 최선이다. 이것은 생각만큼 어렵지 않다. 왜냐하면 우리가 선택할 수 있는 가능한 통계적 모형은 비율, 분포, 상관 세 가지뿐이기 때문이다.

통계적 모형을 선택하는 가장 효율적 방안은 자료를 표현하는 데 어떤 **변수**들을 그리고 각 변수에 대해 어떤 **값**들을 도입할 것인가를 결정하는 것이다. 비율은 하나의 변수가 두 가지 값을 가지는 경우이고, 분포는 하나의 변수가 세 가지 이상의 값을 가지는 경우이며, 상관은 두 개의 변수가 각각 두 가지 값을 갖는 경우라는 것을 떠올리라. 우리가 고찰하고 있는 자료는 개인의 전체적 건강에 주관적 느낌이라는 변수를 생각나게 하는데, 이것은 건강하다고 느낀다와 별로 건강하지 않다고 느낀다는 두 가지 값을 갖는다. 따라서 이 자료는 모집단에서의 비율을 평가하는 데 적절하다. (그러나 이 자료를 산출한 조사 질문은 세 가지 가능한 답, 즉 "매우 건강하다," "꽤 건강하다," 그리고 "별로 건강하지 않다"는 답을 가진다는 점에도 유의하라. 조사 자료에 대해 좀 더 완전한 보고를 접했다면, 우리는 그 자료가 모집단에서의 분포, 즉 세 가지 값을 가진 변수를 평가하는 데 적절한 것으로 다루었을 것이다.)

임의 표집

가설에 대한 자료의 적합성을 평가할 수 있으려면, **임의 표집**에 대한 우리의 모형이 실세계 모집단에서 표본이 선택되는 실제 과정과 들어맞는가를 먼저 결정해야 한다. 즉 [그림 5.1]의 오른쪽에 그려져 있는 모형이 왼쪽에 있는 실세계 상황과 들어맞는가? 표본 크기와 신뢰 수준을 포함하는 우리의 모든 계산은 임의 표집 모형이라는 상황에서 개발되었다. 만약 그 모형이 실세계 상황과 들어맞지 않는다면, 겹치는 또는 겹치지 않는 구간들에 대한 우리의 규칙들은 하나도 적합하지 않다.

5장을 돌이켜보면, 임의로 선택된 표본은 (1) 관심의 대상인 속성을 나타낼 모집단의 모든 구성원이 동일한 선택 가능성을 갖고 있으며, (2) 선택 결과들 사이에 전혀 상관이 없는 표본이다. HBSC에 의해 채택된 군집 표집 기법은, 이런 크기의 조사를 대상 연령 집단들에 실시하는 데 따르는 많은 관리상의 난점들을 해결하는 데 효율적일지라도, 앞의 두 조건 중 어느 것도 충족시키지 못한다. 조사 대상 연령 집단으로 이루어지는 모집단의 일부가 (실세계 모집단에 대한 논의에서 언급된 것처럼) 조사에 포함될 기회를 갖지 못한다는 점에서 조건 (1)을 분명히 위반할 뿐만 아니라, 학교 학급 또는 학급 동등체의 이용 또한 조건 (2)를 분명히 위반한다. 동일한 학교 학급에 속하는 학생들도 독립적으로 측정되는 관련된 특성들을 가진다는 보장이 없다. 적어도 전체적인 조사 대상 모집단과 비교하면 그렇다. 일부 학교는 연령뿐만 아니라 학력(또는 체력 같은 다른 능력)이나 예상되는 역량에 따라 학급을 편성한다. 또한 HBSC에서 조사되는 특성 중의 일부를 포함하는 공통의 행동 특성들에 토대를 두고 학급을 평성하는 학교도 있다.

군집 표집은 이처럼 표준적인 착오들을 범하는데 그 경향은 정말로 임의적인 표집을 통해 추출된 동일한 크기의 표본에서보다 심하다. 그러나 HBSC에 의해 채택된 유형의 군집 표집은 표본의 크기가 클 경우 순전한 임의 표집만큼 정확한 것으로 알려져 있다. 이러한 점은 6.4(6장 4절)에서 주어진 웹사이트에 입수가능한 HBSC 계획안에서 강조되어 있다. 방금 언급된 대로, 순전한 임의 표집을 위해 우리가 개발한 신뢰 구간들이 군집 표집 자료에도 적용될 수 있는 최소한 표본 크기를 산출하는 데 사용가능한 통계적 기법들이 있는데, 이에 대한 논의는 이 책의 범위를 넘어선 것이다. HBSC에서는 이 기법들을 사용하여 0.5의 관찰된 표본 빈도에 대해 대략 95% 신뢰 구간을 확보하는 데 필요한 표본 크기를 계산했다.

이럴 경우 각 참여 국가의 소규모 모집단들은 HBSC 조사에서 제외된다. 참여 29개국 및 지역에서 이렇게 제외되는 모집단들은 상대적으로 작다. (대부분의 참여 국가들이 광범위한 공교육 체계들을 갖추고 있다.) 더구나 표집되는 학교 및 학급(또는 학급 동등체)들은 임의적으로 선정된다. 따라서 제외된 젊은이들이 모두 어떻게든 표본이 실제로 추출되는 모집단에 포함된다고 하더라도 수집된 자료가 원래의 자료와 의미있게 다른 가능성은 별로 없다.

가설의 평가

HBSC 표집 과정을 항아리에서 구슬을 임의로 선택하는 모형으로 나타낼 수 있다고 가정하면, 그 자료는 모집단에 대해 무엇을 말해주는가? 특히 표집된 모집단에서 스스로 건강하다고 생각하는 젊은이들의 비율에 관해 어떤 결론을 내릴 수 있을까?

고려 중인 자료는 전체 크기가 120,000명 이상인 표본을 반영한 것이므로 오차 한계는 1%보다 작다고 할 수 있다. 그러므로 우리는 북미, 유럽, 러시아 및 이스라엘에서 재학중인 11세, 13세 및 15세의 소년과 소녀 모두를 포함하는 젊은이들 중 스스로 건강하다고 말하는 사람의 비율은 91%에서 93% 사이라고 추정한다. 질적으로 표현하면 우리는 표집 모집단에서 10명 중 9명 이상이 스스로 건강하다고 말한다는 매우 좋은 증거를 HBSC에서 얻는다.

요약

통계적 가설의 평가와 관련하여 이 시점에서 제공된 정보로부터 "과제용 교훈"을 추출하려면 지금까지 배운 것을 복습해야 한다. 두 가지 사항이 복습에서 특별히 중요하다.

하나는 실제 표집 과정이 임의 표집 모형에 의해 얼마나 잘 모형화될 수 있는가 하는 것이다. 여기서 우리는 대략의 질적 판단만을 할 수 있다. 각 참여 국가의 조사대상 연령 집단에 속하는 젊은이들 중 조사가 수행된 시점에 통학가능한 학교에 출석하지 않은 소수를 표집 과정에서 제외했다는 사실을 제쳐놓으면 HBSC는 이 점에서 매우 성공적이다. 그 조사의 설계자들은 각 참여 국가 또는 지역 전역의 모집단과 비교할 때 어떤 학교 학급 (또는 학급 동등체) 내에서 질문에 대해 더 비슷한 답이 나올 가능성이 많을 것이라는 점을 인정했으며, 단순 임의 표집의 정확성을 성취하기 위해 적절하게 더 큰 표본 크기를 선정하는 데 세련된 통계 기법들을 채택하기조차 했다. 이러한 범위의 조사를 집행하는 과정에서 부딪히는 실천적 난점들을 조심스러운 군집 표집 절차를 이용함으로써 국가 또는 지역 전역에 걸친 타당한 비교를 허용하는 방식으로 극복하는 일은 단순 임의 표집의 (실천적으로 성취할 수 없는) 요구보다 훨씬 더 중요하다.

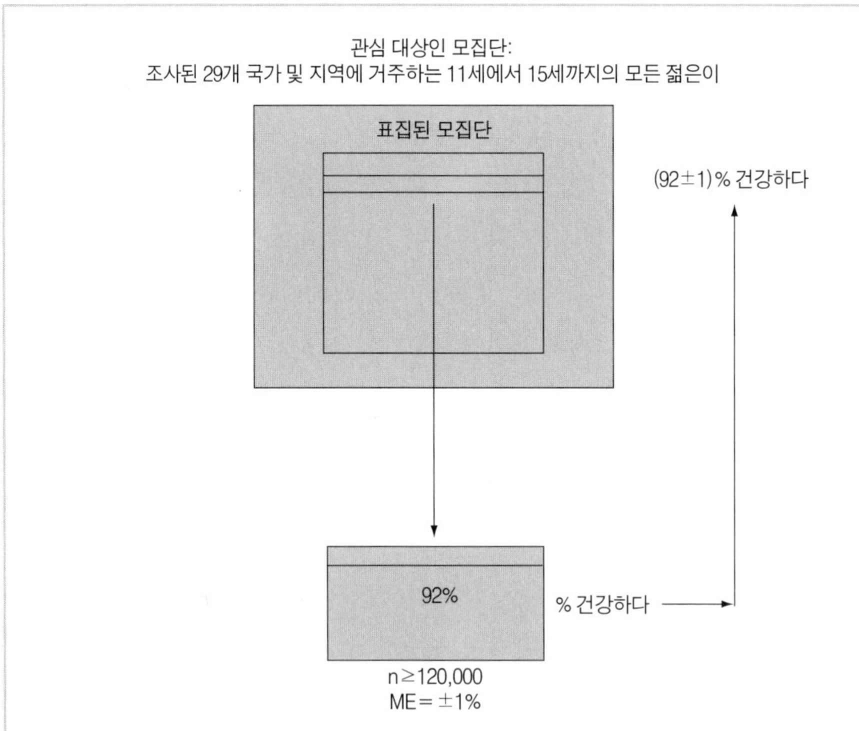

[그림 6.6] 조사된 29개 국가 및 지역에 사는 11세에서 15세까지의 모든 젊은이 중 91~93%가 스스로 건강하다고 생각한다는 추정을 낳은 HBSC 조사 자료에 대한 분석

두 번째는 우리가 이끌어낼 실제의 결론이다. 임의 표집 모형이 이 경우에 잘 들어맞는다면, 우리는 참여 국가들에서 취학하고 있는 11세와 15세 사이의 젊은 이들 중 스스로 건강하다고 생각하는 사람들의 비율의 참값이 실제로 표집된 모집단과 관심의 대상인 모집단 모두에서 91%와 93% 사이의 구간에 들어 있다고 실로 높은 신뢰 수준(95%)에서 말할 수 있다. 이러한 분석이 [그림 6.6]에 제시되어 있다.

6.6 통계적 가설의 평가를 위한 프로그램

우리는 이제 통계적 가설을 평가하기 위한 프로그램을 제안하고 그것을 HBSC에서 나온 다른 몇 가지 자료에 적용하려고 한다.

프로그램

■ 1단계: 실세계 모집단

연구를 수행하면서 실제로 표집된 실세계 모집단을 확인하라. 표집된 모집단과 관심의 대상인 모집단 사이의 모든 중요한 차이점에 주목하라.

■ 2단계: 표본 자료

실세계 표본과 그 표본으로부터 나온 자료들 중에서도 모집단에 대한 가설들과의 적절성이 평가될 필요가 있는 것을 확인하라. 표본의 크기에 대한 정보가 이용가능할 경우 반드시 포함시켜라.

■ 3단계: 통계적 모형

적절한 변수들과 그 변수들의 값을 확인하라. 그 다음 이미 확인된 자료의 관점에서 평가를 위해 적절한 모집단의 통계적 모형을 확인하라. 만약 자료가 상관의 형태를 취하고 있다면, 그것에 대응되는 상관이 실세계 모집단에서 성립한다고 주장하는 통계적 가설을 분명하게 진술하라.

■ 4단계: 임의 표집

임의 표집 모형은 표본이 모집단에서 선택되는 실제 과정을 얼마나 잘 나타내는가? 가능한 대답은 다음과 같다. (a) 매우 잘한다, (b) 적당히 잘한다, (c) 약간 잘한다, 또는 (d) 별로 잘하지 못한다. 이러한 대답에 관련되는 인자들을 설명하라.

■ 5단계: 가설의 평가

임의 표집 모형이 적용가능하다고 가정하면, 실세계 모집단에 대해 정당하게 내릴 수 있는 결론은 무엇인가? 만약 상관이 가능하다면, 3단계에서 진술되는 가설에 대해 좋은 증거가 있는가? 상관 강도를 추정하라.

■ 6단계: 요약

이전 단계들에서의 답변에 비추어, 통계적 자료가 5단계에서의 평가를 얼마나 잘 지지하는가를 요약하는 진술을 제시하라. 가능한 대답은 다음과 같다. (a) 매우 잘 지지한다, (b) 적당히 잘 지지한다, (c) 얼마간 잘 지지한다, (d) 별로 잘 지지하지 못한다.

이 프로그램을 통해 작업을 해나가면서 [그림 6.1], [그림 6.2], [그림 6.3] 또는 [그림 6.4]의 예들을 따라 **작업 결과를 도표**로 그리는 것이 도움이 된다. 이것은 다른 종이에 그릴 수도 있을 것이다. 1단계 작업 중에 표집된 모집단을 나타내는 사각형을 그린다. 필요하다면 이 사각형을 관심의 대상인 모집단을 나타내는 더 큰 사각형으로 둘러싼다. 각 사각형에 이름을 붙인다. 2단계 작업 중에는 표본을 표현하기 위해 첫 번째 사각형 밑에 그보다 작은 사각형을 하나 추가한다. 이 사각형에는 표본의 크기나 관찰 빈도와 같은 관련된 자료로 이름을 붙인다. 3단계에서는 적합한 통계적 가설을 표현하는 데 필요한 세부 내용을 모집단의 그림에 덧붙인다. 5단계에서는 모집단 비율에 대한 추정치를 나타내는 적절한 구간들을 그려 넣는다. 적당한 데서 통계적으로 유의한 차이를 지적한다. 분석이 끝났을 때 여러분은 고찰 중인 특정한 자료에 적용되는 것으로서 평가 작업의 완벽한 도표를 갖추고 있어야 한다.

국적과 약자 괴롭히기

이제 위의 프로그램을 이용하여 HBSC에 의해 제안된 다른 통계적 가설들을 평가해 보자. 특히 국적과 보고된 약자 괴롭히기에 관한 자료를 살펴보기로 하자. 그 자료 중에는(소년과 소녀 그리고 모든 연령 집단을 통틀어) 미국 젊은이들의 61%가 지난 학기 동안 약한 학교 친구들을 괴롭히지 않은 것으로 보고한 반면, 스웨덴 젊은이들의 85%가 약자를 괴롭히지 않은 것으로 보고했다는 사실이 포함되어 있었다.

■ 1단계: 실세계 모집단

표집된 모집단은 자신의 모국어로 번역된 HBSC의 설문지 전체를 완성할 수 있었던 그리고 설문지 교부시 임의적으로 선택된 학급(또는 학급 동등체)에 속하는 11세, 13세 및 15세의 남녀 취학 아동들로 구성되었다. 실제로 표집된 모집단과 참여 국가 내 해당 연령의 남녀 취학아동 모두로 구성된 모집단 사이에 별 차이가 없어야 한다.

■ 2단계: 표본 자료

조사된 젊은이들 중에서 미국 젊은이들의 61%는 지난 학기 동안 어떤 학교 친구도 괴롭히지 않았다고 보고한 반면 스웨덴 젊은이들은 85%가 괴롭히지 않았다고 보고했다. 총 5,168명의 미국 젊은이가 조사를 마친 반면, 총 3,802명의 스웨덴 젊은이가 조사를 마쳤다.

■ 3단계: 통계적 모형

자료는 두 가지 변수를 다루고 있는 것으로 이해될 수 있다. 첫 번째 변수는 표집된 젊은이들의 국적인데, 가능한 값은 미국과 스웨덴이었다. 두 번째 변수는 지난 학기 동안 학교 친구를 괴롭혔다고 스스로 보고하는 것이데, 가능한 값은 '한 번도 없다'와 '한 번 이상이다'였다. 그 자료는 스웨덴 젊은이라는 것과 이전 학기 동안 학교 친구를 괴롭힌 적이 없다고 스스로 보고하는 것 사이에 약한 양의 상관이 있음을 시사한다.

■ 4단계: 임의 표집

HBSC는 학교 학급이나 학급 동등체에서 조사대상 연령 집단에 속하는 것으로 기대되는 모든 학생들로부터 표집하는 군집 표집 절차를 채택했다. 이 방법은, 이런 범위의 연구를 위해서는 행정적으로 실용적이지만, 같은 표본 크기의 단순 임의 표집만큼 정확하지 않다. 그러나 HBSC 연구 설계자들은 각 참여 국가나 지역에 대해 95% 신뢰 수준을 확보하기 위해 더 큰 표본 크기를 산출하는 정교한 통계 기법을 사용하였다. 또한 그들은 단순 임의표집을 통해 학교 학급이나 학급 동등체를 선택했다. 각 참여 국가나 지역에서 모든 유형의 학교들로 구성되는 모집단으로부터 학급이나 학급 동등체가 추출되었다. 질문지가 각 모국어로 정확하고 일관되게 번역되는 것을 보장하기 위한 단계들을 밟았다. 채택된 표집 방법은 이러한 절차들을 통해 단순 임의 표집의 정확성에 접근한다.

■ 5단계: 가설의 평가

5,168명의 미국 젊은이로 구성된 표본과 3,802명의 스웨덴 젊은이로 구성된 표본에 대해 어림계산한 오차 한계는 두 경우 모두 약 2%이다(이 값은 군집 표집의 덜 정확한 방법에 대한 보정을 포함한다). 그러므로 관찰된 차이는 통계적으로 유의하다. 오차 한계는 두 경우 모두 0.02이므로, 그 합은 0.04이다. 관찰된 빈도에서의 차이는 0.85-0.61=0.24이다. 따라서 표본 빈도에서의 차이는 통계적으로 유의하며, 재학중인 미국 젊은이인 것과 비교할 때 재학중인 스웨덴 젊은이라는 것은 약자를 괴롭히지 않는 것과 상관이 있다는 증거가 있다. 그러나 최소 상관 강도는 0.2=[(0.85-0.02)-(0.61+0.02)]에 불과한 것으로 추정되며 이는 매우 약한 상관이다.

■ 6단계: 요약

HBSC의 설계가 (군집 표집 기법을 사용하지만 적절한 보정을 통해) 임의 표집 모형과 들어맞는다는 점과 두 관찰된 표본 빈도 사이의 차이를 고려하면, 표집된 모집단은 재학 중인 미국 젊은이인 것과 비교하여 재학 중인 스웨덴 젊은이라는 것이 약자를 괴롭히지 않는 것과 갖는 약하지만 통계적으로 유의한 상

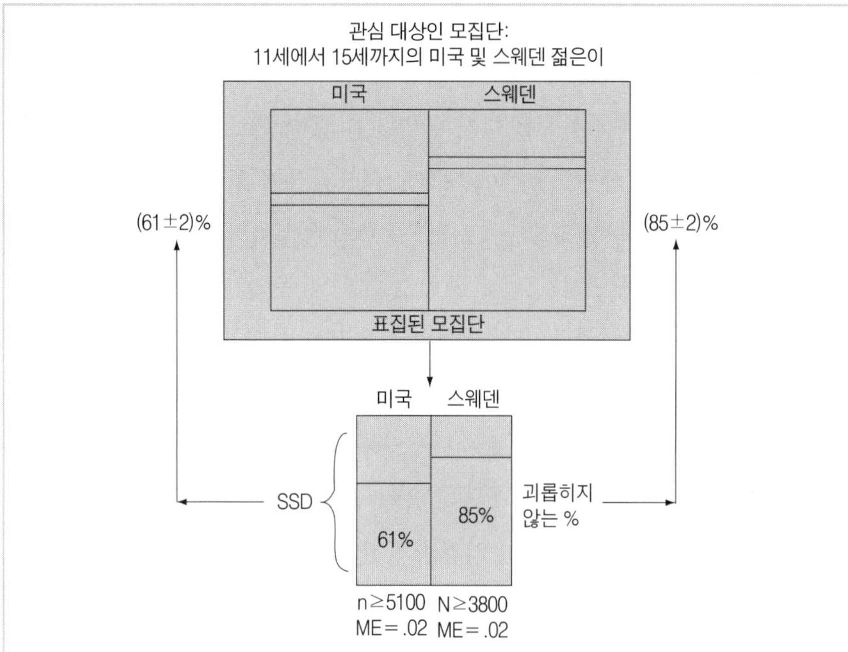

[그림 6.7] 미국 젊은이인 것과 비교하여 스웨덴 젊은이인 것이 급우를 괴롭히지 않는 것과 갖는 약한 양의 상관을 시사하는 HBSC 조사 자료에 대한 분석

관을 드러낸다. 동일한 판단이 관심의 대상인 모집단에도 적용된다.

[그림 6.7]은 이러한 분석에 대응하는 도표를 나타낸다.

위의 분석을 복습하면서 표본에 속한 하위 집단과 연관된 표본의 크기는 전체 표본의 크기가 아니라 그 하위 집단의 크기라는 점에 특히 유의할 필요가 있다. 이것은 상관을 평가하기 위해 사용된 표본의 두 부분에 대해 적절한 오차 한계들이 다를 수 있다는 것을 의미한다. 두 오차 한계 모두 표본 전체와 연관된 오차 한계보다는 클 것이다.

물리적 싸움

HBSC의 조사 대상자들이 지난해 몸을 부딪치며 물리적 싸움을 했다고 보고한 숫자를 보여 주는 <표 6.6>의 자료를 다시 한 번 살펴보자. 미국 젊은이들이 제공한 자료로부터 시작하자. 이 조사 자료 중 일부에 대해 자세한 분석을 막 끝냈으므로, 여기서 자세한 분석을 다시 할 필요는 없다. 우리는 단지 흥미로운 비율, 분포 및 상관(또는 상관의 부재)에 대해 간략한 일별을 할 것이다. 이것은 토론 중에 또는 자신을 위해 할 수 있는 그러한 종류의 분석이지만, 숙제나 시험을 위해 적절하지는 않다. 지난해 (소년과 소녀, 그리고 모든 연령 집단을 통틀어) 미국 젊은이들이 했다고 보고하는 물리적 싸움의 횟수라는 변수의 분포는 벌써 흥미를 돋운다. 표본 크기가 5,168이기 때문에 오차 한계는 (군집 표집 기법을 보정하더라도) 약 2%이다. 그러므로 우리는 표본 빈도로부터 모집단의 비를 거의 알아낼 수 있다. 11세에서부터 15세까지의 미국 젊은이 중 75% 이상이 또는 넷 중 셋보다 약간 더 많은 수가 지난 한해 동안 기껏해야 한 번, 물리적 싸움을 했다고 보고한다. 이는 두 번 이상의 물리적 싸움을 한 젊은이가 25%보다 적다는 것을 의미한다.

성별 차이를 살펴보면, 2,395명의 미국 소년과 2,774명의 미국 소녀가 조사를 마쳤다. 군집 표집을 보정한 후에도 여전히 이 표본 크기는 두 집단 모두에 대해 약 2%의 (아마 그보다 약간 더 높을지라도 3%에 미치지 못하는 것이 확실한) 오차 한계를 산출한다. 그 값의 두 배인 5%는 (95% 신뢰 수준에서) 통계적 유의성을 갖는데 필요한 차이이다. (세 개의 연령 집단을 모두 통틀어) 미국 소년들의 51%가 지난해에 적어도 한 차례의 물리적 싸움을 했다고 보고한 반면 미국 소녀의 30%만 물리적 싸움을 했다고 보고했기 때문에, 이 차이는 통계적으로 유의하다[(51-30)%=21%]. 그러나 이 상관의 최소 강도에 대한 추정은 0.16(=0.21-0.05)이고, 이는 높지 않다. 따라서 조사 대상 연령 집단에 속하는 미국 소년들이 지난해에 적어도 한 차례의 물리적 싸움을 했다고 보고할 가능성은 미국 소녀들의 경우보다 더 많지만, 그 차이가 일부 사람들이 생각하는 만큼 크지는 않다(예를 들어, "사내아이들의 장난은 어쩔 수가 없다").

연령 집단별로 보면, (남녀 통틀어) 1,158명의 11세 미국인, 1,803명의 13세 미국인, 그리고 1,808명의 15세 미국인이 질문지를 완성했다. 군집 표집을 보정하더라도 이러한 크기의 표본들은 각기 약 3%의 오차 한계를 가진다. 11세 미국인의 42%가 전년에 적어도 한 차례의 물리적 싸움을 했다고 보고한 반면, 13세 미국인의 40% 그리고 15세 미국인의 38%가 그렇게 보고했다. 이 숫자들은 나이가 들어감에 따라 물리적 싸움을 했다는 보고가 줄어드는 경향을 반영하는 것처럼 보일 수도 있지만, (전년에 적어도 한 차례의 물리적 싸움을 했다고 보고하는 것과 연구에서 조사 대상이 된 연령 집단 사이의) 상관들 중 어느 것도 통계적으로 유의하지 않다는 점에 주목하라. 두 연령 집단의 오차 한계들을 결합하면 6%가 되는데, 이는 상관이 통계적으로 유의하려면 필요한 차이이다. 관찰된 표본 빈도들 사이의 차이가 이 값보다 큰 경우는 없다. 11세 집단과 15세 집단 사이의 차이조차 그 값보다 적다(42−38=4%).

이스라엘 젊은이들의 경우, (소년과 소녀, 모든 연령 집단을 통틀어) 44%가 전년에 복수의, 즉 두 번 이상의 물리적 싸움을 했다고 보고했다. 이 백분율은 아일랜드 젊은이와 스웨덴 젊은이의 경우 25%, 미국인의 경우 23% 그리고 포르투갈인의 경우 15%였다. 각 국가의 표본 크기들은 각기 3%의 오차 한계를 가졌고, 따라서 통계적으로 유의하기 위한 숫자는 약 6%였다. 그러므로 이스라엘 젊은이들이, 다른 네 나라의 젊은이들에 비해, 지난해에 복수의 싸움을 했다고 통계적으로 유의하게 보고할 가능성이 많다. 이에 비해, 포르투갈의 젊은이들이 통계적으로 유의하게 그럴 가능성이 적다. 그러나 이스라엘과 아일랜드 젊은이들 사이의 그리고 이스라엘과 스웨덴 젊은이들 사이의 최소 상관 강도에 대한 추정치는 둘 다 0.13[(0.44−0.03)−(0.25+0.03)]에 불과하다. 또한 이스라엘과 미국 젊은이들 사이의 최소 상관 강도에 대한 추정치는 0.11에 불과하다. 이러한 상관들은 그렇게 강하지 않다. 지난 해 복수의 물리적 싸움을 한 것에 관한 이스라엘, 스웨덴 및 미국 젊은이들 사이의 차이는 통계적으로 유의하지 않다. 그리고 포르투갈 젊은이와 복수의 싸움 사이에 성립하는 음의 상관은 최소 강도에 대한 추정치가 −0.04와 −0.02 사이에 있는데 이는 아일랜드, 스웨덴 및 미국 젊은이들의 그것과 비교해 매우 약하다(비교하자면, 미국 젊은이의 경우는 그 값이 [(0.15+0.03)−(0.23−0.03)]이다). 포르투갈 응답자들의 56%가 소녀들이었다는 사실에 비추어볼 때 이 수치들은 더 면밀히 조사할 필요가 있다. 아일랜드 응답자들의 경우 이 백분율이 51%

였고, 이스라엘의 경우는 52%, 스웨덴의 경우는 48%, 그리고 미국의 경우는 54%였다. 미국 젊은이들에 대한 보다 자세한 조사 자료에서 물리적 싸움의 빈도에 대해 성별 차이가 존재한다는 것을 알 수 있었다. 그러나 이러한 차이의 효과가 무엇인지에 대한 분석은 여기서 사용가능한 제한된 자료만으로는 가능하지 않다.

자기 방어를 위한 무기 휴대

1999년 4월 20일, 수업 시간 중에 콜럼바인 고등학교(콜로라도, 리틀턴 소재)의 최상급생인 딜런 클리볼드(Dylan Klebold)과 에릭 해리스(Eric Harris)는 아무 의미 없이 12명의 동료 학생과 1명의 교사를 살해한 후 자살했다. 그 사건 이후, 미국 시민들은 젊은이들의 무기 휴대에 대해 놀라운 보고 및 "기록영화"들로 충격을 받았다. 그러나 이러한 유형의 행위에서 미국이 서양의 다른 선진 국가들과 비교하여 현저하게 다른가? 1997~98년 HBSC 조사가 시사하는 바로는 그렇지 않다. 이 문제에 초점을 맞춘 질문 하나는 "지난 30일 중 며칠 동안 당신은 자기 방어용으로 총, 칼 또는 곤봉을 휴대했는가?"였고, 대답을 위한 선택지는 "지난 30일 동안 나는 하루도 무기를 휴대하지 않았다", "하루", "2~3일", "4~5일" 그리고 "6일 이상"이었다. 이스라엘, 아일랜드, 미국 및 포르투갈 젊은이들에 대한 자료는 <표 6.5>에 나와 있다. 이 백분율들 사이에서 통계적으로 유의한 차이를 찾아내는 것이 얼마나 어려운가를 유의하라. 이스라엘 젊은이의 16%가 지난달에 적어도 한 번 자기 방어용으로 무기를 휴대했다고 보고한 반면, 아일랜드와 미국 젊은이의 10% 그리고 포르투갈 젊은이의 6%가 그랬다고 보고했다. 각 경우의 오차 한계가 모두 약 3%이기 때문에, 통계적으로 유의한 차이는 6%로 하면 된다. 따라서 이 자료에서 유일하게 통계적으로 유의한 차이는 이스라엘과 포르투갈 젊은이들 사이에 성립한다. 즉 지난달에 적어도 하루 자기 방어용으로 무기를 휴대했다고 보고하는 것은 포르투갈 젊은이에 비해 이스라엘 젊은이와 양의 상관을 가진다. 그러나 이 양의 상관은 추정된 최소 강도가 0.04[(0.16-0.03)-(0.06+0.03)]에 불과하므로 매우 약하다.

자기 방어용으로 2번 이상 무기를 휴대한 경우들에서는 네 국가 사이의 통계적 차이가 더 작아진다. 지난달에 6일 이상 무기를 휴대했다는 보고들의 경우를 살펴보면, 이스라엘 젊은이의 4%, 미국 젊은이의 4%, 아일랜드 젊은이의 3% 그리고 포르투갈 젊은이의 2%가 그렇게 답했는데, 이들 사이의 차이 중 어느 것도 통계적으로 유의하지 않다. 지난달에 4일 이상 동안 무기를 휴대한 경우들을 살펴보면, 그 백분율이 이스라엘 젊은이의 경우는 6%, 아일랜드는 4%, 미국은 5% 그리고 포르투갈은 3%이다. 이번에도 백분율들 사이의 차이 중 어느 것도 통계적으로 유의하지 않다.

무기 휴대에 대한 HBSC 조사의 주된 발견은 그 양상이 국제적으로 별 차이가 없다는 것이다. 조사 대상 국가들 사이에 통계적으로 유의한 차이를 찾아내려면 더 완전한 자료를 통해 자세한 조사가 필요할 것이다. 때로는 통계적으로 유의한 차이가 없다는 것이 있다는 것만큼 유익할 수 있다. 이 경우, 아마도 미국 젊은이들이 일부 매스컴 전도사들이 묘사하는 것처럼 사악하고 총이나 가지고 다니는 정신이상자들은 아니다.

6.7 조사 표집의 문제점

구간 추정은 임의로 선택된 표본이 일정한 상대 빈도를 지닌 성질을 드러낼 때마다 사용가능한 절차이다. 조사 표집도 이 범주에 들어가지만 그것은 크고 다양한 모집단에 속한 사람들의 태도를 평가하는 데 사용되기 때문에 특수한 문제들이 제기된다. 이 문제들은 두 가지 일반적 범주로 분류될 수 있는데, **선택 과정의 임의성**(randomness of the selection process)에 관한 문제들과 **응답의 신뢰성**(reliability of the responses)에 관한 문제들이 그것이다. 우리는 조사 보고서에서 이 두 가지 문제를 확인하는 법을 배워야 한다.

비임의적 표집

조사 표집, 특히 여론 조사에서 관심의 대상인 모집단은 대체로 상대적으로 더 큰 모집단의 꽤 큰 하위집단인데, 투표권이 있는 모든 미국 성인, 모든 등록된 유권자, 모든 여성 등이 그 예이다. 진정으로 임의적인 표집 시스템이 해야 할 일은 전체 모집단에 속한 모든 사람에게 선택될 수 있는 동일한 기회를 갖도록 해 주는 것인데 이는 매우 어려울 뿐만 아니라 비용도 많이 들 것이다. 따라서 실제로 표집된 사람들(즉, 선택될 수 있는 동일한 기회를 가진 사람들)의 모집단은 단지 일반적으로 관심의 대상인 모집단의 하위 모집단일 뿐이다. 그러므로 실제로 표집된 하위 집단이 관심의 대상인 모집단을 충분히 대표하지 못할 위험은 항상 있게 마련이다. 만약 표집된 하위집단이 관심의 대상인 모집단을 충분히 대표하지 못한다면, 표본의 크기에 상관없이 결론이 관심의 대상인 모집단에 대해서 옳지 않을 수 있다. 더구나 실제로 표집된 모집단이 관심의 대상인 모집단과 어느 정도 다른가를 알 수 있는 방법도 없다.

2004년 가을에 폭스 서치라이트 픽처즈(Fox Searchlight Pictures)는 리암 니슨(Liam Neeson)이 주연한 **킨제이**(Kinsey)라는 제목의 영화를 배급했는데, 이 영화는 미국인의 성행위에 대한 최초(1948)의 대규모 체계적 연구를 출간한 사람의 생애와 연구를 극화한 것이었다. 킨제이는 임의 표집을 사용하지 않았다. 그는 통계학자들이 "편의적 표본"이라고 부르는 방법을 사용했는데, 이는 그가 참여하도록 설득하는 데 성공할 수 있었던 거의 모든 사람을 면담하는 방법이었다. 따라서 킨제이의 표본에 들어갈 수 있는 주요 자격은 조사에 참여하려는 의지였다. 물론 그들은 킨제이가 접촉했던 몇몇 집단의 구성원이어야 했는데, 그중에는 남자대학생 클럽의 회원들, 여자대학생 클럽의 회원들, 하숙집과 감옥에 있는 사람들, 심지어는 자동차 편승 여행자까지 있었다. 또한 그는 자신의 조사에 대한 대상자를 구하고 있다는 것을 널리 알렸다. 그러므로 그의 조사 대상자 중 다수는 자발적으로 찾아온 지원자들이었다. 수년에 걸쳐 킨제이와 그의 동료들은 거의 18,000명을 면담했다.

문제는 이 표본과 관심의 대상이었던 모집단 사이에 어떤 연관이 있는가를 알 수 있는 방법이 없다는 것이다. 임의 표집이 아닌 경우 확률과 표집에 대한 우리의 지식은 아예 적용될 수 없다. 그 수치들이 전체 모집단에 대해 무엇을 의미하는가를 단지 추측할 수 있을 뿐이다. 많은 조사 대상자들이 지원자였다는 사실은 그 자체가 그들이 전체로서의 모집단을 대표하지 않는다는 것을 뜻한다. 자신의 성적 이력에 관한 면담에 적극적으로 지원한 사람들은 그 이력에 대해 평균 이상의 관심을 갖고 있을 가능성이 많고, 따라서 평균적 행동을 나타내지 않았을 가능성이 많다. 예를 들어, 킨제이의 연구에 참여한 남성의 10%는 적어도 3년 동안 동성애적 행동만을 했다고 보고했다. 이 보고된 수치는 임의 표집을 채택한 후속 조사들에서 훨씬 낮았다.

이러한 모든 결점에도 불구하고 『킨제이 보고서』는 그 이후에 나온 대부분의 보고서보다 우수했다. 그러한 보고서들 중에는 『플레이보이 보고서(*The Playboy Report*)』, 『레드북 보고서(*The Redbook Report*)』, 『하이트 보고서(*The Hite Report*)』 등이 있었다. 이 보고서들의 경우, 질문서가 잠재적 조사 대상자들에게 배포되었는데, 첫 번째와 두 번째 경우에는 각각 『플레이보이』와 『레드북』 독자들에게 배포되었고 세 번째 경우에는 몇몇 잡지 및 다른 단체들을 통해 배포되었다. 처음부터 우리는 표집된 모집단이 관심의 대상인 모집단과 다르다는 것을 알 수 있다. 『플레이보이』의 독자는 대체로 성에 대해 높은 관심을 갖고 있는 젊은이들이다. 『레드북』의 독자는 대부분 중산층 백인 여성이다. 더 문제가 되는 것은 그러한 조사에서 모든 조사 대상자들이 자발적 참여자들(즉, 자발적으로 질문지에 응답한 사람들)이라는 점이다. 이들은 잠재적 조사 대상자들의 매우 적은 부분이라는 점이 드러났다. 『플레이보이』와 『레드북』의 각각 약 5백만 명에 달하는 독자들 중 질문지에 응답한 사람은 약 2%에 불과했다. 이것을 통계학자들은 응답률(return rate)이라고 부른다. 그러나 이렇게 낮은 응답률이 10만 응답의 표본을 산출한 것은 인상적이다. 그러나 이 2%조차도 각 출판물의 구독자들에 대한 임의적 표본이라고 생각할 이유가 없다. 실로 이 응답자들이 그 주제에 가장 관심이 많은 사람들 가운데서 나왔다고 추측할 수 있는데, 이런 상황에서 그들의 응답은 자동적으로 모집단 전체를 대표할 수 없게 된다. 단순히 큰 표본을 얻는 것으로 편향된 표집 방식을 보완할 수 없다.

상대적으로 높은 응답률조차 편향되지 않은 표집을 보장하지 못한다. 예를 들어, 1993년의 『야누스 보고서(*Janus Report*)』는 선택된 집단들에 애당초 배포된 4,500개의 질문지 중 회수된 2,800개의 질문지를 토대로 하였는데, 응답률은 62%였다. 문제는 처음에 어떤 집단들이 선택되었는가에 있다. 예를 들어, 전체 모집단에서 65세 이상인 사람들의 비율과 대략 들어맞도록 그들의 표본에서 65세 이상인 사람들을 충분히 확보하기 위해서, 그들은 성문제 전문치료 병원에서 조사 대상자를 구했다. 이 조사 대상자들은 분명히 그들 나이의 집단을 대표하는 성 행동을 나타냈을 것 같지 않다. 일부 대학 과목들을 수강한 18세에서 24세 사이 사람들의 백분율을 알기 원한다고 상정하자. 규모가 큰 주립대학교의 학생회에 속한 사람들을 표집함으로써 신뢰할 만한 답변을 얻으리라고 기대해서는 안 된다. 『야누스 보고서』의 조사 대상자들 중에서 65세 이상인 사람 중 75%가 일주일에 한 번 성관계를 갖는다고 응답했다. 임의 표집을 이용한 다른 연구에서는 이 범주에 속하는 사람이 7%에 불과한 것으로 드러났다.

정보의 비신뢰성

조사 표집에서 신뢰할 수 없는 정보의 두 번째 주된 원천은 단순히 사람들이 항상 옳은 대답만을 하는 것은 아니라는 점이다. 왜 그러한가에 대한 많은 이유들이 있다. 때때로 사람들은 정직하게 실수를 한다. 그들은 6개월 전에 일어난 일을 잘못 기억할 수 있다. 그들은 소망적 사고(wishful thinking)의 희생양일 수 있다. 또는 그들은 비난받을까 두려워서 면담자에게 진실을 말하고 싶어하지 않을 수 있다. 그래서 그들은 면담자의 마음에 더 들 것이라고 생각하는 쪽으로 자신의 대답을 왜곡한다.

건강과 관련된 행위보다 대답의 신뢰성에 대해 더 염려할 만한 주제는 별로 없다. HBSC 조사는 자신에 대한 평가와 실제로 생각하는 것을 드러낼 의향에서 부정확한 것으로 잘 알려진 젊은이들에게 질문한다는 늘어난 부담이 있었다. 더구나 어린아이들에게 흡연, 음주, 약자 괴롭히기, 부모와 학교에 대한 태도 및 성적 행위와 같은 민감한 주제들 대해 물어야 했다. HBSC의 연구 설계자들은 표본 모집단에 포함된 학생과 부모들에게 그들의 대답이 비밀에 붙여질 것이라는 확신을 주기 위해 최선을 다했다. 각 참여 국가 및 지역의 조사 조정자들은 그들의 문화에 특정한 비밀 유지에 대한 염려들에 부응하는 자료 수집 절차들을 만들어 내야 했다. 자료 계산 및 분석 작업을 하는 조사요원들만 완성된 질문지를 접할 수 있었다. 그러고 나서 작업 결과들은 국내용으로 그리고 국제적 자료 세트용으로 제출되어야 했는데, 이 역시 학생들뿐만 아니라 학급 및 학급 동등체가 선정된 학교들을 확실하게 비밀로 하는 방식으로 이루어져야 했다. 질문지를 다루었던 사람들은 인정된 권위를 가진 사람들, 즉 교사, 학교 간호사 또는 심리학자, 학생지도 상담자, 국가별 조사팀의 요원들이었는데, 그들은 조사대상자들에게 비밀 유지를 확신시키는 법이나 응답에 영향을 미치는 것을 피하는 법에 대해 명시된 지시를 받았다. 학생들은 조사가 시행되기 전에 그들의 비밀이 어떻게 보장될 것인가에 대한 설명을 글로 보고 말로도 들었다.

모든 조사가 진실된 대답을 장려하기 위해 비밀 유지를 보장하는 데 그렇게 엄밀할 수 없다는 것은 분명하다. 그러나 어떤 조사는 이 점에서 다른 조사보다 훨씬 나으며, 우리는 더 신뢰할 만한 조사의 징표들을 알아보는 법을 배워야 한다. 여기서 잡지로부터 잘라낸 질문지, 라디오 또는 텔레비전 콜인 여론조사, 온라인 조사 등은 그 점에서 특히 의심스럽다. 누군가 단지 재미삼아 날조된 답을 하는 것을 막을 방도가 있는가?

2004년 미국 대통령 선거에서 출구 조사의 불일치

이러한 문제들은 2004년 11월 2일, 미국 대통령 선거일 밤에 드러난 출구 조사의 불일치를 설명할 수 있을 것이다. 두 유명한 여론조사 기관(에디슨 미디어 리서치와 미토프스키 인터내셔널)이 전국 선거 합동 취재(미국의 다섯 개 주요 텔레비전 네트워크와 연합 통신사의 조합)을 위해 수행한 출구 조사로부터 "누설된" 정리되지 않은 자료가 오후와 이른 저녁 동안 내내 인터넷 사이트에 게시되었다. 이 자료에 의하면, 민주당 대통령 후보인 존 케리(John Kerry) 상원 의원이 11개의 "경합" 주들(그곳에서의 결과가 전체 선거 결과에서 큰 비중을 차지할 것으로 예상되는 주들) 중 아홉 군데서 조지 부시(George W. Bush) 대통령을 앞서고 있었다. 그 자료의 수치로는 케리가 전국적인 일반 투표와 선거인단 투표 모두에서 의외의 대승을 향해 나아가고 있었다. 그러나 조금씩 입수되기 시작한 실제 투표 집계는 출구 조사 결과와 현저하게 달랐다. 결국 부시 대통령은 3백만 표 이상의 차이로 재선에서 이겼을 뿐만 아니라 11개 "경합" 주 중 여섯 군데를 포함하여 선거인단 선거에서도 이겼다.

출구 조사는 사람들이 투표를 하고 떠날 때("나올 때") 하는 조사이다. 이 조사는 조사 표집이 부딪히는 통상적인 문제들을 해결할 수 있을 뿐만 아니라 다른 종류의 정치적 여론조사들이 부딪히는 한 가지 큰 문제, 즉 등록된 투표자와 실제로 투표할 사람을 구별하는 문제를 해소한다. 분명히 모든 등록된 투표자가 실제로 투표를 하지는 않는다. 여론조사가들은 단지 등록만 한 사람과 실제로 투표를 할 사람을 구별하기 위해 여러 가지 정교한 질문들을 이용한다. 선거에서 더 중요한 것은 실제로 투표를 할 사람들의 의사이다. 그런데 투표 장소를 막 떠나는 사람들이 그들을 대상으로 한 조사에서 자신의 투표 행위에 관한 질문들에 답한다면, 그들이 실제로 투표를 했으리라는 것은 거의 틀림없다. 여론조사가들은 출구 조사에서 실제로 "투표할 것 같은 사람들"을 구분해 내기 위해 정교한 기법을 사용할 필요가 없다. 잘 수행된 출구 조사는 아주 믿을 만한 것으로 간주되기 때문에 발전 도상이거나 불안정한 민주 국가에서 선거 부정을 방지하는 수단으로 종종 사용된다. 2004년의 미국 대통령 선거에서 브리검 영 대학(Brigham Young University)의 학생 여론조사 그룹이 유타 주의 투표자들을 대상으로 출구 조사를 수행했는데, 그들의 자료는 케리가 26.5%의 표를 얻는 반면에 부시가 70.8%의 표를 얻음으로써 유타 주에서 이길 것이라고 예측했다. 이 예측은 0.3%(0.003)의 범위 내에서 정확했다. 부시는 그 주의 일반 투표에서 71.1%의 표를 얻음으로써 26.4%를 얻은 케리를 이겼다. 분명히 우리는 유명한 전문 여론조사 기관이 수행하는 출구 조사의 예측이 맞을 것이라고 생각할 좋은 이유가 있다.

전국 선거 합동 취재를 위해 수행된 출구 조사는 실제의 득표 결과로부터 얼마나 동떨어졌는가? 펜실베이니아 대학의 프리맨(Steve Freeman) 교수는 최근 한 분석에서 놀라운 답을 제시한다.[1] 프리맨은 자신이 이용하고 있는 득표 결과가 "비공식적"이며 그의 논문 또한 학계 동료들에 의한 통상적인 엄정한 평가를 거치지 않았다는 것을 인정한다. 그는 더 나은 자료와 그의 분석에 대한 도전을 청한다. 그가 이용한 출구 조사 자료는 CNN의 웹사이트에서 얻는 것이다. 컴퓨터의 오작동으로 인해 그 자료는 11월 3일 오전 1시 30분까지 이용될 수 없었다. 그 자료는 뒤를 잇는 실제 득표 결과들과 일치하도록 "대조되는" 과정도 결코 거치지 않았다. 프리맨의 첫 번째 표를 보면, 11개 경합 주 중 열 군데에서 부시의 득표 격차(즉, 그 주의 일반 투표에서 부시가 득표한 백분율에서 케리의 백분율을 뺀 것)는 출구 여론 조사가 예측한 부시의 격차보다 나았는데, 그 오차는 대략 3.5~6.5%나 되었다! 예를 들어, 부시는 미네소타에서 47.6% 대 51.1%, 즉 3.5%의 차이로 케리에게 졌다. 그런데, 출구 조사 자료가 예측한 득표율은 부시 44.5%, 케리 53.5%였고, 따라서 예측된 격차는 무려 -9%나 되었다. 결국 부시가 진 경합 주 중 한 군데서 실제 득표 격차와 예측된 격차 사이에는 +5.5%의 차이가 있었다. 11개 경합 주에서 출구 조사 표본의 크기는 (뉴햄프셔의) 1,849명으로부터 (플로리다의) 2,846명에 이르렀다. 이 표본 크기는 95% 신뢰 수준에서 ±3%의 오차 한계를 가지는 표준적인 조사 표본 크기에 해당한다.

프리맨은 세 개의 주(오하이오, 플로리다 그리고 펜실베이니아)로부터 입수한 자료에 대해 자세한 분석을 제공한다. 예를 들어, 오하이오에서 1,963명의 투표자로 구성된 표본으로부터 도출된 출구 조사 자료는 부시가 그 주의 일반 선거에서 47.9%의 득표를 하는 반면 케리는 52.1%의 득표를 할 것이라고 예측했다. 선거일 밤에 보고된 실제의 득표는 부시가 51%, 케리가 48.5%였고, 부시의 경우 실제 득표율과 예측된 득표율 사이의 차이는 +6.7%였다. (5장의 끝 부분에서 기술된

1) S. F. Freeman, "The Unexplained Exit Poll Discrepancy," November 10, 2004. 웹사이트 http://truthout.org/unexplainedexitpoll.pdf에서 입수가능함.

것들처럼) 표본 크기와 케리의 출구 조사 수치를 토대로 한 정상 분포는 그가 받을 것으로 기대되는 실제 득표율의 가능성을 반영한다. 95%의 신뢰 구간은 49.8%부터 54.4%까지이다. 99% 신뢰 구간은 49.2%까지 내려간다. 케리가 얻은 실제 득표율(48.5%)의 가능성은, 출구 조사 자료와 표본 크기를 감안하면, 0.0008, 즉 1/1000보다 작았다! 프리맨은 플로리다와 펜실베이니아에 대해서도 유사한 분석을 제공한다. 그의 지적처럼, 이러한 이상 현상 두 가지가 임의적 우연에 의해 발생할 가능성은 약 1백만 분의 1이다. 세 가지의 이상 현상이 모두 임의적 우연에 의해 발생할 가능성은 대략 2억 5천만 분의 1이다. 이 마지막 숫자는 공정한 동전을 던져 28번 연속으로 앞면이 나올 확률과 대략 같다.

그렇다면 무슨 일이 일어난 것인가? 대중 언론매체를 통해 재빨리 제시된 일부 설명은 방금 논의된 조사 표집에서 생기는 문제들의 사례를 인용한다. 이 문제들에는 열성적인 선거 관리, (출구 조사 자료가 수집된) 시각의 편향, 표본에서 (민주당에 투표하는 경향이 있었던) 여성의 과도한 반영, (더 보수적인 경향이 있는) 서양인의 과소반영, 부시 지지자들이 주요 언론 매체의 이해 관계 때문에 고용되는 출구 조사요원들에게 말하기를 주저한다는 점, 여론조사 자료 및 목표를 의도적 사용에서의 제약 등이 포함된다.

완전한 출구 조사 자료에 접근할 수 없다면 이러한 설명들을 평가하기는 어렵다. 그런데 출구 조사 정보를 구매한 회사들은 그 정보의 공개를 금하는 계약에 사인을 했다. 음모 이론들이 특히 인터넷 사이트에서 무성했다. 한 가지 전형적인 음모 이론은 출구 조사 자료가 옳았으며 "실제의" 선거 득표가 조작되었다는 것이다. 또 다른 이론은 출구 조사 자료가 의도적으로 조작되었으며 오후와 저녁 늦게 공화당원들이 투표하는 것을 단념시키기 위해 누출되었다는 것이다. 대부분의 음모 이론처럼, 이 이론들은 (방금 제시된 이유 때문에) 지지하는 경험 자료가 없을 뿐만 아니라 그 자체로도 아주 그럴듯하지 않다. 대표적인 민주 국가의 역사를 통해 가장 대규모의 선거 부정 또는 출구 조사를 조작하려는 시도가 최근의 미국사에서 가장 사람들의 마음을 빼앗고 활발했던 대통령 선거 동안 (앞의 음모 이론 중 어느 하나가 맞다면 발견되어야 할) 문건이나 전자 통신의 흔적 없이 어떻게 이루어질 수 있었겠는가?

2005년 1월 19일에 에디슨 미디어 리서치 및 미토프스키 인터내셔널은 그들의 출구 조사에서 어떤 잘못이 있었는가에 대한 자신의 조사 결과를 보고했다. 두 가지 표집 착오가 가장 두드러졌다. 첫째, 케리 지지자들이 출구 조사에 참여할 가능성이 더 많았다. 전체적으로 출구 조사에 참여하도록 요구된 투표자들의 53%만 그 요청에 응했으며, 일부 선거법 때문에 다수의 선거구에서 여론조사원들은 투표장 입구 및 출구로부터 50피트 이상 떨어져 있도록 요구되었다. 따라서 동기부여가 된 출구 조사 참여자들만 표본에 포함되었다. 요청을 받으면 참여할 것인가에 대한 낮은 회신율은 다수의 사람들—분명히 부시 지지자들이 더 많이 포함된—이 단순히 흥미가 없었다는 것을 시사한다. (두 여론조사 기관은 앞으로의 출구 조사에 미국인들의 참여를 촉구하는 운동을 벌일 것을 약속했다.) 둘째, 표집과 녹화에서의 착오 중 다수는 젊은 여론조사원들, 즉 여론조사원의 약 절반을 차지한 34세 이하의 조사원들의 탓으로 돌려졌다. 이러한 상황은 보다 젊은 투표자들이 케리 상원의원의 가장 강력한 지지자들이기 때문에 출구 조사의 수치를 그에게 유리하도록 왜곡하는 경향이 있었다. 그러나 이 편향 요인의 전부가 여론조사원의 착오나 부정직 탓으로 돌려지지는 않았다. 그 보고서는 (부시 대통령을 더 높은 비율로 지지하는 경향이 있었던) 나이가 든 투표자들이 정치적으로 그들과 의견을 달리할 것이라고 추측되는 여론조사원이 묻는 출구 조사의 질문들에 답하는 것을 거부했을 수 있다는 점 또한 시사했다. 에디슨과 미토프스키 모두 그들의 완전한 출구 조사 자료를 코네티컷 대학과 미시간 대학에 제공하기도 했다. 모든 주에서의 실제 득표율 또한 수정되었다. (프리맨 교수의 분석 같은) 불일치에 대한 초기의 분석들 중 일부는 아마도 실제 출구 조사 결과들에 대한 그릇된 보도를 토대로 한 것이었다.

그러나 이 일화로부터 얻는 교훈 하나는 분명하다. 조사 표집의 정확성은 그 표본이 관심 대상인 모집단에 대해 얼마나 대표성이 있고 신뢰할 만한가에 의존한다. 두 가지 모두를 성취할 수 있도록 주의를 기울여야 할 뿐만 아니라 그렇게 할 수 있다. 그렇지만 아무것도 두 가지의 성취를 보장할 수는 없다.

부록

오차 한계 공식

수학을 이해할 수 있는 사람에게는 표본 크기 **n**과 관찰된 표본 빈도 **f**의 함수로서의 오차 한계 **ME**의 근사치를 계산하는 꽤 간단한 공식이 하나 있다. 하나의 표준편차 값을 계산하는 공식은 다음과 같다.

$$1\ \mathrm{SD}=[(\mathbf{f})(1-\mathbf{f})/\mathbf{n}]^{\frac{1}{2}}$$

95%의 신뢰 구간을 산출하는 표준 오차 한계를 얻기 위해서는 단순히 그 결과에 2를 곱하면 된다. 99%의 신뢰 구간을 얻기 위해서는 3을 곱하라. 휴대용 계산기를 가지고 한 시간 정도 보내면 **f**가 1이나 0에 가까운 값을 가질 때 오차 한계가 어떻게 변하는지 잘 알 수 있다. 그러나 이 공식은 우리 머리로 계산하기에는 너무 복잡하기 때문에 우리의 평가에서는 사용하지 않을 것이다.

통계적으로 유의한 차이를 위한 공식

관찰된 표본 빈도의 차이가 통계적으로 유의한가의 여부를 결정할 수 있는 비교적 간단한 공식도 있다. 관찰된 두 표본 빈도를 각각 $\mathbf{f}_1$과 $\mathbf{f}_2$라고 하자. 그리고 대응하는 표본의 크기를 각각 $\mathbf{n}_1$과 $\mathbf{n}_2$라고 하자. 두 표본 빈도의 차이에서 하나의 표준 편차 값을 계산하는 공식은 다음과 같다.

$$1\ \mathrm{SD}=[\mathbf{f}_1(1-\mathbf{f}_1)/\mathbf{n}_1+\mathbf{f}_2(1-\mathbf{f}_2)/\mathbf{n}_2]^{\frac{1}{2}}$$

이 값의 2배보다 큰 표본 빈도의 차이는 0.05 수준에서 통계적으로 유의하다. 그리고 이 값의 3배보다 큰 표본 빈도의 차이는 0.01 수준에서 통계적으로 유의하다.

오차 한계 합산 공식

95% 신뢰 수준에서 개별 오차 한계들의 합을 0.95의 신뢰 수준을 유지하면서 차이에 대한 오차 한계로 전환하는 간단한 공식도 있다. 차이에 대한 올바른 95% 오차 한계는 두 개별 오차 한계의 제곱들의 합의 제곱근이다.

$$\mathbf{ME}(\text{차이}) = [\mathbf{ME}_1{}^2 + \mathbf{ME}_2{}^2]^{\frac{1}{2}}$$

[그림 6.3]과 [그림 6.4]의 예에서, 차이에 대한 95% 오차 한계를 계산하면 0.15가 아니라 0.11이 나온다.

연습문제

통계적 가설들의 평가를 위해 이 책에서 개발된 6단계 프로그램에 따라 다음의 보고들을 분석하시오. 각 단계마다 번호와 제목을 붙이시오. 가능한 분명하고 간결하게 말하되, 자신이 무엇을 말하고 있는지 안다는 것을 충분히 증명할 수 있도록 답하시오. 단지 '예' 또는 '아니오'라 말하는 것은 결코 만족스러운 답이 될 수 없습니다. 이 보고들 중 일부는 최근 잡지나 신문에 실린 기사들에서 직접 인용하여 약간 수정만을 가하여 제시되었습니다.

연습문제 6.1 사람들은 성관계를 갖기 위해 거짓말을 한다

한 연구자에 의하면, 다수의 사람들이 성관계를 갖기 위해 거짓말을 하기 때문에 성 상대자의 건강이나 성 이력에 대해 묻는 것은 AIDS를 피할 수 있는 신뢰할 만한 수단이 아니다. 그는 조사에 참여한 성경험이 있는 남자 대학생의 1/3과 여성의 10%가 누군가와 성관계를 갖기 위해서 상대자에게 거짓말을 한 적이 있음을 시인했다고 말했다.

"상대자에게 위험 요인에 대해 묻는 것은 아마도 AIDS에 걸릴 위험을 줄일 수 있는 매우 좋은 방책은 아니다"라고 노스리지(Northridge)의 캘리포니아 주립대학 심리학과 코크란(Susan Cochran) 부교수는 말했다. 그녀는 자신의 조사 결과를 토요일에 미국 심리학회 연례 회의에서 설명했다.

코크란은 AIDS에 걸릴 위험이 있는 행동을 과거에 한 적이 있는가를 성 상대자에게 묻는 것으로써 자신을 안심시키는 여성들이 많다는 것을 알고 연구를 시작하였다고 말했다. AIDS를 일으키는 바이러스는 감염된 사람과 성 관계를 갖거나 감염된 주사 바늘이나 오염된 혈액 제품을 사용함으로써 퍼진다. 성 상대자에게 마약 사용과 성 이력에 관해 묻는 것이 콘돔 사용 같은 예방 조치를 취하는 것에 대한 효과적인 대체물은 아니라고 그녀는 말했다.

그 연구는 남부 캘리포니아의 두 대학에 다니는 422명의 미혼이면서 성경험이 있는 학생들에게 초점을 맞추었다. 나이는 18세와 25세 사이였는데, 평균 나이는 19세

이었다. 그중 46%는 남성이었다.

남성 중 35%가 성관계를 갖기 위해 거짓말을 했다고 시인했다. 덧붙여 남성의 47%와 여성의 60%는 누군가 성관계를 갖기 위해 자신에게 거짓말을 했다고 말했다. 연구에서는 응답자들이 무슨 거짓말을 했는가에 대해서는 구체적으로 밝히지 않았다.

"만약 여러분이 어떤 사람에게 위험 요인이 있느냐고 물어서 그가 그렇다고 대답한다면, 당신은 그가 거짓말을 하는 것이 아니라고 상당히 확신할 수 있다. 그러나 만약 그가 아니라고 대답한다면, 그것은 사실 묻지 않은 것이나 다름없다"고 코크란은 말했다.

연습문제 6.2 몸무게가 수태를 하는 데 중요하다

배불뚝이는 허리띠 주변에서뿐만 아니라 허리띠 아래에서 남성들에게 손해를 끼칠 수 있다. 체중이 지나치게 많이 나가는 남성들은 질이 떨어지는 정자를 가질 가능성이 더 많다는 것이 거의 1,600명의 젊은 덴마크 남성들을 대상으로 한 연구의 결과이다. 너무 마른 경우도 마찬가지로 문제이다.

여성들도 예외가 아니다. 지나치게 과체중인 여성들이 자연스럽게 수태를 하는 데 어려움을 겪는다는 것은 오래전부터 알려진 일이지만, 새로운 연구가 확실히 한 것은 수정란이 시험실 접시에서 수정되어 자궁에 착상이 되는 경우에도 그들이 임신을 하게 될 여지가 적다는 것이다. "지나치게 살찐 여성들의 경우, 착상률과 임신율이 현저하게 줄어드는 것을 확인했다"고 보스턴에 있는 베스 이스라엘 디커니스 의료 센터(Beth Israel Deaconess Medical Center)의 라일리(David Ryley) 박사는 말했다. 그는 5,847번의 시험관 수정 시도에 대한 연구 결과를 이번 주에 있었던 미국 생식 의학회(American Society for Reproductive Medicine)의 모임에서 제시했다. 신체 용적 지수(body mass index)가 35 이상인 살찐 여성은 시험관 수정을 통해 임신을 할 확률이 1/5보다 약간 많았다. 신체 용적 지수는 어떤 사람의 신장과 체중을 고려한 비만의 측도이다.

정자에 대한 연구는 생식학회지인 『생식과 불임(*Fertility and Sterility*)』의 2004년 10월호에 게재되었다. 그 연구는 의무적인 군사 시험 동안 정액 표본을 제공하기로 자원한 평균 연령이 19세인 1,558명의 남성을 대상으로 했다. 정자수 계산(sperm counts), 정자 농도(sperm concentration), 정액 부피를 비롯하여 정자의 질을 가늠하는 다른 측도들뿐만 아니라 신체 용적 지수에 대한 측정이 이루어졌다. 20과 25 사이의 건강한 신체 용적 지수를 가진 또는 신장이 5피트 10인치인 남성의 경우 체중이 139파운드와 174파운드 사이인 남성들의 수치와 그 범위를 넘거나 모자라는 남성들의 수치를 비교하였다. 체중 미달인 남성들의 경우, 정자 총수와 정자 농도가 각각 28.1% 그리고 36.4% 낮았다. 과체중인 남성들의 경우, 그 수치들은 각각 21.6% 그리고 23.9% 낮았다.

연습문제 6.3 재혼한 남성들은 살찌고 게으르다

마르고 근육이 있었던 이혼남이 자신과 재혼하자마자 변했다고 의심하는 여성들은 과학적 근거를 가지게 되었다. 거의 4만 명에 이르는 40세와 75세 사이의 미국 남성들을 대상으로 한 연구를 통해 밝혀진 것은, 재혼하는 남성들이 체중이 늘어나고 운동을 덜 하는 반면 이혼을 하거나 상처한 남성들은 상대적으로 더 날씬하고 더 적당한 신체 상태를 유지한다는 것이다. 그 대신, 이혼남들은 건강에 이롭지 않은 식사를 하고, 사다 먹는 경우가 많으며, 흡연할 가능성이 2배나 많을 뿐만 아니라 재혼남들보다 거의 1/3이나 더 많은 술을 마신다.

영국에서 발간된 『역학과 지역 보건지(*The Journal of Epidemiology and Community Health*)』의 2004년 12월호에 실린 그 연구는 하버드 보건대학의 연구자들에 의해 이루어졌다. 그 연구는 자신의 생활양식에 관해 세부적인 내용을 제공한 미국 건강 관리 분야에서 일하는 남성들의 응답을 토대로 하였다. 대부분의 응답자들은 중산층의 전문직업인이었지만 더 폭넓은 집단에서 그러한 결과는 수입이 더 적고 교육 수준이 낮은 남성들 사이에서 더 현저할 수 있다고 저자들은 말한다.

연습문제 6.4 노인들 사이의 차이에 대한 인구조사국의 보고

헌법에 규정된 대로 미국 정부는 10년마다 한 번씩 전국에 있는 모든 사람에 대한 정보를 기록하는 조사를 실시한다. 수집된 정보를 처리하는 데만 몇 년이 걸린다.

1992년에 인구조사국(Census Bureau)은 1990년 인구 조사로부터 얻은 자료를 토대로 노인들에 대한 특별 보고서를 제출했다.

이 보고서에 따르면, 1990년에는 전체 인구의 약 12%인 3,100만 명이 65세 이상이었다. 약 7%인 1,800만 명은 65세에서 75세 사이였고, 4%인 1,000만 명은 75세에서 85세 사이였으며, 1%가 약간 넘은 300만 명이 85세 이상이었다.

많은 조사 결과 중 하나는 여성 노인이 남성 노인보다 혼자 살 가능성이 높다는 것이었다. 65세 이상인 여성 가운데 약 42%는 혼자 살고 있었다. 그러나 65세 이상인 남성이 혼자 사는 경우는 18%에 불과했다. 85세 이상에서는 남성은 3분의 1, 여성은 3분의 2가 혼자 살고 있었다. 그 보고서는 이러한 차이를 야기하는 몇 가지 원인을 제시했다. 그중 하나는 평균 수명의 차이였는데 남성의 평균 수명은 72세이고 여성은 78세였다. 다른 원인은 배우자와 사별한 후 남성이 여성보다 재혼할 가능성이 훨씬 많다는 것이었다.

평균 수명의 차이에도 불구하고 75세가 넘은 남성은 같은 연령대의 여성보다 더 건강한 경향이 있었다. 75세 이상인 남성 중 먹고 입고 목욕하는 것과 같은 기본적 활동을 하는 데 도움이 필요한 경우는 17%에 불과했다. 반면에 75세 이상 여성들 중 30%는 그러한 도움을 필요로 했다.

연습문제 6.5 미국인들은 잠을 많이 자고 TV를 많이 본다

최근의 조사에 의하면, 평균적인 미국인은 지난해 매일 8.6시간 자고 단지 3.7시간 일하며 5.1시간의 여가를 즐겼는데, 여가 시간의 반은 TV를 보면서 지냈다. 이 전국적 조사는 거의 여유시간이 없는 맞벌이 부모로부터 은퇴한 사람들과 틴에이저까지 모든 사람을 대상으로 삼았으며, 이러한 사실은 이 "평균적" 하루가 어느 누구의 실제 하루도 반영하지 않는 이유를 설명하는 데 도움이 된다.

25세부터 52세까지의 맞벌이 부모는 가장 긴 하루를 가지는 것으로 나타났다. 그들은 하루에 8시간을 일하거나 통근하는 데 보내고, 7.5시간 동안 잤으며, 2.6시간을 여가와 운동에, 1.3시간은 다른 사람을 돌보는 데, 그리고 1.1시간을 가사로 보냈다. 나머지 시간은 먹거나 장을 보거나 청소를 하거나 다른 활동을 하는 데 보냈다.

노동부의 의뢰로 2003년 내내 15세 이상인 21,000명을 대상으로 하여 수행된 전화 조사는 미국에서의 시간 사용에 대한 최초의 전국적 조사였으며, 통계의 보고를 제공한다. 그 조사에서 응답자들은 전날부터 24시간 동안의 활동을 자세히 얘기하도록 요구되었다. 조사 결과는 여성이 남성보다 집안일을 더 많이 할 것이라는 다수의 막연하던 느낌을 확인해 주었는데 이는 남녀가 모두 전시간제로 일하는 경우에조차 그랬다. 평균적인 하루에 여성의 84%와 남성의 63%가 집안일을 하거나 요리를 하거나 잔디를 돌보거나 집 재정을 관리했다. 또한 여성은 집안일에 더 많은 시간을 보냈는데, 남성이 집안일에 1.3시간을 보내는 것에 비해 여성은 하루 2.3시간을 보냈다. 그러나 조사에 의하면 남성은 유급의 일을 하는 데 8.0시간을 보냄으로써 여성들의 평균 7.1시간에 비해 더 많은 시간을 보냈다. 그러한 차이의 부분적 이유는 여성들이 부분시간제로 일할 가능성이 더 많다는 것이다. 그런데 전시간제로 일하는 사람들 가운데서도 남성들은 8.3시간 일함으로써 7.7시간을 일하는 여성들보다 조금 더 길게 일을 했다.

평균 미국인은 하루에 5.1시간의 여가 시간을 가졌는데, 그 반을 TV 시청에 보낸 것으로 조사를 통해 밝혀졌다. 또한 전형적인 미국인은 41분을 사교적 모임에 참여하는데, 22분을 독서하는 데, 20분은 운동 또는 오락에, 20분은 휴식과 사색에, 17분은 종종 컴퓨터로 게임을 하는 데, 31분은 다른 여가 활동을 하는 데 보냈다. 일반적으로 남성은 여가로 5.4시간을 보냄으로써 4.8시간을 사용하는 여성에 비해 더 많은 시간을 보냈다. 6세 이하의 어린아이들을 가진 사람들이 가장 적은 여가 시간, 즉 4.0시간을 가졌다.

그 조사는 "일차적 활동"을 위주로 하여 시간 사용을 계산했다. 즉, 옷을 다리거나 저녁 식사를 하면서 TV를 보는 경우, 한 가지 활동만 계산되었다. 한 가지 예외는 어린아이를 돌보는 일이었는데, 이것은 일차적 활동일 수도 이차적 활동일 수도 있었다. 여성은 남성보다 아이들을 돌보는 데 더 많은 시간을 보냈는데, 후자의 0.8시간에 비해 전자는 1.7시간을 보냈다. 아마 놀라운 일은 아니겠지만 6세 이하의 어린아이를 가진 일하는 엄마는 전업주부보다 수면시간과 자유시간이 적었다. 그러나 전업주부는 다른 사람들을 돌보고 집안일을 하는 데 직장생활을 하는 주부보다 거의 2배에 가까운 시간을 보냈다.

여행 시간은 그것과 관련된 활동으로 계산되었다. 따라서 통근 시간은 근무 시간에 포함된 반면, 아이들을 축구하는 데 데려가고 오는 시간은 아이를 돌보는 시간에 포함되었다. 성생활은 여가 활동이라기보다 좀 더 넓은 의미에서의 "개인적 관심사"의 범주에 포함되었고, 따라서 계산되지 않았다.

경제학자와 사회과학자들은 이 연구가 경제적 생산총량, 소득, 생산성, 나아가서 미국인의 삶의 질을 측정하는 데 도움이 되도록 임금이 지불되지 않는 노동의 달러 가치를 계산하는 첫 번째 단계로 활용될 수 있기를 바란다. 현재 방식으로 계산하면, 미국의 국내총생산은 한 가족이 어린아이를 탁아소에 맡기거나 그들의 셔츠를 세탁소에 맡기면 증가하고, 탁아소에 보내는 것을 취소하거나 셔츠를 스스로 세탁하면 감소한다. 두 경우에 이루어지는 노동의 양은 같음에도 그러하다.

연습문제 6.6 여론 조사에 의하면 결혼과 성 역할에 대해 진보적인 신념이 늘어나고 있다

미국인들은 남편은 부양자 역할만 하고 아내는 주부와 어머니 역할만 하는 전통적 결혼 생활을 선호하기보다는 부부가 생계유지를 위한 벌이와 집안일을 함께하는 결혼이 더 "만족스러운 생활 방식"이라고 믿는 경향이 늘어난 것 같다.

인터뷰한 사람들 중 결혼생활의 역할을 함께하는 것을 선호한 사람은 53%였고, "전통적" 결혼 생활을 선호한 사람은 47%였다. 그러나 40세 이하에서는 결혼생활의 역할을 함께하는 것을 선호한 사람이 61%였던 반면, 40세 이상에서는 전통적 결혼생활을 선호한 사람이 59%였다.

또한 그 조사를 통해 직장생활을 하는 여성이 그렇지 않은 여성보다 더 좋은 엄마가 되는가에 대해서 뚜렷한 의견 차이가 있는 것으로 드러났다. 직장생활을 하는 여성 중 43%가 직장생활을 하는 여성이 더 좋은 엄마가 된다고 말했지만, 직장생활을 하지 않는 여성 중 이러한 의견을 함께하는 사람은 14%에 불과했다.

그 조사는 상이한 인종, 종교, 나이 및 직업을 반영하는 전국 각지의 성인 미국인 1,603명과의 전화 인터뷰를 통해 이루어졌다.

연습문제 6.7 암치료를 위한 열쇠를 제공하는 유전 검사

간단한 유전 검사를 통해 치명적 뇌종양을 가진 환자들 중 어떤 사람이 지난 수십 년간 그 질환에 대해 최초의 의미 있는 진전으로 찬양받은 치료 방법으로부터 도움을 받을 수 있는가를 확인할 수 있다. 제네바에서 열린 학술회의에서 스위스 의사들이 발표한 한 연구 결과에 의하면, 올바른 유전 프로파일을 가진 환자들의 경우 방사선 치료와 함께 티모졸로마이드(temozolomide)라는 약을 복용하면 2년 후에도 생존한 것으로 밝혀졌다. 반면 그릇된 유전 사인을 가진 환자들의 경우 생존율이 14%에 불과했는데, 이는 방사선 치료만 받은 경우와 비교해 별 나은 것이 없다.

전문가들의 말에 따르면, 그 검사를 통해 글리오블래스토마스(glioblastomas)로 알려진 치명적 종양을 가진 환자들 중 약물치료를 겸하는 것이 별 도움이 되지 않는 사람에게 그릇된 희망을 주는 것을 피하는 대신 의사들에게 다른 접근을 시도하는 기회를 줄 수 있다는 것이다. 이 발견은 개별 환자에게 맞는 암치료를 하는 문제를 해결하는 한 단계에 해당한다. "티모졸로마이드의 문제는 그것이 듣지 않는 상황에서 문제의 종양이 진행되는 것을 지켜보는 수밖에 없다는 것이다"라고 그 연구에 참여하지 않았던 미국 암학회(American Cancer Society)의 전국 회장인 밴스(Ralph Vance) 박사는 말했다. "글리오블래스토마스를 시험할 수 있다면 이는 굉장한 일이다. 그럴 경우 추측만 하면서 이 약이 듣지 않을 환자들에 대해 시간을 낭비하는 것을 피할 수 있다"고 미시시피 대학의 밴스 교수는 말했다.

방사선과 수술은 글리오블래스토마스에 대해 가장 중요한 치료였지만, 그러한 치료를 받아도 환자는 보통 일년 안에 죽는다. 1970년대 이후로 이용가능했던 정맥 내 화학요법은 생존율을 개선하는 데 약간 도움이 될 뿐이며 심각한 후유증들을 유발할 수 있다. 글리오블래스토마스는 뇌에서 생기는 모든 사례의 절반 이상을 설명하는 100여 가지 형태의 암 중 가장 공격적인 것이다. 전세계적으로 매년 175,000건이 이 질환으로 진단되고 125,000명이 죽는 상황이다.

연습문제 6.8 남자란 도대체 어떤 존재인가

전형적인 미국 남성들은 충실한 결혼 생활이 이상적인 관계라고 믿는다. 그들이 여성들에게 바라는 것은 무엇보다도 성실, 애정, 그리고 동료 관계이다. 이것이 최근에 발간된 『남성의 신화를 넘어서(*Beyond the Male Myth*)』라는 책의 결론이다.

이 책은 여성이 남성에 관해 가장 알기를 원하는 질문들에 답하도록 설정된 40개 항목의 선다형 질문지의 결과를 토대로 하고 있다. 그 질문지는 여론 조사 기관에 의해 전국 각지의 지역 사회 남성들에게 배포되었다. 조사원들은 쇼핑센터나 사무실 빌딩 같은 곳에서 남성들에게 접근하여 그 질문지에 답한 후 그것을 봉인된 상자에 집어넣도록 요청했다. 응답한 사람은 모두 4,066명이었다.

조사에 응한 남성 가운데 반 이상이 충실한 결혼생활을 그들의 이상으로 간주했다. 그리고 응답자의 4분의 3 가량이 사랑 외에 결혼을 하는 가장 일차적인 이유는 동료 관계와 가정생활을 원하기 때문이라고 답했다.

연습문제 6.9 남성의 공격성—호르몬 수준이 열쇠이다

남성이 지배적이고 심하게 경쟁적인 것은 바로 격정 호르몬, 특히 남성 성호르몬인 테스토스테론(testosterone)의 또 다른 증상일 수도 있다고 연구자들은 말한다.

오랫동안 과학자들은 지나치게 이른 나이에 성교, 마약 복용, 특히 악의적인 강간 같은 폭력적 범죄를 경험하는 것과, 비정상적으로 높은 테스토스테론 수준을 연계시켜 왔다. 그러나 현재 일련의 새로운 연구 결과들은 높은 수준의 테스토스테론이 우위를 차지하려는 정상적인 충동을 일으킨다는 것을 보여 준다. 새로운 자료에 의하면, 감옥에서든 회의실에서든 어떤 사회적 상황을 지배하려는 경향이 강한 사람은 동료들보다 테스토스테론 수준이 높을 가능성이 많다.

보스턴 지역에 사는 39세에서 70세까지의 남성 1,706명을 대상으로 한 연구는 테스토스테론의 효과에 관한 가장 새롭고 강력한 증거를 제공한다. 이 사람들은 노화에 대한 보다 큰 연구의 일부로서 임의적으로 선정되었다. 조사에 참여하기로 동의한 사람들은 각자의 집에서 면담을 하고 심리 검사를 받았으며 혈액 샘플이 채취되었다.

테스토스테론 및 관련된 호르몬들의 수준이 높은 사람들은 연구자들이 "일부 공격적 행위와 더불어 지배적인" 것으로 기술하는 개성을 지녔다.

"우리가 보기에 이러한 개성을 가진 사람은 다른 사람에게 영향력을 행사하고 그들을 통제하려는 사람, 자신의 의견을 강하게 표출하고 마음대로 화풀이를 하는 사람, 그리고 사회적 관계를 지배하는 사람"이라고 이 연구팀에 참가했던 매사추세츠주 워터타운에 소재한 뉴잉글랜드 연구소의 심리학자 맥킨리(John B. Mckinley)는 말했다.

『정신신체 의학(*Psychosomatic Medicine*)』이라는 책으로 출판될 이 연구 결과는 임의로 선정된 다수의 사람들을 조사한 최초의 연구라는 점에서 의미가 있는 것으로 간주된다. 그동안 인간의 테스토스테론에 관한 연구의 대부분은 감옥의 죄수와 같은 가려낸 모집단에 있는 소수를 대상으로 한 것이었다.

과학자들은 인간사에서 테스토스테론과 같은 호르몬의 중요성을 너무 강조하는 것에 대해 경고한다. 왜냐하면 유년기의 경험에서 사회적 지위에 이르는 많은 다른 요인들이 지배성이나 경쟁심 같은 행위의 표출을 결정하기 때문이다.

"이것은 테스토스테론 수준이 높지 않은 사람은 지배적이거나 공격적일 수 없다는 것을 의미하지 않는다. 말할 나위 없이 여성도 테스토스테론 수준은 훨씬 낮지만 남성만큼이나 경쟁적일 수 있다"라고 미네소타 의과대학 정신병리학자 로즈(Robert Rose) 박사는 말했다.

연습문제 6.10 암 치료약에서 발견된 또 다른 유전적 연결

죽음의 문턱에서 살아난 사람들의 이야기는 이레사(Iressa)를 복용한 수만 명의 폐암 환자들에게 희망을 주었다. 그러나 실망스럽게도 그들 중 단지 1/10만이 뚜렷이 나아졌다. 의사들은 어떤 환자들이 이 드문 일시적 구제의 혜택을 입을 것인지를 예측할 수 없었다. 이제 두 그룹의 과학자들에 따르면, 그 답은 다음과 같다. 현저하게 호전되는 사람들은 그들의 종양 속에서 유전적 변이가 일어나 그 질환이 복용한 약에 매우 약하게 된다는 것이다. 이러한 발견은 한 해에 유방암, 대장암, 전립선암을 모두 합친 것보다 더 많은 1,600,000명의 미국인을 죽이는 폐암의 유전적 갑옷에 갈라진 금이 생기는 것을 의미한다. 그것은 또한 다수의 전문가들이 암 치료의 미래라고 말하는 것, 즉 환자의 종양에 대한 유전학을 토대로 그에게 맞춤약을 개발하고 복용시키는 것으로 가는 길을 가리킨다.

동시에, 유전적 변이가 없는 환자는 이레사 복용을 건너뜀으로써 그 자신이나 건강관리 체제가 별 도움이 되지 않을 약을 복용하는 데 매달 1,900달러씩 지출하는 것을 피할 수 있다. 여전히 일부 연구자들은 그러한 연구 결과가 소규모의 표본을 토대로 하고 있으므로 치료 관행를 바꾸기 전에 임상 시험들이 수행되어야 한다고 말한다. "문제의 유전 변이를 가진 사람은 분명히 그 약을 복용해야 한다"고 그 연구에 관여하지 않았던 콜로라도 대학 암 치료 센터의 소장인 블럼 주니어(Paul A. Blum, Jr.) 박사는 말한다. "그런데 문제의 유전적 변이를 가지지 않은 사람은 어떻게 할 것인가? 그 약을 복용할 필요가 없다고 말하기에 충분한 증거가 있다고 생각되지 않는다."

한 연구 그룹은 그 약에 반응을 보인 다섯 환자의 종양을 조사한 결과 모든 종양에서 유전 변이가 일어난 것을 그리고 약에 반응을 보이지 않은 네 환자의 종양에서는 어떤 변이도 일어나지 않은 것을 발견했다. 다나-파버와 일본 나고야 시립대학 의과대학의 과학자들이 이끈 그 연구는 2004년 4월 29일 『사이언스』의 온라인에 발표되었다. 다른 연구 그룹은 약에 반응한 9명의 환자 중 8명의 종양에서 유전 변이를 발견한 반면, 약에 반응하지 않은 7명의 환자의 종양에서는 아무런 유전 변이도 발견하지 못했다. 이 연구 결과를 매사추세츠 종합 병원의 의사들은 같은 날 『뉴잉글랜드 의학지(*New England Journal of Medicine*)』에 온라인으로 발표하였다.

유전 변이는 잦지 않은 것처럼 보인다. 다나-파버 그룹은 그것이 검사한 미국 환자들의 종양 61개 중 단지 하나에서 유전 변이가 일어난 것을 발견한 반면 일본 환자들의 경우에는 58개의 종양 중 15개에서 즉 26%에서 유전 변이가 일어난 것을 발견했다. 두 나라로부터의 표본들을 합치면, 여성 환자의 20%에서 그리고 남성 환자의 9%에서 유전 변이가 발견되었다. 이러한 연구 결과에 따르면 이레사는 특정한 유전적 이상에 대해 아주 성공적으로 작용하는 백혈병 치료약인 글리벡(Gleevec)과 같은 등급의 "표적화된 치료"에 포함될 수 있을 것이다.

연습문제 6.11 담배를 베이글과 교환할 것인가?

비만은 오늘날 주된 공중 보건 문제로 간주된다. 그러나 다수의 과학자들은 그것을 그 대안적 상황과 비교해 축복으로 보는 관점을 취하고 있다. 이 공중 보건 전문가들은 사실상 미국인들이 참으로 치명적 습관인 흡연을 덜 치명적인 과식과 교환했을 수도 있다고 믿는다. 이 교환 이야기는 자료에서 찾아낼 수 있다. 1973년부터 1983년까지 미국인들은 실제로 홀쭉해지고 있었다. 그 기간 동안 중년 남성의 평균 체중은 약 2파운드 줄어든 반면, 중년 여성의 체중은 거의 3파운드가 줄었다. 그 후 추세가 바뀌었다. 1980년부터 2000년까지 미국인의 평균 체중은 거의 20파운드 늘어났다. 질환 통제 및 예방 센터(Center for Disease Control and Prevention)의 통계학자인 윌리엄슨(David Williamson) 박사에 의하면, 모든 사람의 체중이 늘어났다. "경쟁적인 자전거

선수들은 20, 30년 전에 비해 체중이 늘어났으며, HIV 환자들도 체중이 늘어났다."

그러나 국가 전체적으로는 더 건강해졌다. 기대 수명은 지난 30년 동안 6년 이상 늘어났으며, 오랫동안 주된 사망 원인인 심장 질환은 줄어들기 시작하고 있다. 미국인들이 더 뚱뚱해지고 더 건강해진 중요한 이유는 담배 흡연률의 가파른 감소일 수 있다고 윌리엄슨 박사는 믿는다. 그가 옳다면, 비만의 증가는 의도하지 않은 결과의 고전적 사례, 즉 전체적인 효과를 예측할 수 없는 의료 및 공중 보건 간섭의 긴 목록 중 하나이다. 예를 들어, 한때는 많은 수의 미국인들이 유아기에 죽었을 뿐만 아니라 여성들은 감염 질환으로 출산시에 죽었다. 오늘날은 그렇지 않은데 이는 공중 보건의 승리이다. 그러나 결과적으로 인구는 점차 노령화되고 있으며, 이는 많은 심각하고 새로운 공중 보건의 문제들을 만들어 내고 있다.

흡연과 비만 사이의 연관은 아직 증명되지 않았지만, 통계적 상관은 존재한다. 1980년부터 2000년까지 체중이 증가함에 따라 흡연율은 국가 전체로 보면 27% 줄었고 중년 미국인들 사이에서는 38%나 줄었다. (오늘날 흡연율은 안정적이 되었으며 비만율 역시 안정적이 되고 있다는데 윌리엄슨 박사는 주목한다.) 담배를 끊는 사람들은 평균 10내지 12파운드 체중이 늘어나는데, 이는 부분적으로 그들이 단 음식과 탄수화물을 간절히 원하기 때문이다. 게다가 흡연자들의 신진대사는 담배를 끊은 후 늦어진다.

이렇게 해서 금연 캠페인은 뜻밖의 그리고 전적으로 만족스럽지는 않은 종결부를 향해 나아간다. 그러나 모든 것을 고려하면, 늘어나는 허리통을 가진 국가는 입에 담배를 문 국가보다 훨씬 컨디션이 나은 경우라고 윌리엄슨 박사는 지적한다. 그는 비만도 나쁠 수 있지만 흡연이 건강에 미치는 효과는 훨씬 나쁘다고 말한다. 윌리엄슨 박사는 "말할 나위 없이 나도 사람들이 뚱뚱해지지 않기를 바란다"고 말하면서도, 그들이 담배를 피우지 않기 때문에 그렇게 되었다면 "아마도 상황은 우리가 생각하는 만큼 그렇게 나쁘지는 않다"고 덧붙인다.

연습문제 6.12 미국의 취학 전 아동들 사이에 늘어나는 비만

비만 유행은 어린이들의 모래 놀이터까지 이르고 있다. 미국 심장학회(American Heart Association)가 2004년 12월 30일에 보고한 바로는 2세부터 5세까지의 미국 아동들 중 10% 이상이 과체중이다. 심장 질환과 발작에 대한 심장학회의 연례 통계 보고에 따르면, 이 수치는 1994년의 7%로부터 증가한 것이다. 10%라는 수치는 통계 수치가 입수가능한 최근년인 2002년의 수치인데 오늘날의 상황이 아마도 더 나쁠 것이라고 AHA의 차기 회장이자 콜로라도 대학의 의대 교수인 에컬(H. Eckel) 박사는 말했다.

성인들 사이에 비만이 널리 퍼진 것은 잘 알려진 사실인데, 1991년 이래 75% 증가했다. 취학 학령 아이들과의 문제도 마찬가지인데, 이는 6세부터 11세까지의 거의 4백만 어린이와 12세부터 19세까지의 5.3백만 젊은이들이 2002년의 경우 과체중이거나 비만임을 보여 주는 새로운 통계에 의해 재확인된다. 그러나 취학 전 아동들에 대한 조사 결과는 어린아이들의 체중 문제가 그 어느 때보다 일찍 시작되고 있다는 것을 강력하게 시사한다.

펜실베이니아 주 댄빌(Danville)에 소재한 가이진저 병원(Geisinger Clinic)의 위장병 및 영양 전문의인 코크란(William Cochran) 박사는 그의 체중 관리 클리닉에서 체중이 300~400파운드에 달하는 어린아이들을 많이 본다고 말한다. 그는 또한 당뇨병, 고혈압, 심지어 간 질환을 가진 어린아이들을 예전보다 더 많이 본다. "일부 아이들은 하루에 1~2리터의 탄산수를 마신다"고 미국 소아학회의 비만 대책 위원회에서 활동하는 코크란 박사는 말했다. "10년~30년 내에 심장 질환, 발작 및 당뇨병의 발병률은 가히 천문학적일 것이다."

연습문제 6.13 미국인의 64%는 규칙적으로 술을 마신다

미국인의 64%가 어느 정도 술을 마신다는 것을 인정한다. 이것은 전국 20개의 도시에 사는 500명을 집에서 면담한 것을 포함하는 최근의 한 조사로부터 나온 전체적 결론이다. 자신의 음주 습관에 관한 질문에 대해 전혀 술을 마시지 않는다고 말한 사람은 35%, 가볍게 마신다고 말한 사람은 46%, 적당히 마신다고 말한 사람은 17%였으며, 매우 많이 마신다고 대답한 사람은 1%에 불과했다. 1%는 그 물음에 답하기를 거부했다.

대학 교육을 받은 사람은 75%가 자신을 가볍게 마시거나 적당히 마시는 사람으로 분류한 반면, 고등학교 교육을 받은 사람 가운데 이러한 대답을 한 사람은 49%에 불과했다. 육체노동자들의 57%가 가볍게 혹은 적당히 마신다고 대답한 데 비해, 사무직 직업인들은 71%가 그렇다고 대답했다.

나이와 수입에 따른 편차도 있었다. 35세 미만인 사람들은 62%가 가볍게 혹은 적당히 마신다고 대답한 반면에, 35세에서 54세까지는 69%, 55세 이상은 54%가 그렇다고 대답했다. 수입에 따른 편차도 비슷했는데, 연수입이 15,000달러 미만인 사람은 59%가 자신을 가볍게 혹은 적당히 마시는 사람으로 분류했다. 연수입이 15,000달러에서 25,000달러인 사람들에서 그 비율은 64%였으며, 25,000달러 이상 버는 사람들의 경우 그 비율이 76%로 올라갔다.

연습문제 6.14 대다수 여성은 직업 차별을 느끼고 있다

최근의 갤럽 조사에 응답한 여성 중 54%는 여성이 남성과 동등한 고용 기회를 가지는 것으로 생각하지 않는다고 말했다. 41%는 동등한 기회를 가졌다고 생각했고, 5%는 어떠한 의견도 없었다.

차별에 대한 견해는 그 사람이 실제로 직업 생활을 한 경험이 있는가에 크게 의존한다. 직장 생활을 해온 여성들의 65%가 여성이 남성과 동등한 기회를 갖지 못한다고 생각한 반면, 정식으로 고용된 적이 없는 여성 중 이러한 의견을 공유하는 사람은 32%에 불과했다.

교육도 한 가지 요인이다. 대학 교육을 받은 여성 중 68%가 여성에 불리한 편견이 있다고 생각하는 반면에, 고등학교 교육이나 그 이하의 교육을 받은 여성 가운데 이러한 의견에 동의한 사람은 49%뿐이었다. 같은 능력을 가진다면 여성도 회사의 최고경영자가 될 수 있는 동등한 기회를 가지는가라는 질문에 대해 대학 졸업자의 71%가 그렇지 않다고 대답했다. 그러나 그보다 교육을 덜 받은 여성 중에서는 50%만이, 그리고 조사에 응한 전체 여성 중에는 56%가 그러한 견해를 갖고 있었다.

면담을 통해서 실시된 이번 조사의 오차 한계는 ±5%이다.

연습문제 6.15 도시의 곤궁도 지수가 미국 전역에서 떨어지고 있다

록펠러 정부 연구소(Nelson A. Rockfeller Institute of Government)가 2004년 9월

5일에 공개한 보고서에 의하면, 미국 전역의 대도시들 중 거의 75%가 빈곤 수준, 실업 및 과밀한 주택과 같은 인자들에 대한 측도인 도시의 곤궁도(hardship) 지수가 떨어지는 것을 1970년과 2000년 사이에 경험했다. 55개 도시에 대한 장기간의 연구에 따른 결론은, 36% 이상이 지난 30년에 걸쳐 곤궁도 수준에서 "나아졌으며", 38% 이상이 "현저하게 나아졌다." 후자의 경우에 속하는 대도시들은 그 기간 동안 "곤궁도 지수"로 알려진 지수에서 20% 이상의 감소를 경험했다고 연구자들은 말했다. 최악의 곤궁도 지수는 100이다.

그 자료에 따르면, 18%의 대도시들 또는 5개 중 하나보다 적은 수의 대도시들만 그 30년의 연구 기간 동안 경제적 번영의 징후들에서 "감퇴하거나" "현저하게 감퇴했다." 그 도시들은 곤궁도 지수에서 결국 4% 이상 증가했다.

각 도시의 곤궁도 지수를 결정하기 위해, 연구자들은 전국적 표준과 비교하여 다음과 같은 6가지 인자들을 고려했다.

· 실업(16세 이상의 실업률)
· 부양(18세 이하 또는 64세 이상의 인구 백분율)
· 교육(고등학교 졸업보다 낮은 학력을 가진 25세 이상의 인구 백분율)
· 소득 수준(1인당)
· 빈곤(연방정부의 빈곤 수준 이하에서 살고 있는 인구 백분율)
· 주택(두 사람 이상이 사는 방을 가진 주택의 백분율)

"우리는 언론 매체를 통해 도시가 광범위하게 곤궁하다는 이미지들을 자주 접하고, 따라서 높은 수준의 빈곤과 역경이 일반적이라고 믿게 되는데 실제 상황은 그렇지 않다"고 네이선(Richard P. Nathan) 뉴욕 주립 대학 공공 정책 연구소 소장은 말했다.

2000년의 전국적 통계를 보면, 곤궁도 지수가 15.3인 버지니아 비치(Virginia Beach)는 시애틀(Seattle, 9.2)과 노스캐롤라이나의 레일리(Raleigh, 10.9)의 뒤를 이어 곤궁도 지수가 가장 낮았다. 곤궁도 지수가 가장 낮은 10개의 도시 중 세 개가 노스캐롤라이나에 있었다. 곤궁도 지수가 낮은 다른 도시들로는 텍사스의 오스틴, 아칸소의 리틀록, 노스캐롤라이나의 그린스보로, 오하이오의 콜럼버스, 텍사스의 알링턴, 네바다의 오마하 등이 있다.

2000년에 도시 곤궁도 지수가 가장 높은 10개의 도시는 캘리포니아의 산타나(73.7), 마이애미(71.6), 코네티컷의 하트포드(67.1), 뉴저지의 뉴어크(66.6), 인디애나의 게리(59.4), 디트로이트(56.6), 클리블랜드(55.7), 캘리포니아의 프레스코(54.4), 로스앤젤레스(51), 그리고 뉴욕의 버펄로(50.1)였다.

그 보고서에 따르면 시애틀, 그린스보로 및 콜럼버스는 1970년 이래로 "곤궁도 지수가 가장 낮은 도시 명단의 충실한 멤버들"이다. 보고서는 또한 오마하의 성취를 언급했는데, 그 도시는 1970년에 좋은 성적을 거두었는데 "2000년에는 86개 도시 중 9개를 제외하고는 가장 나았다." "일반적으로, 곤궁도 지수가 가장 낮은 도시들은 탄력적인 도시 경계의 설정, 메트로폴리탄 지역의 인구를 적당히 나누어 가질 수 있는 능력, 비교적 높은 수준의 새 주택 건설, 높은 비율의 인종 분리, 빈곤, 제한된 교육 및 실업으로부터 오는 강한 압박이 다른 도시들에 비해 덜한 것 등으로부터 혜택을 입었다"고 그 보고서는 말한다.

연습문제 6.16 어린이들은 어휘를 언어별 차이가 없이 유사한 방식으로 습득한다

2004년 9월에 보고된 한 연구에서 미국 국립보건원(National Institute of Health)의 어린이 건강 및 인력 개발 국립 연구소에서 일하는 연구원들은 배우는 언어가 무엇인가에 상관없이 어린 아이들은 근본적으로 같은 방식으로 어휘를 배운다고 말했다. 그 연구는 다양한 국가에 사는 20개월 된 어린이들의 어머니를 대상으로 이루어졌다. 그 아이들은 스페인어, 네덜란드어, 프랑스어, 이스라엘어, 이탈리아어, 한국어 및 미국식 영어를 말하는 것을 배우고 있었다. 어머니들은 아이들의 어휘 수준을 측정하도록 설계된 질문지에 답했다.

어린이들의 어휘에서 주된 부분은 형용사에 의해 수식되는 명사인 것으로 드러났다고 『어린이의 발달(*Child Development*)』이라는 저널에서 연구자들은 말했다. "이 연구에 따르면 언어가 크게 다를지라도 어린 아이들이 말의 부분들을 배우는 순서는 언어별 차이 없이 같은 것처럼 보인다"고 어린이 건강 연구소 소장인 알렉산더(Duane Alexander) 박사는 말했다. "언어 발달의 정상적 진행에 대해 알게 됨으로써 우리는 언어 학습에 어려움을 겪는 아이들에 도움이 될 정보를 얻을 수 있을 것이다"

라고 알렉산더는 말했다.

각국 어머니들은 자신의 아이들이 다른 유형의 단어보다 명사를 현저하게 더 많이 습득했다고 보고했다. 연구자들에 따르면, 이러한 일은 미국식 영어에서처럼 명사가 강조되는지 또는 한국어에서처럼 동사가 강조되는지에 상관없이 일어난다.

연습문제 6.17 연구 과제

통계적 연구 보도문을 찾아라. 신문, 시사 잡지 또는 인터넷 사이트에서 예를 찾을 수 있을 것이다. 유망한 곳은 지역 신문의 일요 특집판이다. 공부를 할 만큼 흥미롭고 중요하다고 생각되는 것을 발견하면, 통계적 가설의 평가를 위한 표준 프로그램에 따라 그 보도문을 분석하라.

::7장

인과적 모형

많은 흥미롭고 유익한 과학적 발견들은 인과 관계에 관한 것이다. 콜레스테롤 수치가 높으면 심장마비가 발생하는가? 비타민 C를 섭취하면 감기가 예방되는가? 먼저 인과와 상관을 구별함으로써 인과 관계를 공부하도록 하자. 그 다음 인과적 가설을 이해하고 평가하는 데 도움이 될 몇 가지 인과 모형을 개발할 것이다.

7.1 상관 관계와 인과 관계

통계적 추론에서 흔히 범하는 실수 중 하나는 이미 알려진 상관으로부터 곧바로 인과적 연결을 추리하는 것이다. 표준적인 교재들은 그러한 추론상의 위험성을 보여 주는 예들로 가득 차 있지만 그 실수는 여전히 계속되고 있다. 그 때문에 이러한 예들 중 몇 가지는 다시 살펴볼 가치가 있다.

인과 관계가 없는 상관

폐암 환자들과 폐암에 걸리지 않은 사람들을 비교해 보면, 재떨이를 사용한 이력과 폐암에 걸리는 것 사이에 긍정적 상관이 있다는 점을 알게 된다. 즉 폐암에 걸리지 않은 사람들보다 폐암 환자들 중에서 과거에 재떨이를 사용했거나 현재 사용하는 사람들의 비율이 훨씬 높다. 그러나 재떨이를 사용하는 것은 분명히 폐암의 원인은 아니다. 오히려 흡연이 폐암의 원인이며, 대부분의 폐암 환자들은 과거에 흡연자였고 대부분의 흡연자들은 재떨이를 사용했다고 보아야 한다.

또한 어린아이들의 경우 홍역에 걸렸을 때 붉은 반점이 나타나는 것과 열이 나는 것 사이에 긍정적 상관이 있다. 그러나 붉은 반점이 발열을 일으키는 것은 아니다. 또한 발열이 붉은 반점을 일으키는 것도 아니다. 그 두 가지는 홍역 바이러스에 의해 각각 독립적으로 야기되었다.

좀 더 흥미로운 예를 살펴보자. 남태평양에서 살고 있는 어떤 부족을 연구한 인류학자들은 원주민들이 몸에 옷엣니가 있으면 건강이 좋아진다고 믿는다는 것을 알게 되었다. 그들의 믿음이 단순히 미신은 아니라는 점이 드러났다. 거의 모든 건강한 사람들의 몸에는 옷엣니가 있지만, 많은 아픈 사람들의 몸에는 옷엣니가 없었다. 그 결과 건강한 사람들에서 옷엣니가 발생하는 비율은 아픈 사람들에서 옷엣니가 발생하는 비율보다 분명히 높았다. 따라서 몸에 옷엣니가 있다는 것과 건강하다는 것 사이에는 분명한 긍정적 상관이 있었다.

그러나 이러한 상관이 발생한 이유는 옷엣니로 인하여 사람들이 건강하기 때문이 아니라 몸이 아프면 이가 생기지 않기 때문이다. 옷엣니는 어리석지 않다. 옷엣니는 아픈 사람, 특히 열이 있는 사람의 몸보다는 건강한 사람의 몸을 더 좋아한다. 체온이 정상보다 훨씬 올라가면 옷엣니는 보다 시원한 환경을 찾기 시작한다.

좀 더 진지한 사례를 살펴보자. 미국의 어떤 일류 주립대학교 부속병원의 연구원들이 환자들의 회복률을 비교하기로 했다. 그들은 대학 병원에서 치료받은 모든 환자들 중 병원으로부터 50마일 이내에 거주하고 있는 환자들이 그보다 멀리 떨어진 곳에 거주하는 환자들보다 회복률이 더 높다는 점을 발견했다. 즉, 대학 병원 환자들 중에는 병에서 회복되는 것과 병원으로부터 50마일 이내에 거주한다는 것 사이에 긍정적 상관이 있었다. 대학 병원에 가까운 곳에 거주하는 것이 왜 인과적으로 병의 회복을 촉진시키는지를 설명하기 위해 많은 가설들이 제안되었다.

그러나 실제로는 설명되어야 할 하등의 인과 관계도 없었다. 상관이 발생한 이유는 대학 병원이 그 주(州)에서 가장 시설이 좋다는 단순한 사실에 있었다. 그러므로 주 전역에서 위독한 환자들이 대학 병원으로 이송되었다. 물론 덜 위독한 환자들은 대학 병원으로 이송되지 않았다. 대학 병원이 바로 자신의 지역에 있는 사람들이 대학병원에서 치료를 받듯이, 덜 위독한 환자들 역시 자신들의 지역 병원에서 치료를 받았다. 그러므로 대학 병원으로부터 멀리 떨어진 곳에서 거주하는 환자들의 회복률이 가까운 곳에 거주하는 환자들의 회복률보다 낮았던 것이다. 대학 병원으로부터 멀리 떨어진 곳에서 거주하는 환자들은 평균적으로 대학 병원에 입원했을 때 이미 매우 위독한 상태에 있었다.

인과 관계는 대칭적이지 않다

위의 예들은 교훈적이긴 하지만 상관과 인과적 연결이 갖는 차이의 근본 성질을 밝히지는 못한다. 보다 계몽적인 차이점은 상관은 **대칭적** 관계라는 것을 상기하면 알 수 있다. 만약 A가 B와 긍정적 상관이 있으면, B도 A와 긍정적 상관이 있다. 그 역도 마찬가지다.

우리는 현재로서는 인과가 무엇인지 잘 모르지만 그것은 확실히 대칭적 관계는 **아니다**. 속도위반은 사고의 원인이지만, 분명히 사고가 속도위반의 원인은 아니다. 독을 먹는 것은 죽음을 야기할 수 있지만, 죽음은 확실히 독을 먹는 것을 야기하지는 않는다. 일반적으로 A가 B를 야기하더라도 B가 A를 야기하지는 않는다. 따라서 인과와 긍정적 상관은 근본적으로 다른 종류의 관계이다.

대부분의 인과 관계들이 비대칭적인 까닭은 무엇인가? 이 점에 대해 철학자와 통계학자는 의견을 달리한다. 어떤 사람들은 **시간적** 순서를 강조한다. 원인은 오직 미래를 향해서만 작용하는 것으로 널리 인정되고 있다. 우리는 어떤 일이 과거에 발생하도록 야기할 수 없다. 그러나 시간적 순서가 인과의 비대칭성을 낳는 유일한 원천일 리는 없다. 어쨌든 재떨이 사용은 일반적으로 폐암의 발병에 선행한다. 시간적 순서와 함께 초기의 간단한 상관에서 나타나는 두 변수 이외에 다른 변수들을 포함하는 좀더 복잡한 형태의 상관을 이용하면 필요한 비대칭성을 야기할 수 있지 않겠는가? 일부 철학자와 통계학자는 그렇게 생각하지만, 우리는 여기서 그러한 생각을 추구하지 않을 것이다.

인과적 산출

인과적 가설을 논의하면서 우리는 **인과적 산출**(causal production)이라는 원초적 개념을 사용한다. 우리는 원인이 결과를 **산출한다**, 또는 적어도 결과의 산출에 기여한다고 말할 것이다. 인과 관계의 비대칭성은 산출의 비대칭성의 일부분이다. 운동은 피곤을 산출하지만 피곤은 운동을 산출하지 않는다. 또한 산출은 미래를 향해서만 작용한다. 우리는 인과적 산출을 논의함으로써 인과가 무엇인가를 충분히 설명할 수는 없지만, 적어도 인과 관계를 논의할 수 있는 한 가지 편리한 방식을 갖게 된다. 결국 인과적 가설의 평가는 인과의 본성에 대한 심오한 형이상학적 주제들에 크게 의존하지 않을 것이다. 따라서 우리는, 설사 다른 사람들에게 형이상학적으로 미심쩍어 보일지라도, 인과적 산출이라는 단순한 직관적 개념을 사용하는 것이 좋을 것이다.

7.2 개체에 대한 인과적 모형

인간이나 실험용 쥐 같은 개체들에서 발견되는 인과적 연결에 대한 몇 가지 단순한 모형을 개발해 보기로 하자. 이러한 모형들은 우리가 개발할 수 있는 다수의 비슷한 모형들 중 일부일 뿐이다. 그럼에도 불구하고 그 모형들은 우리가 대중 매체들에서 접할 수 있는 다양한 실제 사례들에 적용가능하다.

결정론적 모형

모형을 구성할 때 편의상 개체의 특성은 **일단의 변수들**에 의해 기술된다. 대부분의 경우 우리는 "붉다" 혹은 "붉지 않다"와 같은 단순한 질적 변수들만 고찰하고, 이 변수들을 이용하여 "담배를 피운다" 혹은 "담배를 피우지 않는다"와 같은 특성을 나타낼 것이다. 개체의 특성을 기술하는 변수들 가운데서 우리는 고찰 중인 하나의 특성을, 가능한 결과에 해당하는 다른 하나의 특성에 대해, 가능한 **원인**으로 나타내는 변수 하나를 선택할 것이다. 또한 우리는 두 가지 가능한 값 C와 -C를 가지는 원인 변수를 획이 굵은 문자 **C**로 나타낼 것이다.[1] 마찬가지로 우리는 가능한 결과를 획이 굵은 문자 **E**로 나타낼 것인데, 그것은 두 가지 가능한 값 E와 -E를 가진다. 나머지 변수들($\mathbf{S_1}$, $\mathbf{S_2}$, $\mathbf{S_3}$, ..., $\mathbf{S_N}$)은 해당 체계의 **잔여 상태**의 특성을 기술한다. 획이 굵은 문자 **S**를 이용해 (S_1, $-S_2$, S_3, ..., $-S_N$)과 같은 특정한 상태들을 포함해 2^N개의 가능한 잔여 상태들을 나타내는 변수를 지칭하고, 잔여 상태는 간단히 S라고 부르기로 하자. [그림 7.1]은 개별적 인과 체계에 대한 모형을 그린 것이다.

이제 이러한 단순한 모형을 이용하여 **원인** 개념을 더 정확하게 규정할 수 있다.

만약 잔여 상태 S에 의해서 규정되는 개체 I에서 C가 E를 산출하고 -C가 -E를 산출한다면, I에서 C는 E에 대해 (결정론적인) **긍정적 원인**(positive causal factor)이다.

만약 잔여 상태 S에 의해서 규정되는 개체 I에서 C가 -E를 산출하고 -C가 E를 산출한다면, I에서 C는 E에 대해 (결정론적인) **부정적 원인**(negative causal factor)이다.

만약 C가 S와 더불어 I에서 E에 대해 긍정적 원인이거나 부정적 원인이면, 변수 **C**는 I에서 **E**에 대해 **인과적으로 유관하다**(causally relevant). S가 주어진 상황에서 **C**가 I에서 **E**에 대해 긍정적 원인도 아니고 부정적 원인도 아니면, S가 주어진

1) (역자주) 이 책에서 "-C", "-E", 그리고 "-S"는 각각 "Not-C", "Not-E", 그리고 "Not-S"를 나타낸다.

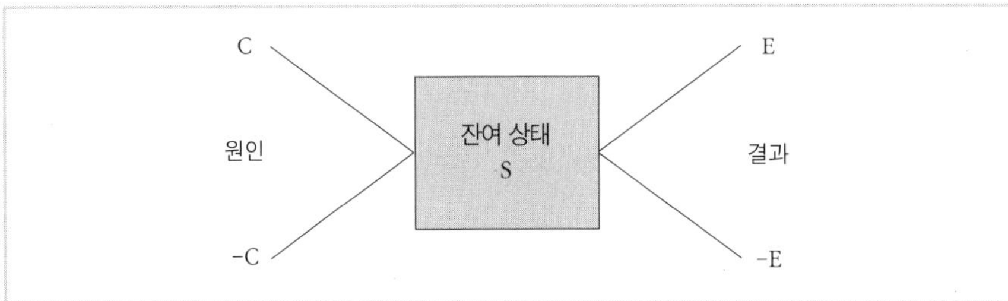

[그림 7.1] 개체에서의 인과 모형

상황에서 변수 **C**는 I에서 **E**에 대해 인과적으로 무관하다(causally irrelevant).

이러한 모형을 **결정론적** 모형이라고 부르는 이유는 잔여 상태 S가 주어진 상황에서 C의 존재 혹은 부재가 개체 I에서 E의 존재 혹은 부재를 **결정하기** 때문이다. 달리 표현하면, E의 존재 혹은 부재는 C의 존재 혹은 부재에 **의해 결정된다**.

우리는 이러한 모형의 몇 가지 암묵적 특징을 분명히 할 필요가 있다. 첫째, C가 I에서 E의 긍정적 원인이라고 말하는 것은 I에서 C와 E가 모두 존재한다는 것 이상을 의미한다. 긍정적 원인이라는 것은 만약 C가 존재하지 않으면 E 역시 존재하지 않을 것이라는 것을 함축한다. 그러나 I에서 C가 존재하지 않는 가상적 상황은 결코 성립하지 않을 수도 있다. 일단 C가 존재하면, I가 존재하는 내내 그것은 계속 존재할 수 있다.

둘째, 잔여 상태를 상술하는 것이 중요하다. 동일한 변수들에 의해서 특성이 기술되는 다른 개체가 상이한 잔여 상태를 나타낼 수 있다. 예를 들어, 그 개체의 잔여 상태는 S_1이 아니라 $-S_1$을 포함할 수 있다. 그 개체의 경우 C가 E의 긍정적 원인이 아닐 수 있다. C는 인과적으로 무관하거나 심지어는 부정적 원인이 될 수도 있다. 이러한 점은 I의 잔여 상태를 구성하는 변수들 중 어떤 것은 그 자체가 E에 대해 인과적으로 유관할 수 있다는 것을 함축한다.

인과적 모형을 구성하는 과정에 포함된 추상적인 느낌을 완화하기 위해서 그 모형을 잘 알려진 실제 사례에 적용해 보자. 사카린 섭취는 실험용 생쥐의 경우 방광암의 긍정적 원인이라는 주장이 제기되어 왔다. 이지(Izzy)라고 불리는 실험용 생쥐를 고찰하도록 하자. 이지의 잔여 상태 중에는 그것이 수컷이고 흰색이며 건강하다는 점 등이 포함된다. 이지가 이러한 잔여 상태를 가지는 상황에서 사카린이 이지에게는 방광암의 긍정적 원인이라고 말하는 것은, 이지가 사카린을 섭취하면 방광암에 걸릴 것이고 섭취하지 않으면 방광암에 걸리지 않을 것이라고 말하는 것이다. 방광암에 관한 한, 그러한 잔여 상태가 주어진 상황에서 사카린은 이지에게 중요한 차이를 낳는다.

인간이 결정론적 체계일 수 있는가

많은 사람들은 이처럼 단순한 결정론적 모형이 인간의 몸같이 복잡한 체계를 표현하는 데 사용될 수 있는가에 대해서 이의를 제기할 것이다. 논의를 계속하기 전에 잠시 이러한 관점을 고찰해 보자. 실제로 대부분의 사람들은 직관적으로 그러한 모형을 적용하고 있으며, 현대의 많은 의학 연구는 그러한 모형의 적용가능성을 가정하고 있다.

가능한 매우 많이 닮은 두 사람, 예를 들어 일란성 쌍둥이를 가정해 보자. 두 사람 모두 꽤 심각한 동일한 병에 걸렸다고 가정하자. 다른 좋은 치료 방안이 없는 상황에서 담당 의사는 신약으로 그 병을 치료하기로 결정한다. 두 사람은 같은 양의 약을 복용했다. 그런데 한 사람은 곧바로 회복되었지만 다른 한 사람은 오랫동안 병이 낫지 않는 상태에 있다고 가정하자. 이제 여러분이 그 의사라면 왜 한 사람에게는 신약이 효과가 있는데 다른 한 사람에게는 효과가 없는지 의아해 하지 않겠는가? 또한 두 경우에서 이러한 결과의 차이를 설명할 어떤 차이가 분명히 존재할 것이라고 가정하지 않겠는가? 만약 이러한 반응을 보인다면, 여러분은 이미 결정론적 모형을 가정하고 있다. 즉 여러분은 결정론적으로 회복에 이르게 한 치료와 잔여 상태의 한 가지 조합이 있는가 하면 그렇지 못한 치료와 잔여 상태의 다른 조합이 있다고 가정하고 있다. 여러분은 다음과 같이 달리 말할 수도 있다. "아니야, 결과를 제외하면 두 경우 사이에 어떤 차이도 없어. 비록 내부 체질과 잔여 상태가 동일했더라도, 최종 상태는 서로 달랐을 거야." 대부분의 사람들은 이러한 반응의 의미를 거의 이해하지 못한다. 그러므로 대부분의 사람들은 아마도 본의가 아닐지 몰라도 결정론적 모형을 가정한다. 확실히 대부분의 의사들과 의학 연구자들은 마치 결정론적 모형이 적용되고 있는 것처럼 일을 처리한다. 다음과 같이 말하는 의학 연구자를 상상하기는 힘들다. "참 안됐어. 어떤 사람은 암에 걸리고 어떤 사람은 걸리지 않다니 말이야. 거기에는 어떤 다른 차이도 없어. 연구할 것도 없어, 병이란 원래 그런 거야." 이러한 대답을 하는 의학 연구자는, 만약 있다고 하더라도, 아마 극소수일 것이다. 더구나 이러한 방식으로 생각하는 의학 연구자가 있다면, 그는 아마 성공하기가 매우 어려울 것이다.

확률적 모형

그러나 다른 접근도 있다. 그것은 인간의 신체 및 다른 복잡한 체계들을 결정론적 모형이 아니라 **확률적** 모형에 의해서 나타내야 한다고 가정하는 것이다. 그러한 가정에 대해 직관적 저항이 많이 있지만, 그것은 때때로 매우 유용하므로 더 자세히 발전시켜 볼 가치가 있다.

계속해서 [그림 7.1]에 그려진 모형을 생각해 보자. 그러나 이번에는 원인 변수의 값과 결과 변수의 값 사이에 유일한 연결이 더 이상 존재하지 않는다. 원인 변수의 값 하나하나에 대해서 결과 변수의 값 중 어느 것이라도 실현될 수 있다. 원인 변수가 어떤 값을 가지는가에 따라 결과 변수가 어떤 값을 가질 **확률**은 변화한다. 이 점을 보다 자세히 표현하면, 다음과 같다.

> 잔여 상태 S에 의해서 규정되는 개체 I에서 C가 주어졌을 때 E의 확률이 –C가 주어졌을 때 E의 **확률보다 크면**, I에서 C는 E에 대한 (확률적) **긍정적 원인**이다.

> 잔여 상태 S에 의해서 규정되는 개체 I에서 C가 주어졌을 때 E의 확률이 –C가 주어졌을 때 E의 **확률보다 적으면**, I에서 C는 E에 대한 (확률적) **부정적 원인**이다.

만약 E의 확률이 원인 변수의 두 값에 대해서도 **같으면**, 잔여 상태 S가 주어졌을 때 I에서 C는 E에 대해 **인과적으로 무관하다**고 한다. 결정론적 모형의 경우와 마찬가지로 여기서도 잔여 상태를 상술하는 것이 중요하다. 잔여 상태가 다르면 확률도 달라질 수 있다.

확률적 모형의 특징을 기술하는 위의 설명에서 확률을 이해하는 데 약간의 어려움이 있다. 개체가 하나뿐이므로 고찰할 어떤 명백한 모집단이 없다. 그렇다면 우리가 I에서 C가 주어졌을 때 E의 확률을 언급할 때 그것은 무엇에 대한 확률인가? 우리가 이전에 이해했던 확률 개념과 가장 잘 일치하는 제안은 동일한 잔여 상태를 갖고 시간의 추이에 따라 원인 변수의 변하는 값들의 영향을 받는 동일한 개체를 상상하는 것이다. 그 경우 원인 변수의 값이 C일 때 E의 상대 빈도는 C가 주어졌을 때 E의 확률이다. 마찬가지로 원인 변수의 값이 -C일 때 E의 상대 빈도는 -C가 주어졌을 때 E의 확률이다. 그러나 실제 적용에서 이러한 확률들은 종종 완전히 **가상적**이다. 어떤 주어진 개체에 대해서 시행은 단 한 번에 그칠 수도 있다.

또 다른 제안은 인과적 산출이 다양한 강도로 변할 수 있다고 가정하는 것이다. 즉 C와 -C는 모두 E를 산출할 수 있지만, C가 E를 산출하는 인과적 경향이 -C가 E를 산출하는 인과적 경향보다 더 강할 수 있다. 이러한 설명에 따르면 확률은 이러한 인과적 경향들이 갖는 강도의 측도이다.

이러한 개념들은 모두 이해하기 어렵다. 앞으로 우리는 개별적 체계를 이야기할 때 결정론적 모형과 확률적 모형을 모두 사용할 것이다. 대부분의 경우에서는 개체에 대해 어떤 종류의 모형을 가정해도 별 차이는 없을 것이다. 모집단에서 인과적 모형을 평가할 때 사용하는 방법은 어떤 개체 모형이 사용되는가와는 상관없이 본질적으로 동일하다.

7.3 모집단에 대한 인과적 모형

많은 특성들, 특히 생의학 분야에서 연구되거나 공중보건 관리들의 관심거리가 되는 특성의 경우 단지 몇 개의 개체만을 연구함으로써 가능한 인과 관계를 조사할 수는 없다. 적절하게 다른 잔여 상태를 갖는 개체들을 구별할 수 있을 만큼 충분히 개체에 대한 화학이나 생리학적 사실이 알려져 있지 않다. 인과 관계를 파악하는 유일한 방법은 개체들의 큰 집단을 연구해서 잔여 상태에서 나타나는 차이들의 평균을 암묵적으로 구하는 것이다. 그러므로 모집단에 적용될 수 있는 인과 모형(model of causality)이 필요하다. 그 모형은 또한 간단한 인과적 가설을 평가하는 데 도움이 되어야 한다.

우리는 인과적 모형을 개발하기 위해 개체에 대한 결정론적 모형으로부터 시작하여 그 모형을 개체들의 모집단에 확장할 것이다. 개체에 대한 확률적 모형으로부터 시작하면 그 모형이 어떻게 달라지는가에 대해서는 나중에 잠시 살펴보기로 하자.

모집단에서의 인과 관계에 대한 비교 모형

우리가 검토할 모집단에서의 인과에 대한 모형은 N개의 개체들의 집합으로 구성되는데, 각 개체는 개체에서의 인과에 대한 결정론적 모형에 의해서 모형화된다. 기본적인 아이디어는 다음과 같다. 만약 모집단 U에 **C**가 **E**와 인과적으로 유관한 어떤 개체가 있는 경우, **C**는 **그 모집단**에서 **E**와 인과적으로 유관하다. 그러나 이러한 기본적인 아이디어는 좀더 발전시킬 필요가 있다. 우리의 모형이 쓸모가 있으려면, 비록 **C**가 **E**와 인과적으로 유관한 개체들을 선택할 방법이 없더라도, 그 모집단에서 인과 관계가 성립하는가를 결정할 수 있어야 한다.

더 쓸모가 있는 모형을 만드는 비결은 개체에서 **C**가 **E**와 인과적으로 유관한가 여부는 개체가 실제로 그 순간 우연히 가지는 각 변수의 값과는 독립적이라는 점을 명심하는 것이다. 인과에 대한 중요한 질문은 **C**의 특정한 값이 **E**의 특정한 값을 산출하는가 하는 점이다. 따라서 우리가 알고자 하는 것은 C가 E를 산출하고 -C가 -E를 산출하거나 또는 C가 -E를 산출하고 -C가 E를 산출하는 그러한 개체들이 과연 모집단에 있는가 하는 점이다.

이러한 질문에 대처하는 한 가지 방법은, 모든 개체에서 변수 **C**가 값 C를 가진다면 모집단에서 어떤 일이 발생할 것인가를 살펴보는 것이다. 특히 다음 두 가지 질문에 주목해야 한다. 현재 값 -C와 값 -E를 가지는 개체들 중 원인 변수의 값이 -C에서 C로 변하면 결과 변수가 값 E를 가지게 되는 것들이 있는가? 마찬가지로 현재 값 C와 값 E를 가지는 개체들 중 원인 변수의 값이 C에서 -C로 변하면 결과 변수가 값 -E를 가지는 것들이 있는가? 만약 그러한 개체들이 있다면, 그 모집단에서 **C**는 **E**와 인과적으로 유관하다.

원래의 모집단 U에는 결과 E를 나타내는 개체들이 일부 있을 것이다. 그 백분율은 해당 모집단에서 E의 확률이며, 우리는 그 확률을 $\mathbf{P_U}$(E)라는 기호로 표현할 것이다. 이제 변수 **C**가 값 -C를 가지는 U의 모든 개체들이 변하여 값 C를 가진다고 가정해 보자. 이러한 변화는 새로운 모집단을 낳는데, 우리는 그것을 X라고 부를 것이다. X는 그것을 구성하는 모든 개체들의 원인 변수 **C**가 값 C를 가진다는 점만 제외하면 U와 같다. 가정적 모집단 X에서 결과 변수 E가 값 E를 가지는 개체들이 일부 있을 것이다. 그 백분율은 X에서 E의 확률이며, 우리는 그것을 $\mathbf{P_X}$(E)라는 기호로 표현할 것이다. 그럴 경우, 만약 U에서 C가 E에 대한 긍정적 원인이지만 C와 E가 각각 값 -C와 값 -E를 가지는 개체들이 있다면, 그러한 개체들이 -C에서 C로 변화하면 그것들은 X에서는 -E에서 E로 변할 것이다. 따라서 $\mathbf{P_X}$(E)는 $\mathbf{P_U}$(E)**보다 클** 것이다.

마찬가지로 U에서 변수 **C**가 값 C를 가지는 모든 개체들이 변해서 값 -C를 가진다고 가정해 보자. 이러한 변화는 새로운 모집단을 낳는데, 우리는 그것을 K라고 부를 것이다. K는 그것을 구성하는 모든 개체들이 원인 변수 **C**의 값 -C를 나타낸다는 것만 제외하고는 U와 같다. 가정적 모집단 K에서 결과 E를 나타내는 개체들이 일부 있을 것이다. 그 백분율은 K에서 E의 확률이며, 우리는 그것을 $\mathbf{P_K}$(E)라는 기호로 표현할 것이다. 그럴 경우, 만약 U에서 C가 E의 긍정적 원인이지만 C와 E가 각각 값 C와 값 E를 가지는 개체들이 있다면, 그러한 개체들이 C에서 -C로 변화하면 그것들은 K에서는 E에서 -E로 변할 것이다. 따라서 $\mathbf{P_K}$(E)는 $\mathbf{P_U}$(E)**보다 작을** 것이다.

이러한 두 가지 결과를 종합하면 다음과 같이 정리된다. 만약 U에서 C가 E의 긍정적 원인이 되는 개체들이 있다면, 그 개체들이 U에서 C와 E를 나타내든 –C와 –E를 나타내든 상관없이 분명히 $\mathbf{P_X}$(E)는 $\mathbf{P_K}$(E)보다 큰 것으로 드러날 것이다. 그러므로 다음이 성립한다.

$\mathbf{P_X}$(E)가 $\mathbf{P_K}$(E)**보다 클** 때마다 모집단 U에서 C는 E에 대한 **긍정적 원인**이다.

이러한 추론은 초기의 모집단에 속하는 어떤 개체들에서 C가 E에 대한 부정적 원인이 되는 경우에도 똑같이 적용된다. 그 경우에 $\mathbf{P_X}$(E)가 $\mathbf{P_K}$(E) 보다 작은 것으로 드러날 것이다. 그러므로 다음이 성립한다.

$\mathbf{P_X}$(E)가 $\mathbf{P_K}$(E)**보다 작을** 때마다 모집단 U에서 C는 E에 대한 **부정적 원인**이다.

마지막으로 다음이 성립한다.

$\mathbf{P_X}$(E)가 $\mathbf{P_K}$(E)와 **동일할** 때마다 모집단 U에서 C는 E에 대한 **인과적으로 무관하다**.

이러한 관계를 나타낼 수 있는 모집단들의 집합이 [그림 7.2]에 그려져 있다.

이러한 모형들에 대한 한 가지 흥미로운 사실은 비록 모집단 U의 모든 개체들에서 **C**가 **E**에 대해 인과적으로 무관한 것은 아니지만, 바로 그 모집단에서 **C**가 **E**에 대해 인과적으로 무관한 것으로 드러날 수도 있다는 점이다. 이러한 경우는 U에서 C가 E에 대해 긍정적 원인이 되는 어떤 개체들이 있는 동시에 그것과 동일한 수의 개체들에서 C가 E에 대해 부정적 원인이 된다면 발생할 수 있다. 이것은 U에 있는 상이한 개체들이 서로 다른 잔여 상태를 갖는 한 가능하다. 이러한 경우에 $\mathbf{P_X}$(E)는 $\mathbf{P_K}$(E)와 동일한 것으로 드러날 것이다. 우리가 인과적으로 유관한 방식에서 서로 다른 개체들을 다루는 한, 개체에 대한 모형과 모집단에 대한 모형 사이에 이러한 종류의 이론적 간격은 항상 존재할 것이다. 모집단 모형은 항

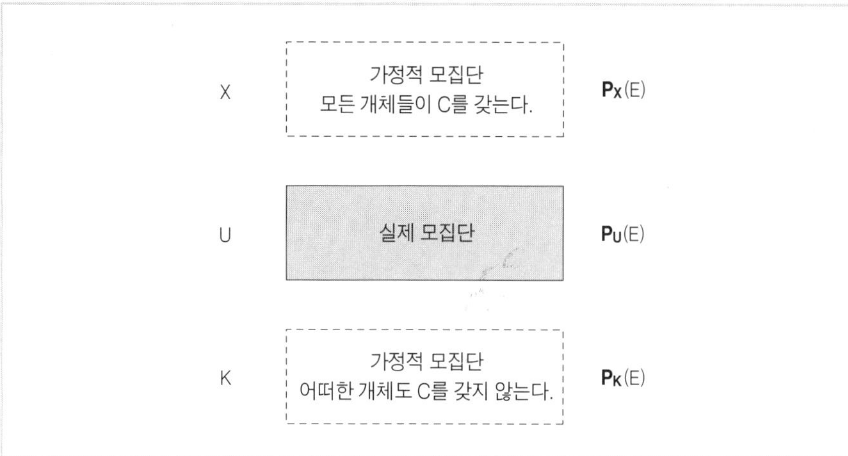

[그림 7.2] 모집단에서의 인과에 대한 비교 모형

상 개체들에 대한 평균을 제공하므로 개체들 사이의 중요한 차이가 될 수 있는 것을 무시하게 된다. (그러나 긍정적 원인과 부정적 원인이 이러한 방식으로 하나의 모집단에서 분포될 가능성은 비교적 낮다는 점에 유의해야 한다.)

개체들이 확률적이라면 어떻게 되는가

모집단에서의 원인들에 대한 위의 모형은 모집단을 구성하는 **개체들이** 개체에서의 원인들에 대한 단순한 결정론적 모형에 들어맞는다는 것을 전제하고 있다. 만약 개체들이 확률적이라면 어떻게 되는가? 유일한 차이점은 $P_X(E)$와 $P_K(E)$가 더 이상 일정한 값이 아니라 단순히 확률들의 평균이라는 것이다. 예를 들어, U에서 C가 E에 대해 긍정적 원인이지만 실제로는 –C와 –E를 나타내는 개체가 정확히 하나 있다고 가정해 보자. 바로 그러한 개체에 대한 결정론적 모형에서는 X에서 E가 나타나는 사례들의 수가 U에서의 사례들의 수보다 분명히 하나 더 클 것이다. 반면에 그러한 개체 하나에 대한 확률적 모형에서 우리가 말할 수 있는 것은 X에서 E가 하나 더 나타날 **확률이** U에서보다 더 클 것이라는 점뿐이다. 여기서는 아마도 확률을 가정적 상대 빈도로서보다는 인과적 경향으로서 이해하는 편이 더 쉬울 것이다. 어쨌든 인과적 가설을 **평가하는 과정**은 개체들에 대해 결정론적 모형을 가정하든 확률적 모형을 가정하든 거의 동일한 것으로 드러난다. 따라서 이후의 작업 대부분에서 우리는 상대적으로 단순한 결정론적 모형을 가정할 것이다.

7.4 원인의 유효성

의사 결정과 같은 목적을 위해서는 종종 어떤 것이 원인인가를 아는 것보다 그것이 **어느 정도로 강력한** 원인인가를 아는 것이 더 중요하다. 예를 들어, 의학적 치료의 경우 단순히 어떤 치료들이 있는가를 아는 것보다 주어진 치료가 얼마나 많은 수의 사람에게 도움이 될 것인가를 아는 것이 보다 더 중요하다. 치료의 경우 우리가 그 상대적 수에 대해 말하기 위해 사용할 용어가 **유효성**(effectiveness)이다. 우리는 어떤 치료가 주어진 모집단에 적용되었을 때 그것이 얼마나 **유효한가**를 알고자 한다. 이 개념을 일반화시켜서 예방 접종같이 좋은 경우이든 대기 오염같이 나쁜 경우이든 원인에 대해서 말할 때는 유효성이라는 단어를 사용하기로 하자.

개체에서의 유효성

개체에 대한 결정론적 모형에서는 단지 세 등급의 유효성만이 있다. 개체에서 긍정적 원인은 결과를 낳는 데 최대한 유효하다. C는 E를 산출하고 -C는 E를 예방한다. 부정적 원인은 반대 방향으로 최대한 유효하다. C는 E를 예방하고 -C는 E를 산출한다. 중간 경우는 인과적 무관(causal irrelevance)이다. C의 존재는 E의 존재나 부재와 무관하다.

개체에 대한 확률적 모형에서는 다양한 정도의 유효성이 가능하다. 여기서 C가 E에 대해 긍정적 원인이라는 것은 -C가 주어졌을 때보다 C가 주어졌을 때 E의 확률이 더 높다는 것을 의미한다. 가장 극단적인 경우는 $\mathbf{P}(E/-C)=0$이고

P(E/C)=1이다. 이것은 C가 E에 대해 결정론적인 긍정적 원인일 때와 일치한다. C가 부정적 원인이라는 것은 –C가 주어졌을 때보다 C가 주어졌을 때 E의 확률이 더 낮다는 것을 의미한다. 가장 극단적인 경우는 **P**(E/–C)=1이고 **P**(E/C)=0이다. 이것은 C가 E에 대해 결정론적인 부정적 원인일 때와 일치한다. 개체 I에서 E를 산출하는 C의 유효성, 즉 **Ef**(C, E)에 대한 가장 단순한 정의는 I에서 **P**(E/C)와 **P**(E/–C)의 단순한 차이로 주어진다. 즉,

$$\mathbf{Ef}(C,E)=\mathbf{P}(E/C)-\mathbf{P}(E/-C)$$

이러한 측도의 최대값은 +1이고 최소값은 –1이다. 또한 변수 C와 E 사이의 인과적 무관성에 대응하는 유효성의 값은 0이다. 즉 인과적 무관성은 **P**(E/C)=**P**(E/–C)라는 것을 의미한다.

모집단에서의 유효성

모집단 모형의 경우, 개체에 대한 결정론적 모형을 가정하면, 모집단 U에서 원인의 유효성에 대한 가장 단순한 측도는 $\mathbf{P}_X$(E)와 $\mathbf{P}_K$(E)의 차이이다. 즉,

$$\mathbf{Ef}(C,E)=\mathbf{P}_X(E)-\mathbf{P}_K(E)$$

이러한 측도는 +1에서 –1 사이에 있으며, 인과적 무관성에 대응하는 유효성의 값은 0이다. 이러한 측도는 개체가 아니라 모집단에 적용된다. 그러나 주어진 원인이 한 개체에 대해서는 매우 유효하지만 다른 개체에 대해서는 그렇지 않을 수 있는 것처럼, 어떤 원인은 어떤 모집단에 대해서는 매우 유효하지만 다른 모집단에 대해서는 전혀 유효하지 않을 수도 있다.

확률적 개체들을 가정하면 어떤 모집단에서 원인의 유효성에 대한 측도는 두 가정적 모집단에서 $\mathbf{P}_X$(E)와 $\mathbf{P}_K$(E)가 가지는 기대값의 차이일 것이다.

7.5 요약: 인과 관계는 상관 관계와 어떻게 다른가

긍정적 상관에 대한 모형과 긍정적 원인에 대한 모형 사이에는 분명한 유사성이 있다. 마찬가지로 상관 강도에 대한 정의와 원인의 유효성에 대한 정의 사이에도 유사성이 있다. 그러나 인과는 상관과 동일하지 않은데 이제 우리는 왜 그러한지를 분명히 알 수 있게 되었다.

이 점을 보다 더 구체적으로 요약하기 위해서 우리의 모형을 흡연(C)과 폐암(E)의 예에 적용해 보자. 누구도 흡연과 폐암 사이에 긍정적 상관이 있다는 것을 의심하지 않는다. 분명히 비흡연자보다 흡연자들 가운데 폐암이 발생하는 경우가 더 많다. 그러나 흡연이 폐암의 긍정적 원인이라는 인과적 가설에 대한 좋은 증거가 있는가라는 의문은 여전히 제기되고 있다. 이러한 의견의 차이는 흡연이 폐암의 긍정적 원인이라는 인과적 가설과 그것을 부정하는 가설 사이의 커다란 차이에서 그 토대를 찾을 수 있다.

상관은 어떤 **실제** 모집단에서 존재하는 속성들 간의 관계이다. 따라서 흡연과 폐암의 상관은 현존하는 성인 미국인들로 이루어진 모집단에서 흡연자들 중 폐암 환자와, 비흡연자들 중 폐암 환자의 상대적 값에 의해 정의된다.

우리의 모형에서 원인은 실제 모집단에 대한 두 가지 **가정적** 모집단 사이의 관계에 의해 정의된다. 흡연이 폐암에 대해 긍정적 원인이라고 말하는 것은 단순히 지금 존재하는 모집단에서 비흡연자들보다 흡연자들 가운데 폐암 환자가 더 많다고 말하는 것이 아니다. 그것은 단지 상관일 뿐이다. 그것은, 다른 모든 조건이 같은 상황에서, 아무도 담배를 피우지 않았을 경우보다 모든 사람이 담배를 피웠을 경우 폐암 사례가 더 많을 **것이다**(또는 아마도 그럴 것이다)라고 말하는 것이다. 이것은 앞의 주장과는 매우 다른 주장이다. 상관과 인과의 차이가 [그림 7.3]에 그려져 있다.

여러분은 모집단에서 상관과 인과의 차이를 잘 이해할 필요가 있다. 그 차이는 인과적 가설의 평가를 검토할 때 중요하다. 인과적 가설에 대해 좋은 증거를 갖기 위해서는 상관에 대한 주장의 경우보다 더 많은 정보가 필요하다.

연습문제

연습문제 7.1

[그림 7.3]을 길잡이로 삼아 7.1절에서 논의된 다음의 가설들을 도표로 표현하라.

a. 섬 주민들 사이에서는 몸에 옷엣니가 있는 것이 건강한 것과 긍정적으로 상관되어 있다.

b. 섬 주민들 사이에서는 몸에 옷엣니가 있는 것이 건강을 증진한다.

c. 섬 주민들 사이에서는 건강한 것이 몸에 옷엣니가 있는 것과 긍정적으로 상관되어 있다.

d. 섬 주민들 사이에서는 건강한 것이 몸에 옷엣니가 생기는 것을 야기한다.

연습문제 7.2

일반적으로 결혼한 여성들보다 남편을 여읜 여성 가운데 심장마비로 인한 사망률이 더 높다는 것은 잘 알려져 있다. 이러한 사실은 결혼 상태가 심장마비를 예방한다는 가설에 대한 증거로서 인용되어 왔다. 결혼과 심장마비 사이에 확립된 상관을 도표로 나타내라. 그 다음 제안된 인과적 가설을 도표로 나타내라. 그러한 확립된 상관이 그 자체만으로는 인과적 가설에 대한 증거가 될 수 없는 까닭을 일반적인 용어로 설명하라. 여러분은 그러한 상관을 다른 방식으로 설명할 수 있는가?

연습문제 7.3

제1차 세계대전 중 미 해군은 신병 모집 안내문에서 미국과 스페인 전쟁 동안 해군

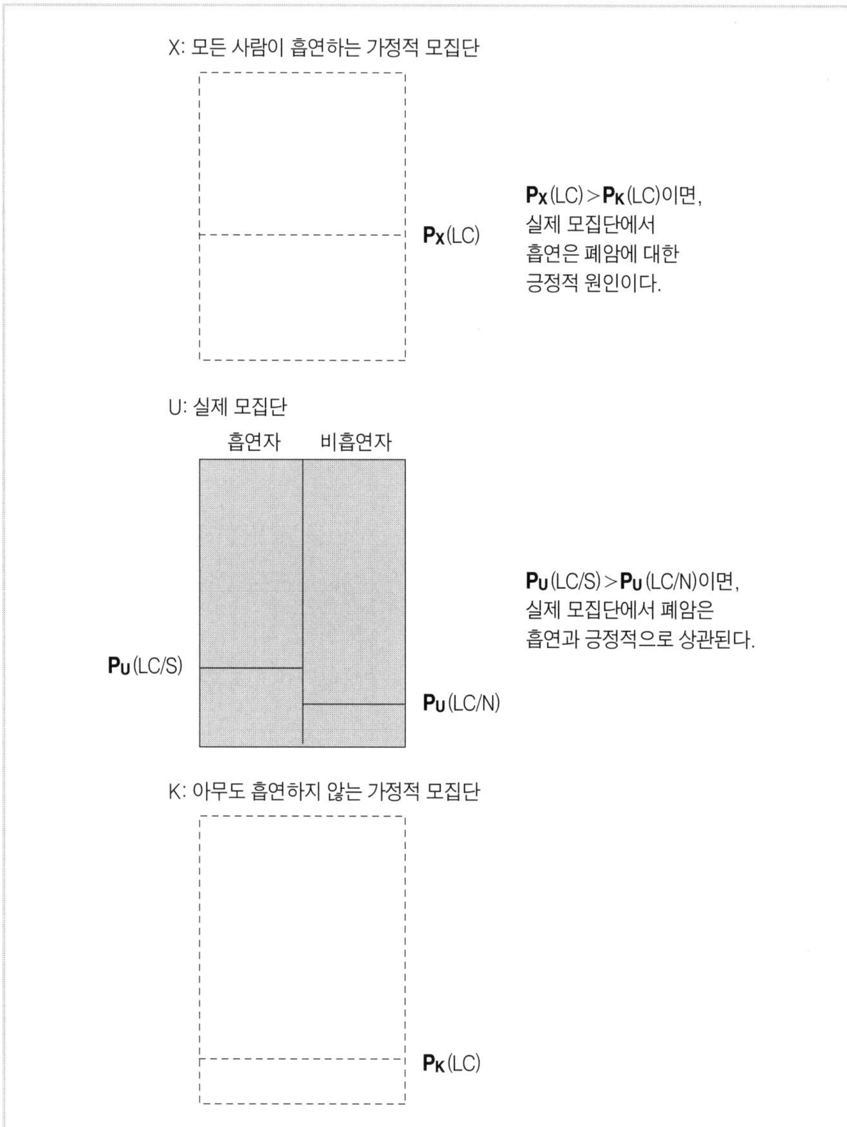

[그림 7.3] 상관과 인과적 가설의 차이

에 복무하는 것이 뉴욕시에 사는 것보다 더 안전했다고 주장했다. 또한 그 전쟁 동안에 뉴욕시의 사망률이 해군 수병들의 사망률보다 더 높았다는 점을 지적하였다. 해군의 안내문에서 언급된 상관을 도표로 나타내라. 그 다음, 제안된 인과적 가설을 도표로 나타내라. 왜 그러한 확립된 상관이 그 자체만으로는 인과적 가설에 대한 증거가 될 수 없는지를 일반적인 용어로 설명하라. 여러분은 그 상관을 다른 방식으로 설명할 수 있는가?

연습문제 7.4

대학생들에 대한 주의 깊은 한 연구에서 성적 평균이 낮은 것과 흡연 사이에 긍정적 상관이 있다는 결론이 나왔다. 흡연을 반대하는 사람들은 흡연 때문에 대학생들이 성적이 낮다는 결론을 내렸다. 다른 사람들은 성적이 낮다는 것이 흡연의 원인이라는 결론을 내렸다. 그 연구에서 밝혀진 상관을 도표로 나타내라. 그 다음, 제시된 두 가지 인과적 가설을 도표로 나타내라. 그러한 상관이 두 가설 중 어느 하나의 가설에 대해 더 좋은 증거를 제공한다고 생각할 이유가 있는지를 간단히 설명하라.

연습문제 7.5

각각 I_1, I_2, I_3로 지시되는 체질을 가진 세 명의 개인을 상상하라. 그들의 상이한 체질이 주어진 상황에서 C는 I_1에서 E에 대한 긍정적 원인이고, I_2에서 E에 대한 부정적 원인이며, I_3에서는 E에 대해 인과적으로 무관하다고 가정하자. 현실 세계에서는 I_1이 C와 E를 나타내고, I_2는 $-$C와 E를 나타내고, I_3는 C와 $-$E를 나타낸다. 이제, 그러한 세 개인으로만 이루어진 모집단을 고려하자. 이 모집단에서 C는 E에 대한 긍정적 원인인가, 부정적 원인인가, 아니면 인과적으로 무관한가?

::8장

인과적 가설의 평가

사카린이 방광암의 원인인가? 유전적 요소들이 분명히 정신분열증의 원인인가? 더 구체적으로 말하면 어떤 유전자가 정신분열증의 원인인가? 이 장에서는 **인과적 가설**에 대해 증거를 제공할 수 있는 세 가지의 기본적 방법을 예시하기 위해서 이러한 세 가지 질문을 검토할 것이다. 그중에서 첫 번째 방법이 최선의 증거를 제공하는데, 우리는 그 방법을 다른 두 가지 방법의 단점을 판단하는 기준으로 사용할 것이다. 여기서 그러한 방법들을 진지하게 다루는 것은 과학적, 실천적, 도덕적 이유 때문에 과학적으로 최선의 방법을 사용하여 탐구할 수 없는 문제들이 많이 있기 때문이다. 마지막으로 특정한 인과적 기제에 대해 늘어나고 있는 지식이 우리의 연구를 개선하는 데 이용될 수 있는지 검토할 것이다.

이 장에서 검토할 연구들은 그 자체로서도 흥미롭다. 그러나 어떤 특별한 사례의 세부 내용에 너무 몰두하여 그것이 예시하는 방법의 기본 특징들을 놓치지 않도록 조심해야 한다. 우리의 주요 목표는 당면한 연구의 유형을 파악하는 방법을 배우는 것이다. 따라서 우리는 이 사례들을 새로운 사례를 평가하기 위해 안내 지침으로 사용되는 유사체 모형(analog model)으로 간주해야 한다. 과학적 연구에 대한 대중적인 보도는 종종 어떤 유형의 연구가 사용되었는지를 밝히지 않는다. 때로 여러분은 스스로 그것을 파악해야 한다. 세 가지 방법이 제공하는 증거의 질이 매우 다르기 때문에 그 차이를 파악하는 것이 중요하다.

8.1 사카린과 암

이제 의학 연구사에서 고전이 된 연구로부터 논의를 시작해 보자. 1977년 3월, 미국 식품의약국(FDA) 관리들은 그 당시 인기가 있었던 인공 조미료 사카린이 실험용 쥐에게 암을 야기했음을 보여 주는 캐나다의 연구를 알게 되었다. 캐나다의 연구를 알게 된 이틀 후 FDA는 사카린을 함유한 물질의 판매를 일단 금지한다고 발표했다. 이러한 금지의 법적 근거는 인간 또는 동물에게 암을 유발하는 것으로 밝혀진 어떠한 첨가물도 안전하지 못한 것으로 간주되어야 한다는 규정, 즉 "식품, 의약품 및 화장품에 대한 법률"에 대한 1958년의 수정 조항에 포함되어 있는 딜레이니 조항(Delaney Clause)이었다. 그렇게 제안된 금지 조치는 청량음료 회사와 다이어트식품 회사뿐만 아니라 다수의 일반 대중으로부터 강한 반발에 직면했다. 딜레이니 조항을 폐지하기 위한 법안들이 의회에 상정되었다. 청문회들이 개최되었으며, 의회의 기술평가국(OTA)은 증거를 재검토하라는 요청을 받았다. 캐나다의 연구 결과를 지지하는 OTA의 최종 보고서가 10월에 발표되었다. 의회는 11월에 FDA의 금지를 일시적으로 정지시키고 그 대신 사카린을 함유하는 식품에 경고문을 부착하도록 규정하는 법안을 통과시켰다.

지금 우리가 관심을 기울여야 할 것은 공공 정책이나 이 일화의 의사결정 측면이 아니라 사카린이 실제로 실험용 쥐에게 암을 야기하는가라는 과학적 문제이다. 사실상 이러한 과학적 결론에 의문을 표시한 사람은 거의 없었다. 그렇다면 캐나다 연구가 이 인과적 가설에 대해 그처럼 좋은 증거를 제공한 까닭은 무엇인가?

다음 내용은 캐나다의 연구를 재검토하고 평가한 OTA의 1977년 보고서, 『암 검사 기술과 사카린』에서 발췌한 것이다. 이 보고서는 임의화 실험 설계(randomized experimental design)에 대한 매우 좋은 예를 제공하므로 여러분은 그것을 주의 깊게 공부해야 한다.

사카린의 위험

현재까지 사카린이 인간에게 잠재적인 발암 물질이라는 결론에 대한 최선의 증거는 2세대에 걸친 쥐 사육 실험에서 비롯한다. 이 검사들은 장기간에 걸쳐 쥐에게 사카린을 다량 투여하면 방광염이 발생한다는 것을 증명해 주었다. 다른 경로를 통한 사카린 투여와 다른 종의 실험용 동물들의 경우에 얻어진 발암에 대한 증거는, 그 자체로는 설득력이 없지만, 2세대에 걸친 쥐 실험에서 나온 결론을 지지한다.

동물 연구

동물 검사에서 투여 경로는 매우 중요하다. 일반적으로 인정된 실험 지침에 따르면, 인간이 음식물 섭취로 인해 병에 노출된 경우 검사되고 있는 물질을 실험동물에게 공급하는 것도 먹이를 통한 방식으로 이루어져야 한다. 강제로 먹이면 먹이는 양은 좀더 정확할 수 있겠지만 이러한 방식은 허용되지 않는다. 실험동물이 사카린을 섭취한 후에 암이 유발되었다는 것은 인간이 사카린을 섭취했을 때도 잠재적으로 암이 야기될 수 있다는 것을 보여 준다.

인간이 사카린에 노출되는 상황을 가능하다면 거의 그대로 재현하는 것이 바람직할 것이다. 그러나 앞에서 언급된 이유들 때문에 일종의 타협안으로서 어쩔 수 없이 작은 동물들을 이용하게 된다. 이러한 실천적 방법에서의 조정 때문에 동물 실험의 결과를 다시 인간의 경험에 관련시킬 때 다른 문제들이 발생한다. 그럼에도 불구하고 과학적 증거는 이러한 방법들이 인간에 대한 발암 효과를 예측하는 데 타당하다는 점을 보여 준다. 긍정적인 사양실험이 2세대에 걸쳐 실시되었다. 1세대 쥐들은 이유기부터 사카린이 함유된 음식을 먹었다. 이 쥐들은 그 음식을 섭취하는 동안 교배를 시켰고, 그 자손들은 일생 동안 사카린을 먹었다. 따라서 모든 2세대 쥐들은 수태되는 순간부터 실험이 종료될 때까지 사카린에 노출되어 있었다. 2세대의 모든 쥐가 죽었을 때, 또는 실험 2년 후에는 죽여서 암 검사를 실시했다.

각 실험에서는 사카린을 섭취하지 않은 적절한 대조군(control group)이 있었다. 사카린을 섭취한 쥐들은 대조군의 쥐에 비해 방광암에 많이 걸리는 것으로 나타났다. 이러한 차이는 사카린이 쥐에게 암을 야기한다는 결론을 내리기에 충분한 설득력을 갖는다.

2세대에 걸친 쥐 사양실험의 결과에 대한 통계적 분석이 <표 8.1>에 나타나 있다. 암은 음식물의 5%에 해당하는 최고 수준의 사카린을 섭취한 쥐들에서만 관찰되었다. 결과는 분수로 제시되어 있다. 이때 분자는 방광암의 수이고 분모는 조사된 (최소한 18개월 이상이 된) 동물들의 수이다. 각 실험에서 사카린을 섭취한 동물들 중 암에 걸린 것으로 발견된 수는 대조군에서 발견된 수보다 많았다.

〈표 8.1〉 쥐 사육 실험의 결과 및 통계적 분석

세대	복용량	암(수컷)	암(암컷)	전체	유의성
부모	0%	1/36	0/38	1/74	p=0.075
	5%	7/38	0/40	7/78	
자손	0%	0/42	0/47	0/89	p=0.003
	5%	12/45	2/49	14/94	

실험동물과 대조동물에게서 관찰된 암 발생 빈도의 차이가 갖는 유의성을 계산하기 위해 통계적 방법들이 사용될 수 있다. 미국 국립암연구소에서는 그 계산이 표준적 절차에 따라 이루어졌다. p의 값에 100을 곱한 결과는, 실험동물과 대조동물 사이에 실제로는 어떤 차이도 없지만 관찰된 차이가 단지 우연히 발생할 백분율 확률에 해당한다. <표 8.1>의 첫 번째 실험에서 p는 0.075이다. 그 값에 100을 곱하면 7.5%가 나온다. 따라서 이 실험에서 7.5%는 실험군과 대조군 사이에 실제로 어떤 차이도 없지만 단지 우연히 적어도 그렇게 큰 차이가 나올 수 있는 확률이다. p의 값이 0.05 이하이면 통계적으로 유의한 것으로 간주된다. 이러한 기준에 의하면 자손 세대의 실험 결과는 통계적으로 유의하다.

방광암은 암컷보다 수컷에서 발생하는 빈도가 훨씬 더 높았다. 우리는 아직도 그러한 차이가 나타나는 까닭을 알지 못한다. 인간 모집단에서는 방광암이 남성들에게서 약 2배 정도 더 빈번하게 발생하는데, 그러한 관찰 결과는 직장에서 발암물질과 흡연에 노출되는 정도의 차이 때문이라고 생각된다.

결론적으로 2세대에 걸친 실험은 사카린이 2세대 동물, 특히 수컷들 중에서 방광암의 증가를 야기한다는 점을 보여 주었다. 이와 달리 1세대를 조사한 실험에서는 그러한 증가가 표준적인 유의성 기준에 미치지 못하였다. 또한 다른 부위에서 발생한 어떠한 암도 사카린과 설득력 있게 연관되지 않았다.

이제 우리는 방금 소개한 캐나다의 실험과 같은 연구들을 평가하기 위한 표준적 모형을 개발할 것이다.

8.2 임의화 실험 설계

캐나다의 연구는 **임의화 실험 설계**(randomized experimental design, RED)의 분명한 예를 제공한다. 먼저 임의화 실험 설계들이 적절한 환경에서 특정한 인과적 가설을 지지하는 좋은 증거를 제공할 수 있는 방식을 이해하기 위해 그러한 실험 설계들의 구조를 검토해 보자. 우리는 이 절의 끝 부분에서 인간의 질환을 연구하기 위해 동물 실험을 이용하는 방식이 드러내는 몇 가지 일반적인 문제들을 간단히 살펴볼 것이다.

실세계 모집단과 인과적 가설

캐나다의 연구에서 **관심의 대상이 된 모집단**은 분명히 인간이었다. 실험용 쥐가 너무 많은 사카린을 섭취할 경우 암에 걸린다고 해서 누가 진정으로 염려하겠는가? 그러나 **실제로 표집된 모집단**은 전적으로 실험용 쥐로만 구성되었다. 따라서 통계적 방법은 오직 쥐에 관한 결론만을 허용한다. 쥐에게 일어나는 일과

[그림 8.1] 사카린 섭취는 방광암에 걸리는 것과 인과적으로 관련된다는 가설의 모형

인간에게 일어날 수 있는 일 사이에 성립하는 가능한 관계는 별개의 문제이며 그 관계는 다른 종류의 증거를 이용하여 평가되어야 한다.

이러한 연구에서 **원인 변수**(cause variable)는 사카린 섭취이고, **결과 변수**(effect variable)는 방광암의 발생이다. 관심의 대상인 **인과적 가설**은 사카린 섭취가 실험용 쥐에게 방광암의 발생을 야기하는 **긍정적 원인**이라는 것이다. 앞의 장에서 개발된 모형에 따르면, 그 인과적 가설은 실험용 쥐들로 구성된 모집단의 어떤 구성원도 사카린에 노출되지 않은 경우보다 모든 구성원이 사카린에 노출되는 경우에 더 많은 방광암의 사례들이 발생할 것이라고 주장한다.

표본 자료

이 실험의 표본 자료는 <표 8.1>에 제시되어 있다. 실제로 여러 쌍의 자료가 있다. 당분간 우리는 **부모** 세대에서 **전체**(암컷과 수컷)에 초점을 맞추기로 하자. 자료에 따르면 사카린을 전혀 섭취하지 않은 74마리의 쥐 중 1마리만 방광암에 걸렸지만, 사카린이 5% 함유된 음식을 섭취한 78마리의 쥐 중 7마리가 방광암에 걸렸다.

실험 설계

우리가 이미 알고 있듯이, 모집단 전체를 조사하기는 거의 불가능하다. 과학자들은 일반적으로 만족스럽지는 않지만 하나의 표본을 받아들인 다음 그 표본에서 모집단으로 거슬러 추론한다. 그러나 양립 불가능한 특성들을 가진 두 개의 가정적 모집단은 고사하고 하나의 가정적 모집단을 표집하는 것도 불가능하다. 그렇다면 어떻게 인과적 가설을 시험할 수 있는가? 이에 대한 대답은 다음과 같다. 즉 과학자들은 두 가정적 모집단으로부터 표본의 역할을 할 현실적 표본을 만들어 낸다. 이것은 실제 모집단으로부터 하나의 표본을 임의로 선택한 다음 그 표본을 임의로 두 집단으로 나누는 방식으로 이루어진다. 한쪽 집단에 있는 모든 개체들은 우리가 ("실험용, experimental"을 염두에 두고) X라고 불렀던 가정적 모집단을 정의하는 조건을 갖추도록 실험적으로 조작된다. 다른 집단에 있는 개체들은 모두 우리가 ("대조용, kontrol"을 염두에 두고) K라고 불렀던 가정적 모집단을 정의하는 조건을 갖추도록 조작된다. 이렇게 하면 그 두 집단은 마치 두 가지 가정적 모집단으로부터 표집된 것처럼 보인다. 그 두 집단은 각각 **실험군**(experimental group, x군) 및 **대조군**(control group, k군)이라고 불린다.

이러한 절차가 실제로 가정적 모집단들로부터 표집하는 것을 대신할 정도로 만족스러운지를 확인하기 위해, 실제 모집단에 속하는 한 마리의 쥐를 생각해 보자. 이제 다음의 두 가지 절차를 생각해 보자. (1) 동전을 던져 나오는 결과에 따라 실제 모집단에 있는 각 쥐에게 사카린이 든 음식을 먹일 것인가의 여부를 결정한다. 그리고 한 마리의 쥐를 임의로 선택한다. (2) 실제 모집단에서 한 마리의 쥐를 임의로 선택한 다음, 동전을 던져 나오는 결과에 따라 그 쥐에게 사카린이 든 음식을 먹일 것인가의 여부를 결정한다. 우리가 선택한 쥐가 실험군에 속할 확률은 어떤 방식으로 결정하든 동일하다(즉 1/2이다). 이것은 어떤 다른 쥐의 경우에도 마찬가지일 것이다. 그렇다면, 우리의 결론이 실험군과 대조군에 속한 쥐들에게 어떤 일이 생기는가에 기반을 두는 한, 둘 중의 어느 방식으로 결정하든 우리는 동일한 결론에 이를 것이다. 두 번째 절차는 실제로 정상적인 상황에서 시행될 수 있다는 장점을 갖는다.

사카린 실험에서 연구자들은 일군의 실험용 쥐로 시작했는데, 그 쥐들은 주의 깊게 관리된 조건하에서 사육되었기 때문에 모든 그러한 쥐들의 임의 표본으로 간주될 수 있다. 따라서 개개의 쥐를 실험용이나 대조용으로 지정하는 것은 어떤 임의 과정에 의한 것이라고 가정해도 무방하다. 하나의 군(x군)에 속한 쥐들은 사카린이 5% 함유된 음식을 먹었고, 다른 군(k군)에 있는 쥐들은 사카린이 포함되지 않은 같은 음식을 먹었다.

물론 마지막에는 각 군에서 방광암에 걸린 쥐들의 상대 빈도가 관찰되었다. 우리는 두 가지 빈도를 각각 $\mathbf{f_x}$(E)와 $\mathbf{f_k}$(E)라고 표시할 것이다. 부모 세대에 대한 실험 모형이 [그림 8.2]에 그려져 있다. 두 가지 가정적 모집단은 현실적으로 존재하지 않는다는 것을 나타내기 위해 점선으로 표현되어 있다. 실험적 연구를 표현하는 도표에 이러한 두 가지 가정적 모집단을 포함시키지 않는 것이 보통이다. 그러나 처음에는 쉽게 참고하기 위해 가까이 하는 것이 편리하다.

임의 표집

임의화 실험 설계에서 임의 표집은 두 지점에서 일어난다. 첫째, 피실험 대상(이 경우에는 실험용 쥐)의 표본은 반드시 전체 모집단에서 임의로 선택되어야 한다. 예를 들어, 우리는 쥐가 사카린에 민감해지도록 만드는 어떤 희귀한 화학 물질에 우연히 노출된 적이 있는 쥐들의 무리를 원하지는 않을 것이다. 그러한 상황에서 실험 결과는 전체 모집단에 대해 완전히 그릇된 생각을 하게 만들 수 있다. 둘째, 최초의 표본을 실험군과 대조군으로 나누는 것도 반드시 임의적으로 이루어져야 한다. 예를 들어, 우리는 이미 방광암에 걸리기 쉬운 상태에 있는 매우 병약한 쥐가 대조군에 포함되기를 원하지는 않을 것이다. 그 경우 비록 사카

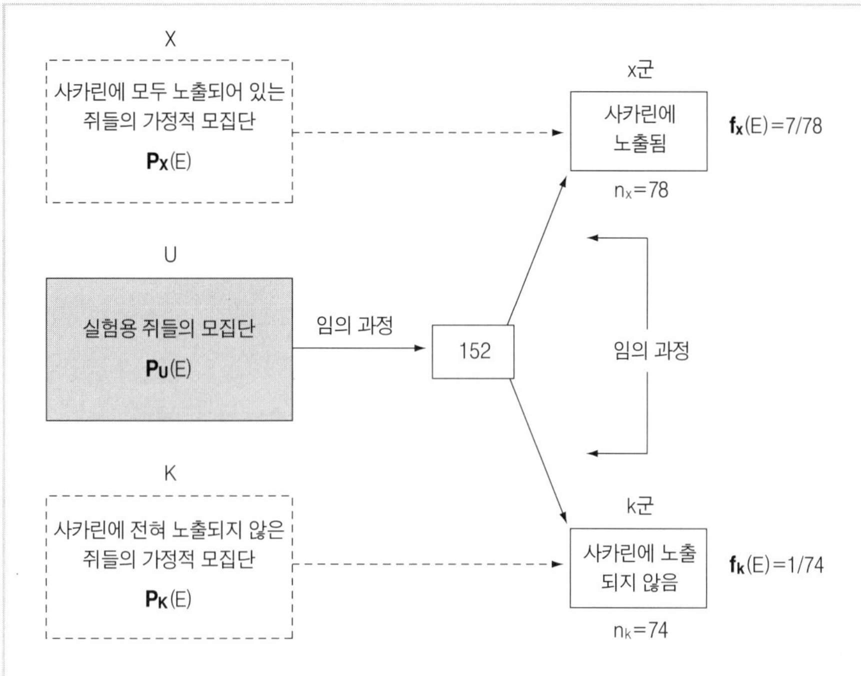

[그림 8.2] 부모 세대에 대한 쥐 사육 실험의 모형

린이 실험군의 일부 구성원들에서 방광암을 야기하더라도, 실험군과 대조군에서 방광암이 발생한 수들로부터 통계적으로 유의한 차이를 얻지 못할 수 있다.

캐나다의 사카린 연구에 대한 OTA의 보고서는 임의 표집에 대해 명시적으로 거의 언급하지 않았다. 그 이유는 이러한 종류의 매우 전문적인 연구에서는 임의 표집이 너무나 당연한 것으로 간주되었기 때문일 것이다. 만약 캐나다의 연구자들이 임의 표집을 확보하기 위해 가장 신중한 절차를 따르지 않았다는 의심이 조금이라도 들었더라면, OTA가 캐나다의 연구에 대해 그처럼 정치적으로 인기가 없는 결론을 내리지는 않았을 것이다.

인과적 가설의 평가

[그림 8.3]에는 사카린 실험의 첫 번째 부분에서 유래한 자료에 대한 도표가 제

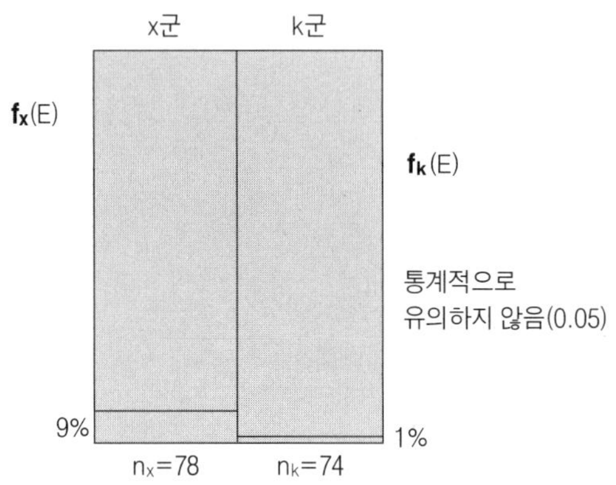

[그림 8.3] 쥐 사육 실험에서 부모 세대로부터 도출한 자료의 도표

시되어 있다. 여러분은 이 도표가 두 변수 사이에 상관이 존재하는가의 여부를 평가하기 위해 사용되었던 도표와 매우 비슷하다는 것을 알아챘을 것이다. 이 경우에 첫 번째 변수는, 각각 x군과 k군의 특징을 기술하는, 사카린이 포함된 음식과 사카린이 없는 음식을 나타내는 원인 변수이다. 두 번째 변수는 방광암의 발생 여부를 나타내는 결과 변수이다. 변량 $\mathbf{f_x}$(E)는 x군에서 방광암이 발생한 상대 빈도를 나타내고, $\mathbf{f_k}$(E)는 k군에서 방광암이 발생한 상대 빈도를 나타낸다. 따라서 실제 모집단에서 원인 변수와 결과 변수 사이에 인과 관계가 있다는 주장을 평가하는 것은 실제 모집단에서 상관이 있는가의 여부를 평가하는 것과 비슷하다.

여기서 적절한 질문은 $\mathbf{f_x}$(E)와 $\mathbf{f_k}$(E) 사이에 통계적으로 유의한 차이가 있는가의 여부에 대한 것이다. 이것은 $\mathbf{P_X}$(E)와 $\mathbf{P_K}$(E)의 값을 추정하기 위해 $\mathbf{f_x}$(E)와 $\mathbf{f_k}$(E)의 값을 이용함으로써 확인된다. 이전과 마찬가지로 우리는 적절한 구간들을 구성하는데, 그것들은 $\mathbf{P_X}(E)=\mathbf{f_x}(E)\pm\mathbf{ME}$와 $\mathbf{P_K}(E)=\mathbf{f_k}(E)\pm\mathbf{ME}$이다.

만약 그 구간들이 중복되지 않으면, $\mathbf{f_x}$(E)와 $\mathbf{f_k}$(E)의 차이는 통계적으로 유의하다. 통계적으로 유의하다는 것은 $\mathbf{P_X}$(E)와 $\mathbf{P_K}$(E) 사이의 실제 차이에 대한 좋은 증거가 있다는 것을 의미하며, 이것은 다시 원인 변수와 결과 변수 사이의 인과 관계에 대한 좋은 증거가 있다는 것을 의미한다.

만약 그 구간들이 중복되면, $\mathbf{f_x}$(E)와 $\mathbf{f_k}$(E)의 차이는 통계적으로 유의하지 않다. 통계적으로 유의하지 않다는 것은 $\mathbf{P_X}$(E)와 $\mathbf{P_K}$(E) 사이의 실제 차이에 대해 좋은 증거가 없다는 것을 의미하며, 이것은 다시 원인 변수와 결과 변수 사이의 인과 관계에 대해 좋은 증거가 없다는 것을 의미한다.

후자의 경우에서, 원인 변수와 결과 변수 사이에 어떠한 인과 관계도 없다는 점에 대해 좋은 증거가 있다고 주장할 근거가 전혀 없다는 점에 유의하라. 오직 x군과 k군에서 매우 많은 수의 피실험 대상들을 포함하는 구간들이 중복될 경우에만 우리는 원인이 매우 낮은 수준의 유효성을 갖는다는 점에 대한 좋은 증거를 갖게 될 것이다.

원인의 **유효성**을 추정하는 것은 상관 강도를 추정하는 것과 비슷하다. 그것은 단지 $\mathbf{P_X}$(E)와 $\mathbf{P_K}$(E)에 대한 추정된 구간들에서 가장 가까운 두 끝과 가장 먼 두 끝의 차이를 계산하면 된다. 그 결과 나온 구간이 해당 모집단에서 원인의 유효성에 대한 추정치이다. 여기서 자세한 내용을 반복할 필요는 없을 것이다.

OTA 보고서에서는 부모 세대의 실험군과 대조군에서 방광암이 발생한 빈도 차이는 통계적으로 유의하지 않은 것으로 보고되었다. 이것은 곧 실험의 첫 번째 부분이 사카린 섭취가 실험용 쥐에게 방광암을 일으키는 긍정적 원인이라는 인과적 가설을 지지하는 좋은 증거를 산출하는 데 실패했다는 것을 의미한다.

실제로 이 보고서는 통계적 연구에 대한 보다 대중적인 보고서들에서 일반적으로 발견되는 것보다 훨씬 더 많은 정보를 제공한다. 표준적 신뢰 수준인 95%가 아니라 92.5%의 신뢰 수준을 사용하면 부모 세대에서 나타나는 $\mathbf{f_x}$(E)와 $\mathbf{f_k}$(E)의 차이가 통계적으로 유의하다는 점을 제공된 정보로부터 쉽게 추리할 수 있다. 즉 92.5%의 신뢰 수준에서는 $\mathbf{P_X}$(E)와 $\mathbf{P_K}$(E)의 값에 대한 추정치를 나타내는 구간들이 서로 중복되지 않을 정도로 충분히 좁을 것이다. 그러므로 실험의 첫 번째 부분에서 나온 자료는 실제로 인과적 가설에 대해 좋은 증거를 제공하고 있는 셈이다.

인과적 가설의 평가를 위한 프로그램

캐나다의 사카린 연구의 두 번째 세대에서 나온 증거를 평가하기 전에 인과적 가설을 평가하기 위한 일반적 프로그램을 개발해 보자.

프로그램

■ 1단계: 실세계 모집단과 인과적 가설

연구를 수행하는 과정에서 실제로 표집된 실세계 모집단을 확인하라. 실제로 표집된 모집단과 관심의 대상인 모집단 사이에 어떤 중요한 차이가 있는지에 유의하라. 원인 변수와 결과 변수를 확인하라. 평가할 인과적 가설을 진술하라.

■ 2단계: 표본 자료

실세계 표본들을 확인하고 그 표본들로부터의 자료 중 여러분이 해당 인과적 가설과의 유관성을 평가하고자 하는 자료를 확인하라. 가능하면 표본 크기를 포함하도록 하라.

■ 3단계: 실험 설계

실험 설계를 가장 잘 나타내는 모형을 확인하라. 그 모형을 선택한 이유를 간단히 설명하라.

■ 4단계: 임의 표집

임의 표집 모형은 모집단으로부터 표본이 실제로 선택되는 과정을 얼마나 잘 나타내는가? 가능한 답들은 다음과 같다. (a) 매우 잘 나타낸다, (b) 적당히 잘 나타낸다, (c) 어느 정도 잘 나타낸다, (d) 별로 잘 나타내지 못한다. 여러분의 대답과 유관한 요소들을 설명하라.

■ 5단계: 가설의 평가

임의 표집 모형을 적용할 수 있다고 가정하면, 1단계에서 진술된 인과적 가설에 대한 증거가 있는가 아니면 없는가? 가능하면 원인의 유효성을 추정하라.

■ 6단계: 요약

모든 선행 단계에서 여러분이 제시한 답변에 비추어 볼 때, 자료가 5단계에서 언급된 인과적 가설을 얼마나 강하게 지지하는가를 간단히 요약하라. 가능한 답들은 다음과 같다. (a) 매우 강하게 지지한다, (b) 적당히 강하게 지지한다, (c) 어느 정도 강하게 지지한다, (d) 별로 강하게 지지하지 못한다. 여러분의 대답을 지지하는 주요한 요소들에 주목하라.

통계적 가설을 평가하기 위한 이전의 프로그램과 마찬가지로, [그림 8.4], [그림 8.8], [그림 8.10]의 예들을 따라서 **해당 연구를 도표로 그리는 것**이 도움이 될 것이다. 그 작업은 다른 종이에 해도 된다. 1단계를 할 때는 표집된 모집단을 나타내는 사각형을 그려라. 적절하다면 이 사각형을 관심의 대상인 모집단을 나타내는 더 큰 사각형으로 둘러싼다. 사각형들에 이름을 붙여라. 2단계를 할 때는 표본을 나타내는 작은 사각형들을 오른쪽 옆에 덧붙여라. 자료 중에서 표본 크기나 관찰된 빈도와 같은 적절한 부분들을 이용하여 이러한 사각형들에 이름을 붙인다. 3단계에서는 연구에 사용된 실험 설계의 유형에 적합한 방식으로 상자들을 연결하라. 5단계에서는 통계적으로 유의한 차이가 있는지의 여부를 지적하라. 분석이 끝나면 연구에 대한 도표가 완성되어야 한다.

제2세대 사카린 실험

이제 제2세대의 쥐들에 대한 실험에서 나오는 자료에 초점을 맞추어 캐나다의 사카린 실험을 평가해 보자. 이 쥐들은 첫 번째 실험의 대상이었던 부모 세대의 쥐들이 수태한 것임을 상기하라. 따라서 이 실험군에 속한 쥐들은 수태되었을 때부터 죽을 때까지 사카린에 노출되어 있었다.

■ 1단계: 실세계 모집단과 인과적 가설

표집된 모집단은 실험용으로 사육된 쥐들로 구성된다. 원인 변수는 사카린 섭쥐이고 결과 변수는 방광암이다. 문제의 가설은 실험용 쥐들의 모집단에서 사카린 섭취는 방광암을 일으키는 긍정적 원인이라는 것이다. 연구자들이 관심을 갖고 있는 궁극적인 모집단은 분명히 인간이지만 이 연구 자체는 인간에 대해 아무 것도 말하지 않는다.

■ 2단계: 표본 자료

제2세대의 암컷과 수컷을 포함한 전반적 자료는 사카린에 노출된 실험군에서는 방광암 발생률이 14/94(15%)이고 사카린에 노출되지 않은 대조군에서는 방광암 발생률이 0/89(0%)이라는 것을 보여 준다.

■ 3단계: 실험 설계

이 실험은 임의화 실험 설계 모형에 들어맞는다. 모집단으로부터 선택된 표본은 임의적으로 두 집단으로 나누어졌고, 실험자들은 그중 하나에 원인을 공급했다.

■ 4단계: 임의 표집

이 연구가 OTA가 검토한 전문적 연구였다는 사실로부터 우리는 임의 선택 과정을 보장하기 위한 표준적인 과학적 방법이 채택되었다는 것을 추측할 수 있다. 그것은 임의 표집 모형에 매우 잘 들어맞는다.

■ 5단계: 가설의 평가

$\mathbf{f_x}$(E)와 $\mathbf{f_k}$(E)의 차이는 0.05 유의 수준에서 통계적으로 유의한 것으로 보고되었다. 그리고 분명히 $\mathbf{f_x}$(E)가 $\mathbf{f_k}$(E)보다 더 크다. 그러므로 수태되는 순간부터 사카린을 섭취시키는 것은 쥐들에게 방광암을 일으키는 긍정적 원인이라는 좋은 증거가 있다. $\mathbf{f}$(E)의 값이 작기 때문에 오차 한계는 어림계산법에서 기술된 값보다 작다. 우리는 원인의 유효성이 0보다 크다는 것을 확신해도 좋다.

■ 6단계: 요약

이것은 분명히 임의 표집 모형에 따라서 신중하게 행해진 연구이다. 보고서에 따르면, 신뢰 수준을 99.7%까지 올려도 신뢰 구간이 중복되지 않기 때문에 $\mathbf{f_x}$(E)와 $\mathbf{f_k}$(E) 사이에서 관찰된 차이는 0.003 수준에서 통계적으로 유의하다. 그것은 쥐에 대한 인과적 가설을 뒷받침하는 매우 강력한 증거이다. 이 결과를 인간에게 적용하는 것은 또 다른 문제이다.

이 프로그램을 제2세대의 쥐들에 적용했을 때의 캐나다의 연구는 [그림 8.4]에 도해되어 있다.

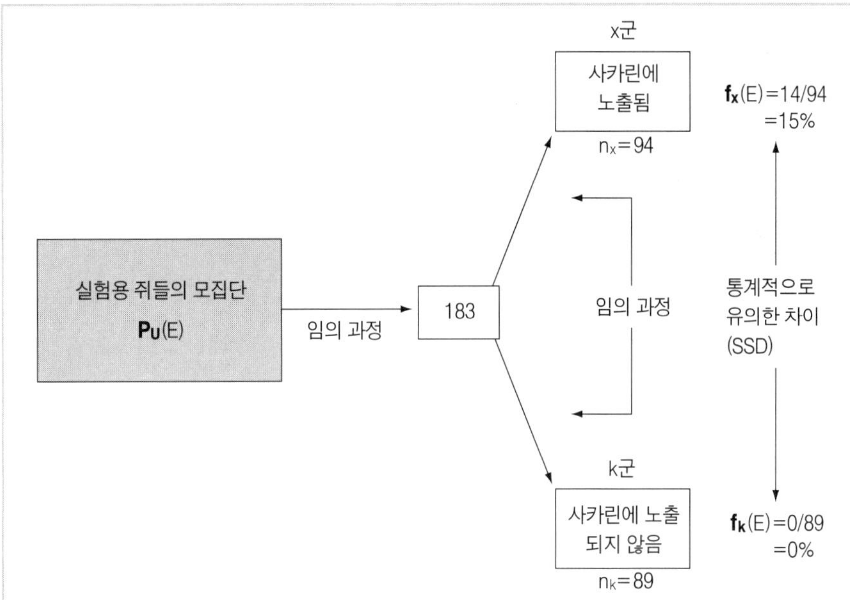

[그림 8.4] 자손 세대에 대한 쥐 사육 실험의 모형

쥐와 인간

사카린 금지 조치에 대한 소동이 한창 벌어지고 있을 때, 신뢰할 만한 비평자 중 사카린이 실험용 쥐에게 암을 야기하는지를 캐나다의 연구가 증명했는가라는 의문을 제기한 사람은 없었다. 대부분의 논쟁은 딜레이니 조항에 집중되었다. 많은 사람들은 공공 정책의 근거를 그러한 신중한 규정에 두는 것이 현명한지에 대해 의문을 제기했다. 다른 사람들은 동물 연구가 인간의 질환에 대한 문제에 관련이 있다는 딜레이니 조항의 과학적 근거에 대해 의문을 제기했다.

동물 연구의 관련성은 두 가지 이유에서 문제가 되었다. 그 첫째 이유는 인간은 쥐와 다르다는 것이다. 통계적 언어로 표현하면, 표집된 모집단은 인간의 모집단이 아니었다. 둘째 이유는 사용된 사카린의 양(쥐가 먹은 음식의 5%)이 매우 많았다는 것이다. 어떤 비판자는 인간이 먹는 음식의 5%는 다이어트 소다수 800병에 들어 있는 사카린의 양과 맞먹는다는 계산을 내놓았다. 누가 하루에 다이어트 소다수를 800병이나 마신단 말인가? 이러한 비판들은 일리가 있었지만, 많은 비판자들이 생각했던 만큼 그럴듯하지는 않았다.

대부분의 환경 위험물질은 유효성이 그리 높지는 않다. 만약 높았다면, 훨씬 더 많은 사람들이 사망했었을 것이고, 어쩌면 아예 태어나지도 못했을 것이다. 전형적인 발암 물질은 수천 명 중 오직 한 사람에게 영향을 미치지만, 그 수는 매우 많을 수 있다. 예를 들어, 2억의 모집단에서 1,000명 중 한 명의 비율은 20만 명이다. 50,000명 중 한 명의 비율이라고 하더라도 4,000명이나 된다.

사카린이나 대부분의 발암물질은 복용량이 통상적일 경우 1,000개의 사례에서 하나 이상의 암을 유발하지는 않을 것이다. 그러나 통상적인 복용량을 사용하여 그렇게 낮은 효과를 탐지하려면 수천 마리의 쥐를 이용한 실험을 해야 한다. 그렇게 많은 실험용 동물을 수 년 동안 사육하고 기른다는 것은 거의 불가능하다. 그 대신 전형적인 동물 연구에서는 동물들의 수를 줄이고 복용량을 늘린다.

이러한 전략은 효과가 나타나는 사례들의 수가 대략 복용량에 비례한다는 가정에 근거를 두고 있다. 복용량을 두 배로 늘리면 암 발생 건수는 두 배가 된다. 따라서 다량의 복용량이 어떤 결과를 야기하는지를 알게 되면 그것을 근거로 하여 정상적인 복용량이 어떤 결과를 야기할지에 대해 추정할 수 있다. 이제 결과가 복용량에 비례한다는 가정에 대해 당연히 의문을 제기할 수 있다. 특히 결과가 나타나기 시작하는 **문턱**(threshold)이 있을 것이다. 즉 어떤 복용량 이하의 경우 어떤 사례에서도 결과가 나타나지 않을 수 있다. 문턱에 도달한 이후에야 사례들의 수는 늘어난 복용량에 따라 증가할 것이다.

문제는 어떠한 생물학적 요소도 문턱을 가진다고 실제로 밝혀진 적이 거의 없다는 점이다. 물론 사카린이 예외일 수 있지만, 그럴 것이라고 믿을 만한 어떠한 긍정적인 근거도 없다. 제3부에서 논의하겠지만, 가부에 대한 구체적 지식이 없을 때 사카린은 예외라는 가정에 근거하여 결정을 내리는 것은 현명한 전략이 아닐 것이다.

의학적 연구에 대해 거의 알지 못하는 사람들은 종종 어떤 물질도 과다하게 복용하면 암을 야기할 것이라고 말한다. 그것은 결코 사실이 아니다. 많은 화학 물질들이 다량 복용시키는 방식으로 동물들에게 시험되었지만, 상대적으로 적은 몇 가지 물질만이 암을 야기하는 것으로 밝혀졌다. 어떤 물질이라도 과다 복용은 사망의 원인이 되지만, 소수의 물질만이 그 과정에서 암을 야기한다.

인간은 쥐가 아니라는 주장은 분명히 사실이다. 그러나 인간에게 암을 일으키는 것으로 확실히 알려진 수많은 요소들은 실험용 쥐에게 다량 복용시켰을 때 예외 없이 암을 야기했다. 이러한 사실로부터 쥐에게 암을 야기하는 것은 인간에게도 암을 야기한다는 결론이 반드시 따라 나오지는 않는다. 그러나 여기서도 사카린은 예외라는 지지되지 않은 가정에 기반을 두고 실천적인 결정을 내리는 것은 정당화되기 어렵다. 그리고 복용량과 몸무게의 차이를 고려하면, 94마리의 쥐 중 14마리가 암에 걸린 것은 하루에 다이어트 소다수를 단 한 병만 마신 2억의 모집단에서 약 1,200명이 방광암에 걸리는 것에 해당한다. (우리는 이 주제를 이 장의 마지막 절에서 다시 다룰 것이다. 거기에서 우리는 과학자들이 세포적 · 분자적 기제와 과정에 대해 증가하는 정보를 어떻게 이용하는지를 알게 된다. 생물학적 조직의 세포적 · 분자적 수준에서는 실험용 쥐와 인간의 차이는 별로 중요치 않다.)

2억의 모집단에서 1,200명이 방광암에 걸린다는 것은 평균적으로 누구나 1백만 분의 6의 확률로 방광암에 걸릴 가능성이 있음을 의미한다는 점을 쉽게 계산할 수 있다. 그렇다면 그 위험은 매우 작고, 따라서 그러한 위험을 감수할 것인가는 각자 스스로 결정하도록 허용되어야 한다는 주장이 성립된다. 그러나 그러한 결정의 문제는 과연 위험이 있는지 그리고 있다면 어느 정도인지를 묻는 **과학적** 문제와는 전혀 다른 종류의 문제다. 과학적인 질문에 대한 답은 위험이 있다고 말하는 것처럼 보이는데, 6백만 분의 1은 그 위험의 정도가 얼마나 큰가에 대한 정보에 기반을 둔 추측이다.

8.3 이중맹검 연구

임의화 실험 연구들은 인간이 아닌 실험 대상에 대해 쉽게 수행될 수 있지만, 실험 자체가 결과에 영향을 미칠 수 있는 복잡한 요소들을 불러들이지 않도록 항상 특별한 주의를 기울여야 한다. 예를 들어 외과 수술이 필요한 동물 연구에서는 결과가 전반적인 수술 절차 자체 때문이 아니라 조사 중인 특정한 원인에 의해 발생한다는 점을 확실하게 하기 위해 대조군에 있는 실험 대상에 가짜수술을 시행하는 것이 보통이다. 인간 피험자들을 포함하는 실험에서는 훨씬 더 까다로운 예방 조치가 필요하다. 예를 들어, 라이너스 폴링(Linus Pauling)의 유명한 책 『비타민 C와 감기』에 기술되어 있는 다음의 실험을 살펴보자.

> 스위스 연구자인 리첼 박사(Dr. G. Ritzel)는 이중맹검에 의한 연구 결과를 보고했다. 그는 스키를 타는 사람 279명을 연구했는데, 그중 반은 매일 아스코르브 산(비타민 C)을 먹었고, 나머지 반은 똑같이 생긴 비활성 위약(placebo)을 먹었다. 리첼 박사는 위약을 복용한 군에 비해 비타민 C를 복용한 군에서는 상부 호흡기 감염으로 인한 질환을 앓은 날들의 수가 61% 감소했다고 보고했다. 이러한 결과는 (동일한 모집단에서 표집한 두 표본에서 이 질환에 걸릴 확률이 0.1%인) 높은 통계적 유의성을 갖는다.

"이중맹검"(double blind)의 의미를 이해하기 위해서 먼저 "맹검적으로" 연구한다는 것이 무엇을 의미하는가를 살펴보아야 한다. 정의에 따르면, **피험자**가 자신이 실험군에 속하는지 대조군에 속하는지를 분간할 수 없을 경우에 그 연구는 **맹검적**이라고 한다. 정보에 근거한 동의를 필요로 하는 실험에서 피험자들이 실험의 전반적 목적을 알기 때문에, 대조군에 있는 피험자들에게는 비타민 C가 아니라는 것을 간파할 수 없는 무엇을 주어야 한다. 그렇지 않으면 모든 피험자들은 자신이 어떤 군에 속하는가를 즉시 알게 될 것이다. 폴링이 언급한 사례에서 대조군에 속한 피험자들은 약효가 없는 것으로 알려진 물질로 만들어졌지만 비타민 C와 구별할 수 없는 알약을 받았다. 원인으로 의심되는 것에 대한 대체물로서 대조군에 속한 피험자들에게 주어지는 그러한 약효가 없는 물질을 **위약**(僞藥, placebo)이라고 한다.

이렇게 번거로운 절차를 밟는 이유는 모두 **위약 효과**를 피하기 위해서다. 즉 자신이 실험군에 속한다는 것을 아는 동시에 연구 중인 원인 요소가 어떤 효과를 나타낸다고 믿는 것만으로도 분명한 효과가 나타날 가능성은 충분히 있기 때문이다. 예를 들어, 두통이나 기타 사소한 통증으로 고통 받고 있는 환자들은 종종 그들이 진통제라고 믿고 있지만 실은 통증을 덜어주는 약이 전혀 들어 있지 않은 알약을 먹고서는 통증이 가라앉았다고 보고했다는 기록들이 많이 있다. 그러므로 우리는 위약으로 분명한 효과를 낳을 수 있다. 현재의 예에서 실험자들은 피험자들이 감기를 예방하는 무엇인가를 복용하고 있다고 믿는 것만으로도 가벼운 초기 감기를 심리적으로 억제하거나 느낌을 부정확하게 기술할 수 있다는 점에 유의해야 한다. 그러한 경우 두 군 사이에 실제로는 어떠한 차이도 없는데도 불구하고 실험군에서 감기의 발병 횟수가 줄어든 것을 발견될 수 있다. 물론 대조군에 속하는 피험자들에 대해서도 똑같은 우려를 할 수 있다.

진단을 하는 **실험자**들도 어떤 피험자가 어떤 군에 속하는지를 전혀 알지 못할 때 그 연구는 **이중맹검적**이라고 한다. 이중맹검이 필요한 이유는 실험자가 어떤 특정한 피험자가 어떤 군에 속하는가를 알게 되면 경계선상에 있는 사례들을 개인적 편향에 유리한 방향으로 진단할 수 있기 때문이다. 예를 들어, 가벼운 기침을 하는 특정한 경우를 감기 증상으로 진단할 것인가 하는 문제가 있을 수 있다. 실험자가 실험을 통해 비타민 C의 복용이 감기를 예방한다는 것을 보여 주기를 원하는 상황에서 특정한 피험자가 비타민 C를 복용하고 있다는 것을 알고 있다면, 그 기침을 감기라고 부르고 싶지 않은 편향이 있을 것이다. 이러한 편향은, 비록 그것이 완전히 무의식적이라 할지라도, 실제로는 어떠한 차이가 없는 상황에서 분명한 차이를 산출할 수 있다. 물론 실험을 전반적으로 책임지고 있는 사람은 실험이 끝나면 자료를 수집할 수 있도록 어떤 피험자가 어떤 집단에 속한다는 점을 기록한 명단을 갖고 있어야 한다. 그러나 그 사람은 피험자들에 대한 진단을 수행해서는 안 된다.

위약을 현명하게 이용하면 때로는 동일한 피험자를 실험군 피험자로 이용할 수도 있고 대조군 피험자로도 이용할 수 있다. 예를 들어, 마리화나가 사람에게 미치는 결과에 대한 시험에서 마리화나를 피운 적이 없는 9명의 지원자를 대상으로 손과 눈의 공동 작용과 집중력을 포함한 다양한 정신 운동과 심리적 능력을 검사했다. 이 실험에서 동일한 피험자들이 실험군과 대조군 모두에서 검사되었다. 즉 일련의 실험 기간에 그들에게 일정한 양의 마리화나를 주거나 위약을 주었다. 특정한 실험 기간에 어떤 피험자들에게는 마리화나를 주고 어떤 피험자들에게는 위약을 줄 것인지는 실제로 검사를 실시하고 있는 사람들이 아닌 다른 한 명의 실험자에 의해 결정되었다. 마리화나를 받은 피험자들이 얻은 점수는 실험 자료로 간주되었다. 동일한 피험자들이 위약을 받았을 때 얻은 점수는 대조 자료로 간주되었다. 이 실험에서 피험자들의 평균 점수는 위약을 받았을 때보다 진짜 마리화나를 받았을 때가 현저하게 낮았다. 이러한 종류의 실험 설계는 실험군과 대조군에 있는 피험자들이 모든 가능한 부차적 특성들에서 자동적으로 동일하다는 장점을 갖는다. 결국 그들은 실험의 두 단계에서 동일한 사람들이다.

비슷한 실험이 피험자로서 마리화나를 상용하는 아홉 명을 대상으로 이루어졌다. 그러나 피험자들이 실제로는 마리화나를 받지 않았는데 받았다고 생각하도록 속일 수 있는 위약을 고안하는 것이 불가능하다는 점이 밝혀졌기 때문에 이 실험은 맹검적이 될 수 없었다. 이러한 피험자들이 얻은 평균 점수는 마리화나를 받았을 때와 받지 않았을 때에 유의한 차이를 나타내지 않았다. 그러나 표본의 크기가 작으면 아무리 유효한 원인이라도 통계적으로 유의한 차이를 낳을 가능성은 별로 없다.

8.4 정신분열증과 유전

정신분열증은 세계에 가장 널리 퍼져 있는 주된 정신 질환 중 한 가지이다. 전체 인류의 거의 1%가 이 병 때문에 괴로움을 당하고 있다. 정신분열증이라는 용어는 문자 그대로 "분열된 마음"을 의미하며 다중인격 장애와 구별된다. 그 병은 두 가지 유형의 증상, 즉 양성 증상과 음성 증상의 특징을 갖지만, 그 증상의 강렬함, 지속, 재발은 매우 다양하다. 양성 증상은 망상적 믿음, 환각(특히 "소리를 듣는" 것과 같은 청각적 환각), 비조직적인 생각과 행동(명료하게 생각하거나 의사소통에서 적절하게 대응하는 능력이 없음)을 포함한다. 음성 증상은 정상적인 행동의 부재를 의미한다. 즉 그것은 정서적 반응과 표현의 부족, 사회적 위축, 동기와 진취성의 부족, 즐거움에 대한 축소된 경험, 긴장증(이 증상을 지닌 사람들은 단 하나의 자세로 고정되어서 오랜 기간 동안 여전히 같은 자세를 취한다)을 포함한다. 음성 증상은 정신분열증에만 고유한 것이 아니라 뇌의 전두엽에서의 손상이나 혼란된 기능과 연관된 다양한 주요 정신병들에서도 나타난다. 비록 정신분열증의 증상은 어느 나이에나 발현될 수 있지만 일반적으로 십대 후반이나 이십대 초반에 처음으로 나타난다. 신경촬영법(예를 들어, 컴퓨터 단층촬영법)과 혈액 검사로써 이미 알려진 생물학적 표지들을 동반하는 다른 가능한 질환이나 정신적 외상을 배제한 이후에, 특별히 설계된 다양한 정신의학적 면접과 평가를 이용하여 그 장애는 진단된다.

수년 동안 정신분열증이 "생물학적" 질환인가의 여부에 대한 격렬한 논쟁이 있었다. 그러한 질환의 존재를 나타내는 생물학적 표지들을 발견하려는 많은 탐색들이 실패한 후 그 문제는 점점 심각해졌다. 어떤 한 가지 (심지어는 복합적인) 혈액 검사나 조직 검사도 믿음직한 방식으로 긍정적인 진단을 나타내지는 못한다. 많은 두뇌의 기제들이 제안되었다. 한 가지 두드러진 예는 "도파민 가설"인데, 그 가설은 뇌의 도파민 수용체(특히 도파민 D2 수용체)를 중화하는 일군의 약들에 의해 나타나는 긍정적 증세들에서 효과가 감소하는 것을 기초로 하고 있다. 도파민은 일종의 **신경전달물질**이다. 신경전달물질은 신경세포들 사이에 존재하는 시냅스 간극 내부로 신경세포에서 방출되는 화학물질인데, 인접하는 신경세포의 활동을 활성화하거나 억제시키는 단백질을 수용체에 전달한다. 가장 단순한 형태의 도파민 가설에 따르면 정신분열증의 양성 증상은 과잉 활동하는 도파민방출 신경세포들에 의해 야기되는데, 그러한 신경세포들은 일차적으로 뇌간에 위치한 전피개 영역으로부터 중측두엽 변연계에 위치한 항중격핵과 그것과 관련된 구조로 투사하는 뇌의 중변연계 도파민회로에 있다. 그러나 그 가설에 대한 최근의 실험적 검사들은 단지 혼란스러운 결과만을 내놓고 있다.

비교적 최근까지 정신분열증의 생물학적 원인에 대한 가장 강력한 증거는 그 병의 유전가능성에서 발견되었다. 입양에 대한 연구는 초기의 예에 속한다. 실험자들은 유아기나 소년기 초기에 입양된 정신분열증 진단을 받은 환자들을 확인하고, 그들을 입양한 가족에서도 그 병의 발병률을 추적했다. 만약 그 발병률이 일반 사람들의 발병률 (약 1%)과 비슷하다면 그 결과는 곧 환경적 요소가 유전적인 생물학적 요소보다는 그 병의 원인과 관련이 덜하다는 점을 의미할 것이다. 그 이유는 입양된 정신분열증 환자들과 그들의 의붓 형제들이 유사한 발달 환경에서 살았을 것이지만 그러한 요소는 적어도 그들의 유전적 차이에 의해 능가되었을 것이라고 추측되기 때문이다. 만약 생물학적 부모들과 입양된 정신분열증 환자들 사이에서 정신분열증의 발병률이 일반 사람들에서보다 더 높게 나타난다면 이러한 결론은 강화될 것이다. 지난 40여 년 이상 동안 이러한 종류의 입양에 대한 통제된 연구들로부터 그러한 결과가 나타났다.

쌍둥이 연구는 정신분열증의 유전적 원인에 대한 보다 강력한 증거를 제공하는 것 같다. 흔히 일란성 쌍둥이라고 불리는 **MZ 쌍둥이**는 하나의 정자에 의해 수정된 하나의 난자로부터 발생한다. 수정된 난자는 발생의 초기 단계에서 두 개의 배(胚)로 분리된다. 따라서 MZ 쌍둥이는 동일한 유전물질을 공유한다. 즉 100% 유전적 유사성을 갖는다. MZ 쌍둥이는 전 세계적으로 약 1000명 당 3~4명의 비율로 나타난다. 흔히 이란성 쌍둥이라고 불리는 **DZ 쌍둥이**는 각기 다른 정자에 의해 수정된 난자들로부터 발생한다. 분명히 DZ 쌍둥이는 관찰 가능한 기본적인 물리적 특성뿐만 아니라 성별과 혈액형도 다를 수 있다. 실로 DZ 쌍둥이는 다른 형제자매들이나 가장 가까운 친척들이 평균 50% 이상의 유전적 동일성을 공유하고 있지 않은 것처럼 유전적으로 닮지 않았다. **고전적 쌍둥이 방법**을 이용하여 연구자들은 적어도 한쪽은 조사 중인 형질이나 장애를 보유한(예를 들어 정신분열증을 진단받은) MZ 쌍둥이와 DZ 쌍둥이의 쌍을 확인하기 위해 다양한 기록과 데이터베이스를 연구했다. 만약 다른 쌍둥이도 역시 정신분열증을 진단받았거나 이후의 검사에서 정신분열증을 진단받는다면, 그 쌍둥이들은 (정신분열증과 같은 조사 중인 형질이나 장애에 대해) **일치한다**고 말한다. 만약 다른 쌍둥이가 그러한 형질이나 장애를 갖고 있지 않다면, 그 쌍둥이들은 **불일치한다**고 말한다. 유전적 원인들을 지닌 형질이나 장애에 대해 일치하는 MZ 쌍둥이의 비율은 더 큰 유전적 동일성 때문에 일치하는 DZ 쌍둥이의 비율보다 더 높을 것이다. 고전적 쌍둥이 연구에서 한 가지 핵심적 가정은 **동등한 환경 유사성**이다. 즉 MZ 쌍둥이의 경우에 나타나는 형질이나 장애의 높은 일치 비율은 그들이 공유하는 유전적 요소들에 기인한다고 말할 수 있을 정도로 MZ 쌍둥이와 DZ 쌍둥이에 대한 환경의 영향은 충분히 같다는 가정이 그것이다. (우리는 나중에 이 장에서 이러한 가정에 도전하는 몇 가지 이유들을 검토할 것이다.)

일치 비율을 계산하기 위한 두 가지 방법이 쌍둥이 연구에서 널리 이용되고 있다. 첫 번째의 단순한 방법은 **쌍별 일치의 방법**(pairwise concordance method)이다. 이 방법은 단순히 표본을 구성하는 (일치하거나 불일치하는) 쌍들의 총수에 상대적으로 형질이나 장애가 일치하는 쌍들의 백분율을 계산한다. 예를 들어, MZ 쌍둥이들의 표본에서 10쌍이 형질 X에 대해 일치하는 반면에 40쌍이 불일치한다면 (그 표본에서 형질 X에 대한 MZ 쌍둥이의) 쌍별 일치 비율은 10/50 또는 20%이다. 두 번째 방법은 **발단자 일치의 방법**(proband concordance method)이다. 표본에 속하는 쌍의 두 구성원이 모두 해당 형질을 소유한다는 점이 (예를 들어 초기의 자료 수집 단계에서) 독립적으로 확인될 경우, 그러한 쌍은 모두 두 번씩 계산된다. 예를 들어, C_1은 표본에 속하는 MZ 쌍둥이의 두 구성원이 모두 형질 X를 갖는다는 것이 (예를 들어, 연구에서 자료 수집 부분에서 쌍둥이들의 쌍을 확인하는 데 사용된 원래의 방법에 의해서) 독립적으로 확인된 MZ 쌍둥이 쌍들의 수이고, C_2는 형질 X에 대해서는 MZ 쌍둥이의 두 구성원이 일치하지만 그중 하나만이 원래의 자료 수집 단계에서 X를 소유하는 것으로 확인된 그러한 MZ 쌍둥이 쌍들의 수라고 하면, C_1은 발단자 일치 쌍들의 수를 계산할 때뿐 아니라 (발단자들이 일치하거나 일치하지 않는) 쌍들 모두의 수를 계산할 때도 2배수로 계산된다. 쌍별 일치에 대해 방금 간략히 서술된 예를 이용하여, 형질 X에 대해 일치하는 MZ 10쌍 중 5쌍의 구성원들은 모두 연구의 자료 수집 단계에서 형질 X를 소유하는 것으로 (예를 들어 정신분열증으로 진단된 쌍둥이들에 대한 정신병원의 자료를 탐색함으로써) 확인된 반면 다른 다섯의 일치하는 쌍의 경우 단지 하나의 구성원만 이 단계에서 X를 소유하는 것으로 확인되었다고 (예를 들어, 다른 구성원은 그 이후에 진행된 면접이나 검사에서 X를 소유하는 것으로 발견되었다고) 가정하자. 이 경우에 (형질 X에 대해 표집된 MZ 쌍둥이 쌍들에서) 발단자 일치의 비율은 {(5×2)+5}/{(5×2)+5+40}=15/55=27%이다. 이 값은 이러한 표본에서 쌍별 일치의 비율보다 더 높다는 점에 유의하라. (여기서 우리는 그 점에 대해서 상술하지 않겠지만) 다양한 이유로 발단자 일치의 방법이 정신적 장애에 대한 최근의 쌍둥이 연구에서 더 많이 이용되고 있다.

정신분열증에 대한 초기의 쌍둥이 연구들은 대부분 20세기 전반에 행해졌고 그중에서 가장 잘 알려진 것은 프란츠 칼만(Franz Kallmann)의 연구에서 비롯한다. 그 연구들에 따르면 거의 700쌍의 쌍둥이로 이루어진 표본에서 DZ 쌍둥이들에 비해 MZ 쌍둥이들 중에서 매우 높은 일치 비율이 발견되었는데, 전자의 경우 일치 비율이 14%였던 데 비해 후자의 경우는 86%이었다. 1960년대 중반 동안에 이루어진 다른 연구들도 대부분 큰 표본을 사용했는데 유사한 차이를 보여 주었다. 그러나 이러한 연구들의 (초기) 자료는 정신병원의 입원 기록과 보고서로부터 나왔는데, 그 자료들은 표본에서 (특히 MZ 쌍둥이의 표본에서) 일치하지 않는 쌍둥이 쌍들의 실제 수를 낮게 표현하는 경향이 있었다. 체계적인 국립 출생률 데이터베이스가 쌍둥이 쌍들을 확인하는 데 훨씬 더 믿을 만하다. 또한 앞서 언급된 연구들은 문제의 여지가 있고 일관되지 않은 진단 기법을 채용했다. (어떠한 혈액 검사나 조직 검사도 정신분열증의 특징을 나타내지 못한다는 점을 환기하라.) 1960년대에 좀더 소규모로 행해진 일련의 쌍둥이 연구들은, 표집과 진단 과정에서 생기는 이러한 문제들을 통제했는데, 정신분열증에 대한 유전적 원인의 증거를 경시하는 것처럼 보인다. 그러나 보다 최근의 대규모 쌍둥이 연구들에서 나타난 일치 비율의 차이는 초기 연구들에서 나타났던 수치에 다시 가까워졌다. 예를 들어 정신분열증 또는 정신분열적 스펙트럼 장애에서 나타나는 발단자 일치 비율은 MZ 쌍의 경우 48%이고, DZ 쌍의 경우 17%이다.[1] 그러나 이러한 연구들이, 그처럼 인상적인 크기의 표본들을 산출하도록 결합되었을 때, 정신분열증 진단을 위해 명백히 작동하는 기준을 채용했는가의 문제는 여전히 남아 있다.

최근에 출간된 쌍둥이 연구 결과 5종의 결합

정신분열증에 대한 최근의 쌍둥이 연구에서 얻어진 결과 5종은, 1990년대 중반과 후반에 걸쳐 출간되었는데, 최근의 한 분석에서 요약되고 결합되었다.[2] 그 연구들 중 하나는 (입원 환자들에만 국한된) 덴마크 국립 정신병자 명단과 연결된 인구집단에 근거한 덴마크 쌍둥이 명단을 이용했다. 다른 하나는 핀란드 국립 인구 명단을 이용했다. 이러한 명단들을 이용함으로써 쌍둥이 쌍들을 체계적이고 일관된 방식으로 확인할 수 있는 가능성이 증가한다. 다른 세 가지 연구는 정신병원 기록에 있는 쌍둥이 명단을 이용했는데, 이렇게 함으로써 일치하지 않는 쌍들을 과소평가할 확률은 줄어든다. 이 다섯 가지의 연구들은 중요한 정신병에 대한 일관되고 조작가능한 진단 기준을 사용했는데, 그 기준들은 국제정신병 분류 10판(ICD-10)이나 정신장애에 대한 진단적 및 통계적 측도 3판 개정판(DSM-III-R)에 기반을 두고 있다. 그중 두 연구들은 (가능할 경우에는) 후속 검사와 면접을 이용했다. 그중 네 가지 연구들은 유럽의 쌍둥이 모집단으로부터 표본을 추출했고 나머지 한 연구는 일본의 모집단으로부터 표본을 추출했다.

MZ 및 DZ 쌍둥이 쌍들에서 정신분열증에 대한 발단자 일치 비율은 다섯 가지 연구들에서 일관되게 나타났다(<표 8.2>를 참조). MZ 쌍의 경우에 일치 비율은 최저 43%로부터 최고 79%까지 분포되어 있다. DZ 쌍의 경우에 그 비율은 최저 0%

1) I. Gottesman, *Schizophrenia Genesis: The Origins of Madness* (New York: Freeman, 1991).
2) A. G. Cardeno and I. I. Gottesman, "Twin Studies of Schizophrenia: From Bow-and-Arrow Concordances to Star Wars Mx and Functional Genomics," *American Journal of Medical Genetics* 97(2000): 12-17.

〈표 8.2〉 정신분열증에 대한 1996~99년의 쌍둥이 연구

저자	국가	확인	진단 기준	발단자 일치 비율	
				MZ	동성의 DZ
Klining(1996)	덴마크	주민 등록부	ICD-10	7/16 (44%)	2/19 (11%)
Cannon et al.(1998)	핀란드	주민 등록부	DSM-III-R (1987 이후)	15/31 (43%)	1/28 (4%)
Franzek & Beckmann(1998)	독일	병원 입원	DSM-III-R	11/14 (79%)	2/12 (17%)
Cardeno et al. (1999)	영국	병원 등록부	DSM-III-R	20/47 (79%)	0/50 (0%)
			ICD-10	21/50 (43%)	1/58 (2%)
Tsujita et al. (1992, 1996)	일본	병원 입원	DSM-III-R	11/22 (50%)	1/7 (14%)
합계			DSM-III-R	57/114 (50%)	4/97 (4%)
			ICD-10	28/66 (42%)	3/77 (4%)

로부터 최고 17%까지 분포되어 있다. 일관된 결과들과 공유되고 조작가능한 진단 기준들은 결합된 분석을 가능하게 했다. DSM-III-R 기준에 따라서 진단된 정신분열증 환자들의 경우, 결합된 발단자 일치 비율은 MZ 쌍의 경우 57/114(50%)이고 DZ 쌍의 경우 4/97(4%)이었다. ICD-10 기준을 사용하여 진단한 정신분열증 환자들의 경우, 결합된 일치 비율은 MZ 쌍의 경우 28/66(42%)이고 DZ 쌍의 경우 3/77(4%)이었다. DZ 쌍과 비교하여 MZ 쌍둥이 쌍에서 나타나는 상당히 높은 일치 비율은 형질 또는 장애의 유전적 원인을 지지하는 증거로 간주된다. 이처럼 정신분열증에 대한 최근의 결합된 연구에서 나온 자료들은 유의한 것으로 분류되고 따라서 칼데노와 고트만(Cardeno and Gottesman)이 내린 결론, 즉 "결합된 표본 분석의 결과는 … DSM-III-R과 ICD-10 진단 기준에 의해 정의된 정신분열증에 걸리기 쉬운 경향이 유전적 기여에 따라 달라진다(14-15쪽)는 결론을 보증하는 것 같다. (이러한 연구들은 환경적 영향과 비교했을 때 유전적 영향들이 형

질과 장애의 원인이 되는 정도의 양적인 추정값을 계산하기 위해서 더 고급적인 통계적 방법을 사용했다. 이러한 방법들은 이 책의 범위를 벗어난다.)

물론 정신분열증이 단 하나의 유전적 요소에 의해 산출되는 단순한 표현형적 형질이고 그 요소가 우성이라면, 우리는 두 명의 정신분열증 부모가 낳는 아이들 중 대략 75%는 정신분열증을 보일 것이라고 기대할 수 있다. 만약 그 요소가 열성이라면, 우리는 두 명의 정신분열증 부모가 낳는 아이들 중 100%가 정신분열증을 보일 것이라고 기대할 수 있다. 두 명의 정신분열증 부모가 낳는 자손 중 실제 발병률은 50% 미만인데, 이는 곧 여러 가지 유전적 요소들이 그 원인에 포함되어 있거나 유전된 어떤 물질이 그 병에 걸리기 쉬운 성질(아마도 특정한 환경적 요소들에 의해 촉발되는 성질)을 제공한다는 것을 의미한다. 고트만은 쌍둥이 연구 및 다른 연구들로부터 이끌어낼 올바른 결론의 특성을 다음과 같이 기술한다.

> 정신분열증은 진성당뇨병(유형 I 또는 인슐린 의존성 당뇨병)과 (심장마비에 이르는) 관상동맥증이 유전병이라는 것과 같은 의미에서 유전병이다. 즉 가계, 쌍둥이, 질환이 있는 입양아에 대한 연구들로부터 유전적 역학의 전략을 통해 초기에 수집된 많은 증거는 병인들[원인들]에서 유전적 요인들이 결정적이거나 치명적이지는 않지만 매우 강력한 역할을 한다는 것을 함축한다. 임상적으로 관찰가능한 질환의 개별 사례에서, 질환에 걸리기 쉬운 경향을 유발하는 문제의 함축된 유전적 요소들은 알려진 환경적 요소들뿐만 아니라 미지의 환경적 요소들과 부가적이거나 상호작용하는 방식으로 결합하여, 태아기, 주산기 또는 출생 후에 그 질환들 중 한 가지에 걸려 고통을 받는 사람이 생기도록 작용한다.[3)]

여러분은 7장에서 논의된 확률적 원인에 친숙할 것이다. [그림 8.5]는 최근의 쌍둥이 연구들에 대한 결합된 분석들에서 DSM-III-R과 ICD-10 진단 기준을 이

3) I. I. Gottesman, "Psychopathology through a Life Span-genetic Prism," *American Psychologist* 56(2001): 870.

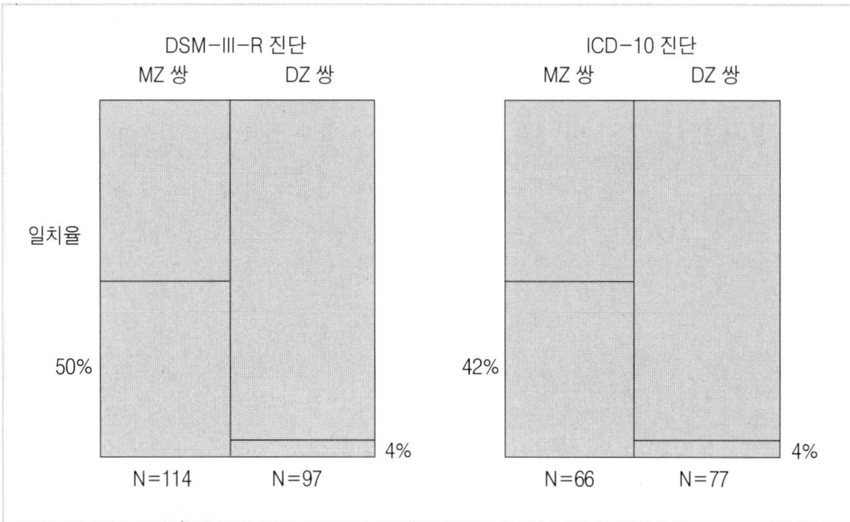

[그림 8.5] DSM-III-R과 ICD-10 진단 기준을 이용한 MZ 및 DZ 쌍둥이 쌍들의 정신분열증에 대한 발단자 일치 비율들

용하여 MZ 및 DZ 쌍둥이 쌍들의 정신분열증에 대한 발단자 일치 비율을 보여준다.

8.5 전향적 설계

방금 제시된 분석에서 결합된 최근의 쌍둥이 연구 5종은 모두 **전향적** 설계(prospective design)를 사용했다. 이러한 설계의 두드러진 특징은 두 군의 피험자들, 즉 의심되는 원인(예를 들어, MZ 쌍둥이 쌍에서 동일한 유전물질)을 드러내는 군과 그렇지 않은 군을 이용하여 연구가 시작된다는 점이다. 그러나 실험적 연구에서와는 달리, 이 연구에서 피험자들은 연구자들에 의해 두 군에 배정되지는 않는다. 모집단의 구성원들은 이미 **자연에 의해 선택되었거나**(쌍둥이 연구들에서와 같이) 아니면 **스스로 선택해서** (규칙적인 흡연자나 습관성 알코올 소비자에 대한 연구들에서와 같이) 이 두 가지 범주 중 하나에 속해 있었다. 연구자들은 이미 존재

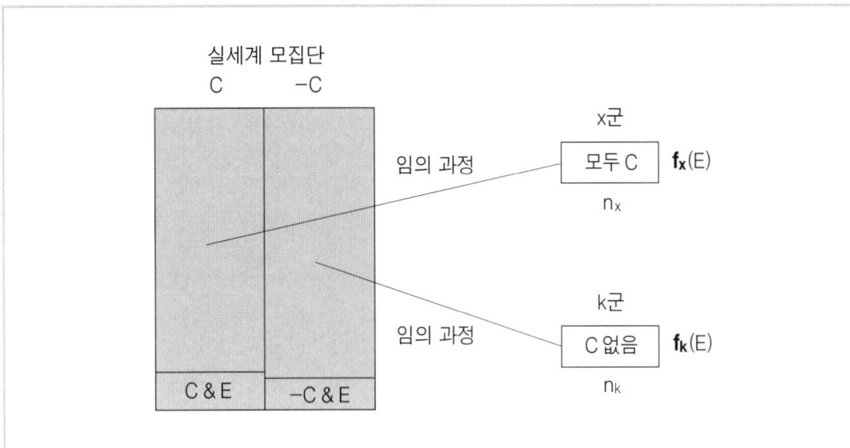

[그림 8.6] 전향적 연구 모형

하는 두 부분모집단(예를 들어, MZ 쌍둥이 쌍과 DZ 쌍둥이 쌍)으로부터 표집했을 뿐이다.

전향적 연구에서 전반적으로 사용되는 전략은 의심되는 원인을 제외한 모든 특성에서 평균적으로 비슷한 두 군을 확보하는 것이다. 그 다음 결과의 빈도에서 통계적으로 유의한 차이가 나타나면, 그것은 인과적 가설에 대한 증거를 제공한다. 이러한 유형의 설계가 [그림 8.6]에 도식적으로 제시되어 있다. 실제로 실험을 하지는 않았지만 이 경우에도 의심되는 원인을 갖고 있는 사람들의 표본을 여전히 실험군이라고 한다. 연구자들은 피험자에게 아무 일도 하지 않는다. 연구자들은 단지 피험자들에 대한 정보를 수집한 다음, 무슨 일이 일어나는지를 기다려서 본다.

[그림 8.6]과 [그림 8.2]를 비교해 보면, 왜 전향적 연구에서는 임의화 실험 연구에서와는 달리 인과적 가설을 직접적으로 검사할 수 없는지가 분명해진다. 임의화 실험 연구에서 두 군은 인과적 가설에 대한 우리의 모형에서 설정되는 가정적 모집단들로부터 나온 표본으로 간주될 수 있다. 이 표본들은 임의선택 과정과 직접적 실험 조작을 통하여 생성되었다. 그러나 전향적 연구는 존재하는 **실제** 모집단에서 나온 표본을 토대로 한다는 점에서 오히려 상관에 대한 검사와 비슷하

다. 그러나 전향적 연구는 단순히 공존하는 속성들을 조사하는 것이 아니라는 점에서 상관에 대한 조사와 다르다. 두 군은 아직 결과가 나타나지 않은 모집단의 구성원들에서 선택된다. 그 결과는, 나타나더라도, 나중에 나타난다.

통계적 연구들에 기초를 둔 보고서를 읽을 때, 자료가 일회성 조사에 기반을 둔 것인지 아니면 처음에는 결과가 나타나지 않은 피험자들을 시간적으로 추적해서 나중에 각 군에서 그 결과가 얼마나 많이 나타났는가를 보는 진정한 전향적 연구에 기반을 둔 것이지를 알아내기 위해서는 때때로 매우 용의주도해야 한다. 일회성 조사의 경우 여러분은 사람들에게 이전에 어떤 상황에 처했는지 물을 수 있다. 그러나 이전의 상황에 대해 여러분이 얻은 정보의 신뢰성은 결과의 발생 여부에 의해서 영향을 받을 수 있다. 예를 들어, 여러분이 폐암에 걸린 사람들에게 이전의 흡연 습관에 대해 질문하면 상반된 방향으로 나타나는 과장된 대답을 들을 것이다. 피험자들은 "왜 내가 폐암에 걸렸지? 담배를 그렇게 많이 피우지도 않았는데"라고 생각할 수도 있고, "당연하지. 그렇게 담배를 많이 피웠으니"라고 생각할 수도 있다. 어느 쪽 반응이든 여러분은 신뢰할 수 있는 정보를 얻을 수는 없다. 그 점이 단순 조사들에 비해 진정한 전향적 연구들이 갖는 주요한 장점 중의 하나이다. 정신분열증에 대한 최근의 쌍둥이 연구들에서 두 군(MZ 쌍둥이 쌍들과 DZ 쌍둥이 쌍들)의 장래 구성원들을 발견하기 위해 처음으로 정교한 데이터베이스들과 정신병원의 입원기록들부터 추출한 출생 기록들이 참조되었다. 나중에 피험자에게 내려지는 정신분열증 진단은 두 군에서 일치 비율에 대한 객관적 자료를 제공했다. 그러한 진단들이 특정한 공유된 기준들을 만족시킨다는 점을 분명히 하는 조치가 취해졌다. 정신과 의사들은 쌍둥이 쌍의 구성원들에 대한 후속 면접을 자주 실시했다.

다른 변수들의 통제

인과적 연구를 평가하기 위한 우리 프로그램의 4단계는 연구의 설계가 얼마나 임의 표집 모형에 잘 들어맞는가를 고려한다. 전향적 연구가 임의화 실험 연구에 비해서 뚜렷하게 단점을 드러내는 곳이 바로 이 부분이다. 이러한 차이는 정신분열증에 대한 최근의 결합된 쌍둥이 연구들에서 나온 몇 가지 결과에 의해서 예시된다.

실험자가 완벽하게 통제할 수 없는 연구 설계는 발견된 결과들에 대한 대안적인 설명을 결코 단정적으로 배제할 수 없기 때문에 항상 문제가 있다. 이러한 경우는 특정한 형질에 대한 전향적 쌍둥이 연구들에서 확실히 발생한다. 어떤 형질 또는 장애에 대한 일치 비율이 표집된 DZ 쌍둥이 쌍들에 비해 표집된 MZ 쌍둥이 쌍들에서 훨씬 더 높게 나타난다는 연구 결과는 완벽하게 공유된 유전적 요소들에 의해 설명된다고 추론하기 위해서는 "동등한 환경 유사성" 가정이 필요하다. 즉 비율의 차이가 환경적 요소들의 결과는 아닐 정도로 환경들이 충분히 유사하다는 가정이 필요하다. 직관적으로 이러한 가정은 MZ 및 DZ 쌍둥이 쌍들의 경우에는 문제가 있는 것처럼 보인다. "동일한 쌍둥이로 성장하는" 환경은 다른 형제들의 환경이나 심지어 DZ 쌍둥이들의 환경과 다른 것처럼 보인다. 예를 들어, MZ 쌍둥이들은 사춘기 동안에 친구들과 부모의 관심을 더 공유하는 경향이 있다. MZ 쌍둥이들은 안정되고 독립적인 자아를 형성하는 과정에서 발달 장애를 경험한다. 차이들은 심지어 태아기의 환경으로 소급하여 확장될 수 있다. 초기 세포 분열의 타이밍에 따라서 일부 MZ 쌍둥이 쌍들은 동일한 태반을 공유한다. 반면에 DZ 쌍둥이들은 결코 그런 일이 없다. 아마도 정신분열증에 대한 일치 비율에서의 차이를 설명하는 것은 공유된 유전 물질에 의한 설명이 아니라 MZ 쌍둥이 쌍들에 특수한 이러한 환경적 차이들 중 하나(또는 그 이상)가 아닐까? [그림 8.7]은 이러한 대안적 가능성에 대한 도식적 예시를 제공한다.

이러한 어려움을 해결하는 표준적 방법은 다른 변수의 **통제**이다. 비록 전향적 설계에서 피험자들이 자연이나 그들 자신의 행동에 의해 실험 모집단이나 대조 모집단으로 "선택되기" 때문에 직접적인 실험적 통제 하에 있지 않더라도 여전히 다른 변수를 통제할 수 있는 여러 가지 방식이 있다. (물론, 이러한 방식 중 어느 것이 문제가 되고 있는 특정한 연구에 적용될 수 있으리라는 보장은 없다!) 한 가지 방식은 가정된 대안적 원인을 드러내지 않는 개인들로만 두 군을 구성하는 것이다.

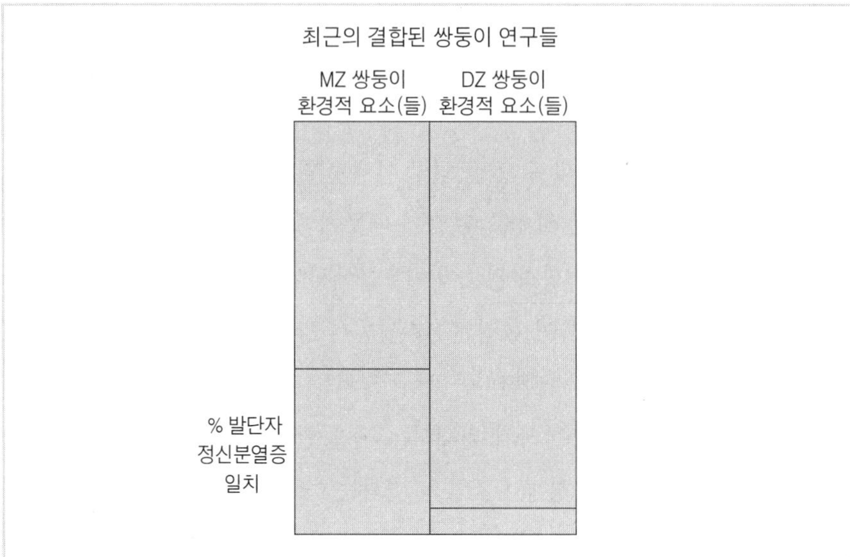

[그림 8.7] 쌍둥이 연구에 의해 드러난, 정신분열증의 대안적 (환경적) 원인에 대한 도식적 예시

정신분열증에 대한 최근의 결합된 쌍둥이 연구들에서 이러한 방식은 모든 MZ 및 DZ 쌍둥이 쌍들을 가정된 환경적 원인과 관련하여 차이가 나지 않은 쌍둥이들로 제한하려는 시도를 포함할 것이다. 사춘기 동안에 DZ 쌍둥이처럼 부모의 관심을 받거나 쌍둥이가 아닌 형제처럼 부모의 관심을 받은 MZ 쌍둥이 쌍으로 제한하는 방식이 그 예이다. 만약 표본들을 그처럼 제한할 수 있고 제한된 부분 모집단들 사이에서 어떤 통계적으로 유의한 차이(예를 들어, DZ 쌍둥이와 같은 유형의 부모의 관심을 우연히 받게 된 MZ 쌍둥이 쌍들과 DZ 쌍들 내에서 정신분열증에 대한 다른 일치 비율)가 남아 있다면, 그 차이는 애당초 의심을 두었던 원인(예를 들어 정신분열증에 대한 유전적 요소)이나 어떤 다른 대안적 원인의 탓으로 돌려야 한다. 또한, 만약 의심이 가는 대안적 원인을 제거하기 위해 표본들이 그처럼 제한될 수 있고 어떠한 통계적으로 유의한 차이도 남아 있지 않다면, 이는 애당초 가정된 원인(예를 들어 정신분열증에 대한 유전적 요소)만의 효과가 전향적 연구를 수행하여 감지될 수 없다는 것을 의미한다. 그러나 분명히 쌍둥이 연구는 이러한 종류의 통제가 (불가능하지는 않다 하더라도) 달성하기 어려운 예에 해당한다. 예

를 들어 성장기 동안에 실험자들이 적극적으로 관리한 모집단들에서 부모와의 미묘한 상호작용이 있었는지 또는 현재 그러한 상호작용이 있는지조차 어떻게 검증할 수 있을까?

대안적 원인을 통제하는 두 번째 방식은 그 대안을 "원래의" 원인으로 간주하고 표집된 부분모집단을 그 원래 가정된 원인을 결여하는 쌍둥이 쌍들로 제한하는 것이다. 정신분열증에 대한 최근의 쌍둥이 연구들의 경우 이러한 방식은 가정된 환경적 대안을 원인으로 간주하고 그 부분모집단들을 100% 동일한 유전물질을 결여하는 쌍둥이 쌍들로 제한하는 것에 해당한다. 만약 그렇게 제한된 부분모집단들이 해당 결과에서 유의하게 차이가 나지 않을 경우, 이는 (지금 통제되고 있는 것으로 간주되는) 대안적 원인이 이러한 전향적 설계를 이용하여 탐지될 수 없다는 것을 의미한다. (이러한 추론은 앞 단락에서와 같다.) 비록 이러한 통제 전략이 일부 전향적 연구들에서는 작동할지라도, 그것이 쌍둥이 연구에서 이용될 수 없다는 것은 분명하다. 부분모집단들을 100% 동일한 유전물질을 결여하는 쌍둥이 쌍들로 제한하는 것은 MZ 모집단을 n=0쌍에 제한하는 것이다. 이와 달리 연구자는 가정된 환경적 원인들을 통제하는 방안으로 두 부분모집단들을 오직 100% 유전적 동일성을 공유한 쌍둥이 쌍들로 제한할 수도 있었다. 그럴 경우 고전적 쌍둥이 연구들에서 DZ 모집단은 n=0쌍으로 감소하게 될 것이다.

대안적 원인들을 통제하는 것은 불가피하게 대가를 치러야 한다. 그러한 통제는 표본들의 크기를 감소시킨다. 예를 들어 쌍둥이 연구의 경우 처음에는 후보로 확인되었던 쌍들이 표본 모집단에서 기계적으로 제거된다. 정신분열증에 대한 최근의 결합된 연구들에서 각 표본은 일치 비율 표본들에 최종적으로 포함된 것보다 훨씬 많은 MZ 및 DZ 쌍들로 시작하였다. 정신분열증에 대한 엄격한 객관적 기준을 충족시키지 못하는 쌍둥이 쌍들, (정신분열증 진단이 행해지기 전에) 쌍둥이 중 한 명이 일찍 죽어 쌍을 유지하지 못하게 된 경우들, "온건한" 진단이 내려진 쌍들, 그리고 (꽤 명백한 환경적 차이들을 통제하기 위해) 다른 성을 갖는 DZ 쌍들은 원래의 표본들로부터 제거되었다. 통계적으로 유의한 일치 비율 차이가 결격인 쌍들이 제거된 MZ 및 DZ 쌍둥이 쌍의 모집단들에서 여전히 발견될 수 있다는 점은 정신분열증의 유전적 원인들에 대한 논거를 확보하는 데 도움이 된다.

적절한 표본 크기를 확보하기 위해 전향적 연구를 신중히 설계하는 사람들은 의심이 가는 제3의 원인이 대조군에서 나타나는 빈도와 실험군에서 나타나는 빈도를 **짝짓는 방식**으로 작업을 진행시키는 일이 잦다. 특정한 피험자들과 대조 피험자들이 표본에 포함되는 이유는 그들이 문제의 대안적 원인을 공유하는 것으로 알려졌기 때문이다. 쌍둥이 연구에서 동등한 환경 유사성 가정은 종종 이러한 방식으로 직접 검사될 수 있고 그 방식은 수많은 다양한 경우들에서 타당한 것으로 드러났다. 특정한 형질에 대한 쌍둥이 연구는 다중의 인척 관계를 갖는 훨씬 더 큰 표본을 사용할 수 있는 입양 연구와 종종 결합되었다. 특정한 경우들에서 동등한 환경 유사성 가정을 문제삼아 쌍둥이 연구를 비판하는 사람들은 MZ 및 DZ 쌍둥이 쌍들 사이의 어떤 오래된 환경적 차이가 아니라 **형질과 관련된 환경적 차이**를 지적해야 할 것처럼 보인다. 정신분열증에 대한 최근의 쌍둥이 연구에서 가정된 대안적이고 환경적인 원인들을 살펴보자. 예를 들어 사춘기 동안에 공유하는 친구의 수가 더 많다거나 부모가 보인 관심에 미묘한 차이가 있다는 것이 정신분열증을 유발하는 원인이라고 제시하는 증거는 없다. 물론 훌륭한 과학적 탐구를 위해서는 (동등한 환경 유사성과 같은) 가정이나 조사되고 있는 특정한 형질(결과)에 상대적인 원인에 대한 합리적 도전이 모색되어야 하고 그 가정을 사용하는 특정한 발견들은 그것에 의존하지 않은 다른 설계들(예를 들어 정신분열증에 대한 입양 연구)에서 반복되어야 한다. 훌륭한 쌍둥이 연구자들은 이러한 도전에 매우 예민하며 그에 대처하기 위해서 관례적으로 통제를 사용한다.

의심이 가는 대안적 원인에 대해 표본들을 짝짓는 전략의 결점은 이러한 전략이 잠재적인 **상호작용의 결과**를 예방하지 못한다는 데 있다. 아마도 정신분열증은 유전물질과 미묘한 환경적 요소들과의 상호작용 때문에 발병할지도 모른다. (어빙 고트만은 앞에서 제시된 긴 인용문에서 정확히 그러한 과정을 제시했다.) 대안적 원인들을 통제하는 전략들은 예를 들어 어떤 환경적 요소가, 실제로는 유전적 요소들과 상호작용할 경우에만 원인이 될 수 있음에도 불구하고, 단독으로 정신분열증에 대한 긍정적 원인이라고 제안하는 결과를 내놓을 수 있다. 다행히 현대의 쌍둥이 연구들에서 사용된 상세한 방법론들과 통계적 분석들은 (공유되거나 공유되지 않은) 유전 및 환경 요소들이 특정한 형질이나 장애를 인과적으로 야기하는 양적인 범위를 연구자들이 추정할 수 있을 정도로 충분히 발전하였다. 예를 들어, 정신분열증에 대한 최근의 결합된 쌍둥이 연구들의 경우 "유전가능성 추정치"는 (95%의 신뢰 구간에서) 모두 80% 이상이다. 이러한 값은 부가적인 유전적 효과들에서 비롯하는 정신분열증에 걸리기 쉬운 경향의 변이에 대한 추정치이다. 이미 언급했듯이 이러한 더 발전된 통계적 방법들은 우리 교재에서 다룰 범위를 넘어선다.

전향적 설계 대 임의화 실험 설계

이제 우리는 왜 임의화 실험 설계가 전향적 설계보다 인과적 가설에 대해 훨씬 더 좋은 증거를 제공하는가를 이해할 수 있다. 임의화 실험 설계에서 모집단의 구성원들이 갖는 모든 특성은 평균적으로 실험군과 대조군에서 짝짓기가 된다. 이는 아무에게도 알려지지 않은 요소들에 대해서도 성립한다. 만약 모집단의 절반이 Q라는 요소을 갖고 있다면, 실험군과 대조군의 약 절반은 Q를 가질 것이다.

물론 우리는 임의적인 과정을 다루고 있기 때문에 실험군에서는 Q의 비율이 매우 높게 끝나지만 대조군에서는 Q의 비율이 매우 낮게 끝날 가능성이 있다. 잠재적으로 연관된 많은 다른 Q요소들이 있다면, 이들 중 하나는 두 가지 군에서 매우 다른 비율로 끝날 가능성이 매우 높다. 그러나 이 특정한 Q요소가 결과와 매우 유관한 것으로 드러나는 일은 거의 없을 것이다. 따라서 임의화 실험 연구도 완벽한 것은 아니지만 그것이 몹시 잘못될 가능성은 낮다. 쌍둥이 연구들에서 동등한 환경 유사성 가정이 도전받는 예를 통해 예시되는 것처럼, 전향적 설계의 경우에는 사정이 다르다. 전향적 설계에 기반을 둔 연구를 평가하기 위해서는 잠재적으로 유관한 다른 변수들이 통제되었다는 표시를 항상 찾아보아야 한다. 그러한 표시가 없다면, 알려진 특정한 요소들(예를 들어, 사춘기 동안 부모가

DZ 쌍둥이 쌍들이나 다른 형제들에 대해 가지는 관심과 비교하여 MZ 쌍둥이 쌍들에 대해 가지는 관심의 차이)에 대한 통제의 결여가 그 자료를 아주 왜곡되게 할 수 있는가를 결정하기 위해 우리가 갖고 있는 일반적 지식을 동원해야 한다. 그렇다면, 인과적 가설에 대한 증거의 질에 관한 우리의 결론은 적절히 완화되어야 한다.

정신분열증에 대한 최근의 쌍둥이 연구들을 평가하기

이제 인과적 연구들을 평가하기 위한 우리의 프로그램을 정신분열증에 대한 최근의 쌍둥이 연구 5종의 결합된 분석에 적용해 보자.

■ 1단계: 실세계 모집단과 인과적 가설

관심의 대상인 모집단은 모두 성인들이다. 실제로 표집된 모집단은 전적으로 1930년(5종의 연구 모두로부터 나온 자료 중 가장 이른 것)과 1972년(가장 나중의 자료)사이에 태어난 유럽과 일본에 거주하는 MZ 및 DZ 쌍둥이들의 쌍으로 구성되었는데, 국립 출생률 데이터뱅크나 선택된 정신병원들의 입원기록들을 통하여 확인되었다. 원인 변수는 유전을 통하여 후손에게 전해지는 유전물질이고 결과 변수는 객관적이고 공유된 기준들(DSM-III-R 또는 ICD-10)을 이용한 정신분열증(또는 정신분열 스펙트럼 장애) 진단이다. 평가될 인과적 가설은 유전성 유전물질이 표집된 MZ 및 DZ 쌍둥이 쌍들에서 정신분열증에 대한 긍정적 원인이라는 것이다.

■ 2단계: 표본 자료

표본은 유럽 4개국과 일본에서 임의로 선택한 MZ 및 DZ 쌍둥이 쌍들로 구성되었다. 5종의 연구들에 대한 결합된 분석에는 MZ 쌍둥이 180쌍(각 쌍은 100% 유전물질을 공유한다)과 DZ 쌍둥이 174쌍(각 쌍은 평균적으로 50% 유전물질을 공유한다)이 포함되었다. 적어도 각 쌍 중 한 구성원은 공유된 객관적 기준들을 이용하여 정신분열증으로 진단받았다. 각 연구의 종반에 MZ 쌍들 중 85/180(47%)가 정신분열증에 대해 발단자 일치로 드러났다. DSM-III-R 진단 기준에 의하면 57/114(50%), ICD-10 진단 기준에 의하면 28/66(42%)로 드러났다. DZ 쌍들 중 7/174(4%)가 정신분열증에 대해 발단자 일치로 드러났다. DSM-III-R 진단 기준에 의하면 4/97(4%), ICD-10 진단 기준에 의하면 3/77(4%)로 드러났다.

■ 3단계: 실험 설계

이 연구의 설계는 전향적 모형에 들어맞는다. 이 설계는 실험군과 대조군이 임의로 구분되지 않았기 때문에 실험적이 아니다. 자연에 의해 피험자들은 (100% 유전물질을 공유하는) MZ 쌍둥이 쌍들의 범주와 (대략 50% 유전물질을 공유하는) DZ 쌍둥이 쌍들의 범주 중 하나에 속하도록 "선택되었다". 모든 피험자들은 출생시 결과에 해당하는 정신분열증 진단을 받지 않았다. 하나의 형질에 대한 일치 비율들을 평가하기 위한 발단자 전략이 5종의 연구 모두에서 사용되었으며, 따라서 정신분열증을 평가할 때 각 쌍의 두 구성원은 독립적으로 다루어졌다. 공유된 객관적 기준들은 신빙성 있는 진단을 보증했고 몇 가지 잠재적인 평가 편향들을 배제했다. 그 연구 중 몇몇은 정신분열증 일치를 더 평가하기 위해서 (가능한 경우에는) 후속 면접을 사용했다.

■ 4단계: 임의 표집

이러한 분석으로 결합된 연구들 중 어떤 것도 유럽 4개국과 일본의 모든 성인들, 심지어 모든 MZ 및 DZ 쌍둥이 쌍에 대한 임의 표본을 포함하지 않는다. 하나의 쌍은 적어도 그 구성원 중 한 명이 (국립 쌍둥이 출생등록부와 대조된) 정신병원 입원기록의 국립데이터 베이스 또는 특정한 정신병원들의 입원 기록에 나타날 경우에만 포함되었다. 그러나 자연에 의해 개인이 MZ 또는 DZ 부분모집단에 속하도록 "선택되는 것"은 적어도 이러한 연구의 목적상 임의적으로 보인다. 각 쌍은 그 구성원 중 한 명이 정신분열증을 앓기 이전에 두 가지 군, 즉 100% 유전물질을 공유하는 MZ 쌍둥이 쌍과 평균적으로 50% 유전물질을 공유하는 DZ 쌍 중 하나에 속했다. 객관적이 아닌 진단 기준이나 한 구성원의 이른 사망 때문에 어떤 쌍을 배제하는 것 외에 그 연구들에서 통제되는 다른 변수들(예를 들어 특정한 환경적 요소들)에 대한 어떠한 언급도 없었다. 그러므로 임의 표집 모형의 요건들은, 이것들이 정신분열증과 같은 표현형 형질에 대한 쌍둥이 연구들에서 충족될 수 있는 정도로만, 부분적으로 충족되었다.

■ 5단계: 가설의 평가

표본 빈도들의 관찰된 범위 내에서, 180 및 174 (쌍둥이 쌍들)의 표본들에 대한 오차 한계는 95%의 신뢰 구간에서 10%보다 커서는 안 된다(실제로 약간 작다). 그러므로 이 결합된 연구의 MZ 및 DZ 쌍둥이 쌍들 사이에서 관찰되는 정신분열증에 대한 발단자 일치 비율들의 차이는 (심지어 우리의 단순한 간이 분석 기법을 이용하더라도) 통계적으로 유의하다. 그러므로 표집된 모집단들에서 유전물질이 정신분열증에 대한 긍정적 원인이라는 가설에 대한 좋은 증거가 있다. 우리의 단순한 간이 기법에 의하면 모집단의 유효성은 0.33과 0.61 사이의 범위에 있다고 추정된다. (유효성을 평가하기 위한 보다 정교한 통계적 기법들에 따르면 그 값은 0.8에 가깝다.) 그러나 그 방법은 심한 정신질환이나 일치하는 쌍들의 경우 선택 편향을 낳을수 있기 때문에 정신병원 입원 자료에 의존하는 개별 쌍둥이 연구들에서 정신분열증에 대한 발단자 일치 비율들은 상승할 수 있다. 관찰된 일치 비율들은 여전히 유의하다.

■ 6단계: 요약

정신분열증의 유전적 원인에 대한 이러한 최근의 결합된 쌍둥이 연구들은 전향적 설계의 성공적인 예를 제공한다. 공유된 체계적인 진단 기준, 국립 쌍둥이 출생 등록부, (가능한 경우에 실시된) 후속 면접 등을 활용하고 (영국, 유럽 대륙의 국가들, 일본을 포함시키는 방식으로) 표본들의 지리적 위치를 다양하게 선정한 것은 정신분열증에 대한 초기의 쌍둥이 연구들에 비해 중요한 진전이다. 동등한 환경 유사성 가정을 포함하여 쌍둥이 연구 방법론들에 대한 몇 가지 일반적인 우려들이 남아 있다. 그러나 MZ 및 DZ 쌍둥이 쌍들 사이에 존재한다고 알려진 **그리고** 정신분열증에 대해 잠재적 원인들이라고 인정되는 특정한 환경적 차이들이 있다는 징후가 없는 한, 이러한 회의적인 우려들은 처음과는 달리 수그러들 것이다. 유전물질이 정신분열증을 야기하는 중요한 (실로 첫째의) 원인이라는 가설을 지지하는 강한 증거가 있다.

이러한 분석이 [그림 8.8]에 나타나 있다.

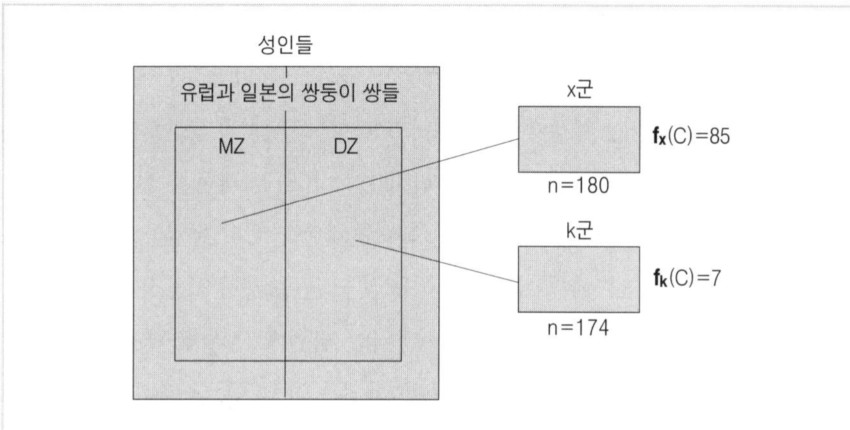

[그림 8.8] 유럽과 일본의 모집단에서 유전적 요소들이 정신분열증을 야기하는 원인이라는 가설에 대한 최근의 결합된 쌍둥이 연구들

8.6 정신분열증의 병인과 *Dystrobrevin-Binding Protein 1* (*DTNBP1*) 유전자

쌍둥이 연구와 입양 연구는 어떤 표현형 형질이나 장애의 일반적인 유전적 원인들에 대한 강한 증거를 제공할지 모르지만 특정한 유전자(들)가 작용한다는 것을 확립하기 위해서는 다른 방법들이 필요하다. (가장 잘 설계된 쌍둥이 연구조차 MZ 쌍둥이 쌍들이 완벽하게 공유하는 유전물질 내의 **어떤 것**이 원인이라는 점만 알려줄 뿐 그것이 **무엇인지**를 알려주지는 못한다.) 어떤 형질이나 장애의 발생에 개별적으로는 낮은 영향을 미치는 몇몇 유전자를 포함하는 특정한 원인들을 추적하는 일은 매우 어렵다. 이러한 점은 어떤 생물학적 지표도 진단 보조물로 도움이 되지 못하는 정신분열증 같은 형질의 경우 특히 그렇다. 특정한 생물학적 지표들이 존재할 경우 연구자는 적어도 그것들의 유전적 기초를 조사할 수 있다. 그러나 유전학자들은 형질이나 장애의 원인들이 위치하는 유전 부위(염색체 중 유전자가

차지하는 자리)를 신뢰할 만하게 알려주는 많은 절차와 실험 기법을 개발해 왔는데, 그중에는 유전체 전체의 영상을 보여 주는 기법도 있다. 정신분열증의 경우 이러한 유전 기법들을 사용함으로써 (인간) 염색체 6에 위치한 *Dystrobrevin-Binding Protein 1(DTNBP1)* 유전자의 역할이 즉시 드러났다. (분자생물학에서는 유전자의 이름이나 약어를 이탤릭체로 표기하지만 그것의 단백질 생성물질의 이름이나 약어는 정상적인 글꼴로 표기하는 것이 일반적 관례이다.) 이러한 유전자의 단백질 생성물질은 근육 및 뇌 조직에서 퇴행이축과 연계된 단백질 합성물의 구성 요소들과 결합한다. 근육조직에서 이 합성물이 붕괴되면 두 가지 일반적인 형태의 근육퇴행이축이 발생한다. 그러한 형태 중 하나인 뒤셴형 근위축증은 정신분열증과 다수의 조직 관련 증상들을 공유하는데, 이에는 안구운동 조절이상과 다양한 인지 장애가 포함된다. *DTNBP1*의 수준들은 기억처리와 관련된 뇌 부분들(예를 들어, 해마, 내측 측두엽에 있는 양측 구조)에서 감소하는 것으로 드러났다. 이 단백질이 신경전달물질인 구루타민산염을 포함하여 신경 세포들 간의 정보 전달에 관여한다는 것을 보여 주는 생리학적 증거들도 있다. 구루타민산염은 포유류의 중앙신경계에서 가장 빈번하게 활성화되는 신경전달물질이다. 구루타민산염 전달 이상은 정신분열증의 발병과도 관련이 있다.

정신분열증은 출생 후 많은 시간이 지나기 전까지는 진단되지 않는 것이 일반적일 뿐 아니라 *DTNBP1* 유전자에서 생기는 점돌연변이에 대한 유전학적 조사도 출생시나 아동기 초기에 이루어지는 평상적인 검사의 일부가 아니기 때문에 *DTNBP1*과 정신분열증의 인과 관계에 대한 전향적 연구는 실제적이지는 않다. 그런데 2004년 9월에 하버드 의과대학, 브리검 여성병원(보스턴), 주커 힐사이드 병원(뉴욕주 글렌 오크스)의 연구자들은 *DTNBP1*과 정신분열증 사이의 긍정적 인과 관계를 확립하는 다른 유형의 연구 결과들을 출간했다.[4] 그들의 작업은 미국의 표본에서 나타나는 이 긍정적 연관에 대한 첫 번째 보고서에 해당한다. 그들

4) B. Funke, C. T, Finn, A. P. Plocik, S. Lake, P. DeRosse, J. M. Kane, R. Kucherlapati, and A. K. Mallhotra, "Association of the *DTNBP1* Locus with Schizophrenia in a U. S. Population," *American Journal of Human genetics* 75(2004): 891-898.

의 전체 표본은 1097명의 성인들로 구성되었다. 524명은 환자였고(그중 n=421은 정신분열증으로 진단을 받았고, n=103은 분열 정동형 장애로 진단을 받았다. DSM-IV 진단 기준을 이용했고 어떠한 정신활성물질 남용도 없었다.) 573명은 대조자들이다. 사례들은 미국 북동부지역의 대규모 병원의 입원환자들 및 외래환자들로 충원되었다. 현재 또는 과거의 정신 장애 및 정신활성물질 남용의 경우를 허용하지 않는 (그리고 이 두 가지 중 어느 하나에 저촉되는 육친이 있는 경우도 배제하는) 건강 통제가 실시되었다. 그 표본들에 포함된 인종 집단들은 다음과 같다.

백인	환자 258명, 여성 92명, 남성 166명 대조자 467명, 여성 242명, 남성 225명
아프리카계 미국 흑인	환자 215명, 여성 78명, 남성 137명 대조자 74명, 여성 44명, 남성 30명
라틴 아메리카인	환자 51명, 여성 18명, 남성 33명 대조자 32명, 남성 13명, 여성 19명

연구자들은 정신분열증에 대한 초기의 유전연구들에서 기술되었던 일곱 가지의 **단일염기다형성**(single nucleotide polymorphisms, SNPs)을 조사했다. SNP는 해당 모집단에서 유전체의 특정한 위치에서 가장 일반적인 염기의 발생 빈도가 99% 미만으로 추정될 경우([그림 2.4]를 참조) 그 위치에서 자연적으로 발생하는 단일 염기(C, G, A, T)의 변화이다. 유전학자들은 유전성 질환들의 동시 유전을 SNP 표지들을 가지고 추적했다. 그것은 인과적 유전자들의 위치를 발견하고 확인하는 데 도움이 되었다. 우리는 P1578 SNP에 대한 이 연구 보고서를 집중적으로 분석할 것인데, 그 유전자는 *DTNBP1* 유전자의 첫 번째 및 두 번째 엑손(exon) 사이에 위치하며 인간 모집단 내에서는 그 장소에서 가장 일반적인 염기인 시토신(C)이 티민(T)으로 대체된다. 여기에 위치한 C의 대립유전자는 주(主) 대립유전자이고, T의 대립유전자는 부(副) 대립유전자이다. (대립유전자는 유전자의 대안적 형태이다. 모든 사람은 각 유전자에 대해 두 가지 대립유전자를 갖는데, 그것들은 각각 부모 중 한 사람으로부터 유전된다.) <표 8.3>은 혈액 표본 분석에서 드러났듯이 일부 표집

된 모집단들에서 이러한 SNP의 빈도에 관한 환자들과 대조자들로부터 나온 자료를 보여 준다.

P1578 SNP의 빈도는 백인 및 라틴 아메리카인 대조자들을 합한 표본(즉, n=499명이고, 따라서 표집된 대립유전자의 수는 998인 표본)에서는 7%였다. 그 빈도는 백인 및 라틴 아메리카인 환자들을 결합한 표본(즉, n=309명이고, 따라서 표집된 대립유전자의 수가 618인 표본)에서 13%였다. 따라서 대조자들에 비하여 표집된 환자들에서 P1578 SNP의 빈도는 86% 증가했다. 환자 표본이 정신분열증만 앓는 환자에게 국한되었을 때, 즉 분열 정동 장애 환자들은 환자 표본에서 배제되었을 때, P1578 SNP의 빈도는 12%이었다. 그 비율은 여전히 대조자들에 비하여 71% 증가했다.

〈표 8.3〉 세 가지 *DTNBP1* SNP 표지들에 대한 대립유전자 빈도

SNP ID	대립유전자 (주/부)	정신분열증 또는 분열 정동 장애 환자		정신분열증 환자	
		부 대립유전자 빈도		부 대립유전자 빈도	
		대조자	환자	대조자	환자
백인		n=467	n=258	n=467	n=196
P1578	C/T	7%	12%	7%	11%
P1763	A/C	16%	21%	16%	21%
P1765	G/A	16%	21%	16%	21%
라틴 아메리카인		n=32	n=51	n=32	n=41
P1578	C/T	6%	18%	6%	17%
P1763	A/C	15%	32%	15%	31%
P1765	G/A	15%	32%	15%	31%
아프리카계 미국 흑인		n=74	n=215	n=74	n=184
P1578	C/T	32%	30%	32%	30%
P1763	A/C	39%	36%	39%	36%
P1765	G/A	37%	36%	37%	36%
백인 및 라틴 아메리카인의 결합		n=499	n=309	n=499	n=237
P1578	C/T	7%	13%	7%	12%
P1763	A/C	16%	23%	16%	23%
P1765	G/A	16%	23%	16%	23%

비록 표본들의 크기는 상당히 작지만 라틴 아메리카인 모집단들에 국한하면 대조자들과 환자들의 빈도 차이가 훨씬 더 크게 나타났다. 라틴 아메리카인 대조자들(즉 n=32명이고, 따라서 표집된 대립유전자의 수가 64인 표본)에서 부 대립유전자의 빈도는 6%이었다. 이러한 빈도는 라틴 아메리카인 환자들을 결합한 표본(즉, 정신분열증과 분열 정동 장애, n=51명이고 따라서 대립유전자들의 수가 102인 표본)에서는 18%이었고, 라틴 아메리카인 정신분열증 환자들(즉, n=41명이고 따라서 표집된 대립유전자의 수는 82인 표본)에 국한할 경우 17%이었다. 그러한 빈도 차이들은 라틴 아메리카인 대조자들에 비해 각각 200% 및 183% 증가했다.

흥미롭게도 아프리카계 미국 흑인 환자들은 대조자들에 비해서 P1578 SNP의 빈도에서 비슷한 증가를 나타내지 않았다. 대조자 대립유전자들(즉, n=74명이고 따라서 표집된 대립유전자의 수가 148인 표본)에서 빈도는 32%이었고, 환자들을 결합한 표본(즉, n=215명이고 따라서 대립유전자의 수는 430인 표본)과 정신분열증 환자들만의 표본(즉, n=184명이고 따라서 대립유전자의 수는 368인 표본)에서는 30%이었다.

동일한 연구에서 대조자들에 비해 환자들의 경우 *DTNBP1* 유전자의 두 가지 다른 SNPs이 각각 높은 빈도로 발견되었지만, 그 차이들 중 어느 것도 P1578 SNP의 빈도 차이만큼 현저하지 않았다(<표 8.3>을 참조). 이 연구의 저자들은, 자신들의 발견을 다른 최근의 보고들과 함께 고려하여, "이제 *DTNBP1* 유전자가 정신분열증의 유전적 병인 [원인들]에서 중요한 역할을 한다는 데 의심의 여지가 없다"는 결론을 내렸다. 그들은 아프리카계 미국 흑인 모집단에서 이 *DTNBP1* SNPs과의 연계가 없는 것으로 나타난 점을 "불충분한 표본 크기 때문일 가능성이 많다"고 말하면서도, "*DTNBP1* 유전자가 이 인종 군에서는 정신분열증에 기여하지 않거나 … 그 기여도가 다른 모집단들에서보다 훨씬 미약할 수 있다"는 점을 인정했다.

8.7 후향적 설계

바로 앞에서 기술된 연구는 **후향적** 설계를 이용했다. 이러한 명칭이 붙은 이유는 그 연구가 이미 모두 **결과**(정신분열증)를 나타낸 피험자들로 구성된 표본으로부터 시작하여 의심이 가는 **원인**(사람들이 타고나는 *DTNBP1* 유전자)을 (그것의 SNPs를 표지로 이용하여) 분리하기 위해 시간을 거슬러 조사하기 때문이다. 따라서 그 연구는 회고적이다. 그것은 미래를 내다보는 실험적 설계나 전향적 설계와 다르다. 그 두 가지 설계는 의심이 가는 원인을 가진 표본으로부터 시작하여 (의심이 가는 원인을 결여한 대조군들에 비해) 그 표본에서 해당 결과가 나오는 비율을 알기 위해 미래를 내다본다. 후향적 설계의 회고적 특징은 인과적 가설의 검사에서 나타나는 후향적 설계와 그 밖의 설계들 사이의 중요한 차이들과 연관된다.

실험군의 비임의적 선택

비록 실험이 실제로 실시되지 않았지만 연구되고 있는 결과를 여전히 나타내는 군을 실험군이라고 한다. 실험군은 분명히 원래 관심의 대상인 더 큰 모집단에서는 말할 것도 없이 실제로 표집된 모집단에서도 임의로 선택되지 않았다. 예를 들어, *DTNBP1* SNP 정신분열증 연구는 미국 북동부에 소재한 하나의 주요 보건의료시스템에 등록한 사람들에만 국한되었다. 사례 환자들은 입원 및 외래 환자들로 매일 충원되었다. 정신분열증이나 분열정동성 장애와 같은 의료 진단을 받았고 어떠한 정신활성물질 남용도 없고 사전 동의를 할 수 있는 능력을 갖춘 모든 환자들이 연구를 위해 조사되었다. 지정된 지역에서 임의로 선택된 524명 전원이 정신분열증 진단을 받은 환자로 드러나는 일은 불가능했을 것이다.

미국립보건원이 지원하는 병원소송중재연구소의 임상평가 및 훈련 부서의 도움을 받아 주요 보건의료시스템으로부터 충원되는 환자들을 이용하는 것은 실험군의 초기 선택에서 표집 편향의 기회를 상당히 줄일 수 있다. 그러나 무응답 편향의 가능성은 남아 있다. 애당초 그 실험군의 잠재적 구성원으로 확인된 모든 사람이 실제로 그 연구에 참여한 것은 아니기 때문에 참여하지 않은 사람들이 관련된 점들에서 참여한 사람들과는 차이가 날 가능성이 있다. 그 연구의 저자들은 미참여 비율을 언급하거나 논의하지 않았다.

표집 편향의 다른 잠재적 원천들을 언급할 필요가 있다. 환자들(그리고 대조자들)은 모두 특정한 보건의료시스템의 구성원이었다. 실제로 표집된 모집단은 매우 소규모이었고 일반적인 미국 모집단을 대표하는 것은 분명히 아니었다. 보건의료시스템에 속하는 환자들은 보통 평균적인 사회경제적 수준보다 높은 수준에 속했다. 예를 들어 그들은 의료보험을 갖지 못하거나 의료 제도에 속하지 않으면서 날로 증가하는 미국인들을 포함하지 않는다. 그러한 연구들의 경우 실제로 표집된 상대적으로 작은 모집단으로부터 관심의 대상인 더 일반적인 모집단으로 결론을 일반화하는 특별한 문제가 있다.

대조군의 구성

전향적 연구와 같이 일부 후향적 연구들에서도 피험자들이 **자신의 선택**에 의해 결과를 나타내는 부분 모집단이나 결과를 나타내지 않는 부분 모집단에 속하도록 하면 의심이 가는 원인을 나타내는 피험자들의 비율과 연관된 방식으로 편향될 가능성이 있다. 이러한 이유 때문에 대조 피험자들이 실험 피험자들과 짝맞추기가 되도록 주의를 기울일 필요가 있다.

예를 들어 *DTNBP1* SNP 정신분열증 연구에서 대조 피험자들은 병원의 정상적 통제프로그램에 의해 충원되었고 환자들과 동일한 방식으로 확인되었다. 초기의 전화 면접을 통해 기본적인 자격 기준들을 충족시키는 대조자들을 선발한 후, 그들 중 정신병리가 진행 중인 사람들을 배제하기 위해 DSM-IV Axis 1 장애에 대한 구조화된 임상면접이 시행되었다. 또한 마약을 사용 중인 사람들을 배제하기 위해 소변 검사가 시행되었고 가까운 가족 구성원들 중에 정신장애자가 있는 사람들을 배제하기 위해 가족력에 대한 평가가 있었다. 환자들과 대조자들의 평균 연령은 비슷했다. 백인의 경우 각각 39.4세와 39.3세이었다. 흑인의 경우 각각 35.9세와 31.9세이었다. 라틴 아메리카인의 경우 각각 34.2세와 34.9세이었다.

다른 변수들의 통제

대조군을 구성하면서 짝 맞추기가 된 변수들 이외에도 자료를 분석할 때 종종 그러한 변수들을 통제하도록 해주는 다른 변수들에 대한 정보를 획득할 수 있다. 예를 들어, *DTNBP1* SNP 정신분열증 연구에서 연구자들은 진정한 정신분열증 진단을 받은 실험 피험자들에 대한 분석을 정신분열증 환자들과 분열정동성 장애 환자들을 포함하는 전체 환자 표본에 대한 분석으로부터 분리하여 생각했다. 이렇게 함으로써 나중에 약간 다른 질환들이 *DTNBP1* SNPs와 정신분열증 사이의 관찰된 관계에 연관되는지, 그 여부를 결정할 수 있었다. 물론 이러한 통제된 변수는 표본 크기를 감소시키므로, 낮거나 중간 정도의 유효성을 가지면서 인과적으로 유관한 변수를 탐지할 기회가 줄어들게 된다.

전향적 연구에서와 마찬가지로 후향적 연구에서도 특정한 유전자에서의 변형 같은 잠재적 원인과 상관될 수 있는 모든 변수를 통제할 수는 없다. 통제되지 않은 변수들 중 연관된 상관이 전혀 없을 것이라는 가정은 언제나 다소 의심스럽다. 만약 대조군이 이전의 경험을 토대로 연관될 수 있는 대부분의 변수들에 대해 실험군과 짝 맞추기가 되었다면, 그것은 우리가 할 수 있는 최대한이다. 예를 들어 *DTNBP1* SNP 정신분열증 연구의 저자들은 그들의 표본에서 성불균형을 지적했다. 남성들은 대조자들과 비교했을 때 환자들에서 많이 반영되었다. 백인 환자들의 경우 남성이 64%인 데 비해 여성은 36%에 불과했다. 백인 대조자들의 경우 여성은 52%이고 남성은 48%이었다. 흑인 환자들의 경우 여성은 36%, 남성은 64%이었다. 흑인 대조자들의 경우 여성은 59%, 남성은 41%이었다. 라틴 아메리카인 환자들의 경우 여성은 35%, 남성은 65%이었다. 라틴 아메리카인 대조자들의 경우 여성은 41%, 남성은 59%이었다. 그러나 저자들이 지적했듯이 정신분열증의 발병에서 *DTNBP1* 유전자가 성별로 동종 이형적 결과를 낳는다는 어떠한 증거도 현재는 없다. 이 점은 쌍둥이 연구들의 "동등한 환경 유사성 가정"에 대한 도전들에 대한 앞서의 대답을 떠올리게 한다. 실험 표본들과 대조 표본들 사이의 어떤 차이를 단순히 언급하는 것만으로는 충분치 않다. 그러한 차이들은 항상 발견될 수 있다. 전향적 설계나 후향적 설계를 이용하여 검사된 인과적 가설에 대한 심각한 도전들은 단순한 회의주의보다 더 나은 근거를 지녀야 한다. 물론, 그러한 차이가 결과에 연관된다고 생각할 만한 이유가 존재하면 그 도전에 대해 명백한 검사와 통제가 취해져야 한다.

[그림 8.9]에는 후향적 설계의 필수적인 요소들이 그려져 있다. 여러분은 특히 두 가지 군들에서 관찰된 빈도들이 결과(예를 들어 정신분열증)의 빈도가 아니라 (가정적인) 원인(예를 들어 *DTNBP1* 유전자)의 빈도라는 점에 유의해야 한다. 마찬가지로 표본들을 추출한 부분모집단들은 의심이 가는 원인을 갖거나 갖지 않은 모집단이 아니라 결과를 나타내거나 나타내지 않는 모집단이다. 후향적 연구에서 원인 변수와 결과 변수의 역할은 개략적으로 말하자면 (실험적 연구과 전향적 연구에서와는 달리) 역전된다. 그러므로 주어진 빈도들은 모두 결과를 나타내거나 또는 어떤 결과도 나타내지 않는 피험자들의 군들에서 문제의 원인을 갖는 피험자들의 빈도이기 때문에, 여러분은 보고된 연구가 후향적인가를 거의 항상 판단할 수 있다. 실험적 연구와 전향적 연구의 보고서들은 언제나 의심이 가는 원인을

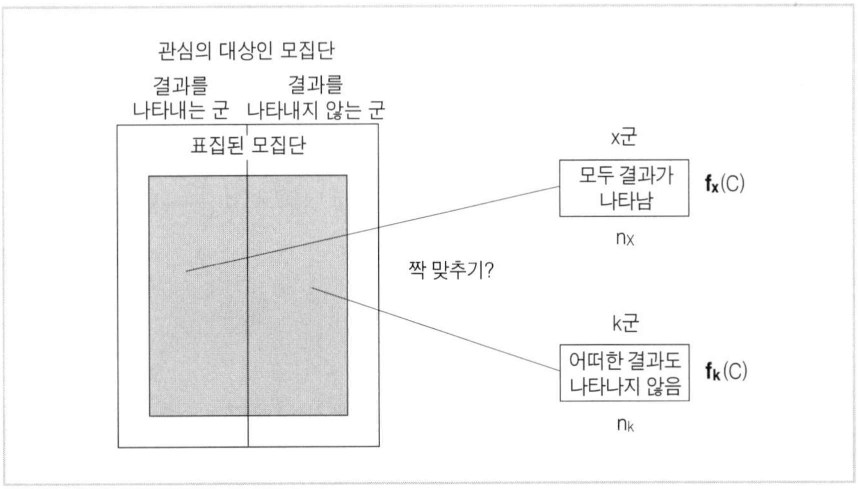

[그림 8.9] 후향적 연구 모형

나타내는 군과 나타내지 않는 두 가지 다른 군에서 결과의 빈도들을 보고한다.

[그림 8.6]과 [그림 8.9]에 비추어 보았을 때 이제 여러분은 정신분열증에 대한 결합된 쌍둥이 연구들이 왜 후향적 설계들이 아니라 전향적 설계들인지를 분명히 이해해야만 한다. 연구자들은 실제로 한 쌍의 쌍둥이 중 적어도 한 명이 정신분열증 진단이 내려진 **후에** 그 연구를 시작했다. 그러나 실험 표본들과 대조 표본들은 가정된 원인의 소유 여부(MZ 쌍둥이 쌍의 경우 100% 유전물질 동일성과 동일한 성의 DZ 쌍의 경우에는 대략 50%의 유전물질 동일성)에 기반을 두어 선택되었다. 그런 다음에 결과(표본들에서의 정신분열증)의 빈도를 검사하기 위한 실험이 행해졌다.

후향적 연구와 조사 표집

여러분은 인간 모집단을 연구하기 위해서 후향적 설계를 이용하는 것은 조사 표집의 기법들을 이용하는 것과 비슷하다는 점을 분명해 이해해야 한다. 실제로 그 기법들 중 몇 가지(예를 들어, 면접을 하는 것)는 정확히 동일하다. 따라서 후향적 연구와 조사 표집 사이의 유사성과 차이점을 더 자세히 살펴봄으로써 그 두 가지 형태의 조사에 대해 우리는 더 깊이 이해할 수 있을 것이다.

원칙적으로는 후향적 연구에서 얻는 모든 정보는 조사 표집을 통해 얻을 수 있다. 우리는 주어진 실험군에 짝을 맞추어 대조군을 만들어 내는 어려운 일을 하지 않아도 될 것이다. 모집단의 임의 표본과 (혈액이나 조직 표본을 통해 검사된 다양한 유전적 요소들을 포함하여) 관련된 변수들에 관한 정보를 이용하여 그 목적을 달성할 수 있었다. 우리는 정신분열증 환자들 중 특정 유전자 SNP의 비율을 그 밖의 사람들 중의 비율과 비교할 수 있었다. 그렇다면 왜 굳이 힘들여 후향적 연구를 할 필요가 있는가?

문제는 인원수이다. 만약 성인 중 정신분열증 환자 전체의 비율이 단지 1/100에 불과하다면 우리는 100명의 정신분열증 환자를 기대하기 위해서는 10,000명의 표본이 필요하다. 설사 n/100일지라도 오차 한계는 10%이다. 그러므로 과학적 출판을 위해 공인된 표준들에 부합하는 오차 한계를 얻기 위해서는 크기 100,000 정도의 더 크고 완전히 임의적인 표본이 필요하다. 그렇게 큰 표본을 얻는 것은 누구에게도 감당하기 어려운 일이고 비용도 너무 많이 든다. 더구나 유전적 검사는 특정한 유전자 변이에 대한 것일지라도 실험실의 다른 작업들을 희생하고 연구자들이 시간과 노력을 투입해야 하는 정교한 실험 절차들을 포함한다. 이 절차들도 그 나름의 오차 측도를 가지고 있다. 의학적으로 많은 관심을 끄는 결과들은 정신분열증보다 훨씬 더 드물게 발생한다. 연구자들은 자신들이 발견할 수 있는 해당 결과의 모든 사례들에서 시작하여 좋은 조사 표집의 기법들을 이용해 얻을 수 있는 것만큼 신뢰할 수 있는 대조군을 구성하는 수고를 마다하지 않는데 그 이유는 대부분의 결과들이 원래 낮은 비율로 나타나는 것을 극복하기 위해서이다.

후향적 설계는 보통 많은 잠재적 편향들에 직면한다. 앞에서 우리는 **무응답 편향**에 대해 언급했는데, 그 편향은 환자들이나 대조자들 중에서 나타날 수 있다. 다른 가능성은 **감시 편향**(surveillance bias)이다. 때때로 가정된 원인을 갖고 있는 개인들은 결과의 존재를 드러내는 활동에 참여하는 경향이 더 강하다. 예를 들어 1980년대 중반에 수행된 잘 알려진 영국 팀의 연구는 후향적 설계를 사용했는데, 그 연구를 통해 경구피임약의 장기 사용은 젊은 여성의 유방암에 대해 약하지만 유의한 긍정적 원인이라는 점이 드러났다. 그 연구는 영국의 여러 지역에 거주하는 36세 이하의 여성들을 대상으로 한 유방암 진단에 기반을 두었고 잉글랜드, 스코틀랜드, 웨일즈 지역에 소재한 국립보건소들의 상세하고 철저한 기록으로부터 도움을 받았다.[5] 그러나 경구피임약을 복용한 여성들은 일반적으로 경구피임약을 복용하지 않은 여성들보다 더 규칙적인 의료 검사를 받았다. 그러므로 경구피임약을 복용한 여성들은 초기 단계에서 유방암이 탐지될 가능성이 더 높았다. 이러한 사실은, 설사 경구피임약의 사용과 유방암 사이에 어떠한 인과적 연관이 없더라도 유방암 환자들의 표본에서 경구피임약 사용의 비율이

5) U. K. national case Control Study group, "Oral Contraceptive use and Breast cancer Risk in Young Women," *The Lancet* 333(1989): 974-982.

높게 나타날 것이라는 점을 함축한다. 감시 수준의 차이는 두 개의 군에서 경구피임약의 사용과 관련하여 통계적으로 유의한 차이를 낳기에 충분할 수 있다. (자료에 대한 아주 자세한 통계적 분석을 거쳐서 영국의 연구자들은 감시 수준의 차이를 통해 유방암 진단까지의 평균 기간을 단지 2개월 정도만 줄일 수 있다는 결론을 내렸다. 이 감시 수준의 차이는 경구피임약의 장기 사용과 관련해서 환자들과 대조자들 사이에 나타나는 차이의 매우 작은 부분만 설명한다.) 감시 편향은 *DTNBP1* SNP 정신분열증 연구의 경우 문제가 되지 않는 것처럼 보인다는 점에 유의하라. (현재로서는) 아주 소수의 사람과 그들의 의사만 그들이 정신분열증과 긍정적으로 연계되는 가정된 표지(그 유전자의 SNPs 중 하나)를 갖고 있는지를 알고 있다. *DTNBP1* SNP 변형 보유자라는 이유로 정신과 의사를 만날 가능성이 많았기 때문에, 정신분열증 진단을 받게 되었던 사람은 아마도 없을 것이다!

또 다른 가능성은 **회상 편향**(recall bias)이다. 방금 논의된 영국의 경구피임약과 유방암 연구를 다시 생각해 보자. 아마도 유방암 진단을 받은 여성들은 무의식적으로 그들이 실제로 복용한 것보다 더 장기간 동안 경구피임약을 복용했다고 보고할 것이다. 대조군에 속하는 여성들은 이러한 방식으로 자신의 회상을 편향시킬 가능성이 낮다. (실로 면접 자료와 의사의 기록을 비교한 결과 유방암 환자들은 경구피임약의 사용 기간을 의사들의 기록에서 나타난 것보다 평균 두 배로 보고했다는 점이 드러났다. 그러나 이 점은 대조군의 경우에도 마찬가지이다. 그러므로 경구피임약의 사용 기간과 관련하여 두 군에서 나타나는 **차이**는 회상 편향의 탓이 아니다.) *DTNBP1* SNP 정신분열증 연구 또한 회상 편향의 영향을 받지 않는 것처럼 보인다. 예를 들어 누구도 이전의 혈액 검사나 조직 검사를 통해 자신의 *DTNBP1* 유전자에서 SNPs 중 하나가 드러났는지를 회상하도록 요청받지 않았다. 어떤 환자 또는 대조자가 가정된 유전적 원인에 대한 표지를 갖고 있는지, 그 여부는 객관적인 실험적 검사의 문제이다.

마지막으로 **면접자 편향**(interviewer bias)의 가능성이 있다. 면접자들이 어떤 피험자가 결과를 갖는지, 어떤 피험자가 대조자인지를 알지 못하게 하는 일은 때때로 불가능할 수 있다. 그러므로 면접자들은 무의식적으로 피험자들의 반응을 의심이 가는 원인의 방향으로 편향되게 할 수 있다. 또는 면접자들은 무의식적으로 자신들이 피험자들의 반응을 기록하는 방식을 편향시킬 수 있다. 영국의 유방암 연구는 분명히 가능한 예를 제공한다. (조사되고 있는 다른 변수들과 함께) 환자들과 대조자들이 경구피임약을 사용했던 기간을 확인하는 것은 면접자들의 임무이었다. 일반적인 절차는 전문적 훈련을 받은 면접자들을 고용하고 설문 문항들과 기록될 수 있는 가능한 대답들에서 매우 표준화된 면접 형식을 만드는 것이다. *DTNBP1* SNP 정신분열증 연구에서 면접자 편향이 나타날 가능성은 거의 없다. 면접자들은 오직 피험자가 환자인지 또는 대조자인지를 확인하기 위해서만 고용되었다. 실로 잠재적인 정신분열증 피험자들의 병력은 DSM-IV 진단을 받은 경험과 함께 적어도 세 명의 선임 의사들로 구성된 합의진단위원회에 제출되었다. 면접자들은 엄격한 포함 기준을 적용하는 것 외의 다른 일은 하지 않았다. 반복해서 말하면 가정된 원인을 확인하는 것은 혈액 표본들에 대한 객관적인 실험실 검사들에 기초를 두고 이루어졌다.

의심할 여지 없이 여러분은 후향적 설계와 통계적 조사에서 조심해야 할 세 가지 유형의 편향들 사이에 존재하는 유사점들을 알아챘을 것이다. 이것은 우연한 결과가 아니다. 그것은 우리가 앞서 주목했던 그 두 가지 절차 사이의 특정한 유사점들로부터 유래한다.

유효성과 후향적 연구

후향적 연구에는 또 다른 단점이 있다. 후향적 연구에서 나오는 자료들은 그 자체만으로는 어떤 원인의 유효성에 대한 추정을 제공하지 못한다. 유효성은, 모집단의 구성원들이 모두 원인을 갖는가 아니면 아무도 원인을 갖지 않는가에 따라 결과를 경험할 모집단의 비율로 정의된다. 따라서 전향적 연구에서와 마찬가지로 두 표본에서 나타나는 결과의 빈도들은 모집단에서 원인의 유효성을 추정하는 데 직접적으로 이용될 수 있다. 그러나 후향적 연구에서 제시되는 것은 결과가 나타난 군과 나타나지 않은 군에서 원인의 빈도이다. 이 빈도를 이용하여 원인의 유효성을 추정할 수는 없다. 백인과 라틴 아메리카인 정신분열증 환자들의 13%가 자신들의 *DTNBP1* 유전자에서 P1578 SNP를 가진다는 점을 알더라도 정신분열증이 발병하게 될 SNP를 갖는 사람들이 그 두 가지 군에 속하게 될 비율을 알 수는 없다. 그러나 이것이 바로 우리가 유효성을 추정할 때 필요로 하는 비율이다.

후향적 연구가 갖는 이러한 특징은 몹시 심각한 문제가 되는데, 그 이유는 결정을 내려야 할 때 가장 유용한 정보는 원인의 유효성이기 때문이다. 어떤 것이 원인이라는 것만 알고 그것이 얼마나 유효한가를 모를 경우 그 정보는 의사결정에서 제한적으로 쓸모가 있을 뿐이다. 그러나 그것은 우리가 후향적 연구만으로 얻을 수 있는 최대한의 것이다. 그렇지만 때로는 후향적 연구에서 얻은 정보를 다른 정보와 결합하면 유효성을 추정할 수도 있다.

영국의 경구피임약과 유방암 연구의 경우 연구자들은 자신들의 연구 결과를 유방암의 발생과 경구피임약의 사용에 대한 다른 정보와 결합하여, 4년 이상 경구피임약을 사용한 젊은 여성들이 유방암에 걸릴 확률을 대략적으로 추정할 수 있었다. 이 확률은 1/300 미만으로 밝혀졌다. 그것은 경구피임약을 사용하지 않은 여성들이 유방암에 걸릴 확률인 약 1/500보다 70% 더 높다. 그러나 1/300은 여전히 상대적으로 낮은 확률이다. 더구나 이 추정치는 경구피임약의 복용이 인생의 후반부에 심장병과 같은 다른 병들을 예방하는 효과가 있다는 점을 고려하지 않았다. 그러므로 영국의 연구에서 내려진 결론이 옳다고 가정하더라도, 성생활에 적극적인 여성들이 경구피임약을 사용했을 때 유방암에 걸릴 위험이 증가하는 정도가 경구피임약을 사용함으로써 얻게 되는 분명한 혜택들을 무시해도 좋을 정도로 큰가의 여부는 결코 분명하지 않다. 우리는 이 문제를 제3부에서 다시 살펴볼 것이다.

후향적 연구에 대한 평가

후향적 연구를 평가하는 기본적 전략은 실험적 연구와 전향적 연구를 평가하는 전략과 동일하다. 우리는 실험군과 대조군에서 원인의 빈도 사이에 성립하는 통계적으로 유의한 차이를 조사한다. 만약 그러한 차이가 있다면, 그것은 모집단에서 원인 변수와 결과 변수 사이에 인과적 연관이 있다는 증거이다. 만약 모집단에 전혀 그러한 연관이 없고 모든 피험자들의 선택이 임의로 이루어졌다면, 두 군에서 원인의 빈도 사이에 나타나는 어떠한 차이도 오직 표집의 우연한 결과일 것이다. 정의에 따라서 통계적으로 유의한 차이들은 우연의 결과만은 아닐 것이다.

후향적 연구에서 주된 문제점은 표본이 생성되는 과정이 기껏해야 부분적으로만 임의적이라는 데 있다. 따라서 두 표본군에서 통계적으로 유의한 차이가 관찰되더라도 그것은 단지 표본을 산출하는 선택 과정에서 발생한 편향들을 반영한 것에 불과하기 쉽다. 또한, 설사 임의 표집이 이루어지더라도, 연구되고 있는 변수들 사이에 전혀 인과적 연관이 없음에도 불구하고 표본군들에서 통계적으로 유의한 차이를 낳을 수 있는 상관이 모집단에 존재할 가능성도 있다.

경험으로 보아, **후향적** 연구에 기반을 둔 결론이 자료를 통해 받는 지지는 기껏해야 중간 정도라고 항상 생각하는 것이 아마도 최선이다. 좋은 후향적 연구에서 유래한 자료에 의해 지지되는 인과적 가설을 무시해서는 안 되며, 과학자나 책임 있는 기관은 긍정적 결과를 진지하게 받아들여야 한다. 후향적 연구는 실험적 연구나 전향적 연구 같은 다른 형태의 연구를 착수할 좋은 이유를 제공할 수 있다. 때때로 *DTNBP1* SNP 정신분열증 연구에서처럼 후향적 연구는 이러한 다른 연구에 의해 제안되거나 도달한 인과적 가설을 보완하고 확장한다. 그럼에도 불구하고 후향적 자료에만 기반을 둔 인과적 가설에 대한 증거는 동등하게 잘 수행된 실험적 연구나 전향적 연구에 기반을 둔 증거만큼 좋은 것으로 간주될 수는 없다.

DTNBP1 SNP 정신분열증 연구 평가

백인 표본과 라틴 아메리카인 표본을 통합한 검사에서 나오는 P1578 *DTNBP1*

SNP와 정신분열증의 연계에 대한 자료에 인과적 가설을 평가하기 위한 우리의 표준 프로그램을 적용하는 방식으로 후향적 연구에 대한 지금까지의 논의를 요약해 보도록 하자.

■ 1단계: 실세계 모집단과 인과적 가설

관심의 대상인 모집단은 백인 및 라틴 아메리카인 성인들로 구성되었다. 실제로 표집된 모집단은 정신분열증과 분열정동성 장애 진단을 받은 백인 및 라틴 아메리카인 환자들과 (본인은 물론 직계 가족 중 누구도 현재 및 과거에 주요 정신질환을 앓지 않았을 뿐만 아니라 본인이 현재 약물을 남용하고 있지도 않은) 대조자들이다. 남성들과 여성들이 각각의 표본에 포함되었다. 모든 환자들은 미국 북동부 도시 지역에 소재한 주요 보건의료 시스템의 입원 환자 및 외래 환자들로 충원되었다. 이 모집단이, 비록 시골 지역에 살고 있거나 주요 의료보험을 제공받지 못하는 성인들을 대표하지는 못할 수도 있지만, 미국 성인들을 대표한다고 보아야 한다. 원인 변수는 (P1578 SNP를 표지로 갖는) *DTNBP1* 유전자이고, 결과 변수는 (DSM-IV 기준을 이용하여 진단된) 정신분열증 또는 분열정동성 장애이다. 고려 중인 주된 인과적 가설은 *DTNBP1* 유전자에 의해 통제되는 활동이 백인 및 라틴 아메리카인 모집단에서 정신분열증에 대한 긍정적 원인이라는 것이다. 이전에 수행된 가족, 쌍둥이, 입양아를 대상으로 한 연구들은 비록 이 연구처럼 특정한 인종군에 한한 것은 아니었지만 이러한 가설을 제시했다.

■ 2단계: 표본 자료

309명의 환자들(정신분열증 또는 분열정동성 장애를 가진 백인 및 라틴 아메리카인), 따라서 618개의 표집된 대립유전자 중 13%가 *DTNBP1* 유전자에서 P1578 SNP을 보유했다. 어떤 정신질환에도 걸리지 않은 499명의 대조자들, 따라서 998개의 표집된 대립유전자 중 7%가 P1578 SNP을 보유했다. 환자들을 정신분열증 진단만을 받은 237명에 국한했을 때 474개의 표집된 대립유전자 중 12%가 P1578 SNP을 보유했다. 또한 그 연구는 *DTNBP1* 유전자에 있는 그 밖의 여섯 가지 SNPs에 대해서도 표집했는데, 그것들은 그 유전자가 정신분열증에서 행하는 인과적 역할에 대한 표지로 선행 연구들에서 제안되었다.

■ 3단계: 실험 설계

이 연구의 설계는 후향적이다. 이러한 사실은 그 연구가 결과에 해당하는 정신분열증(또는 분열정동성 장애) 진단을 받은 성인들로만 구성된 실험군으로 시작했다는 점에서 나타난다. 정신분열증(또는 다른 주요 정신질환들)에 걸리지 않은 성인들로 구성된 대조군은 실험군의 구성원들이 가진 다른 특징들에 대해 짝 맞추기를 하는 방식으로 구성되었다.

■ 4단계: 임의 표집

임의 표집은 이 연구에서 사용되지 않았다. 그러나 다른 잠재적으로 관련된 변수들이 미칠 수 있는 영향은 고려되었다. 환자들이나 대조자들 중 현재 약물을 남용하고 있는 사람은 없으며, 대조자들은 본인이 주요한 정신적 장애의 병력을 갖고 있거나 직계 가족이 주요한 정신적 장애 진단을 받은 경우를 제외하기 위해 검사를 받았다. 환자들에 대한 합의 진단은 DSM-IV 진단 기준을 훈련받은 정신과 의사들의 위원회를 통하여 내려졌다. 가정된 원인의 표지들(*DTNBP1* 유전자에 있는 SNP)이 나타나는 빈도를 결정하는 데 정밀한 객관적 방법들(혈액표본을 이용한 실험적인 유전적 검사들)을 사용함으로써 후향적 연구에서 일반적인 편향들(감시 편향, 면접자 편향)이 제거되었다. 연구의 이러한 특징들은 설계에서 임의 표집이 결여되어 있는 것을 보완해 준다. 그러므로 그것은 임의 표집 모형에 적당히 잘 들어맞을 것이다.

■ 5단계:가설의 평가

임의 표집 모형을 가정하면 (실험군에 속한) 환자들과 대조자들에게서 나타나는 *DTNBP1* 유전자에 있는 P1578 SNP의 빈도들 사이에는 통계적으로 유의한 차이가 있다. (이 연구에서 사용된 통계적 기법들보다 훨씬 덜 정교한) 간이방법을 사용하더라도 (환자들로부터 표집된 대립유전자) 618개의 표본에 대한 오차한계는 3~4% 사이에 있다. 반면에 (대조자들로부터 표집된 대립유전자를 지닌) 998개의 표본에 대한 오차한계는 약 3%이다. 그러므로 그것들의 합은 대략 6~7%

사이에 있는데, 그 값은 빈도들의 차이(환자들－대조자들)인 6%(13%－7%)와 거의 같다. 그러므로 임의 표집 모형에 따르면 이러한 결과는 *DTNBP1* 유전자가 백인 및 라틴 아메리카인 모집단에서 정신분열증 또는 분열정동성 장애의 유전적 원인들로서 중요한 역할을 한다는 증거이다. 환자들의 표본을 정신분열증만 앓고 있는 것으로 진단받은 환자들에 국한해도, 비록 (검사된 대립유전자를 갖는 사람들의) 표본 크기는 줄어들지만, SNP의 관찰된 빈도들 사이의 차이는 약간만 감소할 뿐이다. 후향적 연구에서 나온 자료를 이용해 유효성을 추정할 수는 없다.

■ 6단계: 요약

이것은 후향적 연구이지만 훌륭한 경우이다. 환자들을 군으로 분류하고 환자들과 대조자들에서 가정적 원인을 검사하는 데 객관적 기준들이 시종 사용되었다. 이러한 기준들은 후향적 연구에서 일반적 유형의 편향들을 제거했다.

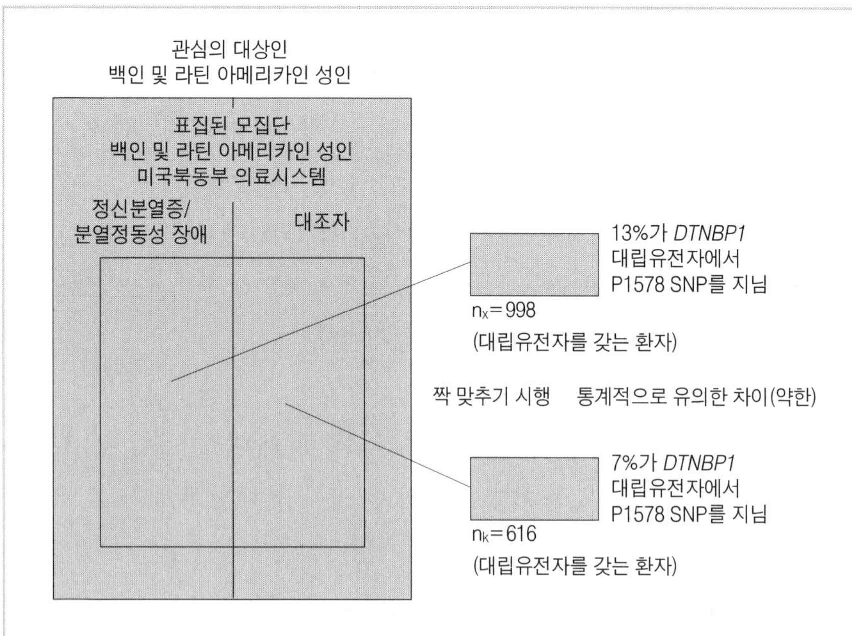

[그림 8.10] P1578 SNP를 표지로 이용하여 *DTNBP1* 유전자가 백인 및 라틴 아메리카인 모집단에서 정신분열증 또는 분열정동성 장애에 대한 긍정적 원인이라는 가설에 관한 미국 연구

실험적 설계의 약점인 임의 표집의 부족을 보상하기 위한 조치가 취해졌다. 그러므로 특히 이 연구가 그것과 다른 설계들을 채용하는 최근의 많은 연구들과 결합할 경우 문제의 인과적 가설이 옳다는 것을 보여주는 적당히 강한 증거가 있다.

이 연구는 [그림 8.10]에 도해되어 있다.

8.8 인과적 가설을 위한 통계적 증거

인과적 가설을 조사하기 위해 통계적 연구들이 널리 사용되고 있지만, 이러한 관행에 대한 논쟁은 되풀이되고 있다. 문제 제기는 두 가지 형태로 나타난다. 담배 산업에서 한 부류의 반대에 대한 고전적인 예를 찾을 수 있다. 40년 동안 담배 산업의 대변인들은 통계적 연구가 흡연과 일부 질환 사이에 인과적 연관이 존재함을 증명할 수 있는지, 공개적으로 이의를 제기했다. 많은 경우 이 논쟁은 실험적 설계와 전향적 설계 사이의 중요한 차이점에 집중되었다. 물론 흡연이 인간에게 미치는 영향을 조사하는 실험적 연구가 수행된 적은 없다. 그리고 전향적 연구에서는 흡연과 상관되는 어떤 미지의 요소가 진정한 원인이며, 흡연 자체는 전혀 관련이 없을 가능성이 항상 남아 있다. 따라서 이러한 제안에 따르면, 흡연하기로 결정한 사람은 흡연을 하지 않기로 결정한 사람과는 이미 다르며, 심장병, 폐암, 다른 질환들을 일으키는 원인은 흡연이 아니라 바로 이 알려지지 않은 차이이다.

다른 한편 에이즈 같이 치명적인 질환들에 대해 비정통적인 치료를 옹호하는 사람들은 종종 소수의 사례에 기반을 둔 후향적 연구가 새로운 치료들의 효력을 증명하는 충분한 증거를 제공한다고 주장한다. 그리고 상당한 시간이 걸릴 수 있는 실험적 연구나 전향적 연구는 불필요하며, 따라서 새로운 치료를 대조군의 구성원들과 질환에 걸린 모집단 전체에 사용하지 못하게 하는 것은 부당하다고 주장한다.

우리는 이러한 두 부류의 반대를 간략하게 검토할 것이다. 두 부류의 반대는 상이한 이유 때문이긴 하지만 모두 크게 잘못되었다. 그 다음 우리는 관찰 가능한 형질과 행동을 산출하는 세포적 및 분자적 기제에 대해 날로 증가하는 지식에 근거를 둔 생의학에서 수행되는 인과적 연구들에 대한 몇 가지 함축을 간단히 살펴볼 것이다. 이 증가하는 지식은 기제들의 인과적 역할에 대해 강력한 증거를 제시하기 위해 그 기제들에 개입할 새로운 기회를 제공한다. 이러한 실험은 일반적으로 우리가 이전에 조사한 연구들보다 훨씬 더 작은 규모의 실험군과 대조군을 이용하여 얻어진다.

전향적 연구는 인과적 연관을 증명하는가

전향적 연구에서 과학자들은 이미 친숙한 요소들만 통제할 수 있다. 더구나, 한 연구에서 통제할 수 있는 변수의 수는 그다지 많지 않다. 통제되는 변수가 많을수록, 상세하고 신뢰할 수 있는 검사를 할 수 있을 정도로 큰 표본을 유지하기가 어려워진다. 이것은 실제로 전향적 연구에서는 통계적으로 유의한 관찰된 차이가 제안된 원인에 의해서가 아니라 편향된 자기선택에 의해 일어날 수 있는 방식들의 수를 어느 정도 제거하는 수준에 머물 수 밖에 없다는 것을 의미한다. 이론적 차원에서는 사태가 이보다 훨씬 더 심각하다. 원칙적으로 자기선택의 과정이 편향될 수 있는 방식은 무수히 많다. 따라서 아무리 많은 변수들에 대해 짝맞추기를 하더라도 자기선택이 편향될 이론적 가능성은 여전히 남아 있다. 이러한 가능성 때문에 어떠한 전향적 연구도 임의화 실험 연구만큼 이론적 가설에 대해 좋은 증거를 제공할 수는 없다. 최선의 전향적 연구에 대해서도 그러한 문제는 항상 제기된다.

그러나 이러한 문제가 순전히 이론적("회의적") 가능성에 그치는 경우들이 있다. 1960년대 중반에 미국립암연구소는 40~80세 사이의 남성 400,000명 이상을 대상으로 한 전향적 연구를 지원했다. 연구자들은 컴퓨터를 이용하여 거의

37,000명의 흡연자들을 다음과 같이 매우 많은 수의 다른 변수들에 대해 동수의 비흡연자들과 짝 맞추기를 했다. 그 변수들은 나이, 인종(백인, 흑인, 멕시코인, 인도인, 동양인), 키, 출생지(국내, 국외), 거주지(도시, 농촌), 먼지, 연기, 증기, 화학물질, 방사능 등에 직업상 노출, 종교(개신교, 가톨릭, 유대교, 무종교), 교육, 결혼 상태, 알코올 음료 소비량, 일일 수면 시간, 평소의 운동량, 신경의 긴장, 신경안정제의 사용, 현재의 건강 상태, 피부암 이외의 암 병력, 심장병이나 발작 혹은 고혈압의 병력 등이다. 각 쌍의 남성들은 그 중 한 사람이 흡연자고 다른 한 사람이 비흡연자라는 점을 제외하고는 이러한 모든 변수들에 대하여 같은 값을 갖는다.

3년이 거의 지나고 그사이에 2,000명 이상이 사망한 후에 조사한 결과, 모든 원인에 의한 사망률이 흡연자가 비흡연자보다 2배나 높았다. 그리고 심장병이 모든 사망 원인의 반을 차지했으며, 심장병으로 인한 사망률도 흡연자가 비흡연자보다 2배가 높았다. 더욱 극적인 것은 폐암으로 인한 사망률은 흡연자가 비흡연자보다 9배나 높았다는 점이다.

더구나, 더 큰 규모의 연구로부터 짝 맞추기가 된 쌍들을 선택했을 때에도 흡연 외에 어떤 다른 요소의 탓으로 돌리기 어려운 상관에 대한 증거가 나왔다. 흡연자의 사망률은 흡연 년수, 흡연량, 담배 연기의 흡입량에 비례했다. 이전에 흡연했던 사람들의 경우에는 금연한 후의 기간이 오래될수록 사망률이 감소했다. 다른 한 가지 요소나 여러 요소들이 이러한 상관을 낳았다고 상상하기는 매우 어려웠다. 담배 산업의 대변인들은 여전히 흡연자들이 무엇인가 "다르기" 때문에 흡연하고, 그렇게 "다르기" 때문에 폐암이나 심장병 등에 걸리는 "다른 종류의 사람들"이라고 주장한다. 그러나 현재까지 이 주장은 이론적 가능성에 불과하며, 어떠한 긍정적 증거도 없다.

따라서 전향적 연구에서 나온 통계적 자료가 인과 관계의 존재를 "증명"할 수 없다는 것이 기술적으로는 맞다고 하더라도, 전반적인 증거는 그러한 인과 관계가 있다는 결론을 의문시할 근거가 없을 정도로 매우 강력하다. 흡연과 상관되어 있는 미지의 요소가 진정한 원인일 가능성은 순전히 이론적인 것에 불과하다.

실험적 설계의 윤리

왜 모든 통계적 연구들 중 임의화 실험 설계가 진정한 원인의 존재에 대해 최선의 증거를 제공해주는지를 이제 분명히 알 필요가 있다. 그리고 왜 어떤 경우에는 임의화 실험 설계를 고집하는 것이 심각한 윤리적 논쟁을 불러일으킬 수 있는지도 분명히 알 필요가 있다.

그러한 논쟁들의 예는 일반적으로 에이즈처럼 생명을 위협하는 질환에 대한 새로운 치료법을 검사할 때 발생한다. 임의화 실험 설계를 사용하면 피험자들이 대조군에 들어갈 수 있는 기회는 반반이다(아마도 대조군들의 수에 따라 그 가능성은 더 클 수 있다). 만약 그러한 일이 발생하면, 그것은 당연히 피험자들에게는 알려지지 않기 때문에 이들은 새로운 치료가 아니라 덜 효과적일 수 있는 다른 치료를, 아마도 심지어는 단지 위약만을 받을 것이다. 더구나 실험적 연구들의 결과가 알려지기 전까지는 새로운 치료를 일반적으로 사용하는 것이 허용되지 않을 수도 있다는 사실 때문에 상황은 더욱 복잡해진다. 따라서 실험에 참여하지 못한 피해자들은 새로운 치료를 시도해 볼 기회라도 얻을 수 있는 법적 수단조차 갖지 못한다. 이러한 일이 정치적으로나 윤리적으로 정당화될 수 있는가? 모든 사람이 이용가능한 증거와 관계없이 자신이 원하는 치료를 받을 수 있는 권리를 누리지 못해도 되는가?

그러나 임의화 실험적 검사에서 유래하는 바람직한 결과들에 의존해 새로운 치료법을 승인하면 사실상 효과가 있다고 판정된 치료법들만이 사용될 가능성이 높다. 그러나 증거가 부족한 상황에서 승인을 하게 되면, 이용가능한 가장 효과적인 치료도 아닐 뿐만 아니라 병세를 더 악화시킬 수도 있는 치료를 더 많은 사람들이 받는 결과가 될 수 있다. 그렇게 되면 더 많은 고통이 따를 뿐 아니라 더 많은 공공 자금을 소비하는 결과를 초래할 수 있다.

무엇이 최선의 행동 방침인가는 과학적 조사에 의해서 결정될 수 없다. 그것은 정치적으로 처리될 문제이다. 새로운 치료가 어떤 조건에서 일반에게 이용되어야 하는가라는 문제는 공공 정책의 문제이지 과학적 방법의 문제가 아니다. 통계적 이론으로부터 확실히 알 수 있는 것은 임의화 실험적 조사를 이용하는 것이 새로운 치료의 실제 유효성을 판단하는데 가장 믿을 수 있는 방법이라는 것뿐이다. 그 이론은 가장 신뢰할 수 있는 방법을 항상 취해야 한다고 주장할 어떤 근거도 제공하지 않는다. 차선책을 받아들일 강력한 도덕적 또는 정치적 이유들이 있을 수 있다.

생의학 연구의 새로운 동향

5장의 시작 부분에서 우리는 개인들 속에서 작용하여 관심의 대상이 되고 있는 형질이나 행동을 야기하는 생물학적 기제들에 대해 현재 우리가 갖고 있는 지식의 한계를 지적함으로써 사회과학, 행동과학, 생의학을 위한 통계적 모형이나 확률적 모형의 중요성을 강조했다. 그러나 "더 낮은 수준의" 과학들, 특히 생물물리학, 유기화학 및 생화학, 분자생물학은 지난 30년간 크게 발전했다. 이러한 지식의 증가와 더불어 인과적 기제들에 **개입하여**—완전한 유기체들에서의 행동들을 포함하는—관찰 가능한 형질들에서 나타나는 결과를 추적하기 위한 새로운 실험 기법들이 등장했다. 우리는 간단한 예를 통해 실험적 연구에서의 이러한 새로운 경향을 예시하고 현재와 가까운 미래의 과학적 추론에 대한 몇 가지 함축들을 제안하면서 이 장을 마칠 것이다.

캘리포니아 공과대학(CIT)의 헨리 레스터(Henry Lester) 연구팀은 (생쥐의 배아 줄기세포 안에서) 신경전달물질인 아세틸콜린이 결합하는 한 가지 유형의 **니코틴 수용체**의 단백질 하부단위에서 아미노산 변화를 유도함으로써 공학적으로 설계된 돌연변이를 갖는 생쥐를 개발했다. 이러한 수용체들은 포유류의 중앙신경계 및 말초신경계 전체에 광범위하게 펴져있다. 아세틸콜린 분자들이 시냅스 앞부분의 신경세포에 의해서 방출되면 그것들은 이 수용체 단백질들과 결합하고 단백질의 중앙에서 하나의 작은 구멍이 열리면서 그 구멍을 통하여 (나트륨, Na^+와 같은) 양전하를 갖는 이온들이 흐른다. 이러한 흐름은 (외부에 상대적으로 세포 내부에서) 시냅스 후부 신경세포의 세포막의 전위를 변경한다("흥분시킨다"). 흡인된 담배연기를 통하여 전달된 니코틴 분자들은 혈뇌-장벽을 넘어서 이러한 니코틴 아세틸콜린 수용체들의 일부 유형들과 높은 친화력을 갖고 결합한다. 흡연자의 뇌에서 이러한 수용체 유형들의 분포에 대한 분석을 통하여 니코틴 결합에 대해 ("상향조절"이라고 하는) 특히 높은 친화력을 갖는 수용체들의 수가 증가한다는 점이 드러났다.

레스터 연구팀은, 만약 니코틴 아세틸콜린 수용체들의 특정한 단백질 하부단위를 부호화하는 유전자가 니코틴에 대해 훨씬 더 높은 결합 친화력을 갖도록 공학적으로 설계된다면, 훨씬 더 니코틴 중독효과를 갖는 돌연변이가 나타날 것이라고 추측했다. 그러한 결과는 니코틴 중독의 인과적 기제(분자생물학적이고 생화학적인 기제)에 대한 직접적 증거일 것이다. 돌연변이 처리된 생쥐에 대한 그들의 실험은 정확하게 이러한 결과를 낳았다.[6] 돌연변이 처리된 생쥐는 "야생형" (돌연변이 처리가 되지 않은) 대조자들이 필요로 하는 것보다 50배나 작은 복용량에 대해 니코틴 중독의 행동적 징후를 보였다. 이것은 (전체 체중의) 1킬로그램당 500마이크로그램에 비교하여 1킬로그램당 10마이크로그램에 해당한다. 이 실험은 니코틴 중독의 보상 측면을 측정하기 위해 **조건화된 장소 선호**(*conditioned place preference*) 실험을 사용했다. 생쥐들은 8일 동안 연이어 매일 하나의 방에서 니코틴 주사를 맞았고 다른 방에서는 염류 주사를 맞았다. 그 다음 연구자들은 그 쥐들이 두 방에 자유롭게 접근할 수 있도록 허용했고 약물투여 이전에 측정된 기준 비율들과 비교하여 그들이 두 방에서 지내는 시간의 양을 측정했다. 기준 시간과 비교하여 니코틴과 연계된 방에서 시간 보내는 것을 쥐들이 선호하는 것은 니코틴과 연계된 보상 행위에 대한 일반적 측도이며, 따라서 그것은 니코틴 중독의 초기 단계에 대한 동물 모형이다.

보상 효과 외에도, 공학적으로 설계된 돌연변이 생쥐들에게 투여된 미세한 량의 니코틴은 중독을 정의하는 다른 행동들을 유발했다. 니코틴으로 유발된 저체

6) A. R. Tapper, S. L. McKinney, R. Nashmi, J. Schwarz, P. Deshande, C. Labarca, P. Whiteaker, M. J. Marks, A. C. Collins, and H. A. lester, "Nicotine Activation of *a*4* Receptors Sufficient for Reward, Tolerance, and Sensitization," *Science* 306(2004): 1029-1032.

온증(낮은 체온)에 대한 내성은 만성적으로(연속적으로) 니코틴이 투여된 생쥐에서 발생했다. 설계된 돌연변이 생쥐들은 야생형의 생쥐들에게 전혀 효과가 없는 니코틴 투여량(예를 들어, 1킬로그램당 15마이크로그램)에 대해 처음에는 체온이 크게 감소했다. 그러나 이러한 양을 8일 연속 투여 받은 후 그들의 체온은 야생형의 기본 수준까지 거의 정상적으로 회복되었는데 이는 내성이 생겼음을 가리킨다. 또한 대조자들의 행동에 전혀 효과가 없는 니코틴 투여량에 대해 돌연변이 생쥐들은 자신의 우리 안에서 운동 행위의 지속적인 증가를 보여주었는데, 이는 니코틴 중독의 특징이기도 한 활동에 대한 감작현상 또는 "역내성"을 나타낸다.

레스터 팀의 연구 논문에 대한 논평에서 호그(Hogg)와 버트란드(Bertrand)는 레스터 연구팀의 발견이 지닌 광범위한 중요성을 기술했다. 논평자들은 다음과 같이 그 연구가 니코틴 중독에 대한 긍정적 원인을 파헤친 중요성뿐만 아니라 인간 피험자들을 대상으로 하는 추가 연구들을 제안하는 잠재성을 언급했다.

> 탭퍼 등의 발견은 어떻게 니코틴이 의존성을 조장하는가에 대해 **직접적 증거**를 제시했을 뿐만 아니라 중독의 유전학에 대해 근본적 문제들을 제기했다. 인간 모집단에서 현존하는 다형 현상이 우리의 중독되기 쉬운 경향을 결정할 수 있는가? 만약 그렇다면 신경단위의 니코틴 수용체 유전자들에서 다형 현상들이 담배 의존성과 연관되어 있을 것이라고 예측할 수 있다. 이러한 문제에 대답하기 위해서는 니코틴 아세틸콜린 수용체 유전자, 흡연 행동, 돌연변이가 나타난 수용체들의 기능적 특징에서 다형 현상들에 대한 통합된 연구가 필요하다.

그 연구의 본질적인 중요성과 잠재적인 생의학적 적용과는 별도로 왜 우리가 이와 같은 연구에 특별한 관심을 가져야 하는가? 적어도 두 가지 이유가 있다. 첫째, 21세기 첫 10년의 중간 무렵에 생의학 연구는 점차로 **가정된 인과적 기제**들에 대해 세포적, 분자적 및 생화학적 수준에서 진행되었다. 그 실험들은 이러한

7) R. C. Hogg and D. Bertrand, "What genes Tell Us about Nicotine Addiction," *Science* 306(2004): 985.

과정들에 직접적으로 개입하고 우리가 관심을 갖고 있는 행동과 형질의 수준에서 이러한 개입의 결과를 추적하는 기법들을 사용한다. 생물학적 조직의 이러한 보다 낮은 수준들은 현재와 가까운 미래의 생의학적 과학이 연구 대상으로 삼을 것들이다. 현재의 과학적 추론을 이해하기 위해서는 이러한 종류의 실험들을 이해할 필요가 있다. 둘째, 보다 낮은 수준의 기제들에 대한 이 실험적 개입의 측정가능한 결과들은 아주 현저하기 때문에 상대적으로 작은 크기의 표본들이 통계적 유의성을 낳는데 사용될 수 있다. 예를 들어, 조건화된 위치 선호를 이용한 니코틴 유발 보상에 대한 레스터 팀의 연구에서 야생형 생쥐의 표본 크기는 n=7이었다. 반면에 공학적으로 설계된 돌연변이체들의 표본 크기는 n=10이었다. 실험적 개입의 측정된 결과가 (50배의 낮은 투여량에서 돌연변이체들에게 비슷한 행동 결과가 나타난 것처럼) 아주 현저할 때 큰 표본은 불필요하게 된다.

우리는 모든 실험적 설계에 대해서 귀무가설(null hypothesis)이 실제로 거짓이고 기각되어져야 할 때 그것을 기각한다는 점을 확신할 수 있기를 원한다. 통계적 검사의 "힘"은 바로 그것을 행할 확률이다. 일반적으로 그 힘은 포함된 모집단(들)의 모수(母數), 에러를 범할 확률, 표본(들)의 크기에 좌우된다. 이제는 연구자가 자신의 실험을 설계할 때 이러한 모수들을 고려할 수 있게 해주는 세련된 통계적 기법들(검정력 분석)이 있다. 검정력 분석을 이용하면 우리는 표본 크기가 작은 상황에서도 실험의 가설들을 기각함(또는 수용함)에 있어 아주 자신만만할 수 있다.

8.9 요약

[그림 8.11]은 통계적 자료에 의존하는 대부분의 연구들을 분석하기 시작할 때 필요한 도식을 제공한다. 우리는 먼저 그 연구가 단순히 통계적인가 아니면 어떤 인과적 가설에 대한 조사인가를 결정해야 한다. 만약 그것이 단순히 통계적 연구라면, 분포나 상관에 대한 자료가 있는지를 판단해야 한다. 분포는 단 하나의 변

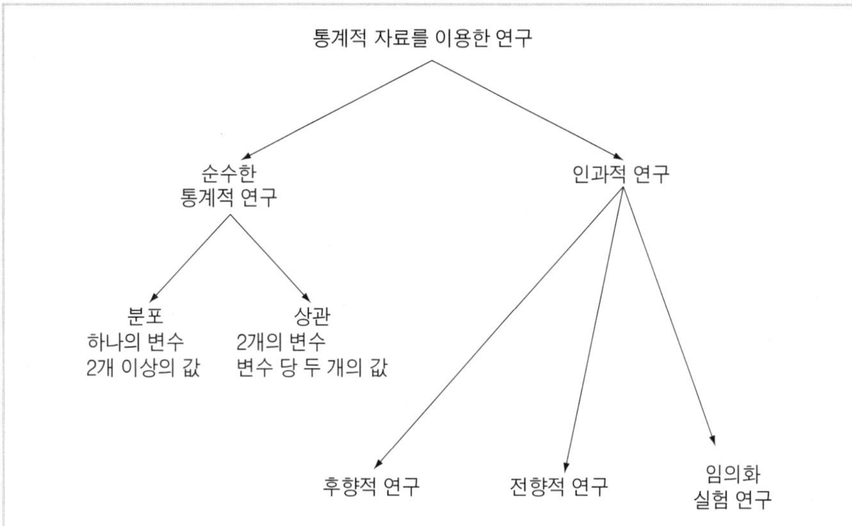

[그림 8.11] 통계적 자료를 이용한 연구에 대한 분류 도식

〈표 8.4〉 인과적 가설을 평가하기 위한 설계들의 특징

	임의 배정	임의 표집	다른 통제변수들	군의 기술	백분율 자료의 기술	유효성 추정
임의화 실험 설계	예	아마도	필수적이 아님	X=All C K= All NON-C	%E	가능
전향적 설계	아니오	아마도, 때로는 아님	가능	X=All C K=All NON-C	%E	가능
후향적 설계	아니오	아마도, 일반적으로 아님	가능	X=All E K=All NON-E	%C	불가능

수만을 갖지만 상관은 두 개의 변수를 갖는다. 여기서 여러분은 6.6에서 제시된 통계적 가설을 평가하기 위한 프로그램을 적용해야 한다. 만약 그 연구가 단순히 통계적이 아니라 인과적이라면, 어떤 설계 유형이 사용되었는가를 판단해야 한다.

<표 8.4>에는 인과적 가설들을 조사하기 위한 세 가지 설계 유형의 중요한 특성들이 요약되어 있다. 그 세 가지 유형의 차이점들에 대해 익숙해지면 연구 보

고서에 등장하는 설계들의 유형을 확인하는 데 도움이 될 것이다. 후향적 연구는 실험군과 대조군의 성격 때문에 그리고 보고되는 백분율이 결과를 나타낸 피험자들의 백분율이 아니라 원인을 가진 피험자들의 백분율이라는 사실 때문에 다른 두 가지 유형과 쉽게 구별된다. 만약 이러한 지표에 의해 그 연구가 후향적 연구가 아니라는 것이 확실해지면, 그 다음 여러분이 취할 수 있는 최선의 전략은 임의 배정이나 위약의 사용에 대한 지표를 찾아보는 것이다. 그것이 있으면 전향적 설계보다는 임의화 실험 설계일 것이다. 그러한 결론의 신뢰성을 가장 잘 나타내는 것은 사용된 설계의 유형이므로 여러분은 이러한 결정을 내리는 방법을 알아두어야 한다. 이 경우는 8.2에서 제시된 인과적 가설을 평가하기 위한 프로그램을 사용하면 된다.

연습문제

이론적 가설들의 평가를 위해 이 책에서 개발된 6단계 프로그램에 따라 다음의 보고들을 분석하시오. 각 단계마다 번호와 제목을 붙이시오. 가능한 분명하고 간결하게 말하되, 자신이 무엇을 말하고 있는지 안다는 것을 충분히 증명할 수 있도록 답하시오. 단지 '예' 또는 '아니오'라 말하는 것은 결코 만족스러운 답이 될 수 없습니다. 이 보고들 중 상당 부분은 최근 잡지나 신문에 실린 기사들에서 직접 인용하여 약간 수정만을 가하여 제시되었습니다.

『미국의학협회지』와 같은 전문 잡지에 대한 언급은 사실입니다. 때로는 여러분이 분석하는 정보의 공개된 원본을 살펴보는 것이 유익할 것입니다.

연습문제 8.1 아스피린은 유방 종양을 방지하는 것으로 보인다

규칙적으로 아스피린을 복용하는 여성들은 그렇지 않은 여성들보다 가장 흔한 유형의 유방암에 걸릴 위험이 적다는 연구 보고가 있다. 이러한 발견은 100여 년 동안 이용되어 왔지만 아직도 그 효능이 완전히 규명되지 않은 가정상비약이기도 한 아스피린의 생명을 구하는 특성과 관련된 또 하나의 성과이다. 이제 아스피린은 호르몬인 에스트로겐에 의해 자극된 유방 종양을 예방할 수 있다고 생각되는데, 에스트로겐은 모든 유방 종양의 60~70% 정도를 일으킨다.

『미국의학협회지』에 실린 보고에 따르면, 일주일에 일곱 차례 또는 그 이상 아스피린을 복용한 여성들은 그렇지 않은 여성들에 비해 유방 종양에 걸릴 가능성이 26% 더 낮다. 연구자들은 유방암에 걸린 여성들과 유방암에 걸리지 않은 여성들을 비교하고, 각 군(群)의 구성원들에게 아스피린을 복용했는가를 질문했다. 이러한 새로운 연구를 통하여 호르몬에 민감한 종양들에 걸리기 쉬운 환자들만이 아스피린의 혜택을 받을 수 있다는 점이 처음으로 밝혀졌다. 그 연구는 모든 유형의 유방암 환자 1,442명과 유방암에 걸리지 않은 1,420명을 대상으로 실시되었다. 유방암을 가진 환자 중 301명(20.9%)이 6개월 또는 그 이상 동안 일주일에 적어도 한 번 이상은 아스피린을 복용했다. 건강한 여성 중 345명(24.3%)이 아스피린을 6개월 또는 그 이상 동안 일주일에 적어도 한 번 이상 복용했다.

"이러한 위험감소의 수준을 제공한 예방적 작인도 매우 중요하다"라고 미국암학회 역학 연구 소장인 마이클 J. 툰 박사는 말했다. 그러나 툰 박사는 암학회는 암 예방을 위해 아스피린이나 이부프로펜(ibupropen) 같은 관련된 약품들을 추천하지는 않는다고 경고했다. "증거가 불완전하며, 그 약들은 위장출혈과 뇌출혈을 포함한 부작용이 있다."

연습문제 8.2 비타민 C와 감기: 솔즈베리 연구

영국의 솔즈베리에 소재한 감기연구소에서 수행되었던 연구에 대한 다음 보고는 라이너스 폴링의 책 『비타민 C와 감기』에서 발췌되었다.

연구자들은 자발적 지원자들에 대한 조사 결과를 보고하고, "아스코르브산 복용이 이미 알려진 5가지 바이러스로 인한 감기를 예방하거나 치료하는 데 효과가 있다는 증거가 없다"는 결론을 내렸다. 이 연구에서 91명의 지원자 중 47명이 9일 동안 매일 아스코르브산 3g을 복용했으며, 44명은 위약을 복용했다. 3일째 되는 날 이들 모두에게 감기 바이러스를 접종했다. 두 군에서 각각 18명이 감기에 걸렸다. 아스코르브산을 복용한 피험자들 중 관찰된 감기 발병률(18/47)은 대조 그룹에서 관찰된 발병률(18/44)보다 6% 더 낮았다. 이러한 차이는 통계적으로 유의하지 않다.

두 군에서 감기 발병률이 40% 차이가 나는 것으로 관찰되었다면 통계적으로 유의한 차이로 보고되었겠지만, 두 군에서 91명이라는 피험자들의 수는 두 군에서 관찰된 감기 바이러스의 발병률 차이가 30%만큼 크더라도 그것을 통계적으로 유의한 것으로 허용할 만큼 크지 않았다(균일한 모집단에서 관찰될 확률은 5%이다).

연습문제 8.3 카페인을 제거한 커피가 콜레스테롤 수위를 올린다는 연구보고

월요일에 발표된 한 연구에 따르면, 카페인을 제거한 커피를 마시면 해로운 콜레스테롤의 혈중 수위가 올라가고, 이것은 심장병을 일으킬 수 있다.

이 연구에서 카페인을 제거한 커피를 마시면 소위 나쁜 콜레스테롤이라고 불리는 저밀도 지방단백질(LDL)이 평균 7% 증가한다는 것이 발견되었다. 다시 말하여 심장병의 위험이 약 12% 증가하는 것으로 해석될 수 있다고 연구를 지도했던 스탠퍼드 대학의 지방질연구소 소장 수퍼코 박사는 말했다.

수퍼코 박사는 "커피가 심장병을 야기하는가? 나는 알지 못한다. 우리가 말할 수 있는 것은 단지 커피가 콜레스테롤에 변화를 일으킨다는 것뿐이다"라고 말했다. 카페인을 제거한 커피가 널리 유행하는 것을 고려할 때, 그는 "그 행위는 밖에 나가서 치즈 케이크를 사서 먹는 것 같이 사소한 일은 아니다. 그것의 전반적 영향은 매우 클 수도 있다"고 말했다.

미국심장학회의 연례 모임에서 발표된 가장 최근의 연구에서 커피를 마시는 지원자들을 세 가지 군, 즉 일반 커피를 마시는 군, 카페인을 제거한 커피를 마시는 군, 커피를 마시지 않는 군으로 임의로 할당했다. 계속해서 카페인이 든 커피를 마신 사람들과 커피를 완전히 끊은 사람들은 콜레스테롤 수위에 변함이 없었다. 그러나 카페인을 제거한 커피를 마신 사람들은 LDL 수위가 1/10리터당 9밀리그램(7%)이 상승했다.

연습문제 8.4 수면 부족은 비만을 불러온다

밤늦게까지 자지 않고 아침에 너무 일찍 일어나면 눈이 부석부석해지고 기분은 불쾌해지며 아마도 상당한 정도의 비만이 진행될 것이다. 상습적인 수면 부족은 미국인들의 체중이 증가하는 이유 중 한 가지를 설명할 수 있다고 연구자들은 주장한다. 그들의 연구에 따르면, 수면을 취하지 않고 생활하면 주요한 식욕자극 호르몬인 그렐린의 혈중 수위가 증가한다. 그렐린은 "먹는 것을 멈추게 하는" 호르몬으로 알려진 렙틴의 수위를 급강하시킨다. 이로 인한 가능한 최종 효과는 식욕 증가이다.

이러한 연구는 영국 브리스톨 대학교의 의대교수인 샤라드 타헤리 박사, 스탠퍼드 대학교와 위스콘신 대학교(메디슨 캠퍼스)의 연구자들에 의해 수행되었다. 연구자들은 위스콘신 대학교 매디슨 캠퍼스에서 실시된 장기수면 연구에서 자원자 1,024명들의 자료를 분석했다. 연구자들은 수면 실험실에서 지낸 밤 동안 피험자들의 수면 지속뿐 아니라 피험자들의 수면 기록도 조사했다. 피험자들로부터 채취한 혈액 표본을 분석한 결과 연구자들은 분명한 패턴을 발견했다. 가장 짧게 수면을 취한 사람에게서 가장 많은 글레린과 가장 적은 렙틴이 보인다는 점이 드러났다. 가장 긴 수면을 취한 사람의 경우는 그 반대였다. 과학자들은 또한 가장 짧은 수면을 취한 사람들이 체중 과다인지 여부를 알리는 측도인 더 큰 체중 지표를 가진다는 점을 발견했다.

흥미롭기는 하지만, 이러한 발견들이 잠을 더 자면 여분의 지방을 분해하는 데 도움이 될 것이라는 점을 증명하는 것은 아니라고 하버드 대학교 의대와 베쓰 이스라엘 여전도회 의료센터의 부교수인 조엘 엘름퀴스트는 말했다. 그 점을 밝히기 위해서는 체중감소를 원하거나 체중증가를 예방하고 싶은 사람들에게 서로 다른 수면 규제를 부여해서 그들의 체중에 대한 효과를 추적하는 신중하게 통제된 실험들이 필요하다. "그러나 밤에 충분한 수면을 취하는 것은 추천해도 괜찮을 듯하다"라고 엘름퀴스트는 말했다.

연습문제 8.5 유방 보형물과 질환은 상관 관계가 없다는 연구보고

1990년대 초에 실리콘 유방 보형물을 수술 받은 여성들 중 류머티즘성 관절염 같은 결합조직과 관련된 여러 가지 병에 걸렸다고 널리 알려진 경우가 많았다. 1992년 미식품의약국은 유방 보형물에 대한 금지 명령을 내렸다. 그 결과 엄청나게 많은 법적 소송이 제기되었고, 유방 보형물을 생산하는 주요 업체들은 수천 명의 여성이 관련된 집단 소송을 42억 달러로 처리하기로 동의했다. 유방 보형물에서 때로 실리콘이 새어나왔고, 그 실리콘이 실험동물의 연골 조직에 나쁜 영향을 미치는 것으로 드러났다는 주장이 당시에 제기되었다. 배심원들은 심각한 병으로 고통을 겪는 여성들에게 동정적이었다.

몇 년이 지난 지금, 최초의 역학(疫學) 연구들이 종결되어 가고 있고, 그 연구들은 유방 보형물을 수술 받은 것과 문제의 질병 사이의 연관에 대한 어떤 증거도 제시하지 못하고 있다. 1994년 6월 16일자 『뉴잉글랜드 의학 잡지』에 발표된 한 연구에서는 1964년부터 1991년 사이에 유방 보형물을 수술 받은 미네소타 옴스테드 카운티에 사는 749명의 여성들을 조사했다. 이들은 모두 로체스터 역학조사 사업에 참여한 여성들이었다. 이 사업은 미네소타 주 로체스터에 소재한 유명한 메이요 병원이 주관했는데, 카운티의 모든 사람이 의사나 병원을 찾아가 받은 거의 모든 진찰에 대한 컴퓨터 기록을 갖고 있다.

749명의 여성들이 유사한 1,498명의 여성들과 비교되었다. 1994년 현재, 유방 보형물을 수술 받은 여성 5명과 수술 받지 않은 여성 10명이 12가지 결합조직 질환 중 한 가지를 앓고 있었다. 이 보고에 대한 논평에서 마셔 앤겔 박사는 이 연구가 유방 보형물이 완전히 안전하다는 것을 반드시 의미하지는 않지만, 실리콘 유방 보형물을 수술 받은 결과 여성들이 결합조직에 이상이 생기는 병에 걸릴 것 같지는 않다고 말했다.

연습문제 8.6 백신접종은 자궁경부암을 항구적으로 예방한다

자궁경부암을 예방할 수 있는 최초의 백신을 개발하려는 노력은 그 백신접종이 항구적인 예방이 될 수 있음을 제시하는 실험 결과들로 인해 중요한 진전을 거두었다. 연구 보고에 따르면, 백신을 맞은 지 4년 후 여성들의 94%가 대부분의 자궁경부암을 야기하는 바이러스로 인한 감염에서 벗어났고 그 누구도 두려운 전암(前癌) 증상을 보이지 않았다. "우리는 이러한 결과에 매우 만족하고 있다. 면역 반응들은 실로 영구적인 것처럼 보인다"고 메르크 사(社)를 위해 백신 개발을 주도한 엘리아브 바르 박사는 말했다. 그 회사는 내년에 미식품의약국에 여성과 남성의 생식기 종양도 예방할 수 있는 개량된 백신의 승인을 신청할 예정이다. 이러한 새로운 연구는 메르크사가 지원했고 미국 미생물학회 2004년 학술대회에 그 결과를 발표한 워싱턴 대학 연구자들이 수행했다.

자궁경부암은 매년 전세계적으로 거의 150만 명의 여성들이 걸리고 그 절반이 사망하는 질환이다. 미국의 경우 약 15,000명이 그 병에 걸리고 약 5,000명이 사망한다. 그 병은 거의 모든 경우 인간 유두종 바이러스(HPV) 감염으로 인해 발생하는데, 그 바이러스는 성교를 통하여 퍼진다. 한 가지 변종인 HPV-16은 모든 경부암의 약 절반을 야기한다.

이전에 수행된 한 연구에서 메르크 백신을 18개월 전에 복용한 768명의 여성들의 경우 HPV-16 감염이 완벽하게 예방된 것으로 드러났다. 누구에게도 전암 조건이 나타나지 않았다. 이 새로운 연구는 백신접종 후 4년 동안 그 여성 중 755명을 추적했다. 7명이 HPV-16에 감염되었고, 누구도 전암 증상을 보이지 않았다. 가짜 주사를 맞은 여성 750명으로 구성된 대조군에서 111명이 감염되었고 12명은 전암 증세를 보였다.

그 연구에서 백신을 맞은 여성들의 연령은 16세에서 23세 사이였고 6개월에 걸쳐서 3번의 접종이 있었다.

그 사이에 메르크사는 개량 백신을 검사하는 단계에 들어갔다. 그 백신은 HPV-16 이외에도 변종 18을 억제했는데, 변종 18은 경부암의 10~20%를 야기한다. 그뿐만 아니라 그 백신은 여성과 남성의 생식기 종양을 야기하는 변종과 남성의 음경 종양 및 항문 종양을 야기하는 변종도 억제했다. 34개 국가에서 약 25,000명의 여성과 남성이 그 연구에 참여했고 연구 결과는 내년에 나올 예정이라고 바르 박사는 말했다. 남성에게 그 백신을 주사하면 경부암을 예방할 뿐만 아니라 상대자의 감염도 예방한다고, 미생물학 학술대회에서 논평 연구를 담당했던 와이드사(社)의 약품개발 전문가 스티븐 프로잔은 말했다. 또한 그는 이 백신이 HPV에 이미 감염된 여성들에게 암이 진행하는 것을 예방할 수 있다고 말했다.

연습문제 8.7 암 연구는 적색 가공육이 암발병의 위험을 높임을 재확인했다

약 150,000명의 성인을 대상으로 한 연구로부터 적색 가공육을 지나치게 많이 먹으면 직장 결장암에 걸릴 위험이 50% 증가하는 것으로 나타났는데, 이는 이전의 발견을 재확인한 것이다. 또한 285,526명의 유럽 여성들을 대상으로 한 실험에서는 과일과 야채를 많이 먹는 것이 유방암에 걸릴 위험을 낮추지 않는 것으로 밝혀졌는데 이 결과는 이전의 몇몇 연구는 반박하는 것이다. 전문가들에 따르면, 그 두 가지 연구는 대규모로 용의주도하게 수행되었기 때문에 종종 불분명한 암과 식습관 사이의 관계를 더 잘 정의하는 데 매우 중요하다.

가공육과 암에 대한 연구는 2005년 1월 12일에 간행된 『미국의학협회보』에 게재되었는데, 미국암학회의 앤 차오와 그의 동료들이 21개 주에서 50세부터 74세에 이르는 148,610명의 남성과 여성으로부터 나온 자료를 이용하여 수행되었다. 과학자들에 따르면 장기간 최대량(남성의 경우 매일 적어도 3온스, 여성의 경우는 2온스의 분량)의 적색육을 먹은 사람들로 구성된 군은 최소량의(남성의 경우 매일 1.5온스 미만이고 여성의 경우 1온스 이하) 적색육을 소비한 사람들에 비하여 직장암이나 원심 결장암에 걸릴 위험이 30~40% 증가했다(결장은 직장에 가장 가까운 부분이다). 가공육의 높은 소비는 결장암이 50% 증가한 것과 연관되어 있다. 그 연구 동안 1,667명이 직장

결장암에 걸렸다.

같은 학술지에 게재된 두 번째 연구는 네덜란드의 유트레흐트 대학 병원에 근무하는 과학자 팀에 의해 수행되었다. 그 연구는 과일과 야채 소비의 양상이 매우 다른 유럽 10개국의 25세부터 70세에 이르는 여성들을 조사했다. 연구자들은 2002년까지 그러한 군에서 유방암에 걸린 3,659명의 새로운 사례들을 기록했다.

이 연구의 선임연구원이며 유트레흐트 대학 병원의 임상역학자인 페트라 M. 티터스는 그러한 발견이 최근의 여러 연구들과 일치한다고 말했다. 두 연구를 함께 논평한 하버드 대학교 보건대학원의 임상역학과 영양학 교수인 월터 윌렛은 사람들이 그래도 과일과 야채를 더 많이 섭취해야 한다고 말했다. 그는 "그로 인한 혜택은 남성과 여성 모두에게 사망의 첫 번째 요인인 심장병을 줄이는 데서 매우 분명하게 나타난다"고 말했다.

연습문제 8.8 요요 다이어트가 면역력을 약화시킬 수도 있다는 시애틀 연구보고

의사들은 오랫동안 체중이 줄었다 늘었다를 반복하면 사람들이 꿈꾸는 몸매가 만들어지지 않는다는 점을 강조해 왔다. 이제 시애틀의 연구자들은 소위 "요요 다이어트"(yo-yo dieting)가 심지어 사람들을 병들게 할 수도 있다는 점을 발견했다.

프레드 허친슨 암연구소와 워싱턴 대학교의 최근 연구에 따르면 빈번한 체중 감소와 증가는 면역 체계를 약화시킬 수 있고 다이어트를 하는 사람들을 더 쉽게 병에 걸리게 할 수 있다.

체중 과다이지만 다른 점에서는 건강한 여성들에 대한 연구를 통하여 지난 20년 동안에 의도적으로 5번 이상 체중을 감소 또는 증가시킨 사람들은 지난 5년 이상 동안 동일한 체중을 유지한 사람들에 비하여 면역 체계가 약화되었다는 점이 드러났다,

이 연구의 선임연구원이고 프레드 허친슨 암연구소의 공중보건과학부의 조교수인 코넬리아 율리히는 이러한 결과들로부터 요요 다이어트가 건강에 위험이 될 수 있다고 말했다.

그 연구에 따르면, 이러한 새로운 정보는 체중 감소를 원하고 그것을 위해 최근에 노력하고 있는 서구 여성 중 50%에게 경고가 될 것이다.

약화된 면역 체계 때문에 감기와 전염병, 심지어는 암에 더 노출될 수 있다고 율리

히는 말했다. 미국립암연구소가 지원하는 그 연구는 『미국다이어트협회 저널』의 2004년 6월호에 게재되었다. 율리히와 동료들은 시애들 지역에 거주하고, 주로 앉아서 생활하는, 폐경 후의 여성 114명에게 지난 20년 동안 체중감소 기록에 대해 질문했다. 50세부터 75세에 이르는 여성들은 그 연구에 참여하기 전에 최소한 3개월 동안 안정된 체중을 유지하고 있었다.

과학자들은 면역 체계의 기능을 측정하기 위해서 자연 킬러 세포의 활동을 사용했다. 자연킬러 세포(NK 세포)는 면역 체계의 핵심 부분이며 바이러스 감염이나 심지어는 암과 싸우는 데 중요하다고 율리히는 말했다.

연구자들은 각각의 참가자들로부터 채취한 혈액 표본에서 NK 세포들을 수집했다. 그들은 백혈병 세포를 죽이는 NK 세포들의 능력에 기반을 두어 그 세포들의 활동을 측정했다. NK 세포의 활동은 지난 20년 동안에 의도적으로 5번 이상 10파운드의 체중을 줄이거나 늘린 여성들의 경우 30% 낮았다.

지난 20년 동안에 10파운드 이상의 체중을 한 번 감소한 사례는 면역 체계에서의 심각한 차이와 연관되지 않았다. 그러나 NK 세포의 활동은 체중 감소 사례의 수가 증가할수록 감소했다고 율리히는 말했다.

그 결과가 흥미롭기는 하지만 이 연구는 예비적이고 한계를 갖고 있다고 율리히는 말했다. 예를 들어 연구자들은 의료 기록이 아니라 참가자들이 말하는 체중감소 기록에 의존했다. 만약 혈액 표본들이 단 한번이 아니라 오랫동안 여러 차례 수집되었더라면 그러한 결과들은 더 강화되었을 것이라고 율리히는 지적했다.

"시간을 두고 사람들을 추적함으로써 과학자들은 체중 주기가 장기간 면역 기능에 어떤 영향을 미치는가를 더 잘 이해할 수 있게 되었다"고 율리히는 말했다. 그녀는 또한 자신과 동료들이 향후 2년 내에 장기 연구를 수행하거나 캐나다에서 수행되고 있는 유사한 연구와 협력할 수 있기를 원한다고 덧붙였다.

연습문제 8.9 수입 감소와 성인 ADHD

한 새로운 연구를 통하여 ADHD(주의력 결핍 과잉행동 장애)를 갖는 성인들은 학령기의 ADHD 환자와 마찬가지로 주의력을 집중하고 과제를 완성하는 능력이 부족하다는 점이 드러났다. 문제는 그들이 수입과 성공의 측면에서 손해를 보게 된다는 점이다. 경제적 손실은 약물이나 알코올 남용에 의해 초래된 손실보다 더 크다고 그 연구를 주도한 하버드 의대의 정신의학 교수인 조셉 비더만이 말했다. 또한 그는 보스턴에 소재한 매사추세츠 종합병원의 성인 ADHD에 대한 임상 및 연구 프로그램의 팀장이기도 하다.

연구자들은 1,000명의 남성과 여성을 면접했고 그 절반이 ADHD를 진단받았다. 그 병을 가진 성인들의 경우 고등학교를 졸업하거나 그 이상의 교육을 완료할 가능성은 낮다. 대학 졸업자의 경우 ADHD가 없는 성인들 중 전일제 직업에 종사하는 비율이 68%인 반면 ADHD를 가진 성인 중 단지 55%만이 전일제 직업에 종사하고 있었다. 고등학교 졸업자의 경우 ADHD를 가진 성인들의 연봉은 38,000달러이었지만 그렇지 않은 성인들의 수입은 47,000달러였다. 대학 졸업자의 경우 ADHD를 가진 성인들의 평균 연봉은 63,000달러이었지만 그렇지 않은 성인들의 수입은 67,000달러였다.

ADHD를 가진 미국인이 800만이라고 추정하면 그로 인한 연간 가계수입의 손실은 700억달러를 초과한다. "ADHD는 교육과 고용을 포함하여 다양한 영역에서 심각한 영향을 미쳐 많은 손실을 끼치는 병이다"라고 바더만은 말했다.

이러한 발견들은 미국의학협회가 후원하는 맨해튼 브리핑에서 2004년 9월 9일에 발표되었다.

연습문제 8.10 아스피린과 심장마비에 대한 과학자들의 연구보고

관절염에서 사마귀 제거까지 모든 곳에 사용되고 있는 아스피린이 심장마비의 예방이라는 또 다른 용도를 가질 듯하다. 이에 대한 가장 설득력 있는 증거는 1966년부터 병원에 입원한 환자들의 진단과 어떤 약물을 접했는지를 연관시켜 자료를 모아온 보스턴 대학교의 연구자들이 실시한 두 가지 연구에서 나왔다.

첫 번째 연구에서는 심장마비 환자 325명과 기타 환자 3,807명이 포함되었는데, 조사 결과 심장마비 환자 중 발병 전에 (예를 들면, 관절염 치료를 위해서) 정기적으로 아스피린을 복용한 사람은 0.9%밖에 되지 않은 것으로 밝혀졌다. 심장마비를 일으킨 적이 없는 환자들 가운데 아스피린을 복용해 온 사람은 그보다 훨씬 많은 4.9%나 되었다.

24개 보스턴 지역 병원들에 입원한 심장마비 환자 451명과 기타 환자 1만 91명에 대한 두 번째 후속 연구 역시 같은 종류의 결과를 보여 주었다. 즉, 심장마비 환자들 중에서 3.5%만이 정기적으로 아스피린을 복용해 왔다고 말한 반면에, 다른 진단을 받은 환자들의 경우는 7%였다.

연습문제 8.11 알레브는 검증을 불러일으킨 가장 최근의 약이다

지난 28년 동안 의사의 처방 없이도 살 수 있는 진통제로서 알레브(Aleve)라는 상표로 더 잘 알려진 나프로젠(naproxen)을 복용한 환자들에게서 심장마비와 심장발작이 더 발생한다는 점이 발표된 이후에 알츠하이머병 예방에 대한 성능 검사가 연기되었다. 2,500명의 환자들을 대상으로 한 그 연구는 나프로젠 또는 셀레브렉스(Celebrex)가 알츠하이머 병에 걸릴 위험이 높아진 건강한 노인 환자 중에서 그 병에 걸릴 위험을 감소시키는가를 검사할 예정이었다. 미국립보건원(NIH)의 관리들에 따르면 나프로젠을 복용한 환자들이 위약을 복용한 환자들에 비하여 심장마비나 심장발작과 같은 심장혈관 질환의 발병률이 50% 더 크다는 점이 드러나면서 그 연구는 3년 후로 연기되었다.

미식품의약국(FDA)의 국장 대리 레스터 크로포드는 결과가 상충하는 연구들이 혼란스럽지만 계속 평가할 필요가 있다는 점을 인정했다. 그는 현재로서는 그 약품에 대한 복용량을 따를 것을 추천했다. 즉 "모든 약은 매우 장기간 그리고 매우 많은 양을 복용하면 모종의 문제를 일으킬 수 있다"고 크로포드는 NBC의 *Today* 프로그램에서 말했다. 나프로젠은 처음에는 처방약으로서 판매가 허용되었고 1976년 이후로 의사의 처방이 불필요한 약품으로 판매가 허용되었다. FDA의 산드라 크웨더 박사는 NIH의 연구는 나프로젠이 심장발작이나 심장마비의 위험을 증가시킬 수 있다는 점과 그 발견들이 "혼란스럽다"는 점을 처음으로 보여 주었다고 말했다. 그러나 나프로젠에 대해 어떠한 즉각적인 조치가 취해지지는 않을 것이라고 크웨더 박사는 말했다. 크웨더 박사는 "우리는 어떤 특별한 규제 조치도 고려하고 있지 않다. 우리는 현재 NIH와 함께 자료를 더 잘 이해하고 지금부터 무엇이 가장 적절한지를 결정하기 위해 노력하고 있다"고 말했다. 일상적으로 나프로젠을 복용한 환자들은 10일 넘게 그 약을 복용하지 말 것과 고통이 지속되면 의사를 찾아야 한다는 지시를 포함하여 그 약의 지침을 신중하게 따라야 한다.

알츠하이머 병에 대한 연구는 NIH의 산하 기관인 미국립노화연구소에 의해 수행되었다. 그 연구는 알츠하이머 병에 대해 가족력을 가진 2,500명의 70세 이상의 환자들이 셀레브렉스, 나프로젠, 또는 위약을 복용하도록 진행되었다. 그렇게 세 군으로 나뉘어, 각 군은 약 또는 위약 중 한 가지를 받았다. 그 약은 약품명이 지워져 환자들은 자신이 어떤 약을 받았는지, 또는 위약을 받았는지를 알지 못했다. 시애틀에 소재한 보훈병원 의료진과 워싱턴 대학교의 검사관 존 브라이트너는 오직 예비적인 자료만이 이용가능하다고 말했다. 그러나 그 자료는 2,500명의 환자 중에서 약 70명이 심장마비 혹은 심장발작을 경험했다는 점을 제시한다고 브라이트너는 말했다. 23명이 사망했다. 위약을 받은 환자들보다 나프로젠을 받은 환자 중 50% 이상이 심장혈관 질환이 있었다.

연습문제 8.12 무릎 통증을 감소시키는 것으로 보이는 침술

2004년 12월에 발표된 한 연구에 따르면 침술은 무릎 관절염을 앓고 있는 사람들의 고통을 덜어준다. 무릎 골관절염을 앓고 있는 50세 이상의 570명에게 전통적인 중국 침술, 또는 다른 두 가지 유형의 별로 사용되고 있지 않은 치료법이 적용되었다. "우리는 고대 치료법에 좋은 과학을 적용하려고 시도했는데 그것이 표준적인 치료법과 결합되면 안전하고 효율적이라는 것을 발견했다"라고 브라이언 버만 박사는 말했는데, 그는 메릴랜드 대학교의 통합의학연구소의 소장이며 『내과학 연보』에 발표될 연구를 이끌고 있다. 침술 치료를 받은 환자들은 6개월의 치료 동안에 고통 감소와 관절 기능에서 약 40%의 향상을 보였다. 점차로 빈도를 줄여가면서 23번의 치료가 시행되었다. 환자들은 8주까지는 자신의 무릎에서 기능이 향상되었다는 점을 알아챘고 14주까지는 상당한 고통감소가 있었다고 보고했다.

모든 환자들은 다양한 항염증제와 진통제를 복용했음에도 불구하고 지난 수개월 동안 상당한 고통을 경험했다. 침술치료가 진행되는 동안에 그들은 계속해서 자신의 약을 복용했다. 실험군에서 190명의 환자들은 침과 전기 자극을 이용한 침술 치료를 받았다. 또 다른 191명의 환자들은 가짜 침술을 받았다. 즉 침술사가 치료를 하는 것처럼 위장하는 동안 침들이 치료 부분에 실제로 삽입되는가를 환자가 볼 수 없도록 스크린을 사용하는 절차가 사용되었다. 나머지 환자들은 자신들의 상태를 유지하기 위해서 미국관절재단의 자립 과정에 참여했다.

연구자들은 브리핑에서 침술치료는 다른 치료에 대한 보충 수단으로서 검사되었으며 결코 무릎 관절염에 대한 대체 치료나 치료로서 검사된 것은 아니었음을 강조했다. "침술이 2000년이나 오래되었다는 이유 때문에 그것을 마술로 볼 필요는 없다"고 국립보완대체의학연구소 소장인 스테판 스트라우스 박사는 말했다. 그 연구소는 국립 관절염, 근골격 및 피부 질환 연구소와 함께 그 연구를 지원했다.

연습문제 8.13 새로운 콜레스테롤 조절법으로 알츠하이머 병을 치유할 수도 있다

심혈관 질환을 예방하기 위해 연구되고 있는 혈중 콜레스테롤 수위를 통제하기 위한 새로운 접근은 또한 알츠하이머 병에 대한 치료법이 될 가능성이 있다. 2004년 10월 14일 간행된 『뉴런(*Neuron*)』에 실린 한 보고에서 매사추세츠 종합병원(MGH)의 연구자들은 세포 내의 콜레스테롤 분포를 통제하는 어떤 경로를 막으면 유전자 도입 생쥐의 뇌에서 아밀로이드 반점의 수를 줄이기도 한다는 점을 발견했다. 처리를 받은 몇몇 생쥐들은 처리를 받지 않은 생쥐들보다 미로를 빠져나가는 길을 훨씬 더 잘 학습했다.

연구자들은 아포리오 단백질(apoE)라고 불리는 단백질에 대한 유전자의 한 특정한 변형이 알츠하이머 병의 위험을 상당히 증가시킨다는 점이 발견된 이래로 콜레스테롤 신진대사와 알츠하이머 병 사이의 가능한 관계를 조사해 왔다. apoE 단백질이 콜레스테롤을 운반하므로 그러한 발견으로부터 콜레스테롤 이동 방식의 혼란은 알츠하이머 병의 특징인 아밀로이드 반점의 진전을 야기하거나 또는 악화시킬 수 있을 것이라고 생각되었다. 그 외에도 유행병 연구들로부터 혈중 콜레스테롤을 통제하기 위해 스타틴이라는 약물을 복용한 사람들의 경우 알츠하이머 병의 발병률이 감소한 것으로 드러났다.

2001년 매사추세츠 종합병원의 신경퇴행성장애 연구소의 유전학 및 노화 연구부에 소속된 질환신경생물학 실험실 소장인 도라 코박스 박사와 그녀의 연구팀은 콜레스테롤이 세포막 안에 저장되는지 아니면 세포내 방울에 저장되는지를 통제하는 ACAT라고 불리는 효소의 활동이 또한 아밀로이드 반점을 만드는 단백질 단편들인 아밀로이드-베타의 형성을 통제한다는 점을 제시했다. 현재의 연구는 동일한 접근 방식으로 생체 실험을 하기 위해 설계되었다.

우선, 연구자들은 2001년의 연구에서 사용된 ACAT 억제자가 생쥐의 뇌세포에 콜레스테롤을 저장하는 데 영향을 미치는가를 검사했다. ACAT 억제자들은 신속하게 신진대사를 하기 때문에 연구자들은 일정한 방식으로 그 화합물을 방출하는 매몰식 펠릿들을 이용했다. 그 억제자들은 상당한 정도로 정상 생쥐의 뇌세포에서 콜레스테롤 방울의 수를 감소시킨다는 점이 발견되었다.

그 다음 연구자들은 아밀로이드 반점을 형성하는 인간 유전자로 유전자 처리된 생쥐에게 억제자 펠릿을 삽입했다. 두 달의 치료 후 뇌조직에 대한 검사를 통하여 가짜 펠릿을 받은 유전자 처리된 생쥐보다 ACAT 억제자를 받은 생쥐가 90% 덜 반점을 갖는다는 점이 드러났다. 이러한 결과는 일반적으로 수컷 생쥐보다 일찍 반점이 나타나는 암컷 생쥐의 경우에서는 훨씬 더 극적이었다. 생쥐의 뇌조직에 대한 생화학적 분석을 통하여 억제자들은 아마 아밀로이드 분포를 감소시키기보다는 생성을 예방한다는 점이 드러났다.

생쥐의 인지 능력에 대한 ACAT 억제자 처리의 효과를 평가하기 위해 연구자들은 처리받은 생쥐와 처리받지 않은 생쥐를 구분하여 나흘 동안 하루에 세 번씩 수(水)미로를 통과시켰다. 억제자는 수컷 생쥐에게서 아무런 차이도 낳지 않았다. 이 점은 예상되었는데 그 이유는 오직 암컷 생쥐만이 물 속에 있는 숨겨진 플랫폼을 발견하는 능력을 감소시키는 데 충분한 아밀로이드를 자신의 뇌에 갖고 있다고 예상되었기 때문이다. 그러나 억제자를 받은 암컷들은 가짜 펠릿만을 받은 암컷들보다 두드러지게 학습을 잘했다. 실제로 처리를 받은 암컷 생쥐는 유전자 처리가 되지 않은 생쥐보다 더 잘 미로를 배웠다.

연습문제 8.14 유전자가 알코올 중독과 우울증을 연결할지 모른다

과학자들에 따르면 알코올과 우울증을 연결하는 것처럼 보이는 유전자가 확인되었는데, 그 발견은 언젠가는 알코올 중독과 우울증에 대해 높은 위험을 가진 사람들을 확인하고 새로운 치료를 개발하는 데 도움이 될 것이다. 쌍둥이와 입양된 형제에 대한 이전의 연구로부터 아마도 알코올 중독과 우울증의 공통 원인이 되는 유전자들이 있고, 그 두 가지 질환은 가계에서 발생한다는 것이 암시되었다. 그러나 새로운 연구의 선임연구자는 이것은 두 가지 질환에 대한 위험을 증가시키는 것으로 보이는 특정한 유전자에 대한 첫 번째 보고라고 말했다. "임상의학자들은 수년 동안 그러한 질환들 사이의 연관성을 관찰해 왔기 때문에 우리는 그 연관성의 기초가 되는 분자의 후보를 발견한 점에 대해 매우 고무되어 있다"라고 연구를 주도한 (세인트 루이스에 소재한) 워싱턴 대학교 의과대학 연구자인 앨리슨 고우트는 말했다. 후속 연구는 알코올 중독, 우울증, 또는 그 둘 다에 빠지기 쉽게 만들거나 그 어느 것에도 빠지지 않게 하는 기초적인 생물 기제를 밝힐 것이다. 고우트에 의하면 CHRM2 유전자의 변형이 그 네 가지 조건에 영향을 미친다. 그 연구는 『인간분자유전학』 2004년 9월호에 게재되었다.

미국립보건원에 따르면, 790만 미국 성인이 알코올 중독에 걸리고 1,880만 명이 우울증에 시달리고 있다. 고우트 연구팀은 가족 구성원 중 적어도 세 명이 알코올 중독인 262가계로부터 2,310명의 DNA를 분석했다. 이러한 가계에 속하는 개인들 중 일부는 우울증에도 빠진 알코올 중독 환자였다. 두 군은 염색체 7의 한 부분에 있는 그들의 DNA에서 유사한 두드러진 특징들을 갖고 있었다. 그 두 가지 만성 질환을 가진 환자들은 유전적 유사성을 많이 갖고 있는 것처럼 보였다. 연구자들은 염색체의 그 부분에서 CHRM2를 분리했는데, 그것은 주의, 학습, 기억, 인지에 관련된다. 고우트 연구팀은 그 유전자가 매우 강하게 알코올 중독과 우울증에 연관되어 있다는 것을 발견했다. 그러한 연관은 두 가지 질환을 가진 사람들에게 매우 강했는데, 이는 그 유전자가 사람들을 두 가지 질환에 걸리게 한다는 점을 시사했다.

연습문제 8.15 새로운 백신이 말라리아 발병을 대폭 줄인다

연구자들에 따르면, 실험용 백신은 세계적으로 가장 위험하고 다루기 어려운 치명적인 전염병 중 하나인 말라리아를 예방하기 위해 어린이들에게 접종하는 제일 효과적인 방법을 확실히 제공함으로써 어린이들이 말라리아에 걸릴 위험을 줄일 수 있다고 한다. 오랫동안 기다린 동아프리카 모잠비크의 2,022명의 어린이들을 대상으로 한 연구결과에서, 그 백신이 말라리아에 걸릴 가능성을 1/3로 감소시키고 말라리아로 인해 생명을 위협하는 심각한 사례들이 발생할 위험을 절반 이상 줄이는 것으로 드러났다. "우리는 매우 고무되어 있다. 이것은 아프리카 어린이들을 말라리아에서 보호할 수 있는 백신이 가능하다는 것을 보여 주는 첫 번째 결정적 증거이다"라고 연구를 주도한 바르셀로나 대학교의 페드로 말론소는 말했다.

말라리아 기생균에 매년 3억 명이 감염되고 그로 인해 1백만~3백만 명의 사람들이 목숨을 잃는데 대부분은 어린이들이다. 그 점 때문에 말라리아는 가장 일반적인 전염병이며 또한 치사율이 높은 3대 질환 중 하나에 해당한다. 말라리아가 미국과 유럽에서 대부분 제거되었지만 개발도상국가들의 경우 여전히 주요한 공중보건의 재앙으로 남아 있다. 어떤 추정에 의하면 아프리카의 경우 말라리아는 5세 미만의 어린이의 목숨을 앗아 가는 첫 번째 사망 요인이고 30분당 어린이 한 명의 목숨을 앗아 가는 병이다. 과학자들은 수십 년 동안 효과적인 백신을 개발하려고 노력해 왔지만 좌절된 것으로 알려졌는데, 부분적으로 말라리아를 일으키는 기생원생동물의 복잡성과 그것의 다단계적 생활환 때문이었다. 전문가들은 효과적안 백신을 개발하는 것이 과연 가능한지에 대해 의문을 표시하기 시작했다.

비록 다른 실험용 백신이 개발 중이지만 모잠비크에서 검사된 백신은 여태까지 가장 먼 곳에서 그리고 대규모 검사를 견뎌낸 첫 번째 백신이다. 원래 미군에 의해 개발된 그 백신은, 그 기생균 발생의 한 단계에서 중심 단백질을 B형 간염 바이러스를 감싸고 있는 단백질과 결합시키는 유전공학적으로 처리된 분자들로 구성되어 있다. 그 결합은 면역 체계의 반격을 자극한다. 연구자들은 남부 모잠비크의 농촌 지역에 사는 1세부터 4세 사이의 2,022명의 어린이들에게 한 달 간격으로 세 번 그 백신을 주사하거나 또는 다른 백신을 주사하고 약 6개월 동안 그들을 추적했다. 연구자들에 따르면 그 백신은 주사한 부분에서 통증이 좀 있고 부어올랐다. 그러한 상대적으로 적은 수의 심각한 부작용보다는 백신의 장점이 더 소중하다. 백신을 접종 받은 어린이들은 말라리아에 걸릴 가능성이 29.9% 더 낮았다. 이미 기생균에 감염된 어린이들은 두 번째 감염에 걸릴 가능성이 45% 더 낮았다. 그리고 가장 중요한 점은 그 백신은 어린이들이 치명적인 병에 걸릴 가능성을 58% 감소시켰다는 점이라고 『*The Lancet*』의 2004년 10월 호에 게재된 논문에서 연구자들은 말했다.

"우리는 말라리아 감염에 대한 예방뿐만 아니라 임상 말라리아에 대한 예방, 보다 중요한 것으로서 증세가 심한 말라리아에 대한 매우 인상적인 예방을 위해 확고하며 통계적으로 유의한 발견을 해냈다. 말라리아에 대한 이전의 어떤 연구도 그러한 결과들을 증명하지 못했다. 내 생각에 우리는 여태까지 검사된 것보다 훨씬 나은 백신에 대해 중요한 방법을 이야기하고 있다"고 백신을 개발한 제약회사인 그락소 스미스 클

라인 바이오로지컬 사(社) (GlaxoSmithKline Biologicals)의 리플리 발로우는 말했다.

그러나 설사 그 백신이 계속 효과적인 것으로 밝혀지더라도 많은 장애물이 남아 있는데, 특히 백신이 필요한 수백만 명의 사람들은 그것을 구입할 여력이 전혀 없다. "백신을 얻기 위해서는 돈이 필요하다. 그것을 얻기 위해서는 자원이 필요하다"라고 빌 앤드 멜린다 게이츠 재단(Bill & Melinda Gates Foundation)의 레지나 라비노비치는 말했다. 그락소 스미스 클라인 바이오로지컬 사의 회장이자 부사장인 장 스테페니는 백신의 가격이 1회분이 10~20달러가 될 것이라고 말했지만 그 회사는 개발도상국들에서는 더 싼 가격에 이용될 수 있는 여지를 남겼다. "우리는 백신이 가장 필요한 사람들에게 합리적이고 현실적인 가격으로 이용되기를 기대한다. 우리는 이 점을 분명히 하기 위해 고객들과 활발히 접촉하고 있다"라고 그 회사는 성명에서 밝혔다.

연습문제 8.16 유전자 발견은 우울증 치료에 실마리를 제공하고 있다

과학자들은 우울증에 대한 위험을 심각하게 증가시키고 아마도 프로잭(Prozac), 파질(Paxil), 졸로프트(Zoloft)같이 널리 사용되고 있는 항우울증제의 효과를 억제하는 유전자 변형을 확인했다. 이러한 발견은 듀크 대학교 의학연구소의 과학자들이 보고했는데, 그들은 신경전달물질인 화학물질 세로토닌을 만드는 데 핵심 요소인 TPH2(tryptophan hydroxylase-2)이라고 불리는 최근에 확인된 유전자를 연구하는 중이었다. 세로토닌은 신경 세포들 사이의 소통을 위해 필요하다. 뇌에서 그 화학물의 낮은 수준은 우울증과 연관된다.

선임연구자인 듀크 대학교의 세포생물학 교수인 마르크 카론과 그의 동료들은 정상보다 훨씬 낮은 세로토닌을 만드는 TPH2 유전자의 한 변형을 확인했다. 『*Neuron*』의 2004년 12월 온라인 호에 게재된 그들의 보고에 따르면, 우울증이 심한 87명의 환자군에서 9명이 그 유전자 변형을 갖는다는 점이 드러났다. 우울증이 없는 219명으로 구성된 군에서는 약 1%가 그 변형을 갖고 있었다. 과학자들은 또한 그 유전자 변형을 가진 9명의 우울증 환자 모두가 선택성 세로토닌 재섭취 억제자들로 알려진 항우울성 약품들에 약하게 반응하거나 거의 반응하지 못한다는 점을 발견했다. 이러한 약들은 신경 세포들 사이에 세로토닌 수준을 높게 유지시켜서 그 결과 신경세포 사이의 더 나은 소통이 발생하게 된다.

이러한 발견들은 몇몇 정신의학자들로부터 지대한 관심을 받았다. 베데스다에 소재한 국립정신건강연구소의 소장인 토마스 인셀 박사는 그 연구가 흥미롭다고 말하면서도 그것이 반복 실험되는 것을 보고 싶다고 말했다. 과학자들은 행동의 복잡성 때문에 유전자들과 정신 질환들 사이의 확고한 연결을 맺는 것이 특히 어렵다는 점을 발견했다. 그러한 많은 연결들은 시간을 두고 하는 검사를 이겨 내지 못했다. 과학자들은 만약 그 유전자 연결이 유지된다면 우울증의 원인을 밝히는 데 위력을 발휘할 것이라고 말했다. 그것은 또한 우울증 환자들을 위해 올바른 약을 선택하는 까다로운 과정을 개량하는 데 도움이 될 것이다.

그러한 유전자 변형이 연구 대상 환자들 중 오직 10%에만 존재하기 때문에 미국 정부의 추정에 의하면 매년 미국에서 1,900만 명의 성인들에게 영향을 미치는 우울증에 대한 총괄적 설명을 제공하지는 못한다. 세로토닌 전달 유전자라고 불리는 또 다른 유전자는 스트레스 기간 중에 우울증을 발생하는 경향과 연관되어 있다. 그 외에 아마 유전학과 전혀 관계가 없는 환경 원인들이 중요한 역할들을 할 수도 있을 것이다.

연습문제 8.17 임신 중 고지방 섭취는 태아에게 장래에 종양을 생기게 할 수도 있다

임신 중 고지방식을 취하는 여성의 태아는 장래에 생식기 암에 걸릴 수 있다고 수요일에 한 연구자는 말했다. 만약 그러한 연관성이 있다면, 의사들은 으레 임산부들에게 붉은 고기, 지방분을 빼지 않은 우유, 달걀, 치즈의 소비를 늘리도록 권유하기 때문에 특히 우려되지 않을 수 없다. 이러한 음식들은 태아의 발육에 필요한 비타민과 무기물을 다량 함유하지만 지방도 마찬가지다.

태아기에 지방에 노출되어 있으면 암쥐의 경우 난소, 자궁, 뇌하수체에 종양이 발생할 가능성이 엄청나게 증가한다고 미시건 주립대학교 해부학 교수인 브루스 워커 박사는 말했다. 그는 이러한 연구 결과를 샌프란시스코에서 열린 미국암연구협회의 학술대회에서 발표했다.

수명이 2~3년 정도인 암쥐 261마리를 연구한 워커 박사는 임신 중 일반 미국인이 소비하는 지방에 필적할 고지방식을 취한 암쥐에게서 태어난 암컷 새끼들 중 54%가 생식기에 종양이 생긴 것을 발견했다. 일본의 일반 여성들이 먹는 음식에 해당하는 저지방식을 취한 암쥐가 낳은 암컷 새끼들 중에서 그러한 종양이 생긴 것은 21%에 불과했다.

워커 박사는 여성의 경우에는 유방암, 난소암, 자궁암, 남성의 경우에는 고환암과 전립선암에 대해 관심을 가져야만 한다는 점을 정당화할 수 있을 정도로 암쥐와 인간 사이에는 중요한 유사성이 있다고 말했다.

지금까지 음식물을 통해 섭취하는 지방이 미국의 높은 유방암 발생률에서 어떤 역할을 하는지 풀리지 않는 수수께끼로 남아 있었으나, 자궁 안에서 지방에 노출되는 것과 나중에 생식기에서 암이 발생하는 것의 연관성은 그러한 수수께끼를 명쾌하게 풀어줄 수 있을 것이라고 워커 박사는 말했다. 유방암은 지방에서 매일 필요한 칼로리의 약 20%를 얻는 일본 여성들보다 평균 37%를 얻는 미국 여성들에게서 훨씬 자주 발생한다.

지금까지 연구자들은 음식물을 통해 섭취하는 지방이 유방암 발생을 촉진한다는 것을 확인할 수 없었다. 예를 들어, 전형적인 미국식 식사를 하는 일본계 미국 여성들 가운데 일부는 미국의 유방암 발생률에 가까운 유방암 발생률을 보이기도 하지만, 일부는 일본의 유방암 발생률에 가까운 유방암 발생률을 보인다.

그러나 이러한 여성들에 대한 연구를 더욱 자세히 조사해보면, 일본에서 태어난 일본계 미국 여성들이 미국에서 태어난 일본계 미국 여성들보다 유방암 발생률이 훨씬 낮다는 것을 알 수 있다고 워커 박사는 말했다. 이러한 차이는 이러한 여성들의 어머니가 임신 중에 섭취한 지방의 양에 의해 설명될 수 있다고 그는 말했다.

연습문제 8.18 사지 절단과 심장병

사지 절단이 심장병으로 죽을 위험을 크게 증가시킬 수도 있다는 새로운 연구 결과에 따르면 퇴역 군인들에 대한 복지를 늘여야 할 수도 있다. 재향군인관리국(VA)이 의뢰하여 미국립과학원에서 실시한 이번 연구 결과는 오랫동안 의심되었던 사지 절단과 심장병의 연관성을 보여 준 최초의 명백한 증거이다.

이전에 민간인을 대상으로 했던 많은 연구들도 사지를 절단 수술을 받은 사람들이 그렇지 않은 사람들보다 심장병에 걸릴 위험이 더 크다는 것을 보여 주었다. 그러나 이러한 연구 결과는 많은 사지 절단의 사례들이 사지에 있는 혈관 문제 때문에 수행되었고 그 문제는 이미 심장병을 앓은 경험이 있는 사람들에게서 공통적으로 나타나는 문제였기 때문에 의문의 여지가 있었다.

마찬가지로, 제2차 세계대전 중에 사지 절단 수술을 받은 핀란드 군인 5,000명을 대상으로 한 1969년 연구에서도 이들이 민간인들보다 심장병에 걸릴 위험이 훨씬 높다는 점을 보여 주었으나, 부분적으로는 건강이 좋았기 때문에 징집된 퇴역군인들이 민간인들보다 오래 사는 경향이 있었으며, 심장병의 발생률은 나이가 들수록 증가한다는 사실 때문에 그 역시 문제의 소지가 있었다.

새로운 VA 연구에서는 제2차 세계대전 중에 부상을 당한 12,000명의 군인들에 대한 진료 기록을 조사했다. 이들 중 약 3,900명은 사지 중 하나 이상의 절단 수술을 받은 사람들이었고, 약 5,000명은 사지 절단 수술을 받지는 않았지만 중상을 입은 사람들이었다. 이들에 대한 기록을 현재까지 추적 조사한 결과, 사지 절단 수술을 받은 사람들은 다른 상이군인들보다 심장혈관병으로 인한 사망률이 150%나 더 높은 것으로 나타났다.

추가로 손이나 발만 잃은 약 3,000명의 퇴역 군인들은 사지 절단 수술을 받지 않은 상이군인들보다 심장병 발생률이 그리 높지 않은 것으로 나타났다. 현재 VA는 손이나 발을 잃은 사람들은 아니더라도 팔이나 다리를 잃은 사람들에 대한 복지를 늘릴 계획을 세우고 있다.

연습문제 8.19 치료와 수면

대화치료의 형태가 불면증을 감소시키는 수면제를 복용하는 것보다 더 효과적이며, 그 효과는 더 지속적이라는 점이 최근의 한 연구에서 드러났다. 2004년 10월 초에 간행된 *Archives of Internal Medicine*에 게재된 그 연구는 암비엔(Ambien)으로 시판되고 있는 졸피뎀 타르타르산염(zolpidem tartrate)을 인지행동치료와 비교했다. 인지행동치료에서 환자는 문제를 불러일으키는 사고와 행동의 패턴을 인지하고 변화시키는 법을 배운다.

그 연구를 위해 불면증에 시달리는 63명의 건강한 사람들에게 임의로 암비엔, 인지치료, 그 둘 모두, 또는 위약을 주었다. 그 연구의 선임연구원인 하버드 대학교 의

대의 그레그 D. 제이콥 박사는 치료군에 속하는 환자들은 6주에 걸쳐서 30분씩 5번 치료를 받았다고 말했다. 환자들은 매일 스트레스를 낳는 생각들을 알아내고 그것들에 도전하고 그것들을 변화하는 훈련을 받았다. 그들은 20분 내에 잠들 수 없는 경우 수면 시간을 늦추거나 독서를 하기 위해 일어나는 것과 같은 기법들을 배웠다고 제이콥 박사는 말했다. 앰비엔을 복용한 환자들은 한 달 동안 완전한 정량을 복용했지만 그 다음 달에는 약을 줄여 나갔다. 그 연구에 따르면 장기간 수면제를 복용하면 의존성이 발생하기 때문에 추천되지 않았다.

환자들은 자신들이 잠이 드는 데 어느 정도 시간이 걸리는가를 추정하여 일기를 작성했다. 3주 후에 그 시간이 인지행동치료 또는 혼합 치료를 받은 사람들의 경우 44%가 감소했고, 수면제만을 복용한 사람들의 경우 29%가 감소했고, 위약을 복용한 사람들의 경우는 10%가 감소했다. 모든 치료가 종료된 2주 후에 그 차이는 더 벌어졌다. 인지치료를 받은 환자들은 그 연구 전에 걸렸던 시간의 반에 잠이 들었다. 반면에 수면제를 복용한 환자들의 경우는 단지 17%만이 감소했다.

연습문제 8.20 연구과제

인과적 연구에 대한 한 가지 보고를 찾아라. 여러분은 신문이나 온라인 웹사이트에서 그러한 예를 발견할 수 있다. 여러분이 보는 지방 신문의 일요 증보판을 보는 것은 좋은 방법이다. 작업하기에 충분할 만큼 흥미롭고 중요하다고 생각되는 것을 발견했으면, 인과적 가설을 평가하는 표준 프로그램에 따라 그 보고를 분석하라. 그 기사에 원래의 과학적 보고에 대한 언급이 있으면, 도서관이나 온라인에서 그것을 찾아보는 것은 유익할 것이다.

제3부
지식, 가치 그리고 의사결정

  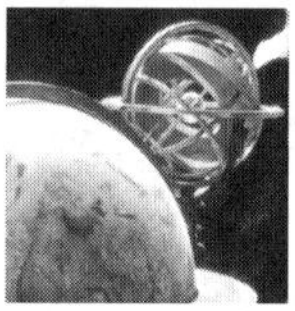 

::9장

의사결정의 모형

과학적 연구의 결과들은 종종 개인의 의사결정이나 공공정책의 결정에 영향을 미친다. 사카린과 방광암 또는 흡연과 심장마비 사이에서 성립할 수 있는 인과적 연관에 대한 연구와 같은 인과적 탐구들의 경우는 특히 그렇다. 이 책을 마무리하기 위해 우리는 개인과 사회에 대한 과학적 지식, 가치 및 의사결정 사이의 관계를 탐구할 것이다.

앞에서와 마찬가지로 우리는 먼저 몇 가지 적절한 **모형**을 구성하는 일부터 시작하는데, 이번에는 의사결정 모형(model of decision making)이다. 확률과 의사결정에 대한 연구가 운에 좌우되는 게임들에 초점을 맞추어 왔던 오랜 전통에 따라서 우리는 의사결정 모형으로서 간단한 게임 하나를 택할 것이다. 게임을 하는 사람은 독자 여러분이라고 가정할 것이다. 다음 장에서는 실생활에서 발생하는 의사결정의 몇 가지 사례들에 이러한 모형을 적용할 것이다.

9.1 선택지

의사결정에 대한 모형의 역할을 하는 게임은 우리에게 친숙한 구슬 항아리를 포함하는데, 그 항아리 안에는 붉은 구슬, 푸른 구슬, 초록 구슬들이 들어 있다.

오직 구슬 하나만이 임의로 선택될 수 있다. 여러분은 선택된 구슬의 색에 내기를 걸어야 한다. 따라서 여러분은 붉은색, 초록색, 푸른색 중 어느 한 가지에만 내기를 걸 수 있다. 이미 여러분이 게임을 하기로 동의했다고 가정하면, 의사결정 이론의 용어로 표현하면 여러분에게는 세 가지의 **선택지**(option)가 있다.

우리의 모형에 따르면, 의사결정은 항상 무엇인가를 하기 위한 결정이다. 따라서 의사결정을 한다는 것은 곧 어떤 행동 방침을 선택하는 것이다. 이런 경우 여러분이 할 수 있는 일이 한 가지밖에 없다면 내려야 할 의사결정도 없다. 따라서 선택할 수 있는 행동 방침이 반드시 두 가지 이상 있어야 한다. 그것들이 바로 여러분의 선택지이다.

표준적인 의사결정 모형에 따르면, 의사결정에서의 선택지들은 그중 한 가지만 선택될 수 있는 방식으로 상술되어야 한다. 확률적 모형들에 대한 우리의 연구에서 이미 친숙해진 용어로 표현하면, 선택지들은 **상호 배타적**이고 **망라적**이어야 한다. 따라서 붉은색에 내기 거는 것과 '붉은색 또는 초록색'에 내기 거는 것은 서로 다른 선택지라고 볼 수 없다. '붉은색 또는 초록색'이라는 조합에 내기 걸면 자동적으로 붉은색에 내기 걸게 되기 때문에, 그 두 가지 선택지는 상호 배타적이지 않다. 선택지들은 한 가지 이상을 동시에 선택할 수 없는 방식으로 상술되어야 한다. 그러나 최소한 한 가지 선택지는 선택할 수 있어야 한다. 그렇지 않다면 선택지들의 집합은 망라적일 수 없다. 모든 의사결정에서 선택지들의 집합은 그 상황에서 가능하다고 생각되는 모든 행동들을 망라해야 한다. 예를 들어, 조금 전에 기술한 의사결정에서 노란색에 내기 거는 것은 선택지가 아니다. 위에서 상술되었던 선택지들(붉은색에 내기 거는 것, 초록색에 내기 거는 것, 푸른색에 내기 거는 것)은 상호 배타적이면서 동시에 망라적이다.

9.2 세계의 상태

모든 의사결정 모형은 선택지들의 집합 이외에도 그 의사결정과 유관한 **세계**

의 가능한 **상태**들을 언급해야 한다. 이러한 집합을 상술하는 것이 항상 쉬운 일은 아니다. 예를 들어 여러분은 우리의 게임에서 이기는 것과 지는 것이라는 두 가지의 관련된 상태가 있다고 생각할 것이다. 그러나 이러한 두 가지 상태는 우리의 의사결정 모형에서는 아무 소용도 없다. 우리의 모형에서 세계의 가능한 상태들은 선택지와 **독립적으로** 상술될 수 있어야 한다. 이기는 것과 지는 것의 경우는 그렇지 못하다. 예를 들어 이기는 것은 어떤 선택지와 선택의 결과로 이루어진 복합 사건이다. 따라서 이길 수 있는 세 가지 방법 중 한 가지는 붉은색에 내기를 걸었을 때 선택된 구슬이 붉은색인 경우이다. 우리의 예에서 선택지를 전혀 언급하지 않고 세계의 가능한 상태를 상술하는 방식은 선택 가능한 세 가지 결과, 즉 붉은색이 선택된다, 초록색이 선택된다, 그리고 푸른색이 선택된다를 단순히 나열하는 것이다.

선택지와 마찬가지로 세계의 가능한 상태 역시 상호 배타적이고 망라적이어야 한다. 따라서 어떤 특정한 의사결정 문제에 관한 한, 세계의 실제 상태는 정확히 처음에 상술된 가능성들 중의 하나로 귀착될 것이다. 만약 그렇지 않은 것으로 드러난다면 그러한 의사결정 문제는 재구성되어야 한다.

9.3 결과

[그림 9.1]은 선택지와 세계의 관련된 상태들을 조합하여 만든 **의사결정 행렬**(decision matrix)이다. 제시된 행렬의 형식은 의사결정 이론에서 표준적인 것이다. 선택지들은 왼쪽에 세로로 나열되어 있고, 가능한 상태들은 위쪽에 나타나 있다. 이러한 과정을 거쳐서 나타나는 상자 혹은 칸(cell)은 의사결정 이론가들이 말하는 **결과**(outcome)를 정의한다. 따라서 특정한 의사결정 문제에 대응하는 가능한 결과들은 **선택지와 상태의 쌍**으로 기술될 수 있다. 선택지와 상태의 쌍이 각각 하나의 결과를 결정한다는 사실은, 고려해야 할 결과의 수가 항상 선택지의 수와 상태의 수를 곱한 것임을 의미한다(우리의 경우 3×3=9이다).

	붉은색이 선택된다	초록색이 선택된다	푸른색이 선택된다
붉은색에 내기 건다			
초록색에 내기 건다			
푸른색에 내기 건다			

[그림 9.1] 의사결정 행렬

이러한 모형에서 이기는 것은 결과들의 집합에 대응한다. 실제로 우리는 아홉 가지의 결과 중 세 가지는 이기는 것과 연관되고 여섯 가지는 지는 것과 관련된다는 점을 즉시 알 수 있다. 이기는 것에 대응하는 결과들 중 하나는 붉은색에 걸었을 때, 선택된 구슬의 색깔이 붉은색으로 드러나는 경우이다.

9.4 가치

의사결정에 대한 우리의 모형에는 여전히 한 가지 중요한 요소가 빠져 있다. 내기에 건 돈은 얼마인가? 특히 여러분이 각각의 선택지에 대하여 잃거나 따는 액수는 같은가? 일반적인 용어로 표현하면, 이것은 **가치**(value)의 문제이다. 이기거나 지는 것이 여러분에게 어떤 가치가 있는가? 그것은 얼마 만한 가치가 있는가? 여러분의 가치는 선택지와 상태에만 부여되는 것이 아니라 선택지와 상태의 쌍(즉, 결과)에도 부여된다. 이제 의사결정에서 가치의 역할을 살펴보기로 하자.

일단 가능한 선택지들을 결정하고 세계의 관련된 가능한 상태들을 설정했다면, 모든 의사결정에서 그 다음으로 중요한 요소는 가능한 결과들에 부여되는 상대적 가치이다. 어떤 의사결정 모형에서든 최선의 선택지를 결정하는 일은 대체로 다양한 결과들의 상대적인 가치를 비교하는 문제이다.

의사결정 행렬에서 결과들에 가치를 부여할 때, 가치에 대한 어떤 종류의 일반적인 또는 절대적인 측도도 필요없음을 깨닫는 것이 중요하다. 해당 행렬에서 모든 결과들의 **상대적** 가치를 서로 비교할 수 있으면 그것으로 충분하다.

가치 순위

결과에 가치를 부가하는 근본적으로 다른 두 가지 방식이 있다. 한 가지는 단순히 가치가 높아지는 순서로 결과들의 **순위를 정하는 것**이다(이를 **순서** 순위 또는 스케일이라고 한다). 우리에게 필요한 것은 오직 한 가지 결과를 다른 결과와 비교하는 것이므로 우리가 어떻게 결과들의 가치를 수치로 표시할 것인가는 매우 임의적이다. 예를 들어 우리는 모든 결과들 중 가장 가치가 낮은 결과에 1의 값을 부여할 수 있다. 그 다음으로 가치가 낮은 결과는 2의 값, 그 다음으로 가치가 낮은 결과에 3의 값을 부여하는 방식으로 진행할 수 있다. 우리의 예에서는 모두 9가지의 가능한 결과가 있기 때문에 가장 선호되는 결과는 9라는 값을 갖게 될 것이다. 그러나 우리는 가장 순위가 낮은 결과에 2의 값을 부여하고 그 다음으로 순위가 낮은 결과에 4의 값을 부여하는 방식으로 두 단계씩 올라갈 수도 있다. 이러한 가치 부여가 결과들의 상대적 순위를 바꾸지는 않을 것이다.

우리가 순위만을 갖고 있다면, 예를 들어 3이라는 순위를 받은 결과가 9라는 순위를 받은 결과의 3분의 1의 가치를 갖는다와 같은 가정은 결코 성립할 수 없다. 동일한 순서를 유지하는 어떠한 수들도 가치의 순위를 정하는 데 사용될 수 있기 때문에, 이러한 맥락에서는 어떤 결과가 다른 결과보다 세 배의 가치가 있다는 생각은 의미가 없다. 우리가 말할 수 있는 것은 두 가지 결과 중 더 높은 순위를 차지하는 것이 더 가치가 있다는 것뿐이다. 얼마나 더 가치가 있는가는 정의되지 않는다.

가치 측정

보다 정교한 모형을 구성하기 위해서 결과들에 실제 **측도**(measure)를 부여하는 것이 좋다. 그 경우에 우리는 어떤 결과가 다른 결과보다 두 배의 가치가 있다고 말할 수 있다. 우리의 예에서 이것은 실제로 가능하다. 내기에 가치를 부여하는 표준적인 방법은 일반적으로 가치의 스케일로 간주되고 있는 화폐를 이용하

	붉은색이 선택된다	초록색이 선택된다	푸른색이 선택된다
붉은색에 내기 건다	+10	−10	−10
초록색에 내기 건다	−10	+10	−10
푸른색에 내기 건다	−10	−10	+10

[그림 9.2] 모든 결과에 가치가 부여된 의사결정 행렬

는 것이다. 예를 들어, 여러분에게 10달러의 이익을 주는 결과는 단지 5달러의 이익을 주는 결과보다 두 배가 좋다. 그러나 한편으로 의사결정 모형을 개발하기를 원하지만 다른 한편으로는 결과들의 가치를 금액으로 정하기는 어려운 현실적 상황—어떤 결과가 다른 결과보다 더 가치가 있는가를 쉽게 판단할 수 있음에도 불구하고—이 많이 존재한다.

특정한 의사결정 행렬에서 중요한 것은 가능한 결과들 사이의 상대적 측도뿐이기 때문에 측도의 스케일은 임의적이다. 가치를 측정하는 데 편리한 한 가지 일반적 전략은 가장 가치가 낮은 결과와 가장 가치가 높은 결과를 먼저 확인한 다음 가장 가치가 낮은 결과에 0의 가치를 부여하고 가장 가치가 높은 결과에 100의 가치를 부여하는 것이다. 그러면 행렬을 완성하는 것은 그 밖의 모든 결과들을 그 상대적 가치에 따라서 0에서 100의 스케일에 끼워 맞추는 일이 된다 (전문적으로 이러한 값들을 **효용**이라고 하고 그것들에 기반을 둔 순위를 **효용 순위**라고 한다).

의사결정 문제의 모형을 완성하기 위해서 당분간 그 게임이 다음과 같은 단순한 가치 구조를 갖는다고 가정하자. 만약 여러분이 이길 수 있는 세 가지 가능한 방식 중 어떤 방식으로든 이기면, 10달러를 받는다. 만약 여러분이 질 수 있는 여섯 가지 가능한 방식 중 어떤 방식으로든 지게 되면, 10달러를 지불해야 한다. 이처럼 가치가 부여되었을 때 완성된 의사결정 행렬은 [그림 9.2]에 나와 있다.

9.5 과학적 지식과 의사결정 전략

우리가 하나의 의사결정 행렬을 구성하려면 많은 지식이 필요하다. 우리는 이용가능한 선택지, 세계의 관련된 가능한 상태, 모든 귀결된 결과들의 상대적 가치를 알아야 한다. 그러나 이들 중 어느 것도 전형적인 과학적 연구에서 유래하는 종류의 지식은 아니다. 잘 정의된 과학적 연구들이 제공할 수 있는 것은 세계의 이러저러한 가능한 상태들의 발생에 대한 증거이다.

의사결정의 목적상 우리가 가질 수 있는 세 가지 등급의 지식이 있다. 각각의 지식은 결과들에 확률을 부여하는 것과 관련된다. 현실적인 과학 연구에서 실제로 획득할 수 있는 종류의 증거가 주어지면, 이 세 등급의 지식은 각각 지식의 이상화된 상태를 표현하는데 이는 모든 모형에 대해 마찬가지다. 중요한 것은 이러한 지식의 이상화된 상태 각각에 대해 가장 바람직한 선택지를 확인하기 위한 명확한 전략들이 있다는 점이다. 이러한 전략들과 그것이 바람직한 선택지로 이끄는 이유를 이해하는 일은 선택을 하는 중이거나 이미 한 이후거나 관계없이 의사결정을 평가하기 위한 기초를 제공한다.

9.6 확실한 상황에서의 의사결정

이 책에서 배울 수 있는 가장 중요한 교훈 중의 한 가지는 어떠한 과학적 결론의 참에 대해서도 우리는 결코 절대적으로 확신할 수 없다는 점이다. 특정 가설에 대해 아무리 좋은 증거가 있더라도 그 가설이 참이 아닐 가능성이 높다. 따라서 세계의 어떤 상태가 발생할 것이라고 절대적으로 확신할 수 있다는 생각은 하나의 이상화에 불과하다. 말하자면 **확실한 상황에서의 의사결정**(decision making with certainty)이란 세계의 어떤 특정한 상태가 발생할 것이라는 아주 좋은 증거가 있기 때문에 우리가 잘못을 범할 조그만 가능성을 무시하는 상황일 뿐이다. 만약 그러한 조그만 가능성을 무시하는 것이 썩 내키지 않는다면, 여러분의 모든 의사결정 문제는 우리가 잠시후 '위험' 또는 '불확실성'으로 간주할 것을 포함할 것이다.

최고 가치 전략

확실한 상황에서의 의사결정은 여러분이 세계의 가능한 상태 중 어떤 것이 실제 상태인지 또는 실제 상태가 될 것인지를 확실히 알고 있는 것처럼 행동하는 모든 의사결정 문제를 포함한다. 예를 들어, 우리의 모형에서 여러분은 전적으로 신뢰할 수 있는 소식통으로부터 항아리 안에 있는 구슬이 모두 붉은색이라는 말을 들었을 수 있다. 이 경우 여러분은 선택된 구슬이 확실히 붉은색일 것임을 알고 있다. 이러한 상황에서 당신이 어떻게 행동할 것인가는 분명하다. 당신은 붉은색에 내기를 걸 것이다. 이러한 상황을 보다 더 체계적으로 살펴보자.

[그림 9.2]를 보고 붉은색이 선택되는 상태를 포함하는 결과들을 검토해 보자. 그 결과들은 "붉은색이 선택된다"는 제목 하에 있다. 이 결과들 중 붉은색에 내기 거는 선택지에 대응하는 결과는 +10달러의 가치를 갖는다. 초록색이나 푸른색에 내기 거는 선택지에 대응하는 결과들은 -10달러의 가치를 갖는다. 그러므로 붉은색이 선택되는 상태와 양립 가능한 세 가지 결과 중 붉은색에 내기 거는 선택지가 가장 높은 가치를 갖는다.

이러한 분석으로부터 우리가 세계의 실제 상태에 대한 확실한 지식을 갖고 있다고 가정했을 때의 의사결정에 대한 일반적 전략이 제시된다.

· **최고 가치 전략**(Highest Value Strategy)
세계의 실제 상태에 대한 확실한 지식을 갖고 있다고 가정했을 때 알려진 상태와 양립 가능한 결과들 중 가장 가치가 높은 결과와 연계된 선택지를 선택하라.

세계의 상태에 대한 확실한 지식을 가정한 상태에서 모든 결정이 내려진다면,

의사결정 행렬의 모든 요소들을 고려할 필요는 별로 없을 것이다. 앞의 예에서 그렇게 한 이유는 의사결정 문제가 먼저 설정되고 나서 그 문제를 확실한 상황에서의 의사결정 문제로 만드는 지식을 우리가 갖게 되었다고 가정했기 때문이다. 이러한 부류의 일이 실생활에서도 일어날 수 있지만, 우리가 선택지들을 고려할 때 이미 그러한 정보를 얻는 것이 보통이다. 그렇다면 우리는 세계의 한 상태 이외에 다른 상태를 고려할 필요가 없을 것이다. 이용 가능한 선택지들을 결정하는 일을 제외하면 의사결정 문제를 평가하는 일은 주로 결과에 상대적 가치를 부가하는 문제가 된다. 만약 여러분이 가치가 증가하는 순서로 결과들에 순위를 매길 수만 있다면, 어떤 선택지를 택할 것인가는 분명할 것이다.

불행하게도 이러한 단순한 모형이 적용되는 의사결정은 별로 없다. 이용 가능한 정보를 총동원하더라도 세계의 몇몇 가능한 상태들을 여전히 고려해야 하는 상황에서 우리가 의사결정을 해야 하는 일이 자주 일어난다. 이제 이처럼 더 흥미로운 경우로 넘어가 보자.

9.7 완전히 불확실한 상황에서의 의사결정

실생활에서 어떤 상태가 발생할 것인가에 대해 우리가 완전히 불확실한 경우는 거의 없다. 그러므로 완전히 확실한 상황에서의 의사결정 모형과 마찬가지로 완전히 불확실한 상황에서의 의사결정 모형 역시 하나의 이상화이다. 그러나 실제로 관련된 정보가 거의 없고 그나마 조금 있는 정보마저 이용할 수 있는 방법이 분명치 않는 경우 그 모형은 유용한 이상화가 될 것이다.

세계의 상태가 완전히 불확실하다고 가정하는 의사결정을 평가하는 일은 실로 의사결정 행렬 자체에만 의존하여 의사결정을 고려하는 것이다. 그것은 쉬운 일이 아닌 것처럼 보이는데, 실제로도 쉽지 않다. 그러나 그것을 수행할 수 있는 몇 가지 체계적인 방식들이 있으며, 이러한 방식들은 알아 둘 만한 가치가 있다.

더 좋은 선택지와 더 나쁜 선택지

세계 상태에 관한 정보와 전혀 관계없이 하나의 선택지가 다른 선택지보다 분명히 더 좋을 수 있는 방식이 있다. [그림 9.3]에는 우리의 의사결정 모형에서 이러한 가능성을 예시하는 가치들의 집합을 보여 준다. 초록색에 내기를 걸었을 때 나오는 결과와 푸른색에 내기를 걸었을 때 나오는 결과와 연계된 가치를 보라. 만약 붉은색이 선택된다면, 두 경우의 이익은 –5달러이다. 만약 푸른색이 선택된다면 두 경우의 이익은 +5달러이다. 그러므로 붉은색이나 푸른색이 선택되면, 초록색에 내기 걸거나 푸른색에 내기 걸거나 이익은 동일하다. 그러나 만약 초록색이 선택되면, 초록색에 내기 걸었을 때의 이익은 +10달러이지만 푸른색에 내기 걸었을 때의 이익은 +5달러에 불과하다. 따라서 여러분이 초록색에 내기 걸면 당연히 푸른색에 내기 거는 만큼 잘한 일이며, 초록색에 내기 걸면 더 많은 이익을 얻을 수 있는 최소한 한 가지의 상태가 있다. 그러므로 전반적으로는 초록색에 내기 거는 것이 분명히 더 좋다.

이제 이러한 생각을 분명하게 정식화해 보자.

· **더 좋은 선택지**(Better Options)
임의의 두 선택지 A_1과 A_2에 대해, 만약 A_1이 A_2보다 가치 있는 결과를 갖는 상태가 적어도 하나 있고 A_2가 A_1보다 가치 있는 결과를 갖는 상태는 하나도 없다면, 선택지 A_1은 선택지 A_2**보다 더 좋다**.

(의사결정 이론의 전문적 용어로 표현하면, A_1은 A_2보다 **우세하다**dominates. 만약 A1과 A_2가 적어도 하나의 결과에 대해 동일한 가치를 갖는 경우 A_1은 A_2보다 **약하게** 우세한다고 한다. 만약 A_1이 모든 결과에 대해 A2보다 더 높은 가치를 갖는 경우 A_1은 A_2보다 **강하게** 우세한다고 한다.) 더 좋은 선택지에 대한 이러한 규정은, 비록 가치 행렬이 결과들에 대한 가치 순위만을 포함하고 있더라도, 이용될 수 있다는 점에 유의하라.

	붉은색이 선택된다	초록색이 선택된다	푸른색이 선택된다
붉은색에 내기 건다	+10	+5	0
초록색에 내기 건다	−5	+10	+5
푸른색에 내기 건다	−5	+5	+5

[그림 9.3] 전반적으로 최선인 선택지는 없지만 다른 것보다 나은 한 가지 선택지가 존재한다는 것을 예시하는 가치 부여

만약 A_1이 A_2보다 좋다면, 우리는 A_2가 A_1**보다 나쁘다고** 말할 것이다. [그림 9.3]의 행렬에서 붉은색에 내기 거는 것은 초록색에 내기 거는 것보다 좋지도 않고 나쁘지도 않다는 점에 주목하라. 즉 어떤 선택지가 다른 선택지보다 좋다는 의미를 위에서와 같이 이해하면, 그러한 선택지 중 어느 것도 다른 것보다 좋지 않다.

더 좋은 선택지를 이용할 수 있는데 더 나쁜 선택지를 선택하는 것은 어리석은 짓이다. 따라서 어떤 문제에 대한 가치 행렬에서 다른 선택지보다 나쁜 선택지가 있다면, 그 둘 중 더 나쁜 선택지를 간단히 무시해도 좋다. 어떠한 상황에서도 더 나쁜 선택지를 선택하는 결정을 하지 않아야 한다. 여기서 어떤 상태가 성립하는지 완전히 불확실한 상황하에서 의사결정 문제에 접근할 때 우리가 사용할 수 있는 한 가지 일반 법칙이 있다.

- **더 나쁜 선택지를 배제하라**(Eliminate Worse Options)
  만약 어떤 선택지들이 다른 것들보다 나쁘다면, 그렇게 더 나쁜 선택지들을 더 이상 고려할 필요 없이 배제하라.

최선의 선택지

만약 어떤 선택지가 다른 선택지보다 좋다는 것이 가능하다면, 그 선택지가 이용 가능한 최선의 선택지가 될 수 있다. 그 선택지는 (방금 정의된 의미에서) 단지 다른 모든 선택지들보다 좋으면 된다. 이 점을 정식화하면 다음과 같다.

· **최선의 선택지**(Best Options)

만약 어떤 의사결정 문제에서 하나의 선택지가 다른 모든 선택지들보다 좋으면, 그 선택지는 그 문제에서 이용 가능한 **최선의 선택지**이다.

의심할 여지 없이 만약 어떤 의사결정 문제에 대한 가치 행렬에서 최선의 선택지가 있다면, 여러분은 당연히 그것을 선택해야 한다. 우리는 불확실한 상황하에서 의사결정을 행할 때 이 간단한 아이디어를 일반적 전략으로 제시할 수 있다.

· **최선의 선택지 전략**(Best-Options Strategy)

만약 어떤 의사결정 문제에서 최선의 선택지가 포함되어 있다면, 그것을 선택하라.

실생활에서는 최선의 선택지는 거의 발견되지 않는다. 실제로 우리가 지금까지 살펴본 두 가지 행렬 중 어느 것에도 최선의 선택지가 포함되어 있지 않다.

만족스러운 선택지

여러분은 비록 최선은 아니지만 그럼에도 불구하고 충분히 좋은 선택지를 규정할 수 있는 방식을 알고 싶을 것이다. 어떤 선택지가 "충분히 좋다"(good enough)는 것은 무엇을 의미하는가? 일반적인 생각은 다음과 같다. 모든 의사결정 문제에서 의사결정자는 그 문제에서 **만족스러운** 결과로 간주될 수 있는 가장 낮은 가치를 염두에 두고 있다. 만약 이러한 최소 가치를 보증하는 어떤 선택지가 있고 그보다 높은 가치를 보증하는 선택지는 전혀 없다면, 우리는 그 최소의 만족스러운 가치를 보증하는 선택지를 선택할 것이다.

이러한 일반적 생각을 보다 더 정확하게 표현하기 위해 어떤 주어진 의사결정 문제에서 의사결정자의 **만족 수준**(satisfaction level)을 다음과 같이 정의해 보자.

· **만족 수준**

의사결정자가 주어진 의사결정 문제에서 만족스러운 결과로 간주하는 최소 가치(또는 가치 순위)는 그 문제에서 의사결정자의 만족 수준이다.

우리는 의사결정자의 만족 수준이라는 개념을 이용하여 **만족스러운 선택지**를 다음과 같이 규정할 수 있다.

· **만족스러운 선택지**

만약 어떤 선택지와 관련된 모든 결과들이 최소한 그 의사결정 문제에 대한 의사결정자의 만족 수준 이상의 가치를 갖는다면, 그 선택지는 주어진 문제에서 그 의사결정자에게 **만족스러운 선택지**이다.

이제 우리는 완전히 불확실한 상황하에서의 의사결정을 위해 또 하나의 전략을 다음과 같이 정식화할 수 있다.

· **만족스러운 선택지 전략**

최선의 선택지가 없는 의사결정 문제에서 만족스러운 선택지가 있다면, 그것을 선택하라.

[그림 9.3]에 있는 의사결정 문제에서 여러분의 만족 수준이 0까지 내려간다면, 붉은색에 내기를 거는 것이 만족스러운 선택지이다.

만족스러운 선택지 전략에 대한 이 같은 정식화는 단 하나의 선택지만이 만족스러운 경우에만 그 선택지를 선호하라고 제안한다. 둘 이상의 만족스러운 선택지들이 존재할 경우 추가로 결정해야 할 문제가 남는다. 그리고 남아 있는 만족스러운 선택지들의 집합에는 또 다른 전략을 적용할 필요가 있다. 다른 선택지보다 나쁜 선택지들은 이미 모두 배제되었다고 가정하면, 남아 있는 만족스러운 선택지 중 어떤 선택지도 다른 것들보다도 좋은 것은 없을 것이다. 그러나 어떤 선택지가 의사결정자로 하여금 다른 선택지들보다 높은 만족 수준을 갖게 한다면, 그것이 분명히 더 좋은 선택 대상일 것이다. 만약 두 가지 선택지가 동일한 만족 수준을 갖는다면 여러분은 단지 동전을 던져서 선택지를 결정할지도 모른다.

안전한 게임

[그림 9.4]는 의사결정 문제에 대한 우리 모형의 또 다른 버전을 보여 준다. 이 버전에는 여러분 스스로 즉시 검증할 수 있듯이 어떠한 최선의 선택지도 없다. 앞에서의 규정에 따르면 어떠한 선택지도 다른 선택지보다 더 좋지는 않다. (예를 들어 붉은색에 내기 거는 경우를 생각해 보자. 그 선택지는 붉은색이 선택되면 초록색에 내기 거는 경우보다 높은 가치를 갖지만, 그러나 초록색이 선택되거나 푸른색이 선택되면 더 낮은 가치를 갖는다.) 더구나, 여러분이 양의 값을 갖는 만족 수준을 설정하면, 만족스러운 선택지 또한 존재하지 않는다.

그러나 여러분이 기꺼이 자신의 만족 수준을 0까지 낮추는 경우에는 푸른색에 내기 거는 것이 하나의 만족스러운 선택지가 될 것이다. 이 선택지는 여러분에게 최소한 0의 값을 가지는 결과를 보장한다. 어떠한 다른 선택지도 그처럼 양의 값을 가지는 결과를 보장하지는 못한다. 이것은 의사결정 행렬의 매우 일반적인 특징이다. 자신의 만족 수준을 충분히 낮춤으로써 여러분은 결국 가능한 최고의 만족 수준을 지닌 선택지를 발견하게 된다.

얻을 수 있는 가장 높은 만족 수준을 지닌 선택지를 규정하는 또 다른 표준적 방식이 있다. 모든 선택지에는 가장 가치가 작은 결과가 하나 있다. 의사결정 이

	붉은색이 선택된다	초록색이 선택된다	푸른색이 선택된다
붉은색에 내기 건다	+10	0	−5
초록색에 내기 건다	+5	+10	−5
푸른색에 내기 건다	0	+5	+5

[그림 9.4] 의사결정 문제 모형의 또 다른 버전

론의 맥락에서 이러한 결과의 가치는 해당 선택지의 **보증 수준**(security level)이라고 한다. 그것을 달리 표현하면 다음과 같다.

· **선택지의 보증 수준**

어떤 선택지와 연계된 결과 중 가장 가치가 작은(또는 가장 순위가 낮은) 결과가 그 선택지의 보증 수준이다.

비형식적으로 말하면 어떤 선택지의 보증 수준은 그 행위 과정을 선택했을 때 얻을 수 있는 가장 나쁜 결과의 가치이다.

보증 수준이 **가장 큰** 선택지는 획득할 수 있는 최고의 만족 수준을 갖는 선택지와 동일하다. 따라서 이러한 선택지를 발견하는 데 필요한 간단한 전략이 하나 있다. 단지 모든 선택지의 보증 수준을 나열한 다음, 그중 최고의 보증 수준을 갖는 선택지를 찾으면 된다. 이것은 다음과 같은 안전한 전략을 제시한다.

· **안전한 전략**

보증 수준이 가장 큰 선택지를 선택하라.

(의사결정의 전문적 용어로 표현하면 이러한 전략은 **최소최대화 전략**이라고 한다.) 이것을 안전한 전략이라고 부르는 이유는 그것이 손실의 최소화를 추구하고 가능한 이익에는 관심을 두지 않기 때문이다. 만약 여러분이 잠재적 손실보다 잠재적 이익에 더 많은 관심을 갖고 있다면, 고려할 만한 또 다른 전략이 있다.

도박

모든 가치 행렬에는 최대 가치를 갖는 결과가 적어도 하나 있다. 대부분의 경우 그것은 하나밖에 없다. 당분간 하나만 있다고 가정하자. 도박꾼을 특징짓는 한 가지 방법은 위험에 관계없이 "모든 구슬을 얻고자 하는" 사람으로 정의하는 것이다. 현재의 맥락에서 이것은 가장 높은 가치를 갖는 결과와 연계된 선택지를 선택한다는 것을 의미한다. 물론 그렇게 하더라도 그러한 결과를 얻지 못할 수 있지만, 만약 다른 선택지를 선택한다면 그 결과를 결코 얻을 수 없을 것이다. 이러한 생각을 분명한 전략으로 정식화하면 다음과 같다.

· **도박꾼의 전략**

최대 가치와 연계된 선택지를 선택하라.

동일한 최대 가치를 갖는 결과가 하나 이상 있을 경우 일관된 전략은 두 번째로 높은 가치들을 찾은 다음, 전반적으로 최대 가치뿐만 아니라 두 번째로 높은 가치들 중 가장 높은 것에 대응하는 선택지를 취하는 것이다. 만약 이러한 선택지가 하나 이상 있다면, 세 번째로 높은 가치들 중 가장 높은 것에 대응하는 선택지를 취하면 된다. 이러한 전략을 계속 추구하면 결국에는 유일한 의사결정에 이르게 된다. 물론, 가장 중요한 문제는 당신이 반드시 도박을 해야만 하는가라는 점이다.

도박 대 안전한 게임

다시 [그림 9.4]를 보라. 도박꾼의 전략은 초록색에 내기 거는 것을 추천한다. 왜냐하면 그 선택지는 5달러와 10달러의 이익을 낳을 가능성이 있기 때문이다. 안전한 전략은 푸른색에 내기 거는 것을 추천한다. 왜냐하면 그 선택지의 경우 보증 수준이 0달러인 데 비해 다른 두 가지 선택지들의 보증 수준은 –5달러이기 때문이다.

일반적으로 도박꾼의 전략은 각 선택지의 높은 가치들에 주목하고 최대의 높은 가치를 갖는 선택지를 취하는 것이다(**최대최대화 전략**, maximax). 안전한 게임 전략은 각 선택지의 낮은 가치들에 주목하고 최대의 낮은 가치를 갖는 선택지를 취하는 것이다(**최소최대화 전략**, maximin). 완전히 불확실한 상황에서 의사결정을 하는 경우 이러한 두 가지 전략 중 어느 것이 내재적으로 더 좋다고 생각할 이유가 있는가?

이러한 질문에 대해 철학자와 의사결정 이론가가 일반적으로 인정하는 대답은 똑같이 "없다"는 것이다. 최선의 선택지를 취하는 것은 분명히 올바른 전략처럼 보인다. 그리고 만족스러운 선택지를 택하는 것은 어쨌든 좋은 전략인 것 같다. 그러나 이러한 두 가지 전략 중 어느 것도 적용될 수 없다면, 분명히 따라야 할 올바른 전략은 없는 듯하다.

도박을 하는 전략과 안전한 게임을 하는 전략을 애써 정식화하는 주된 이유는 하나의 의사결정 문제에 대한 이 두 가지 태도의 성격을 분명히 하기 위해서이다. 도박 또는 안전한 게임을 원할 경우, 어떻게 해야 할지를 여러분은 이제 분명히 안다. 그리고 이미 내려진 결정을 이해하고 싶다면, 그것이 다른 사람이 내린 결정이든 여러분 자신이 내린 결정이든 관계없이, 그 두 가지 전략 중 하나를 통해 수행된 일을 정확히 규정할 수 있을 것이다. 비록 어떤 것이 올바른가를 안다고 주장할 수는 없을지라도, 여러분은 최소한 어떤 일이 일어나고 있는가를 이해할 수는 있을 것이다.

이렇게 만족스럽지 못한 사태가 발생하는 이유를 우리는 쉽게 알 수 있다. 이는 우리가 세계의 상태에 대해 그것이 가능하다는 것 외에 어떠한 구체적 정보도 없는 상황에서의 의사결정 문제를 다루고 있기 때문이다. 특정한 과학적 정보가 없는 상황에서 분명히 올바른 어떤 결정이 항상 존재할 것이라고 기대할 수는 없다. 앞으로 알게 되겠지만, 더 많은 정보가 있다면 그 상황은 아주 달라진다.

9.8 위험한 상황에서의 의사결정

세계의 상태에 대해 거의 완전히 불확실한 상황에서 의사결정을 하는 것은 분명히 위험스러운 일이다. 그러나 의사결정 이론가들이 위험(risk)에 대해 말할 때 그들이 염두에 두고 있는 것은 **알려진** 또는 **제어된** 위험이다. 위험은 확률로 알려지거나 제어된다. 따라서 **위험한 상황에서의 의사결정**(decision making with risk)은 세계의 모든 가능한 상태들의 확률을 아는 상황에서 내리는 의사결정이다. 그러한 확률을 안다는 것은 완전한 확실성과 완전한 불확실성 사이에 있는 유형의 지식임이 분명하다.

구간 추정에 대한 연구를 통해, 우리는 어떤 표본으로부터 유래한 확률에 대해 알 수 있는 것은 기껏해야 참인 확률이 특정한 구간 안에 있다는 점임을 배웠다. 그것도 주어진 일정한 신뢰 수준, 말하자면 95%의 신뢰 수준에서 알 수 있을 뿐이다. 우리는 한동안 표준적 관행에 따라 세계의 가능한 상태들에 특정한 확률을 부여한다고 가정할 것이다. 이는 확률들이 정확하게 그리고 완전히 확실하게 알려져 있다고 보는 이상화를 도입하는 것에 해당한다.

지금까지 우리가 검토했던 모든 전략은 비록 우리의 가치들이 가능한 결과들의 순위로만 표현되더라도 적용될 수 있다. 그러나 위험한 상황에서의 의사결정에 대한 전략들은 그렇게 포괄적이지 못하다. 가치에서의 차이 비율이 의미가 있을 정도로 가치들이 측정되어야만 그 전략들은 적용될 수 있다. 이 말은 확률이 일종의 측정된 지식으로 간주될 수 있다는 맥락에서 이해될 수 있다. 만약 확률을 가치와 결합하려고 한다면, 그 가치들은 확률과 같은 정도로 측정되어야 한다. 그렇지 못하면, 그 결합은 아무런 의미가 없을 것이다.

기대값

확률과 가치를 결합하기 위해서는 **기대값**(expected value)이라는 새로운 개념이 필요하다. 선택지의 기대값을 명확히 특징짓기 전에 비형식적으로 그것에 접근할 수 있는 몇 가지 방식들을 살펴보자. 여러분이 [그림 9.4]에 주어진 가치들을 갖는 게임을 한다고 가정하자. 또한 구슬 항아리 안에 붉은 구슬이 30%, 초록 구슬이 30%, 푸른 구슬이 40% 들어 있는 것을 안다고 가정하자. 여러분은 붉은색에 내기 거는 것을 고려하고 있다.

어떤 선택지의 기대값에 대해 생각하는 한 가지 방식은 그 게임을 매우 많은 횟수에 걸쳐 한다고 상상하는 것이다. 평균적으로 붉은색에 내기 걸면 10번 중 3번은 이길 것이다. 정확히 오직 10번의 게임을 한다고 상상해 보자. 만약 평균처럼 일이 진행된다면, 여러분은 3번의 게임에서는 10달러를 벌고, 3번의 게임에서는 어떤 이익도 얻지 못하고, 4번의 게임에서는 5달러를 잃을 것이다. 이를 모두 합하면 순수익은 10(30+0-20)달러이거나 또는 한 게임당 1달러이다.

그 상황을 생각하는 또 다른 방식은 더 직접적으로 확률을 이용하는 것이다. 만약 여러분이 단 한 번만 게임을 한다면, 붉은색에 내기를 걸 경우 여러분이 10달러를 얻을 가능성은 3/10이고, 아무 이익도 얻지 못할 가능성 또한 3/10이며, 5달러를 잃을 가능성은 4/10이다. 그러나 이 가능성들은 상호 배타적이기 때문에 여러분은 그 결과들을 더할 수 있다. 10달러의 3/10은 3달러이다. 0달러의 3/10은 0달러이다. 그리고 5달러의 4/10은 2달러이다. 3달러에서 2달러를 빼면 1달러이다. 그 결과 붉은색에 걸었을 때 여러분의 기대값은 1달러를 얻는 것이라고 말할 수 있다.

이제 선택지의 기대값을 분명하게 진술해 보자.

· **선택지의 기대값**

어떤 선택지의 **기대값(EV)**은 각 가능한 결과의 가치와 그에 대응하는 상태의 확률(즉, 가중치)을 곱한 값들의 합이다.

가치들의 가중된 합은 먼저 각 가치와 그에 대응하는 가중치를 곱한 결과들을 모두 더하여 계산된다. 예를 들어, [그림 9.4]의 행렬로 표현된 게임에서 붉은색에 내기를 걸었을 때의 기대값은 다음과 같다.

EV(붉은색에 내기 건다)$=(0.3\times10)+(0.3\times0)+(0.4\times-5)=3-2=1$달러

물론 이 값은 우리가 앞에서 계산했던 값과 같다. 하나의 선택지의 EV는 게임당 당신이 벌거나 잃을 것이라고 기대할 수 있는 양이다. 이제 우리는 위험이 알

려진 상황에서의 의사결정에 대한 **기대값 전략**(expected-value strategy)을 다음과 같이 분명히 기술할 수 있다.

· **기대값 전략**

최대의 기대값을 갖는 선택지를 선택하라.

이 전략에 따라서 방금 여러분이 살펴본 문제에서는 푸른색에 내기 걸어야 한다는 점을 스스로 검증해 보라. 붉은색에 내기 거는 것은 세 가지 선택지 중 가장 나쁘다.

만약 동일한 최대 기대값을 갖는 선택지가 하나 이상 있으면, 모든 다른 가능한 선택지들을 배제하고 남아 있는 행렬을 불확실한 상황에서의 의사결정의 한 가지 사례로서 처리하면 된다. 기대값을 결정하는 데 확률에 대한 정보를 이용했기 때문에, 여러분은 몇몇 남아 있는 선택지들 중 어느 것을 선택해야 할 것인가를 결정하는 데 사용할 수 있는 정보를 전혀 갖고 있지 않을 것이다. 실제적으로 이러한 일은 거의 발생하지 않기 때문에 여러분은 이러한 우발적 사태에 대해 크게 염려할 필요는 없다.

기대값 전략이 최선의 전략인가

여기서 잠시 멈추고 과연 기대값 전략이 알려진 위험의 경우들에 대해 실제로 최선의 가능한 전략인가를 살펴볼 만한 필요가 있다. [그림 9.5]에서 볼 수 있는 것과 같은 의사결정 문제의 최종 버전을 살펴보자. 여기서 붉은색에 내기 걸었을 때 기대값이 가장 낮고 푸른색에 내기 걸었을 때 기대값이 가장 높다. (여러분은 스스로의 힘으로 각각의 기대값을 계산해 보아야 한다.)

만약 이러한 문제에 직면한 어떤 사람이 확률을 무시하고 안전한 게임을 한다면 어떻게 될까? 이것은 결국 보장 수준이 가장 높은 붉은색에 내기 건다는 것을

	P(R)=0.20 붉은색이 선택된다	P(G)=0.30 초록색이 선택된다	P(B)=0.50 푸른색이 선택된다	보장수준	기대값
붉은색에 내기 건다	+10	+5	0	0	3.5
초록색에 내기 건다	+10	+15	−5	−5	4
푸른색에 내기 건다	−10	+5	+15	−10	7

[그림 9.5] 기대값 전략과 안전한 게임 전략 사이에 직관적 충돌이 발생하는 의사결정 문제

의미한다. 결국 그 사람이 생각하는 것은, 만약 여러분이 게임을 단 한 번만 한다면 푸른색에 내기를 걸었을 때 실제로 7달러의 기대값을 얻을 수 없다는 것이다. 여러분은 15달러를 벌거나, 5달러를 벌거나, 아니면 10달러를 잃게 된다. 그 중간 결과는 없다. 더구나, 그 사람은 10달러를 잃는 것는 만족스러운 결과가 아니지만 아무것도 잃지 않는 것은 만족스러운 결과라고 말할 것이다. 그러므로 붉은색에 내기를 거는 것이 실제로 더 좋은 선택지이다.

이러한 태도에 대한 한 가지 대응은 다음과 같다. 즉 우리는 기대값 전략을 어떤 특정한 게임이 아니라 모든 종류의 상황에서 준수해야 할 일반적 방책으로 간주해야 한다. 만약 우리가 항상 확률을 무시하고 안전한 전략을 따른다면, 평균적으로 따져볼 때 확률을 사용하고 기대값 전략을 따르는 것만큼 잘하지 못할 것이다. 그러나 어떤 특정한 의사결정을 해야 하는 상황에서 장기적 안목을 갖는 것이 때로는 어렵다. 어쨌거나 우리는 기대되는 장기적 이익으로 혜택을 볼 만큼 오래 살지 못할 수도 있다.

또 다른 문제는 해당 결과들에 매겨진 액수가 어떤 사람이 그 결과들에 부여할 실제적 가치를 반영하지 못할 수 있다는 점이다. 예를 들어, 여러분이 자신의 이름으로 오직 10달러를 갖고 있다면, 푸른색에 내기를 걸어 그 돈을 모두 잃을 전망은 그 가능성이 20%에 불과하더라도 매우 심각할 것이다. 그러나 붉은색에 내기를 걸었을 때 5달러나 10달러를 얻을 50%의 가능성은, 실제로 어떤 것을 잃을 가능성이 전혀 없는 상황에서는, 아주 좋게 여겨질 수 있다. 이와 달리, 10달러가 여러분이 갖고 있는 현금에서 매우 적은 부분을 차지한다면, 여러분은 10달러를 잃을 20%의 가능성에 대해 크게 염려하기보다는 7달러의 기대치에 대해

더 많은 관심을 가질 것이다.

요약하면, 기대값 전략에 대해서 할 말이 많지만 그것은 최고 가치 전략, 최선의 선택지 전략, 심지어는 만족스러운 선택지 전략과 같이 확고한 호소력을 갖고 있지 못하다. 반면에 그러한 다른 전략들이 적용되는 (완전히 불확실한 상황에서의) 의사결정이 가지는 매우 이상적인 (따라서 현실성이 희박한) 성격을 염두에 두는 것 또한 중요하다.

9.9 현대의 효용 이론

위험한 상황에서 합리적인 의사결정을 내리기 위한 일반적 전략으로서 경제적(예를 들어 금전상의) 가치를 이용하는 것에 대해 다양한 문제들이 다년간 제기되어 왔다. 그러한 문제들에 대해 경제학과 철학에서 가장 널리 수용된 해결책은 캠브리지 대학의 수학자 램지(F. Ramsey)가 1926년에 발표한 약간은 모호한 논문 "참과 확률"(Truth and probability)에 기원을 두고 있다. 램지가 그 논문에서 개괄한 한 가지 절차는 행위자의 선호들에 대한 서열 스케일로부터 결과들에 대한 간격 스케일을 구성하는 하나의 규칙이다. (램지는 또한 행위자의 선호에 대한 서열 스케일로부터 믿음의 정량적 정도를 구성할 수 있는 방법을 제시했다. 여기서 우리는 그러한 통찰에 대해서는 다루지 않을 것이다.)

램지의 통찰

램지는 자신이 "윤리적으로 중립적"이라고 명명한 명제들의 집합의 범위를 설정하는 것으로부터 자신의 논문을 시작한다. 어떤 명제가 윤리적으로 중립적인 경우란 바로 사람들이 그것의 참이나 거짓에 관심을 갖지 않는 경우이다. 사람들이 진리값에 관심을 갖고 있는 다른 명제의 참 또는 거짓이, 윤리적으로 중립적인 명제의 참 또는 거짓과 관련될 경우에만 비로소 그러한 윤리적으로 중립적인 명제는 관심의 대상이 된다. 예를 들어, "이 동전을 다음에 던졌을 때 앞면이 나올 것이다"라는 명제 P의 참에 관심을 가질 사람은 별로 없을 것이다. 그러나 P가 다른 명제들, 예를 들어, "만약 P가 참이면, 당신은 나에게 100달러를 주어야 한다"든가 "만약 P가 거짓이면, 나는 당신에게 100달러를 주겠다"와 같은 명제들과 결합되면, 적어도 두 사람은 P의 진리값에 많은 관심을 갖게 될 것이다. 윤리적으로 중립적인 명제들의 진리값은 램지의 절차에서 중요한데 그것들의 참 또는 거짓만으로는 임박한 의사결정의 가치에 아무런 기여를 하지 않기 때문이다. 윤리적으로 중립적인 명제를 "공화당 후보가 다음 미국 대통령 선거에서 승리할 것이다"라는 명제와 비교해 보라. 많은 사람들이 그 명제와 다른 명제들과의 결합과 무관하게 그것의 참 또는 거짓에 가치를 부여할 것이다.

램지는 이어서 행위자의 선호 순서에 대해 한 가지 가정을 제시한다. 그는 행위자가 최고로 선호하는 결과와 최하로 선호하는 결과를 갖는다고 가정한다. 즉 최고의 선호와 최하의 선호가 있다는 것이다. 순위가 최고인 결과들이 하나 이상 존재할 수 있는데, 그 경우 행위자는 그 결과들에 대해 무차별적이다. 최하의 경우에도 사정은 마찬가지이다. 램지는 먼저 순위가 최고인 항목(또는 항목들)에 1의 값을 부여한다. 그 다음 그는 순위가 최하인 항목(또는 항목들)에 0의 값을 부여한다. 여기서 1과 0의 값을 사용한 것은 단순히 하나의 규약일 뿐이다. 그러나 그것은 유용한 규약이다. 왜냐하면 램지는 그러한 값들을 확률과 결합하기를 원하는데 확률론에서는 최대값 및 최소값으로 1과 0이 사용되기 때문이다.

램지의 통찰은 행위자의 서열 순위에서 최고의 선호와 최하의 선호 사이에 위치한 중간 결과들에 올바른 값을 부가하는 방법을 고안한 데 있다. 램지는 다음의 규칙을 제안한다.

> 중간 순위가 매겨진 각 항목에 대해서 여러분은 언제 다음의 두 가지 선택지를 **차별하지 않을** 것인지를 결정하라.
>
> (1) 그 항목을 얻게 될 확률이 1이다(그 항목을 확실히 얻는다)

또는

(2) 윤리적으로 중립인 어떤 명제가 참으로 드러나면 당신의 서열 순위에서 최고로 선호되는 항목을 얻게 되고 그 명제가 거짓으로 드러나면 최하로 선호되는 항목을 얻게 되는 내기를 한다.

그러면 행위자가 선택한 윤리적으로 중립적인 명제가 참이 되는 확률은 그 중간 순위가 매겨진 항목의 **효용값**(utility value)이다. 그 효용값은 0과 1 사이의 어딘가에 위치하는 값이다. 그러나 그 값은 0도 될 수 없고 1도 될 수 없다. 왜냐하면 그 중간 항목은 정의상 행위자의 서열 순위에서 최고로 선호되는 항목과 최하로 선호되는 항목 사이에 있기 때문이다. 일단 행위자가 위의 규칙을 중간 순위가 매겨진 각 항목에 적용하면 그는 하나의 **효용 스케일**을 구성하게 된다. 여기서 효용 스케일은 가능한 결과들에 대한 행위자의 서열 순위를 반영할 뿐만 아니라 그 결과들 사이의 차이들의 상대적 양, 즉 간격 스케일도 반영한다.

가상적 사례

자신이 살고 있는 지역에서 잘 알려진 고등학교 미식축구 스타인 쿠르트라는 학생이 있다고 가정해 보자. 쿠르트는 두 주요 대학으로부터 대학 풋볼 팀 입학을 위한 장학금 제안을 받았는데, 그중 하나는 자신이 사는 주에 있는 대학(SU)이고 다른 하나는 다른 주에 있는 대학(OSU)이었다. 물론 두 가지 장학금 제안 중 어느 것도 쿠르트가 대학에서 미식축구 경기를 할 것이라고 보장하지는 않았다. 쿠르트는 자신의 코치와 의논하고 장래 팀의 동료들을 평가해 본 다음 자신이 OSU에서 경기를 할 확률은 0.75이고 SU에서 경기를 할 확률은 0.6이라고 상당히 신빙성 있게 추정했다. 그는 또한 결과들에 대한 자신의 서열 순위를 구성하고 다음과 같이 최고로 선호하는 항목으로부터 최하로 선호하는 항목을 나열했다.

SU에 진학하여 미식축구 경기에 출전한다.

OSU에 진학하여 미식축구 경기에 출전한다.

OSU에 진학하지만 미식축구 경기에 출전하지 못한다.

SU에 진학하지만 미식축구 경기에 출전하지 못한다.

(쉽게 표현하면 쿠르트는 대학 미식축구팀에서 경기하는 것을 원하고 멀리 떨어진 지역보다는 자신의 고향 관중들 앞에서 경기하는 것을 더 원한다. 그러나 만약 그가 미식축구 경기를 할 수 없다면 OSU에서 학문적 전공을 추구하는 것을 선호한다. 더구나 그는 대부분 SU에 진학하여 그가 경기를 못하는 이유를 묻게 될 고등학교 친구들에게 자주 대답할 필요도 없을 것이다.) SU 진학과 OSU 진학 중 어느 것도 다른 것보다 우세하지 않다는 점에 유의하라. 만약 쿠르트가 미식축구팀에서 경기를 하는 데 성공한다면 그는 SU를 선호한다. 만약 그가 경기를 할 수 없다면 그는 OSU를 선호한다. 그러므로 쿠르트가 직면한 문제는 다음과 같다. 즉 그가 추정한 확률을 어떻게 자신의 선호와 결합할 것인가?

다행히 쿠르트가 이 교재를 읽었다고 가정하자. 그는 선호에 대한 서열 스케일로부터 간격 스케일을 구성하는 램지의 규칙을 배웠다. 그 결과 그는 SU에 진학하여 경기하는 결과에 1의 값을 부가하고 SU에 진학하여 경기를 못하는 결과에 0의 값을 부가했다. 그 다음 그는 확실히 OSU에 진학하여 미식축구 경기를 하는 결과와 다음의 결과들 사이에는 차별을 두지 않기로 결정했다. 즉 만약 윤리적으로 중립적인 명제인 "이 정상적인 주사위를 굴리면 1, 2, 3, 4, 5 중 하나가 나올 것이다"가 참이면 SU 진학과 미식축구 경기를 하는 것에 내기를 걸고, 만약

가능한 결과	확률 추정값	효용값
SU에 진학하여 미식축구 경기를 함	0.6	1
OSU에 진학하여 미식축구 경기를 함	0.75	0.83
OSU에 진학하여 미식축구 경기를 못함	0.25	0.25
SU에 진학하여 미식축구 경기를 못함	0.4	0

[그림 9.6] 가상적 사례에서 가능한 결과들에 대한 쿠르트의 효용 스케일과 확률 추정값

그 명제가 거짓이면 SU에 진학하여 미식축구 경기를 하지 못하는 것에 내기를 건다. 약간 가능성이 덜한 윤리적으로 중립적인 명제들은 그가 확실히 OSU에 진학하여 미식축구 경기를 하는 것을 선택하도록 할 것이고, 보다 더 가능성이 있는 명제는 그가 자신이 가장 선호하는 결과를 선택하도록 할 것이다. 그가 선택한 윤리적으로 중립적인 명제의 확률은 확실성이 있는 중간 결과와 자신이 가장 선호하는 결과를 얻기 위해 기꺼이 감수하는 위험 사이의 올바른 균형을 정확히 표현한다. 그 확률은 0.83(또는 5/6)이다. 그러므로 OSU에 진학하여 미식축구 경기를 하는 것은 쿠르트가 구성한 효용 스케일에서 그러한 값을 갖는다.

쿠르트는 이제 램지의 규칙을 OSU에 진학하여 미식축구 경기를 하지 못하는 결과에 적용한다. 그는 윤리적으로 중립적인 명제, "이 정상적인 동전을 연속적으로 두 번 던지면 앞면이 두 번 나올 것이다"를 사용하는 내기에서 두 결과 사이에 차별을 두지 않기로 결정했다. (쿠르트의 추론은 이전의 추론과 비슷하다. 만약 그 내기가 참이 될 확률이 보다 높은 명제에 기반을 둔다면, 그는 자신이 가장 선호하는 결과를 얻기 위해 그 내기를 할 것이다. 만약 그 내기가 참이 될 확률이 보다 낮은 명제에 기반을 둔다면, 그는 OSU에 진학하여 미식축구를 하지 못하는 결과의 확실성을 선호할 것이다.) 그가 선택한 윤리적으로 중립적인 명제가 참이 될 확률은 0.25(또는 1/4)이므로, OSU에 진학하여 미식축구 경기를 하지 못하는 결과는 쿠르트의 효용 스케일에서 그러한 값을 갖는다.

이제 주어진 선택에 대한 쿠르트의 효용 스케일은 완성되었다. 각 결과에 대한 그의 신빙성 있는 확률 추정값과 더불어 효용값이 [그림 9.6]에 나타나 있다. 여러분은 그 행렬에서 개개의 값들이 어떻게 얻어지는가를 이해할 수 있어야 한다. 이제 쿠르트는 자신의 주관적 선호에 기반을 두고 앞으로 할 일을 합리적으로 결정하기 위해 그 값들을 어떻게 결합할 수 있을까?

기대효용의 최대화

앞의 질문에 대답하는 것은 간단하다. 여러분은 행위의 기대값을 계산하는 방법을 알고 있고 그러한 계산에서 나타나는 값의 의미를 알고 있다. 여러분은 기대값의 최대화 규칙을 적용하는 방법을 알고 있다. **기대효용**은 기대값과 거의 같고 의사결정 규칙인 **기대효용의 최대화**는 오직 효용값만을 사용한다. 그러므로 쿠르트는 먼저 각각의 가능한 행위에 대해서 기대효용(EU)을 계산한다.

EU(SU 진학) $=(0.6\times1)+(0.4\times0)$

$=0.6+0=0.6$

EU(OSU 진학)$=(0.75\times0.83)+(0.25\times0.25)$

$=0.62+0.06=0.68$

그 다음 쿠르트는 **기대효용 전략**을 적용한다.

· **기대효용 전략**

가장 큰 기대 효용을 갖는 선택지를 선택하라.

그 결과 쿠르트는 OSU 진학을 선택한다. 그의 EU 계산에서 첫 번째 괄호 안에 있는 값들은 쿠르트가 그곳에서 미식축구 경기를 하는 확률과 효용을 나타낸다. 반면에 두 번째 괄호 안에 있는 값들은 쿠르트가 그곳에서 미식축구 경기를 하지 못하는 확률과 효용을 나타낸다.

EV 값과 마찬가지로 EU 값은 평균값이지만 좀 더 가상적이다. EU 값은 쿠르트가 의사결정을 여러 차례 하면 "게임당" 평균적으로 기대할 수 있는 효용 이익이다. 다음과 같은 공상을 해 보자. 만약 쿠르트가 100번의 삶을 살고 매 삶에서 동일하게 믿을 만한 확률 추정과 동일한 선호를 갖고서 동일한 의사결정 문제에 직면한다면, 그는 SU 진학 선택지에 대해 내기당 평균 0.6의 효용을 기대할 것이고 OSU 진학 선택지에 대해서는 내기당 평균 0.68의 효용을 기대할 것이다.

그러나 만약 결과들에 대한 쿠르트의 확률 부여 또는 그의 효용 스케일(또는 그 두 가지 모두)이 위와 크게 다르다면 기대효용 전략은 다른 행위를 추천할 것

가능한 결과	확률 추정값	효용값
SU에 진학하여 미식축구 경기를 함	0.8	1
OSU에 진학하여 미식축구 경기를 함	0.8	0.6
OSU에 진학하여 미식축구 경기를 못함	0.2	0.2
SU에 진학하여 미식축구 경기를 못함	0.2	0

[그림 9.7] 쿠르트의 대체 확률 추정치 및 효용값

이다. 예를 들어, 쿠르트의 확률 부여 및 효용 부여가 [그림 9.7]에서 나타난 것과 같다고 가정해 보자. 그 경우 그의 EU 계산은 다음과 같게 된다.

EU(SU 진학) $=(0.8\times1)+(0.2\times0)$

$=0.8+0=0.8$

EU(OSU 진학)$=(0.8\times0.6)+(0.2\times0.2)$

$=0.48+0.04=0.52$

이제 EU 최대화 전략은 쿠르트가 SU에 진학하는 선택지를 추천한다. 이러한 의미에서 효용은 주관적이다. 즉 여러분은 자신의 최고, 최하, 중간의 선호들을 얻기 위해 기꺼이 감수하려는 위험에 의존하여 여러분의 중간 가치들을 결정한다.

폰 노이만과 모르겐슈테른 효용 이론

램지의 논문 "참과 확률"이 출간된 지 18년 후에 수학자 폰 노이만(von Neumann)과 경제학자 오스카 모르겐슈테른(Oskar Morgenstern)은 공동으로 그들의 불후의 저서인 『게임과 경제행위 이론(*Theory of Games and Economic Behavior*)』을 저술했다. 그 책의 많은 업적 중 한 가지는 간격 효용과 스케일을 구성하고 그 값들을 확률 추정값과 결합하기 위한 램지의 전략을 재기술한 것이다. 폰 노이만과 모르겐슈테른의 진술은 램지의 진술에 비해 몇 가지 장점을 갖고 있으며, 그들의 책이 갖는 일반적인 영향 때문에 사회과학자들 사이에 더 잘 알려져 있다. 그러나 램지의 설명과 마찬가지로 그들의 설명 역시 어떤 주어진 결과에 대한 행위자의

(상대적) 선호 강도는 그 행위자가 그것을 얻기 위해 기꺼이 감수하려는 위험과 동일하다는 생각에 기초를 두고 있다.

효용이론과 관련하여 램지에 비해 폰 노이만과 모르겐슈테른의 진정한 장점은 그들의 이론이 표현되고 제약들이 명료하게 진술되는 수식 체계이다. ([그림 9.6]에서 볼 수 있는) 쿠르트의 사례를 다시 생각해 보자. 램지와 마찬가지로 폰 노이만과 모르겐슈테른은 행위자의 선호에 대한 서열 순위에서 최고로 선호하는 항목과 최하로 선호하는 항목에 대해 각각 1과 0을 부가한다. 그들은 중간 결과들을 정량화하기 위해서 선호 목록에서 가장 선호하는 항목을 얻을 확률 Pr=p와 가장 선호하지 않는 항목을 얻을 확률 Pr=1-p와 함께 **복권** 개념을 도입한다. 확률값 p가 무엇일 때, 행위자는 확실히(Pr=1) 중간 항목을 얻는 것과 방금 기술된 복권을 얻는 것을 차별하지 않을 것인가? 그 경우 값 p는 행위자의 선호 목록에서 그 중간 항목에 부여된 효용값으로 작용할 것이다. 이러한 접근이 여러분에게는 램지의 접근과 비슷하게 보이는가? 그것은 램지의 난제인 "윤리적으로 중립적인 명제"를 복권 개념으로 대체한 램지의 전략이다. (폰 노이만과 모르겐슈테른은 엄밀하게 "복권" 개념을 정의했다.) 이러한 접근을 적용하는 것은 완벽하게 일반적이다. 그 접근은 재정적이나 개인적 의사결정 등 어떤 유형의 의사결정에도 적용될 수 있다.

폰 노이만과 모르겐슈테른의 **기대효용 정리**를 (증명 없이) 기술하기 전에 그들의 수식 체계가 지닌 장점을 간략하게 살펴보자. a의 확률을 갖는 최고의 결과 T 그리고 1-a의 확률을 갖는 최하의 결과 B를 낳는 복권은 다음과 같이 표현된다.

L(a T B)

이제 문장, "행위자는 결과 C보다 결과 B를 더 선호한다"는 다음과 같이 표현된다.

B **P** C

마지막으로 문장, “행위자는 결과 B와 결과 C를 차별하지 않는다”를 다음과 같이 표현된다.

B **I** C (또는 동등하게 C **I** B).

(이러한 형식적 요소들을 도입하는 것은 폰 노이만과 모르겐슈테른의 기대효용 이론을 연구하고 적용하는 데 필요한 것은 아니지만 그것들을 이용하면 문제들과 정리들을 보다 더 쉽게 기술할 수 있다.)

폰 노이만과 모르겐슈테른은 행위자의 초기 선호 순서에 대해 몇 가지 조건 또는 제약을 규정하는 것으로 시작한다. 첫 번째 제약은 **복합 복권의 환원 조건**이다. (여러분이 그 조건을 필요로 하는 문제들을 풀거나 형식적 증명들을 공부하지는 않을 것이므로) 여기서 그 조건을 상세히 검토하지는 않을 것이다. 그 조건에 따르면, 행위자는 적어도 하나의 다른 복권을 자신의 이익으로 갖는 복권인 복합 복권과 그것을 확률 이론에 기초하여 하나의 단순 복권으로 환원하는 것 사이에 차별을 두지 않아야 한다. 이러한 설명이 복잡하다고 생각되는가? 그렇지는 않다. 그러나 우리는 그것에 대해 더 이상 고민하지 않을 것이다.

두 번째 제약은 **확실성 조건**이다. 그 조건에 따르면, 어떤 세 가지 결과들(지급액들) X, Y, Z에 대해서나 (그것들 자체가 복권일 수 있다), 만약 어떤 행위자에 대해서 X **P** Y이고 Y **P** Z이면, Y **I L**(a X Z)인 확률값 a가 (0과 1을 포함하여 두 값 사이에) 존재한다. 즉 그 세 가지 중 최고로 선호되는 항목을 a의 확률로 그리고 최하로 선호되는 항목을 1-a의 확률로 지급하는 복권이 있고, 그 행위자는 그 세 가지 중 중간 항목을 확실하게 받는 것과 그 복권에 참여하는 것 사이에 차별을 두지 않는다는 것이다. 이러한 조건은 전적으로 일반적인 것으로 간주된다. 그 조건은 (그러한 항목들로 이루어진 단순 복권과 복합 복권 등 모든 복권들을 포함하여) 행위자의 총체적인 선호 순위에 속하는 어떠한 세 가지 항목들에 대해서도 적용될 수 있다.

세 번째 및 네 번째 제약은 각각 **더 나은 상**(better prizes)**의 조건**과 **더 나은 기**

회(better chances)**의 조건**이다. 더 나은 상의 조건에 따르면, 만약 어떤 행위자가 두 가지 복권, 즉 선호할 만한 항목을 지급액으로 보상하는 확률이 같고 최저로 선호되는 항목이 동일한 두 가지 복권을 제안 받았을 경우, 그 행위자는 더 나은 상으로 보상하는 복권을 선호해야 한다. 이 점을 보다 형식적으로 표현하면 다음과 같다.

만약 A **P** B (그리고 A **P** C이고 B **P** C)이면, **L**(a A C) **P L**(a B C).

보다 나은 기회의 조건에 따르면, 동일한 더 나은 항목과 더 나쁜 항목을 지급액으로 포함하는 두 가지 복권에 대해, 행위자는 더 선호되는 항목을 받을 더 나은 기회를 제공하는 복권을 선호해야 한다. 이 점을 보다 형식적으로 표현하면 다음과 같다.

만약 A **P** B이고 a > b이면, **L**(a A B) **P L**(b A B).

폰 노이만과 모르겐슈테른은, 행위자의 선호 순서가 이러한 네 가지 제약들을 충족시킬 뿐만 아니라 정합적이면(즉 어떠한 모순도 포함하지 않거나 모순을 낳지 않으면), 그러한 기대효용 성질을 갖는 순서에 대해 하나의 간격 효용 스케일이 구성될 수 있다는 점을 증명했다. (그 증명의 세부 내용들이 비록 매혹적이기는 하지만 우리는 여기서 그것을 다루지 않을 것이다. 기본적으로 그 세부 내용들은 귀결되는 스케일이 결과들 사이의 간격들을 유지하도록 변형될 수 있는 방식을 다루고 있다.) 그 다음 폰 노이만과 모르겐슈테른은 **기대효용 정리**를 증명하는데, 그 정리는 다음의 두 가지 부분으로 구성된다.

1. 존재성: 만약 행위자의 선호 순서에 대한 모든 제약들이 충족되면, 하나의 간격 스케일상에 그 행위자의 선호들을 나타내는 기대효용 성질을 충족시키는 효용함수가 존재한다.

2. 유일성: 이러한 효용함수(또는 그것의 적용으로부터 유래하는 선호의 간격 스케일)는 유일하다. 그 행위자의 선호들을 그렇게 나타내는 다른 어떤 효용함수도 존재하지 않는다.

다른 가상적 사례

앞에서의 논의는 무미건조할 정도로 추상적으로 보일지 모르지만 우리는 또 다른 가상적인 예를 이용하여 위험한 상황에서의 의사결정에 대해 그것이 유용하다는 점을 보일 수 있다. 당장 차가 한 대 필요한 샐리를 생각해 보자. 샐리는 오래된 중고차를 400달러에 구입하는 것과 출고된 지 4년이 지난 중고차를 5,000달러에 구입하는 것 중 한 가지를 선택해야 한다. 그녀는 1년 안에 유럽으로 여행을 떠나 장기 체류할 계획을 갖고 있으므로 그녀는 오직 그 기간 동안만 차가 필요하다. 그러나 만약 구입한 차가 고장이 나면 그녀의 유일한 선택지는, 차를 구입하는 데 드는 비용과는 별도로, 1,000달러로 차를 임대하는 것이다. 그녀는 그 오래된 차를 구입할 경우 차가 고장이 나거나 연말이 되면 폐차시킬 생각이다. 그녀는 폐차시킬 경우 부품값으로 50달러를 받을 것으로 추정하고 있다. 그녀는 그보다는 오래 되지 않은 4년 된 중고차(이하 '4년 된 차')를 구입할 경우 1년 내에 여행을 떠날 때 그것을 팔 생각인데 3,000달러를 받을 것으로 추정하고 있다. 그러나 그 차가 고장이 나 쓸 수 없게 되면 부품값으로 오직 100달러를 받을 수 있다. 차에 대한 그동안의 경험에 의해서 샐리는 그 오래된 차가 1년 동안 버틸 확률은 0.5인 반면 4년 된 차가 1년 동안 버틸 확률은 0.95라고 추정한다. 이러한 의사결정에서 결과들은 금전상의 가치로 쉽게 표현되므로 샐리는 다음과 같이 바로 **EV**를 계산하고 기대값 전략을 적용한다.

$$\mathbf{EV}(\text{오래된 차를 구입}) = (-350 \times 0.5) + (-1350 \times 0.5)$$
$$= -175 + -675 = -850\text{달러}$$

첫 번째 괄호 안에 있는 값들은 구입한 오래된 차의 가격(-400달러)에 폐차의 부품값(+50달러)을 합한 값에 그 차가 1년 동안 버틸 확률을 곱한 것이다. 두 번째 괄호 안에 있는 값들은 구입비(-400달러), 폐차의 부품값(+50달러), 임대료(-1000달러)를 합한 값에 그 차가 1년 동안 버티지 못할 확률을 곱한 것이다.

EV(4년 된 차를 구입)=(-2,000×0.95)+(-5,900×0.05)

=-1,900+-295=-2,195달러

첫 번째 괄호 안에 있는 값들은 4년 된 차의 가격(-5,000달러)에 1년 후의 판매가(+3,000달러)를 합한 값에 그 차가 1년 동안 버틸 확률을 곱한 것이다. 두 번째 괄호 안에 있는 값들은 구입비(-5,000달러), 폐차의 부품값(+100달러), 임대료(-1,000달러)를 합한 값에 그 차가 1년 동안 버티지 못할 확률을 곱한 것이다.

샐리는 4년 된 차를 운전하는 것에 높은 심리적 가치를 부가한다. 그녀는 이러한 가치가 자신의 의사결정에 반영되기를 원한다. 어떻게 할 수 있을까? 그녀는 자신의 심리적인 긍정적 느낌에 "가격표"를 매기고 그것을 EV 계산에 도입할 수 있을 것이다. 그러나 어떻게 그 작업을 신빙성 있게 할 수 있을까? (그러한 심리적 느낌의 기대값은 두 가지 의사결정에서의 **EV**의 차이에 해당하는 1,345달러인가?) 아니면 샐리는 폰 노이만과 모르겐슈테른의 접근을 선택할 수 있다. 그녀는 (최고부터 최하까지) 자신의 선호들을 순서 매기는 것에서 시작한다.

4년 된 차를 구입하고 그 차가 1년을 버틴다.
오래된 차를 구입하고 그 차가 1년을 버틴다.
4년 된 차를 구입하고 그 차가 1년을 버티지 못한다.
오래된 차를 구입하고 그 차가 1년을 버티지 못한다.

그 다음 샐리는 모든 결과들에 자신의 확률 추정값을 부여하고, 최고로 선호하는 결과에 1의 효용값을 부가하고 최하로 선호하는 결과에 0의 효용값을 부가한다.

4년 된 차를 구입하고 그 차가 1년을 버틴다. Pr=0.95 효용=1
오래된 차를 구입하고 그 차가 1년을 버틴다. Pr=0.5
4년 된 차를 구입하고 그 차가 1년을 버티지 못한다. Pr=0.05
오래된 차를 구입하고 그 차가 1년을 버티지 못한다. Pr=0.5 효용=0

샐리는 이어서 비용들의 주관적 효과뿐만 아니라 오래된 차에 비하여 4년 된 차로 운전하는 자신의 심리적 가치도 고려하여 두 가지 중간 결과들에 효용값을 부가한다. 샐리는 오래된 차를 구입하고 그 차가 1년을 버티는 것과 위의 선호 목록에서 그녀가 최고로 선호하는 항목에 0.7의 확률을 부여하고 최하로 선호하는 항목에 0.3의 확률을 부여하는 복권에 참여하는 것을 차별하지 않기로 결정했다고 가정하자. 또한 샐리는 4년 된 차를 구입하고 그 차가 1년을 버티지 못하는 것과 위의 선호 목록에서 그녀가 최고로 선호하는 항목에 0.6의 확률을 부여하고 최하로 선호하는 항목에 0.4의 확률을 부여하는 복권에 참여하는 것을 차별하지 않기로 결정했다고 가정하자. 이러한 값들은 비용들을 고려할 뿐만 아니라 (그녀는 4년 된 차의 고장보다 오래된 차의 건재를 선호한다), 비록 1년 동안에 불과하지만 4년 된 차로 운전할 때 그녀가 느끼는 심리적인 긍정적 느낌도 고려한다는 점에 유의하라. 샐리는 다음과 같이 이러한 중간 효용들을 채워 넣는다.

4년 된 차를 구입하고 그 차가 1년을 버틴다. Pr=0.95 효용=1
오래된 차를 구입하고 그 차가 1년을 버틴다. Pr=0.5 효용=0.7
4년 된 차를 구입하고 그 차가 1년을 버티지 못한다. Pr=0.05 효용=0.6
오래된 차를 구입하고 그 차가 1년을 버티지 못한다. Pr=0.5 효용=0

마지막으로 샐리는 각각의 의사결정에 대한 기대효용을 계산한다.

EU(오래된 차를 구입)=(0.7×0.5)+(0×0.5)
=0.35+0=0.35

$$\mathbf{EU}(\text{4년 된 차를 구입}) = (1\times0.95)+(0.6\times0.05)$$
$$= 0.95+0.03 = 0.98$$

(여러분은 두 가지 계산에서 첫 번째 줄에 있는 값들이 어떻게 나왔는지를 설명할 수 있어야 한다!) 기대효용을 최대화하는 전략에 의해 샐리는 4년 된 차를 구입하기로 결정한다.

비록 이러한 전략의 이론적 토대, 실제 생활에서의 의사결정 상황에 대한 적용, 의사결정의 유명한 역설들을 설명할 수 있는 역량 등에 대해 비판이 없는 것은 아니지만, 폰 노이만과 모르겐슈테른이 처음으로 명료한 형태로 설명한 현대 효용 이론은 20세기의 사회과학과 행동과학의 기념비적인 업적들 중 하나이다. 그것은 경제학, 정책 분석, 사업적이거나 개인적인 의사결정 등에서의 모든 프로

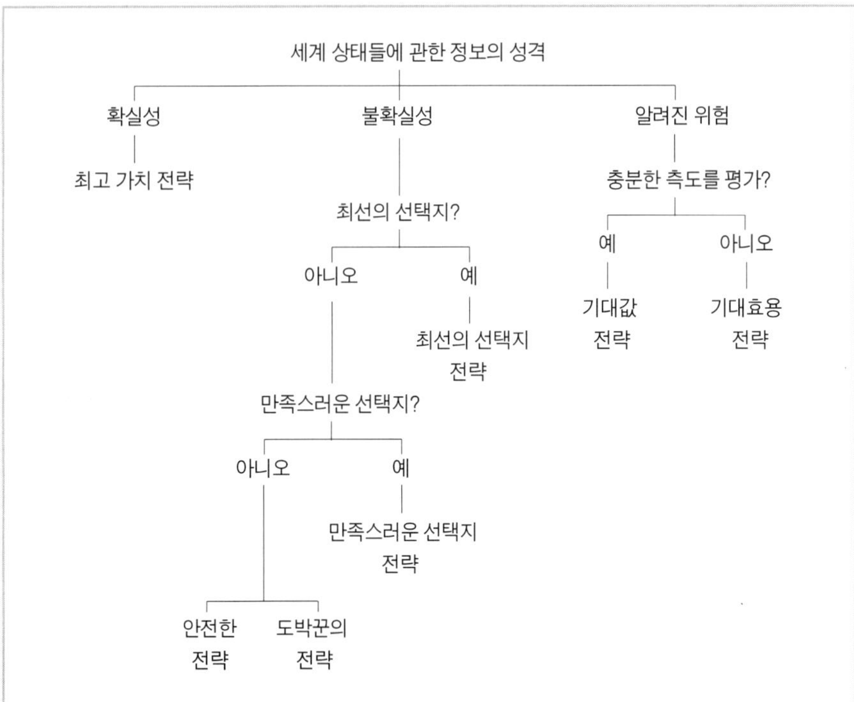

[그림 9.8] 의사결정 전략의 요약

	상태 1	상태 2	상태 3
선택지 1	1	9	4
선택지 2	5	3	8
선택지 3	6	7	2

[그림 9.9] 의사결정의 모든 가능한 결과들의 상대적 순위

그램에 대해 지적인 기초를 제공한다. 비록 여러분이 그러한 접근에 대해 비판하는 입장을 지지하게 되어도 그것을 배우려고 노력할 만한 가치가 있다.

9.10 의사결정 전략의 요약

이 장에서 논의된 모든 의사결정 전략들이 [그림 9.8]에 요약되어 있다. 이 표를 기억하고 있으면 어떠한 의사결정 문제도 범주화할 수 있고 그에 대해 적절한 의사결정 전략을 취할 수 있다. [그림 9.8]에서 유일하게 복잡한 부분은 불확실한 상황에서의 의사결정에 대한 것이다. 그 부분은 의사결정 행렬이 최선의 선택지 또는 만족스러운 선택지를 보여 주는가에 따라 여러 갈래로 나뉜다.

연습문제

연습문제 9.1~9.8을 풀기 위해 [그림 9.8]을 참조하시오.

연습문제 9.1

[그림 9.9]에 있는 의사결정 행렬에서 제시된 값들이 결정의 모든 가능한 결과들의 상대적 순위를 나타낸다고 가정하라.

a. 어떤 선택지를 선택하든 관계없이 상태 1이 발생할 것으로 알려졌다고 가정하라. 이 경우에 어떤 선택지가 바람직한가? 간략히 설명하라.
b. 어떤 선택지를 선택하든 관계없이 상태 2가 발생할 것으로 알려졌다고 가정하라. 이 경우에 어떤 선택지가 바람직한가? 간략히 설명하라.
c. 어떤 선택지를 선택하든 관계없이 상태 3이 발생할 것으로 알려졌다고 가정하라. 이 경우에 어떤 선택지가 바람직한가? 간략히 설명하라.

연습문제 9.2

만약 (1) 선택지 1을 선택하면 상태 3이 발생하고, (2) 선택지 2를 선택하면 상태 2가 발생하고, (3) 선택지 3을 선택하면 상태 1이 발생하는 것으로 확실히 알려졌다고 가정하라. 이 경우에 어떤 선택지가 바람직한가? 간략히 설명하라.

연습문제 9.3

[그림 9.9]에 있는 의사결정 문제의 결과들에 대해 "완전한 불확실성"을 가정하라.

a. 어떠한 다른 선택지보다 더 좋은 선택지가 있는가? 간략히 설명하라.

b. 최선의 선택지가 있는가? 간략히 설명하라.

연습문제 9.4

a. 최소한 5의 가치 순위가 그러한 의사결정에 대해 만족스러운 지급액이라고 가정하라. 그 경우에 만족스러운 선택지가 있는가? 간략히 설명하라.

b. 최소한 3의 가치 순위가 그 의사결정에 대해 만족스러운 지급액이라고 가정하라. 그 경우에 만족스러운 선택지가 있는가? 간략히 설명하라.

연습문제 9.5

a. 각 선택지의 보증 수준을 결정하라.

b. 안전한 게임을 하고 싶다면, 어떤 선택지가 바람직한가? 간략히 설명하라.

연습문제 9.6

a. 각 선택지에 대해 최고 가치를 갖는 결과를 결정하라.

b. 도박을 하고 싶다면, 어떤 선택지가 바람직한가? 간략히 설명하라.

연습문제 9.7

[그림 9.9]에서 결과들에 부여된 값이 결과들의 순위가 아니라 상대적 가치의 측도를 제공한다고 가정하라. 또한 어떤 선택지를 선택하는가와 관계없이 각 상태가 발생할 확률은 다음과 같다고 가정하라.

P(상태 1)=0.2, P(상태 2)=0.3, P(상태 3)=0.5

a. 각 선택지의 기대값을 계산하라.

b. 이 경우에 어떤 선택지가 바람직한가? 간략히 설명하라.

연습문제 9.8

이번에는 각 상태가 발생할 확률이 어떤 선택지가 선택되는가에 의존한다고 가정하라. 그 구체적 확률은 다음과 같다.

P(상태 1/ 선택지 1)=0.2 P(상태 2/ 선택지 1)=0.3 P(상태 3/ 선택지 1)=0.5

P(상태 1/ 선택지 2)=0.3 P(상태 2/ 선택지 2)=0.5 P(상태 3/ 선택지 2)=0.2

P(상태 1/ 선택지 3)=0.5 P(상태 2/ 선택지 3)=0.2 P(상태 3/ 선택지 3)=0.3

a. 각 선택지의 기대값을 계산하라.

b. 이 경우에 어떤 선택지가 바람직한가? 간략히 설명하라.

연습문제 9.9

존스는 100,000달러의 이익을 주는 결과를 가장 높게 선호하고 75,000달러의 손실을 주는 결과를 가장 낮게 선호한다. 더구나 존스에게는 다음과 같은 상황이 성립한다.

40,000달러 이익 **I L**(0.8 100,000달러 이익 75,000달러 손실)

0달러 이익/손실 **I L**(0.5 100,000달러 이익 75,000달러 손실)

a. 이러한 이익과 손실에 대한 존스의 효용 스케일을 구성하라.

존스는 다음의 의사결정 행렬에서 나타나는 선택을 제안 받았다고 가정하라. 또한 행동과 상태는 (한 행동을 수행하는 것이 발생하는 상태에 어떤 영향도 미치지 않는다는 의미에서) 상호 독립적이고 상태들의 확률은 다음과 같이 신빙성 있게 추정될 수 있다고 가정하라.

Pr(상태 1)=0.3　**Pr**(상태 2)=0.4　**Pr**(상태 3)=0.3

	상태 1	상태 2	상태 3
행동 1	+100,000달러	+40,000달러	−75,000달러
행동 2	0달러	+40,000달러	0달러

b. **EV**(A1)와 **EV**(A2)의 값은 각각 무엇인가? 만약 존스가 기대가치를 최대화하는 전략에 따라 위험한 상황하에서 의사결정을 한다면, 그녀는 어떤 행동을 취할 것인가?

c. **EU**(A1)와 **EU**(A2)의 값은 각각 무엇인가? 만약 존스가 기대효용을 최대화하는 전략을 사용하여 위험한 상황하에서 의사결정을 한다면, 그녀는 어떤 행동을 취할 것인가?

연습문제 9.10

어떤 지휘관이 다음의 의사결정표에서 나타나는 전장이동 상황에 직면했다. 세 가지 가능한 노선 R1, R2, R3가 있다. 그 지휘관의 선택에 대한 지급액들은 기상 조건 W1, W2, W3에 의해 결정된다. 표에서 양의 값은 절약된 거리를 나타내고 음의 값은 추가된 거리를 나타낸다. 다양한 결과들에 대한 그 지휘관의 효용값은 두 번째 표에

거리 지급표				지휘관의 효용 스케일	
	W1	W2	W3	절약된/추가된 거리	효용
R1	200	−120	−160	200	1
R2	20	60	120	120	0.9
R3	40	40	40	60	0.7
				40	0.6
				20	0.5
				−120	0.15
				−160	0

순위가 매겨져 있다. 기상 사건의 확률은 다음과 같다. **Pr**(W1)=0.6 **Pr**(W2)=0.3 **Pr**(W3)=0.1.

EU(R1), **EU**(R2), **EU**(R3)을 계산하라. 만약 그 지휘관이 기대효용 최대화 전략에 따라서 위험한 상황하에서 의사결정을 한다면, 그는 어떤 노선을 선택할 것인가?

연습문제 9.11

여러분이 텔레비전 프로그램에 출연하는데 세 가지 거래 A, B, C가 있다고 가정하라. 여러분이 의사결정을 한 이후 지급액은 다음의 표에 나타나듯이 공정한 동전을 던져서 결정될 것이다.

	앞면	뒷면
거래 1	+5,000달러	0달러
거래 2	+1,500달러	+2,000달러
거래 3	+3,600달러	+600달러

a. 여러분의 재정 상태, 기꺼이 감수하려는 위험의 정도, 그 외 관련된다고 생각하는 요소들을 고려하여, 이러한 의사결정에 대해 여러분 자신의 효용 스케일을 구성하라.

b. 각 거래에 대해 **EV**를 계산하라.

c. (a)에 대해 여러분이 구성한 효용 스케일을 이용하여 각 거래의 **EU**를 계산하라.

d. 여러분은 어떤 결정을 내릴 것인가? 그리고 그 이유는 무엇인가?

::10장

의사결정의 평가

이 마지막 장에서 우리는 실생활에서 이루어지는 여러 가지 의사결정을 분석하고 평가하기 위해서 우리의 의사결정 모형을 사용할 것이다. 그 예들은 개인, 정부 또는 다른 집단이 규칙적으로 직면하게 될 의사결정을 나타낸다. 그것들은 매우 다양한 맥락에서 의사결정을 평가하기 위한 유사체 모형으로 사용될 수 있다.

10.1 의사결정의 평가를 위한 프로그램

특정한 의사결정의 사례들로 넘어가기 전에 의사결정을 평가하기 위한 간단한 프로그램을 구성해 보자. 9장에서 개발된 의사결정 모형이 주어지면, 평가 프로그램은 간단히 구성될 수 있다. 그 프로그램은 우리가 앞에서 사용했던 다른 프로그램과 같은 형식을 취하고 있다.

프로그램

■ 1단계: 이용 가능한 선택지

이용 가능한 선택지들을 확인하라. 그것들이 상호 배타적이고 망라적이도록 구성되었는가를 확인하라.

■ 2단계: 세계의 상태

의사결정에 관련된 가능한 세계 상태들을 확인하라. 그 상태들이 상호 배타적이면서 동시에 망라적이도록 구성되었는가를 확인하라.

■ 3단계: 결과

의사결정의 모든 가능한 결과들을 포함하는 의사결정 행렬을 구성하라.

■ 4단계: 가치

평가가 문제의 진술로부터 결정될 수 있을 정도로 가능한 결과들에 대해 적절한 가치 순위나 측도를 구성하라. 3단계에서 구성된 행렬에 그 값들을 기록하라.

■ 5단계: 전략

주어진 모든 정보에 비추어 무엇이 4단계에서 구성된 문제에 가장 적절한 의사결정 전략(또는 전략들)인가? 그 이유를 설명하라.

■ 6단계: 평가

반드시 선택되어야 할(또는 선택되었어야 할) 추천된 선택지가 있는가? 만약 존재한다면, 그것은 무엇이며 왜 그러한가? 만약 한 가지 이상의 선택지가 추천될 수 있다면, 어떻게 그러한가를 설명하라.

이제 이 프로그램을 몇 가지 대표적 의사결정 문제에 적용해 보자.

10.2 낮은 확률을 포함하는 의사결정

우리가 빈번히 직면하는 과학적 정보를 필요로 하는 의사결정 맥락은 유효성이 매우 낮은 원인의 발견을 포함한다. 많은 환경적 유해 물질들의 경우가 그러하다. 그러한 물질들이 여러 가지 질병을 낳는 원인이라는 것은 증명되었지만, 그것들이 일반적 모집단에서 그러한 질병들을 산출하는 유효성은 상대적으로 낮다.

이 경우 해야 할 일은 무엇인가? 우리가 앞에서 논의한 영국의 경구 피임약과 유방암 연구는 하나의 유용한 예를 제공한다.

경구 피임약과 유방암

어떤 것이 어떤 바람직하지 못한 조건에 대한 긍정적 원인인 것으로 드러났다는 이유만으로, 행위 선택에서 성급한 결론을 내려서는 안 된다. 의사결정에서 중요한 것은 그것이 얼마나 유효한 원인인가 하는 점이다. 일단 그 유효성이 파악되면, 우리는 원인이 산출하는 혜택보다 위험이 더 크다는 점을 발견할 수도 있다. 우리는 또한 유효성이 후향적 자료만으로 추정될 수 없다는 점도 안다. 따라서 어떤 관련된 후향적 연구의 세부 내용을 알고 있을지라도 그것은 의사결정을 하는 데 큰 도움이 되지 못한다.

후향적 설계를 조사 표집과 비교하고 대조했을 때(8장에서), 우리는 영국의 연구자들이 유방암의 발생과 경구 피임약의 사용을 연결하는 자신의 후향적 연구 결과를 그 두 가지에 대한 다른 정보와 결합했다는 점을 언급했다.

이러한 방식으로 그들은 4년 이상의 기간에 걸쳐 경구 피임약을 사용한 젊은 여성들과, 전혀 사용하지 않은 젊은 여성들 사이에서 각각 유방암이 발생할 확률을 비교할 수 있었다. 그들은 경구 피임약을 사용하지 않은 36세 이하의 젊은 여성들 사이에서 유방암이 발생할 확률은 대략 1/500이라고 추정했다. 경구 피임약을 4년 이상 사용한 비슷한 연령의 여성들 사이에서 유방암이 발생할 확률은 1/300 이하인 것으로 드러났다. 이는 곧 유방암에 걸릴 기회가 70% 증가한다는 점을 의미한다. 이것은 우려할 만한 일처럼 보이지만, 낮은 확률에서 큰 증가치를 보여도 그 결과는 여전히 상대적으로 낮은 확률일 뿐이다. 의사결정에서 중요한 것은 증가의 양이 아니라 귀결되는 확률의 크기이다. 그 경위를 살펴보자.

의사결정의 평가

■ 1단계: 이용 가능한 선택지

일부 의사 및 공중 보건 관리들을 포함하여 많은 사람들이 생각하는 것과는 반대로, 이러한 예에서 대부분의 여성들에게 가능한 선택지는 경구 피임약을 사용하는 것과 전혀 사용하지 않는 것만은 아니다. 선택지를 이러한 방식으로 구성하는 것은 경구 피임약을 사용하는 방향으로 편향을 낳게 마련이다. 현실적인 선택지는 경구 피임약의 사용과 다른 종류의 피임약의 사용 중 선택하는 것이다. 또한 장기적 사용과 전혀 사용하지 않는 것 중 하나를 선택해야 하는 것도 아니다. 여성들은 일정한 기간을 두고 부정기적으로 경구 피임약을 사용할 수도 있다. 그러나 우리의 자료는 4년 이상 경구 피임약을 사용한 것과 전혀 사용하지 않은 것에 관한 것이다. 따라서 우리가 고려할 수 있는 유일한 선택지는 4년 이상 경구 피임약을 사용하는 것과 경구 피임약을 사용하지 않는 것이다.

■ 2단계: 세계의 상태

우리가 현재 갖고 있는 유일한 정보는 유방암에 걸리는 결과에 관한 것이기 때문에, 우리가 관심을 가질 수 있는 가능한 상태는 유방암에 걸리는 것과 걸리지 않는 것이라는 두 가지뿐이다. 궁극적으로, 이러한 상태는 경구 피임약의 사용과 관련하여 전반적인 의사결정을 내릴 때 기초가 되어야 할 적합한 상태들의 집합이 되기에는 범위가 너무 좁다. 따라서 결국 우리의 평가는 장기간 경구 피임약을 사용하기로 결정했을 때 유방암에 걸릴 상대적 위험의 영향에 대해서만 적용될 수 있다.

	유방암에 걸림	유방암에 걸리지 않음
경구 피임약을 사용함	0.01	1
경구 피임약을 사용하지 않음	0	0.99

[그림 10.1] 경구 피임약의 사용을 결정하기 위한 행위자의 효용 스케일을 반영한 가치행렬. 이 행렬은 완전히 불확실한 상황에서의 의사결정을 나타낸다.

■ 3단계: 결과

네 가지의 가능한 결과들이 있다. 즉, 경구 피임약을 사용하고 유방암에 걸리는 것, 경구 피임약을 사용하고 유방암에 걸리지 않는 것, 경구 피임약을 사용하지 않고 유방암에 걸리는 것, 경구 피임약을 사용하지 않고 유방암에 걸리지 않는 것이다.

■ 4단계: 가치

가치는 개인적 문제이다. 그러나 우리는 대부분의 사람들이 경구 피임약의 사용을 선호할 만큼 그것이 지닌 **최소의** 긍정적 가치가 무엇인가를 고려함으로써 의사결정에 대해 많은 것을 배울 수 있다. 다른 조건들이 동일하다면, 대부분의 여성들은 다른 이용 가능한 피임약을 사용하거나 또는 전혀 피임을 하지 않는 것보다 경구 피임약을 선호한다.

9장에서 제시되었듯이, 0에서 1까지의 효용 스케일을 기준으로 가치를 측정해 보자. 가장 가치가 낮은 결과는 경구 피임약을 사용하지 않았는데도 유방암에 걸리는 것이다. 그 결과에 0의 값을 부여하자. 경구 피임약을 사용하고도 유방암에 걸리지 않는 것은 가장 가치가 높은 결과이므로 1의 값을 갖는다. 경구 피임약을 사용하는 것에 오직 0.01이라는 가치의 차이를 두는 것이 적절한 최소의 가치인 것처럼 보인다. 그러므로 경구 피임약을 사용하고 유방암에 걸리는 것은 0.01의 값을 갖고, 경구 피임약을 사용하지 않고 유방암에도 걸리지 않는 것은 0.99라는 값을 갖는다. 완성된 효용 행렬이 [그림 10.1]에 나타나 있다.

■ 5단계: 전략

당분간 확률은 생각하지 말고 [그림 10.1]에 제시된 가치 행렬에만 관심을 집중하는 것이 교육적으로 효과적이다. 만약 우리가 실제로 결과들의 상대적 확률을 전혀 알지 못한다면, 그 행렬은 완전히 불확실한 상황에서의 의사결정 문제를 표현한다. 그렇다면 그 행렬은 분명히 최선의 선택지, 즉 경구 피임약의 사용을 나타낸다. 이러한 선택지는 유방암에 걸리거나 걸리지 않거나에 관계없이 항상 더 높은 값을 갖는다.

그러나 우리는 결과들의 상대적 확률을 알고 있기 때문에, 그러한 의사결정 문제는 불확실한 상황에서의 의사결정이 아니라 위험이 알려진 상황에서의 의사결정이다. 이제 우리의 물음은, 이러한 지식이 추가되면 더 적절한 선택지에 대한 우리의 판단이 변경되는가 하는 것이다.

■ 6단계: 평가

우리의 정보는 4년 이상 경구 피임약을 사용한 36세 이하의 젊은 여성들이 유방암에 걸릴 확률은 약 1/300(0.003)이라는 것이다. 경구 피임약을 사용하지 않는 36세 이하의 젊은 여성들이 유방암에 걸릴 확률은 약 1/500(0.002)이다. 유방암에 걸리는 것과 유방암에 걸리지 않는 것은 상호 배타적이고 망라적이므로, 두 집단에서 유방암에 걸리지 않을 상태의 확률은 각각 299/300(0.997)과 499/500 (0.998)이다. 효용 및 확률과 더불어 두 가지 선택지들의 기대효용을 포함하는 수정된 행렬이 [그림 10.2]에 제시되어 있다. **EU**는 이전과 마찬가지로 계산된다.

EU(경구 피임약을 사용함)=(0.01×0.003)+(1×0.997)=0.00003+0.997=0.997

EU(경구 피임약을 사용하지 않음)=(0×0.002)+(0.99×0.998)=0+0.988=0.988

여러분이 알 수 있듯이, 비록 경구 피임약을 사용하는 선택지에 부여된 긍정적 가치가 매우 적음에도 불구하고, 경구 피임약을 사용하는 선택지의 기대효용이 경구 피임약을 사용하지 않는 선택지의 기대효용보다 더 크다. 따라서 기대효용 규칙에 따르면, 더 선호되는 선택지는 여전히 경구 피임약을 사용하는 것이

	유방암에 걸림	유방암에 걸리지 않음	기대효용
경구 피임약을 사용함	U=0.01 Pr=1/300	U=1 Pr=299/300	0.997
경구 피임약을 사용하지 않음	U=0 Pr=1/500	U=0.99 Pr=499/500	0.988

[그림 10.2] 확률이 알려졌을 때 경구 피임약의 사용에 대한 의사결정 행렬. 이 행렬은 위험이 알려진 상황에서의 의사결정을 나타낸다.

다. 확률에 대한 지식을 추가하더라도 확률을 전혀 모른다고 가정했을 때와 다름없이 더 선호되는 선택지는 변하지 않았다.

여러분은 지금쯤은 이러한 결과가 나타난 이유를 직관적으로 이해할 수 있어야 한다. 유방암에 걸리지 않을 확률이 각각 299/300과 499/500이므로, 두 선택지들의 기대효용 역시 유방암에 걸리지 않는 상태와 연관된 효용들과 거의 차이가 없을 것이다. 단적으로 말하면, 비록 경구 피임약을 장기간 사용하는 사람이 유방암에 걸릴 확률이 70% 높지만, 그것은 다른 피임약보다 경구 피임약을 사용하는 것에 부여된 작은 긍정적 가치를 상쇄하기에는 여전히 지나치게 작다. 이러한 결론을 바꾸려면 경구 피임약을 사용하는 것에 훨씬 더 작은 상대적 효용을 부여해야 한다. 예를 들어 1/100이 아니라 1/1000의 효용 차이를 두면 경구 피임약을 사용하지 않는 것의 기대효용이 약간 더 크게 된다.

그렇다면 유방암에 걸릴 위험이 증가하기 때문에 경구 피임약을 사용하지 않기로 결정하는 것이 36세 이하의 젊은 여성들에게는 반드시 좋은 의사결정은 아니라는 점이 분명해진다. 일반적으로, 경구 피임약을 사용할 것인가에 대한 의사결정은 유방암 같은 한 가지 특정한 결과에만 초점을 맞춘 의사결정에 기초를 두어서는 안 된다. 경구 피임약의 사용이 건강에 미치는 영향에 대한 한층 폭넓은 지표가 필요하다. 전반적인 수명이 더 좋은 측도가 될 것이다. 불행하게도 경구 피임약이 일반적으로 사용되기 시작한 것은 1960년대 초반이기 때문에, 그것을 사용한 사람들의 전반적인 수명에 대해서는 믿을 만한 정보가 거의 없다.

10.3 중간 확률을 포함하는 의사결정

이제 원인이 중간 유효성을 갖는 경우에 대한 의사결정의 예를 살펴보자. 이 경우에는 가치와 확률 사이의 균형을 평가하기가 더 어렵다.

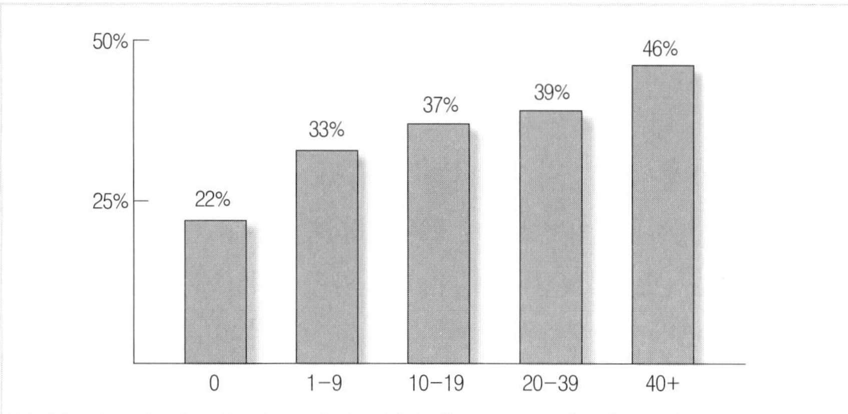

[그림 10.3] 하루에 피우는 담배의 양에 따라 65세 이전에 죽을 것으로 예상되는 25세 남성의 비율

흡연 여부의 결정

한동안 흡연이 관상동맥 심장병의 **긍정적 원인**이라는 것을 보여 주는 증거가 존재했다. 이제 우리는 이 정보가 그 자체로만으로는 흡연을 하지 않는 것이 더 좋다는 쪽으로 의사결정 문제를 해결하기에 충분치 못하다는 점을 알고 있다. 의사결정 문제에서 중요한 것은 관상동맥 심장병의 원인으로서 흡연이 갖는 유효성, 즉 흡연자와 비흡연자가 그 병에 걸릴 상대적 확률이다. 의사결정을 내릴 때 흡연자(혹은 잠재적 흡연자)는 흡연의 긍정적 즐거움(혹은 금연의 어려움)에 대하여 이러한 상대적 확률을 비교해야 한다.

그러나 관상동맥 심장병이나 폐암과 같은 하나의 결과를 토대로 흡연에 대한 의사결정을 내리는 것은 근시안적인 행동이다. 전반적 수명 같은 흡연이 건강에 미치는 영향에 대한 보다 폭넓은 지표가 필요하다. [그림 10.3]에는 흡연자와 비흡연자의 전반적 수명에 대한 어느 정도 대표성이 있는 자료가 제시되어 있다. 우리는 여기서 두 가지의 정보, 즉 (1) 흡연하지 않는 25세 남성의 22%는 65세 이전에 사망한다는 정보와 (2) 하루에 담배 한 갑을 피우는 25세 남성의 38%는 65세 이전에 사망한다는 정보에 관심을 집중해 보자. 우리는 이러한 정보가 매우 큰 표본들에서 유래한 추정값이라고 생각할 수 있으므로, 그 백분율들이 하나의 값이 아니라 작은 구간이어야 한다는 사실을 무시해도 좋다. 25세 남성이 아닌 사람들에 대한 자료도 이와 비슷할 것이다.

의사결정 평가

■ 1단계: 이용 가능한 선택지

문제를 단순하게 하기 위해 우리는 선택지들을 하루에 담배 한 갑을 피우는 것(흡연)과 담배를 전혀 피우지 않는 것(비흡연)으로 국한할 것이다. 그렇다면 남은 의사결정 문제는 흡연하려고 생각하는 비흡연자 또는 금연하려고 생각하는 흡연자에게 적용되는 것으로 이해할 수 있다.

■ 2단계: 세계의 상태

주어진 정보는 우리의 관심을 오직 두 가지의 세계 상태, 즉 65세 이전에 사망하는 것과 65세 이후까지 생존하는 것에 국한한다.

■ 3단계: 결과

우리의 행렬에는 오직 네 가지 결과만이 있다. 즉 흡연하고 65세 이전에 사망하는 것, 흡연하고 65세 이후까지 생존하는 것, 흡연하지 않고 65세 이전에 사망하는 것, 흡연하지 않고 65세 이후까지 생존하는 것이다.

■ 4단계: 가치

다시 현대 효용 이론이 제공하는 자원을 이용하여 0부터 1까지의 효용 스케일로 가치를 측정하기로 하자. 그 스케일에서는 가장 선호되지 않은 결과의 효용은 0이고 가장 선호되는 결과의 효용은 1이다. 우리는 모든 다른 조건들이 동일하다면 의사결정자는 흡연하지 않는 것보다 흡연하는 것을 더 선호할 것이라고 가정할 것이다. 우리는 또한 모든 다른 조건들이 동일하다면 의사결정자는 65세 이전에 사망하는 것보다 65세 이후까지 생존하는 것을 더 선호할 것이라고 가정할 것이다. 그러므로 의사결정자가 가장 선호하지 않은 결과는 흡연을 하지 않고 65세 이전에 사망하는 것이다. 가장 선호되는 결과는 흡연하고 65세 이후까지 생존하는 것이다. 당분간 나머지 두 결과에 대해서는 효용을 부여하지 않은 채로 남겨 둘 것이다.

■ 5단계: 전략

가능한 선택지들에 상대적인 결과들의 확률이 알려져 있으므로 이것은 위험이 알려진 상황하에서 행한 의사결정의 한 사례이다.

■ 6단계: 평가

이러한 의사결정을 평가하기 위해, 흡연에 상대적으로 낮은 가치를 부여하고 65세 이후까지 생존하는 것에 상대적으로 높은 효용을 부여하면 가치 행렬이 어떻게 변하는가를 먼저 살펴보자. 흡연하고 65세 이전에 사망하는 결과에 0.01의 효용값을 부여한다고 가정하자. 이것은 그러한 결과가 확실하게 성립하는 것과 복권(0.01, 흡연하고 65세 이후까지 생존한다, 흡연하지 않고 65세 이전에 사망한다)을 우리의 의사결정자가 차별하지 않는다고 가정하는 것이다. 만약 그 복권이 더 높은 확률(예를 들어, 0.02)을 갖는다면 그 의사결정자는 가장 선호하는 결과를 얻을 기회를 택할 (그리고 최소로 선호하는 결과를 얻을 위험을 감수할) 것이다. 만약 그 복권이 더 낮은 확률(예를 들어, 0.005)을 갖는다면 그 의사결정자는 흡연하고 65세 이전에 사망하는 것이 확실한 선택지를 택할 것이다(9.9절을 참조하라). 마찬가지로 흡연하지 않고 65세 이후까지 생존하는 결과에 0.99의 효용값을 부여할 것이다. 간단히 말해, 이는 그 의사결정자의 경우 흡연하지 않는 것보다 흡연하는 것이 65세 이전에 사망할 위험을 1/100의 확률로만 감수할 가치가 있다고 상정하는 것이다. 우리의 행위자는 흡연에 대해 **위험 기피적**이다. 즉 그는 흡연의 쾌락을 즐기기 위해 많은 모험을 할 생각이 없다. 이보다 더 낮은 어떤 확률에 대해서도 그 의사결정자는 그러한 확률로 흡연하고 65세 넘게 생존하는 것과 1에서 그 값을 뺀 확률로 흡연하지 않고 65세

	65세 이전에 사망	65세 이후까지 생존
흡연	U=0.01	U=1
비흡연	U=0	U=0.99

[그림 10.4] 비흡연보다 흡연에 최소의 선호를 부여하는 흡연 결정의 완성된 가치 행렬

	65세 이전에 사망	65세 이후까지 생존	기대효용
흡연	U=0.01 Pr=0.38	U=1 Pr=0.62	0.624
비흡연	U=0 Pr=0.22	U=0.99 Pr=0.78	0.772

[그림 10.5] 알려진 확률들을 포함하는 흡연 결정에 대한 의사결정 행렬

넘게 살지 못하는 것을 제시하는 복권보다는 흡연하지 않고 65세 넘게 생존하는 것이 확실한 선택지를 선호한다. 흡연의 쾌락을 위해서 행위자가 감수할 위험을 여러분이 직관적으로 느끼도록 표현하면, 그 확률은 공정한 동전을 연속적으로 일곱 번 던져서 앞면이 7회 나오는 것과 같다. (그 값은 1/128이다.) 이러한 값들을 포함하는 의사결정 행렬이 [그림 10.4]에 제시되어 있다.

만약 이것이 불확실한 상황에서의 의사결정의 한 가지 사례라면, [그림 10.4]의 행렬에서는 흡연이 최선의 선택지이다. 관련된 증거를 무시하면 흡연을 선호하는 행렬을 얻게 된다는 사실로부터 우리는 왜 담배 회사와 흡연자들이 흡연과 건강의 연관성을 보여 주는 실제적인 증거가 있다는 것을 열심히 부인하는지 부분적으로 설명할 수 있다. 그러한 연관성을 부인하는 한, 흡연은 하나의 좋은 선택지인 것처럼 보인다. 물론 이러한 접근 방법이 문제가 되는 것은 그 증거를 부인할 수 없기 때문이다. 연관성은 존재하며, 무시할 수도 없다. 실제적인 의사결정 문제는 완전히 불확실한 상황이 아니라 위험한 상황에서의 의사결정이다. 그 경우에 추천되는 전략은 최선의 선택지 전략이 아니라 기대효용 전략이다. 관련된 확률들은 흡연하지 않는 25세 남성의 22%와 하루에 담배 한 갑을 피우는 25세 남성의 38%가 65세 이전에 사망한다는 것이다. [그림 10.5]에는 이러한 확률들을 반영하여 완성된 행렬이 제시되어 있다.

행렬의 오른쪽에 두 가지 가능한 선택지들의 기대효용이 제시되어 있다. 흡연하지 않는 것의 기대효용이 흡연하는 것의 기대효용보다 분명히 높으므로 흡연하지 않는 선택지가 추천되는 경우이다. 통계적 정보가 없었을 때는 가장 나쁜

선택지이었던 선택지가 그러한 정보가 고려되면서 추천되는 선택지가 되었다.

더 고려해야 할 문제

[그림 10.5]의 행렬에서 확률 0.62와 확률 0.78 사이의 차이는 대응하는 결과들에 부여된 효용들 사이의 1% 차이를 상쇄하기에 충분하다. 이 점에 대해 흡연자가 제기할 수 있는 항변은 제안된 가치 차이가 지나치게 작다는 것이다. 흡연자는 기꺼이 흡연의 쾌락을 얻기 위해서는 65세 이전에 사망할 1/100의 확률보다 더 큰 확률을 감수할 것이다. 문제는 "얼마나 많이 감수해야 하는가" 라는 것이다. 방금 살펴본 동전 던지기를 상기해 보자. Pr=0.01을 갖는 사건들은 매우 드물게 발생한다. 그러한 수준의 위험을 감수하는 것은 흡연에 대한 극도로 약한 선호만을 반영한다. (우리가 고려하고 있는 복권에서 가장 적게 선호되는 결과를 얻을) 위험을 증가시키는 것은 중간 결과(예를 들어, 흡연하지 않고 65세 넘게 생존하는 결과)의 효용값을 낮추게 된다.

그 문제를 달리 생각해 보자. 두 가지 선택지가 동일한 기대효용을 갖도록 하려면 65세 이전에 사망하는 것과 65세 넘게 생존하는 것의 효용 차이를 얼마나 감소시켜야 하는가?

마찬가지로 두 선택지의 기대효용을 같게 하려면 흡연과 비흡연에서 비롯하는 결과들 사이의 효용 차이를 얼마나 증가시켜야 하는가? 이러한 효용 차이는 두 선택지의 손익분기점이 될 것이다.

다음은 고등학교 대수학 교재에서 볼 수 있는 간단한 문제이다. 우리는 흡연하고 65세 이전에 사망하는 결과가 가지는 특정한 기대효용 U를 결정하기를 원

	65세 이전에 사망	65세 이후까지 생존
흡연	0.14	1
비흡연	0	0.86

[그림 10.6] 흡연 결정에 대한 손익 분기점의 의사결정 행렬

한다. 흡연하지 않고 65세 이후까지 생존하는 것의 결과는 (1-U)의 가치를 가질 것이다. 두 선택지의 기대효용이 동일하다고 하면 다음의 등식이 성립한다.

$$(0.38 \times U) + (0.62 \times 1) = (0.22 \times 0) + [0.78 \times (1 - U)]$$

이 식을 U에 대해서 풀면 0.14라는 값을 얻는다. 따라서 두 가지 선택지가 동등하게 좋은 것으로 나타나는 행렬이 [그림 10.6]에 제시된다. 만약 여러분이 흡연이 좋은 결정이라고 생각한다면, 그 선택지는 65세 이전에 사망할 확률이 적어도 14/100인 위험을 감수할 가치가 있다고 생각해야 한다. 그것은 대략 1/7의 기회에 해당하는데, 이는 정상적인 동전을 던져서 연속적으로 3회의 앞면이 나오는 것(1/8)과 대략 같다. 그러나 우리가 여기서 하려는 일은 어떤 사람의 가치를 비판하는 것이 아니다. 우리는 단지 흡연을 하기로 한 의사결정이 어떤 상대적 가치를 나타내는가를 지적하고 있을 뿐이다.

우리는 동전 던지기 예들로부터 이러한 효용 추정치들에 대해 어떤 느낌을 얻는다. 흡연이 한 인간의 삶에서 진정으로 중요한가? 때로는 그럴 수 있다. 금연하려고 무척 노력을 했던 유명한 학자에 대한 이야기가 있다. 일단 금연을 하자 그는 글을 쓸 수 없다는 점을 알게 되었다. 그는 필생의 작업을 할 수 있는 것이 흡연의 위험을 감수할 정도로 가치가 있다고 결정했다. 그러나 이것은 극단적인 사례이다. 오직 소수의 사람들만이 진지하게 그러한 변명을 할 수 있다.

자신의 가치와 대면하기

위험한 상황에서의 의사결정은 종종 어떤 선택지가 최대 기대값을 갖는가를 결정하기 위해 결과들의 가치와 더불어 이미 알려진 확률을 이용하는 과정으로 제시된다. 이러한 과정은 가치들이 화폐로 표시되어 있고 그 외의 것들은 선택과 별 관계가 없을 경우 간단하다. 이 10장에서 우리는 현대 효용 이론의 자원들이 흡연자에 대한 흡연의 가치 같은 보다 정량적인 가치들에 어떻게 적용될 수 있

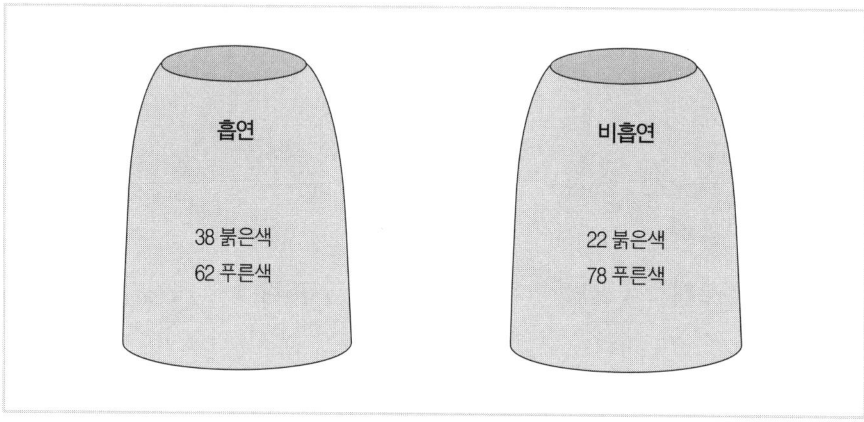

[그림 10.7] 구슬과 항아리로 흡연 결정을 나타내기

는가를 살펴보았다. 그러나 많은 사람들은 현대 효용 이론이 요구하는 위험을 평가하는 데 어려움을 겪는다. 여기서 우리는 위험이라는 개념을 직관적으로 더 잘 이해할 수 있도록 시도해 보자.

그렇게 하는 간단한 방식은 각 선택지가 100개의 구슬이 들어 있는 항아리로 표현되는 의사결정 모형을 구성하는 것이다. 각 선택지에 대해 하나의 항아리가 있다. 세계의 가능한 상태에는 각기 하나의 색이 부여된다. 그러므로 그 문제가 갖는 상태들의 수만큼 다른 구슬의 색이 필요하다. 상태의 확률은 각 색을 가지는 구슬들의 상대적 수에 의해서 표현된다. 어떤 주어진 선택지에 대해서 0.50의 확률을 갖는 상태는 100개의 구슬 중 50개가 그 상태에 부여된 색을 갖는다.

일단 모든 항아리가 올바르게 준비되면, 선택지 중 어떤 것을 선택할 것인가를 결정하는 일은 어떤 항아리에서 구슬을 선택할 것인가를 결정하는 일과 같다. 항아리를 선택했으면, 여러분은 그 항아리에서 임의로 하나의 구슬을 꺼내야 한다. 선택된 구슬의 색은 여러분이 얻게 되는 상태와 결과를 말한다. 여러분은 각 항아리에 있는 구슬들의 상대적 수를 색깔별로 알고 있으므로, 항아리를 선택함으로써 그것에 대응하는 선택지에 대한 여러분의 욕구를 다양한 상태의 확률에 대하여 암묵적으로 저울질하고 있다. 여러분이 항아리에 손을 집어넣어 구슬을 꺼내는 모습을 상상하는 것은 그러한 의사결정과 연관된 위험들에 대한 자신의 진정한 느낌과 대면할 수 있는 한 가지 회화적인 방식이다.

이제 이러한 장치를 흡연 결정에 적용해 보자. 붉은 구슬은 65세 이전에 사망하는 상태를 나타낸다고 가정하자. 푸른 구슬은 65세 이후까지 생존하는 상태를 나타낸다고 가정하자. 흡연의 선택지를 표현하는 항아리에는 38개의 붉은 구슬과 62개의 푸른 구슬이 들어 있다. 비흡연의 선택지를 표현하는 항아리에는 22개의 붉은 구슬과 78개의 푸른 구슬이 들어 있다. 여러분은 그 두 항아리 중 하나에서 임의로 한 개의 구슬을 선택해야 한다. 붉은 구슬이 선택되면 그것은 여러분이 65세 이전에 사망할 것이라는 것을 의미한다. 여러분의 선택이 [그림 10.7]에 제시되어 있다. 여러분은 어떤 항아리를 선택하겠는가?

문제를 이러한 방식으로 표현함으로써 여러분은 자신의 가치와 정면으로 대면하게 된다. 왜냐하면 여러분은 자신에게 "흡연이 흡연 항아리에 있는 16개의 추가된 붉은 구슬들을 직면하는 위험을 감수할 만큼 가치 있는 일인가?"라는 질문을 던져야 하기 때문이다. 만약 여러분이 흡연하고 싶다면, 오직 자신만이 그 질문에 대답할 수 있다.

10.4 불확실한 상황에서의 정책 결정

앞에서 살펴본 예들은 개인이 내리는 의사결정에 초점을 맞추고 있으므로 관련된 가치(효용)는 결정을 내리는 개인의 가치이다. 우리는 이제 의사결정이 집단적인 정치적 의사결정인 경우를 평가할 것이다. 따라서 여기서 다루는 주제는 개인적인 의사결정이 아니라 공공 정책이다.

지구 온난화

2장에서 우리는 지구의 온난화(또는 온실 효과) 문제를 살펴보았다. 많은 과학자들은 석탄, 석유, 가솔린 같은 화석 연료를 태울 때 주로 발생하는 이산화탄소

(와 온실 효과를 낳는 다른 가스들) 때문에 지구가 상당한 온난화를 겪고 있다고 믿고 있다. 지구의 평균 온도가 단지 몇 도만 증가해도 지구의 생태계는 심각한 영향을 받을 수 있다. 예를 들어, 그 때문에 극지방의 빙하가 더 빨리 녹아서 바다의 수위가 상승하고 그 결과 뉴욕과 로스앤젤레스 같은 해안 도시들은 물에 잠길 것이다. 또한 그 때문에 현재의 농업 지대가 광활한 사막으로 변할 수 있다.

지구를 오염시키고 있는 주요 국가들은 지구 온난화의 위협을 줄이기 위한 조치들에 합의하기 위해서 이미 여러 차례의 국제회의를 개최했다. 그러나 모든 국가들이 다수의 보다 강력한 협정들(예를 들어, 1997년의 교토협정에서 제시된 온실가스 배출 감축과 최종 시한)을 준수하는 데 동의한 것은 아니다. 미국을 포함한 많은 나라의 지도자들은 지구 온난화가 실제로 발생하고 있다든가 또는 제안된 조치들이 상당한 효과를 거둘 수 있다는 것을 자신 있게 주장할 수 있을 만큼 우리가 충분히 알고 있는가에 대해 의문을 제기했다. 어떤 효과적인 대책도 상당한 대가를 치러야 하기 때문에 뚜렷한 조치들을 취하기를 주저하는 것은 이해할 만하다. 이에는 실업과 많은 재화들의 가격 상승이 포함될 것이다.

의사결정 평가

■ 1단계: 이용 가능한 선택지

실제로 이용 가능한 선택지들은 많을 뿐만 아니라 복잡하다. 논의의 목적상 우리는 그 복잡한 상황을 단 두 가지 선택지, 즉 "어떤 조치를 취하는 것"과 "어떠한 조치도 취하지 않는 것"으로 줄이기로 하자. 어떤 조치를 취하는 것은 상당한 비용이 필요한 대규모의 노력을 하는 것으로 이해될 수 있다. 어떠한 조치도 취하지 않는다는 것은 지구의 온난화 가능성에 대해 심각하게 고려하지 않은 채로 과거처럼 행동한다는 것을 의미한다.

■ 2단계: 세계의 상태

여기서 우리는 다시 가능한 많은 상태들을 단 두 가지, 즉 지구 온난화가 발생하는 상태와 지구 온난화가 발생하지 않는 상태로 줄일 것이다. 지구 온난화가 발생한다는 것은 주요 해안 도시들의 침수와 농지의 파괴 같은 중대한 결과를 초래할 정도로 지구 온난화가 매우 심각하다는 것을 의미한다. 그렇지 않다면, 우리는 심각한 지구 온난화가 발생하지 않았다고 말할 것이다.

■ 3단계: 결과

물론 네 가지의 결과들이 있다. 즉 어떤 조치를 취하고 지구 온난화가 발생하는 것, 어떠한 조치를 취하지 않고 지구 온난화가 발생하는 것, 어떤 조치를 취하고 지구 온난화가 발생하지 않은 것, 어떠한 조치를 취하지 않고 지구 온난화가 발생하지 않은 것이다. 이러한 네 가지 가능한 결과가 [그림 10.8]에 제시되어 있다.

■ 4단계: 가치

[그림 10.8]의 행렬에 개략적인 가치 측도를 부여하는 것은 생각처럼 그렇게 어렵지 않다. 가장 나쁜 결과는 온난화를 피하기 위해 엄청난 노력을 했는데도 불구하고 어쨌든 지구 온난화가 발생하는 것이다. 이 경우 조치를 취하는 데 사용된 자원은 낭비될 것이다. 그 결과에 0의 효용을 부여하라. 최선의 가능한 결과는 어떤 조치를 취하지 않고 어떤 심각한 온난화도 발생하지 않는 것이다. 이 경우에 우리는 가장 바람직한 상황을 거저 얻게 된다. 그 결과에 1의 효용을 부여하라.

지구 온난화가 발생하든 하지 않든 그것을 예방하기 위해 어떤 뚜렷한 조치를 취하려면 많은 비용이 필요하다. 따라서 어떤 자연 상태가 발생하는 것과 관계없이 어떠한 조치도 취하지 않은 것의 결과는 어떤 조치를 취하는 것의 결과보다 더 높은 가치를 가진다. 얼마나 더 높은가는 의사결정을 평가하는 데 그다지 중요하지 않다. 어떤 조치를 취하는 것으로부터 어떠한 조치도 취하지

	온난화가 발생함	온난화가 발생하지 않음
어떤 조치를 취함		
어떠한 조치도 취하지 않음		

[그림 10.8] 지구 온난화에 대한 결정을 위한 (가치가 포함되지 않은) 기본적인 의사결정 행렬

	온난화가 발생함	온난화가 발생하지 않음
어떤 조치를 취함	0	0.9
어떠한 조치도 취하지 않음	0.1	1

[그림 10.9] 지구 온난화에 대한 결정을 위해 완성된 가치 행렬

않는 것으로 변경할 때 일어나는 0.1의 증가는 우리의 목적상 충분할 것이다. 완성된 효용 행렬이 [그림 10.9]에 제시되어 있다.

■ 5단계: 전략

이러한 의사결정 문제는 앞에서 검토했던 두 가지 의사결정 문제와 비슷한 가치 구조를 보여 준다. 주된 차이점은 현재의 경우 지구 온난화가 발생하고 있는가, 또는 언젠가 곧 발생할 것인가에 대해 과학자들 사이에 상당한 논쟁이 있다는 것이다. 그러므로 정책 결정자는 이 문제를 불확실한 상황에서의 의사결정 사례로 다루게 된다.

■ 6단계: 평가

이러한 의사결정을 불확실한 상황에서의 의사결정 사례로 다루게 되면, 어떠한 조치도 취하지 않는 것이 최선의 선택지이다! 세계 상태가 어떻게 되든지 어떤 조치를 취하는 것은 상당한 비용이 들기 때문이다. 지속적으로 어떠한 조치도 취하지 않는 것으로부터 가장 많은 이익을 얻는 사람들이 과학자들 사이에서 일고 있는 논쟁과 계속된 연구의 필요성을 강조하는 것은 당연한 일이 아니겠는가?

정책 결정자가 이 의사결정 문제를 달리 살펴보도록 하기 위해서는 어떠한 조치도 취하지 않으면 결국 지구 온난화가 발생할 것이며 어떤 조치를 취하면 그것을 예방할 수 있다는 것을 분명하게 보여 주는 부인할 수 없는 증거가 필요하다. 만약 그러한 증거가 이용 가능하다면, 그러한 증거로 인하여 이 문제는 불확실한 상황에서의 의사결정으로부터 확실한 상황에서의 의사결정이나 또는 위험한 상황에서의 의사결정으로 변경될 것이다. 그 경우 최대값 전략이나 기대값(또는 기대효용) 전략이 적용될 것이다.

그것은 누구의 결정인가

개인이 내리는 의사결정에서는 결과가 바람직할 경우 이익을 얻는 사람과 결과가 바람직하지 못할 경우 고통을 받는 사람이 동일하다. 정책 결정에서는 일이 잘 되었을 때 이익을 얻는 사람들과 일이 잘못 되었을 때 고통을 받는 사람들이 다를 수 있다. 따라서 누가 결정을 내릴 것인가, 그리고 결과적으로, 누가 가치를 부여하고 의사결정 전략을 선택할 것인가를 결정하는 일은 매우 중요하다. 이것은 특히 상황이 불확실하고 최선의 선택지가 없을 때 중요하다. 무엇이 만족스러운 결과인지를 누가 결정하는가? 만약 만족스러운 결과가 없다면, 도박을 할 것인지 안전한 게임을 할 것인지를 누가 결정하는가? 이러한 질문들은 정치와 밀접한 관계가 있지만 과학적 지식을 사용하는 것과는 거의 관계가 없다.

연습문제

이 장의 앞부분에서 제시된 프로그램에 따라 다음의 의사결정들을 분석하라.

연습문제 10.1 복권 판매

길거리에서 만난 친구가 여러분을 불러 세우고는 자신의 대학 사교 클럽에서 복권을 판매하고 있는데 여러분에게 단지 5달러로 마지막 복권을 살 수 있는 기회를 주겠다고 말한다. 상품은 한 부유한 졸업생이 기증한 것으로 1,000달러의 현금 가치가 있다. 약간 의심이 들어 몇 장의 복권을 팔고 있는가를 물어보고 오직 250장뿐이라는 확언을 들었다. 그리고 실제로 문제의 복권에는 250이라는 숫자가 쓰여 있다. 여러분은 5달러의 여윳돈이 있어서 그 복권을 살 것인지를 결정하기 위해 잠시 생각해 본다.

연습문제 10.2 출장

어떤 회계사가 공적인 업무로 뉴욕시에서 워싱턴 D. C까지 여행을 가야 한다. 정기 항공편을 이용하면 여행하는 시간의 비용을 포함해서(시간은 돈이다!) 총비용이 200달러이다. 철도 요금은 더 싸지만 시간이 더 걸리기 때문에, 뉴욕시와 워싱턴을 연결하는 메트로 라이너를 이용하는 총 비용은 220달러이다. 그러나 기차가 더 믿을 만하다. 비행기가 심각할 정도로 연착할 확률은 15%이지만, 기차가 연착할 확률은 단지 5%에 불과하다. 어느 경우에나 연착하면 총 여행 경비에 200달러의 비용이 추가될 것이다. 이 회계사는 비행기를 이용해야 하는가 아니면 기차를 이용해야 하는가?

연습문제 10.3 치료비

보건관리국(HMO)의 경리과는 매우 흔한 가벼운 질병에 대한 두 가지의 다른 치료법의 상대적인 비용 유효성을 분석하려고 한다. 치료법 A는 어떤 합병증도 발생하지 않을 경우에 1,000달러의 비용이 들지만, 합병증이 발생하면 4,000달러의 비용이 든다. 치료법 A에서 합병증이 발생할 확률은 10%이다. 치료법 B는 합병증이 발생하지 않을 경우 1,400달러의 비용이 들지만 합병증이 발생하면 3,000달러의 비용이 든다. 더구나 치료법 B에서 합병증이 발생할 확률은 1%에 불과하다. HMO가 오직 최저 비용만을 고려한다면 어떤 치료 방법을 추천해야 하는가?

연습문제 10.4 유방암 치료

어떤 여성이 유방암에 걸렸다는 진단을 받았다. 담당 의사에 따르면, 그녀와 비슷한 증세를 나타낸 2,000명의 환자를 대상으로 한 완전히 임의적인 임상 실험이 최근에 완료되었는데 근본적인(근치적) 유방절제술을 받은 여성들과 단순한 종양 제거술을 받은 여성들은 10년 생존율에서 통계적으로 유의한 차이를 보이지 않았다고 한다. 일반적으로 여성들은 유방의 모양이 덜 손상되는 결과를 선호한다. 그녀가 선택할 수 있는 선택지가 이 두 가지뿐이라면, 그녀는 어떻게 해야 하는가?

연습문제 10.5 휴가 계획

봄 휴가가 다가오고 있어, 여러분은 친구들과 플로리다에 놀러 갈지 아니면 집에 갈 것인지를 결정하려고 한다. 여러분이 가장 우려하는 것은 날씨인데, 날씨는 전적으로 불확실하다. 만약 플로리다의 날씨가 좋다면, 돈을 들여 갈 만한 가치가 있다. 그런데 만약 플로리다의 날씨가 나쁘다면, 여러분은 돈을 거의 쓰지 않고 가족과 함께 집에서 지내는 편이 나을 것이다. 그러나 집에 가기로 결정했더라도 여러분은 멋진 기회를 놓쳤다는 생각이 들지 않도록 플로리다의 날씨가 나쁘기를 원한다. 물론 여러분은 친구들에게 자신이 무엇을 선호하는지 기색을 드러내지 않는다. 여러분은 어떻게 해야 하는가?

연습문제 10.6 유행성 독감

애틀랜타에 소재한 질병관리센터가 유행성 독감이 퍼지려는 조짐이 있다는 발표를 했다고 가정하자. 유행성 독감은 치명적이지는 않지만 심각한 병이며, 이 병에 걸리면 전형적으로 30일 동안은 일을 할 수 없게 된다. 다행히 즉시 사용할 수 있는 매우 효과적인 백신이 있기 때문에 원하는 사람은 누구나 무료로 백신 접종을 받을 수 있다. 그러나 불행하게도 이 백신은 일시적 마비를 야기할 수 있는 부작용을 갖고 있으며, 그 부작용이 발생하면 치명적이지는 않지만 30일 동안 일을 할 수 없게 된다. 지독하게도 운이 나빠 유행성 독감과 일시적 마비에 동시에 걸리면 40일 동안 일을 할 수 없게 된다. 관리들은 백신 접종을 권유하는 일을 피하고, 그에 대한 의사결정을 개인에게 맡기고 있다. 그러나 그들은 다음과 같은 정보를 제공한다. 전체 인구에서 백신 주사를 맞지 않았을 때 유행성 독감에 걸릴 위험은 1/10로 추정되지만, 주사를 맞으면 유행성 독감에 걸릴 위험은 단지 1/10,000에 불과하다(1,000배 이하). 그러나 주사를 맞지 않았을 때 마비가 일어날 확률은 1/100,000이지만, 주사를 맞았을 때 마비가 일어날 확률은 1/100로 껑충 상승한다(1,000배 이상). 당신은 어떻게 해야 하는가? (힌트: 고려해야 할 가능한 세계의 상태가 두 가지 이상일 수 있다. 매우 낮은 확률은 0으로 간주하고 매우 높은 확률은 1로 간주하라.)

연습문제 10.7 죄수의 딜레마

여러분과 친구가 어떤 불법 행위에 관련되어 체포되었다고 가정하자. 지방 검사가 두 사람을 각기 다른 방에 수용하고 다음과 같은 '거래'를 제안했다고 하자. 두 사람 모두에게 불리한 매우 좋은 증거가 있지만, 만약 두 사람 중 하나가 추가적인 정보를 제공하면 그 사건은 더 강력한 증거를 갖게 될 것이다. 지방 검사가 약속한 내용은 다음과 같다. 친구가 정보를 제공하지 않는 상황에서 여러분이 제공하면 여러분은 주립교도소에서 기껏해야 1년 동안 수감될 것이다. 그러나 여러분은 정보를 제공하지 않지만 친구가 제공하면, 여러분은 4년을 구형받을 것이다. 여러분은 의사결정 이론을 조금은 알고 있으므로 고려해야 할 결과가 두 가지 더 있다는 것을 깨닫는다. 그래서 여러분은 지방 검사에게 만약 두 사람 중 누구도 정보를 제공하지 않거나 두 사람 모두 정보를 제공하면 어떻게 되는지를 질문했다. 정직한 지방 검사는 추가 정보가 없으면 두 사람 모두 많아야 2년을 구형받을 것이고, 두 사람 모두 정보를 제공하면 3년을 구형받을 것이라고 대답했다.

여러분은 갑자기 친구가 이러한 상황에서 어떻게 행동할 것인지를 알지 못한다는 것을 깨닫는다. 심지어 여러분은 자신이 어떻게 행동할 것인지를 알지 못한다. 그래서 여러분은 지방 검사에게 의사결정을 위해 30분 동안 생각할 시간을 달라고 요청한다.

문제를 주의 깊게 분석한 후 여러분은 친구도 여러분과 정확히 동일한 상황에 처해 있다는 사실을 생각하게 된다. 만약 친구가 여러분과 같은 방식으로 그 문제를 분석한다면, 우리는 두 사람 모두에게 발생하는 최종 결과를 예측할 수 있다. 그 결과는 무엇인가? 이 딜레마에서 벗어날 수 있는 어떤 방법이 있는가?

연습문제 10.8 공유지의 비극

19세기에는 여러 가구가 작은 땅을 공유하는 일이 흔했다. 이 땅은 가축을 키우는 데 사용되었다. 예를 간단히 들기 위해, 모든 가구가 젖소를 기르고 있으며, 현재는 각 가구마다 9마리의 젖소를 소유하고 있다고 가정하자. 그들은 모두 인근의 도시 사람들에게 우유와 버터를 팔아서 가구마다 연간 약 900달러의 수입을 올리고 있다. 그동안 일이 순조롭게 잘 풀려서 각 가구는 해마다 혹은 몇 년마다 젖소 한 마리를 더 갖게 되었다. 이제 공유지가 거의 한계에 이르렀다. 그 공유지에서는 더 이상 가축을 방목할 수 없게 되었다.

여러분이 이 사람들 중 한 명이며, 올해에 젖소 한 마리를 더 갖는 것을 고려하고 있다고 가정하자. 여러분은 모든 사람이 젖소를 한 마리씩 더 갖게 되면 좋은 풀이 부족하기 때문에 젖소 한 마리당 생산량이 감소할 것이고, 그 결과 모든 사람의 순수익은 연간 800달러로 감소할 것이라는 점을 깨닫는다. 그러나 만약 자신만 젖소 한 마리를 더 갖고 누구도 그렇게 하지 않는다면, 목초지가 크게 상할 염려가 없으면서 자신의 수입도 1,000달러로 상승할 것이다. 반대로 만약 모든 다른 사람들이 젖소를 한 마리 더 갖고 자신만 그렇게 하지 않는다면, 젖소 한 마리 당 생산량은 감소할 것이고 자신의 순수익은 오직 700달러에 불과할 것이다. 여러분은 어떻게 해야 하는가?

문제를 주의 깊게 분석한 후, 여러분은 공유지를 같이 사용하는 모든 사람이 자신과 동일한 상황에 있다는 사실을 숙고하게 된다. 만약 그들 모두가 여러분과 마찬가지로 그 문제를 분석한다면, 모두에게 발생할 최종 결과를 예측할 수 있다. 그 결과는 무엇인가? 이 비극을 벗어날 수 있는 길이 있는가? 이러한 의사결정 문제를 연습문제 10.7에서 기술된 죄수의 딜레마와 비교하고 대조하라.

연습문제 10.9 예방 공격

A와 B라는 양국이 영토 분쟁을 하고 있다고 가정하자. 두 나라 사이의 긴장이 고조되고 있다. A국의 장관들은 그들의 행동 방침을 의논하기 위해 긴급회의를 개최했다. 그들은 실제로 오직 두 가지의 선택지만 가능하다는 결론을 내렸는데, 그것은 각각 분쟁을 조정하기 위해 B국에 협상을 제안하는 것과 무력으로 그 분쟁 지역을 얻기 위해 당장 공격을 하는 것이다. B국이 어떻게 대응할 것인가는 매우 불확실하다. B국이 성실하게 협상에 임할 것인가 아니면 먼저 공격을 하려고 할 것인가?

A국의 장관들은 가장 좋은 가능성은 B국이 협상을 준비하고 있는 동안 공격을 하는 것이라는 데 합의를 보았다. 그렇게 하면 그들은 최소한의 손실로 그 지역의 대부분을 차지할 수 있다. 가장 나쁜 가능성은 그들이 협상을 하려는 동안에 B국의 공격을 받는 것이다. 그 경우에는 B국은 그 지역의 대부분을 차지할 것이다. 만약 두 나라가 동시에 공격을 한다면, 전력이 막상막하일 것이므로 그들은 단기간의 전쟁 후에 각각 영토의 반 정도를 차지하게 될 것이다. A국은 어떻게 해야 하는가?

물론 B국 역시 분쟁 지역에 대해 A국과 정확히 똑같은 입장에 처해 있다. 그렇다면 B국은 어떻게 해야 하는가? 어떻게 전쟁을 피할 수 있는가? 이러한 의사결정 문제를 연습문제 10.7에서 기술된 죄수의 딜레마와 비교하고 대조하라.

[ㄱ]

[ㄴ]

[ㄷ]

[ㄹ]

[ㅁ]

[ㅂ]

[ㅅ]

[ㅇ]

[ㅈ]

[ㅊ]

[ㅋ]

[ㅌ]

[ㅍ]

[ㅎ]

과학적 추론의 이해

지은이 | Ronald N. Giere, John Bickle, Robert F. Mauldin
옮긴이 | 조인래 · 이영의 · 남현

제5개정판 4쇄 발행 | 2014년 2월 14일

발행인 | 고화숙
발행처 | 도서출판 소화
등록 | 제13-412호
주소 | 서울시 영등포구 영등포동 7가 94-97
전화 | 2677-5890
팩스 | 2636-6393
홈페이지 | www.sowha.com

값 32,000원

ISBN 978-89-8410-334-4 03300